西安电子科技大学教材建设基金项目
高等学校电子信息类专业系列教材

固体物理基础

(第二版)

曹全喜　雷天民　黄云霞　李桂芳　张茂林　编著

西安电子科技大学出版社

内容简介

本书主要介绍了晶体结构、晶体的结合、晶格振动、固体电子论、固体能带论、晶体中的缺陷、晶体的导电性、固体的介电性等固体物理学领域的基本内容，也是进一步学习半导体物理、电介质物理、磁性材料等课程的基础。

本书可作为电子科学与技术、材料科学与工程、光信息科学与技术、微电子学、应用物理学等专业的本科学生的专业基础课程教材，也可以作为相关专业工程技术人员的参考书和自学用书。

图书在版编目(CIP)数据

固体物理基础/曹全喜等编著. —2版.
—西安：西安电子科技大学出版社，2017.6(2022.11重印)
高等学校电子信息类专业系列教材
ISBN 978-7-5606-4492-9

Ⅰ. ①固… Ⅱ. ①曹… Ⅲ. ①固体物理学—高等学校—教材 Ⅳ. O48

中国版本图书馆CIP数据核字(2017)第115943号

责任编辑 云立实 李鹏飞
出版发行 西安电子科技大学出版社(西安市太白南路2号)
电 话 (029)88202421 88201467 邮 编 710071
网 址 www.xduph.com 电子邮箱 xdupfxb001@163.com
经 销 新华书店
印刷单位 陕西天意印务有限责任公司
版 次 2017年6月第2版 2022年11月第7次印刷
开 本 787毫米×1092毫米 1/16 印 张 22
字 数 523千字
印 数 18 001～20 000册
定 价 48.00元
ISBN 978-7-5606-4492-9/O
XDUP 4784002-7

前　言

固体物理学是物理学的重要分支，主要研究固体的微观结构、运动状态、物理性质及其相互关系。近几十年来固体物理学的发展十分迅速，已形成了晶体学、晶格振动动力学、金属物理学、半导体物理学、磁学、电介质物理学、压电物理学、铁电物理学、低温物理学、表面物理学、超导物理学以及低维物理学等分支学科，而且，新的分支尚在不断产生。固体物理学的概念、方法和实验技术还在向相邻的学科渗透，尤其有力地促进了材料科学和器件物理等学科的发展，固体物理学已成为新材料、新器件的“生长点”。

固体是包含 10^{23} 数量级个粒子的复杂的多体系统，种类繁多，内容丰富。学生在学习固体物理时会感到思路跳跃，线条不清晰，常常摸不着头脑，有种杂乱的感觉。本书注重使学生能迅速建立相关问题清晰的物理图像，不迷失在过于繁杂的计算中去，让学生在学习固体物理知识的过程中，逐渐体会前辈物理学家发现问题、分析问题和解决问题的思维方法和思维过程。例如，在提出布洛赫电子费米气、声子气模型时使用“类比、移植”的方法，在此过程中使学生“潜移默化”地逐渐体会固体物理的直觉和想象力。

本课程的起点是学生已有了热力学与统计物理、量子力学的基础。在本课程中继续引导学生在已有知识的基础上从宏观到微观两个方面分析固体(主要是晶体)的内部结构、振动、缺陷及其运动规律，以及固体材料的性质，重点是固体的电学性质。在教学过程中从最简单的模型开始，逐渐加以丰富和完善，在此过程中添加的每一个因素均带来新的物理结果，使学生对相关物理问题的解决有一个“循序渐进”的过程。

本书是作为电子科学与技术、材料科学与工程、光信息科学与技术、微电子学、应用物理学等专业的本科专业基础课程教材而编写的，授课的建议学时为60～76学时，某些内容可以由学生自学。为帮助学生复习和抓住本章的核心内容，每章末均有小结，并有精心挑选的思考题和习题。各章中的阅读材料(在目录中以 * 标示)希望能起到扩大学生知识面的作用。

本书由西安电子科技大学和西安交通工程学院的老师共同编著，其中第1、2章由黄云霞副教授执笔，第6章由李桂芳副教授执笔，第4、7章由雷天民教授执笔，第8章由张茂林副教授执笔，第3、5章由曹全喜教授执笔，全书由曹全喜教授统稿。

在本书的编写过程中，参考了大量的书籍和文献资料，这里谨向这些书籍和资料的作者们表示感谢。

由于水平有限，时间较仓促，书中的错误和不妥之处在所难免，恳请专家和老师们批评指正。

本书的编写和出版得到“西安电子科技大学教材建设基金”的资助。

编著者

2017年4月

目　录

第1章 晶体结构

本章提要

本章的核心是讨论晶体结构的周期性和对称性。首先，从晶体的宏观特征出发，揭示晶体微观结构的几何特征，阐明晶体结构的周期性和对称性两大特点；其次，介绍了空间点阵、布拉菲格子、基元、原胞、晶格、对称操作、晶体指数等重要概念，并列举了一些常见的、典型的晶体结构；再次，简要介绍了晶体X射线衍射的原理和方法，以及分析晶体衍射的倒格子和布里渊区等概念；最后，在阅读材料里，简单介绍了准晶态和非晶态材料的结构，群与晶体空间点阵的分类。

普通物质的存在形式分为气态、液态和固态。液态和固态统称为凝聚态，以区别于气态这一种组成物质的分子等微粒之间的相互作用小的存在形式。固态区别于气态和液态的特点在于，其组成粒子(可以是原子、离子、分子或它们的基团)的空间位置，在没有外力作用时，大多不会有宏观尺寸的变化，在低温下基本上处在固定的位置。根据组成粒子空间位置的区别，即物质结构上的差别，通常将固态材料分为晶体、准晶体和非晶体三大类。

晶体的结构特点是组成粒子在空间的排列具有周期性，表现为既有长程取向有序，又有平移对称性，这是一种高度长程有序的结构。

准晶体中组成粒子的排列也呈有序结构，只是不具有周期性或平移对称性，而是同时具有长程准周期平移序与晶体学不允许的长程取向序。

非晶体中组成粒子的排列没有一定的规则，原则上属于无序结构，由于近邻原子之间的相互作用，使得数个原子间距范围内在某些方面表现出一定的特征，因而可以看成具有一定的短程有序。

如无特别说明，本书提到的“固体”都是指固态的晶体。

1.1 晶体的宏观特性

晶体是在恒定环境中(通常在溶液中)随着原子的“堆砌”而形成的。比如常见的天然石英晶体，它是在一定压力下的硅酸盐热水溶液中经过漫长的地质过程而形成的。从晶形上看，晶体在恒定环境中生长时，犹如用完全相同的“砌块”(building blocks)一块块地不断堆积起来一样。这里所谓的“砌块”，是指原子或原子团。图1-1给出了晶体生长过程的理想化模型图，其中图(a)和图(b)的砌块是相同的，但其生长成的晶体面却不一样，该图诞生于两个世纪以前的科学家们的想象。由此可见，如果不考虑由于偶然因素混入结构中的杂质或缺陷，晶体就是由这些全同砌块的三维周期性阵列构成的。

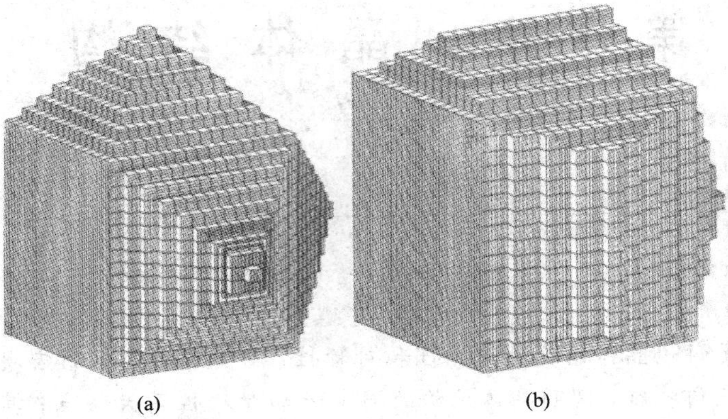

图 1-1 晶体生长过程的理想化模型图

晶体，例如天然生长的水晶、云母、岩盐等，一般具有规则的几何外形、解理性、各向异性以及固定的熔点等宏观物理特性，而非晶体，如玻璃、石蜡等，则没有这样的宏观特征。

典型的晶体是一个凸多面体，围成这个凸多面体的光滑平面称为晶面。一个理想完整的晶体，其晶面是规则配置的，具有规则而对称的外形。理想晶体中原子排列是十分有规则的，主要体现为原子排列具有周期性，即长程有序。在熔化过程中，晶体的长程有序解体时对应着一定的熔点。而非晶体(又叫过冷液体)，在凝结过程中不经过结晶(即有序化)的阶段，分子间的结合是无规则的，即没有长程有序性，故也没有固定的熔点。

由于生长条件的不同，同一品种的晶体，其外形可以是不一样的，例如氯化钠(岩盐)晶体的外形可以是立方体或八面体，也可能是立方和八面的混合体，如图 1-2 所示。

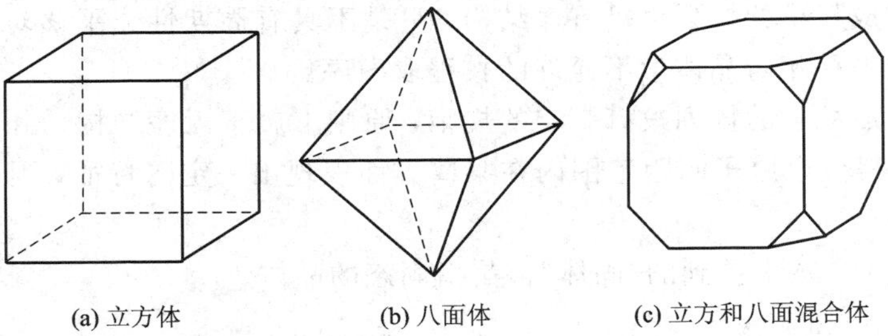

图 1-2 氯化钠晶体的若干外形

外界条件能使某一组晶面相对地变小或完全隐没，如图 1-2(b)表示氯化钠立方体的六个晶面消失了，而发展成八面体的八个晶面。例如，氯化钠在水溶液中生长时，平衡外形为立方体，当溶液中加入尿素时，平衡外形由立方体转化为正八面体。晶面本身的大小和形状是受晶体生长时外界条件影响的，不是晶体品种的特征因素。

在晶体外形中，不受外界条件影响的特征因素是其晶面角守恒，例如图 1-3 所示的石英晶体，a、b 面的夹角总是 141°47′，b、c 面间的夹角总是 120°00′，a、c 面的夹角总是 113°08′。这个普遍的规律被称为晶面角守恒定律：属于同一品种的晶体，两个对应晶面(或晶棱)间的夹角恒定不变。因为同一品种的晶体，尽管外界条件使外形不同，但其内部结构相同，这个共同性就表现为晶面间夹角的守恒。因而，测定晶面间夹角的大小是判定晶体品种类别的依据。晶面间夹角可用晶体测角仪来测量。

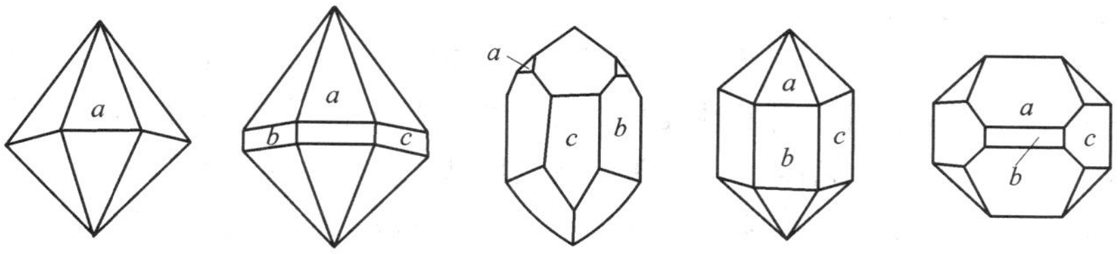

图 1-3　石英晶体的若干外形

晶体的物理性质随观测方向不同而变化，称为各向异性。晶体的很多物理性质，如压电性质、光学性质、磁学性质、热学性质等都表现出各向异性。

当晶体受到敲打、剪切、撞击等外界作用时，它有沿某一个或几个具有确定方位的晶面劈裂开来的性质。例如云母晶体很容易沿着与自然层状结构平行的方向劈裂为薄片。晶体的这一性质称为解理性，这些劈裂的晶面则称为解理面。自然界中的晶体显露于外表的晶面往往就是一些解理面。

上述晶体与非晶体宏观特征的差别原因是它们具有不同的微观结构：组成晶体的原子(离子或分子)在空间排列上都是严格周期性的，非常有规则，这称为长程有序；而非晶体则不具备长程有序。严格地说，晶体是由其原子(离子或分子)在三维空间按长程有序排列而成的固体材料。

晶体又可分为单晶体和多晶体。在整块材料中，原子都是规则地、周期性地重复排列的，一种结构贯穿整体，这样的晶体称为单晶体，简称单晶，如石英单晶、硅单晶、岩盐单晶等。而实际的晶体绝大部分是多晶体(简称多晶)，例如各种金属材料和陶瓷材料。多晶体是由大量的微小单晶体(称为晶粒)随机堆砌成的整块材料，晶粒之间的过渡区称为晶界。多晶中的晶粒可以小到纳米量级，也可以大到肉眼可以看到的程度。由于多晶中各晶粒排列的相对取向不同，因此其宏观性质往往表现为各向同性，外形也不具有规则性。

一个完整而无限的单晶模型称为理想晶体。实际存在的晶体总是有限的，组成晶体的原子在表面和体内存在一定的差别；晶体中的原子在有限温度下不是在体内固定不动，而是作杂乱的、经久不息的热振动；晶体内部还可能出现某些缺陷，夹杂某些杂质等。尽管理想晶体不存在，但它却近似而又本质地反映了实际晶体。为了理解和利用晶体的宏观性质，本书将从理想晶体的微观结构开始研究。

1.2　晶体的微观结构

晶体的微观结构包括晶体是由什么原子(离子或分子)组成的，以及原子是以怎样的方式在空间排列的。为了描述晶体微观结构的长程有序，引入空间点阵、基元及原胞等概念。

1.2.1　空间点阵与基元

晶体的空间点阵理论是19世纪法国晶体学家布拉菲(A. Bravais)提出来的。按照这个理论，基元是组成晶体的最小结构单元，可以是单个原子，也可以是包括若干原子的原子基团，视具体的晶体而定。理想晶体的内部结构可以看成是由基元在空间按一定的方式作周期性无限排列而构成的。

把基元抽象成几何点，这种点称为阵点。如果把晶体中所有基元的阵点都抽象出来，则这些阵点在空间作有规则的周期性无限分布。阵点排列的总体称为空间点阵或布拉菲点阵。空间点阵中阵点分布的规律性，形象直观地反映了原子(离子或分子)在晶体中排列的规律性。为研究方便和形象，常用一些直线将阵点连接起来，这就构成了空间格子，又称布拉菲格子，此时又把阵点称为格点。图1－4是晶体、基元和空间点阵示意图。

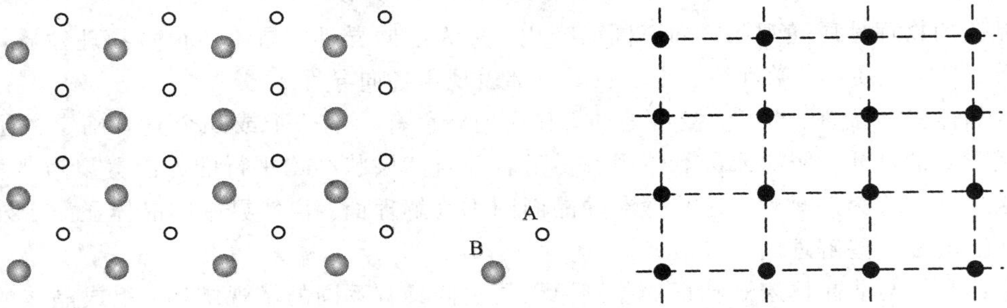

(a) 晶体　　(b) 基元　　(c) 空间点阵或布拉菲点阵

图1－4　晶体、基元和空间点阵示意图

基元是晶体的基本结构单元，每个基元内所含的原子数应当等于晶体中原子的种类数。化学成分不同的原子或化学成分相同但所处的周围环境不同的原子，都被看做是不同种类的原子。图1－4所示的晶体由A、B两种不同化学成分的原子构成，其基元包含了两种原子。又如金刚石晶体，是由相同化学成分的碳原子构成的，它包含了两类周围环境不一样的碳原子，其基元包含有两种碳原子(参见本章1.4.3节)。

阵点是基元的代表点，必须选在各基元的相同位置上。这个位置可以是重心，也可以是各基元的相同原子中心。通常是将阵点取在各基元的相同原子中心，或者说将阵点取在晶体中所有同类原子的位置上。在图1－4中作晶体的空间点阵时，就是将阵点取在所有A类(或B类)原子上得到的。

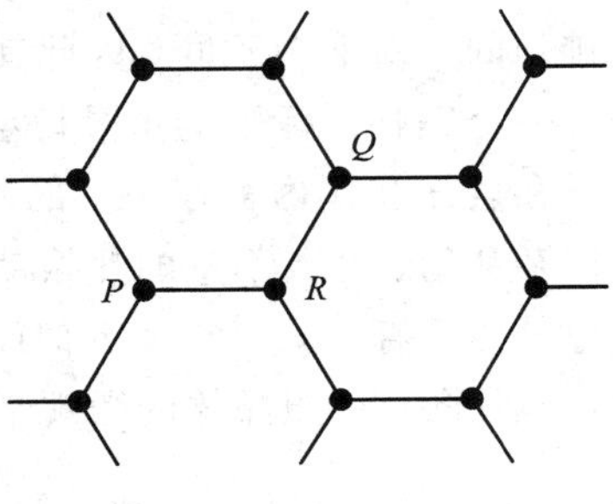

图1－5　二维六角蜂房形点阵

空间点阵中所有的阵点都是严格的等同点，各阵点的周围环境完全相同，这包括任一阵点周围阵点的排布及取向将完全相同。图1－5所示是一个二维六角蜂房形点阵，P点和Q点周围的环境是完全相同的，但R点周围的阵点排布及取向和P、Q点不同，即周围环境不一样，因此这个点阵不是空间点阵或布拉菲点阵。

有了基元和空间点阵的概念，晶体结构就是由组成晶体的基元加上空间点阵来决定的，如图1－4(a)所示，即：晶体结构＝基元＋空间点阵(布拉菲点阵)。

如果晶体是由完全相同的一种原子构成的，基元只包含一个原子，这时晶格中的每一个原子都对应着一个格点，原子形成的网格(晶格)与格点形成的网格(布拉菲格子)是一回事，则这样的晶格称为布拉菲晶格(又称单式晶格或简单晶格)。具有体心立方晶格结构的碱金属和具有面心立方晶格结构的 Au、Ag、Cu 等晶体都是简单晶格。简单晶格中所有原子是完全“等价”的，它们不仅化学性质相同，而且在晶格中处于完全相似的地位。晶体由两种或两种以上的原子构成，基元包含了两个或两个以上的原子，这种晶格称为复式晶格。在复式晶格中，每一种同种类原子形成的网格与布拉菲格子有相同的几何结构，整个晶格可看做是由若干个不同种类的原子所形成的布拉菲子格子相互位移套构而成的。氯化钠、金刚石就是典型的复式晶格结构。子晶格就是安置基元的布拉菲格子，子晶格的数目就是基元中的原子或离子数目。这样，又可以用复式格子来描述晶体结构，即

复式格子＝晶体结构

1.2.2　初基原胞

所有晶格的共同特点是具有周期性，通常用初基原胞和基矢来描述晶格的周期性。所谓晶格的初基原胞(Primitive Cell，又称为初基晶胞或固体物理学原胞)，是指一个晶格最小的周期性单元，实际上是体积最小的晶胞。图 1－6 所示是二维点阵中初基原胞的选取，1、2、3 都是最小周期性单元，4 则不是。可见对于某个给定的晶格，初基原胞的选取不是唯一的，原则上讲只要是最小周期性单元都可以，但实际上各种晶格结构已有习惯的初基原胞选取方式。对于一种给定的晶格结构，无论怎么选取，其初基原胞中的原子数目总是相同的。

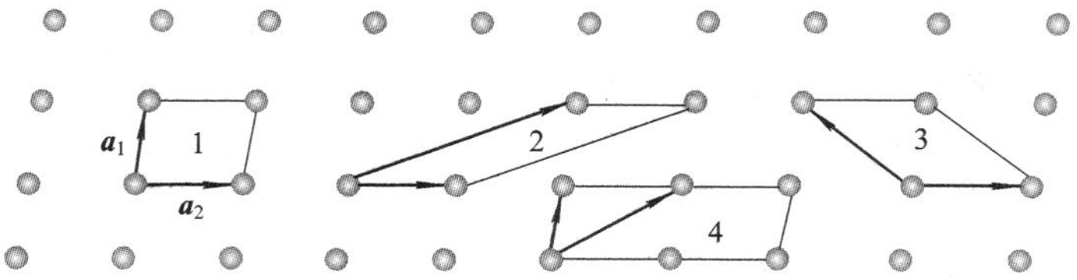

图 1－6　初基原胞示意图

由于晶格的周期性，每个格点在空间所“拥有”的体积都一样，设这一体积为 Ω。若以某个格点为原点 O，如图 1－7 所示，则总可以沿三个非共面的方向找到与 O 相连的格点 A、B、C，并沿此三个方向作矢量 $\boldsymbol{a}_1$、$\boldsymbol{a}_2$、$\boldsymbol{a}_3$，这三个矢量所围成的平行六面体沿 $\boldsymbol{a}_1$、$\boldsymbol{a}_2$ 与 $\boldsymbol{a}_3$ 的方向作周期性平移必能填满全部空间而无任何间隙，这一平行六面体则称为布拉菲格子的初基原胞，而 $\boldsymbol{a}_1$、$\boldsymbol{a}_2$ 与 $\boldsymbol{a}_3$ 则称为初基原胞的基矢。显然，初基原胞的必要条件是其范围内只包含一个格点。此平行六面体，即初基原胞的体积为

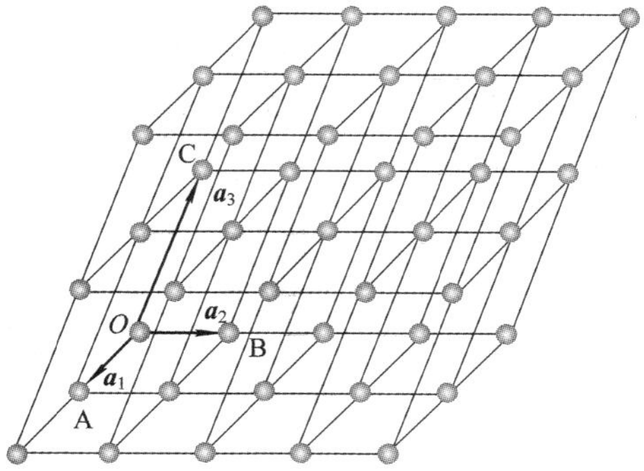

图 1－7　初基原胞与基矢

$$\boldsymbol{a}_1 \cdot (\boldsymbol{a}_2 \times \boldsymbol{a}_3) = \Omega \qquad (1-1)$$

当布拉菲格子的基矢选定之后，布拉菲格子中的任一格点的位矢为

$$\boldsymbol{R}_{\mathrm{n}}=n_1\boldsymbol{a}_1+n_2\boldsymbol{a}_2+n_3\boldsymbol{a}_3 \tag{1-2}$$

式中：$\boldsymbol{R}_{\mathrm{n}}$ 称为格矢，是布拉菲格子的数学表示；n_1、n_2、n_3 为任一整数。

1.2.3 惯用原胞

晶体材料具有对称性，外形对称是其内部原子分布即结构对称性的反映。周期性与对称性是晶体结构的两大特点。布拉菲格子的初基原胞虽然能很好地描述晶体结构的周期性，但有时却不能兼顾结构的对称性。为了能清楚地反映晶体的对称性，通常可选取体积是初基原胞整数倍的更大单元作为原胞。这种能同时反映晶体周期性与对称性特征的重复单元称为惯用原胞(Conventional Cell，又称为晶胞)，沿惯用原胞棱边方向且长度与边长相等的矢量称为轴矢，分别用 $\boldsymbol{a}$、$\boldsymbol{b}$、$\boldsymbol{c}$ 表示，轴矢长度称为晶格常数。同样，任一格点的位置矢量可以表示为

$$\boldsymbol{R}_{\mathrm{n}}=m\boldsymbol{a}+n\boldsymbol{b}+l\boldsymbol{c} \tag{1-3}$$

式中，m、n、l 为有理数。

可见，初基原胞是只考虑点阵周期性的最小重复单元，而惯用原胞是同时考虑周期性与对称性的尽可能小的重复单元。根据不同的对称性，有的布拉菲格子的初基原胞和惯用原胞相同，有的有明显的差别，但后者的体积必为前者的整数倍，这一整数正是惯用原胞中所包含的格点数。

1.2.4 威格纳—赛兹原胞

另有一种选取重复单元的方法，既能显示点阵的对称性，选出的又是最小的重复单元，这就是所谓的威格纳—赛兹方法。选取一个格点为原点，由原点出发到所有的其它格点作连接矢量，并作所有这些矢量的垂直平分面，这些平面在原点附近围成一凸多面体，这一凸多面体中不会再有任何的连接矢量的垂直平分面通过。这一凸多面体的重复排列可以完全填满整个空间，而且不难看出其体积就是一个格点所拥有的体积，即原胞体积 Ω，这样的凸多面体就称为威格纳—赛兹(Wigner-Seitz)原胞(也叫 W－S 原胞或对称原胞)。图 1－8 中的阴影部分即为二维阵点的威格纳—赛兹原胞。从图中可以看到，为了确定威格纳—赛兹原胞实际上往往只需作出由原点到最近邻及次近邻的连接矢量，再检查它们的垂直平分面在原点附近围成的凸多面体的体积是否与原胞体积 Ω 相等而决定是否需要做更多的连接矢量。

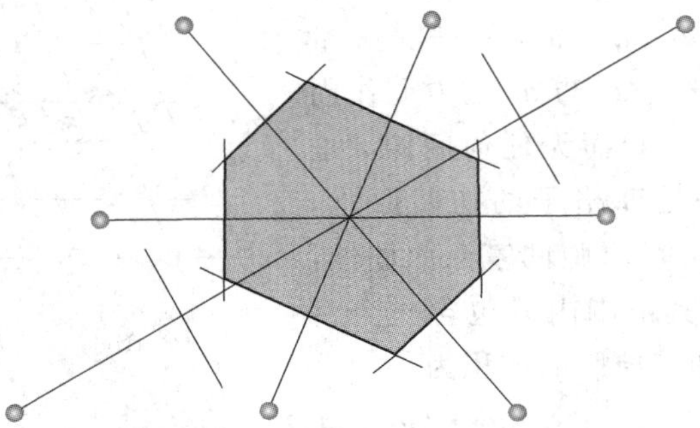

图 1－8　二维阵点的威格纳—赛兹原胞选取示意图

1.3　晶格的基本类型

1.3.1　二维晶格

如图 1-6 所示，其晶格中的初基原胞基矢 $\boldsymbol{a}_1$ 和 $\boldsymbol{a}_2$ 具有任意性，由此给出的一般性晶格通常称为斜方晶格。当围绕任何一个格点转动时，只有在转动 π 和 2π 弧度时才能保持不变。但是，对于一些特殊的斜方晶格，转动 2π/3、2π/4 或 2π/6 弧度，或作镜面反映，可以不变。如果要构造一个晶格，使之在这些新的一种或多种操作下不变，那就必须对 $\boldsymbol{a}_1$ 和 $\boldsymbol{a}_2$ 施加一些限制性条件。对此，有四种不一样的限制，每一种都引导出一种所谓的特殊晶格类型。因此，有五种不同的二维布拉菲晶格类型，即一种斜方晶格和如图 1-9 所示的四种特殊晶格。

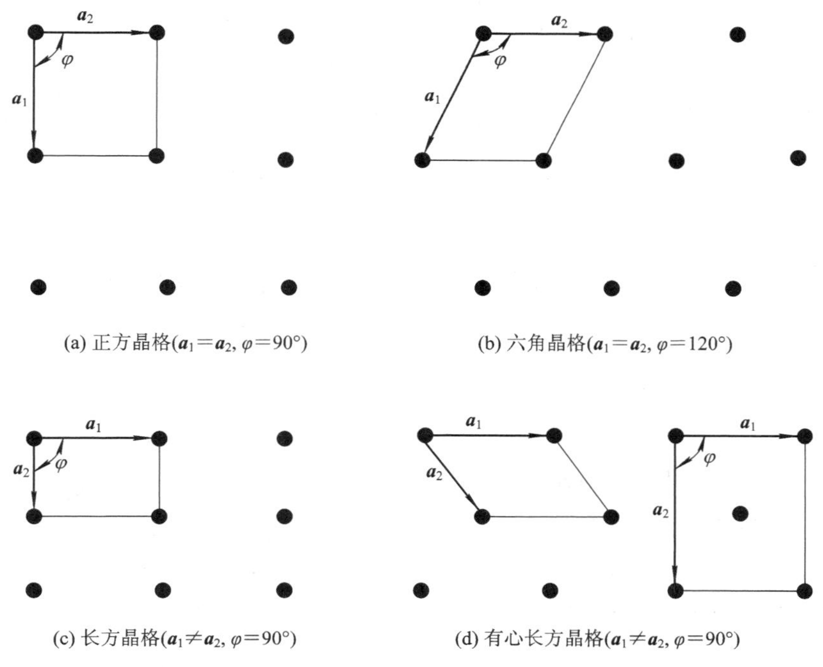

图 1-9　二维情况下的四种特殊晶格示意图

1.3.2　三维晶格

在三维情况下，一般的晶格类型为三斜晶格，另外 13 种是特殊的晶格类型。为方便，通常按照 7 种惯用原胞将这 14 种晶格划分为 7 个晶系，即三斜、单斜、正交、四角、立方、三角和六角晶系，如表 1-1 所示，这种晶系的划分是以惯用原胞轴矢间的特定关系进行归纳分类的，例如立方晶系，三个轴矢长度相等($a=b=c$)，且相互垂直($\alpha=\beta=\gamma=90°$)。

表 1-1 7大晶系14种点阵(布拉菲格子)

晶系名称	轴矢相对关系	惯用原胞名称	点阵(布拉菲格子)
三斜晶系	$a \neq b \neq c$ $\alpha \neq \beta \neq \gamma$	简单三斜 P	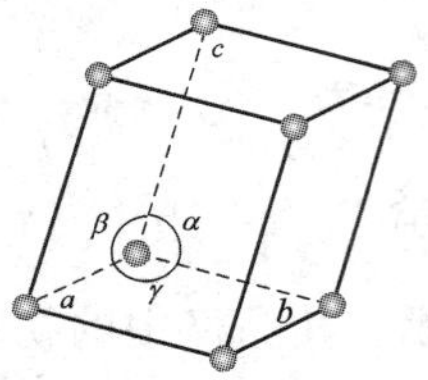
单斜晶系	$a \neq b \neq c$ $\alpha = \gamma = 90°$ $\beta > 90°$	简单单斜 P 底心单斜 C	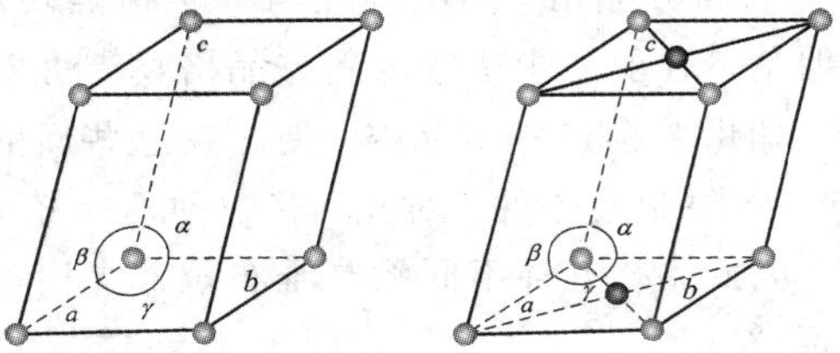
正交晶系	$a \neq b \neq c$ $\alpha = \beta = \gamma = 90°$	简单正交 P 底心正交 C 体心正交 I 面心正交 F	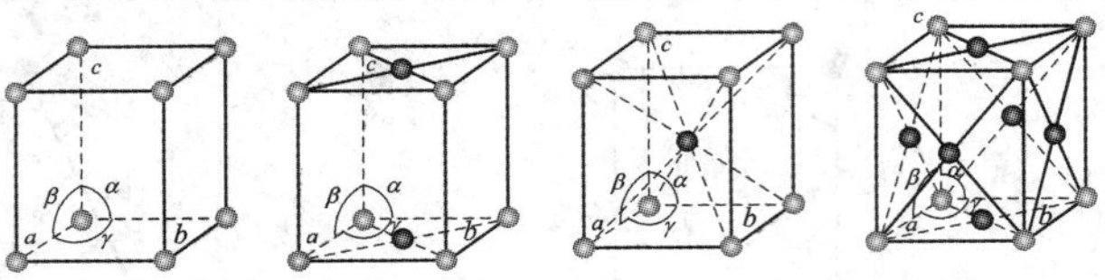
三方(三角)晶系	$a = b = c$ $\alpha = \beta = \gamma \neq 90°$	简单三方 P	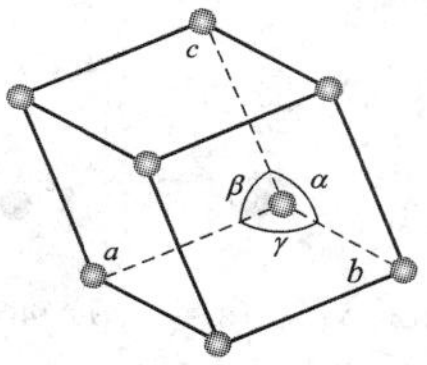
四方(四角)晶系	$a = b \neq c$ $\alpha = \beta = \gamma = 90°$	简单四方 P 体心四方 I	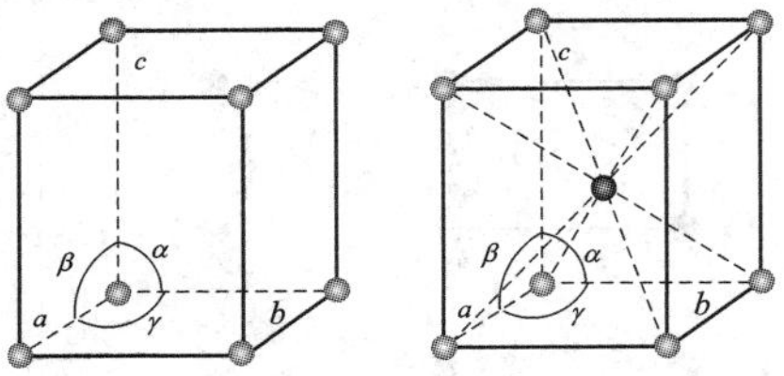
六方(六角)晶系	$a = b \neq c$ $\alpha = \beta = 90°$ $\gamma = 120°$	简单六方 P	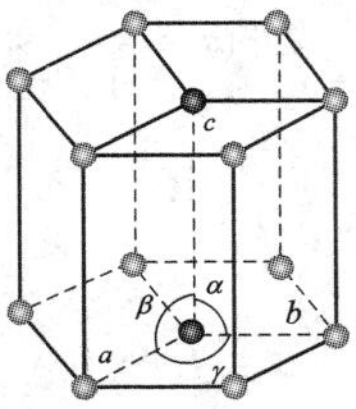
立方晶系	$a = b = c$ $\alpha = \beta = \gamma = 90°$	简单立方 P 体心立方 I 面心立方 F	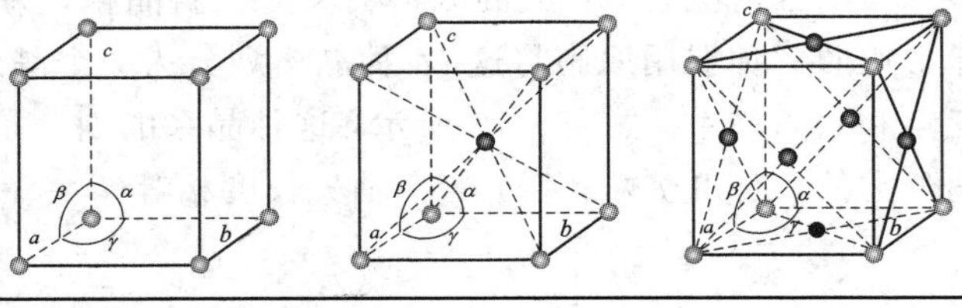

立方晶系包括简单立方(simple cubic，简称 sc)、体心立方(body-centred cubic，简称 bcc)和面心立方(face-centred cubic，简称 fcc)三种晶格，如图 1-10 所示的惯用原胞，它们中只有简单立方的惯用原胞与初基原胞一致。有时，非初基原胞同晶格点对称操作(见 1.5 节)的关系比初基原胞还要简单明了。表 1-2 给出了三种立方晶格的特征参数。

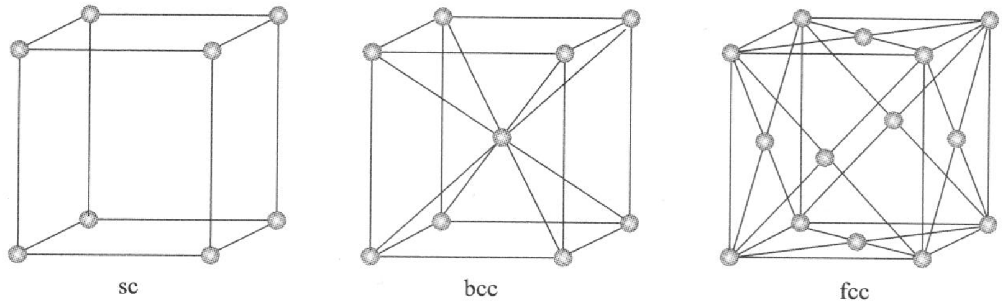

图 1-10　立方晶格(图中是惯用原胞)

表 1-2　立方晶格的特征参数

特征参数	简单立方(sc)	体心立方(bcc)	面心立方(fcc)
惯用原胞的体积	a^3	a^3	a^3
单位惯用原胞中的格点数	1	2	4
初基原胞的体积	a^3	$\frac{1}{2}a^3$	$\frac{1}{4}a^3$
单位体积中的格点数	$\frac{1}{a^3}$	$\frac{2}{a^3}$	$\frac{4}{a^3}$
最近邻数	6	8	12
最近邻距离	a	$\frac{\sqrt{3}a}{2}=0.866a$	$\frac{a}{\sqrt{2}}=0.707a$
次近邻数	12	6	6
次近邻距离	$\sqrt{2}a$	a	a
堆积比率*	$\frac{1}{6}\pi=0.524$	$\frac{\sqrt{3}\pi}{8}=0.680$	$\frac{\sqrt{2}\pi}{6}=0.740$

* 堆积比率(packing fraction)是指被硬球填充所占据的有效体积的最大比率。

立方晶系中，取三个轴矢方向为坐标轴 x、y、z，坐标轴的单位矢量分别为 $\boldsymbol{i}$、$\boldsymbol{j}$、$\boldsymbol{k}$，则在简单立方中，格点只在立方体的 8 个顶角上，每个顶角的格点被周围的 8 个原胞所共有，这样每个原胞只占每个顶角格点的 1/8，平均一个原胞只包含一个格点(8×1/8=1)，惯用原胞与初基原胞一致。如果晶格常数为 a，两种原胞的体积同为 a^3，基矢与轴矢相同，则

$$\left.\begin{aligned} \boldsymbol{a}_1 &= \boldsymbol{a} = a\boldsymbol{i} \\ \boldsymbol{a}_2 &= \boldsymbol{b} = a\boldsymbol{j} \\ \boldsymbol{a}_3 &= \boldsymbol{c} = a\boldsymbol{k} \end{aligned}\right\} \tag{1-4}$$

在体心立方中，除在顶角上有格点外，在立方体的中心还有一个格点，这个格点完全被一个原胞所占有，因此每个惯用原胞含有 2 个格点(1＋8×1/8＝2)。每个初基原胞只能包含一个格点，在图 1－11 中给出了与 bcc 相应的基矢，通过这些矢量，可以把原点处的格点同体心处的格点连接起来，将菱面体完整画出来即得到初基原胞。图 1－12 画出了体心立方惯用原胞及初基原胞示意图，其初基原胞是一个边长为$\sqrt{3}a/2$，相邻边之夹角为 109°28′的六面体。若晶格常数为 a，初基原胞体积为$\Omega=\boldsymbol{a}_1\cdot(\boldsymbol{a}_2\times\boldsymbol{a}_3)=a^3/2$，惯用原胞体积为 a^3，则基矢为

$$\left.\begin{aligned}\boldsymbol{a}_1&=\frac{a}{2}(\boldsymbol{i}+\boldsymbol{j}-\boldsymbol{k})\\\boldsymbol{a}_2&=\frac{a}{2}(-\boldsymbol{i}+\boldsymbol{j}+\boldsymbol{k})\\\boldsymbol{a}_3&=\frac{a}{2}(\boldsymbol{i}-\boldsymbol{j}+\boldsymbol{k})\end{aligned}\right\}\tag{1-5}$$

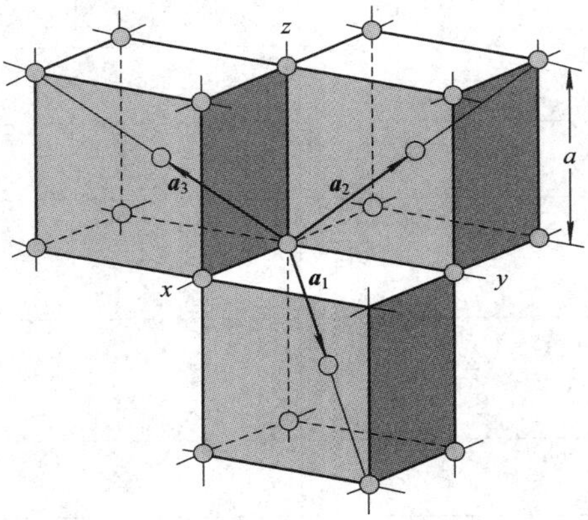

图 1－11　体心立方晶格的基矢

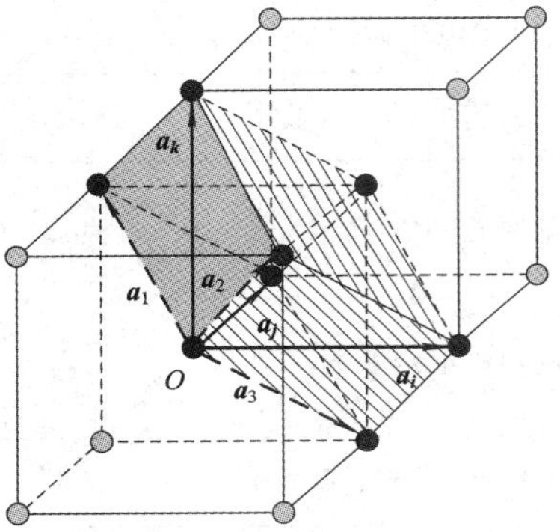

图 1－12　体心立方惯用原胞及初基原胞示意图

在面心立方中，除顶角上有格点外，在立方体 6 个面的中心位置上还有 6 个格点，而每个面心上的格点又为两个相邻的原胞所共有，故每个惯用原胞共包含 4 个格点(8×1/8＋6×1/2＝4)。面心立方结构是布拉菲格子。

图 1－13 是面心立方惯用原胞及初基原胞示意图。通过基矢 $\boldsymbol{a}_1$、$\boldsymbol{a}_2$、$\boldsymbol{a}_3$ 将原点处的格点同面心位置上的格点连接起来作菱面体，即得到面心立方的初基原胞，初基原胞只包含一个格点，体积为 $a^3/4$，轴间夹角为 60°，其基矢为

$$\left.\begin{aligned}\boldsymbol{a}_1&=\frac{a}{2}(\boldsymbol{j}+\boldsymbol{k})\\\boldsymbol{a}_2&=\frac{a}{2}(\boldsymbol{k}+\boldsymbol{i})\\\boldsymbol{a}_3&=\frac{a}{2}(\boldsymbol{i}+\boldsymbol{j})\end{aligned}\right\}\tag{1-6}$$

对于六角晶系，其初基原胞是一个以含有 120°夹角的菱形为底的直角菱柱。图 1－14 给出六角晶系惯用原胞与初基原胞示意图，其中$|\boldsymbol{a}_1|=|\boldsymbol{a}_2|=|\boldsymbol{a}_3|$。

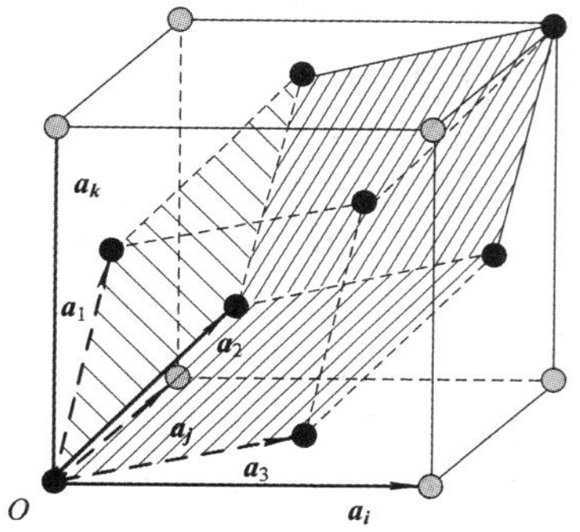

图 1-13 面心立方惯用原胞与初基原胞示意图

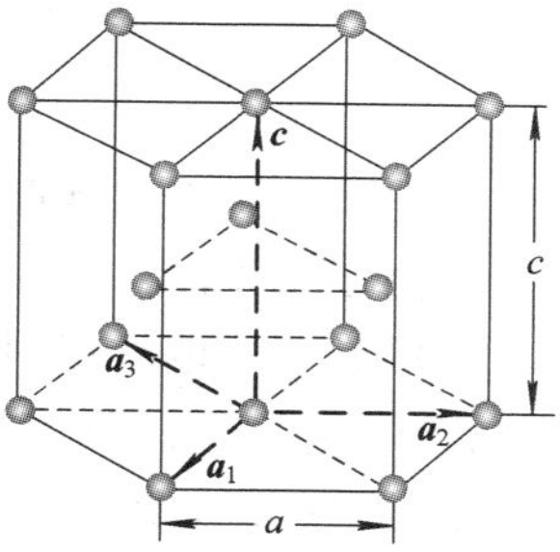

图 1-14 六角晶系惯用原胞与初基原胞示意图

1.3.3 晶系

三维晶格被划分为 14 种格子，7 大晶系，每个晶系都有相似的惯用原胞，即相同的轴矢取向与相似的轴矢长度 a、b、c 之间的关系(相等或不相等)。这 7 大晶系之间是可以相互演变的：立方晶系沿某一轴伸长形成四方晶系；再沿另一轴伸长可以形成正交晶系；挤压正交晶系的一组对面，可变为单斜晶系；再挤压另一组对面，单斜晶系可转变为三斜晶系。再回到四方晶系，挤压 c 轴向的一对棱，使其上表面的一内角变为 120°，再将三个这样的挤压体拼在一起，即形成六方晶系。而均匀地挤压立方晶系相交于一顶点的三条棱，并使它们之间的夹角相等且大于 60°，立方晶系就演变成了三方晶系。图 1-15 给出了 7 大晶系的演变过程。

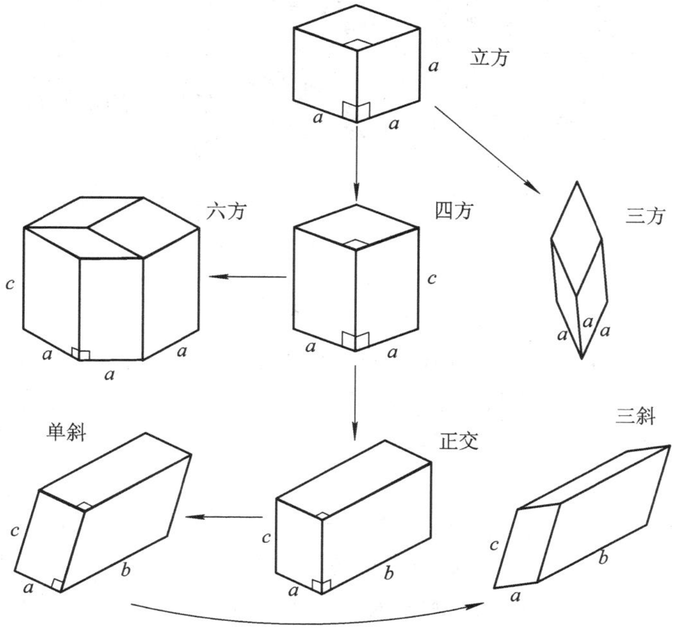

图 1-15 7 大晶系的演变过程

1.4 典型的晶体结构

不同晶体原子规则排列的具体形式可能是不同的，称它们具有不同的晶体结构；有些晶体原子规则排列形式相同，只是原子间的距离不同，称它们具有相同的晶体结构。

把晶体设想成为原子球的规则堆积，有助于比较直观地理解晶体的组成。图 1－16(a)所示为一个平面内原子球规则排列的一种最简单的形式，可以形象地称其为正方排列。如果把这样的原子层叠起来，各层的球完全对应，就形成所谓的简单立方晶体。没有实际的晶体具有简单立方的结构，但是一些更复杂的晶体可以在简单立方的基础上加以分析，如图 1－16(b)所示的几种常见晶体结构。简单立方、面心立方和体心立方等晶体的原子球心显然形成一个三维的立方格子的结构，往往用图 1－10 的形式表示这种晶体结构，它表示出这个格子的一个典型单元，用黑圆点表示原子球，黑原点所在位置就是原子球心的位置，整个晶体可以看做是这样一个典型单元沿着三个方向重复排列构成的结果。

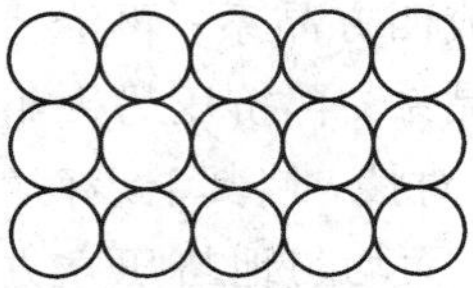

(a) 原子球的正方排列

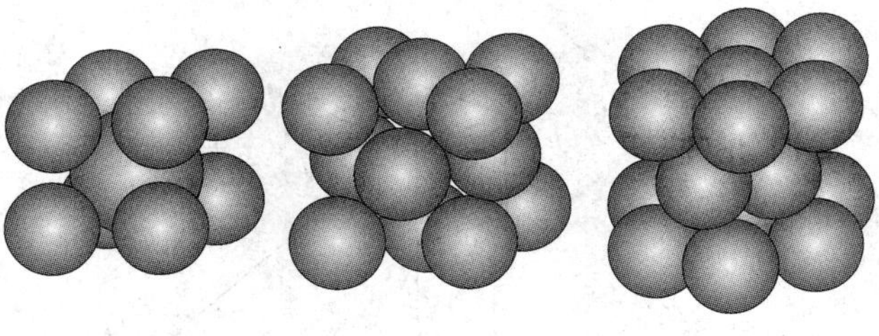

体心立方　　面心立方　　六方密堆积

(b) 常见晶体结构原子的堆积

图 1－16　原子球的规则堆积

这样，就可以用下面几个参数描述不同晶格中原子的排列。

(1) 原子半径 r：对于同种元素原子构成的晶体，原子半径 r 通常是指原胞中相距最近的两个原子之间距离的一半。它与晶格常数 a 之间有一定的关系，常见晶体结构 r 与 a 的关系见表 1－3。

(2) 配位数 CN：晶体中原子排列的紧密程度是区别不同晶体结构的重要特征，通常可以用配位数 CN(Coordination Number)来描述。配位数是晶体中任一原子最近邻的原子数目，图 1－17 是面心立方晶格的配位数示意图。配位数越大，晶体中原子排列越紧密。常见晶体结构的配位数见表 1－3。

表 1-3　常见晶体结构的一些参数

晶体结构	晶胞内原子数 n	r 与 a 的关系	配位数 CN	致密度 η
体心立方(bcc)	2	$r=\frac{\sqrt{3}a}{4}$	8	0.68
面心立方(fcc)	4	$r=\frac{\sqrt{2}a}{4}$	12	0.74
六方密堆积(hcp)	6	$r=\frac{1}{2}a$ $(c=1.633a)$	12	0.74
金刚石	8	$r=\frac{\sqrt{3}a}{8}$	4	0.34

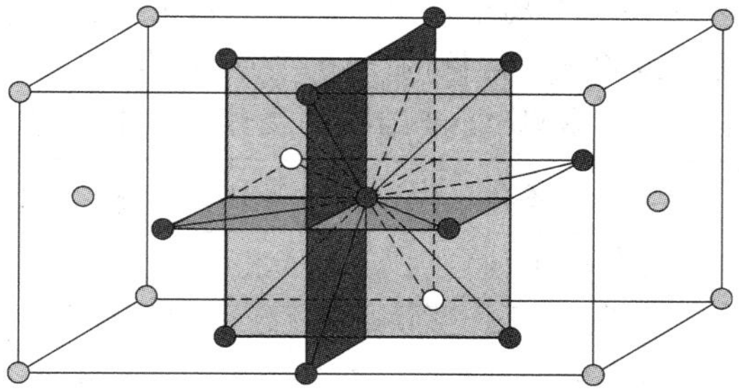

图 1-17　面心立方晶格的配位数示意图

(3) 致密度 η：另一种描述晶体中原子排列紧密程度的物理量是致密度 η，又称空间利用率，是指晶体中原子所占总体积与晶体总体积之比。若惯用原胞中含有 n 个原子，每个原子的体积为 V，惯用原胞体积为 V_a，则

$$\eta=\frac{nV}{V_a}$$

下面介绍一些典型的晶体结构。

1.4.1　氯化钠结构

氯化钠(NaCl)晶体是由 Na^+ 和 Cl^- 相间排列而成的，其惯用原胞如图 1-18(a)所示。NaCl 结构的布拉菲格子是面心立方，与每个格点联系着的基元可以看成是由相距立方晶胞体对角线的一半的一对 Na^+ 和 Cl^- 组成的，基元中包含一个在(0，0，0)位置的 Na^+ 和一个在 $\left(\frac{1}{2},\frac{1}{2},\frac{1}{2}\right)$ 位置的 Cl^-。它也可以看成是由 Na^+ 和 Cl^- 各组成一个相互重叠的面心立方子晶格，沿轴矢方向平移半个晶格常数套构而成的，如图 1-18(b)所示。在每一个惯用原胞中，共含 4 个 NaCl 基元，其原子位置分别为

$$Na:(0,0,0);\left(\frac{1}{2},\frac{1}{2},0\right);\left(\frac{1}{2},0,\frac{1}{2}\right);\left(0,\frac{1}{2},\frac{1}{2}\right)$$

$$Cl:\left(\frac{1}{2},\frac{1}{2},\frac{1}{2}\right);\left(0,0,\frac{1}{2}\right);\left(0,\frac{1}{2},0\right);\left(\frac{1}{2},0,0\right)$$

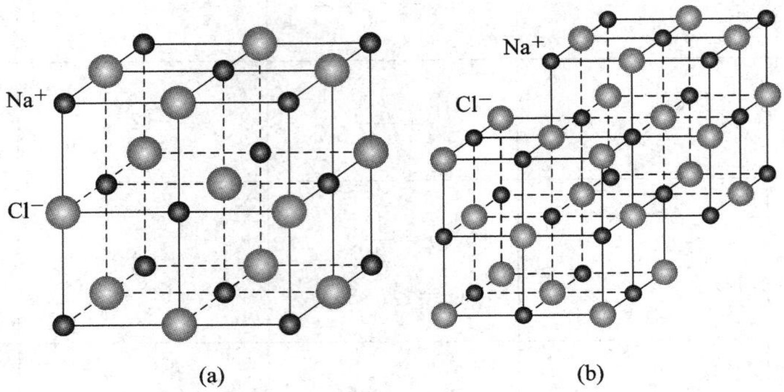

图 1-18 NaCl 晶体结构

可以看出，NaCl 结构中每一个离子被异号的 6 个最近邻包围，故其配位数为 6。NaCl 结构不是布拉菲格子而是复式格子。常见的 NaCl 结构晶体及其晶格常数见表 1-4。

表 1-4 常见 NaCl 结构的晶体及其晶格常数

晶体	晶格常数 a/Å	晶体	晶格常数 a/Å	晶体	晶格常数 a/Å
LiF	4.02	LiCl	5.13	LiBr	5.50
LiI	6.00	NaF	4.62	NaCl	5.64
NaBr	5.97	NaI	6.47	KF	5.35
KCl	6.29	KBr	6.60	KI	7.07
RbF	5.64	RbCl	6.58	RbBr	6.85
RbI	7.34	CaF	6.01	AgF	4.92
AgCl	5.55	AgBr	5.77	MgO	4.21
MgS	5.20	MgSe	5.45	CaO	4.81
CaS	5.69	CaSe	5.91	CaTe	6.84
SrO	6.16	SrS	6.12	SrSe	6.00
SrTe	6.00	BaO	6.62	BaS	6.39
BaSe	5.60	BaTe	6.99		

注：埃(Å)为长度单位，$1Å=10^{-10}$ m=0.1 nm。

图 1-19 所示为氯化钠晶体的结构模型，图 1-20 所示为产自密苏里乔普林(Joplin)的方铅矿(PbS，具有氯化钠结构)的晶体照片。这些天然的乔普林矿晶体标本呈现出美丽的立方体形状。

图 1-19　NaCl 晶体的结构模型(Na^+ 比 Cl^- 小)

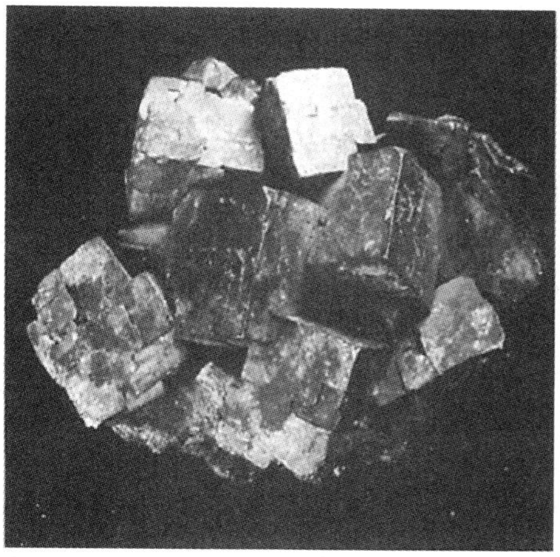

图 1-20　天然 PbS 晶体(具有 NaCl 型结构)

1.4.2　氯化铯结构

氯化铯(CsCl)结构由简单立方布拉菲格子加上 CsCl 分子基元组成，如图 1-21(a)所示。Cl^- 和 Cs^+ 的坐标分别为(0，0，0)、$\left(\frac{1}{2}, \frac{1}{2}, \frac{1}{2}\right)$。CsCl 结构看起来像是体心立方，其实不然，$Cl^-$ 和 Cs^+ 不等同，它们不是布拉菲格子而是复式格子，CsCl 结构的布拉菲格子不是体心立方而是简单立方，它可以看成是由 Cl^- 和 Cs^+ 组成的相互重叠的简单立方格子沿体对角线移开 1/2 体对角线长度套构而成的，如图 1-21(b)所示。每种离子位于由异类离子构成的立方体的中心，故其配位数为 8。具有 CsCl 结构的典型晶体见表 1-5。

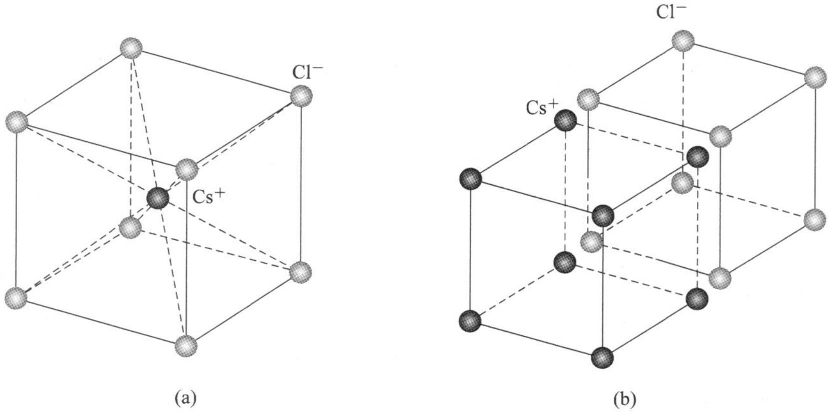

图 1-21　CsCl 晶体结构

表 1-5　常见 CsCl 结构的晶体及其晶格常数

晶体	晶格常数 a/Å	晶体	晶格常数 a/Å	晶体	晶格常数 a/Å
CsCl	4.12	CsBr	4.29	CsI	4.57
TiCl	3.84	TiBr	3.97	TiI	4.20

1.4.3 金刚石结构

金刚石结构的惯用原胞如图 1-22(a)所示，除面心立方晶胞所含有的原子外，惯用原胞内体对角线上还有 4 个原子。每个金刚石结构的惯用原胞共含 8 个原子。这种结构相当于原来互相重叠的两个面心立方子晶格沿体对角线相互平移错开体对角线长度的 1/4 套构而成。尽管它是由全同的碳原子组成，但顶点和面心上的原子与惯用原胞内的原子间的取向不同，因此金刚石结构不是布拉菲格子而是复式格子。金刚石结构的布拉菲格子是面心立方，初基原胞如图 1-22(a)中的平行六面体，基元包含 2 个全同的原子，分别位于(0，0，0)和$\left(\frac{1}{4},\frac{1}{4},\frac{1}{4}\right)$处。

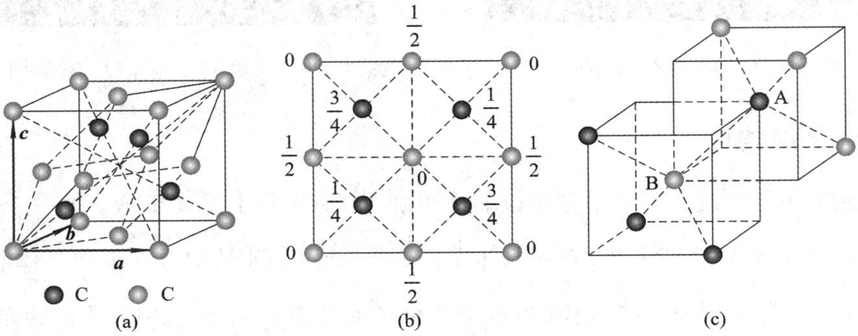

图 1-22 金刚石晶体结构

图 1-22(b)所示是金刚石结构在一个立方晶面上的投影，分数表示以立方晶胞边长为单位的在晶面上方的高度。在 0 和 1/2 处的点处在 fcc 晶格上；在 1/4 和 3/4 处的点处在另一个 fcc 晶格上，相对于第一个晶格沿体对角线错开其长度的 1/4。金刚石结构中包含着两类不等价的原子，一类处于惯用原胞立方体的面心和顶角上，记为 A 类原子；另一类处于立方体的体对角线上，记为 B 类原子。在一个惯用原胞内，A 类原子与 B 类原子的数目相等，都是 4 个，但两类原子所处的环境是不同的。这是因为金刚石中碳原子之间的结合方式是每个碳原子借助外层的 4 个价电子与周围的 4 个碳原子形成 4 个共价键，成为正四面体结构，四面体顶角原子 A 和中心原子 B 价键的取向不同，如图 1-22(c)所示。A、B 两类原子的价键取向不同，周围情况不同，因而不等价，因此，金刚石结构不是布拉菲格子，而是复式格子。金刚石结构的配位数为 4，布拉菲格子是面心立方，每个初基原胞中包含两个同种元素，但所处周围环境不同的原子。重要的半导体材料如硅、锗等都属于金刚石结构，它们的晶格常数见表 1-6。

表 1-6 常见金刚石结构的晶体及其晶格常数

晶体	晶格常数 a/Å	晶体	晶格常数 a/Å
C(金刚石)	3.56	Si	5.43
Sn	6.46	Ge	5.65

1.4.4　闪锌矿结构

闪锌矿结构又称为立方硫化锌结构（α-ZnS），它具有和金刚石相似的结构，只是此时A、B两类原子是不同的元素S和Zn，如图1-23所示。闪锌矿结构的布拉菲格子是面心立方，它的基元包含一个Zn和一个S。围绕每个原子有4个等距离的异类原子，它们排在正四面体的顶角上，具有四面体共价键型。每个惯用原胞含有4个基元，即4个ZnS分子，如图1-23(a)所示。每个原子有4个最近邻和12个次近邻，配位数为4。所有的Zn原子形成一个面心立方，所有的S原子也形成一个面心立方，整个闪锌矿可以看成是由这两个相互重叠的面心立方子格子，沿立方晶胞的体对角线平移$\frac{1}{4}$体对角线长度套构而成的，如图1-23(b)所示。具有闪锌矿结构的晶体见表1-7。

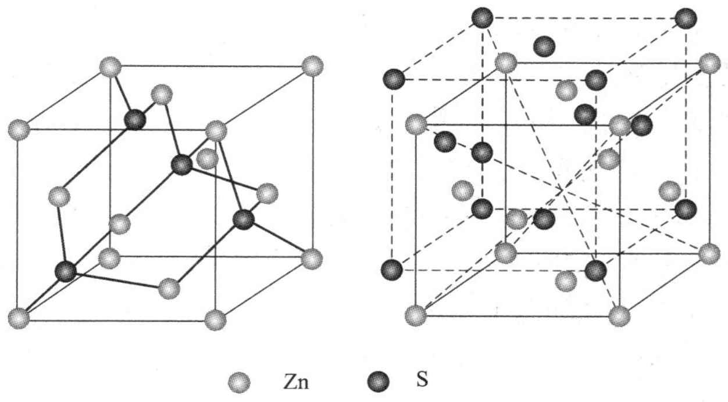

图1-23　闪锌矿（立方硫化锌）结构

表1-7　常见闪锌矿结构的晶体及其晶格常数

晶体	晶格常数 a/Å	晶体	晶格常数 a/Å	晶体	晶格常数 a/Å
CuF	4.26	CuCl	5.41	CuBr	5.69
BeS	4.86	BeSe	5.13	BeTe	6.09
ZnS	5.7	ZnSe	5.67	ZnTe	6.09
CdS	5.82	CdTe	6.48	GaP	5.45
GaAs	5.65	GaSb	6.12	InP	5.87
InAs	6.04	SiC	4.35	CBN	3.62

1.4.5　密堆积结构

如果晶体是由完全相同的一种粒子组成，而粒子被看做刚性小圆球，并且这些全同的小圆球是紧密排列的，这样的结构称为密堆积结构。密堆积方式有两种，如图1-24所示。图1-24(a)所示为六方（或六角）密堆积（hcp）结构；图1-24(b)所示为立方密堆积结构或面心立方（fcc）结构。密堆积得到的规则阵列的堆积比率最大，除此之外，无论是规则还是不规则的堆积结构，都不可能得到比hcp和fcc更密集的堆积。

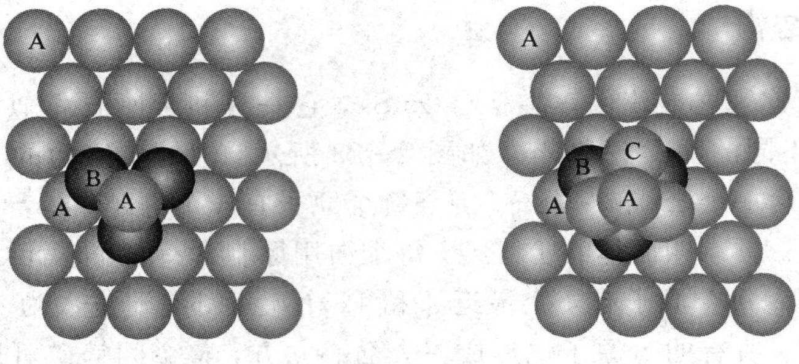

(a) 六方密堆积(ABAB…) (b) 立方密堆积(ABCABC…)

图 1-24 密堆积结构

密堆积结构的具体排列是：每一层中任意小球均和另外六个小球相切，这样把球排列成为一个最密集单层，通常记为 A 层，A 层可以是 hcp 结构的基层，或是 fcc 结构的(111)面。类似地，可以堆积排列第二层，把一层的球心对准另一层的球隙，并且每个球同底层 A 的三个球相切，把第二层记为 B 层。第三层 C 的堆积有两种方式：如果将第三层(C)的球放置在第一层(A)的没有被第二层(B)球所占据的空隙的正上方，则得到 fcc 结构，fcc 的堆积方式为 ABCABC…；如果第三层(C)球恰好放在第一层(A)球的正上方，则得到 hcp 结构，hcp 的堆积方式为 ABAB…。hcp 和 fcc 两种结构的最近邻原子数均为 12。

六方密堆积结构的基矢和初基原胞的选取如图 1-25(a)所示，基矢 $\boldsymbol{a}_1$ 与 $\boldsymbol{a}_2$ 的夹角为 120°，$\boldsymbol{c}$ 垂直于 $\boldsymbol{a}_1$ 和 $\boldsymbol{a}_2$ 构成的平面，初基原胞为两个底边长为 a(即 $|\boldsymbol{a}_1|=|\boldsymbol{a}_2|=a$)，高为 c(即 $|\boldsymbol{c}|=c$)的平行四边形棱柱。由图 1-25(a)可以看出，每个六方密堆积惯用原胞包含有 6 个原子，其中 12 个顶角上的每个原子对惯用原胞的贡献为 1/6，上、下底面心上的原子各对惯用原胞的贡献为 $\frac{1}{2}$，惯用原胞内还包含有 3 个原子，即 $12\times\frac{1}{6}+2\times\frac{1}{2}+3=6$。除了在顶角上共有 8 个原子外，初基原胞内还包含有 1 个原子，即基元是由相距为 $\frac{1}{3}\boldsymbol{a}_1+\frac{2}{3}\boldsymbol{a}_2+\frac{1}{2}\boldsymbol{c}$ 的两个原子组成的。因此六方密堆积结构不是布拉菲格子，而是复式格子。六方密堆积结构可以看成是由两个简单六方子晶格套构而成的，如图 1-25(b)所示。具有六方密堆积结构的元素晶体见表 1-8。

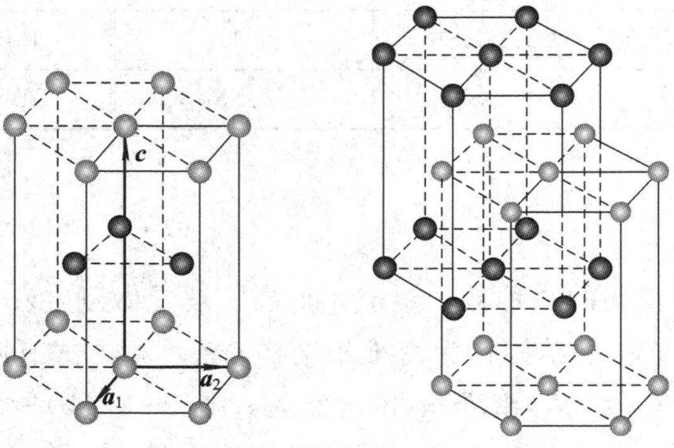

(a) (b)

图 1-25 六方密堆积结构及初基原胞的取法

表 1-8　具有六方密堆积结构的元素晶体

元素	a/Å	c/Å	c/a
Be	2029	3.58	1.56
Cd	2.98	5.62	1.89
Ce	3.65	5.96	1.63
α-Co	2.51	4.07	1.62
Dy	3.59	5.65	1.57
Er	3.56	5.59	1.57
Gd	3.64	5.78	1.59
He(2K)	3.57	5.83	1.63
Hf	3.20	5.06	1.58
Ho	3.58	5.62	1.58
La	3.75	6.07	1.62
Lu	3.50	5.55	1.59
Mg	3.21	5.21	1.62
H	3.75	6.12	1.63
Nd	3.66	5.90	1.61
Os	2.74	4.32	1.58
Pr	3.67	5.92	1.61
Re	2.76	4.46	1.62
Ru	2.70	4.28	1.59
Sc	3.31	5.27	1.59
Tb	3.60	5.69	1.58
Ti	2.95	4.69	1.59
Tl	3.46	5.53	1.60
Tm	3.54	5.55	1.57
Y	3.65	5.73	1.57
Zn	2.66	4.95	1.86
Zr	3.23	5.15	1.59

各种元素的晶体结构及其晶格常数见表 1-9，从表中可以看到，很多元素的晶体都是以密堆积结构出现的。

表 1-9　各种元素的晶体结构及晶体格常数

Mg → 元素符号
hcp → 晶体结构
3.21 → 晶格参数a(Å)
5.21 → 晶格参数c(Å)

Li 8K bcc 3.491	**Be** hcp 2.27 3.59											**B** rhomb	**C** diamond 3.567	**N** cubic 5.66 (N_2)	**O** complex (O_2)	**F**	**Ne** fcc 4.46
Na 5K bcc 4.225	**Mg** hcp 3.21 5.21											**Al** fcc 4.05	**Si** diamond 5.430	**P** complex	**S** complex	**Cl** complex (Cl_2)	**Ar 4K** fcc 5.31
K 5K bcc 5.225	**Ca** fcc 5.58	**Sc** hcp 3.31 5.27	**Ti** hcp 2.95 4.68	**V** bcc 3.03	**Cr** bcc 2.88	**Mn** cubic complex	**Fe** bcc 2.87	**Co** hcp 2.81 4.07	**Ni** fcc 3.52	**Cu** fcc 3.61	**Zn** hcp 2.66 4.95	**Ga** complex	**Ge** diamond 5.658	**As** rhomb	**Se** hex	**Br** complex (Br_2)	**Kr 4K** fcc 5.64
Rb 5K bcc 5.585	**Sr** fcc 6.08	**Y** hcp 3.65 5.73	**Zr** hcp 3.23 5.15	**Nb** bcc 3.30	**Mo** bcc 3.15	**Tc** hcp 2.74 4.40	**Ru** hcp 2.71 4.28	**Rh** fcc 3.80	**Pd** fcc 3.89	**Ag** fcc 4.09	**Cd** hcp 2.98 5.62	**In** tetr 3.25 4.95	**Sn(α)** diamond 6.49	**Sb** rhomb	**Te** hex chains	**I** complex (I_2)	**Xe 4K** fcc 6.13
Cs bcc 6.045	**Ba** bcc 5.02	**la** hex 3.77 ABAC	**Hf** hcp 3.19 5.05	**Ta** bcc 3.30	**W** bcc 3.16	**Re** hcp 2.76 4.46	**Os** hcp 2.74 4.32	**Ir** fcc 3.84	**Pt** fcc 3.92	**Au** fcc 4.08	**Hg** rhomb	**Tl** hcp 3.46 5.52	**Pb** fcc 4.95	**Bi** rhomb	**Po** sc 3.34	**At**	**Rn**
Fr	**Ra**	**Ac** fcc 5.31		**Ce** fcc 5.16	**Pr** hex 3.67 ABAC	**Nd** hex 3.66	**Pm**	**Sm**	**Eu** bcc 4.58	**Gd** hcp 3.63 5.78	**Tb** hcp 3.60 5.70	**Dy** hcp 3.59 5.65	**Ho** hcp 3.58 5.62	**Er** hcp 3.56 5.59	**Tm** hcp 3.54 5.56	**Yb** fcc 5.48	**Lu** hcp 3.50 5.55
				Th fcc 5.08	**Pa** tetr 3.92 3.24	**U**	**Np**	**Pu**	**Am** 3.64 ABAC	**Cm**	**Bk**	**Cf**	**Es**	**Fm**	**Md**	**No**	**Lr**

注：① 此表数据是在室温下得到的。
② 晶体结构符号表示：sc(简单立方)；bcc(体心立方)；fcc(面心立方)；cubic(立方晶系)；hcp(六角密堆积)；diamond(金刚石结构)；tetr(四角晶系)；hex(六角晶系)；rhomb(正交晶系)；chains(链状结构)；complex(复杂结构)。

1.4.6　纤维锌矿结构

纤维锌矿(六角硫化锌，β-ZnS)结构属六方晶系。纤维锌矿晶格与闪锌矿晶格的区别并不是很大。在纤维锌矿晶格内，S原子位于一个六方密堆积晶胞的各格点上，Zn原子均存在于由4个S原子所形成的四面体内部的晶格位置上，如图1-26所示。纤维锌矿结构可以看成是由两个六方密堆积结构沿c轴方向平移$\frac{5}{8}c$套构而成的。

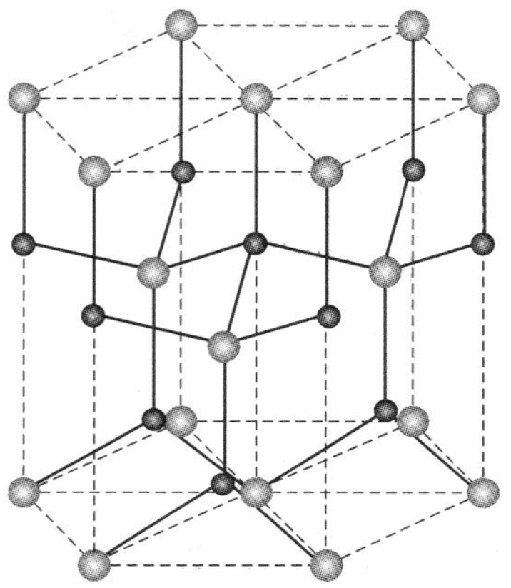

图1-26　纤维锌矿(六角硫化锌)结构

1.4.7　钙钛矿结构

许多重要的晶体，如$BaTiO_3$、$CaTiO_3$、$SrTiO_3$等晶体的结构都属于钙钛矿结构类型，现以$BaTiO_3$为例说明这种结构。

$BaTiO_3$的惯用原胞如图1-27(a)所示，在立方体的顶角上是Ba，Ti位于体心，面心上为三组O($O_{Ⅰ}$、$O_{Ⅱ}$、$O_{Ⅲ}$)，三组氧周围的情况各不相同。整个晶格是由Ba、Ti和$O_{Ⅰ}$、$O_{Ⅱ}$、$O_{Ⅲ}$格子组成的简单立方子晶格套构而成的，这就是典型的钙钛矿结构，显然它的布拉菲格子就是简单立方，初基原胞与惯用原胞一致，其中包含了一个$BaTiO_3$基元。如果把$O_{Ⅰ}$、$O_{Ⅱ}$、$O_{Ⅲ}$连接起来，则构成等边三角形，整个惯用原胞共有8个这样的三角形面，围成一个八面体，称为氧八面体，Ti在氧八面体的中央，整个结构又可以看成是氧八面体按图1-27(b)排列，Ba则在8个氧八面体的间隙内。

氧八面体是钙钛矿型晶体结构的骨架，是钙钛矿型晶体结构上的特点，它与这类晶体的一些重要物理性质有密切的关系。实际上，许多不属于钙钛矿型的其它重要晶体也具有氧八面体结构。这里所介绍的氧八面体结构和金刚石中的四面体结构，是固体物理领域中很受重视的两大典型结构。

钙钛矿结构还有另外一个特点，就是初基原胞容易变形。常遇到的$BaTiO_3$晶体就是这样的，所以这种晶体属于几种晶系，这一现象是其它晶体中不常见的。

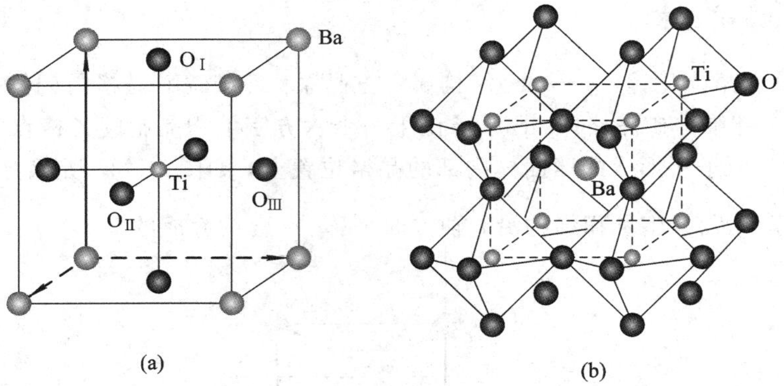

图 1-27 钛酸钡的晶体结构

1.4.8 方解石结构

方解石($CaCO_3$)属三方晶系，如图 1-28 所示。其结构相当于一个沿三次轴(图中虚线所示)压扁了的 NaCl 结构，每个 Na^+ 的位置被 Ca^{2+} 取代，而每个 Cl^- 的位置被 $(CO_3)^{2-}$ 取代。每个 Ca^{2+} 的周围有 6 个 $(CO_3)^{2-}$，每个 $(CO_3)^{2-}$ 的周围有 6 个 Ca^{2+}。各 $(CO_3)^{2-}$ 中的 O^{2-} 排列成三角形，C^{4+} 处于三角形的空隙中，各 $(CO_3)^{2-}$ 三角形平面均垂直于三次轴。

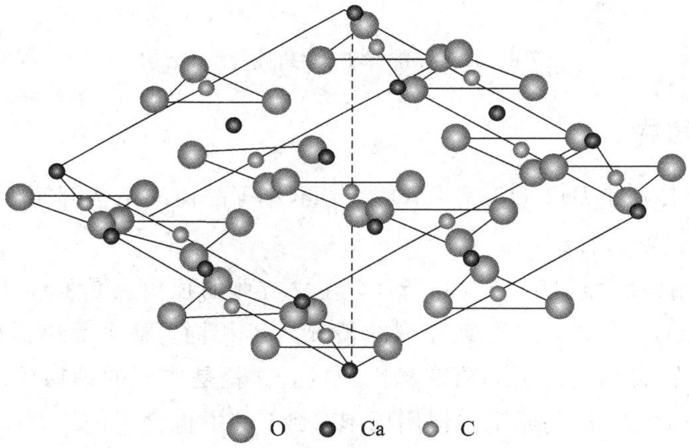

图 1-28 方解石晶体结构

1.4.9 黄铁矿结构

黄铁矿(FeS_2)属于立方晶系，如图 1-29 所示。在这种结构中，两个 S 原子组成一种哑铃状的 S_2 复离子，这种复离子被 6 个 Fe 所包围。这种结构可以描述为 NaCl 型结构，其中 Fe 代替 Na 的位置，S_2 看做是一个原子团，其重心位于 Cl 的位置。

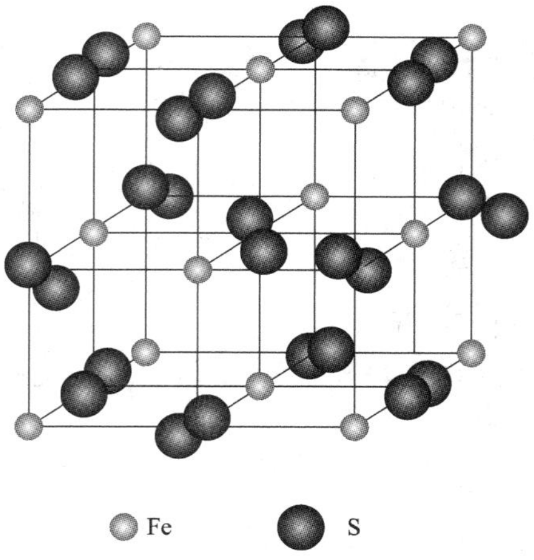

图 1-29　黄铁矿晶体结构

1.4.10　红镍矿和金红石结构

红镍矿（NiAs）属六方晶系，如图 1-30(a)所示。Ni 位于整个六方柱大晶胞的各个顶角、底心、体中心以及棱中央，整个 Ni 六方柱可以分成上下各 6 个三方柱，As 即位于其中相间的 6 个三方柱的体中心，图 1-30(a)亦可描述为由 Ni 原子组成的两个相接的简单六方晶格，As 原子排列在这种堆积的空隙内。

金红石（TiO_2）属四方晶系，如图 1-30(b)所示。Ti 位于氧八面体的中心和间隙内。

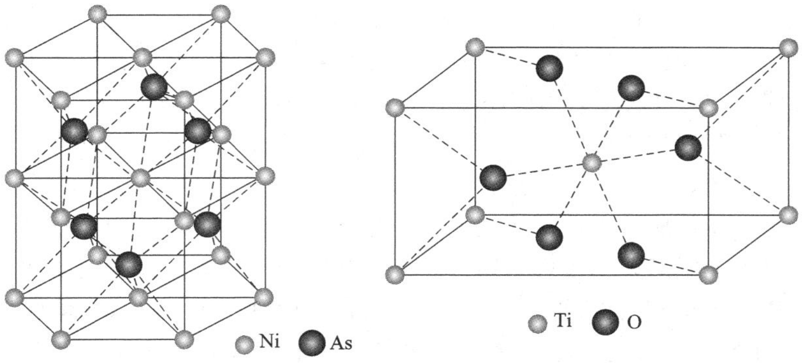

(a) 红镍矿晶体结构　　(b) 金红石晶体结构

图 1-30　红镍矿结构和金红石结构

1.4.11　尖晶石结构

晶体结构和天然矿石镁铝尖晶石（$MgAl_2O_4$）的结构相似的晶体，称为尖晶石型晶体结构。尖晶石晶体结构属于立方晶系，其结构如图 1-31(a)所示。其阴离子可以看成是按面心立方紧密堆积排列。二价阳离子填充于 1/8 的四面体中心，三价阳离子填充于 1/2 的八面体中心。

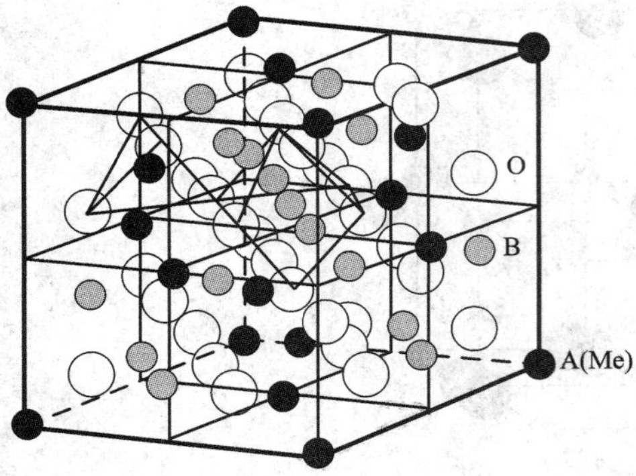

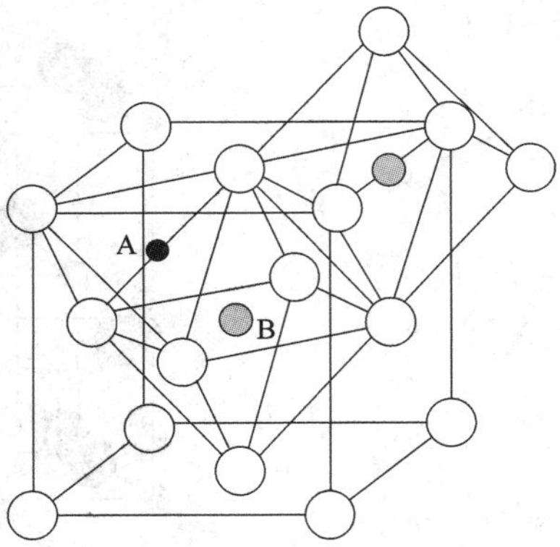

图 1-31 尖晶石的晶体结构

下面以尖晶石型铁氧体为例，了解尖晶石晶体的结构。

尖晶石型铁氧体晶体结构的化学分子式可用 $MeFe_2O_4$(或 MeB_2O_4)表示。其中 Me 为金属离子 Mg^{2+}、Mn^{2+}、Ni^{2+}、Zn^{2+}、Fe^{2+}、Li^{+} 等；而 B 为三价离子，也可以被其它三价金属离子 $A1^{3+}$、Cr^{3+} 或 Fe^{2+}、Ti^{4+} 所代替。总之，只要几个金属离子的化学价总数为 8 价，能与四个氧离子化学价平衡即可，当然，也要注意离子的大小和电负性等其它一些因素。

尖晶石型晶体结构的一个晶胞共有 56 个离子，相当于 $8MeFe_2O_4$，其中有 24 个金属离子，32 个氧离子。氧阴离子形成一面心立方密排列，A 阳离子占据四面体的中心位置，B 阳离子则在八面体的中心位置，如图 1-31(b)表示了金属离子在晶胞中的分布。每个晶胞实际上可以分为 8 个小立方体，这 8 个小立方体又分为两类，每种各有 4 个；每两个共边的小立方体是同类的，每两个共面的小立方体分属于不同类型的结构。若仅考察 A 离子，A 离子在大惯用原胞中的排列形成二个排列方向不同的面心立方，不同类的小立方体中 A 离子的排列方位不同。

在 8 个小立方体组成的大惯用元胞中，氧离子都位于体对角线中点至顶点的中心，每个小立方体内有 4 个氧离子作密堆积结构。由于氧离子比较大，金属离子比较小，金属离子都填充在氧离子密堆积的空隙中。氧离子之间存在两种空隙，即八面体中心和四面体中心。八面体中心被 6 个氧离子包围，由 6 个氧离子中心联线构成 8 个三角形平面，而称八面体，其空隙较大，也称为 B 位。四面体中心则是由 4 个氧离子包围而形成的，4 个氧离子中心的连线构成 4 个三角形平面，所以称四面体，其空隙较小，也称为 A 位。

在尖晶石晶胞中，氧离子密堆积后构成了 64 个四面体中心和 32 个八面体中心，所以一个晶胞共有 96 个空隙。但是每个晶胞的尖晶石型铁氧体共有 8 个 $MeFe_2O_4$ 分子，由于化学价平衡的结果，只有 8 个金属离子 Me 占 A 位(也称为 8a)，16 个金属离子 Fe 占 B 位(也称为 16b)。也就是说，只有 24 个空隙被金属离子填充，而 72 个空隙是缺位。这种缺位是由离子间化学价的平衡作用等因素所决定的，但却易于用其它金属离子填充和替代，这为铁氧体的掺杂改性提供了有利条件，也是尖晶石型铁氧体因可以制备成具有各种不同性能的软磁、铁磁、旋磁、压磁材料而得到极其广泛应用的结构基础。

1.4.12　刚玉结构

以 $\alpha-Al_2O_3$ 为代表的 A_2O_3 型化合物的主要结构类型，属菱方(六方)晶系，空间群为 $R\bar{3}c$，如图 1-32 所示。O^{2-} 按 hcp 的 ABABAB…次序堆垛，Al^{3+} 占据 hcp 的 2/3 的氧八面体间隙，另外的 1/3 八面体间隙空着。Al^{3+} 在间隙中有轮换的三种排法，分别用 Al_D、Al_E、Al_F 表示，依次插入到 AB 或 BA 的氧密堆积层中。整体结构在 c 轴排列方式可表示为 $O_A Al_F O_B Al_E O_A Al_D O_B Al_F O_A Al_E O_B Al_D O_A \cdots$，一个结构单元共 6 层，即 $6(Al_2O_3)$，其中 $O^{2-}: 6\times3=18$，$Al^{3+}: 6\times3\times\frac{2}{3}=12$。$[AlO_6]^{9-}$ 八面体的连接有共面、共棱等方式，配位数分别为 6 和 4。属于刚玉结构的还有 $\alpha-Ga_2O_3$、$\alpha-Fe_2O_3$、Ti_2O_3、Cr_2O_3、V_2O_3、Rb_2O_3、Co_2O_3 等。

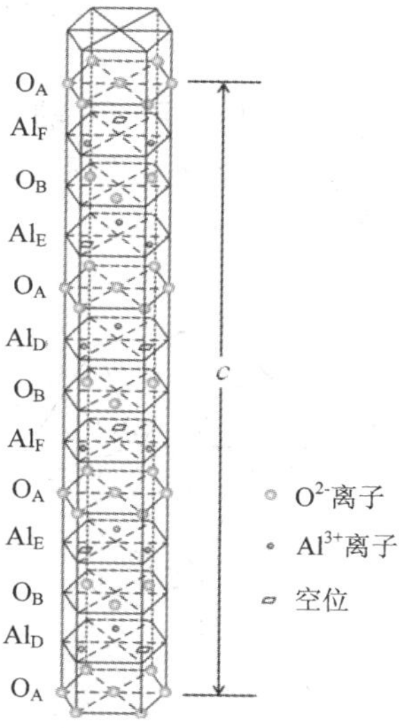

图 1-32　刚玉的晶体结构

1.4.13　石榴石结构

在自然界中，具有石榴石结构的矿物较多，一般化学式为 $Me_3^{2+}Me_2^{3+}Si_3^{4+}O_{12}$，其中 Me^{2+} 为 Ca^{2+}、Mg^{2+}、Mn^{2+}、Fe^{2+}；Me^{3+} 为 Al^{3+}、Fe^{3+}、Cr^{3+} 等金属离子，如天然矿物 $Mn_3Al_2Si_3O_{12}$。1951 年，第一次用($Y^{3+}+Al^{3+}$)取代($Mn^{2+}+Si^{4+}$)获得了无硅石榴石 $Y_3Al_5O_{12}$。1956 年后又相继制成具有石榴石结构的亚铁磁性氧化物 $Y_3Fe_5O_{12}$ 和 $R_3Fe_5O_{12}$，它们常缩写为 YIG 和 RIG(即 Rare-Earth Iron Garnet 的简称)，其中 Y 为三价金属离子钇，R 表示三价稀土族金属离子 Sm、Eu、Gd、Tb、Dy、Ho、Er、Tm、Yb、Lu 等，这些离子的半径约在 1.00～1.13 Å 之间。

对于 YIG 来说，由于 Y^{3+} 为非磁性离子，所含的磁性离子仅为 $Fe^{3+}(3d^5)$，从磁性的角度考虑较单纯，所以 YIG 成为研究其它 RIG 的基础。另外，YIG 的铁磁共振线宽 ΔH 非常窄，而且具有高的电阻率等一些优异的特性，因此，从理论的角度和实际应用的价值出发，人们对 YIG 进行了广泛而深入的研究，并在此基础上制备出了一系列性能优良的多元石榴石铁氧体，此类材料在微波技术领域中制成了各种类型的微波铁氧体器件，另外它们在磁光、磁泡等技术领域中也有重要的应用。本节主要讨论石榴石型铁氧体的晶体结构。

石榴石型铁氧体属于立方晶系，具有体心立方晶格，其晶格常数 $a\approx12.5$ Å，每个单位晶胞含有 8 个 $R_3^{3+}Fe_5^{3+}O_{12}^{2-}$ 分子。由于 R^{3+} 离子太大，不能占据氧离子间的四面体或八面体间隙，而直接取代氧的位置又显得过小，事实上它是占据较大的十二面体空隙，所以石榴石结构比尖晶石结构复杂一些。尽管这样，石榴石晶体结构仍是由氧离子堆积而成的，金属离子位于其间隙中。对于单位晶胞而言，间隙位置可分为以下三种：

(1) 由 4 个氧离子所包围的四面体位置(d 位)有 24 个(也称 24d 位)，被 Fe^{3+} 离子所占。

(2) 由 6 个氧离子所包围的八面体位置(a 位)有 16 个(也称 16a 位)，被 Fe^{3+} 离子所占。

(3) 由 8 个氧离子所包围的十二面体位置(c 位)有 24 个(也称 24c 位)，被 Y^{3+} 或 R^{3+} 所占。

对分子式为 $R_3Fe_5O_{12}$ 的石榴石铁氧体，其占位的结构式常表示为 $\{R_3\}[Fe_2](Fe_3)O_{12}$，其中，{}、[ ]、( )分别表示 24c、16a、24d 位置。这三种类型的空隙都是畸变了的不等边多边形，如图 1－33 所示。

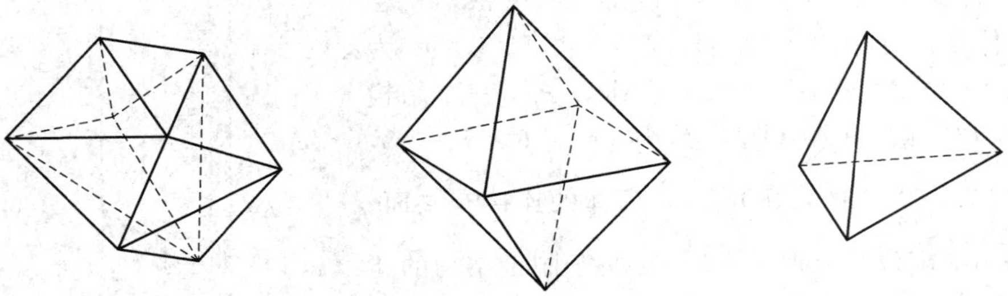

图 1－33　石榴石结构中的三种空隙

以阳离子为点阵的石榴石晶体结构的简化形式表示于图 1－34 中。

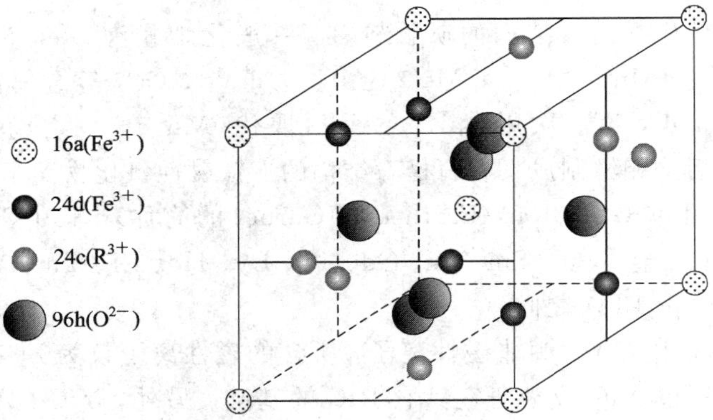

图 1－34　石榴石晶体结构中金属离子的空间分布(1/8 晶胞)

图 1－34 相当于 1/8 单位晶胞。其中八面体位置(a 位)构成体心立方，所以每个小立方中包含有 2 个 a 位，而四面体位置(d 位)与十二面体位置(c 位)处于小立方的 6 个晶面的中心线上，因此在每个小立方中包含 3 个 d 位和 3 个 c 位。对于单位晶胞而言，有 8 个小立方，所以包含有 16 个 a 位、24 个 d 位和 24 个 c 位，总共有 64 个空隙位置，全被金属离子占有。可以认为，每个小立方中有 2 个 a 位，而每个 a 位由 6 个氧离子包围，则每个小立方中有 12 个氧离子，所以每个晶胞中氧离子数为 12×8＝96 个。这样在石榴石型铁氧体的晶胞中共有 64 个金属离子、96 个氧离子，相当于 $8\{R_3\}[Fe_2](Fe_3)O_{12}$ 的离子数。

对 $Y_3Fe_5O_{12}$ 进行结构分析得到其中最近邻离子数及其间距，如表 1-10 所示，这些结果对于其它的 $R_3Fe_5O_{12}$ 也是相近的。

表 1-10　YIG 中最近邻离子及其间距

离　　子	最近邻离子	离子间距/Å
Y^{3+}(24c)	$4Fe^{3+}$(a) $6Fe^{3+}$(d) $8O^{2-}$	3.46 3.09(2)；3.79(4) 2.37(4)；2.43(4)
Fe^{3+}(16a)	$2Y^{3+}$ $6Fe^{3+}$(d) $6O^{2-}$	3.46 3.46 2.01
Fe^{3+}(24d)	$6Y^{3+}$ $4Fe^{3+}$(a) $4Fe^{3+}$(d) $4O^{2-}$	3.09(2)；3.79(4) 3.46 3.79 1.87
O^{2-}	$2Y^{3+}$ $1Fe^{3+}$(a) $1Fe^{3+}$(d) $9O^{2-}$	2.37；2.43 2.01 1.87 2.68(2)；2.81；2.87；2.96；2.99(2)；3.16(2)

石榴石型铁氧体结构与尖晶石型铁氧体不同。石榴石结构的特点有二：一是间隙位置全部被金属离子占据，要求配方准确严格，烧结温度较高，对于 YIG 及其多元铁氧体具有狭的线宽 ΔH；二是有三种间隙位置 c、a、d 位，增加了离子取代的途径，有利于离子取代、改善性能。对于正分的石榴石型铁氧体 $R_3Fe_5O_{12}$(或 $3R_2O_3\cdot5Fe_2O_3$)而言，也应满足摩尔数比条件，即要求金属离子数的总和等于 8；金属离子化学价的总和为 24，与氧的离子价平衡。

除了应用具有优异性能的纯 YIG 单晶外，往往还采用离子取代来改变某些磁性，以满足各种应用上的需要。例如，为了改善旋磁特性，常以各种金属离子取代 Fe^{3+}、Y^{3+}；或者改变饱和磁化强度 Ms，而铁磁共振线宽 ΔH 与居里点 θ_f 变化不大，从而满足微波某些频段器件的要求。

另外，对于取代 YIG 来说，容易用常规方法制成较高密度且具有正分氧含量的多晶体，所以多元石榴石铁氧体广泛应用在微波铁氧体器件中。

实验和理论研究结果表明：在 a 位中一般只能填充体积较小的、具有球形对称电子结构的非磁性离子；而 d 位和 c 位中可以接受较大的磁性和非磁性离子。与尖晶石铁氧体一样，离子取代除应满足摩尔数比条件外，其占位倾向性也应由金属离子半径、化学键及晶场等因素所决定。现将 YIG 中各种金属离子取代列于表 1-11 中。

表 1－11 YIG 中各种金属离子的占位倾向性*

四面体位置(24d)	*B^{3+}*(0.12)，*P^{5+}*(0.17)，Si^{4+}(0.26)，As^{5+}(0.335)，V^{5+}(0.335)，Al^{3+}(0.39)，Ge^{4+}(0.40)，Ga^{3+}(0.47)，Fe^{3+}(HS)(0.49)，Mg^{2+}(0.49)，Ti^{4+}(—)，Co^{2+}(—)，Co^{3+}(—)，Sn^{4+}(—)，Fe^{4+}(—)
八面体位置(16a)	Al^{3+}(0.53)，Ge^{4+}(0.54)，*Co^{3+}*(LS)(0.525)，*Fe^{3+}*(LS)(0.55)，Ti^{4+}(0.605)，Co^{3+}(HS)(0.61)，Sb^{5+}(0.61)，Fe^{2+}(LS)(0.61)，Cr^{3+}(0.615)，*Rh^{4+}*(0.615)，Ga^{3+}(0.62)，Ru^{4+}(0.62)，*Nb^{5+}*(0.64)，*Ta^{5+}*(0.64)，V^{3+}(0.64)，Fe^{3+}(HS)(0.645)，Co^{2+}(LS)(0.65)，Mn^{3+}(0.65)，*Rh^{3+}*(0.665)，*Mn^{2+}*(LS)(0.67)，*Sn^{4+}*(0.69)，Ni^{2+}(0.70)，Hf^{4+}(0.71)，Mg^{2+}(0.72)，Zr^{4+}(0.72)，*Cu^{2+}*(0.73)，Sc^{3+}(0.73)，Co^{2+}(HS)(0.735)，*Li^{+}*(0.74)，Zn^{2+}(0.745)，Fe^{2+}(HS)(0.77)，In^{3+}(0.79)，Mn^{2+}(HS)(0.82)，Lu^{3+}(0.848)，Yb^{3+}(0.858)，Tm^{3+}(0.869)，Er^{3+}(0.881)，Y^{3+}(0.892)，Ho^{3+}(0.894)，Dy^{3+}(0.908)，Tb^{3+}(0.923)，Gd^{3+}(0.938)
十二面体位置(24c)	*Hf^{4+}*(0.83)，*Zr^{4+}*(0.84)，Mn^{2+}(0.93)，Lu^{3+}(0.97)，Yb^{3+}(0.98)，Tm^{3+}(0.99)，Er^{3+}(1.00)，Y^{3+}(1.015)，Ho^{3+}(1.02)，Dy^{3+}(1.03)，Gd^{3+}(1.06)，Cd^{2+}(1.07)，Eu^{3+}(1.07)，Sm^{3+}(1.09)，Bi^{3+}(1.11)，Ca^{2+}(1.12)，Nd^{3+}(1.12)，Ce^{3+}(1.14)，Pr^{3+}(1.14)，Na^{+}(1.16)，La^{3+}(1.18)，Sr^{2+}(1.25)，Pb^{2+}(1.29)，*Co^{2+}*(—)，*Cu^{2+}*(—)，Fe^{2+}(—)

注：① 斜体字为可能取代者。② (HS)为高自旋态，(LS)为低自旋态。③ 离子半径单位为 Å。

对 YIG 的离子取代而言，表 1－11 中有些金属离子能全部地取代金属离子 Y^{3+} 或 Fe^{3+}，有些只能部分地取代，例如，Sm、Eu、Gd、Tb、Dy、Ho、Er、Tm、Yb、Lu 等 10 种 R^{3+} 能以任意的比例取代 Y^{3+}，其一般取代式为 $Y_{3-x}R_xFe_5O_{12}$，而且可生成单一的 $R_3Fe_5O_{12}$ 石榴石型铁氧体。但是 La^{3+}、Pr^{3+}、Nd^{3+} 等稀土金属离子，由于离子半径较大，实验指出这些离子只能部分地取代 Y^{3+} 而形成石榴石复合铁氧体 $Y_{3-x}R_xFe_5O_{12}$，其最大取代量 χ_{max} 分别为 0.45、1.33、2。这点可以通过测其晶格常数 a 是否随 χ 线性变化来判断，因为当其超过取代极限量后，将出现钙钛矿结构相，这必然引起晶格常数 a 的变化。

对 Fe^{3+} 的取代也是如此，如 Al^{3+}、Ga^{3+} 可以任意比例取代 Fe^{3+}，直到生成 $Y_3Al_5O_{12}$ 或 $Y_3Ga_5O_{12}$，而且随着取代量的增加，它们在八面体位置(a)上出现的比例也增加。但是，Cr^{3+}、In^{3+}、V^{5+} 等金属离子却只能取代部分的 Fe^{3+} 离子，其最大取代量分别为 0.4、0.9、1.5。

以上是用三价金属离子取代 Y^{3+} 或 Fe^{3+}，也可用 Fe^{2+}、Ni^{2+}、Ca^{2+} 等二价金属离子取代 YIG 中的 Fe^{3+} 或 Y^{3+}，为了保持电价的平衡，必须同时取代四价或五价的金属离子，如 Ge^{4+}、Si^{4+} 或 V^{5+}，即

$$2Me^{3+} = Me^{2+} + Me^{4+}$$

$$3Me^{3+} = 2Me^{2+} + Me^{5+}$$

下面的例子体现了上述取代的一般式，即金属离子数的总和为 8，而且保持电价平衡。

$\{Y_3^{3+}\}[Ni_x^{2+}Fe_{2-x}^{3+}](Fe_{3-x}^{3+}Ge_x^{4+})O_{12}$

$\{Y_{3-2x}^{3+}Ga_{2x}^{2+}\}[Fe_2^{3+}](Fe_{3-x}^{3+}V_x^{5+})O_{12}$（简称 YCaVIG）

$\{Bi_{3-2x}^{3+}Ca_{2x}^{2+}\}[Fe_2^{3+}](Fe_{3-x}^{3+}V_x^{5+})O_{12}$（简称 BiCaVIG）

$\{Y_{3-2x-y}^{3+}Ca_{2x+y}^{2+}\}[Fe_{2-y}^{3+}Zr_y^{4+}](Fe_{3-x}^{3+}V_x^{5+})O_{12}$

另外，单价的氟离子 F^- 也可以部分地取代二价的氧离子 O^{2-}，形成含氟磁性石榴石铁氧体。

1.5　晶体的对称性

1.4 节中所列的典型晶体结构所组成晶体的原子（离子）的排列都具有相当高的对称性，这正是不同的晶体具有不同的宏观对称性的微观依据。任何一种晶体，对应的晶格都是 14 种布拉菲格子（见表 1－1）中的一种，指出具体所属的布拉菲格子不但能表征晶格的周期性，而且能从它所属的晶系了解到晶体宏观对称性所具有的基本特征。因此，布拉菲格子概括了晶格的对称性。

所谓对称性，就是经过某种对称操作后物体能自身重合的性质。从图 1－35 可以看到，将立方晶格绕其中心轴旋转 90°后（见图(a)），晶体能自身重合；将其沿着与体对角线重合的轴旋转 120°（见图(b)），也能自身重合。这种能使物体复原的动作称为对称操作，如上述的旋转操作；对称操作所凭借的几何元素称为对称元素，如上述的旋转轴。

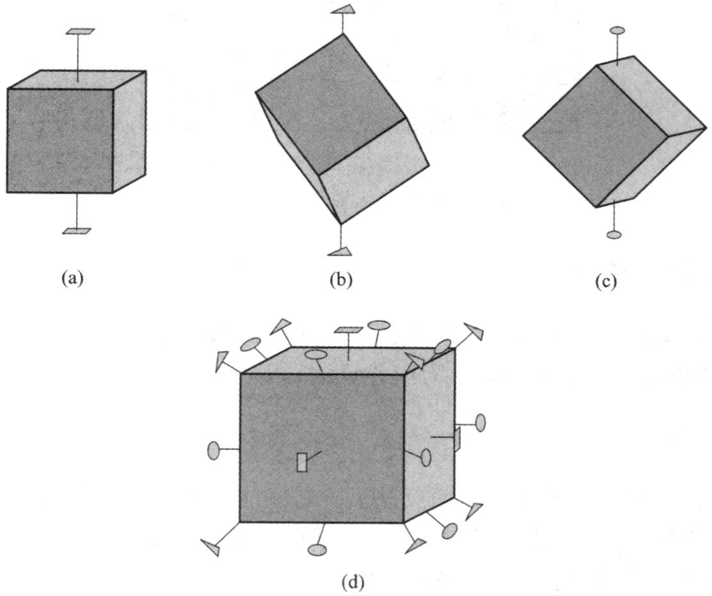

图 1－35　立方晶格的旋转轴

晶体的宏观对称性可以用对称操作来描述。球体具有最高的对称性，绕通过球心的任意轴转动任意角度都是其对称操作，因而球体具有无限多个对称操作。下面分别讨论晶体的宏观和微观对称性。

1.5.1 旋转对称性

将晶体绕某一固定轴旋转 $\theta=2\pi/n$ 角度后，晶体能自身重合的操作称为旋转操作，该旋转轴为 n 度(次)旋转轴，记为 n。由于晶体周期性的制约，n 只能取 1、2、3、4、6，而不能有 5 或 6 以上数值，即晶体只有 1 度、2 度、3 度、4 度和 6 度五种旋转轴，而不允许有 5 度或其它的旋转对称轴。2 度、3 度、4 度和 6 度旋转轴常用数字 2、3、4、6 或符号 C_2、C_3、C_4、C_6 及图形⬮、▲、■及⬣表示。对于立方晶格而言，如图 1-35 所示，对面面心连线为 4 度轴(见图(a))，体对角线为 3 度轴(见图(b))，不在同一立方面上的对边中点的连线为 2 度轴(见图(c))，因此立方晶格有 6 个 2 度轴、4 个 3 度轴与 3 个 4 度轴，均通过立方体的中心(见图(d))。

晶体的宏观对称性是与其微观对称性密切相关的，如果在晶体的微观中存在 $n=5$ 的对称轴，则在垂直于轴的平面上格点的分布应是正五边形的，如图 1-36 所示。这些五边形不可能互相紧贴而充满整个平面，从而不能保证晶格的周期性。晶体微观上不存在 5 度旋转轴，而对应的宏观外形也没有 5 度旋转轴。对于 $n>6$ 的情形类似。

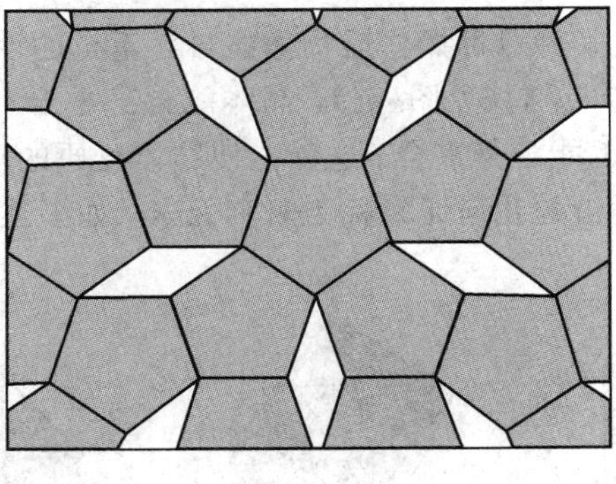

图 1-36 晶格中不存在 5 度轴示意图

1.5.2 中心反演对称性

若晶体中存在这样一个固定点，以该点为坐标原点 O，将晶体中任一点的位矢 $\boldsymbol{r}$ 变为 $-\boldsymbol{r}$ 以后，晶体能自身重合的操作，称为中心反演，用符号 i 表示，而称该点为反演中心。

1.5.3 镜像操作

若晶体通过其中的一个平面做镜面反映后，晶体能自身重合，则该操作称为镜像操作或反映，反映的对称元素称为反映面或对称面，用 m(或 σ)表示。图 1-37 所示是立方晶格所有对称面的方位。若镜面是与 x 轴垂直的 $y-z$ 面，则镜像操作相当于坐标变换：$x\rightarrow -x$，y、z 不变。

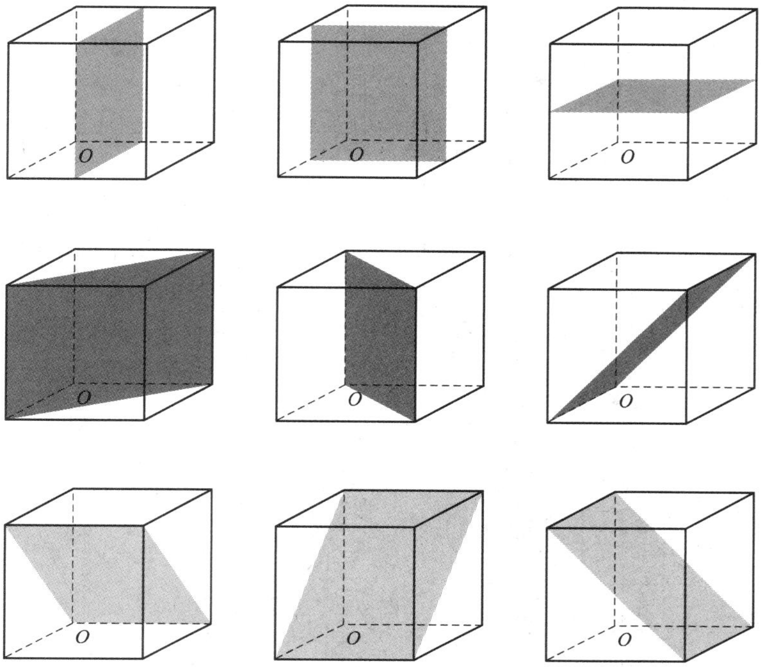

图 1-37　立方晶格的镜像面

1.5.4　旋转反演操作

若晶体绕某一固定轴旋转 $\theta=2\pi/n$ 角度后再通过某点 O 作中心反演，晶体能自身重合，则称该操作为旋转反演操作或象转操作，该固定轴称为 n 度(次)旋转反演轴或象转轴，用符号 $\bar{n}$ 表示。由于晶体周期性的制约，同样也只能有 $n=1$、2、3、4、6，分别用数字 $\bar{1}$、$\bar{2}$、$\bar{3}$、$\bar{4}$、$\bar{6}$ 及符号 $\bar{C}_1$、$\bar{C}_2$、$\bar{C}_3$、$\bar{C}_4$、$\bar{C}_6$ 或图形、、、表示。图 1-38 所示是 $\bar{n}$ 操作的示意图。

具有 $\bar{n}$ 对称性的晶体不一定同时也具有 i 与 n 的对称性，n 度象转操作不都是独立的基本对称操作。1 度旋转反演对称 $\bar{1}$ 与中心反演相同，即 $\bar{1}=i$，如图 1-38(a)所示。2 度旋转反演对称 $\bar{2}$ 与通过原点垂直于旋转轴的平面镜像反映相同，显然 $\bar{2}=m$，如图 1-38(b)所示。3 度旋转反演对称 $\bar{3}$ 不是独立的对称元素，图 1-38(c)中标出了 $\bar{3}$ 的全部对称点，它们是从 1 点出发，经过 6 次 3 度旋转反演操作依次得到的，这些对称点的分布同时具有 3 度旋转轴和对称中心的对称性；反之，同时具有 3 和 i 对称性的对称点分布一定与图 1-38(c)中一样，具有 $\bar{3}$ 的对称性。因此 $\bar{3}$ 对称与同时具有 3 度旋转和 i 的对称性是等价的，表示为 $\bar{3}=3+i$。6 度旋转反演对称 $\bar{6}$ 与同时具有 3 度旋转对称和垂直于旋转轴的镜面反映的对称性是等价的，表示为 $\bar{6}=3+m$，如图 1-38(d)所示，图中实心点是 $\bar{6}$ 的对称分布点，空心点是每次对称操作经过的点。4 度象转轴是一个独立的对称元素，由图 1-38(e)可以看出，$\bar{4}$ 的对称点(实心点)分布既没有 4 的对称，也没有 i 或 m 的对称。$\bar{4}$ 总是含有一个 2 度旋转对称轴；但反过来，有 2 的对称性并不一定具有 $\bar{4}$ 的对称性。所以 $\bar{4}$ 是一个独立的元素。

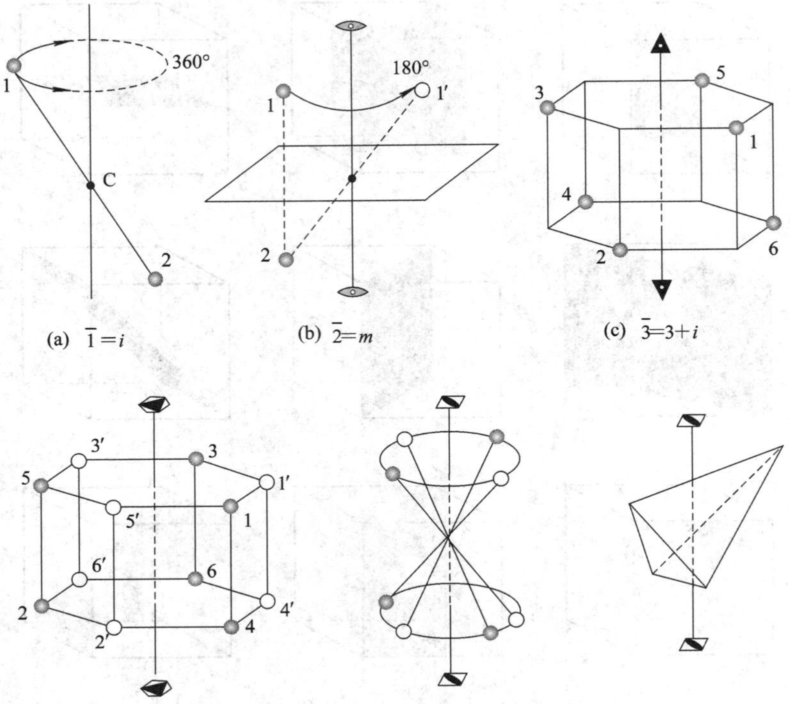

(a) $\bar{1}=i$ (b) $\bar{2}=m$ (c) $\bar{3}=3+i$

(d) $\bar{6}=3+m$ (e) $\bar{4}$

图 1-38 n 度旋转反演对称轴 $\bar{n}$

若对于某一晶体存在某些特殊点，所有的宏观对称操作都不改变这些特殊点的位置(例如以上中心反演操作中的原点)，则称该操作为点对称操作。以上的旋转、镜像、中心反演、象转操作均为点对称操作。可选如下 8 个操作作为晶体的基本点对称操作，即 C_1、C_2、C_3、C_4、C_6、i、m、$\bar{C}_4$。所有的点对称操作都可以由这 8 种基本操作或它们的组合来完成。

在以上对称操作的基础上，再考虑平移，情况就复杂了。平移有两种，一种平移矢量是格矢量，它必然能使晶体自身重合；另一种平移矢量是平移方向最小格矢量的一部分，这种所谓的"分数平移"本身并不能使晶体自身重合，它必须与转动或镜像操作结合才能使晶体自身重合，即二者结合才能构成一个对称操作，这就是螺旋和滑移反映。

1.5.5 螺旋操作

晶体绕某一固定轴旋转 $\theta=2\pi/n$ 角度，再沿转轴方向平移 $l\cdot T/n$，晶体能自身重合的对称操作称为螺旋，该轴为 n 度螺旋轴，记为 n_l。其中 T 是 n 度螺旋轴方向晶体结构的周期，n=1、2、3、4、6，l 是小于 n 的正整数。

金刚石结构具有 4 度螺旋轴，即 $l=1$。图 1-39 画出了金刚石结构 4 度螺旋轴的位置。图 1-39(a)是金刚石结构的惯用原胞，将此惯用原胞投影到底面上就得到图 1-39(b)，其中圆圈为原子的投影，圈中的数字表示这一原子的实际位置。图 1-39(b)中符号⊙表示 4 度螺旋轴的位置，箭头表示旋转方向，将图 1-39(a)与(b)对照，可以清楚地看出这种对称操作的含义。

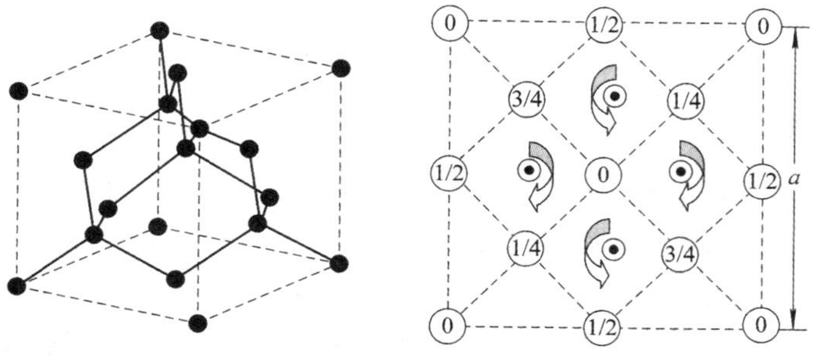

(a) (b)

图 1-39 金刚石结构的 4 度螺旋轴

1.5.6 滑移反映操作

晶格沿某一平面做镜像反映操作后，再沿平行于该面的某一方向平移该方向周期的一半，若晶体能自身重合，则称这种操作为滑移反映，称该平面为滑移反映面，简称滑移面。NaCl 结构具有滑移反映对称性，如图 1-40 所示，图中虚线画出的即为一个滑移反映面。惯用原胞左下角的 Cl^- 经此面镜像反映后变到一 Na^+ 位置，但再在垂直方向平移 $a/2$ 即与面心处的 Cl^- 重合，a 为 NaCl 的晶格常数，正是该方向的周期。

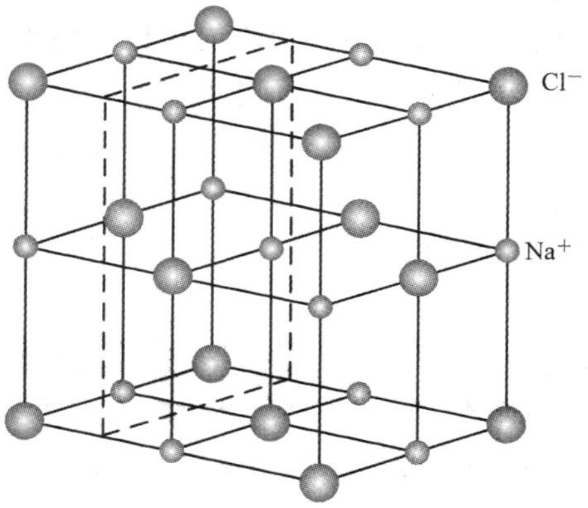

图 1-40 NaCl 结构的滑移反映面

螺旋与滑移反映虽然也是晶体的对称操作，可是在此类操作中的平移部分作用下，晶体内便没有任何位置固定不动，因此它们不属于点对称操作。

1.6 晶面和晶面指数

由于晶体结构的周期性，晶体中布拉菲格子的格点分布，可以用三维原胞在空间的重复来实现，同样还可以用二维平面或一维直线在空间的平移来重现；另一方面，由于晶体具有各向异性的特征，在研究晶体的物理性质时，通常必须标明直线的方向或平面的方位，为此引入晶列、晶向和晶面的概念。

1.6.1 格点指数

在布拉菲格子中以任一格点为原点 O，以惯用原胞的轴矢 $\boldsymbol{a}$、$\boldsymbol{b}$、$\boldsymbol{c}$ 为单位矢，则由原点 O 到任一格点 P 的矢量 $\overrightarrow{OP}$ 可表示为

$$\overrightarrow{OP} = l\boldsymbol{a} + m\boldsymbol{b} + n\boldsymbol{c}$$

坐标(l，m，n)即为格点指数，表示为[(l，m，n)]。若指数为负值，负号则置于指数顶上，例如，$l=-2$，$m=1$，$n=-3$，则表示为[($\bar{l}$，m，$\bar{n}$)]。

1.6.2 晶向指数

对无限大的理想晶体，通过布拉菲格子中任意两个格点连一直线，这一直线将包含无限多个周期性分布的格点，这样的直线便称为晶列。对任一布拉菲格子，都可以作出一系列相互平行的晶列构成晶列族，整个布拉菲格子中的格点都分布在这一晶列族上。同一个格子可以形成方向不同的晶列，图 1-41 给出了几族不同方向的晶列。由图 1-41 可见，同一族的晶列不但具有相同的方向，而且其上的格点分布也具有相同的周期，即晶列族为平行等距的直线系；不同族的晶列不仅方向不同，格点分布的周期一般也不相同。把一列晶向的共同方向称为晶向，并用晶向指数来区分和标志。

晶向指数实质上是晶向在三个坐标轴上投影的互质整数，它代表了一族晶列的取向。在晶格中任取一格点为原点 O，以轴矢 $\boldsymbol{a}$、$\boldsymbol{b}$、$\boldsymbol{c}$ 为单位矢建立坐标系 x、y、z；在通过原点的晶列上，求出沿晶向方向上任一格点的位置矢量：$h'\boldsymbol{a}+k'\boldsymbol{b}+l'\boldsymbol{c}$，将系数($h'$，$k'$，$l'$)化为互质整数($h$，$k$，$l$)，即 $h':k':l'=h:k:l$，则该晶列族的方向就可以 h、k、l 表示，记为[hkl]，其负值用[$\bar{h}\bar{k}\bar{l}$]表示，h、k、l 就称为晶向指数。同一晶列可有两个相反的晶向，因而对应有两个晶向指数[hkl]和[$\bar{h}\bar{k}\bar{l}$]。图 1-42 中标出了立方晶格中几个最为常见的重要的晶列指数。

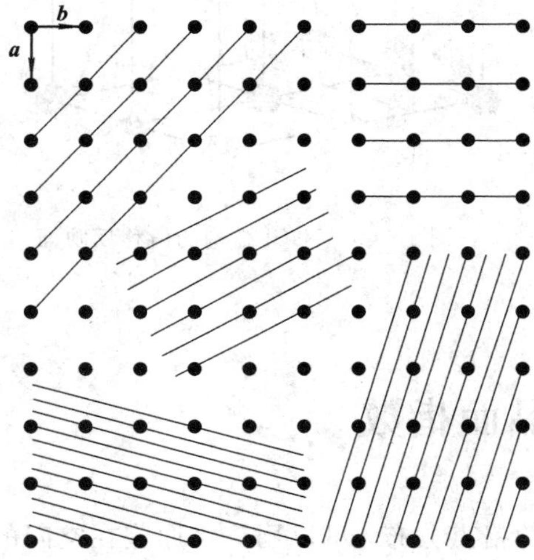

图 1-41 晶列族示意图

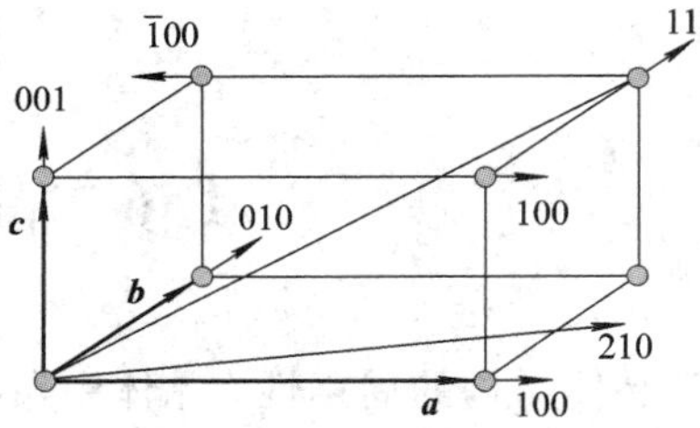

图 1-42 立方晶格的晶向指数

晶体具有对称性，由对称性联系着的晶向可以只是方向不同，但它们在这些方向上的格点分布相同，物理性质相同，因而可视为等效的，等效晶向可以用〈hkl〉表示。例如立方晶系的[100]、[010]、[001]、[$\bar{1}$00]、[0$\bar{1}$0]、[00$\bar{1}$]6 个晶向，它们是等效晶向，用〈100〉表示。同样等效晶向〈111〉有 8 个，等效晶向〈110〉有 12 个。

一般晶向指数较小(指绝对值)的晶列上格点分布较密，而晶向指数较大的晶列上格点分布较稀疏。晶体中重要的晶列往往是晶向指数小的晶列。

1.6.3 晶面指数

通过布拉菲格子的任意三个不共线的格点可以做一个平面，该平面包含无数多个周期性分布的格点，称之为晶面。整个布拉菲格子可以看成是由无数个相互平行且等距离分布的全同晶面构成的，这些晶面的总体称为晶面族。所有格点都处于该晶面族上。同一布拉菲格子中可以存在位向不同的晶面族。图1-43给出了一些位向不同的晶面族。

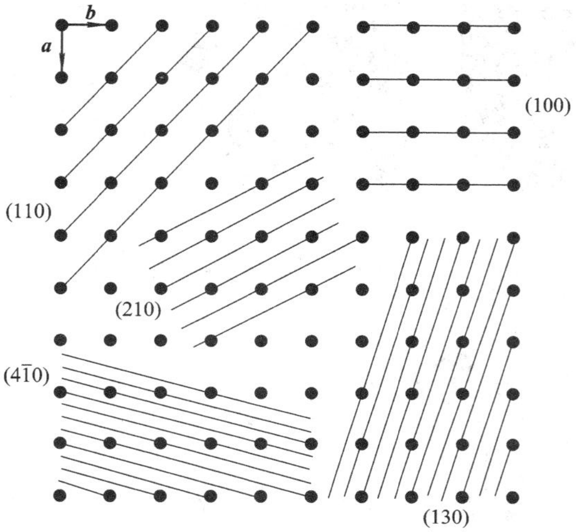

图1-43 晶面指数和面间距

为了描述布拉菲格子中某一晶面族的全部特征，并将这个晶面族与其它晶面族区分开，就须给出晶面族的面间距和法线方向。面间距是一族晶面中相邻两个晶面间的距离，可用几何方法求出。法线方向可由晶面在三个坐标轴上截距的倒数来表示，并用晶面指数标志。设某晶面系中任一晶面在轴矢 $\boldsymbol{a}$、$\boldsymbol{b}$、$\boldsymbol{c}$ 方向的截距为 $r\boldsymbol{a}$、$s\boldsymbol{b}$、$t\boldsymbol{c}$，将坐标(r, s, t)的倒数$\left(\frac{1}{r}, \frac{1}{s}, \frac{1}{t}\right)$化为互质整数，即 $h:k:l=\frac{1}{r}:\frac{1}{s}:\frac{1}{t}$，表示为$(hkl)$，这就是该晶面指数。

同一布拉菲格子的格点指数、晶向指数和晶面指数原则上在基矢坐标系或轴矢坐标系中均可表示，但多数情况下在轴矢坐标系中表示较方便。在轴矢坐标系下的晶面指数又称为米勒指数。

凡是相互平行的晶面，都用相同的晶面指数来表示。图1-43中(垂直于 $\boldsymbol{a}$、$\boldsymbol{b}$ 的轴矢 $\boldsymbol{c}$ 未画出)标出了一些晶面的晶面指数。从图中可以看出，指数简单的晶面，如(100)、(110)等，它们的面密度较大，晶面间距也较大，这是因为所有格点均在一族平行等间距的晶面上而无遗漏，所以面密度大的晶面，必然导致面间距大。沿着这些面间距大的晶面(称为解理面)，晶体容易开裂。不同结构的晶体，有其特定的解理面。例如，体心立方结构的解理面为{100}，六方密堆积的解理面为{1000}。

晶面指数(hkl)既可以表示一族晶面的位向，也可以表示单个晶面。一族晶面有两个不同的法线方向，因而可用两个晶面指数来表示，如果一个是(hkl)，则另一个为$(\bar{h}\,\bar{k}\,\bar{l})$，可根据需要选用。

图 1-44 给出了立方晶体中几个最为常见而重要的晶面族的米勒指数。从图中可以看出，立方晶系中立方体的 6 个外表面的晶面指数分别为(100)、(010)、(001)、$(\bar{1}00)$、$(0\bar{1}0)$、$(00\bar{1})$，由于对称性，这些晶面是等效的，它们的面间距和晶面上原子的分布完全相同。在许多晶系中都有由对称性联系起来的等效晶面族，这些等效晶面族用$\{hkl\}$表示，例如图 1-45 所示的等效晶面$\{111\}$。

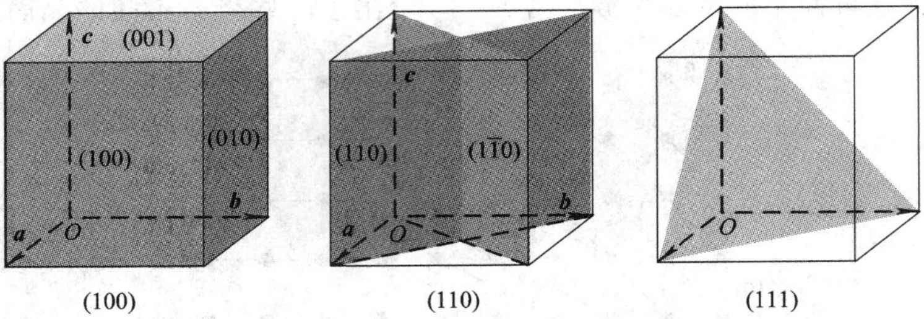

图 1-44 立方晶体中晶面族的米勒指数

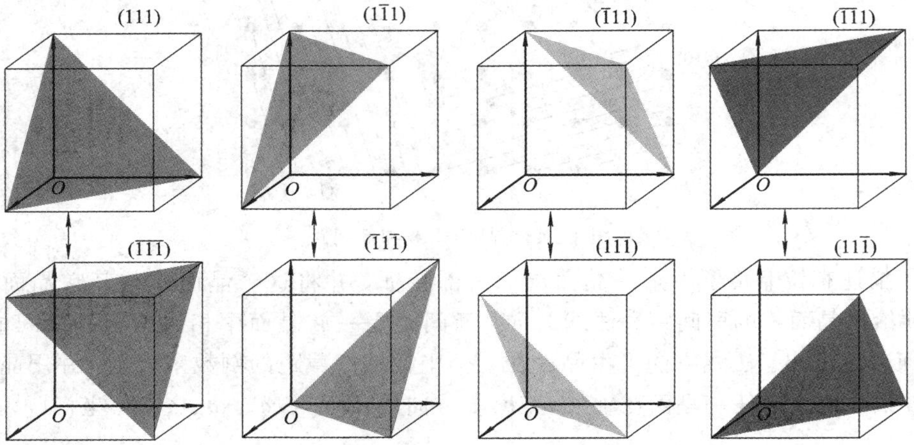

图 1-45 立方晶格(111)及其等效晶面

通常晶面指数表示晶面族中某一个具体的晶面时，也可以不化为互质整数。

可以证明，在立方晶系中，晶面指数和晶向指数相同的晶面和晶向，彼此互相垂直。例如[100]⊥(100)、[110]⊥(110)、[111]⊥(111)。在其它晶系中，这种关系不一定成立。

1.6.4 六方晶系的晶向指数和晶面指数

由于晶格的对称性，六方晶系的某些不平行的晶面族和晶向，从对称性和物理特性来说是等效的，用相同或相似的指数来表示等效的晶面和晶向对后面的处理和分析较方便。

以上三指数表示晶向、晶面原则上适用于任何晶系，但用于六角晶系有一个缺点：晶体具有等效的晶面、晶向不具有类似的指数。

例如，六棱柱的两个相邻的外表面在晶体学上应是等价的，但其用三指数表示的晶面指数却分别为(100)和(110)；夹角为 60° 的密排方向是等价的，但其方向指数却为[100]和[110]。在晶体结构上本来是等价的晶面、晶向却不具有类似的指数，这给研究带来不方便。

解决的办法是引入第 4 个指数，即引入 4 个坐标轴：$\boldsymbol{a}_1$、$\boldsymbol{a}_2$、$\boldsymbol{a}_3$ 和 $\boldsymbol{c}$。其中 $\boldsymbol{a}_1$、$\boldsymbol{a}_2$、$\boldsymbol{c}$ 不

变，$a_3=-(a_1+a_2)$，如图1-46(a)所示，相互夹角为120°的三个轴和原来的c轴一起构成四轴体系。引入四指数后，晶体学上等价的晶面即具有类似的指数。图1-46(b)分别给出用三指数和四指数标志的晶向。对六方晶格的6个对称侧面，用三指数表示为(100)、(010)、$(\bar{1}10)$、$(\bar{1}00)$、$(0\bar{1}0)$、$(1\bar{1}0)$，而用四指数表示则为$(10\bar{1}0)$、$(01\bar{1}0)$、$(\bar{1}100)$、$(\bar{1}010)$、(0110)、$(1\bar{1}00)$。图1-46(c)中的晶向[100]、[110]、[010]、$[\bar{1}00]$、$[\bar{1}\bar{1}0]$、$[0\bar{1}0]$为等效的晶向，用四指数表示则为$[2\bar{1}\bar{1}0]$、$[11\bar{2}0]$、$[\bar{1}2\bar{1}0]$、$[\bar{2}110]$、$[\bar{1}\bar{1}20]$、$[1\bar{2}10]$。

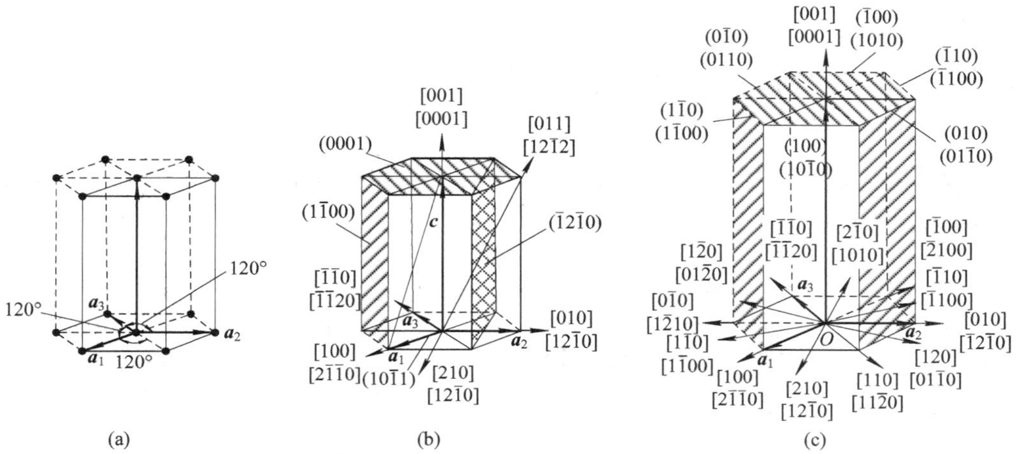

图1-46　六方晶格的晶向和晶面指数

但在确定六角晶系的晶向、晶面的四轴指标时，又出现了新的问题，即指数出现不唯一性，例如：a_1轴的指标可以是[1000]，也可以是$[2\bar{1}\bar{1}0]$。解决方法如下：人为地加入合理的限制条件(也称为等价性条件)——前三个指标之和为0。例如，晶向指标为$[uvtw]$，则$u+v+t=0$，故a_1轴的指标只能选$[2\bar{1}\bar{1}0]$。

晶向四指数的解析求法：先求待求晶向在三轴系a_1、a_2、c下的指数U、V、W，然后通过解析求出四指数$[uvwt]$。由于三轴系和四轴系均描述同一晶向，故

$$ua_1+va_2+ta_3+wc=Ua_1+Va_2+Wc$$

又有$a_1+a_2=-a_3$。由限制条件：$u+v=-t$，解得

$$u=\frac{1}{3}(-U+2V),\ v=\frac{1}{3}(2U-V),\ w=W,\ t=-\frac{1}{3}(U+V)$$

晶面四指数的解析求法类似。总之，对于六方晶格采用四指数法可突出六角结构特征，并能够确切地反映出其晶向和晶面的等效性。

1.7　晶体的倒格子与布里渊区

1.7.1　倒格子基矢

我们知道，可以用面间距和法线方向描述一晶面族的特征，该晶面族特征还可以用一

个矢量综合体现出来，矢量的方向代表晶面的法线方向，矢量的模值比例于晶面的面间距。这样确定的矢量称为倒格矢，倒格矢端点称为倒格点。所谓倒格子，与晶体点阵或晶格(正格子)相似，也是由一系列在倒空间中周期性排列的点——倒格点构成的。

每个布拉菲正格子都有一倒格子与之相应，设正格子初基原胞基矢为 $\boldsymbol{a}_1$、$\boldsymbol{a}_2$、$\boldsymbol{a}_3$，由此定义三个新的矢量：

$$\left.\begin{aligned}\boldsymbol{b}_1 &= 2\pi\frac{\boldsymbol{a}_2\times\boldsymbol{a}_3}{\boldsymbol{a}_1\cdot(\boldsymbol{a}_2\times\boldsymbol{a}_3)}\\ \boldsymbol{b}_2 &= 2\pi\frac{\boldsymbol{a}_3\times\boldsymbol{a}_1}{\boldsymbol{a}_1\cdot(\boldsymbol{a}_2\times\boldsymbol{a}_3)}\\ \boldsymbol{b}_3 &= 2\pi\frac{\boldsymbol{a}_1\times\boldsymbol{a}_2}{\boldsymbol{a}_1\cdot(\boldsymbol{a}_2\times\boldsymbol{a}_3)}\end{aligned}\right\}\tag{1-7}$$

称为倒格子基矢量。其中，$\boldsymbol{a}_1\cdot(\boldsymbol{a}_2\times\boldsymbol{a}_3)=\Omega$，为正格子初基原胞的体积。图 1-47 表示了与正格子相对应的倒格子。

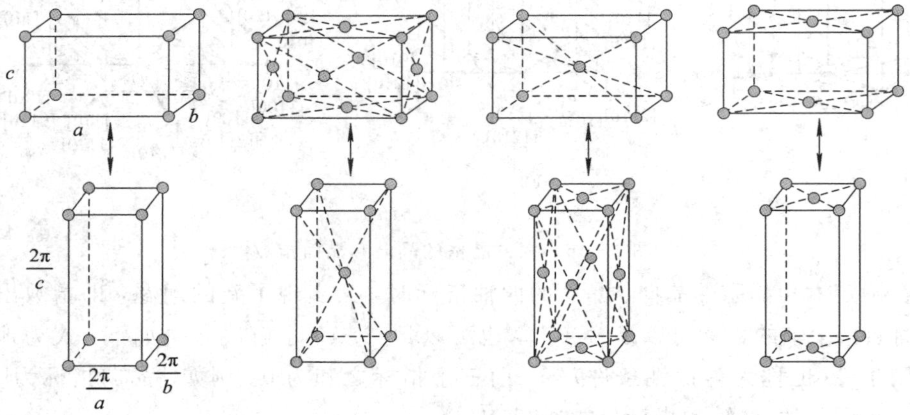

图 1-47 4 种正交晶格的正格子和倒格子

正格子的晶面(hkl)对应于倒格子的格点 h、k、l；反之，倒格子的晶面对应于正格子的格点。

一个晶格与其倒格子属于同一晶系，它们的形状一般并不相似，对应的轴一般也不相互平行，正格子与倒格子是相对应的，二者互为倒格子，倒格子的倒格子是正格子。如果倒格子已知，利用几何作图法就可求出这一倒格子的倒格子即正格子，因此正、倒格子的原胞有如图 1-47 所示的关系：简单格子↔简单格子、面心格子↔体心格子、体心格子↔面心格子、底心格子↔底心格子。

正如以 $\boldsymbol{a}_1$、$\boldsymbol{a}_2$、$\boldsymbol{a}_3$ 为基矢可以构成布拉菲格子一样，以 $\boldsymbol{b}_1$、$\boldsymbol{b}_2$ 和 $\boldsymbol{b}_3$ 为基矢也可以构成一个倒格子，倒格子每个格点的位矢(即倒格子矢量，简称倒格矢)可表示为

$$\boldsymbol{G}_{\mathrm{h}} = h_1\boldsymbol{b}_1 + h_2\boldsymbol{b}_2 + h_3\boldsymbol{b}_3\tag{1-8}$$

其中 h_1、h_2、h_3 为整数，当 $h_1=h_2=h_3=0$ 时，即为倒空间的原点。以倒格子基矢 $\boldsymbol{b}_1$、$\boldsymbol{b}_2$ 和 $\boldsymbol{b}_3$ 形成的平行六面体为倒格子原胞，倒格子原胞的体积为

$$\Omega^* = \boldsymbol{b}_1\cdot(\boldsymbol{b}_2\times\boldsymbol{b}_3)\tag{1-9}$$

由倒格子基矢的定义式(1-7)很容易验证它们具有下列基本性质：

$$a_i \cdot b_j = 2\pi\delta_{ij} = \begin{cases} 2\pi & i=j \\ 0 & i \neq j \end{cases} \quad (i,\ j = 1,\ 2,\ 3) \tag{1-10}$$

也有人把式(1-10)当作倒格子基矢的定义。值得指出的是，倒格子基矢的量纲是 L^{-1}，与波矢量 $\boldsymbol{k}$ 有相同的量纲。

倒格子原胞体积与正格子初基原胞体积有如下的关系：

$$\Omega \cdot \Omega^* = (2\pi)^3 \tag{1-11}$$

利用式(1-10)不难推导出正格矢 $\boldsymbol{R}_n = n_1\boldsymbol{a}_1 + n_2\boldsymbol{a}_2 + n_3\boldsymbol{a}_3$ 与倒格矢 $\boldsymbol{G}_h = h_1\boldsymbol{b}_1 + h_2\boldsymbol{b}_2 + h_3\boldsymbol{b}_3$ 之间满足：

$$\boldsymbol{R}_n \cdot \boldsymbol{G}_h = 2\pi m \qquad m \text{ 为整数} \tag{1-12}$$

由式(1-7)和叉乘的几何意义可知，倒格子基矢 $\boldsymbol{b}_1$ 沿着 $\boldsymbol{a}_2 \times \boldsymbol{a}_3$ 的方向，同理，$\boldsymbol{b}_2$ 沿着 $\boldsymbol{a}_3 \times \boldsymbol{a}_1$ 的方向，$\boldsymbol{b}_3$ 沿着 $\boldsymbol{a}_1 \times \boldsymbol{a}_2$ 的方向，如图 1-48 所示。

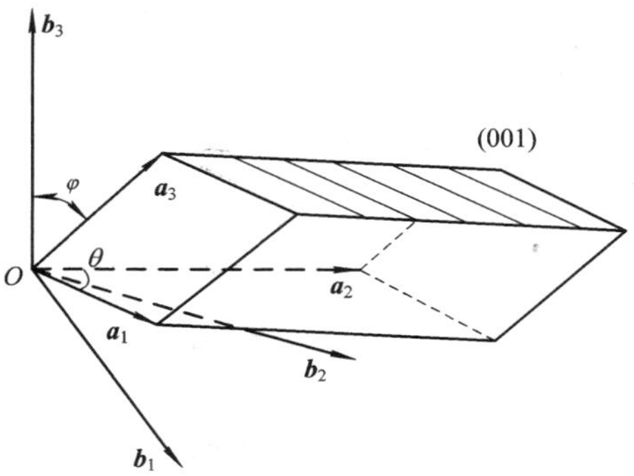

图 1-48 正格子与倒格子的关系

图 1-48 中，$\boldsymbol{b}_3$ 是所确定的晶面(001)的法线方向，同时

$$|\boldsymbol{b}_3| = 2\pi \frac{|\boldsymbol{a}_1 \times \boldsymbol{a}_2|}{\Omega} = 2\pi \frac{|\boldsymbol{a}_1| \cdot |\boldsymbol{a}_2| \sin\theta}{|\boldsymbol{a}_1| \cdot |\boldsymbol{a}_2| \sin\theta \cdot d_{001}} = \frac{2\pi}{d_{001}} \tag{1-13}$$

其中：θ 为 $\boldsymbol{a}_1$、$\boldsymbol{a}_2$ 之间的夹角；d_{001} 为(001)晶面族的面间距。倒格子基矢 $\boldsymbol{b}_3$ 的方向表示了正晶格中(001)晶面的法线方向，其模值反比于(001)面的面间距。对于 $\boldsymbol{b}_1$ 和 $\boldsymbol{b}_2$ 也可作类似的讨论。

同样可以证明，倒格子空间中任一倒格点都体现了正格子中一族晶面的特征，倒格点位矢的方向是这族晶面的法线方向，即正晶格中，晶面指数为(hkl)的晶面族的法线方向就是倒格矢 $\boldsymbol{G}_h$ 的方向；该方向最短倒格矢的模值正比于该晶面族面间距的倒数，即

$$|\boldsymbol{G}_h| = \frac{2\pi}{d_{hkl}} \tag{1-14}$$

从这个意义上说，正晶格的一族晶面转化成了倒格子中的一个倒格点。式(1-14)说明，对于正格子中任一晶面族(hkl)，可以在所对应的倒格子空间找到一个倒格矢 $\boldsymbol{G}_h = h\boldsymbol{b}_1 + k\boldsymbol{b}_2 + l\boldsymbol{b}_3$ 来综合体现该晶面族的法向和面间距；反之，对于任意给定的倒格矢 $\boldsymbol{G}'_h = h'\boldsymbol{b}_1 + k'\boldsymbol{b}_2 + l'\boldsymbol{b}_3$，只要将 h'、k'、l' 化为互质整数 h、k、l，使 $\boldsymbol{G}'_h = n(h\boldsymbol{b}_1 + k\boldsymbol{b}_2 + l\boldsymbol{b}_3) = n\boldsymbol{G}_h$（$n$ 为整数），就能得到与之垂直的晶面族的晶面指数(hkl)。可见，正格子中的晶面与倒格子中的倒格矢或倒格点建立了一一对应的关系。

1.7.2 布里渊区

对于给定的晶体，首先确定其布拉菲格子的原点和基矢 $\boldsymbol{a}_1$、$\boldsymbol{a}_2$、$\boldsymbol{a}_3$；按式(1-7)或式(1-10)求出所对应的倒格子基矢 $\boldsymbol{b}_1$、$\boldsymbol{b}_2$、$\boldsymbol{b}_3$，由式(1-8)倒格矢 $\boldsymbol{G}_h = h_1\boldsymbol{b}_1 + h_2\boldsymbol{b}_2 + h_3\boldsymbol{b}_3$ 确定出该晶格的倒格子。作所有倒格矢 $\boldsymbol{G}_h$ 的垂直平分面，这些垂直平分面所围成的完全封

闭的最小体积就是第一布里渊区(Brillouin Zone，简称 B. Z.)，又称为简约布里渊区。第一布里渊区就是倒格子空间的威格纳一赛兹原胞。

图 1-49 所示为一维晶体的正、倒格子和第一布里渊区示意图，图 1-50 所示为二维斜晶格第一布里渊区的示意图。第一布里渊区又可表述为从原点出发，不与任何中垂面相交，所能达到的倒空间区域。第 n 布里渊区则是从原点出发跨过 $n-1$ 个倒格矢中垂面所达到的区域。第一布里渊区的外面，由若干块对称分布且不相连的较小区域分别组成第二、第三等布里渊区。

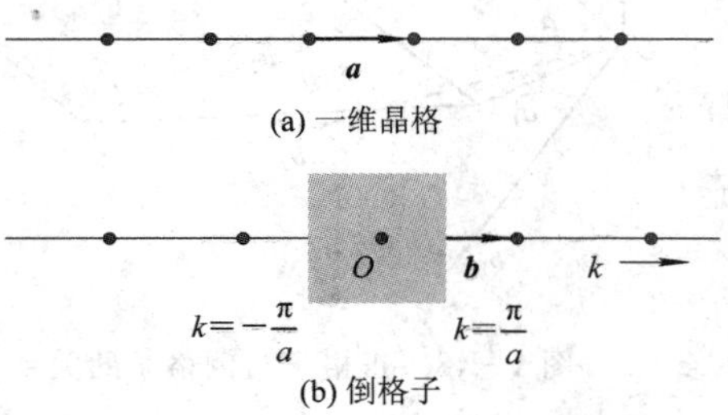

图 1-49 一维晶体的正、倒格子和第一布里渊区示意图

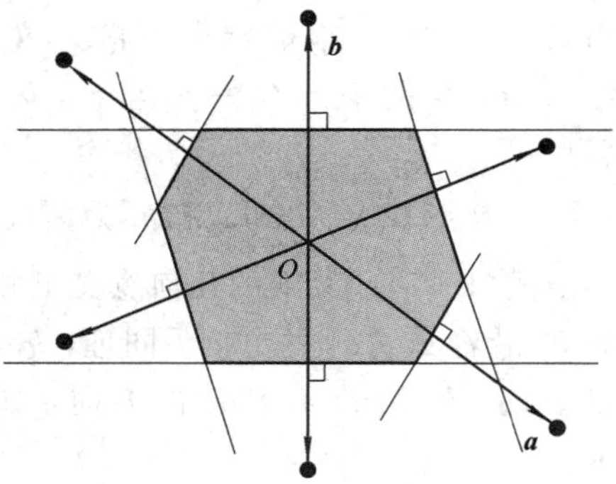

图 1-50 二维斜晶格第一布里渊区的示意图

不管晶体结构是否相同，只要它们的布拉菲格子类型相同，其倒格子类型就相同，布里渊区的形状也相同。例如，金刚石结构、NaCl 结构等的布拉菲格子都是 fcc 格子，它们的第一布里渊区形状都和 fcc 格子的第一布里渊区形状相同。另外，同一晶格中每个布里渊区占据倒格子空间的体积相等，都等于倒格子原胞的体积 Ω^*。第一布里渊区以外的各布里渊区由若干块对称分布且不相连的区域组成，这些区域总可以分别用适当的倒格矢平移到第一布里渊区内，既无空隙，也无重叠，即各级布里渊区的"体积"相等。

1.7.3 典型晶格的倒格子与布里渊区的例子

1. 一维格子

由一维格子的基矢 $\boldsymbol{a}=a\boldsymbol{i}$，可以作出图 1-49(a)所示的一维格子。由式(1-8)便可写出其倒格子基矢：

$$\boldsymbol{b}=\frac{2\pi}{a}\boldsymbol{i} \tag{1-15}$$

并作出图 1-49(b)所示的一维倒格子。由原点出发的最短倒格矢是 $\boldsymbol{b}$ 和 $-\boldsymbol{b}$。这些矢量的垂直平分线构成第一布里渊区的边界，边界位于 $k=\pm\pi/a$。

2. 二维长方格子

设二维长方晶格的初基原胞基矢为

$$\boldsymbol{a}_1=a_1\boldsymbol{i},\quad \boldsymbol{a}_2=a_2\boldsymbol{j}$$

利用式(1-10)，可写出对应的倒格矢基矢为

$$b_1 = \frac{2\pi}{a_1}i, \quad b_2 = \frac{2\pi}{a_2}j \tag{1-16}$$

由 b_1、b_2 作出二维倒格子空间，其倒格子原胞仍为长方形，倒格子原胞的面积为$\frac{(2\pi)^2}{a_1 \cdot a_2}$，如图1-51所示。图中标明了第一、第二、第三布里渊区。包含原点的长方形是第一布里渊区，以此类推，显然第二、第三布里渊区可以通过平移并入简约布里渊区，各布里渊区的大小相同，且都与倒格子原胞大小相等。

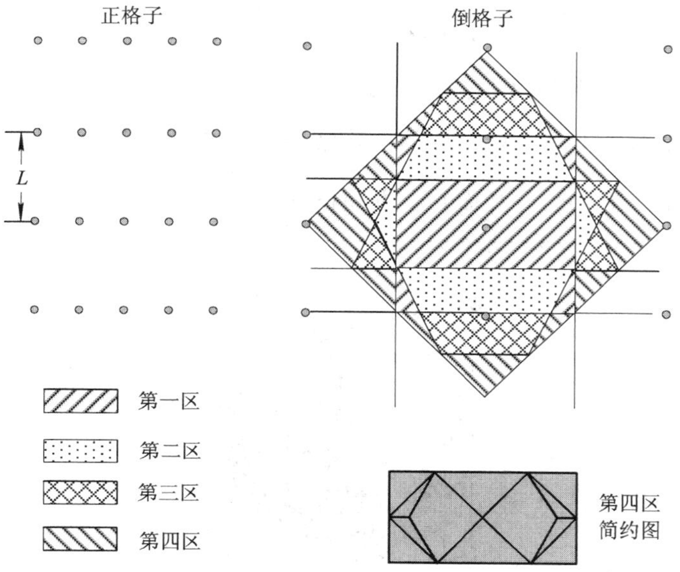

图1-51　二维长方晶格的倒格子与布里渊区

3. 简单立方晶格

简单立方(sc)晶格的基矢为

$$a_1 = ai, \quad a_2 = aj, \quad a_3 = ak$$

初基原胞的体积为

$$a_1 \cdot (a_2 \times a_3) = a^3$$

简单立方晶格的倒格子基矢可由式(1-10)确定：

$$b_1 = \frac{2\pi}{a}i, \quad b_2 = \frac{2\pi}{a}j, \quad b_3 = \frac{2\pi}{a}k \tag{1-17}$$

因此其倒格子本身亦是一个简单立方晶格，其晶格常数为 $2\pi/a$。

第一布里渊区边界是过6个倒格矢 $\pm b_1$、$\pm b_2$、$\pm b_3$ 的中点，并与之正交的平面，如图1-52所示：

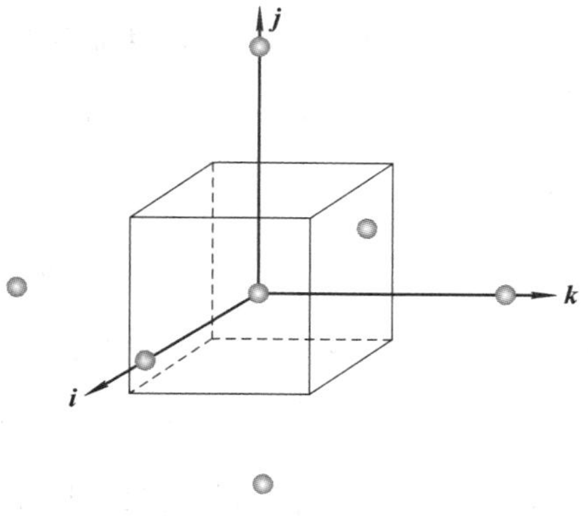

图1-52　简单立方晶格的第一布里渊区

$$\pm\frac{1}{2}b_1 = \pm\frac{\pi}{a}i, \quad \pm\frac{1}{2}b_2 = \pm\frac{\pi}{a}j, \quad \pm\frac{1}{2}b_3 = \pm\frac{\pi}{a}k \tag{1-18}$$

这 6 个平面围成一个边长为 $2\pi/a$、体积为 $(2\pi/a)^3$ 的立方体，这个立方体就是简单立方晶格的第一布里渊区。

4. 体心立方晶格

体心立方(bcc)晶格的初基原胞基矢可以表示为

$$\boldsymbol{a}_1 = \frac{a}{2}(-\boldsymbol{i}+\boldsymbol{j}+\boldsymbol{k}), \quad \boldsymbol{a}_2 = \frac{a}{2}(\boldsymbol{i}-\boldsymbol{j}+\boldsymbol{k}), \quad \boldsymbol{a}_3 = \frac{a}{2}(\boldsymbol{i}+\boldsymbol{j}-\boldsymbol{k})$$

其初基原胞体积为

$$\boldsymbol{a}_1 \cdot (\boldsymbol{a}_2 \times \boldsymbol{a}_3) = \frac{1}{2}a^3$$

体心立方晶格的倒格子基矢通过式(1-10)确定：

$$\boldsymbol{b}_1 = \frac{2\pi}{a}(\boldsymbol{j}+\boldsymbol{k}), \quad \boldsymbol{b}_2 = \frac{2\pi}{a}(\boldsymbol{k}+\boldsymbol{i}), \quad \boldsymbol{b}_3 = \frac{2\pi}{a}(\boldsymbol{i}+\boldsymbol{j}) \qquad (1-19)$$

由图 1-13 可以看出，它们恰好是面心立方晶格的基矢。因此，体心立方晶格的倒格子是一个面心立方晶格，如图 1-53 所示。

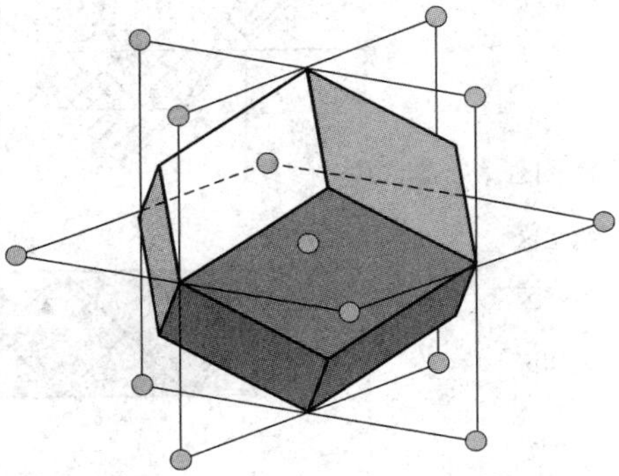

图 1-53　体心立方晶格的倒格子与第一布里渊区

5. 面心立方晶格

面心立方(fcc)晶格的初基原胞基矢为

$$\boldsymbol{a}_1 = \frac{a}{2}(\boldsymbol{j}+\boldsymbol{k}), \quad \boldsymbol{a}_2 = \frac{a}{2}(\boldsymbol{k}+\boldsymbol{i}), \quad \boldsymbol{a}_3 = \frac{a}{2}(\boldsymbol{i}+\boldsymbol{j})$$

其初基原胞体积为

$$\boldsymbol{a}_1 \cdot (\boldsymbol{a}_2 \times \boldsymbol{a}_3) = \frac{1}{4}a^3$$

面心立方晶格的倒格子基矢如下：

$$\boldsymbol{b}_1 = \frac{2\pi}{a}(-\boldsymbol{i}+\boldsymbol{j}+\boldsymbol{k}), \quad \boldsymbol{b}_2 = \frac{2\pi}{a}(\boldsymbol{i}-\boldsymbol{j}+\boldsymbol{k}), \quad \boldsymbol{b}_3 = \frac{2\pi}{a}(\boldsymbol{i}+\boldsymbol{j}-\boldsymbol{k}) \qquad (1-20)$$

显然，由式(1-20)给出的矢量等同于体心立方晶格的初基原胞基矢，因此面心立方晶格的倒格子属于体心立方晶格，第一布里渊区是围绕原点被封闭的最小体积，其截角八面体如图 1-54 所示，在截角之前，6 个平面围成一个边长为 $4\pi/a$，体积为 $(4\pi/a)^3$ 的立方体。倒格子的原胞体积为 $4(2\pi/a)^3$。

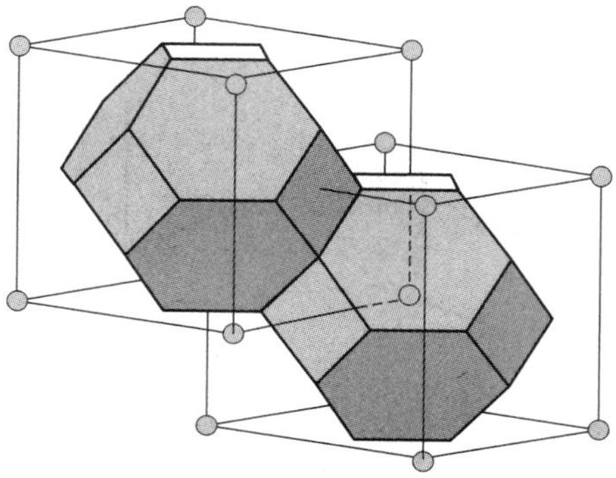

图 1-54 面心立方晶格的倒格子与第一布里渊区

1.8 晶体中的 X 光衍射

1.8.1 概述

早在 1895 年伦琴发现 X 射线之后不久，德国科学家冯·劳厄(Von Laue)就首先指出，质点排列规则的晶体可以作为 X 射线的衍射光栅，并于 1912 年用实验证实了这一想法。随后，布拉格用 X 射线衍射证明了 NaCl 等晶体具有面心立方型结构，从而历史性地奠定了用 X 射线衍射测定晶体的原子周期性长程有序结构的地位。以后的许多学者对晶体衍射理论和实验做了很多重要的改进，使得 X 射线衍射成为研究和确定晶体结构的重要工具。

所谓晶体的衍射，就是在一定条件下，射入晶体的波(电磁波或电子、中子等微观粒子)与晶体中的原子相互作用产生散射，各散射波互相干涉，在某些方向上引起加强或减弱的效应。利用晶体衍射在照片上感光形成的图样或衍射峰，人们可以研究晶体的微观结构。晶体衍射是固体物理学中极其重要的实验方法，对固体物理学的建立和发展起过并仍在发挥着巨大的作用。

X 射线是一种有很强穿透力的高频电磁波，它可以由 X 射线管中阴极发射的电子经高压加速撞击金属靶而产生。晶体衍射中使用的 X 射线波长应与晶体中原子间距同数量级(10^{-10} m)。这样，晶格可以看做是入射 X 射线的三维光栅，通过对衍射图案的分析便可推知晶体中原子分布的规律，即晶体结构，又称之为物相。

1.8.2 衍射波的振幅与强度

入射 X 光子和晶体的核外电子相互作用，使晶体中的电子产生强迫振动，进而发出次级球面波。X 光子的波长和原子的尺寸相当。晶体不同部位产生的散射光之间存在相位差，这些散射光在某些方向上互相叠加引起加强或减弱，从而产生 X 光的衍射。如图 1-55 所示，在 Q 点处有一束 X 光入射到晶体样品上，在与 O 点相距为 $\boldsymbol{r}$ 的 P 点有一体积元 $d\tau$，入射束与反射束的波矢分别为 $\boldsymbol{k}_0$ 和 $\boldsymbol{k}$，在观察点 B 接收到的 X 光是晶体中各处电子发出的散射波的几何叠加。

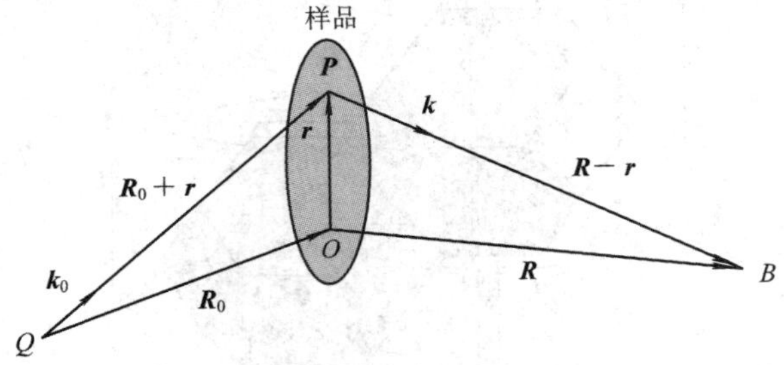

图 1-55　X 光入射与散射示意图

设 P 点的入射波为

$$A_P = a_0 e^{-i[\omega_0 t - \boldsymbol{k}_0 \cdot (\boldsymbol{R}_0 + \boldsymbol{r})]} \tag{1-21}$$

入射波 A_P 使 P 点附近 $d\tau$ 内的电子 $\rho(\boldsymbol{r}, t)d\tau$ 强迫振动，向外辐射球面波，在观察点 B 处散射波为

$$dA_B = \frac{CA_P \rho(\boldsymbol{r}, t) d\tau e^{i[\boldsymbol{k} \cdot (\boldsymbol{R} - \boldsymbol{r})]}}{|\boldsymbol{R} - \boldsymbol{r}|^2} \tag{1-22}$$

C 为与材料吸收有关的系数。当场点足够远，即 $\boldsymbol{R} \gg \boldsymbol{r}$ 时，$|\boldsymbol{R} - \boldsymbol{r}| \approx |\boldsymbol{R}|$，把 A_P 代入式(1-22)，并对整个晶体积分，得到在观察点 B 处总的散射波：

$$A_B = \left(\frac{a_0 C}{|\boldsymbol{R}|^2}\right) e^{-i[\omega_0 t]} e^{i[\boldsymbol{k}_0 \cdot \boldsymbol{R}_0 + \boldsymbol{k} \cdot \boldsymbol{R}]} \int_v \rho(\boldsymbol{r}, t) e^{-i[\boldsymbol{k} - \boldsymbol{k}_0] \cdot \boldsymbol{r}} d\tau$$

若电荷分布与时间无关，即 $\rho(\boldsymbol{r}, t) \approx \rho(\boldsymbol{r})$，则

$$A_B = \left(\frac{a_0 C}{|\boldsymbol{R}|^2}\right) e^{-i[\omega_0 t]} e^{i[\boldsymbol{k}_0 \cdot \boldsymbol{R}_0 + \boldsymbol{k} \cdot \boldsymbol{R}]} \int_v \rho(\boldsymbol{r}) e^{-i[\boldsymbol{k} - \boldsymbol{k}_0] \cdot \boldsymbol{r}} d\tau \tag{1-23}$$

在弹性散射中，光子能量 $\hbar\omega$ 不变，所以出射束频率 ω 等于入射束的频率 ω_0。从而，散射前后波矢大小相等，即 $k_0 = k$。在非弹性散射中，$\omega \neq \omega_0$，散射前后波矢的模值要发生变化。

由式(1-23)的积分定义的量 $A(\boldsymbol{k})$ 称之为散射振幅，即

$$A(\boldsymbol{k}) = \int_v \rho(\boldsymbol{r}) e^{-i[\boldsymbol{k} - \boldsymbol{k}_0] \cdot \boldsymbol{r}} d\tau = \int_v \rho(\boldsymbol{r}) e^{-i\boldsymbol{S} \cdot \boldsymbol{r}} d\tau \tag{1-24}$$

式中，$\boldsymbol{S} = \boldsymbol{k} - \boldsymbol{k}_0$ 或者 $\boldsymbol{k}_0 + \boldsymbol{S} = \boldsymbol{k}$。其中，$\boldsymbol{S}$ 表示散射前后波矢的变化，通常称之为散射矢量。将 $\boldsymbol{k}_0$ 加上 $\boldsymbol{S}$ 就得到散射束的波矢 $\boldsymbol{k}$。

由此可以得到 $\boldsymbol{k}$ 方向的散射强度 $I(\boldsymbol{k})$：

$$I(\boldsymbol{k}) \propto |A(\boldsymbol{k})|^2 \propto \left| \int_v \rho(\boldsymbol{r}) e^{-i\boldsymbol{S} \cdot \boldsymbol{r}} d\tau \right|^2 \tag{1-25}$$

1.8.3 决定散射的诸因素

原子对 X 射线的散射就是原子中所有电子对 X 射线的散射。由于原子的尺寸与 X 射线的波长相当，所以原子内各部分电子云对 X 射线的散射波之间存在相位差，即存在相互干涉，这种干涉会造成各个方向衍射强度的差异。因此，晶体对入射的 X 光子的散射可分为三个层次来理解：各原子对 X 光子的散射；原胞内不同原子间散射波的干涉(几何叠加)；原胞间散射波的干涉(几何叠加)。如图 1-56 所示，图中每个方格代表一个原胞，在

晶体中任选一个格点为原点 O，$\boldsymbol{R}_n$ 为原胞的位矢，$\boldsymbol{R}_a$ 为原胞内第 a 个原子相对原胞参考点的位矢，$\boldsymbol{r}_a$ 为有电子云的某点相对第 a 个原子的位矢。

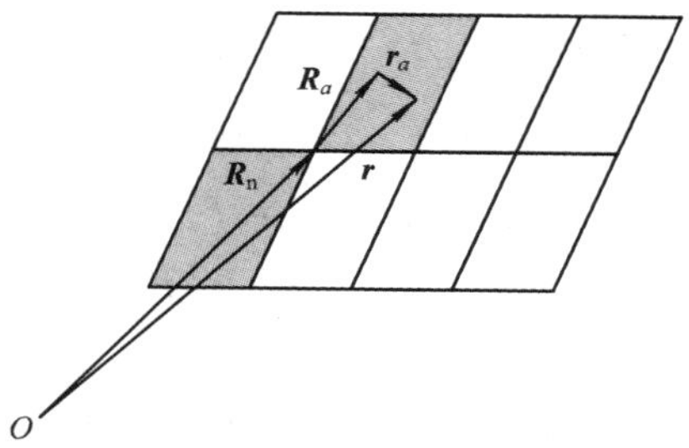

图 1-56　晶体中位矢示意图

由图 1-56 可知

$$\boldsymbol{r} = \boldsymbol{R}_n + \boldsymbol{R}_a + \boldsymbol{r}_a \tag{1-26}$$

把上式代入式(1-24)，可得

$$\begin{aligned} A(\boldsymbol{k}) &= \int_v \rho(\boldsymbol{r}) e^{-i\boldsymbol{S}\cdot\boldsymbol{r}} d\tau = \int_v \rho(\boldsymbol{r}) e^{-i\boldsymbol{S}\cdot(\boldsymbol{R}_n+\boldsymbol{R}_a+\boldsymbol{r}_a)} d\tau \\ &= \sum_{R_n} e^{-i\boldsymbol{S}\cdot\boldsymbol{R}_n} \sum_{R_a} e^{-i\boldsymbol{S}\cdot\boldsymbol{R}_a} \int_{a原子} \rho(\boldsymbol{r}) e^{-i\boldsymbol{S}\cdot\boldsymbol{r}_a} d\tau \end{aligned} \tag{1-27}$$

1. 原子散射因子

原子对 X 光的散射可以表示为

$$f_a = \int_{a原子} \rho(\boldsymbol{r}) e^{-i\boldsymbol{S}\cdot\boldsymbol{r}_a} d\tau \tag{1-28}$$

称 f_a 为原子散射因子。它的意义为原子内所有电子散射波振幅的几何和与散射中心处一个电子散射波的振幅之比。f_a 是原子散射能力的量度，对于不同种类的原子，由于原子结构、所包含的电子数目和电子分布的不同，原子散射因子不同；同一原子的不同散射方向，原子散射因子也不相同。

2. 几何结构因子

一个原胞内所有原子的散射可表述为

$$S_h = \sum_{R_a} e^{-i\boldsymbol{S}\cdot\boldsymbol{R}_a} f_a \tag{1-29}$$

S_h 称为几何结构因子。它的意义是原胞内所有原子散射波振幅的几何和与原胞散射中心处一个电子散射波振幅之比。如果将原子的位矢 $\boldsymbol{R}_a$ 写为

$$\boldsymbol{R}_a = u_a \boldsymbol{a}_1 + v_a \boldsymbol{a}_2 + w_a \boldsymbol{a}_3 \tag{1-30}$$

由 $\boldsymbol{S}=\boldsymbol{k}-\boldsymbol{k}_0$ 是一倒格矢量(衍射极大条件中讨论)，即

$$\boldsymbol{S} = \boldsymbol{k} - \boldsymbol{k}_0 = n(h\boldsymbol{b}_1 + k\boldsymbol{b}_2 + l\boldsymbol{b}_3) \tag{1-31}$$

将式(1-30)和式(1-31)代入式(1-29)，可以得到结构因子的通用公式：

$$S_h = \sum_a^m f_a e^{-i2\pi n(hu_a + kv_a + lw_a)} \tag{1-32}$$

体心立方结构的惯用原胞中，在(000)、$\left(\frac{1}{2}\frac{1}{2}\frac{1}{2}\right)$位置上有两个全同的原子，因此，式(1-32)变为

$$S_{h(hkl)} = f_a[1 + e^{-i\pi n(h+k+l)}] = \begin{cases} 2f_a & n(h+k+l)\ 为偶数 \\ 0 & n(h+k+l)\ 为奇数 \end{cases} \tag{1-33}$$

即衍射面指数之和为奇数的衍射线消失。这里的(hkl)是参照一个惯用原胞而言的。例如金属 Na 是体心立方结构，在其衍射谱中将不出现诸如(100)、(300)、(111)或(221)谱线，但存在诸如(200)、(110)、(222)谱线。

在面心立方结构的惯用原胞中，(000)、$\left(0\frac{1}{2}\frac{1}{2}\right)$、$\left(\frac{1}{2}0\frac{1}{2}\right)$、$\left(\frac{1}{2}\frac{1}{2}0\right)$位置上具有全同的原子，式(1-32)变为

$$S_{h(hkl)} = f_a[1 + e^{-i\pi n(h+k)} + e^{-i\pi n(h+l)} + e^{-i\pi n(k+l)}]$$
$$= \begin{cases} 4f_a & h、k、l\text{ 全为奇数或全为偶数(或 } n \text{ 为偶数)} \\ 0 & h、k、l\text{ 中既有奇数也有偶数(或 } n \text{ 为奇数)} \end{cases} \tag{1-34}$$

即衍射面指数中既有奇数又有偶数的衍射线消失。

3. 总散射效果

由式(1-27)可知，晶体对 X 射线的总散射效果是各原胞散射的几何和，即

$$A(\boldsymbol{k}) = \sum_{R_n} e^{-i\boldsymbol{S}\cdot\boldsymbol{R}_n} \cdot S_h = S_h \cdot \sum_{R_n} e^{-i\boldsymbol{S}\cdot\boldsymbol{R}_n} \tag{1-35}$$

1.8.4 产生衍射极大的条件

由式(1-25)可知，衍射强度

$$I(\boldsymbol{k}) \propto |A(\boldsymbol{k})|^2 \propto \left|\int_v \rho(\boldsymbol{r}) e^{-i\boldsymbol{S}\cdot\boldsymbol{r}} d\tau\right|^2$$

并且

$$A(\boldsymbol{k}) = \sum_{R_n} e^{-i\boldsymbol{S}\cdot\boldsymbol{R}_n} \sum_{R_a} e^{-i\boldsymbol{S}\cdot\boldsymbol{R}_a} \int_{a\text{原子}} \rho(\boldsymbol{r}) e^{-i\boldsymbol{S}\cdot\boldsymbol{r}_a} d\tau = \sum_{R_n} e^{-i\boldsymbol{S}\cdot\boldsymbol{R}_n} \cdot S_h = F \cdot S_h \tag{1-36}$$

这里 $F = \sum_{R_n} e^{-i\boldsymbol{S}\cdot\boldsymbol{R}_n}$，是晶体中各初基原胞散射中心的散射波之间的相位因子。

设初基原胞的位矢为

$$\boldsymbol{R}_n = n_1\boldsymbol{a}_1 + n_2\boldsymbol{a}_2 + n_3\boldsymbol{a}_3$$

则

$$F = \sum_{R_n} e^{-i\boldsymbol{S}\cdot\boldsymbol{R}_n} = \sum_{n_1}^{N_1}\sum_{n_2}^{N_2}\sum_{n_3}^{N_3} e^{-i\boldsymbol{S}\cdot(n_1\boldsymbol{a}_1+n_2\boldsymbol{a}_2+n_3\boldsymbol{a}_3)}$$

其中，N_1、N_2、N_3 为基矢 $\boldsymbol{a}_1$、$\boldsymbol{a}_2$、$\boldsymbol{a}_3$ 方向的初基原胞数。当 $\boldsymbol{S}=\boldsymbol{k}-\boldsymbol{k}_0=\boldsymbol{G}_h$ 时，上式可以写为

$$\sum_{n_1}^{N_1}\sum_{n_2}^{N_2}\sum_{n_3}^{N_3} e^{-i(h_1\boldsymbol{b}_1+h_2\boldsymbol{b}_2+h_3\boldsymbol{b}_3)\cdot(n_1\boldsymbol{a}_1+n_2\boldsymbol{a}_2+n_3\boldsymbol{a}_3)} = \sum_{n_1}^{N_1} e^{-i2\pi h_1 n_1}\sum_{n_2}^{N_2} e^{-i2\pi h_2 n_2}\sum_{n_3}^{N_3} e^{-i2\pi h_3 n_3}$$
$$= N_1 \cdot N_2 \cdot N_3 = N \tag{1-37}$$

其中：h_1、h_2、h_3，n_1、n_2、n_3 均为整数；N 为晶体中包含的初基原胞总数。

即当 $\boldsymbol{S}=\boldsymbol{k}-\boldsymbol{k}_0=\boldsymbol{G}_h$ 时，原胞散射中心的散射波之间的相位因子为晶体中包含的初基原胞总数，所有原胞自身的散射光均满足相位相同的加强条件，产生衍射极大。图 1-57 所示为产生衍射极大时的衍射三角形(即倒空间衍射方程)。

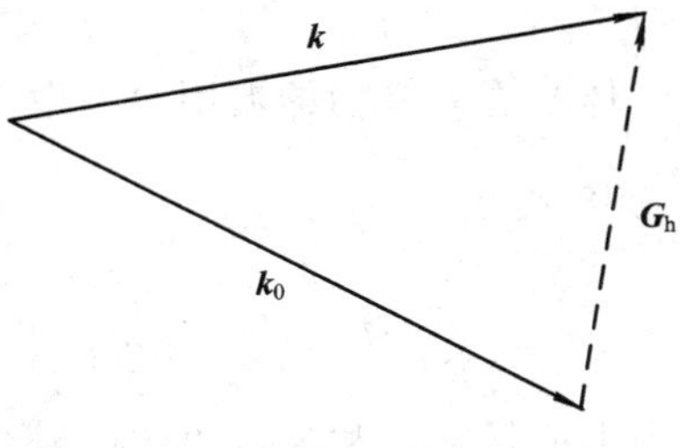

图 1-57 倒空间衍射三角形

当几何结构因子 $S_h=0$ 时，所有原胞自身的散射光均为零，此时没有衍射光产生，该条件称为消光条件，即

$$S_h = \sum_{R_a} e^{-i\boldsymbol{S}\cdot\boldsymbol{R}_a} f_a = 0 \tag{1-38}$$

1.8.5　布拉格定律

由于晶体中存在多种晶面族，可以认为入射的X光将被这些晶面作镜面反射。由于X光具有强穿透性，可以认为每层晶面只反射入射光波的一小部分，当某晶面族各层晶面的反射波在某方向上是同位相时，便产生一个加强的反射束，该方向即为衍射线的方向。图1-58是布拉格反射示意图，由图中可以看出，一族晶面中相邻晶面反射波的波程差为$2d\sin\theta$，其中d为该晶面族的面间距，θ为入射角或布拉格角。当波程差是X光波长λ的整数倍时，相邻晶面的反射线互相加强，由此得到衍射极大的条件：

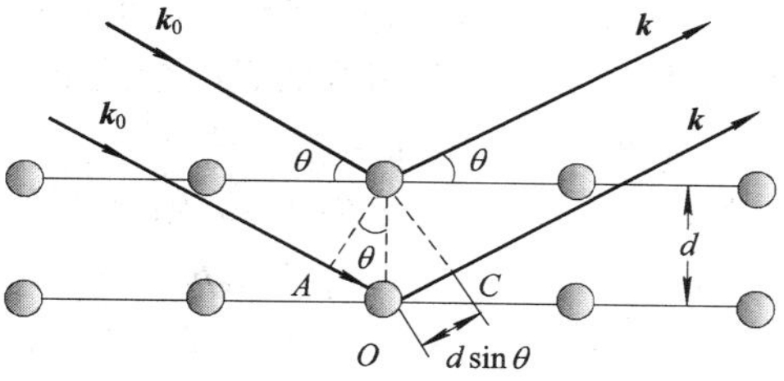

图1-58　布拉格反射示意图

$$2d\sin\theta = n\lambda \tag{1-39}$$

这就是布拉格定律。式(1-39)中n为正整数，称为衍射级数。布拉格定律成立的条件是波长$\lambda \leqslant 2d$。

1.8.6　劳厄方程

劳厄把晶体对X射线的衍射归结为晶体内每个原子对X射线的散射，当所有原子的散射发生相长干涉时便会产生最大的衍射。

X射线射到晶体中的原子上，原子会向各个方向散射，当它们在某方向上同相位时，将发生衍射加强。

如1-59劳厄方程示意图所示，取原子O为原点，晶体中任一原子A的位矢为$\boldsymbol{R}_A = l_1\boldsymbol{a}_1 + l_2\boldsymbol{a}_2 + l_3\boldsymbol{a}_3$，设$\boldsymbol{S}_0$和$\boldsymbol{S}$分别为入射线和衍射线方向的单位矢量，X射线经过$O$、$A$两原子后的波程差为

$$CO + OD = \boldsymbol{R}_A\cdot(-\boldsymbol{S}_0) + \boldsymbol{R}_A\cdot\boldsymbol{S} = \boldsymbol{R}_A(\boldsymbol{S} - \boldsymbol{S}_0) \tag{1-40}$$

假设是弹性散射，散射前后波长λ不变。波程差必须等于波长的整数倍才能使衍射加强，即

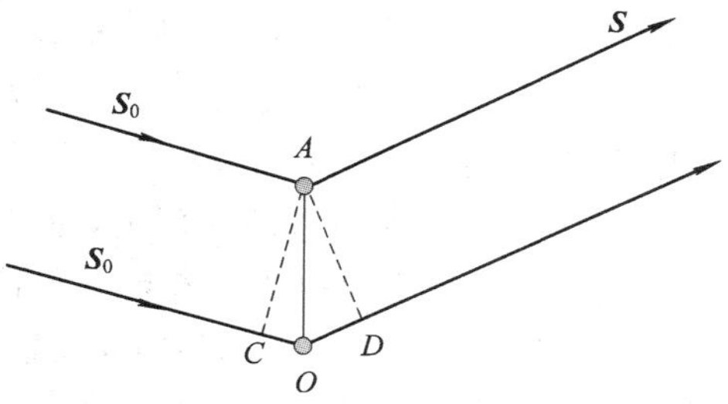

图1-59　劳厄方程示意图

$$\boldsymbol{R}_A\cdot(\boldsymbol{S} - \boldsymbol{S}_0) = \mu\lambda \qquad \mu\text{为整数} \tag{1-41}$$

这便是劳厄方程。

设入射与散射的X射线的波矢分别为$\boldsymbol{k}_0 = \frac{2\pi}{\lambda}\boldsymbol{S}_0$和$\boldsymbol{k} = \frac{2\pi}{\lambda}\boldsymbol{S}$，则劳厄方程可写为

$$\boldsymbol{R}_A\cdot(\boldsymbol{k} - \boldsymbol{k}_0) = 2\pi\mu \tag{1-42}$$

与正倒格矢之间的关系$\boldsymbol{R}_A\cdot\boldsymbol{G}_h = 2\pi\mu$比较，其中$\boldsymbol{R}_A$为正格矢，$\boldsymbol{k} - \boldsymbol{k}_0$可以为倒格子空间

的某一倒格矢：

$$\boldsymbol{k}-\boldsymbol{k}_0=\boldsymbol{G}_h=h_1\boldsymbol{b}_1+h_2\boldsymbol{b}_2+h_3\boldsymbol{b}_3 \tag{1-43}$$

其中 h_1、h_2、h_3 是整数，并不一定互质。式(1－43)与图 1－57 所示倒空间衍射三角形一致，可称为倒格子空间的劳厄方程。它指出：当入射波矢 $\boldsymbol{k}_0$ 与散射波矢 $\boldsymbol{k}$ 相差任意一个倒格矢时，该衍射方向便满足衍射加强的条件。

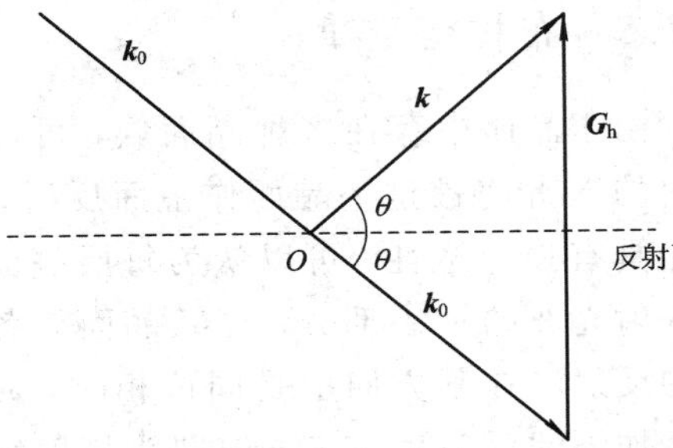

图 1－60 劳厄方程在倒格子空间的矢量关系

若(h_1, h_2, h_3)有公因子 n，则

$$\boldsymbol{G}_h=n(h_1'\boldsymbol{b}_1+h_2'\boldsymbol{b}_2+h_3'\boldsymbol{b}_3)=n\boldsymbol{G}_h'$$

(h_1', h_2', h_3')是互质整数。这时

$$\boldsymbol{k}-\boldsymbol{k}_0=n\boldsymbol{G}_h' \tag{1-44}$$

其中：n 为正整数，称为衍射级数；倒格矢对应的晶面族为(h_1', h_2', h_3')。劳厄方程在倒格子空间的矢量关系见图 1－60。

1.8.7 厄瓦尔德反射球

对于给定的晶体结构，当入射波矢 $\boldsymbol{k}_0$ 确定时，如何利用作图的方法方便地找出晶体中所有会发生衍射的晶面族及可能出现的衍射方向呢？

由衍射极大条件 $\boldsymbol{k}-\boldsymbol{k}_0=\boldsymbol{G}_h$ 可以知道，若入射波矢 $\boldsymbol{k}_0$ 大小和方向不变，散射波矢 $\boldsymbol{k}$ 虽然方向可变，但对弹性散射 $|\boldsymbol{k}|=|\boldsymbol{k}_0|=2\pi/\lambda$ 不变，$\boldsymbol{k}_0$、$\boldsymbol{k}$、$\boldsymbol{G}_h$ 总是构成矢量等腰三角形。这样，就可以通过作图的方式，来确定衍射方向，如图 1－61 所示，图中右侧的点是晶体的倒格点。

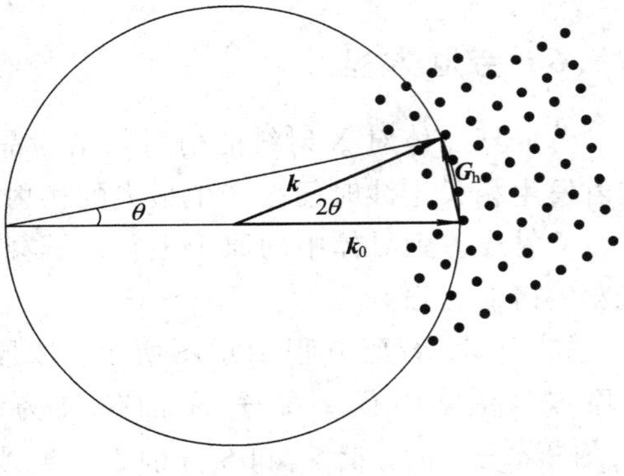

图 1－61 厄瓦尔德(Ewaid)反射球

图 1－61 中矢量 $\boldsymbol{k}_0$ 表示入射 X 射线的方向，以它的起点为原点，使它终止于任意倒格点。以 $\boldsymbol{k}_0$ 的原点为圆心，作一个半径为 $k_0=2\pi/\lambda$ 的球，如果有倒格点落在球上，就会形成一个衍射束。图中所画的球上落有一个倒格点，该点与 $\boldsymbol{k}_0$ 的终端由倒格矢 $\boldsymbol{G}_h$ 连接，由圆心指向该点的矢量为 $\boldsymbol{k}$，$\boldsymbol{k}_0$、$\boldsymbol{k}$、$\boldsymbol{G}_h$ 构成矢量三角形，则衍射 X 射线束的方向就是 $\boldsymbol{k}=\boldsymbol{k}_0+\boldsymbol{G}_h$，$\theta$ 是布拉格角。该衍射球称为厄瓦尔德(Ewaid)反射球。

＊1.9 非晶态材料的结构

理想晶体原子排列具有周期性，称其为长程有序。非晶态材料原子排列不具有周期性，因此不具备长程有序，但是非晶态材料中原子的排列也不是杂乱无章的，仍然保留有原子排列的短程有序。如图 1－62 所示，图(a)表示理想晶体原子排列的规则网络，图(b)表示非晶态原子排列的无规则网络。

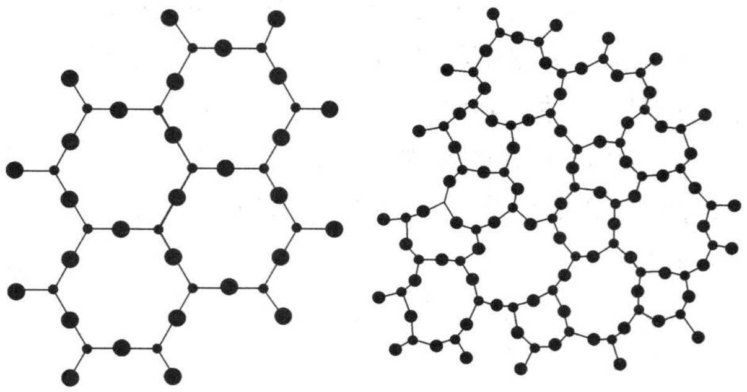

图 1－62　Be_2O_3 晶体和 Be_2O_3 玻璃的结构

由图 1－62 可以看出，两者间具有显著的不同，组成 Be_2O_3 晶体的粒子在空间的排列具有周期性，是长程有序的。而 Be_2O_3 玻璃中的粒子只有在近邻的范围内的粒子之间保持着一定的短程有序，当隔开三、四个粒子以后，由于键角键长的畸变破坏了长程有序，形成无规则网络，晶体结构已不复存在。这是非晶态的显著而重要的特征。

非晶态材料的基本特征是失去了长程有序，保留了短程有序。应该强调，短程有序并不能完全地、唯一地确定非晶态材料的结构，要确定非晶态材料的结构还需要知道原子联结中的拓扑规律。

＊1.10　准　晶　态

1984 年 Shechtman 等人报导了在用快速冷却的方法制备的 AlMn 合金中的电子衍射图中，发现了具有五重对称的斑点分布，斑点的明锐程度不亚于晶体情况，如图 1－63 所示。但在前面的晶体对称性一节已经证明了在晶体中是不可能存在有五重对称轴的。这一矛盾使人们想到固体材料除了晶体和非晶体以外，还有一种介于这两者之间的新状态，称之为准晶态。

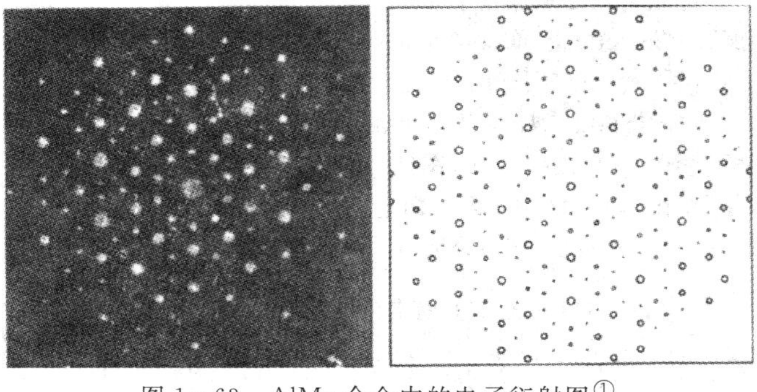

图 1－63　AlMn 合金中的电子衍射图①

① 摘自参考文献[5]。

准晶态的概念是受1974年Penrose提出的数学游戏的启发而引入的。我们知道，正五边形是不能重复排列充满一个平面而不留空隙的。Penrose发现，用图1-64所示的两种四边形，可以布满空间而不留空隙。在图1-65中给出了一个拼接的例子，其中五次对称的图形比比皆是，但是它们的分布不具有周期性。分析图1-64中的两个四边形，图(a)所示图形的4个角分别为72°、72°、144°、72°(称为"风筝")，图(b)所示图形的4个角分别为36°、72°、36°、216°(称为"箭")。

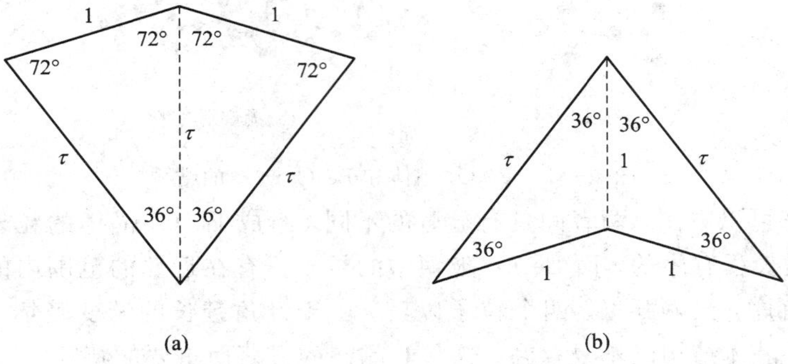

图1-64 "风筝"和"箭"四边形

在图1-66中，把两个四边形拼接在一起，发现两个四边形的边长有两种取值(图中分别用1和τ标出)，两种边长之比

$$\tau=\frac{1+\sqrt{5}}{2}=1.618\ 033\ 98\cdots$$

恰好是著名的黄金分割无理数。这两种四边形拼接的平面图形，虽然不具有周期性，但也呈现出某种长程有序，表现为图中所有线段之间的夹角是$2\pi/5$及其整数倍；沿平面五度对称轴的方向，线段的长度只有1和τ两种。

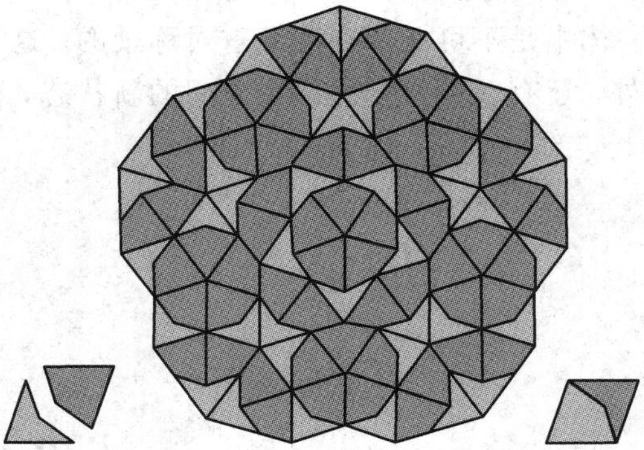

图1-65 Penrose的拼接图案

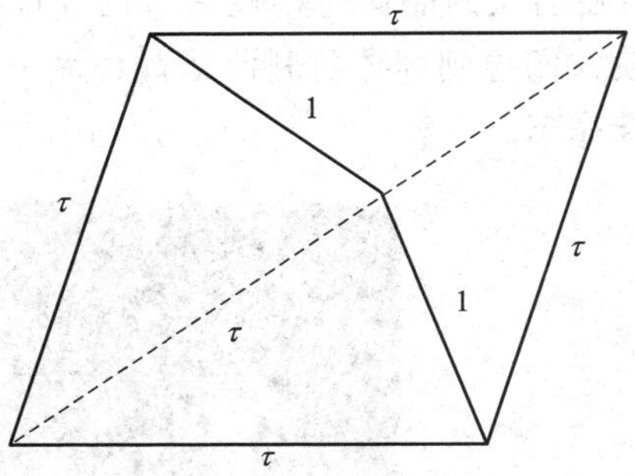

图1-66 "箭"和"风筝"四边形中的两种特征长度

基于Penrose拼接图案，Steinhardt和Levine引入了准晶态的概念。准晶态结构的特点是：具有长程的取向序而没有长程的平移对称序(周期性)；取向序具有晶体周期性所不能容许的点群对称性；沿取向序对称轴的方向具有准周期性，由两个或两个以上不可公度的特征长度(所谓不可公度，是指线段的比值为无理数，或者说二者不存在公倍数)按着特定的序列方式排列。如图1-65中所示的拼接图案，显然满足这些要求，它具有五次对称

的取向序，而没有平移对称性；沿平面内对称轴的方向，有两个不可公度的特征线段 1 和 τ，这两个线段非周期性地但是以某种确定的规律排列。Steinhardt 等认为由 Shechtman 等人急冷却方法制备的 AlMn 合金是具有正二十面体取向序的准晶态，由此计算出来的衍射图样，无论是衍射斑点的位置，还是强度都与实验结果符合得很好。

*1.11　群与晶体点阵的分类

对于某一具体的晶体而言，一般并不具有以上介绍的所有各类对称性，往往只在上述一部分对称操作作用下与自身重合。然而一个晶体所有的宏观对称操作必须满足如下的共同性质：一是必须具有不变操作；二是如果具有两个对称操作 A 和 B，则这两个操作相继连续操作的组合操作仍为一对称操作；三是如果 A 为对称操作，其逆操作也是对称操作，例如 n 的逆操作即为绕转轴反向旋转 $2\pi/n$，而 m 的逆操作就是 m 自身；而且，如果 A、B、C 为对称操作，则先操作 C 后再操作 A 与 B 的组合，与先操作 B 与 C 的组合再操作 A 的效果一致。这些性质与数学中的一类特殊集合——群的性质相符，因此常用对称性群一词来描述晶体的宏观对称性，对称操作即为群的元素。由于晶体所有的宏观对称操作都不改变一个特殊点(即以上操作描述的原点)的位置，因此常称宏观对称性群为晶体点群。

1.11.1　群的概念

1. 群的定义

在数学上，定义一组元素(有限或无限)的集合 $G\equiv\{E, g_1, g_2, \cdots\}$，并赋予这些元素一定的乘法运算规则 g_ig_j，如果元素相乘满足下列群规则，则集合 G 构成一个群：

(1) 群的闭合性：若 g_i，$g_j\in G$，则 $g_k=g_ig_j\in G$。

(2) 乘法的结合律：$g_i(g_jg_k)=(g_ig_j)g_k$。

(3) 存在单位元素 E，使得所有元素满足 $Eg_i=g_i$。

(4) 对于任意元素 g_i，存在逆元素 g_i^{-1}，满足 $g_ig_i^{-1}=E$。

一般地，除了阿贝尔群外，群元素不满足乘法交换律，即 $g_ig_j\neq g_jg_i$。

2. 对称操作群——点群、空间群

若一个晶体具有的所有对称操作满足上述群的定义，就构成一个操作群。这时，乘法运算就是连续操作；单位元素为不变操作(转角为 0 的旋转加上平移矢量为 0 的平移)；逆元素为转角和平移矢量大小相等、方向相反的操作，中心反演的逆元素还是中心反演。

很容易验证，立方体的 48 个宏观对称操作满足上述群的定义及其群规则，构成一个群 $G(E, g_1, g_2, \cdots, g_{47})$。如图 1-67 所示，假定群元素 g_i 和 g_j 分别表示绕 OA 和 OC 旋转$\pi/2$，操作 g_i 使顶点 $S\to S''$，而操作 g_j 又使 $S''\to S$，操作 g_i 使 $T\to T''$，而操作 g_j 使 $T''\to T'$。

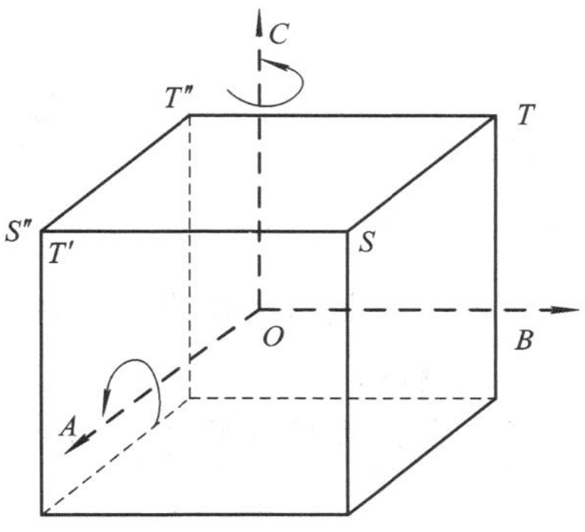

图 1-67　连续旋转操作

由图 1-67 可见，进行连续操作 g_jg_i，OS 未动，

仅仅使 $T \to T'$，这相当于绕 OS 轴旋转 $2\pi/3$，它也是立方体 48 个对称操作中的一个对称操作，记为 g_k，于是，有

$$g_k = g_i g_j \qquad g_i, g_j, g_k \in G$$

若对某一晶体存在一个特殊点，所有的宏观对称操作都不改变这个特殊点的位置(例如以上操作描述的原点)，则称该晶体的宏观对称性群为晶体点群。

晶体的所有对称操作包括平移对称操作和点群对称操作，以及它们的组合，因此晶体的一般对称操作可写为

$$\boldsymbol{r}' = g\boldsymbol{r} = \{D \mid \boldsymbol{t}\}\boldsymbol{r} = D\boldsymbol{r} + \boldsymbol{t} \tag{1-45}$$

其中 D 表示点对称操作，$\boldsymbol{t}$ 表示平移。

(1) 由一般操作 $\{D|\boldsymbol{t}\}$(平移＋旋转)组合构成的群称为空间群，它是晶体的完全对称群。

(2) 当 $\boldsymbol{t}=\boldsymbol{0}$ 时，由非平移操作 $\{D \mid \boldsymbol{0}\}$ 组合构成的群则为点群，它是空间群的一个子群。

(3) 当 $D=E$ 时，由纯平移操作组合的群称为平移群，它也是空间群的一个子群。

1.11.2　7 个晶系和 14 种空间点阵

如果一些晶体具有相同的一组群元素，那么就对称性而言，它们属于同一类晶体。为简单起见，忽略结构中基元的对称性，先考虑空间点阵的分类。

1. 7 个晶系

由于点阵的宏观对称操作数受到平移对称性(即周期性)的严格限制，群论严格证明，仅仅存在 7 种不同的点群，称为 7 个晶系。即点阵按照宏观点对称性可分为 7 类，任何一种晶体结构分属 7 个晶系之一，它取决于这种结构所对应的点阵的点群。

点阵的惯用原胞能直接反映点阵的宏观对称性，因此 7 个晶系中的每一种点群对称性，必定反映到它的惯用原胞的轴矢 $\boldsymbol{a}$、$\boldsymbol{b}$、$\boldsymbol{c}$ 的大小 a、b、c 及其它们之间的夹角 α、β、γ 的特殊关系，如图 1-68 所示。

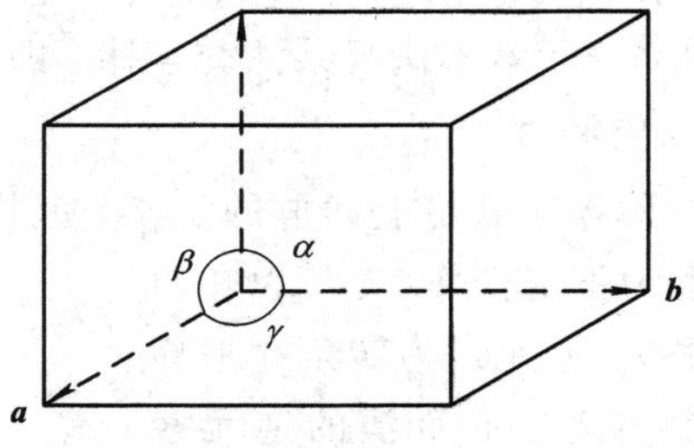

图 1-68　惯用原胞轴矢的大小及夹角

下面从最低对称性出发，逐步提高对称性，给出 7 个晶系的名称及其轴矢之间的关系。

1) 三斜晶系

这一晶系无任何旋转对称轴，对 $\boldsymbol{a}$、$\boldsymbol{b}$、$\boldsymbol{c}$ 无任何限制，即

$$a \neq b \neq c, \quad \alpha \neq \beta \neq \gamma$$

说明：上式中的“≠”应理解为“不一定等于”。

2）单斜晶系

如果存在一条2次轴，并选择这条2次轴沿 **c** 方向。从图1-69可以清楚地看到，通过 **c** 轴旋转180°得到 $-\boldsymbol{a}$，为了使 $-\boldsymbol{a}$ 通过反演得到 **a**，**a** 轴必定垂直于 **c**。否则，由 **a** 旋转得到 $\boldsymbol{a}'$，反演得到另外的 $-\boldsymbol{a}$ 轴。同理，**b** 轴也必定垂直于 **c**，于是有

$$a \neq b \neq c$$

$$\alpha = \beta = \frac{\pi}{2} \neq \gamma$$

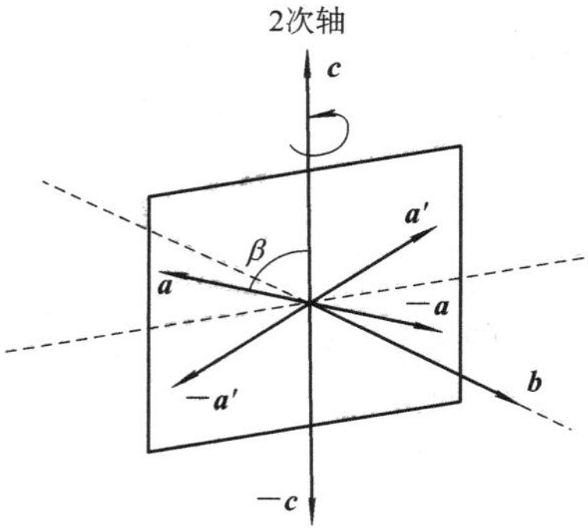

图1-69　关于 **c** 轴的二次旋转操作，要求 **a**、**b** 垂直于 **c**

3）正交晶系

如果有两条2次轴，分别沿 **b**、**c** 方向，则由前面的分析，**a** 一定垂直于 **c** 和 **b**，它也一定是2次轴，所以

$$a \neq b \neq c$$

$$\alpha = \beta = \gamma = \frac{\pi}{2}$$

包含点群数为3。

4）四方晶系

如果有一条4次轴，沿 **c** 方向，则它肯定也是2次轴，所以 $\alpha=\beta=\pi/2$，由于 **c** 为4次轴，必定有 $a=b$，$\gamma=\pi/2$，如图1-70所示，于是

$$a = b \neq c, \quad \alpha = \beta = \gamma = \frac{\pi}{2}$$

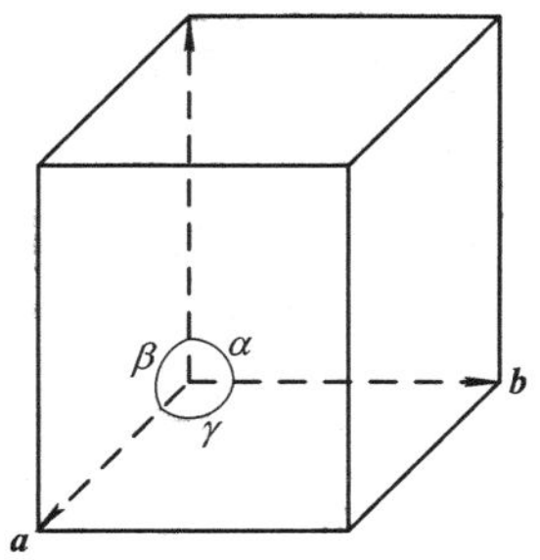

图1-70　关于 **c** 轴的4次旋转操作，要求 $\boldsymbol{a}\perp\boldsymbol{b}\perp\boldsymbol{c}$，$a=b$

5）六角晶系

如果有一条6次轴，沿 $\boldsymbol{c}$ 方向，则它肯定是2次轴，所以 $\alpha=\beta=\pi/2$，由于 $\boldsymbol{c}$ 为6次轴，必定有 $a=b$，$\gamma=2\pi/3$，于是

$$a=b\neq c,\quad \alpha=\beta=\frac{\pi}{2},\quad \gamma=\frac{2\pi}{3}$$

6）立方晶系

如果有两条4次轴，则必定有3条4次轴、4条3次轴、6条2次轴，于是有

$$a=b=c,\quad \alpha=\beta=\gamma=\frac{\pi}{2}$$

7）三角晶系

三角晶系是一种特殊对称类型，它具有一条3次轴，这条3次轴与 $\boldsymbol{a}$、$\boldsymbol{b}$、$\boldsymbol{c}$ 具有相等的夹角，$\boldsymbol{a}$、$\boldsymbol{b}$、$\boldsymbol{c}$ 构成一个菱形六面体，即一个沿体对角线拉长了的形变立方体，见图1-71。

$$a=b=c,\quad \alpha=\beta=\gamma<\frac{2\pi}{3}$$

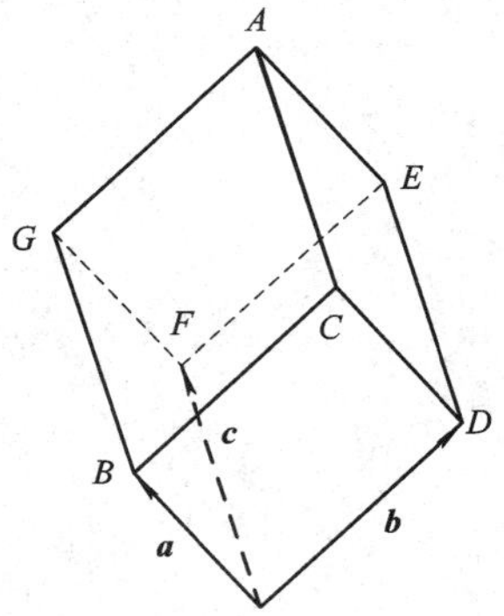

图1-71 三角晶系的惯用原胞

2. 14种空间点阵(14种布拉菲格子)

现在讨论空间点阵的完整对称性，即除了考虑点群对称操作外，同时考虑平移操作。可以证明，对空间点阵的所有操作 $\{D|\boldsymbol{R}_l\}$ 构成14种不同的空间群。因此，从完整对称性观点看，存在14种不同的点阵，即有14种不同的布拉菲格子。

可以用下述方法由7个晶系演绎出14种点阵。7个晶系是根据不同的宏观对称性对空间点阵惯用原胞轴矢($\boldsymbol{a}$，$\boldsymbol{b}$，$\boldsymbol{c}$)的不同要求确定的。不同的点阵，例如，sc点阵、bcc点阵和fcc点阵，它们具有相同的宏观点对称性，同属立方晶系的 O_h 点群，但是由于基矢 $\boldsymbol{a}_1$、$\boldsymbol{a}_2$、$\boldsymbol{a}_3$ 不同，而具有不同的平移对称性，属于不同的空间群。由此看来，似乎可以通过对每一晶系加心来得到新的空间点阵。显然，加心点阵的惯用原胞与它的初基原胞是不相同的。

1）加心点阵

把不加心的空间点阵称为简单(P)点阵，它的惯用原胞就是初基原胞。为了不破坏晶系的宏观对称性，又能保证加心后不违背空间点阵的基本要求，即加心后每个格点的位置完全等价，可以用

$$\boldsymbol{R}_l=l_1\boldsymbol{a}_1+l_2\boldsymbol{a}_2+l_3\boldsymbol{a}_3$$

来表征。存在下面几种途径：

(1) 加体心(I)：在惯用原胞的中心 $\left(\frac{\boldsymbol{a}}{2}+\frac{\boldsymbol{b}}{2}+\frac{\boldsymbol{c}}{2}\right)$ 加心，记为 I，由此构成的新点阵称 I 点阵。

(2) 加面心(F)：在惯用原胞的每个面的中心加心，记为 F，由此构成的新点阵称 F 点阵。

(3) 加底心(A, B, C)：在惯用原胞的一对平行面上加心。由于一般选择 $\boldsymbol{c}$ 轴为晶系的主要对称轴，通常在 $\boldsymbol{ab}$ 面加心，记为 C，而在 $\boldsymbol{ac}$ 和 $\boldsymbol{bc}$ 面加心则分别记为 B 和 A。由此构成的加心空间点阵分别称为 C、B、A 点阵。

如在两组平行面中心上加心，将破坏空间点阵的基本要求，如图 1-72 所示，显然 A 心和 B 心不等价，因为它们四周点的分布的取向是不等价的。另外对三角晶系和六角晶系存在一些特殊的加心方式，较为复杂，但对下面的简单分析影响不大，这里不做描述。

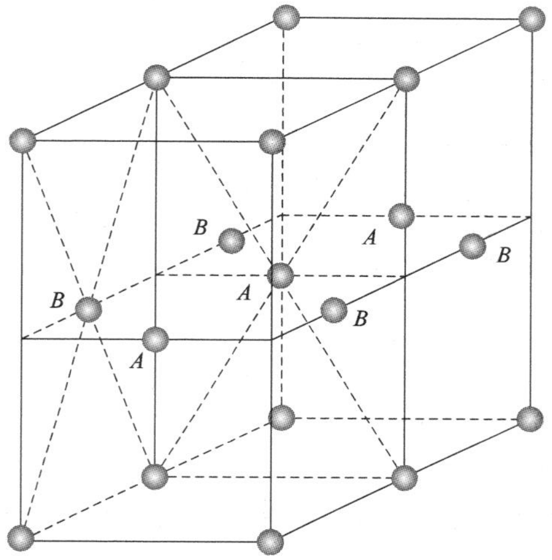

图 1-72 不可能在两对面上加心

2) 14 种点阵的简单推导

(1) 三斜晶系只存在 P 点阵。由于三斜晶系无轴对称(除 E、i 外)，因此对称性对平移矢量无任何限制，加心后只不过仍得到一个无轴对称的较小的原胞。

(2) 单斜晶系具有 P 和 B 点阵。因为 $C \equiv P$，即加底心 C 仍为 P 单斜。图 1-73 表示单斜晶系加底心 C 仍为 P 单斜，此时新的 $\boldsymbol{a}$、$\boldsymbol{b}$、$\boldsymbol{c}$ 仍满足 $a \neq b \neq c$，$\alpha = \beta = \pi/2 \neq \gamma$，只是 a、b 变短了。图 1-74 表示单斜晶胞加底心 B，得到底心(B)点阵。该点阵保留了单斜晶系的所有宏观对称性。同理可以证明，$I \equiv F \equiv A \equiv B$。于是，单斜晶系只存在 P 和 B 两种点阵。

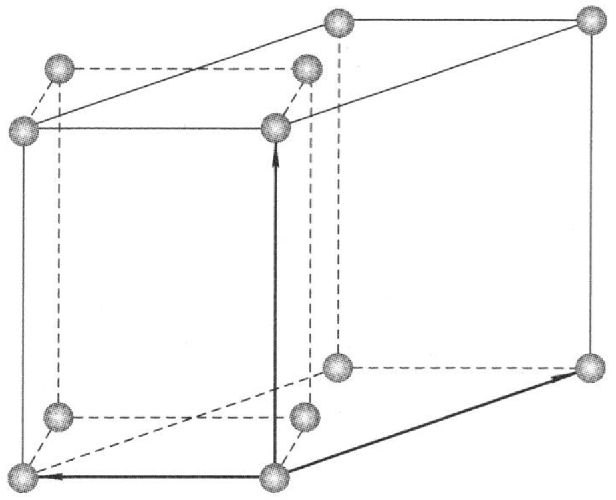

图 1-73 单斜晶系 $C \equiv P$

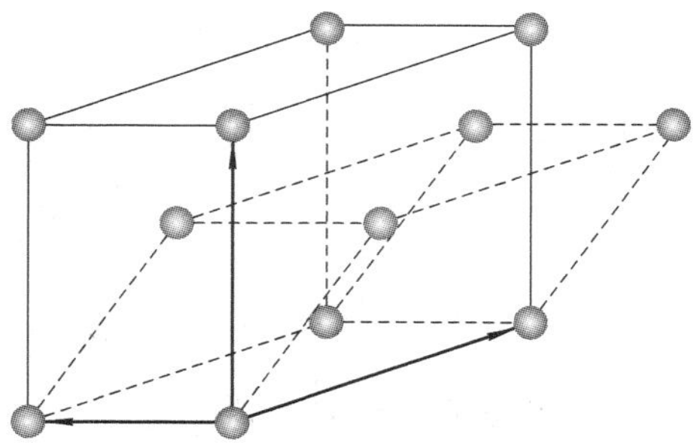

图 1-74 加底心 B 得到 B 单斜点阵

(3) 正交晶系具有 P、I、F、C 四种点阵。

因为正交晶系 $\boldsymbol{a}$、$\boldsymbol{b}$、$\boldsymbol{c}$ 皆为 2 次轴，三类底心位置等价，即 $A \equiv B \equiv C$。

(4) 四方晶系具有 P 和 I 两种点阵。

因为 $C \equiv P$，$I \equiv F$，A 和 B 点阵将失去 4 次轴，见图 1-75。

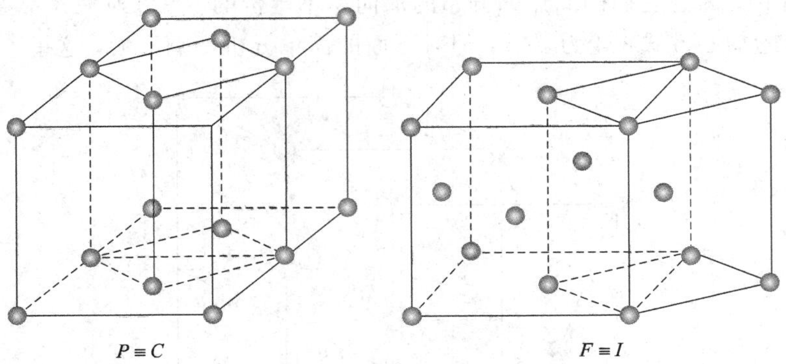

图 1-75 四角加心点阵

(5) 立方晶系具有 P、I、F 三种点阵。

前面已经提到立方晶系存在简单立方(P)、体心立方(I)和面心立方(F)三种点阵。十分清楚，立方晶系不可能存在底心(A，B，C)点阵，因为它将失去 4 条 3 次轴，只保留一条 4 次轴，实际上变成简单(P)四方点阵。

(6) 六角晶系只有 P 点阵。

对于六角晶系晶胞加底心、体心或面心，将失去 6 次轴。例如，加底心 C，它将变成简单正交点阵，如图 1-76 所示，新点阵满足

$$a \neq b \neq c$$

$$\alpha = \beta = \gamma = \frac{\pi}{2}$$

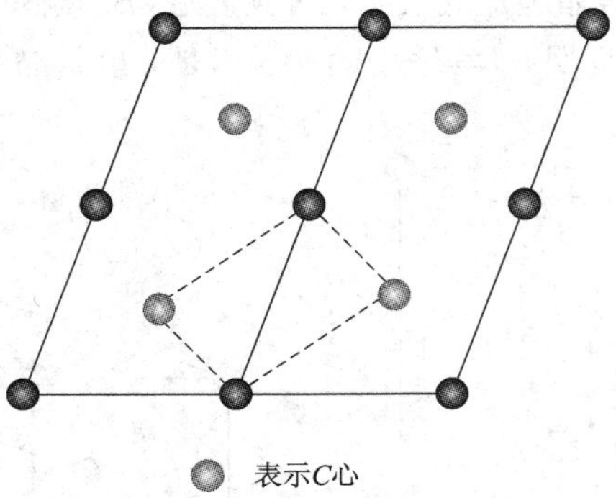

图 1-76 六角晶系加底心 C，变成简单正交点阵($\boldsymbol{c}$ 轴垂直于纸面)

(7) 三角晶系只有 P 点阵。

三角晶系加体心(I)和面心(F)，仍然构成一个体积较小的菱形原胞，满足 $a \neq b \neq c$，$\alpha = \beta = \gamma$，如图 1-77 所示。加底心将失去 3 次轴。

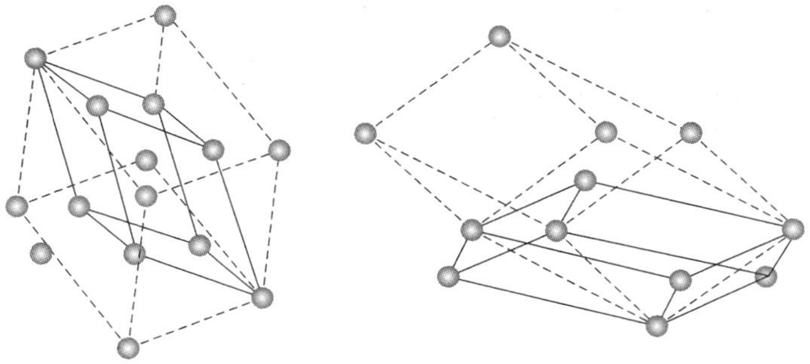

注：实线表明加心后形成的新的菱形原胞。

图 1－77　三角晶系加心(F，I)

综上所述，7 个晶系通过加心程序，得到 7 种新的加心点阵，加上原有的 7 种简单点阵，共 14 种不同的点阵。按照宏观对称性，14 种点阵分属 7 个晶系。表 1－1 给出了 7 个晶系、14 种点阵的惯用原胞。

1.11.3　晶体结构的 32 种点群和 230 种空间群

将点阵按对称性分类的方法应用到晶体结构上，以对晶体的结构进行分类。因为晶体的结构由基元按点阵排布得到，所以结构的对称性同时取决于点阵和基元的对称性。基元不同于格点，格点是一个几何点，它具有完全的对称性。而不同的基元有不同的对称性，因此对称群的数目将大大增加。

1. 32 种晶体学点群

首先不考虑平移操作，讨论晶体结构的点群。由于点阵忽略了结构中基元里原子分布的细节，一个能使点阵复原的对称操作，可能不再是结构的对称操作。同一种点阵由于基元的不同，可以包括若干种不同的结构。例如，Cu 的晶体结构为面心立方结构，ZnS 具有闪锌矿结构，它们的空间点阵都属于 fcc，如果按照空间点阵分类，同属 O_h 群。但 ZnS 结构，由于基元中有两种不同的原子，对称性降低，如果按照晶体结构分类，它属于正四面体 T_d 群。结构的对称性往往低于它所对应的空间点阵的对称性，于是可以考虑所有可能降低 7 种空间点阵点群对称性的途径，得到晶体结构的点群。

这里必须考虑基元与点阵对称性的相容性。按照从高对称性到低对称性晶系的顺序，将具有一定对称性的基元放到某晶系晶胞的格点上，得到该晶系的一个对称性较低的新点群，一直到某个点群的全部群元素在对称性较低的晶系中全部出现为止。按照这样的方法，可以推出 25 种新点群，加上原有的 7 种点群，共 32 种，称为 32 种晶体学点群。因此一个晶系可以包括若干不同的新点群，它们对应于不同结构的对称性。同一晶系不同结构的晶体可以具有相同的空间点阵，该空间点阵具有晶系最高对称性，称为该晶系的全对称点群。例如，立方晶系包括 O_h、T_d、O、T_h、T 五种点群，其中 O_h 群是该晶系的全对称点群。表 1－12 给出 7 个晶系对应的 32 种点群。

表 1-12 7 大晶系对应的 32 种点群及每种点群的群元素数

晶系	对称性点群		对称操作数
	国际符号	熊夫利符号	
三斜	1	C_1	1
	$\bar{1}$	$C_i(S_2)$	2
单斜	2	C_2	2
	m	$C_s(C_{1h})$	2
	$\frac{2}{m}$	C_{2h}	4
正交	222	$D_2(V)$	4
	$mm2$	C_{2V}	4
	mmm	$D_{2h}(V_h)$	8
三角	3	C_3	3
	$\bar{3}$	$C_{3i}(S_6)$	6
	32	D_3	6
	$3m$	C_{3V}	6
	$\frac{\bar{3}2}{m}$	D_{3d}	12
四角	4	C_4	4
	$\bar{4}$	S_4	4
	$\frac{4}{m}$	C_{4h}	8
	422	D_4	8
	$4mm$	C_{4V}	8
	$\bar{4}2m$	$D_{2d}(V_d)$	8
	$\frac{4}{mmm}$	D_{4h}	16
六角	6	C_6	6
	$\bar{6}$	C_{3h}	6
	$\frac{6}{m}$	C_{6h}	12
	622	D_6	12
	$6mm$	C_{6V}	12
	$\bar{6}m2$	D_{3h}	12
	$\frac{6}{mmm}$	D_{6h}	24
立方	23	T	12
	$m3$	T_h	24
	432	O	24
	$\bar{4}32$	T_d	24
	$m3m$	O_h	48

2. 230 种晶体学空间群

要全面讨论晶体结构的对称性，必须同时考虑点群对称操作和平移对称操作$\{D|\boldsymbol{t}\}$。这些对称操作组合构成晶体学的空间群。其中平移操作 $\boldsymbol{t}$ 不限于周期平移 $\boldsymbol{R}_l$，它可以是空间点阵周期的一部分，即分数周期平移 $\boldsymbol{t}$。

类似于晶体学点群的讨论，当把不同宏观对称性的基元放到空间点阵上时，得到该晶系的一个新点群，再考虑分数周期平移操作(螺旋轴或滑移反映面)，得到该晶体结构的空间群。表 1-13 给出了空间点阵和晶体结构的点群和空间群数。

表 1-13　空间点阵和晶体结构的点群和空间群数

	空间点阵	晶体结构
点群数	7(7 个晶系)	32(32 种点群)
空间群数	14(14 种点阵)	230(230 种空间群)

本章小结

(1) 晶体结构的周期性和对称性可用基元、空间点阵、初基原胞、布拉菲格子、惯用原胞等描述。初基原胞只包含一个基元，是晶体最小的周期性重复单元；初基原胞的选取不是唯一的，原则上讲只要是最小周期性单元都可以。惯用原胞能同时反映晶体的周期性和对称性；W-S 原胞既是最小的周期性重复单元，又能反映晶体的对称性。

(2) 晶体的宏观性质是由其微观结构所决定的。晶体的微观结构可分解为基元加上布拉菲格子，或者说复式格子就是晶体结构。

(3) 掌握晶体(单晶)、非晶体、多晶、基元、布拉菲格子、初基原胞、惯用原胞(晶胞)、单式格子、复式格子、密堆积、配位数、致密度、面间距和面密度等概念；熟悉立方晶系的三种晶格：简单立方(sc)、体心立方(bcc)和面心立方(fcc)；掌握各种典型的晶体结构，诸如氯化钠结构、氯化铯结构、金刚石结构、闪锌矿结构、钙钛矿结构等。

(4) 晶向指数$[uvw]$标志了晶列的方向，是晶向投影的互质整数，等效晶向用$\langle uvw\rangle$表示；晶面指数(hkl)标志了晶面的方位，是晶面截距倒数的互质整数，等效晶面用$\{hkl\}$表示。

(5) 晶体的宏观点对称操作可分为旋转、镜像、反演、象转等，有 8 个独立对称元素，即 C_1、C_2、C_3、C_4、C_6、i、m、$\bar{C}_4$；晶体的微观对称性包括滑移反映和螺旋。根据对称性可将晶体的布拉菲格子分为 7 大晶系和 14 种布拉菲格子，把晶体结构分为 32 种点群和 230 种空间群。

(6) 倒格子基矢的定义是

$$\boldsymbol{b}_1=\frac{2\pi}{\Omega}(\boldsymbol{a}_2\times\boldsymbol{a}_3)\quad \boldsymbol{b}_2=\frac{2\pi}{\Omega}(\boldsymbol{a}_3\times\boldsymbol{a}_1)\quad \boldsymbol{b}_3=\frac{2\pi}{\Omega}(\boldsymbol{a}_1\times\boldsymbol{a}_2)$$

其中：$\boldsymbol{a}_1$、$\boldsymbol{a}_2$、$\boldsymbol{a}_3$ 是正格子的基矢；$\Omega=\boldsymbol{a}_1\cdot(\boldsymbol{a}_2\times\boldsymbol{a}_3)$，为正格子初基原胞的体积。

(7) 倒格矢的表达式为

$$\boldsymbol{G}_{\mathrm{h}} = h_1 \boldsymbol{b}_1 + h_2 \boldsymbol{b}_2 + h_3 \boldsymbol{b}_3$$

对应着正格子中的一族晶面。

(8) 正、倒格子间的关系为

$$\boldsymbol{a}_i \cdot \boldsymbol{b}_j = 2\pi\delta_{ij}$$

$$\boldsymbol{R}_{\mathrm{n}} \cdot \boldsymbol{G}_{\mathrm{h}} = 2\pi\mu$$

$$\Omega \cdot \Omega^* = (2\pi)^3$$

$$(hkl) \perp \boldsymbol{G}_{\mathrm{h}},\ d_{hkl} = \frac{2\pi}{|\boldsymbol{G}_{\mathrm{h}}|}$$

正、倒格子互为倒格子。

(9) 衍射极大的必要条件为

$$\boldsymbol{k} - \boldsymbol{k}_0 = \boldsymbol{G}_{\mathrm{h}}$$

布拉格定律：

$$2d\ \sin\theta = n\lambda$$

劳厄方程：

$$\boldsymbol{R}_{\mathrm{n}} \cdot (\boldsymbol{k} - \boldsymbol{k}_0) = 2\pi\mu$$

这三种表述是等效的。

(10) 原子散射因子

$$f_a = \int_{a\text{原子}} \rho(\boldsymbol{r}) \mathrm{e}^{-\mathrm{i}\boldsymbol{S}\cdot\boldsymbol{r}_a} \mathrm{d}\tau$$

它的物理意义为原子内所有电子散射波振幅的几何和与散射中心处一个电子散射波的振幅之比。

几何结构因子

$$S_{\mathrm{h}} = \sum_{R_a} \mathrm{e}^{-\mathrm{i}\boldsymbol{S}\cdot\boldsymbol{R}_a} f_a$$

它的物理意义是原胞内所有原子散射波振幅的几何和与原胞散射中心处一个电子散射波振幅之比。

(11) 第一布里渊区就是倒格子的 W－S 原胞。只有波矢 $\boldsymbol{k}$ 自原点出发而终止于布里渊区表面的那些波，才能产生衍射极大。可用厄瓦尔德(Ewaid)反射球方便地确定可能的衍射线方向。

思　考　题

1. 晶体结构、空间点阵、基元、布拉非格子(B 格子)、单式格子以及复式格子之间有什么联系和区别？

2. 在空间点阵中基元所包含的原子数是多少？基元的位置如何确定？

3. 对于一个给定的晶格，初基原胞的选取是唯一的吗？选取初基原胞的原则是什么？

4. W－S 原胞与第一布里渊区有什么异同点？

5. 晶体中原子排列的紧密程度可以用什么物理量来描述？

6. 晶体中有哪几种密堆积？密堆积的配位数是多少？

7. 为什么立方密堆积结构的晶体是布拉菲晶格，而六方密堆积结构的晶体是复式晶格？

8. 晶体点对称操作的基本操作有几个？

9. 晶向指数与晶面(米勒)指数如何定义？

10. 倒格子基矢如何定义？正、倒格子之间具有什么样的关系？

11. 原子散射因子、几何结构因子如何定义？其物理意义是什么？影响几何结构因子的因素有哪些？

12. 产生衍射极大的必要条件是什么？在晶体中为何产生消光现象？

13. 如何利用作图的方法找出晶体中所有会发生衍射的晶面族及可能出现的衍射方向？

14. 在X光衍射中，为什么没有考虑入射光与原子核的相互作用？

习　题

1. 画出下列晶体的惯用原胞和布拉菲格子，指明各晶体的结构以及惯用原胞、初基原胞中的原子个数和配位数。

(1) 氯化钾；(2) 氯化钛；(3) 硅；(4) 砷化镓；(5) 碳化硅；(6) 钽酸锂；(7) 铍；(8) 钼；(9) 铂。

2. 试证明：理想六角密堆积结构的 $c/a=(8/3)^{1/2}=1.633$。如果实际的 c/a 值比这个数值大得多，则可以把晶体视为由原子密排平面所组成，这些面是疏松堆垛的。

3. 画出立方晶系中的下列晶向和晶面：$[\bar{1}01]$，$[1\bar{1}0]$，$[112]$，$[121]$，$(\bar{1}10)$，(211)，$(11\bar{1})$，$(1\bar{1}2)$。

4. 考虑指数为(100)和(001)的面，其晶格属于面心立方，且指数指的是立方惯用原胞。若采用初基原胞基矢坐标系为轴，则这些面的指数是多少？

5. 试求面心立方结构(100)、(110)、(111)晶面族的原子数、面密度和面间距，并比较大小。说明垂直于上述各晶面的轴线是什么对称轴。

6. 对于六角密积结构，初基原胞基矢为

$$\boldsymbol{a}_1=\frac{a}{2}(\boldsymbol{i}+\sqrt{3}\boldsymbol{j}),\ \boldsymbol{a}_2=\frac{a}{2}(-\boldsymbol{i}+\sqrt{3}\boldsymbol{j}),\ \boldsymbol{c}=c\boldsymbol{k}$$

求其倒格子基矢，并判断倒格子也是六方结构。

7. 用倒格矢的性质证明，立方晶系的$[hkl]$晶向与(hkl)晶面垂直。

8. 考虑晶格中的一个晶面(hkl)，证明：

(1) 倒格矢 $\boldsymbol{G}_h=h\boldsymbol{b}_1+k\boldsymbol{b}_2+l\boldsymbol{b}_3$ 垂直于这个晶面；

(2) 晶格中相邻两个平行晶面的间距为 $d_{hkl}=\dfrac{2\pi}{|\boldsymbol{G}_h'|}$；

(3) 对于简单立方晶格，有 $d^2=\dfrac{a^2}{(h^2+k^2+l^2)}$。

9. 用X光衍射对Al作结构分析时，测得从(111)面反射的波长为1.54 Å，反射角为

$\theta=19.2°$，求面间距 d_{111}。

10. 试证明劳厄方程与布拉格公式是等效的。

11. 求金刚石的几何结构因子，并讨论衍射面指数与衍射强度的关系。

12. 证明第一布里渊区的体积为$\frac{(2\pi)^3}{\Omega}$，其中 Ω 是正格子初基原胞的体积。

参考文献

[1] 陆栋，蒋平，徐至中. 固体物理学. 上海：上海科学技术出版社，2003.

[2] CHARLES KITTEL. Introduction to Solid State Physics. 7th ed. Singapore：John Wiley & Sons (ASIA) Pte Ltd.，1996

[3] [美]基泰尔 C. 固体物理导论. 相金钟，吴兴惠，译. 8 版. 北京：化学工业出版社，2005

[4] 方俊鑫，陆栋. 固体物理学. 上海：上海科学技术出版社，1980

[5] 黄昆. 固体物理学. 韩汝琦，改编. 2 版. 北京：高等教育出版社，1988

[6] 徐毓龙，阎西林，贾宇明，等. 材料物理导论. 成都：电子科技大学出版社，1995

[7] 聂向富，李博，范印哲. 固体物理学：基本概念图示. 北京：高等教育出版社，1995

[8] 王中林，康振川. 功能与智能材料结构演化与结构分析. 北京：科学出版社，2002

[9] 徐毓龙. 氧化物与化合物半导体基础. 西安：西安电子科技大学出版社，1991

[10] 张有纲，黄永杰，罗迪民. 磁性材料. 成都：成都电讯工程学院出版社，1988

第2章　晶体的结合

本章提要

本章阐明了原子(分子、离子实和电子)是依靠怎样的相互作用结合成为晶体的，以及这些相互作用所决定的各种结合力的来源、物理本质和晶体结合的基本形式。并引入了电负性、互作用势函数、内能等概念，讨论了各类晶体的基本结构和特性。

晶体的结合可以分为离子性结合、共价性结合、金属性结合、范德瓦尔斯力和氢键结合。实际的晶体结合以这几种基本形式为基础，可以是一种，也可以兼有几种混合形式的结合，不同结合形式之间存在着一定的联系。晶体结合的基本形式与晶体的结构和物理、化学性质有着密切的关系，因此晶体的结合是研究晶体材料性质的重要基础。

2.1　内能函数与晶体的性质

2.1.1　内能函数

原子凝聚成晶体后，系统的能量将降低，因为只有在晶体的总能量低于原子或分子处于分散的自由状态下总能量时，晶体才是稳定的。所谓晶体的内能，是指在绝对零度下将晶体分解为相距无限远的、静止的中性自由原子所需要的能量。定义原子结合成晶体后释放的能量为结合能 W。因此可以看出，晶体的内能＝结合能。

晶体的内能(又称为互作用势能)U 是系统的总能量。如果把分散原子的总能量作为能量的零点，则

$$U = 0 - W = -W \tag{2-1}$$

晶体的内能总可以写为吸引势能与排斥势能之和：

$$U = \text{吸引势能} + \text{排斥势能} \tag{2-2}$$

排斥势能是一种短程相互作用，且为正量；吸引势能是长程相互作用，为负量。这样，总的内能函数曲线才有极小值，它对应于晶体的平衡体积 V_0，如图 2-1(a)所示。

在绝对零度和不考虑外力作用的平衡条件下，晶体中的原子间距都是一定的，即为 r_0。当原子间距 $r>r_0$，即两个原子间距变大时，原子之间就产生相互吸引力，如图 2-1(b)所示。当两个原子相互靠近时，它们的电荷分布将逐渐发生交叠，如图 2-2 所示，从而

引起系统的静电势能的变化。图 2－2 中的圆点代表原子核。

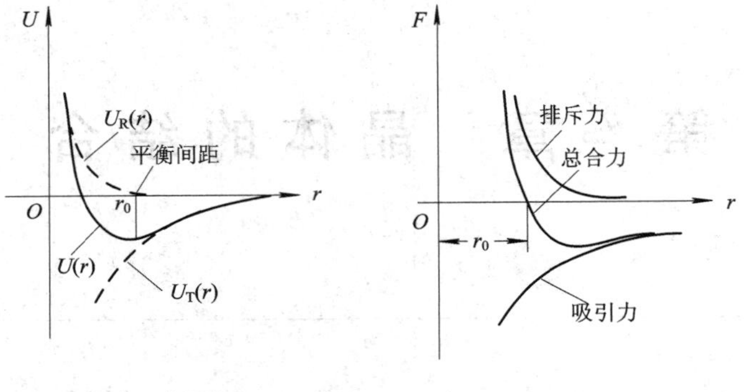

(a) 原子间互作用力$F(r)$　(b) 晶体内能$U(r)$

图 2－1　$U(r)$及$F(r)$随 r 的变化规律

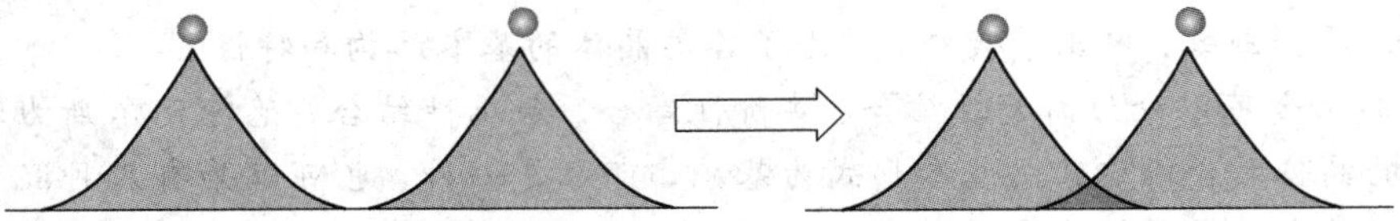

图 2－2　原子相互靠近时电子电荷分布的交叠

在两原子相距足够近的时候，即 $r<r_0$ 时，交叠能是排斥性的，两原子之间就出现排斥力，晶体的内能亦增大。吸引力将自由原子结合在一起，而排斥力又阻止它们的无限靠近，当二者的作用相互平衡时，就形成了稳定的晶体。晶体中的这种相互作用力又称为键力。对于具有稳定结构的晶体，由于原子之间的相互作用，晶体系统具有比其组成原子处于自由状态时的系统更低的能量。

实际晶体中各个原子间总是同时存在吸引力和排斥力。对于不同的晶体，两个原子间互作用势能 $U(r)$和互作用力 $F(r)$随原子间距 r 变化的规律大致是相同的。互作用势能由吸引势能 $U_T(r)$和排斥势能 $U_R(r)$构成，即

$$U(r)=U_T(r)+U_R(r) \tag{2-3}$$

吸引势能 $U_T(r)$主要来自于异性电荷间的库仑吸引，其变化规律可表示为

$$U_T(r)=-\frac{a}{r^m} \tag{2-4}$$

式中，a 和 m 是大于零的常数。

排斥势能 $U_R(r)$主要来自两个方面：一是同性电荷间的库仑排斥能，主要是核之间的排斥能；二是泡利不相容原理引起的排斥能。泡利不相容原理可简单表述为：两个电子的所有量子数不能完全相同。两个原子间的排斥能与原子间距 r 的关系为

$$U_R(r)=\frac{b}{r^n} \tag{2-5}$$

该式称为雷纳德—琼斯(Lennard－Jones)排斥势或称玻恩(Born)排斥势。式(2－5)中，b 是晶格参量，n 是玻恩指数，二者都是由实验确定的常数。一般对离子晶体，$n\approx9$；对分子晶体，$n\approx12$。

排斥能与原子间距 r 的关系的另一种表达式为

$$U_R(r) = \lambda \exp\left(-\frac{r}{\rho}\right) \tag{2-6}$$

该式称为坡恩—梅叶(Born - Mayer)排斥势。式中 λ 和 ρ 是由实验确定的物质常数。

在绝对零度下，总的晶体内能为

$$U(r) = U_T(r) + U_R(r) = -\frac{a}{r^m} + \frac{b}{r^n} \tag{2-7}$$

晶体中原子间的相互作用力可以表示为

$$f(r) = -\frac{\partial U(r)}{\partial r} = -\frac{am}{r^{m+1}} + \frac{bn}{r^{n+1}} \tag{2-8}$$

图 2-1 表示了晶体内能和互作用力随原子间距 r 变化的一般规律。

由图 2-1(a)可以看出，当两个原子相距无限远时，晶体的内能趋于零，随着原子从无限远处开始靠近，互作用势能降低，吸引能的作用占主导地位，并在 $r=r_0$ 处达到极小值。随着 r 的进一步降低，排斥作用加强，晶体内能上升。因此可以得到平衡位置 r_0 为

$$r_0 = \left(\frac{bn}{am}\right)^{\frac{1}{n-m}} \tag{2-9}$$

由图 2-1(b)可知，当 $r>r_0$ 时，吸引力大于排斥力，表现为吸引作用。当 $r=r_0$ 时，吸引力和排斥力正好大小相等，相互抵消，合力为零，系统处于能量最低的稳定状态。此时对应的原子间距 r_0 称为平衡间距。而当 $r<r_0$ 时，排斥力超过吸引力，表现为排斥作用。在没有外力作用的情况下，系统会自发地处于 $r=r_0$ 的平衡状态。

在 $r=r_0$ 处，晶体的内能具有最小值 $U_c(r_0)$，其值为负。与分离成各个孤立原子的情况相比，各个原子聚合起来形成晶体后，系统的能量将下降 $|U_c(r_0)|$，$U_c(r_0)$的绝对值就是前面提到的晶体的内能。正因为如此，由各个原子聚合在一起形成的晶体是稳定的。内能 $U_c(r_0)$可以描述为

$$U(r) = U_T(r) + U_R(r) = -\frac{a}{r^m} + \frac{b}{r^n} = -\frac{a}{r^m}\left(1 - \frac{\frac{b}{a}}{r^{n-m}}\right)$$

又由式(2-9)可得

$$U_c(r_0) = -\frac{a}{r_0^m}\left(1 - \frac{m}{n}\right) \tag{2-10}$$

晶体的 $|U_c(r_0)|$ 越大，其中的原子相互间结合得愈牢，则相应的晶体也越稳定，要使它们分开来就需要提供更大的能量。因此，内能较大的晶体，只有在较高的温度(其原子或分子的热运动能量较大)时，晶体的结构才可以瓦解而转化为液体，即内能高的晶体必有较高的熔点。

表 2-1 给出了晶态元素(Crystalline elements)内能数值。可以看出，元素周期表中的各族之间内能差别比较大。惰性气体晶体的结合比较弱，其内能仅为 C、Si、Ge 等所在族元素内能的百分之几；碱金属晶体具有中等大小的内能；而过渡元素金属(位于元素周期表中部)的结合比较强。同内能一样，各族元素的熔点(见表 2-2)和体积弹性模量(见表 2-3)也存在着明显的差异。表 2-4 给出了元素的原子半径和共价半径，表 2-5 给出了善南和泼莱威脱离子半径。

表 2-1 内　　能

Li 158 1.63 37.7	**Be** 320 3.32 76.5											**B** 561 5.81 134	**C** 711 7.37 170	**N** 474 4.92 113.4	**O** 251 2.60 60.03	**F** 81.0 0.84 19.37	**Ne** 1.92 0.020 0.46
Na 107 1.113 25.67	**Mg** 145 1.51 34.7	←kJ/mol→ ←eV/atom→ ←kcal/mol→										**Al** 327 3.39 78.1	**Si** 446 4.63 106.7	**P** 331 3.43 79.16	**S** 275 2.85 65.75	**Cl** 135 1.40 32.2	**Ar** 7.74 0.080 1.85
K 90.1 0.934 21.54	**Ca** 178 1.84 42.5	**Sc** 376 3.90 89.9	**Ti** 468 4.85 111.8	**V** 512 5.31 122.4	**Cr** 395 4.10 94.5	**Mn** 282 2.92 67.4	**Fe** 413 4.28 98.7	**Co** 424 4.39 101.3	**Ni** 428 4.44 102.4	**Cu** 336 3.49 80.4	**Zn** 130 1.35 31.04	**Ga** 271 2.81 64.8	**Ge** 372 3.85 88.8	**As** 285.3 2.96 68.2	**Se** 237 2.46 56.7	**Br** 118 1.22 28.18	**Kr** 11.2 0.116 2.68
Rb 82.2 0.852 19.64	**Sr** 166 1.72 39.7	**Y** 422 4.37 100.8	**Zr** 603 6.25 144.2	**Nb** 730 7.57 174.5	**Mo** 658 6.82 157.2	**Tc** 661 6.85 158	**Ru** 650 6.74 155.4	**Rh** 554 5.75 132.5	**Pd** 376 3.89 89.8	**Ag** 284 2.95 68.0	**Cd** 112 1.16 26.73	**In** 243 2.52 58.1	**Sn** 303 3.14 72.4	**Sb** 256 2.75 63.4	**Te** 211 2.19 50.34	**I** 107 1.11 25.62	**Xe** 15.9 0.16 3.80
Cs 77.6 0.804 18.54	**Ba** 183 1.90 43.7	**la** 431 4.47 103.1	**Hf** 621 6.44 148.4	**Ta** 782 8.10 186.9	**W** 859 8.90 205.2	**Re** 775 8.03 185.2	**Os** 788 8.17 188.4	**Ir** 670 6.94 160.1	**Pt** 564 5.84 134.7	**Au** 368 3.81 87.96	**Hg** 65 0.67 15.5	**Tl** 182 1.88 43.4	**Pb** 196 2.03 46.78	**Bi** 210 2.18 50.2	**Po** 144 1.50 34.5	**At**	**Rn** 19.5 0.202 4.66
Fr	**Ra** 160 1.66 38.2	**Ac** 410 4.25 98		**Ce** 417 4.32 99.7	**Pr** 357 3.70 85.3	**Nd** 328 3.40 78.5	**Pm**	**Sm** 206 2.14 49.3	**Eu** 179 1.86 42.8	**Gd** 400 4.14 95.5	**Tb** 391 4.05 93.4	**Dy** 294 3.04 70.2	**Ho** 302 3.14 72.3	**Er** 317 3.29 75.8	**Tm** 233 2.42 55.8	**Yb** 154 1.60 37.1	**Lu** 428 4.43 102.2
				Th 598 6.20 142.9	**Pa**	**U** 536 5.55 128	**Np** 456 4.73 109	**Pu** 347 3.60 83.0	**Am** 264 2.73 63	**Cm** 385 3.99 92.1	**Bk**	**Cf**	**Es**	**Fm**	**Md**	**No**	**Lr**

表 2-2　熔　　点

Li 453.7	**Be** 1562											**B** 2356	**C**	**N** 63.15	**O** 54.36	**F** 53.48	**Ne** 24.56
Na 371.0	**Mg** 922											**Al** 933.5	**Si** 1687	**P** w317 r863	**S** 388.4	**Cl** 172.2	**Ar** 83.81
K 336.3	**Ca** 1113	**Sc** 1814	**Ti** 1946	**V** 2202	**Cr** 2133	**Mn** 1520	**Fe** 1811	**Co** 1770	**Ni** 1728	**Cu** 1358	**Zn** 692.7	**Ga** 302.9	**Ge** 1211	**As** 1089	**Se** 494	**Br** 265.9	**Kr** 115.8
Rb 312.6	**Sr** 1042	**Y** 1801	**Zr** 2128	**Nb** 2750	**Mo** 2895	**Tc** 2477	**Ru** 2527	**Rh** 2236	**Pd** 1827	**Ag** 1235	**Cd** 594.3	**In** 429.8	**Sn** 505.1	**Sb** 903.9	**Te** 722.7	**I** 386.7	**Xe** 161.4
Cs 301.6	**Ba** 1002	**la** 1194	**Hf** 2504	**Ta** 3293	**W** 3695	**Re** 3459	**Os** 3306	**Ir** 2720	**Pt** 2045	**Au** 1338	**Hg** 234.3	**Tl** 577	**Pb** 600.7	**Bi** 544.6	**Po** 527	**At**	**Rn**
Fr	**Ra** 973	**Ac** 1324		**Ce** 1072	**Pr** 1205	**Nd** 1290	**Pm**	**Sm** 1346	**Eu** 1091	**Gd** 1587	**Tb** 1632	**Dy** 1684	**Ho** 1745	**Er** 1797	**Tm** 1820	**Yb** 1098	**Lu** 1938
				Th 2031	**Pa** 1848	**U** 1406	**Np** 901	**Pu** 913	**Am** 1449	**Cm** 1613	**Bk** 1562	**Cf**	**Es**	**Fm**	**Md**	**No**	**Lr**

注：单位为开(K)。

表 2-3　室温下各元素的等温体积性模量和压缩率

(每格依次为：元素，体积弹性模量，压缩率)

体积弹性模量，单位：10^{12} dyn/cm^2 或 10^{11} N/m^2

压缩率，单位：10^{12} cm^2/dyn 或 10^{11} m^2/N

H[d] 0.002 500																	He[d] 0.00 1168
Li 0.116 8.62	Be 1.003 0.997											B 1.78 0.562	C[d] 4.43 0.226	N 0.012 80	O	F	Ne[d] 0.010 100
Na 0.068 14.7	Mg 0.354 2.82											Al 0.722 1.385	Si 0.998 1.012	P(b) 0.304 3.92	S(r) 0.178 5.62	Cl	Ar[a] 0.013 79
K 0.032 31	Ca 0.152 6.58	Sc 0.435 2.30	Ti 1.051 0.951	V 1.619 0.618	Cr 1.901 0.526	Mn 0.596 1.68	Fe 1.683 0.594	Co 1.914 0.522	Ni 1.86 0.538	Cu 1.37 0.73	Zn 0.598 1.67	Ga[b] 0.569 1.76	Ge 0.772 1.29	As 0.394 2.54	Se 0.091 11.0	Br	Kr[a] 0.018 56
Rb 0.031 32	Sr 0.116 8.62	Y 0.366 2.73	Zr 0.833 1.20	Nb 1.702 0.587	Mo 2.725 0.366	Tc (2.97) (0.34)	Ru 3.208 0.311	Rh 2.704 0.369	Pd 1.808 0.553	Ag 1.007 0.993	Cd 0.467 2.14	In 0.411 2.43	Sn[g] 1.11 0.901	Sb 0.383 2.61	Te 0.230 4.35	I	Xe
Cs 0.020 50	Ba 0.103 9.97	la 0.243 4.12	Hf 1.09 0.92	Ta 2.00 0.50	W 3.232 0.309	Re 3.72 0.269	Os (4.18) (0.24)	Ir 3.55 0.282	Pt 2.783 0.359	Au 1.732 0.577	Hg[c] 0.382 2.6	Tl 0.359 2.79	Pb 0.430 2.33	Bi 0.315 3.17	Po (0.26) (3.8)	At	Rn
Fr (0.020) (50)	Ra (0.132) (7.6)	Ac (0.25) (4)		Ce(γ) 0.239 4.18	Pr 0.306 3.27	Nd 0.327 3.06	Pm (0.35) (2.85)	Sm 0.294 3.40	Eu 0.147 6.80	Gd 0.383 2.61	Tb 0.399 2.51	Dy 0.384 2.60	Ho 0.397 2.52	Er 0.411 2.43	Tm 0.397 2.52	Yb 0.133 7.52	Lu 0.411 2.43
				Th 0.543 1.84	Pa (0.76) (1.3)	U 0.987 1.01	Np (0.68) (1.5)	Pu 0.54 1.9	Am	Cm	Bk	Cf	Es	Fm	Md	No	Lr

注：圆括号里的值为估计值，圆括号中的字母代表晶形；方括号中的字母代表温度：[a]=77 K，[b]=273 K，[c]=1 K，[d]=4 K，[e]=81 K。

表 2-4　原子半径和共价半径

原子半径，单位：Å（每格第一个数值）
共价半径，单位：Å（每格第二个数值）

H 0.79 0.32																	**He** 0.49 0.93
Li 2.05 1.23	**Be** 1.40 0.90											**B** 1.17 0.82	**C** 0.91 0.77	**N** 0.75 0.75	**O** 0.65 0.73	**F** 0.57 0.72	**Ne** 0.51 0.71
Na 2.23 1.54	**Mg** 1.72 1.36											**Al** 1.82 1.18	**Si** 1.46 1.11	**P** 1.23 1.06	**S** 1.09 1.02	**Cl** 0.97 0.99	**Ar** 0.88 0.98
K 2.77 2.03	**Ca** 2.23 1.74	**Sc** 2.09 1.44	**Ti** 2.00 1.32	**V** 1.92 1.22	**Cr** 1.85 1.18	**Mn** 1.79 1.17	**Fe** 1.72 1.17	**Co** 1.67 1.16	**Ni** 1.62 1.15	**Cu** 1.57 1.17	**Zn** 1.53 1.25	**Ga** 1.81 1.26	**Ge** 1.52 1.22	**As** 1.33 1.20	**Se** 1.22 1.26	**Br** 1.12 1.14	**Kr** 1.03 1.12
Rb 2.98 2.16	**Sr** 2.45 1.91	**Y** 2.27 1.62	**Zr** 2.16 1.45	**Nb** 2.08 1.34	**Mo** 2.01 1.30	**Tc** 1.95 1.27	**Ru** 1.89 1.25	**Rh** 1.83 1.25	**Pd** 1.79 1.28	**Ag** 1.75 1.34	**Cd** 1.71 1.48	**In** 2.00 1.44	**Sn** 1.72 1.41	**Sb** 1.53 1.40	**Te** 1.42 1.36	**I** 1.32 1.33	**Xe** 1.24 1.31
Cs 3.34 2.35	**Ba** 2.78 1.98	**la** 2.74 1.69	**Hf** 2.16 1.44	**Ta** 2.09 1.34	**W** 2.02 1.30	**Re** 1.97 1.28	**Os** 1.92 1.26	**Ir** 1.87 1.27	**Pt** 1.83 1.30	**Au** 1.79 1.34	**Hg** 1.76 1.49	**Tl** 2.08 1.48	**Pb** 1.81 1.47	**Bi** 1.63 1.46	**Po** 1.53 1.46	**At** 1.43 1.45	**Rn** 1.34
Fr	**Ra**	**Ac**		**Ce** 2.70 1.62	**Pr** 2.67 1.65	**Nd** 2.64 1.64	**Pm** 2.62 1.63	**Sm** 2.59 1.62	**Eu** 2.56 1.85	**Gd** 2.54 1.61	**Tb** 2.51 1.59	**Dy** 2.49 1.59	**Ho** 2.47 1.58	**Er** 2.45 1.57	**Tm** 2.42 1.56	**Yb** 2.40 1.74	**Lu** 2.25 1.56
				Th 1.65	**Pa**	**U** 1.42	**Np**	**Pu**	**Am**	**Cm**	**Bk**	**Cf**	**Es**	**Fm**	**Md**	**No**	**Lr**

表 2－5　善南和泼莱威脱离子半径

离子	配位数	半径/pm	离子	配位数	半径/pm	离子	配位数	半径/pm
Ag^{+1}	2	67	Co^{+2}	4	57a	Hg^{+2}	2	69
	4SQ	102		6	65b		4	96
	5	112		6	74a		6	102
	6	115	Co^{+3}	6	53b		8	114
	7	124		6	61a	Ho^{+3}	6	90
	8	130	Cr^{+2}	6	73b		8	102
Ag^{+3}	4SQ	65		6	82a	I^{+5}	6	95
Al^{+3}	4	39	Cr^{+3}	6	62	In^{+3}	6	80
	5	48	Cr^{+4}	4	44		8	92
	6	53		6	55	Ir^{+3}	6	73
Am^{+3}	6	100	Cr^{+5}	4	35	Ir^{+4}	6	63
Am^{+4}	8	95		8	57	K^{+1}	6	138
As^{+5}	4	34	Cr^{+6}	4	30		7	146
	6	50	Cs^{+1}	6	170		8	151
Au^{+2}	4SQ	70		9	178		9	155
B^{+3}	3	2		10	181		10	159
	4	12		12	188		12	160
Ba^{+2}	6	136	Cu^{+1}	2	46	La^{+3}	6	105
	7	139	Cu^{+2}	4SQ	62		7	110
	8	142		5	65		8	118
	9	147		6	73		9	120
	10	152	Dy^{+3}	6	91		10	128
	12	160		8	103		12	132
Be^{+2}	3	17	Er^{+3}	6	89	Li^{+1}	4	59
	4	27		8	100		6	74
Bi^{+3}	5	99	Eu^{+2}	6	117	Lu^{+3}	6	85
	6	102		8	125		8	97
	8	111	Eu^{+3}	6	95	Mg^{+2}	4	58
Bk^{+3}	6	96		7	103		6	72
Bk^{+4}	8	93		8	107		8	90
Br^{+7}	4	26	F^{-}	2	129	Mn^{+2}	6	67b
C^{+4}	3	8		3	130			82a
				4	131		8	93
				6	133			

续表一

离子	配位数	半径/pm	离子	配位数	半径/pm	离子	配位数	半径/pm
Ca^{+2}	6	100	Fe^{+2}	4	63a	Mn^{+3}	5	58
	7	107		6	61b		6	58b
	8	112		6	78a			65a
	9	118	Fe^{+3}	4	49a	Mn^{+4}	6	54
	10	128		6	55b	Mn^{+6}	4	27
	12	135		6	65b	Mn^{+7}	4	26
Cd^{+2}	4	80	Ga^{+3}	4	47	Mo^{+3}	6	67
	5	87		5	55	Mo^{+4}	6	65
	6	95		6	62	Mo^{+5}	6	63
	8	107	Gd^{+3}	6	94	Mo^{+6}	4	42
	12	131		7	104		5	50
Ce^{+3}	6	101		8	106	Mo^{+6}	6	60
	8	114	Ge^{+4}	4	40		7	71
	12	129		6	54	N^{+5}	3	12
Ce^{+4}	6	80	H^{+1}	1	38	Na^{+1}	4	99
	8	97		2	18		5	～
Cf^{+3}	6	95	Hf^{+4}	6	71		6	102
Cl^{+5}	3	12		8	83		7	113
Cl^{+7}	4	20	Hg^{+1}	3	97		8	116
Cm^{+3}	6	98	Pu^{+3}	6	102		9	132
Cm^{+4}	8	95	Pu^{+4}	6	80	Th^{+4}	6	～
Nb^{+2}	6	71		8	96		8	106
Nb^{+3}	6	70	Rb^{+1}	6			9	109
Nb^{+4}	6	69		7	149	Ti^{+2}	6	86
Nb^{+5}	4	32		8	156	Ti^{+3}	6	67
	6	64		12	160	Ti^{+4}	5	53
	7	66	Re^{+4}	6	173		6	61
Nd^{+3}	6	98	Re^{+5}	6	63	Tl^{+1}	6	150
	8	112	Re^{+6}	6	52		8	160
	9	109	Re^{+7}	4	52		12	176
Ni^{+2}	6	70		6	40	Tl^{+3}	6	88
Ni^{+3}	6	66b	Rh^{+3}	6	57		8	～
		60a			67	Tm^{+3}	6	87
Np^{+2}	6	110					8	99

续表二

离子	配位数	半径/pm	离子	配位数	半径/pm	离子	配位数	半径/pm
Np^{+3}	6	104	Rh^{+4}	6	62	U^{+3}	6	106
Np^{+4}	8	98	Ru^{+3}	6	70	U^{+4}	7	98
O^{-2}	2	135	Ru^{+4}	6	62		8	～
	3	136	S^{+6}	4	12		9	105
	4	138	Sb^{+3}	4PY	77	U^{+5}	6	92
	6	140		5	80		7	96
	8	142	Sb^{+5}	6	61	U^{+6}	2	45
Os^{+4}	6	63	Sc^{+3}	6	75		4	48
P^{+5}	4	17		8	87		6	75
Pa^{+4}	8	101	Se^{+6}	4	29		7	88
Pa^{+5}	9	95	Si^{+4}	4	26	V^{+2}	6	79
Pb^{+2}	4PY	94		6	40	V^{+3}	6	64
	6	118	Sm^{+3}	6	96	V^{+4}	6	59
	8	131		8	109	V^{+5}	4	36
	9	133	Sn^{+2}	8	122		5	46
	11	139	Sn^{+4}	6	69		6	54
	12	149	Sr^{+2}	6	116	W^{+4}	6	65
Pb^{+4}	6	78		7	121	W^{+6}	4	41
	8	94		8	125		6	58
Pd^{+1}	2	59		10	132	Y^{+3}	6	89
Pd^{+2}	4SQ	64		12	144		8	102
	6	86	Ta^{+3}	6	67		9	110
Pd^{+3}	6	76	Ta^{+4}	6	66	Yb^{+3}	6	86
Pm^{+5}	6	98	Ta^{+5}	6	64		8	98
Po^{+4}	8	110		8	69	Zn^{+2}	4	60
Pr^{+3}	6	101	Tb^{+3}	6	92		5	68
	8	114		8	104		6	75
Pr^{+4}	6	78	Tb^{+4}	6	76	Zr^{+4}	6	72
	8	99		8	88		7	78
Pt^{+2}	4SQ	60	Tc^{+4}	6	64		8	84
Pt^{+4}	6	63	Te^{+4}	3	52			

注：a—高自旋；b—低自旋；PY—多面体结构；SQ—平面结构。

2.1.2　晶体的性质

1. 晶格常数

由晶体的内能可知

$$\left.\frac{\partial U(V)}{\partial V}\right|_{V_0}=0 \tag{2-11}$$

由上式可以解出晶体的平衡体积 V_0，再根据具体的晶体结构，可以求出晶格常数 a。

2. 体积弹性模量

在一定温度下，对晶体施加一定压力时，晶体的体积会发生变化。晶体的这种性质可以用体积弹性模量 K 来描述。根据热力学，晶体的体积弹性模量的定义为

$$K=-V\left(\frac{\partial P}{\partial V}\right)_T \tag{2-12}$$

式中：V 为晶体体积；P 为压力。由热力学基本关系式，当 $T=0$ 时，压力 P 与晶体内能有下面的关系：

$$P=-\frac{\partial U}{\partial V}=-\frac{\partial U}{\partial r}\cdot\frac{\partial r}{\partial V} \tag{2-13}$$

因此，体积弹性模量 K 可表示为

$$K=V\left(\frac{\partial^2 U}{\partial V^2}\right)=V\left(\frac{\partial^2 U}{\partial r^2}\right)\left(\frac{\partial r}{\partial V}\right)^2 \tag{2-14}$$

当 $T=0$ 时，原子间的平衡距离为 r_0，晶体的平衡体积为 V_0。假设晶体中含有 N 个初基原胞，每个初基原胞的体积与 r_0^3 成正比，因此晶体的平衡体积

$$V_0=N\beta r_0^3 \tag{2-15}$$

式中 β 是与晶体的结构有关的参数。由式(2-14)和式(2-15)可得平衡时晶体的体积弹性模量：

$$K=\frac{1}{9N\beta r_0}\left(\frac{\partial^2 U}{\partial r^2}\right)_{r=r_0} \tag{2-16}$$

如果采用式(2-7)的内能表示式，则 K 又可以表示为

$$K=\frac{m(n-m)a}{9N\beta r_0^{m+3}} \tag{2-17}$$

根据式(2-10)，K 也可以表示为

$$K=\frac{mn\,|U_c(r_0)|}{9N\beta r_0^3} \tag{2-18}$$

由此可见，晶体的体积弹性模量 K 与内能 $|U_c(r_0)|$ 及原子间相互作用力参数 m、n 成正比，与原子间距 r_0^3 成反比。

3. 电负性

晶体中原子之间互作用的来源与原子核及核外电子组态密切相关，或者说与原子得失电子的能力密切相关，这种能力可以用电负性的概念加以定量的描述。

表 2-6 电 离 能

H 13.595																	**He** 24.58 78.98
Li 5.39 81.01	**Be** 9.32 27.53											**B** 8.30 33.45	**C** 11.26 35.64	**N** 14.54 44.14	**O** 13.61 48.76	**F** 17.42 52.40	**Ne** 21.56 62.63
Na 5.14 52.43	**Mg** 7.64 22.67	←移去一个电子所需的能量，单位：eV→ ←移去两个电子所需的能量，单位：eV→										**Al** 5.98 24.80	**Si** 8.15 24.49	**P** 10.55 30.20	**S** 10.36 34.0	**Cl** 13.01 36.81	**Ar** 15.76 43.38
K 43.34 36.15	**Ca** 6.11 17.98	**Sc** 6.56 19.45	**Ti** 6.83 20.46	**V** 6.74 21.39	**Cr** 6.76 23.25	**Mn** 7.43 23.07	**Fe** 7.90 24.08	**Co** 7.86 24.91	**Ni** 7.63 25.78	**Cu** 7.72 27.93	**Zn** 9.39 27.35	**Ga** 6.00 26.51	**Ge** 7.88 23.81	**As** 9.81 30.0	**Se** 9.75 31.2	**Br** 11.84 33.4	**Kr** 14.00 38.56
Rb 4.18 31.7	**Sr** 5.69 16.72	**Y** 6.5 18.9	**Zr** 6.95 20.98	**Nb** 6.77 21.22	**Mo** 7.18 23.25	**Tc** 7.28 22.54	**Ru** 7.36 24.12	**Rh** 7.46 25.53	**Pd** 8.33 27.75	**Ag** 7.57 29.05	**Cd** 8.99 25.89	**In** 5.78 24.64	**Sn** 7.34 21.97	**Sb** 8.64 25.1	**Te** 9.01 27.6	**I** 10.45 29.54	**Xe** 12.13 33.3
Cs 3.89 29.0	**Ba** 5.21 15.21	**La** 5.61 17.04	**Hf** 7 22	**Ta** 7.88 24.1	**W** 7.98 25.7	**Re** 7.87 24.5	**Os** 8.7 26	**Ir** 9	**Pt** 8.96 27.52	**Au** 9.22 29.7	**Hg** 10.43 29.18	**Tl** 6.11 26.53	**Pb** 7.41 22.44	**Bi** 7.29 23.97	**Po** 8.43	**At**	**Rn** 10.74
Fr	**Ra** 5.28 15.42	**Ac** 6.9 19.0		**Ce** 6.91	**Pr** 5.76	**Nd** 6.31	**Pm**	**Sm** 5.6	**Eu** 5.67	**Gd** 6.16	**Tb** 6.74	**Dy** 6.82	**Ho**	**Er**	**Tm**	**Yb** 6.2	**Lu** 5.0
				Th	**Pa**	**U** 4	**Np**	**Pu**	**Am**	**Cm**	**Bk**	**Cf**	**Es**	**Fm**	**Md**	**No**	**Lr**

注：移去最初两个电子所需的总能量等于一、二次电离能之和。

原子的电负性是原子得失价电子能力的一种度量。其定义为：电负性＝常数(电离能＋亲和能)，即

$$\chi = C(W_i + W_a) \tag{2-19}$$

式中 C 为常数，常数的选择以方便为原则。一种常用的选择方法是为使锂(Li)的电负性为1，则 C 取0.18。

原子的电离能 W_i 是指使基态原子失去一个价电子所必需的能量。电离能的大小衡量原子对价电子的束缚强弱，它显然取决于原子的结构，诸如核电荷、原子半径及电子的壳层结构。元素的电离能见表2-6。原子电离能的大小与它在元素周期表中的位置密切相关。总的趋势是，沿周期表的左下角至右上角，电离能逐渐增大。但是对于具有复杂电子壳层的原子，例如，过渡元素和稀土元素等，电离能将表现出复杂性。氢原子核外只有一个电子，电离能就是它的基态能量，约13.6 eV。

原子的亲和能 W_a 是指一个处于基态的中性气态原子获得一个电子成为负离子所释放出的能量。亲和能的大小衡量原子捕获外来电子的能力，亲和能越大，表示原子得电子转变成负离子的倾向越大，只有一部分元素具有正的亲和能，即原子在吸收电子时放出能量，没有元素具有正的第二亲和能。在周期表中，无论在同一族或同一周期中，亲和能具有随原子半径减小而增大的趋势。

电负性是原子电离能和亲和能的综合表现，电负性大的原子，易于获得电子；电负性小的原子，易于失去电子。固体的许多物理、化学性质都与组成它的元素的电负性有关。表2-7给出了部分元素的电负性值，从表中可以看出，电负性变化的总趋势是：同周期的元素，自左向右电负性增大；同一族元素，自下向上电负性增大；过渡元素电负性比较接近。表中处在右上角的F元素具有最大的电负性，而处在左下角的Fr元素的电负性最小。

表2-7　部分元素的电负性值

H 2.1																
Li 1.0	**Be** 1.5											**B** 2.0	**C** 2.5	**N** 3.0	**O** 3.5	**F** 4.0
Na 0.9	**Mg** 1.2											**Al** 1.5	**Si** 1.8	**P** 2.1	**S** 2.5	**Cl** 3.0
K 0.8	**Ca** 1.0	**Sc** 1.3	**Ti** 1.5	**V** 1.6	**Cr** 1.6	**Mn** 1.5	**Fe** 1.8	**Co** 1.8	**Ni** 1.8	**Cu** 1.9	**Zn** 1.6	**Ga** 1.6	**Ge** 1.8	**As** 2.0	**Se** 2.4	**Br** 2.8
Rb 0.8	**Sr** 1.0	**Y** 1.2	**Zr** 1.4	**Nb** 1.6	**Mo** 1.8	**Tc** 1.9	**Ru** 2.2	**Rh** 2.2	**Pd** 2.2	**Ag** 1.9	**Cd** 1.7	**In** 1.7	**Sn** 1.8	**Sb** 1.9	**Te** 2.1	**I** 2.5
Cs 0.7	**Ba** 0.9	**La** 1.1	**Hf** 1.3	**Ta** 1.5	**W** 1.7	**Re** 1.9	**Os** 2.2	**Ir** 2.2	**Pt** 2.2	**Au** 2.4	**Hg** 1.9	**Tl** 1.8	**Pb** 1.8	**Bi** 1.9	**Po** 2.0	**At** 2.2
Fr 0.7	**Ra** 0.9	**Ac** 1.1														

由于元素电负性的差异以及不同电负性元素的组合，晶体内原子间的相互作用力可以分成不同类型。晶体中的原子(离子或分子)间的作用力常称为键，按结合力分类，晶体可分为五类，相应地键也分五类：离子晶体(离子键)、共价晶体(共价键)、金属晶体(金属键)、分子晶体(范德瓦尔斯键)、氢键晶体(氢键)。

2.2 离子结合

2.2.1 离子结合的定义和特点

当电负性相差很大的两类元素的原子相互靠近形成晶体时，电负性小的金属原子容易失去最外层的价电子，成为正离子；电负性大的非金属原子得到金属的价电子而成为负离子。正、负离子由于库仑引力的作用相互靠近，但当它们近到一定程度时，二闭合电子壳层的电子云因重叠而产生排斥力，又阻止了离子的无限靠近。当吸引力和排斥力平衡时，就形成稳定的晶体，这种电荷异号的离子间的静电相互作用称为离子键。靠离子键结合成的晶体称为离子晶体或极性晶体。最典型的离子晶体是碱金属元素 Li、Na、K、Rb、Cs 和卤族元素 F、Cl、Br、I 之间形成的化合物。

离子结合的基本特点是以离子而不是以原子为结合的单位。例如 NaCl 晶体，是以 Na^+ 和 Cl^- 为单元结合成的晶体，它们的结合就是靠离子之间的库仑吸引作用。具有相同电性的离子之间存在排斥作用，但由于在离子晶体的典型晶格中，正、负离子相间排列，使每一种离子以异号的离子为近邻，因此，库仑作用的总的效果是吸引性的。

一般地，离子具有满壳层结构时，其电子云是球形对称的，所以离子间的作用即离子键是没有方向性和饱和性的。通常，一个离子周围尽可能多地聚集异号离子，形成配位数较高的晶体结构。例如 NaCl 结构的配位数为 6；CsCl 结构的配位数为 8。

2.2.2 离子晶体的结合能

离子晶体的很多性质都与它的结合能有很大的关系。为了具体起见，本书以 NaCl 晶体为例，讨论离子晶体的结合能。在 NaCl 晶体中，Na^+ 和 Cl^- 相间排列，且离子都具有满壳层的结构，电子云球形对称，因此，可以把它们视为点电荷。这样，Na^+ 和 Cl^- 间的吸引势能即库仑势能可以表示为

$$U_T(r) = -\frac{e^2}{4\pi\varepsilon_0 r} \tag{2-20}$$

式中：r 为 Na^+ 和 Cl^- 间的距离；e 为电子电荷的绝对值。选取两个原子相距无穷远时的势能为参考点，则电势参考点 $U_T(\infty)\to 0$。Na^+ 和 Cl^- 间的相互作用力为

$$f(r) = -\frac{e^2}{4\pi\varepsilon_0 r^2} \tag{2-21}$$

随着正、负离子逐渐靠近，电子云重叠，由泡利不相容原理，离子之间因电子云重叠而产生排斥能。该排斥能难以计算，玻恩(Born)假设重叠排斥能有如式(2-5)的形式，即

$$U_R(r) = \frac{b}{r^n}$$

因此二离子间的互作用势能可表示为

$$U(r)=U_{\mathrm{T}}(r)+U_{\mathrm{R}}(r)=-\frac{e^2}{4\pi\varepsilon_0 r}+\frac{b}{r^n} \tag{2-22}$$

式中第一项是两离子间的库仑能，二者同号时取“+”，异号时取“−”。对 NaCl，第一项取“−”，表现为两个离子之间的吸引能；由于 $b>0$，第二项取正，表现为两个离子之间的排斥能。

现在将此概念推广到任意一个离子晶体。设由 $2N$ 个离子组成离子晶体，在该晶体中正、负离子所带的电荷量分别为 $+ze$ 和 $-ze$，e 是电子电荷的绝对值，z 是离子的化合价。令 $i=1$ 的离子作为参考离子，它与其余 $(2N-1)$ 个离子的总互作用势能为

$$U(r)=\sum_{j\neq 1}^{2N}U(r_{1j}) \tag{2-23}$$

则晶体的总作用势能为

$$U_{\mathrm{Tot}}=\frac{1}{2}\sum_{i}^{2N}\sum_{j\neq i}^{2N}U(r_{ij}) \tag{2-24}$$

由于表面离子数比内部离子数少得多，为简单起见，忽略表面离子与内部离子的差别。则 $2N$ 个离子对晶体势能的贡献相同，式(2-24)中对 i 求和的 $2N$ 项都与 $i=1$ 时的项相同，则

$$U_{\mathrm{Tot}}=\frac{1}{2}\cdot 2N\cdot\sum_{j\neq 1}^{2N}U(r_{1j})=N\sum_{j\neq 1}^{2N}U(r_{1j}) \tag{2-25}$$

设最近邻离子间距为 r，则第 $i=1$ 个离子与第 j 个离子的间距为

$$r_{1j}=a_{1j}r \tag{2-26}$$

把式(2-22)和式(2-26)代入式(2-25)得

$$U_{\mathrm{Tot}}=N\left(-\frac{z^2e^2}{4\pi\varepsilon_0 r}\sum_{j\neq 1}^{2N}\pm\frac{1}{a_{1j}}+\frac{1}{r^n}\sum_{j\neq 1}^{2N}\frac{b}{a_{1j}^{n}}\right) \tag{2-27}$$

令 $\sum_{j\neq 1}^{2N}\pm\frac{1}{a_{1j}}=\alpha$，$\sum_{j\neq 1}^{2N}\frac{b}{a_{1j}}=B$，则

$$U_{\mathrm{Tot}}=-N\left(\frac{\alpha z^2e^2}{4\pi\varepsilon_0 r}-\frac{B}{r^n}\right) \tag{2-28}$$

式中，α 称马德隆(Madelung)常数，它是完全由晶体结构决定的，二离子间，异号离子取“+”，同号离子取“−”。对 NaCl 结构的晶体，$\alpha=1.748$；对 CsCl 结构的晶体，$\alpha=1.763$；对闪锌矿(立方 ZnS)结构的晶体，$\alpha=1.638$。B 是由晶体结构确定的另一个常数。当晶体处于平衡状态时，即 $r=r_0$ 时，由

$$\left(\frac{\partial U}{\partial r}\right)_{r_0}=-N\left(-\frac{\alpha z^2e^2}{4\pi\varepsilon_0 r_0^2}+\frac{nB}{r_0^{n+1}}\right)=0 \tag{2-29}$$

可以求得

$$B=\frac{\alpha z^2e^2}{4\pi\varepsilon_0 n}r_0^{n-1} \tag{2-30}$$

对 NaCl 结构，$V_0=Nr_0^3$，由体积弹性模量的公式(2-14)，可知

$$K_0=V_0\left(\frac{\partial^2U}{\partial V^2}\right)_{V_0}=\frac{1}{9Nr_0}\left(\frac{\partial^2U}{\partial r^2}\right)_{r_0} \tag{2-31}$$

由式(2-29)，所以

$$K_0 = \frac{1}{9Nr_0}\left(\frac{\partial^2 U}{\partial r^2}\right)_{r_0} = \frac{1}{9Nr_0}\left\{-N\left[\frac{2\alpha z^2 e^2}{4\pi\varepsilon_0 r_0^3} - \frac{n(n+1)B}{r_0^{n+2}}\right]\right\} \tag{2-32}$$

将式(2-30)代入式(2-32)，可得

$$K_0 = \frac{\alpha z^2 e^2}{36\pi\varepsilon_0 r_0^4}(n-1) \tag{2-33}$$

$$n = \frac{36\pi\varepsilon_0 r_0^4}{\alpha z^2 e^2}K_0 + 1 \tag{2-34}$$

对非 NaCl 结构型晶体，关系 $V_0 = Nr_0^3$ 不再满足。为了建立对任何晶体结构都适用的 V_0 与 r_0 间的关系，引入与结构有关的修正因子 β，且 β 满足式(2-15)。这样就得到与 NaCl 结构完全类似的结果：

$$K_0 = \frac{\alpha z^2 e^2}{36\pi\varepsilon_0 \beta r_0^{-4}}(n-1) \tag{2-35}$$

$$n = \frac{36\pi\varepsilon_0 \beta r_0^{-4}}{\alpha z^2 e^2}K_0 + 1 \tag{2-36}$$

由式(2-36)可以确定出玻恩指数，将 n 代入式(2-30)可求出晶格参量 B。反过来，知道了玻恩指数 n 和晶格参量 B，就可以确定晶体的晶格常数、结合能、体积弹性模量等。表 2-8 给出了几种常见离子晶体的 n 和 K 值。

表 2-8 常见离子晶体的 n 和 K 值

晶体	$K/10^{-12}/(\mathrm{N/m^2})$	n	晶体	$K/10^{-12}/(\mathrm{N/m^2})$	n
NaCl	2.41	7.90	NaBr	1.96	8.41
NaI	1.45	8.33	KCl	2.00	9.62
ZnS	7.76	5.40			

由式(2-28)可以得到由 $2N$ 个离子组成的晶体的结合能是

$$U_0 = -U(r_0) = N\left(\frac{\alpha z^2 e^2}{4\pi\varepsilon_0 r_0} - \frac{B}{r_0^n}\right) \tag{2-37}$$

再将式(2-30)代入上式，可得

$$U_0 = N\cdot\frac{\alpha z^2 e^2}{4\pi\varepsilon_0 r_0}\left(1-\frac{1}{n}\right) \tag{2-38}$$

对于离子晶体，每对离子间的平均结合能为

$$u_0 = \frac{\alpha z^2 e^2}{4\pi\varepsilon_0 r_0}\left(1-\frac{1}{n}\right) \tag{2-39}$$

由上式可以看出，离子晶体的结合能中，以库仑能 $\frac{\alpha z^2 e^2}{4\pi\varepsilon_0 r_0}$ 为主，而电子云重叠的排斥能 $\frac{\alpha z^2 e^2}{4\pi\varepsilon_0 r_0}\cdot\frac{1}{n}$ 只是库仑能的 $\frac{1}{n}$，所以可把它当作一个修正项。表 2-9 给出了一些离子晶体的结合能的计算值和试验值的比较。从表中可以看出，二者基本相符，说明结合能的计算是可靠的。

表 2-9 部分离子晶体结合能计算值与试验值比较

晶体	$U_{0试验}$ /(kJ/mol)	$U_{0计算}$ /(kJ/mol)	偏差 /(%)	晶体	$U_{0试验}$ /(kJ/mol)	$U_{0计算}$ /(kJ/mol)	偏差 /(%)
LiF	1038	1013	−2.4	LiCl	862	807	−6.4
LiBr	803	757	−5.7	LiI	732	695	−5.1
NaF	923	900	−2.5	NaCl	788	747	−5.2
NaBr	736	708	−3.8	NaI	673	655	−2.7
KF	820	791	−3.5	KCl	717	676	−5.7
KBr	673	646	−4.0	KI	617	605	−1.9
RbCl	887	650	−5.4	CsCl	659	613	−7.0
AgCl	915	837	−8.5	AgI	859	782	−9.0
CaF_2	2624	2601	−0.9	BaF_2	2342	2317	−1.1
MgO	3891	3753	−3.5				

由于离子晶体主要依靠较强的库仑引力而结合，且具有较高的结合能值，因此，离子晶体具有熔点高、硬度大、膨胀系数小的特点。大多数离子晶体对可见光是透明的，但在远红外区域则有一特征吸收峰。

离子晶体除了上述的碱金属卤化物、碱土金属氧化物、硫化物、硒化物、碲化物等 AB 型离子化合物(A 为正离子，B 为负离子)外，还有 AB_2 型化合物，如 CaF_2 型、金红石型和碱金属的过氧化物，以及 AB_3 型、A_2B_3 型和多元化合物 ABO_3 型、AB_2O_4 型等。

*2.2.3 马德隆常数的计算

马德隆(Madelung)常数 α 是仅与晶体结构有关的一个常数。它是一个交迭级数，收敛很慢，因此可用厄凡(H. M. Evjen)提出的求和法，将离子划分在很多区，然后把这些区中的离子的贡献相加。这种方法又叫中性法，即选取总电荷为零的中性组。

以 NaCl 晶体的马德隆常数 α 计算为例，如图 2-3 所示，取一个正离子为参考点，该离子有 6 个最近邻的负离子，用(100)表示。同理，(110)代表 12 个次近邻。随着间距的增大，依次为(111)8 个离子，(200)6 个离子，(210)24 个离子，(211)24 个离子，…，于是得到

$$\begin{aligned}\alpha &= 6\times 1-12\times\frac{1}{\sqrt{2}}+8\times\frac{1}{\sqrt{3}}-6\times\frac{1}{\sqrt{4}}+24\times\frac{1}{\sqrt{5}}+\cdots\\ &= 6-8.48+4.26-3.00+10.73-9.8+\cdots\end{aligned}$$

可见，要计算出 α 的值是比较困难的，这是由于库仑长程作用的结果。

对于 NaCl 结构的晶体，取其惯用原胞为中性单元，每个惯用原胞中有 8 个离子。除惯用原胞中心的离子外，在面心的离子只有 $\frac{1}{2}$ 是属于此晶胞的，这种离子有 6 个；在棱边上

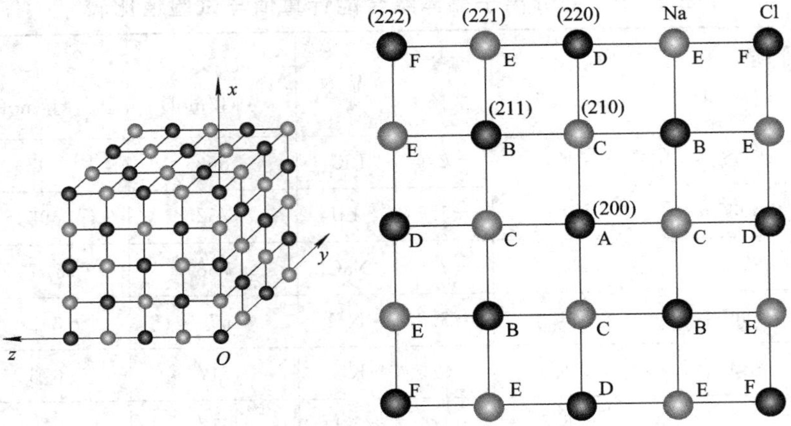

图 2-3 以 NaCl 为例的马德隆常数的计算

的离子只有$\frac{1}{4}$是属于此晶胞的，这类离子有 12 个；在顶角上的离子只有$\frac{1}{8}$是属于此晶胞的，这类离子有 8 个。作为一级近似，仅在此中性单元内计算马德隆常数，得到

$$\alpha = 6\times\frac{1}{2} - 12\times\frac{1}{\sqrt{2}}\times\frac{1}{4} + 8\times\frac{1}{\sqrt{3}}\times\frac{1}{8} = 1.457$$

如果认为精度不够，将立方体扩大，选取如图 2-3 所示的立方体边长为 $4r_0$ 的中性组。除立方体内全部离子对马德隆常数有贡献外，表面上、棱上和顶角上的离子对马德隆常数均有部分贡献(这些离子公用)。图中 A(200)类离子共有 6 个，每个贡献为$\frac{1}{2}$；B(211)和 C(210)类离子各 24 个，每个贡献为$\frac{1}{2}$；D(220)和 E(221)类离子各 12 个，每个贡献为$\frac{1}{4}$；F(222)类离子共 8 个，每个贡献为$\frac{1}{8}$。于是

$$\begin{aligned}\alpha &= 6 - 12\times\frac{1}{\sqrt{2}} + 8\times\frac{1}{\sqrt{3}} - 3\times\frac{1}{\sqrt{4}} + 12\times\frac{1}{\sqrt{5}} - 12\times\frac{1}{\sqrt{6}} + 6\times\frac{1}{\sqrt{8}} - 6\times\frac{1}{\sqrt{9}} + \frac{1}{\sqrt{12}}\\ &= 1.75\end{aligned}$$

可见收敛很快，这样计算得出的马德隆常数值与用全部离子贡献计算得出的十分接近。

2.3 共价结合

2.3.1 共价结合的定义

当电负性相同或接近，尤其是电负性又都较大的元素彼此靠近时，各贡献一个电子，为两个原子所共有，从而使其结合在一起形成晶体，这种结合称为共价结合。能把两个原子结合在一起的一对为两个原子所共有的自旋相反配对的电子结构，称为共价键。以共价结合形成的晶体称为共价晶体，也称为原子晶体或同极晶体。

共价结合的典型例子是两个氢原子结合成氢分子的情况。根据量子理论，当两个氢原

子相距很远时，它们的电子都分别分布在各自的原子核外的 $1s$ 能级上。当两个氢原子相互靠近形成氢分子时，两个 $1s$ 轨道发生重叠，此时电子不再是被某一个原子所束缚，而是在氢分子中作共有化运动，对应的波函数由原来的两个氢原子的 $1s$ 能级波函数组成。形成氢分子时，原来孤立原子的 $1s$ 能级分裂为 2 个能级，分别称为成键态能级和反键态能级，前者低于 $1s$ 能级，而后者则高于 $1s$ 能级，如图 2-4(a)所示。这两个能级的区别在于电子的自旋状态不同：成键态两个电子的自旋方向相反；反键态两个电子的自旋方向相同。当氢原子形成氢分子时，两个电子均处在成键态能级上，使体系的总能量下降，成为稳定的氢分子。图 2-4(b)给出了体系总能量(内能)随原子间距 r 的变化关系。从图中可以看到，成键态的内能 U 有一个极小值，这时的 r_0 就相应于氢分子中两个氢原子的间距，U_b 为氢分子的解离能(即内能)，即把氢分子分离成两个孤立的氢原子所需要消耗的能量。

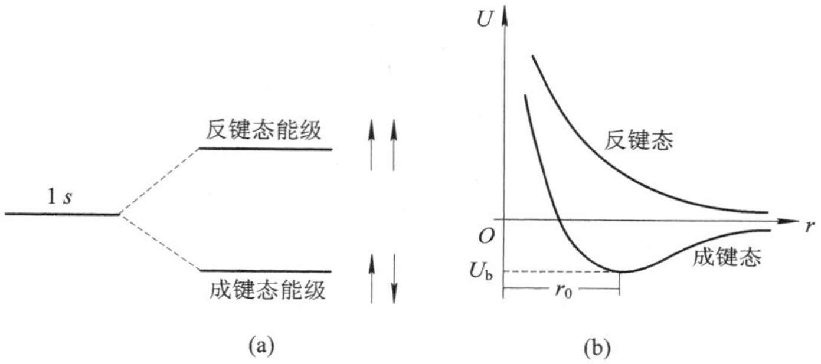

图 2-4 两个氢原子结合成氢分子示意图

设想有原子 A 和原子 B，它们表示互为近邻的一对原子。当它们是自由原子时，各有一个价电子，归一化的波函数分别用 φ_A、φ_B 表示，即

$$H_A\varphi_A = \left(-\frac{\hbar^2}{2m}\nabla^2 + V_A\right)\varphi_A = \varepsilon_A\varphi_A \tag{2-40}$$

$$H_B\varphi_B = \left(-\frac{\hbar^2}{2m}\nabla^2 + V_B\right)\varphi_B = \varepsilon_B\varphi_B \tag{2-41}$$

其中 V_A、V_B 为作用在电子的库仑势。当两个原子相互靠近，波函数交叠，形成共价键，这时每个电子均为 A 原子和 B 原子共有，哈密顿量为

$$H = -\frac{\hbar}{2m}\nabla_1^2 - \frac{\hbar}{2m}\nabla_2^2 + V_{A1} + V_{A2} + V_{B1} + V_{B2} + V_{12} \tag{2-42}$$

其中下标 1、2 分别表示两个电子。由上式表示的哈密顿量，其波动方程 $H\psi=E\psi$ 的求解是比较困难的。可以用所谓分子轨道法简化波动方程，忽略电子与电子之间的相互作用 V_{12}，式(2-42)可分解为两部分，每部分只与一个电子的坐标有关，波函数 $\psi(\boldsymbol{r}_1, \boldsymbol{r}_2) = \psi_1(\boldsymbol{r})\psi_2(\boldsymbol{r})$，从而有

$$H_i\psi_i = \left(-\frac{\hbar^2}{2m}\nabla_i^2 + V_{Ai} + V_{Bi}\right)\psi_i = \varepsilon_i\psi_i \tag{2-43}$$

这是单电子波动方程，它的解称为分子轨道。分子轨道的波函数可以选原子波函数的线性组合。若设想原子 A 和原子 B 是同一种原子，由式(2-40)和式(2-41)决定的原子能级 $\varepsilon_A=\varepsilon_B=\varepsilon_0$，由于两个原子完全等价，因此可以认为分子轨道波函数应有如下的形式：

$$\psi_+ = C_+(\varphi_A + \varphi_B) \tag{2-44}$$

$$\psi_- = C_- (\varphi_A - \varphi_B) \tag{2-45}$$

其中，C_+，C_- 为归一化系数；通常称 ψ_+ 为成键态，ψ_- 为反键态。如图 2－5 所示，对于成键态，电子云密集在两个原子核之间；而对于反键态，两个原子核之间的电子云密度减小。

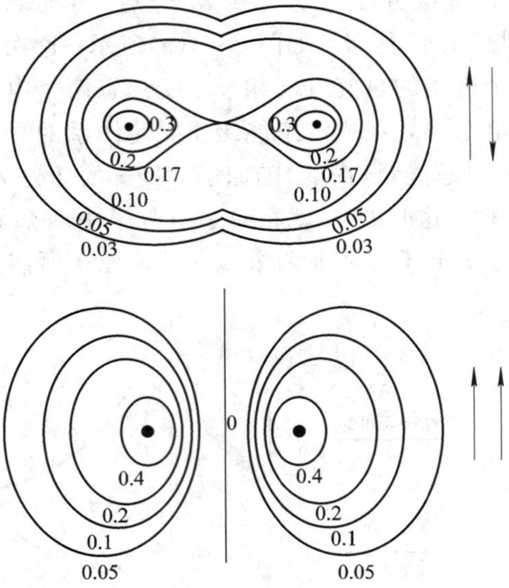

图 2－5　H_2 分子中电子云的等密度线

进一步可以写出两种分子轨道之间能量的差别：

$$\varepsilon^+ = \frac{\int \psi_+^* \ H\psi_+ \ \mathrm{d}\boldsymbol{r}}{\int \psi_+^* \ \psi_+ \ \mathrm{d}\boldsymbol{r}} = 2C_+^2 \ (H_{aa} + H_{ab}) \tag{2-46}$$

$$\varepsilon^- = \frac{\int \psi_-^* \ H\psi_- \ \mathrm{d}\boldsymbol{r}}{\int \psi_-^* \ \psi_- \ \mathrm{d}\boldsymbol{r}} = 2C_-^2 \ (H_{aa} - H_{ab}) \tag{2-47}$$

其中：

$$H_{aa} = \int \varphi_A^* H\varphi_A \mathrm{d}\boldsymbol{r} = \int \varphi_B^* H\varphi_B \mathrm{d}\boldsymbol{r} \approx \varepsilon_0 \tag{2-48}$$

$$H_{ab} = \int \varphi_A^* H\varphi_B \mathrm{d}\boldsymbol{r} = \int \varphi_B^* H\varphi_A \mathrm{d}\boldsymbol{r} < 0 \tag{2-49}$$

正是由于 $H_{ab}<0$（它表示的是负电子云与正原子核之间的库仑作用），使得成键态能量相对于原子能级 ε_0 降低了。其物理原因是由于成键态中电子云密集在两个原子核之间，同时受两个原子核的库仑吸引作用的结果。与此同时，反键态的能量升高了，如图 2－6 所示。

由于成键态上可以填充正、反自旋的两个电子，所以若原子 A 和原子 B 的 φ_A 和 φ_B 态上各只有一个电子时，两个电子可以同时填充在成键态上，自旋取相反方向，使体系能量下降，这就意味着有相互吸引的作用。

如果 A 原子和 B 原子为不同种原子，这时式(2－40)和(2－41)中的 V_A 与 V_B 不同，$\varepsilon_A \neq \varepsilon_B$。(设 $\varepsilon_A > \varepsilon_B$，即 B 原子为阳离子)仍采用分子轨道法，约化为单电子方程式(2－43)。

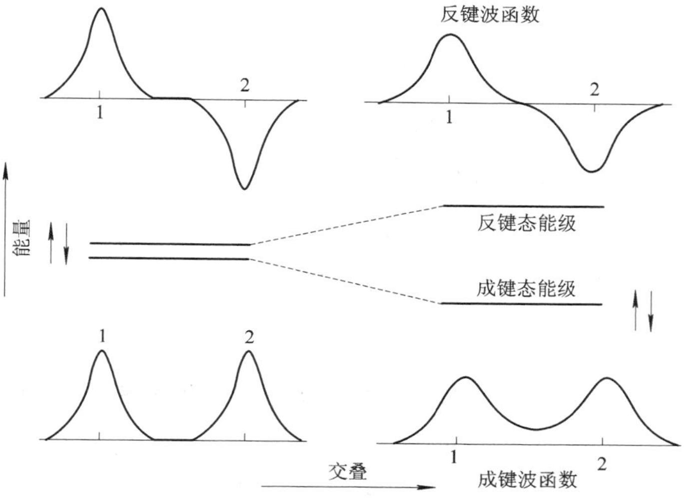

图 2-6　成键态和反键态

选取分子轨道波函数为原子轨道的线性组合：

$$\psi = c[\varphi_A + \lambda\varphi_B] \tag{2-50}$$

其中，λ 表示不同原子波函数组合成分子轨道波函数时的权重因子，在 A、B 为不同原子时，$|\lambda| \neq 1$。代入式(2-43)，有

$$H\psi = \left(-\frac{\hbar}{2m}\nabla^2 + V_A + V_B\right)c[\varphi_A + \lambda\varphi_B] = \varepsilon \times c[\varphi_A + \lambda\varphi_B] \tag{2-51}$$

两边分别左乘以 φ_A^* 和 φ_B^* 后积分，有

$$\begin{cases}[H_{aa} - \varepsilon] + \lambda H_{ab} = 0 \\ H_{ba} + \lambda[H_{bb} - \varepsilon] = 0\end{cases} \tag{2-52}$$

这里利用了 $\int \varphi_A^* \varphi_B \mathrm{d}\boldsymbol{r} = \int \varphi_B^* \varphi_A \mathrm{d}\boldsymbol{r} = 0$。与式(2-48)和式(2-49)类似，有

$$H_{aa} = \int \varphi_A^* H\varphi_A \mathrm{d}\boldsymbol{r} \approx \varepsilon_A \tag{2-53}$$

$$H_{bb} = \int \varphi_B^* H\varphi_B \mathrm{d}\boldsymbol{r} \approx \varepsilon_B \tag{2-54}$$

$$H_{ab} = \int \varphi_A^* H\varphi_B \mathrm{d}\boldsymbol{r} \approx \int \varphi_B^* H\varphi_A \mathrm{d}\boldsymbol{r} < 0 \tag{2-55}$$

若引入 $V_3 = \frac{\varepsilon_B - \varepsilon_A}{2}$，$H_{ab} = -V_2$，则式(2-52)可以改写为

$$\left.\begin{aligned}\left(\frac{\varepsilon_A + \varepsilon_B}{2} - V_3 - \varepsilon\right) - \lambda V_2 = 0 \\ -V_2 + \lambda\left(\frac{\varepsilon_A + \varepsilon_B}{2} + V_3 - \varepsilon\right) = 0\end{aligned}\right\} \tag{2-56}$$

由

$$\begin{vmatrix}\frac{\varepsilon_A + \varepsilon_B}{2} - V_3 - \varepsilon & -V_2 \\ -V_2 & \frac{\varepsilon_A + \varepsilon_B}{2} + V_3 - \varepsilon\end{vmatrix} = 0 \tag{2-57}$$

可得

$$\varepsilon^{+}=\frac{\varepsilon_{A}+\varepsilon_{B}}{2}-\sqrt{V_{2}^{2}+V_{3}^{2}} \tag{2-58}$$

$$\varepsilon^{-}=\frac{\varepsilon_{A}+\varepsilon_{B}}{2}+\sqrt{V_{2}^{2}+V_{3}^{2}} \tag{2-59}$$

相应地，有

$$\lambda^{+}=\frac{\sqrt{V_{2}^{2}+V_{3}^{2}}-V_{3}}{V_{2}} \tag{2-60}$$

$$\lambda^{-}=\frac{\sqrt{V_{2}^{2}+V_{3}^{2}}+V_{3}}{V_{2}} \tag{2-61}$$

其中，ε^{+}、λ^{+}对应成键态，ε^{-}、λ^{-}对应反键态，其能级变化如图 2－7 所示。

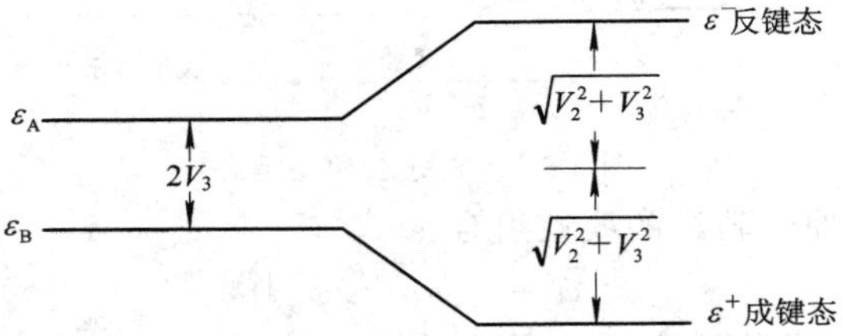

图 2－7　两个不同种原子的成键态和反键态

可以看出，当 A、B 为异类原子时，所形成的共价键在两个原子之间是不均衡的，所形成的共价键包含有离子键的成份，或者说这种情况下的结合是采取共价结合与离子结合之间的过渡形式。以Ⅲ－Ⅴ族化合物 GaAs 为例，它们的离子实分别为带＋3e 的离子 Ga^{3+} 和带＋5e 的离子 As^{5+}，每一对 Ga 和 As 有 8 个价电子，若为完全的共价结合，共价键上的每一对电子均分在两个相邻原子上，这意味着 Ga 原子有一个负电荷，As 原子有一个正电荷，即 $Ga^{-1}As^{+1}$。若为完全的离子结合，这意味着 Ga 原子的 3 个价电子转移到 As 原子，$Ga^{-3}As^{+3}$。而实际情况介于二者之间，通常引入有效离子电荷 q^{*}，以电子电荷为单位，Ga 原子的 q^{*} 肯定介于－1 和＋3 之间。可以用成键态波函数讨论有效离子电荷，波函数 $\psi=c(\varphi_{A}+\lambda\varphi_{B})$ 意味着在 A 原子和 B 原子上电子的几率 P_A 和 P_B 分别为

$$P_{A}=\frac{1}{1+\lambda^{2}} \tag{2-62}$$

$$P_{B}=\frac{\lambda^{2}}{1+\lambda^{2}} \tag{2-63}$$

因此，对于Ⅲ族原子(即 B 原子)，其有效电荷为

$$q_{B}^{*}=\left(3-8\frac{\lambda^{2}}{1+\lambda^{2}}\right) \tag{2-64}$$

假设完全共价：$\lambda=1$，$q_{B}^{*}=-1$；完全离子：$\lambda=0$，$q_{B}^{*}=3$。同理，对于Ⅴ族原子(即 A 原子)，其有效电荷为

$$q_{A}^{*}=\left(5-8\frac{1}{1+\lambda^{2}}\right) \tag{2-65}$$

有效电荷的数值可以通过求出 λ 的值得到，也可以通过实验来测定，表 2－10 中列出了一些实验的结果。

表 2-10　等效离子电荷

晶体	$\|q^*\|$	晶体	$\|q^*\|$	晶体	$\|q^*\|$	晶体	$\|q^*\|$
BN	0.55	GaN	0.47	SiC	0.41	AlN	0.40
BP	0.10	BeO	0.62	AlP	0.28	ZnO	0.53
AlSb	0.19	ZnS	0.41	GaP	0.24	ZnSe	0.34
GaAs	0.20	ZnTe	0.27	GaSb	0.15	CdS	0.40
InP	0.27	CdSe	0.41	InAs	0.22	CdTe	0.34
InSb	0.21	CuCl	0.27				

2.3.2　共价键的特性

共价结合有两个基本的特性：饱和性和方向性。

饱和性是指一个原子所能形成的共价键的数目有一个最大值。组成同一个共价键中的两个电子其自旋方向必须相反，这种成键的自旋相反的一对电子称为已配对电子，已配对电子不可能再和其它电子形成新的共价键。例如氢原子在 1s 轨道上只有一个电子，为未配对电子，它可以和其它原子中的未配对电子形成共价键。而氦原子的 1s 轨道上已有两个电子，根据泡利原理，它们是自旋相反排布的，这样已经自旋相反"配对"的电子就不能形成共价键。根据这个原则，对于外壳层为 ns 及 np 的原子来说，原子填满外壳层的电子数应为 8。如果原子的最外层价电子数 N 小于满壳层电子数的一半，即 $N<4$，则这些电子都可成为自旋未配对的电子，所以这种原子最多可以形成 N 个共价键；如果原子的价电子数 $N\geqslant4$，则最多可以有$(8-N)$个未配对的电子，可以形成$(8-N)$个共价键，这即为所谓的$(8-N)$定则。Ⅳ族至Ⅶ族的元素依靠共价键结合，共价键的数目符合$(8-N)$定则。

方向性是指原子只在特定的方向上形成共价键。根据共价键的量子理论，共价键的强弱取决于形成共价键的两个电子轨道的重叠程度。在形成共价键时，电子轨道发生交叠，交叠越多，键能越大，系统能量越低，键越牢固。因此，原子是在电子轨道交叠尽可能大的方向上形成共价键。

共价键的饱和性和方向性，造就了原子形成的共价晶体具有特定的结构。共价键的饱和性，决定了共价晶体的配位数，它只能等于原子的共价键数，或者说等于原子的价电子数 N(当 $N<4$)或 $8-N$(当 $N\geqslant4$)。而具体的晶体结构又决定于共价键的方向性。最典型的例子是Ⅳ族元素 C、Si、Ge 形成的共价晶体的结构，例如金刚石，它是由碳原子组成的，C 原子的价电子组态为 $2s^2 2p^2$，$2s^2$ 态是填满的，即电子处于自旋已配对的状态，$2p$ 态最多可填充 6 个电子，而碳原子 $2p$ 态只有两个电子，则可以认为，这两个电子均是处于自旋均未配对的状态，这时它最多与其它原子间形成两个共价键，但实验证明：金刚石中每个原子与周围 4 个原子形成共价键；周围 4 个原子的排列呈四面体结构，具有等同性，即碳原子与周围原子具有 4 个等价的共价键。C 原子的葫芦状杂化轨道必定大头相对，以保证最大的电子云交叠，系统能量才达到最低。同为 C 原子，不会形成离子键，由导电性等其物理特性也排除了金属键，所以我们只能认为，金刚石中的 C 原子，不是以上述单独 C 原子的基态为基础的。每个碳原子与周围形成四个等价的共价键，前提条件为每个 C 原子首

先须存在 4 个自旋未配对的价电子，则只能认为，组成金刚石的 C 原子的价电子组态先变成为 $2s^1 2p^3$，然后这 4 个价电子产生所谓轨道杂化，杂化后每个价电子含有 $\frac{1}{4}s$ 成分和 $\frac{3}{4}p$ 成分，这时才与 C 原子有 4 个等价的键不矛盾，这样的电子轨道称为“sp^3 杂化轨道”。这些杂化轨道的特点是每个 sp^3 杂化轨道的电子云都是所谓的“葫芦”状，4 个杂化轨道的电子云分别指向正四面体的 4 个顶角方向，如图 2-8 所示，原来在 $2s$ 和 $2p$ 轨道上的 4 个电子，现在分别处于 4 个 sp^3 杂化轨道上，都成为未配对电子，可以和处于四面体顶角方向上 4 个原子提供的价电子形成 4 个共价键。

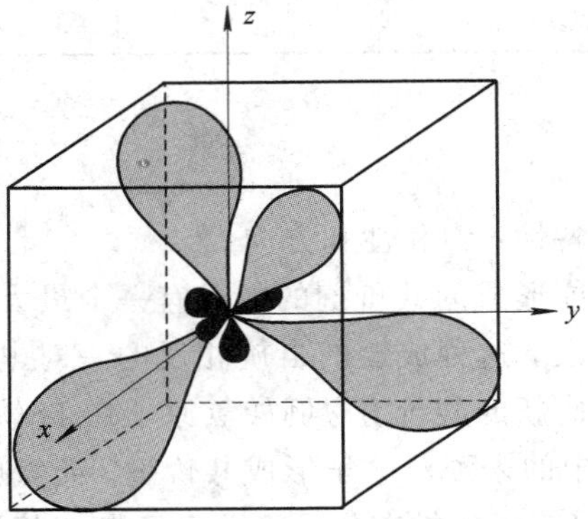

图 2-8　金刚石中 C 原子的 sp^3 杂化轨道示意图

电子处在杂化轨道上，能量比 C 原子的基态能量提高了，换句话说，杂化轨道需要一定的能量的。但是经过杂化以后，成键的数目增多了，而且由于电子云更加密集在四面体顶角方向上，使得成键能力更强了，形成共价键时能量的下降足以补偿轨道杂化的能量。

2.3.3　共价结合的内能

共价晶体的内能必须采用量子力学的方法进行计算。表 2-11 列出了一些共价晶体的内能计算值和实验值。

表 2-11　共价晶体的内能、晶格常数和体积弹性模量

晶体	内能/(eV/原子)		晶格常数/nm		体积弹性模量/10^{11} Pa	
	理论值	实验值	理论值	实验值	理论值	实验值
C	7.58	7.37	0.3602	0.3567	4.33	4.43
Si	4.67	4.63	0.5451	0.5429	0.98	0.99
Ge	4.02	3.85	0.5655	0.5652	0.73	0.77

2.4　金属结合

由于电负性小的元素易于失去电子，而难以获得电子，所以当大量电负性小的原子相互靠近组成晶体时，各原子给出自己的价电子而成为带正电的原子实，原来属于各原子的价电子不再束缚在原子上，而是在整个晶体中运动，为所有原子所共有，它们的波函数遍及整个晶体，这种电子的“共有化”是金属结合的基本特点。因此可以认为金属晶体是带正电的原子实规则分布在价电子组成的电子云中，这种情况如图2-9所示。晶体的结合力主要为带正电的原子实与负电子云之间的库仑力。金属的导电性、导热性、金属光泽等特性，都是与共有化电子可以在整个晶体中自由运动相联系的。

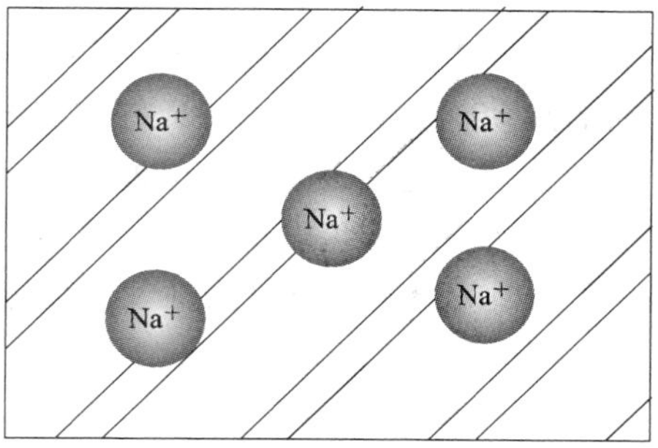

图2-9　金属结合示意图

晶体的平衡是依靠一定的排斥力与库仑吸引力相互作用。金属结合的另一个重要的特点是，对晶体中原子排列的具体形式没有特殊的要求，因而使得金属键没有方向性和饱和性。金属结合可以说首先是一种体积效应，原子越紧凑，库仑能就越低，所以对晶体结构没有限制，原子实排列的越密越好，因此金属晶体一般具有很高的配位数。例如Cu、Ag、Au、Ca、Sr、Al等是配位数12的面心立方结构；Be、Mg、Zn、Cd等是配位数12的六角密集结构。尽管也有一些晶体形成较低配位数8的体心立方结构，如Na、K、Rb、Cs、Ba、Cr、Mo等，但由于次近邻很靠近，仍然是一较密集的结构。

金属结合对晶体结构没有特殊的限制，原子实的排列比较“自由”，因此在外力作用下较容易发生永久性的形变(范性形变)，这就是金属具有良好延展性的原因。表2-12是某些金属晶体的内能、晶格常数和体积弹性模量表。

表2-12　某些金属晶体的内能、晶格常数和体积弹性模量

晶体	内能/(eV/原子)		晶格常数/nm		体积弹性模量/10^{11}Pa	
	实验值	理论值	实验值	理论值	实验值	理论值
Li	1.66	1.65	0.349	0.339	0.132	0.148
Be	3.32	4.00	0.319	0.314	1.15	1.35
Na	1.13	1.10	0.422	0.407	0.085	0.090
Mg	1.52	1.65	0.448	0.446	0.369	0.405
Al	3.32	3.84	0.402	0.402	0.880	0.801
K	0.94	0.90	0.531	0.503	0.025	0.060
Ca	1.82	2.23	0.557	0.529	0.040	0.044
Cu	3.50	4.20	0.360	0.359	0.142	0.158

2.5 范德瓦尔斯结合

在前面几种结合中，原子的价电子状态在结合成晶体时都发生了根本性的变化：离子晶体中，原子首先转变为正、负离子；共价晶体中，价电子形成共价键的结构；金属晶体中，价电子产生共有化运动。而对于具有稳定结构的原子(如具有满壳层结构的惰性元素)之间或价电子已用于形成共价键的饱和分子之间结合成晶体时，原来原子的电子组态并不发生很大变化，而是由于电荷的运动，使原子(分子)具有固有电偶极矩或产生瞬时电偶极矩，它又使其它原子(或分子)产生感应电偶极矩，靠这种偶极矩的相互作用将原子(分子)结合形成晶体，这种力通常称为范德瓦尔斯(Vanderwaols)力。靠范德瓦尔斯力的作用结合而成的晶体，称为分子晶体。典型的分子晶体是惰性气体晶体 He、Ne、Ar、Xe 等，以及 CO_2、HCl、H_2、Cl_2 等物质，大部分有机化合物晶体也属于分子晶体。He 晶体如图 2-10(a)所示。

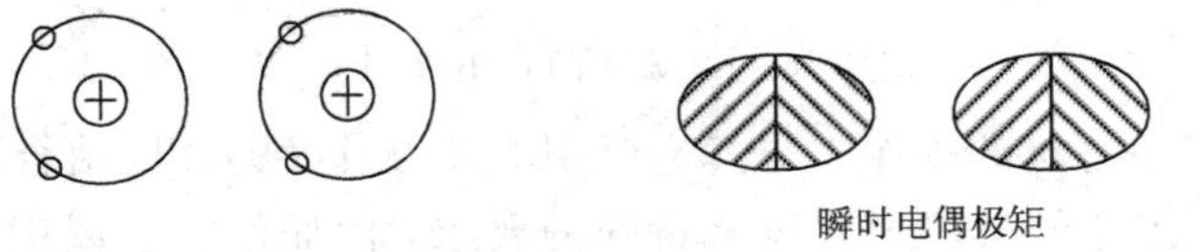

(a) He (b) 弥散力

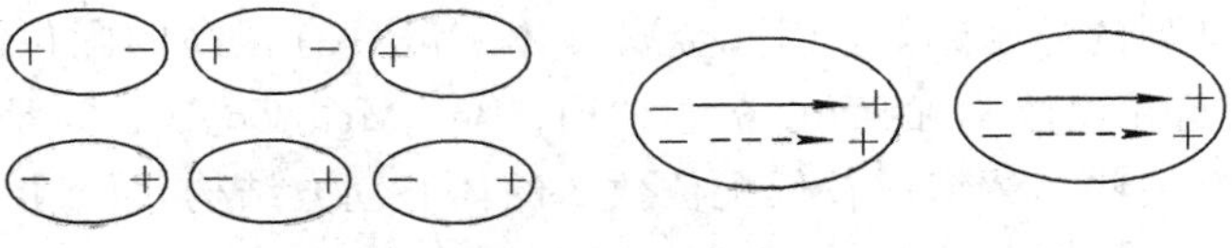
(c) 取向力 (d) 感应力

图 2-10 范德瓦尔斯力作用机理

范德瓦尔斯力是一种电偶极矩间的互作用力，主要有三种表现形式：

(1) 色(弥)散力：亦称伦敦(London)互作用力，是瞬时电偶极矩间的互作用力。在非极性分子中，由于电子在分子内的运动，电荷分布会产生瞬时偶极矩，并在周围的原子或分子中感应出偶极矩，同时二者产生相互吸引，如图 2-10(b)所示。

(2) 取向力：也称葛生(Keesom)互作用力，是固有电偶极矩间的作用力。在极性分子晶体中，每个分子都具有固有电偶极矩，每个电偶极矩的电场会对周围其它电偶极矩的取向产生影响，因此电偶极矩间产生相互吸引作用，如图 2-10(c)所示。

(3) 感应力：又称德拜(Debey)互作用力，是感应电偶极矩间的作用力。当一个分子在另一个分子的电偶极矩作用下时，这个分子的电荷分布就要发生改变，从而产生感应的电偶极矩，这种感应的电偶极矩间的作用是相互吸引作用，如图 2-10(d)所示。

范德瓦尔斯结合是一种电偶极矩之间的作用。设想有两个惰性气体原子 1 和原子 2，它们相距为 $\boldsymbol{r}$。虽然它们的电子云分布是球形对称的，但是在某一个瞬间是有偶极矩(对时间的平均为零)。设原子 1 的瞬时偶极矩为 $\boldsymbol{p}_1$，在 $\boldsymbol{r}$ 处有电场正比于 p_1/r^3，在这个电场作用下，原子 2 将感应形成偶极矩 $\boldsymbol{p}_2$：

$$p_2 = \alpha E = \frac{\alpha p_1}{r^3} \tag{2-66}$$

其中，α 是原子的极化率。两个偶极矩之间的相互作用能为

$$\frac{p_1 p_2}{r^3} = \frac{\alpha p_1^2}{r^6} \tag{2-67}$$

这时相互作用与 p_1^2 有关，随时间平均并不为零。由于这种力随距离增加下降很快，因而相互作用很弱。

靠范德瓦尔斯结合的两个原子的相互作用势能可以写成

$$U(r) = -\frac{A}{r^6} + \frac{B}{r^{12}} \tag{2-68}$$

其中，B/r^{12} 表示重叠排斥作用，取这种形式是因为它可以令人满意地拟合关于惰性气体的试验数据。这里 A 和 B 是经验参数，都是正数。通常把原子间相互作用势能式(2－68)改写成

$$U(r) = 4\varepsilon\left[\left(\frac{\sigma}{r}\right)^{12} - \left(\frac{\sigma}{r}\right)^{6}\right] \tag{2-69}$$

其中，ε 和 σ 是新的参数，是令 $4\varepsilon\sigma^6 = A$，$4\varepsilon\sigma^{12} = B$ 而引入的。式(2－69)表示的势称为雷纳德—琼斯(Lennard－Jones)势。表2－13给出了惰性气体晶体的 ε 和 σ 值，这些数据可由气相数据得出。

表2－13　惰性气体晶体的雷纳德—琼斯势参数

晶体	Ne	Ar	Kr	Xe
ε/eV	0.0031	0.0104	0.0140	0.0200
σ/Å	2.74	3.40	3.65	3.98

惰性气体晶体的内聚能就是晶体内所有原子对之间雷纳德—琼斯势之和。如果晶体内含有 N 个原子，则总的内能就是

$$U = \frac{1}{2}N(4\varepsilon)\left[A_{12}\left(\frac{\sigma}{r}\right)^{12} - A_6\left(\frac{\sigma}{r}\right)^{6}\right] \tag{2-70}$$

N 前面出现的因子1/2，是因为互作用势能式(2－68)为两个原子共有。r 表示最近邻原子之间的间距，A_{12}、A_6 与马德隆常数相似，是只与晶体有关的晶格求和常数。表2－14给出了几种典型晶体的晶格求和常数。

表2－14　三种立方布拉菲晶格的晶格求和常数

晶格	简单立方(sc)	体心立方(bcc)	面心立方(fcc)
A_6	8.40	12.25	14.45
A_{12}	6.20	9.11	12.13

求式(2－69)的极小值就可以确定晶格常数、内能和体积弹性模量。表2－15给出了惰性气体晶体内能、平衡晶格常数和体积弹性模量的实验和理论结果的比较，可以看出，理论与实验之间符合得比较好。如果计入原子振动零点能的修正(这种修正对于质量较小的原子是更加重要的)，可以使理论与实验符合得更好。

表 2－15 惰性气体晶体内能、平衡晶格常数和体积弹性模量

参 数	Ne		Ar		Kr		Xe	
	理论值	实验值	理论值	实验值	理论值	实验值	理论值	实验值
平衡晶格常数/Å	2.99	3.13	3.71	3.75	3.98	3.99	4.34	4.33
内能/(eV/原子)	−0.027	−0.02	−0.089	−0.08	−0.120	−0.11	−0.172	−0.17
体积弹性模量/10^9 Pa	1.81	1.1	3.18	2.7	3.46	3.5	3.81	3.6

2.6 氢键结合

中性氢原子只有一个电子，所以它应该同另一个原子形成一个共价键。但是当它与电负性很强的原子如 F、O、N 结合形成共价键时，电子云偏向电负性大的原子一方，使氢原子的质子裸露在外面，因而电负性大的原子成为部分负离子，而氢原子成为部分正离子。这样通过正、负电荷间的库仑作用，氢原子又可以与另一个电负性大的原子相结合。由于氢原子的这种特殊结构，实际可以同时与两个电负性大的原子结合，其中一个键属于共价键。而另一个通过库仑作用相结合的键就称为氢键。图 2－11 是二氟化氢离子形成氢键的示意图，图 2－12 是水分子之间的氢键结合。通过氢键而结合成的晶体称为氢键晶体。

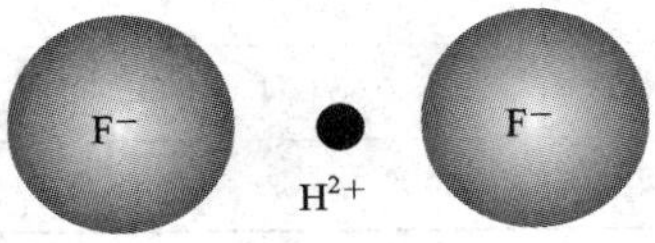

图 2－11 二氟化氢离子形成氢键的示意图

冰是典型的氢键晶体，在冰晶体中，H_2O 是晶体的单元，各个水分子依靠氢键而相互连接起来，如图 2－12 所示。图 2－13 显示了冰的晶体结构。图 2－13(a)把水分子的氢键结合画在一个平面上，每个水分子用一个大圆围起来，每个水分子可以与 4 个近邻的水分子以氢键相连接；在实际的三维空间中，近邻的 4 个水分子正好处在四面体的顶角位置，如图 2－13(b)所示。在水分子中，氢原子不仅可以和一个氧原子形成共价键，而且还可以和另一个氧原子较弱地结合成氢键，氧原子本身组成四面体，这些四面体又组合起来结合成具有六角结构的晶体，如图 2－13(c)、(d)所示，这种六角结构是最常见的冰的晶体结构。

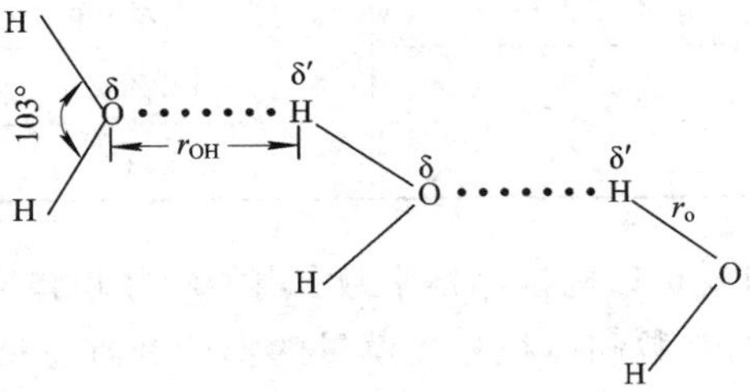

图 2－12 水分子之间的氢键

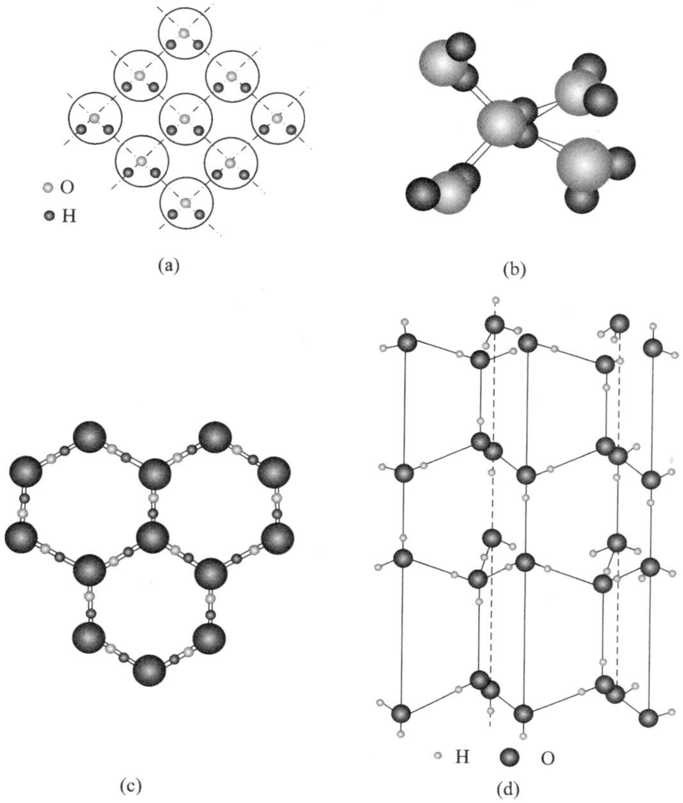

图 2-13　冰的晶格结构

2.7　晶体结合的规律性

周期表左端的Ⅰ族元素 Li、Na、K、Rb、Cs 具有最小的电负性，它们的晶体是最典型的金属，由于金属性结合是靠价电子摆脱原子的束缚成为共有化电子，电负性小的元素对电子束缚较弱，容易失去电子，因此在形成晶体时便采取金属结合。

Ⅳ族至Ⅵ族元素具有较强的电负性，它们束缚电子比较牢固，获取电子的能力较强，这种情况适于形成共价结合：形成共价键的原子并没有失去电子，成键的电子为两个原子所共有。这些元素的共价结合体现了 $8-N$ 规则，并且在它们的晶格结构上有明显的反映。

Ⅳ族元素可形成最典型的共价晶体，它们按 C、Si、Ge、Sn、Pb 的顺序，电负性不断减弱。电负性最强的金刚石具有最强的共价键，它是典型的绝缘体；电负性最弱的铅是金属；在中间的共价晶体硅、锗则是典型的半导体；锡则在边缘上，13℃以下的灰锡具有金刚石结构，是半导体，13℃以上则为金属性的白锡。这些元素晶体表明，从强的电负性到弱的电负性，结合由强的共价结合逐渐减弱，以至于转变为金属性结合，在电学性质上则表现为由绝缘体经过半导体过渡到金属导体。

按 $8-N$ 定则，Ⅴ族元素原子只能形成三个共价键。由于完全依靠每一个原子和三个近邻相结合不可能形成一个三维晶格结构，因而Ⅴ族元素晶体的结合具有复杂的性质，一个最典型的结构是砷、锑、铋所形成的层状晶体。晶体中原子首先通过共价键结合成如图2－14所示的层状结构，它包含上、下两层，每层的原子通过共价键与另一层中三个原子结合，这种层状结构再叠起来通过微弱的范德瓦尔斯作用结合成三维的晶体。P和N则首先形成共价结合的分子，再由范德瓦尔斯作用结合为晶体。

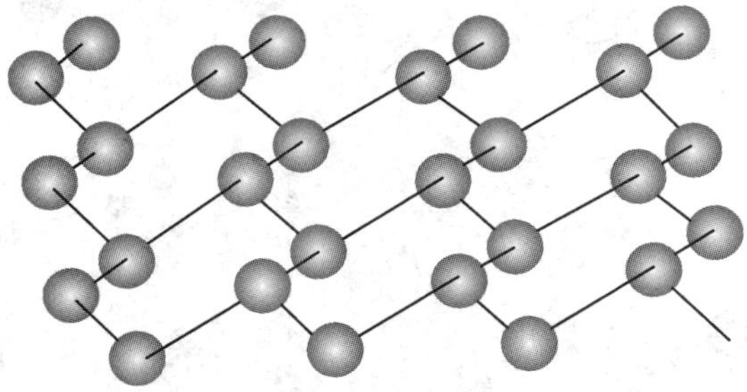

图2－14　Ⅴ族元素As、Sb等的结构

根据8－N定则，Ⅵ族元素的原子只能形成两个共价键，因此依靠共价键只能把原子联结成为一个链结构，图2－15表示出Se和Te的以长链结构为基础的晶格，原子依靠共价键形成螺旋状的长链，长链平行排列，靠范德瓦尔斯作用组成为三维晶体。S和Se可以形成环状分子，图2－16所示为Se_8环状结构，它们再靠范德瓦尔斯作用结合为晶体。

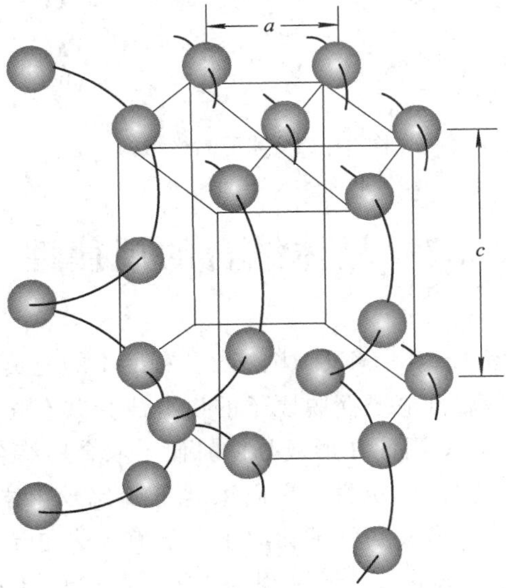

图2－15　Se、Te的结构

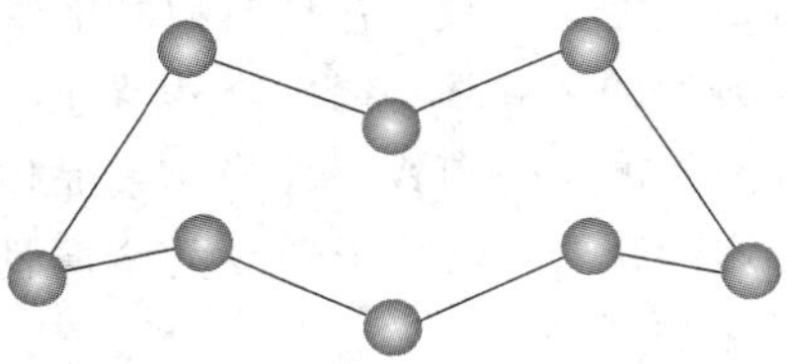

图2－16　Se_8环状结构

Ⅶ族原子只能形成一个共价键，因此它们靠共价键只能形成双原子分子，然后通过范德瓦尔斯作用结合为晶体。

Ⅷ族的惰性气体原子在低温下可以凝结成晶体，由于它们具有稳固的满壳层结构，所以完全依靠微弱的范德瓦尔斯作用将原子结合起来，形成典型的分子晶体。

不同的元素组合可以形成合金或化合物晶体。不同金属元素之间依靠金属性结合形成合金固溶体。由于金属性结合的特点，它们和一般的化合物不同，所包含不同元素的比例不是严格限定的，而可以有一定的变化范围，甚至可以按任意比例形成合金，这个特点对于合金的广泛应用具有重要意义。

周期表左端和右端的元素电负性有显著差别，左端的金属元素容易失去电子，右端的非金属性元素有较强的获得电子的能力，因此它们形成离子晶体。Ⅰ族的碱金属和Ⅶ族的卤族元素电负性差别最大，它们之间形成最典型的离子晶体。

随着元素之间电负性差别的减小，离子性结合逐渐过渡到共价结合，从Ⅰ-Ⅶ族的碱金属卤化物到Ⅲ-Ⅴ族化合物，这种变化十分明显。从晶格结构看，碱金属卤化物具有NaCl或CsCl的典型离子晶格结构，一般为绝缘体；而Ⅲ-Ⅴ族化合物具有类似于金刚石结构的闪锌矿结构，是良好的半导体材料。

周期表从上到下电负性减弱以及同一周期内电负性差别减小的趋势也在化合物中有明显的反映。Ⅱ-Ⅵ族化合物中ZnS是绝缘体，CdSe是半导体，HgTe是导电性较强的半导体。Ⅲ-Ⅴ族化合物从AlP到InSb半导体导电性逐步加强。

实际晶体中的结合是很复杂的，在同一晶体中可以同时存在两种或两种以上的化学键。把由两种或两种以上化学键结合形成的晶体称为混合型晶体，典型的混合型晶体是石墨。

石墨结构如图2-17所示，它是一个层状材料。在每层内部，原子排列成六角蜂巢状，层与层之间按ABAB…的顺序堆积。在每层内部，碳原子经 sp^2 轨道杂化而形成共价键，粒子之间的相互作用比较强；而层与层之间是靠范德瓦尔斯相互作用的，相互作用很弱。石墨在电导率等物理性质上反映出了明显的各向异性，垂直层面方向的电导率大约只有层面内的千分之一。

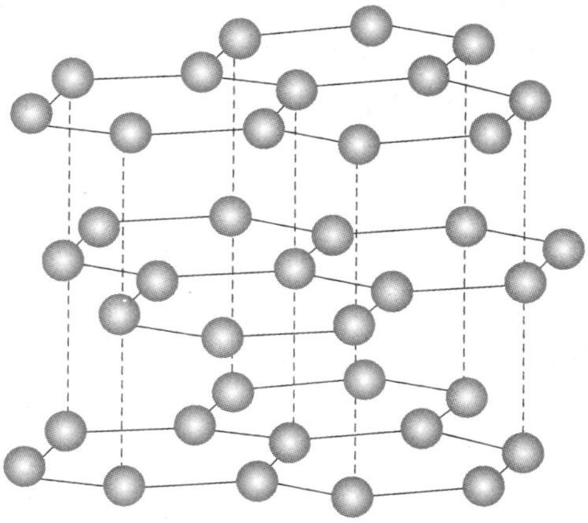

图2-17　石墨的晶体结构

大多数晶体的结合都是综合的，即使是典型的离子晶体，也含有一定的共价键成分，而共价晶体也含有一定的离子成分。以 GaAs 为例，相邻的 Ga 和 As 所共用的价电子并不是对等地分配在 Ga 和 As 的附近的。由于 As 比 Ga 具有更大的电负性，成键的价电子将会更集中地分布在 As 原子附近。因此共价化合物中，电负性弱的原子平均来说带有负电，电负性强的原子平均来说带有负电。因此Ⅲ-Ⅴ族和Ⅱ-Ⅵ族化合物半导体是以共价键为主兼有离子键的混合键型晶体。

共价结合的部分离子性贡献对晶体的力学性质产生重要影响。例如共价晶体 Ge、Si 通常沿(111)晶面离解，因为(111)晶面的原子层之间的键密度最低。但对Ⅲ-Ⅴ族化合物，(111)晶面上下两层异类原子除共价结合以外，两层原子所带的异类电荷使(111)面间原子层的结合加强。相比之下，沿(110)晶面的原子层各包含等量的带异性电荷的原子，层与层之间的库仑作用显著减弱，因此Ⅲ-Ⅴ族化合物如 GaAs、GaP、InSb 等主要沿(110)晶面离解。

本章小结

(1) 原子得失电子的能力可用电负性的概念定量描述。电负性是原子电离能和亲和能的综合表现，电负性大的原子，易于获得电子；电负性小的原子，易于失去电子。固体的许多物理、化学性质都与组成它的元素的电负性有关。在元素周期表中电负性变化的总趋势是：同周期的元素，自左向右电负性增大；同一族元素，自下向上电负性增大；过渡元素电负性比较接近。元素周期表中处在右上角的 F 元素具有最大的电负性，而处在左下角的 Fr 元素的电负性最小。

(2) 了解内能、结合能、原子之间的互作用势能之间的联系和区别，掌握晶格常数、体弹性模量、马德隆常数以及 sp^3 轨道杂化等基本概念。

(3) 由于元素电负性的差异以及不同电负性元素的组合，晶体内原子间的相互作用力可以分成不同类型。晶体中的原子(离子或分子)间的作用力常称为键，按结合力分类，晶体可分为五类，相应地键也分五类：离子晶体(离子键)、共价晶体(共价键)、金属晶体(金属键)、分子晶体(范德瓦尔斯键)、氢键晶体(氢键)。

(4) 电负性相差很大的两类元素的原子相互靠近形成晶体时，电负性小的金属原子容易失去最外层的价电子，成为正离子；电负性大的非金属原子得到金属的价电子而成为负离子。正、负离子由于库仑引力的作用相互靠近，近到一定程度时，两个闭合电子壳层的电子云因重叠而产生排斥力，又阻止了离子的无限靠近。当吸引力和排斥力平衡时，就形成稳定的晶体，这种电荷异号的离子间的静电相互作用称为离子键。靠离子键结合成的晶体称为离子晶体或极性晶体。离子结合的基本特点是以离子而不是以原子为结合的单位，离子键是没有方向性和饱和性的。

(5) 电负性相同或接近，尤其是电负性都较大的元素彼此靠近时，各贡献一个电子，为两个原子所共有，从而使其结合在一起形成晶体，这种结合称为共价结合。能把两个原子结合在一起的一对为两个原子所共有的自旋相反配对的电子结构，称为共价键。以共价结合而成的晶体称为共价晶体，也称为原子晶体或同极晶体。共价结合有两个基本的特性：饱和性和方向性。

(6) 除了离子结合和共价结合外，还有金属结合、范德瓦尔斯力结合和氢键结合。表2-16给出了晶体结合的基本类型和特点。

表 2-16 晶体结合的基本类型和特点

晶体类型	结合力	特点	形成原子	典型代表	内能
离子晶体	离子键：稳定的正、负离子相间排列，通过库仑静电力相互吸引	熔点高，硬度大，膨胀系数小，易沿解理面劈裂，高温下有良好的离子导电性	周期表左右两边电负性差异大的原子之间形成离子结合	NaCl CsCl LiF	强 数 eV/原子
共价晶体	共价键：两原子共有的、自旋相反配对的电子结构。具有饱和性和方向性	完整晶体硬度大，熔点一般较高，低温下导电性能较差，为绝缘体或半导体。化学惰性大，由于饱和性和方向性，决定了原子排列只能取有限的几种形式	电负性接近且较大的原子或同种原子相互结合	金刚石 Si Ge InSb	强 数 eV/原子
金属晶体	金属键：价电子离化形成的共有化负电子云与处在其中的正离子实通过库仑力而结合	电导率、热导率高，密度大，延展性好，对原子排列无特殊要求，故原子能尽可能密集排列(能量低)	由电负性小的原子形成	Na Cu Ag Au Fe	较强 ~1 eV/原子
氢键晶体	氢键：氢原子的电子参与形成共价键后，裸露的氢核与另一负电性较大的原子，通过静电作用相互结合	熔点和沸点介于离子晶体和分子晶体之间，密度小，有许多分子聚合的趋势，介电系数大	氢原子和负电性很大的原子(O、F、N、Cl)结合形成一个构造基元	冰(H_2O) H_2F H_2N	弱 ~0.1 eV/原子
分子晶体	范德瓦尔斯键：由偶极矩的作用聚合	低熔点、低沸点、易压缩、电绝缘，对原子排列无特殊要求，故一般取密堆积排列	惰性原子，周期表右下方负电性大的原子之间结合	惰性(气体)晶体 有机化合物晶体	弱 ~0.1 eV/原子

思　考　题

1. 内能、结合能、互作用势能、吸引能和排斥能之间有什么联系和区别？

2. 原子的电负性如何定义？其物理意义是什么？在元素周期表中，原子的电负性是如何变化的？

3. 离子晶体是由什么样的原子形成的？离子键有什么特点？

4. 共价晶体是由什么样的原子形成的？共价键有什么特性？

5. 金属晶体、分子晶体和氢键晶体是如何形成的？

6. 在金刚石结构中，为什么要提出杂化轨道的概念？

7. 在晶体中，范德瓦尔斯力是通过什么形式表现的？

8. Ⅴ、Ⅵ、Ⅶ族元素仅靠共价键能否形成三维晶体？

习　　题

1. 已知某晶体两相邻原子间的互作用能可表示成

$$U(r) = -\frac{a}{r^m} + \frac{b}{r^n}$$

求：(1) 晶体平衡时两原子间的距离；

(2) 晶体平衡时的二原子间的互作用能；

(3) 若取 $m=2$，$n=10$，两原子间的平衡距离为 3 Å，仅考虑两原子间互作用，则离解能为 4 eV，计算 a 及 b 的值；

(4) 若把互作用势中排斥项 b/r^n 改用玻恩—梅叶表达式 $\lambda\exp(-r/p)$，并认为在平衡时对互作用势能具有相同的贡献，求 n 和 p 间的关系。

2. N 对离子组成的 NaCl 晶体相互作用势能为

$$U(R) = N\left[\frac{B}{R^n} - \frac{\alpha e^2}{4\pi\varepsilon_0 R}\right]$$

(1) 证明平衡原子间距为

$$R_0^{n-1} = \frac{4\pi\varepsilon_0 B}{\alpha e^2} n$$

(2) 证明平衡时的互作用势能为

$$U(R_0) = -\frac{\alpha N e^2}{4\pi\varepsilon_0 R_0}\left(1 - \frac{1}{n}\right)$$

(3) 若试验测得 NaCl 晶体的结合能为 765 kJ/mol，晶格常数为 5.63×10^{-10} m，计算 NaCl 晶体的排斥能的幂指数 n。已知 NaCl 晶体的马德隆常数是 $\alpha=1.75$。

3. 如果把晶体的体积写成

$$V = N\beta R^3$$

式中：N 是晶体中的粒子数；R 是最近邻粒子间距；β 是结构因子。试求下列结构的 β 值：

(1) fcc；(2) bcc；(3) NaCl；(4) 金刚石。

4. 证明：由两种离子组成的间距为 R_0 的一维晶格的马德隆常数 $\alpha = 2\ln 2$。$\left(已知：\ln 2 = \sum_{n=1}^{\infty}(-1)^{n-1}\frac{1}{n}。\right)$

5. 假定由 $2N$ 个交替带电荷为 $\pm q$ 的离子排布成一条线，其最近邻之间的排斥势为 b/r^n，试证明在平衡间距下有

$$U(R_0) = -\frac{2Nq^2\ln 2}{4\pi\varepsilon_0 R_0}\left(1-\frac{1}{n}\right)$$

6. 试说明为什么当正、负离子半径比 $r_-/r_+ > 1.37$ 时不能形成氯化铯结构；当 $r_-/r_+ > 2.41$ 时不能形成氯化钠结构。当 $r_-/r_+ > 2.41$ 时将形成什么结构？已知 RbCl、AgBr 及 BeS 中正、负离子半径分别如表 2-17 所示。

表 2-17　RbCl、AgBc、BeS 中正、负离子半径

晶　体	r_+/nm	r_-/nm
RbCl	0.149	0.181
AgBr	0.113	0.196
BeS	0.034	0.174

若把它们看成是典型的离子晶体，试问它们具有什么晶体结构？若近似地把正、负离子都看成是硬小球，请计算这些晶体的晶格常数。

参 考 文 献

[1] 陆栋，蒋平，徐至中. 固体物理学. 上海：上海科学技术出版社，2003

[2] CHARLES KITTEL. Introduction to Solide State Physics. 7th ed. Singapore：John Wiley & Sons(ASIA) Pte Ltd.，1996

[3] [美]基泰尔 C. 固体物理导论. 相金钟，吴兴惠，译. 8 版. 北京：化学工业出版社，2005

[4] 方俊鑫，陆栋. 固体物理学. 上海：上海科学技术出版社，1980

[5] 黄昆. 固体物理学. 韩汝琦，改编. 2 版. 北京：高等教育出版社，1988

[6] 徐毓龙，阎西林，贾宇明，等. 材料物理导论. 成都：电子科技大学出版社，1995

[7] 聂向富，李博，范印哲. 固体物理学：基本概念图示. 北京：高等教育出版社，1995

[8] 徐毓龙. 氧化物与化合物半导体基础. 西安：西安电子科技大学出版社，1991

第3章 晶格振动

本章提要

本章首先以一维晶格为例，采用牛顿力学，对运动方程、边界条件和方程的解作了较详尽的分析，引进了格波、色散关系等重要概念，并作了量子力学修正，得到了晶格振动的量子力学结论；其次介绍了声子的概念和确定声子谱的方法；再次讨论了晶体的热容、热膨胀和热传导，并给出了一些常用材料的线膨胀率和热导率；最后以阅读材料的形式介绍了声子晶体、负膨胀系数材料和晶体振动局域态的概念。在本章内容的学习过程中，希望读者在理解材料热性能有关物理概念的过程中，体会"提出问题、分析问题、解决问题"的思路和方法。

为了突出晶体晶格的周期性特点，在第1章中忽略了原子本身的运动，把晶体结构抽象为空间点阵加基元。实际上，原子在平衡位置附近作不停息的热运动，热运动的程度随温度升高而加强。在常温下晶体中原子热运动的幅度和原子间距相比是很小的，称晶体原子的这种微振动为晶格振动。由于晶体中原子间存在着很强的相互作用，因而原子的微振动不是孤立的，原子的运动状态会在晶体中以波的形式传播，形成"格波"。

历史上晶格振动的理论曾对研究晶体热学性质作出过重大贡献，但晶格振动的理论已远不限于解释晶体的热性质，目前它已成为研究固体的宏观性质和微观过程的重要理论基础。原子(离子)是微观粒子，严格来讲，应当用量子力学来处理。但是任何一个实际的晶体所包含的原子数都是很大的，而大量有相互作用的原子运动的问题是很难处理的，故我们先用经典理论处理晶格振动问题，然后根据量子力学进行修正。

3.1 一维单原子晶格的振动

3.1.1 物理模型与运动方程

如图3-1所示，N个相同的原子周期性地排列在一条直线上，原子的质量均为m，平衡时原子间距为a(晶格常数)。由于热运动，各原子会离开它们的平衡位置，选某一原子的平衡位置为坐标原点，第n个原子平衡位置的坐标为$x_n^0=na$，它的绝对位移记为U_n，且设向右为正，向左为负。位移后的坐标为 $x_n=na+U_n$。

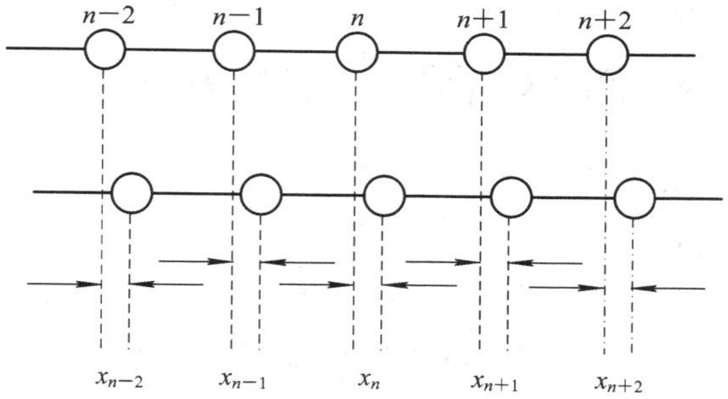

图 3-1　一维单原子链振动模型

当原子均处在平衡位置时，原子间的引力和斥力相互平衡，合力为零，而当原子间有相对位移时，它们之间的合力不为零。为简化分析，作如下近似。

1. 近邻作用近似

由 N 个原子组成的晶体中的任一原子，实际上都要受到其余 $N-1$ 个原子的作用，但对其作用最强的还是近邻原子。若仅考虑近邻相互作用，这样既抓住了主要矛盾，不致造成太大的误差，又大大简化了分析。

2. 简谐近似

当温度不太高时，原子间的相对位移 δ 较小，互作用势能在平衡点 a 处泰勒展开式中只取到二阶项，这一近似称为简谐近似。

记 $a+\delta=R$，则

$$W(a+\delta)=W(a)+\left(\frac{\mathrm{d}W}{\mathrm{d}R}\right)_a\delta+\frac{1}{2!}\left(\frac{\mathrm{d}^2W}{\mathrm{d}R^2}\right)_a\delta^2 \tag{3-1}$$

二原子间的互作用力为

$$f=-\frac{\mathrm{d}W}{\mathrm{d}\delta}=-\left(\frac{\mathrm{d}W}{\mathrm{d}R}\right)_a-\left(\frac{\mathrm{d}^2W}{\mathrm{d}R^2}\right)_a\delta$$

$$f=-\left(\frac{\mathrm{d}^2W}{\mathrm{d}R^2}\right)_a\delta=-\beta\delta \tag{3-2}$$

其中，$\beta=\left(\frac{\mathrm{d}^2W}{\mathrm{d}R^2}\right)_a$。在平衡位置 a 处，势能为极小值，其一阶导数为零，其二阶导数大于零(并以 β 表示)，即 $\beta>0$。由式(3-2)知，在近邻近似和简谐近似条件下，原子间的相互作用力与相对位移成正比，满足胡克定律。这时原子间的相互作用力称为弹性力或简谐力，β 称为弹性系数或恢复力系数。此时可以把一维单原子链等效为用弹性系数 β 的弹簧把质量为 m 的小球联结起来的长链，如图 3-2 所示。

在近邻近似条件下，第 n 个原子分别受到第$(n-1)$个原子及第$(n+1)$个原子的作用力，设二力系数 β 相同，则作用力可表示为

$$\left.\begin{aligned}f_{n-1}&=-\beta(U_n-U_{n-1})\\f_{n+1}&=-\beta(U_n-U_{n+1})\end{aligned}\right\} \tag{3-3}$$

请注意，坐标轴向右为正方向，f、U_n均向右为正。考虑到方向性，以上二式均是 U_n 在前。

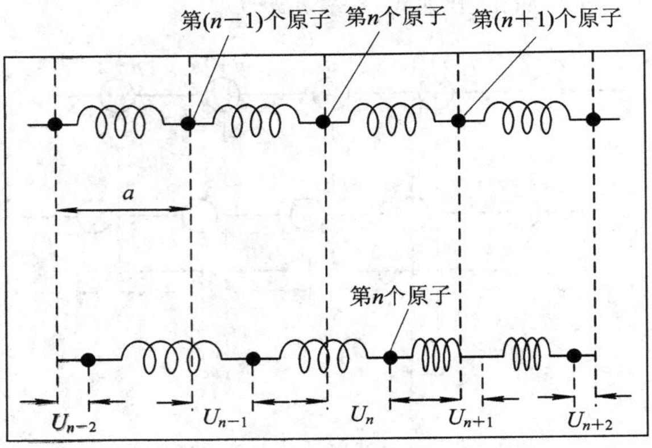

图 3-2 一维单原子链等效为弹簧连接的小球链

由牛顿定律，第 n 个原子的运动方程为

$$m\frac{\mathrm{d}^2(na+U_n)}{\mathrm{d}t^2}=m\frac{\mathrm{d}^2U_n}{\mathrm{d}t^2}=f_{n-1}+f_{n+1}=\beta(U_{n+1}+U_{n-1}-2U_n) \tag{3-4}$$

即第 n 个原子的加速度不仅与 U_n 有关，且与 U_{n-1}、U_{n+1} 有关，这意味着原子运动之间的耦合。由于对每一个原子都有一个类似的方程，n 共可取 N 个值，故该式实为 N 个方程组成的方程组，可有 N 个解，而此时晶体的总自由度也为 N。

为了对方程(3-4)有进一步的认识，下面讨论一种极端情况，把晶体看做是连续媒质，这就是设晶格常数 a 是非常小的量。于是一维原子链便可看做一个连续长杆，分立的量过渡为连续的量。设第 n 个原子平衡时的坐标为 x，相邻原子的间距 a 很小，用 Δx 表示：

$$\left.\begin{array}{l} na\rightarrow x \\ a\rightarrow \Delta x \end{array}\right\}$$

$$U_n(t)=U(na,\ t)\rightarrow U(x,\ t) \tag{3-5}$$

则第 n 个原子在 t 时刻的位移量用 $U(x,\ t)$ 表示，第 $n+1$ 个原子、第 $n-1$ 个原子的位移量分别用 $U(x+\Delta x,\ t)$、$U(x-\Delta x,\ t)$ 表示：

$$U_{n+1}(t)=U(na+a,\ t)\rightarrow U(x+\Delta x,\ t)$$

$$U_{n-1}(t)=U(na-a,\ t)\rightarrow U(x-\Delta x,\ t)$$

并把 $U(x+\Delta x,\ t)$ 和 $U(x-\Delta x,\ t)$ 均在 x 处用泰勒级数展开：

$$U(x+\Delta x,\ t)=U(x,\ t)+\frac{\mathrm{d}U}{\mathrm{d}x}\Delta x+\frac{1}{2}\frac{\mathrm{d}^2U}{\mathrm{d}x^2}\Delta x^2$$

$$=U(x,\ t)+\frac{\mathrm{d}U}{\mathrm{d}x}a+\frac{1}{2}\frac{\mathrm{d}^2U}{\mathrm{d}x^2}a^2$$

$$U(x-\Delta x,\ t)=U(x,\ t)-\frac{\mathrm{d}U}{\mathrm{d}x}a+\frac{1}{2}\frac{\mathrm{d}^2U}{\mathrm{d}x^2}a^2$$

把这些关系式代入式(3-4)，得

$$m\frac{\mathrm{d}^2U(x,\ t)}{\mathrm{d}t^2}=\beta\frac{\mathrm{d}^2U(x,\ t)}{\mathrm{d}x^2}a^2$$

令 $v_0^2=a^2\beta/m$，则上式成为

$$\frac{\mathrm{d}^2U(x,\ t)}{\mathrm{d}t^2}=v_0^2\frac{\mathrm{d}^2U(x,\ t)}{\mathrm{d}x^2} \tag{3-6}$$

这是大家熟知的波动方程，v_0 是波速度。可见当从分立的情况过渡到连续情况时，方程(3-6)代替了方程(3-4)，由数学物理方法的知识，已知方程(3-6)有特解：

$$U(x, t) = Ae^{i(qx-\omega t)} \tag{3-7}$$

它是一个简谐波，$q=2\pi/\lambda$ 是波矢。从物理上讲，"连续"的含义是波长比原子间距大得多。如果波长 λ 与晶格常数 a 较接近，则晶体不能再看成是连续的，必须直接求解方程(3-4)。上述过渡关系式(3-5)启发人们想到方程(3-4)会有下面形式的试探解：

$$U_n(t) = Ae^{i(qna-\omega t)} \tag{3-8}$$

与连续情况下的解式(3-7)比较，这里仅以 na 代替 x。当 n 取一确定的整数对应一个指定的原子时，式(3-8)表示了一个简谐振动，它也代表了一种全部原子都以同一频率 ω，同一振幅 A，相邻两原子振动相位差均为 qa 的集体运动模式。这是一个简谐行波，称它为一个格波。可见，一个格波是晶体中全体原子都参与的一种简单的集体运动形式。

3.1.2　玻恩—卡曼周期性边界条件

对波来说，波矢 $\boldsymbol{q}$ 是重要的物理量。任何实际的晶体都是有边界的，例如由 N 个相同原子组成的一维单原子链，方程(3-4)不适用于头尾两个边界上的原子，因而要解 N 个形式上不全相同的运动方程，在数学上相当困难。但由于组成晶体的原子数很大，边界上的原子数要比内部原子数少很多，在近邻作用近似下，边界上的原子的运动状态基本上不影响体内绝大多数原子的运动状态。晶体的固有热学性质(例如热容量)应由晶体的大多数原子的状态所决定，因此晶体的热学特征近似地与边界条件的选择无关。这样，就可以以方便为原则来选择边界条件。

玻恩—卡曼(Born - Karman)设计了一种特殊的边界条件：假设在有限晶体之外有无限多个和这个有限晶体完全相同的假想晶体，它们和实际晶体彼此毫无缝隙地衔接在一起，组成一个无限的晶体，这样就保证了有限晶体的平移对称性。这实际上是一个循环条件，图 3-3 给出了它的一维示意图。把有限晶体首尾相接，从而就保证了从晶体内任一点出发平移 Na 后必将返回原处，实际上也就避开了表面的特殊性，于是一维晶格振动的边界条件就可写成

$$U_n = U_{n+N} \tag{3-9}$$

把式(3-8)代入式(3-9)，可得到

$$e^{i(qna-\omega t)} = e^{i[q(n+N)a-\omega t]}$$

$$e^{iqNa} = 1$$

所以

$$qNa = 2\pi m \qquad m = 0, \pm 1, \pm 2, \cdots$$

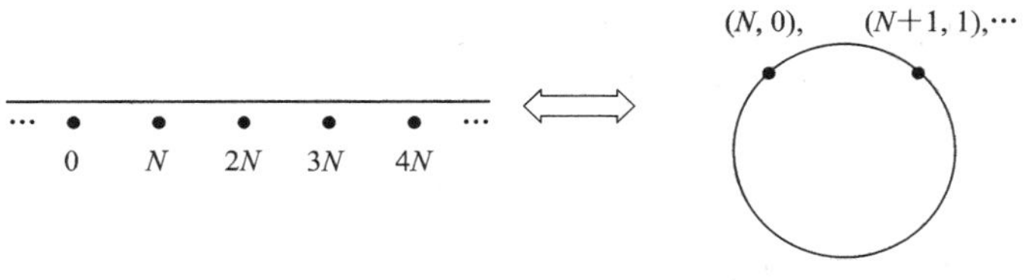

图 3-3　玻恩—卡曼边界条件

$$q = \frac{2\pi}{Na}m \tag{3-10}$$

由式(3－10)可得出格波波矢有如下特征：

(1) 格波的波矢 q 不连续。

(2) q 点的分布均匀，相邻 q 点的间距为 $2\pi/(Na)$。

(3) $\lambda=2\pi/q=Na/m$。

3.1.3 关于格波的讨论

1. 格波

式(3－8)表示的是一个格波，它是简谐行波，又称为简正格波，简正模式。

下面求格波相速度 v_p(等相位面移动的速度)的表示式。

设 t_1 时刻，n_1a 处振动，某一确定的相位面在 t_2 时刻传到 n_2a 处，则

$$qn_1a-\omega t_1 = qn_2a-\omega t_2$$

$$q(n_2-n_1)a = \omega(t_2-t_1)$$

设

$$n_2a-n_1a=\Delta x$$

$$t_2-t_1=\Delta t$$

则相速度

$$v_p = \frac{\Delta x}{\Delta t} = \frac{n_2a-n_1a}{t_2-t_1} = \frac{\omega}{q}$$

说明：波速 v_0、相速 v_p、群速(能速)$v_g=\mathrm{d}\omega/\mathrm{d}q$ 在很多情况下可不同，在无色散的媒质中三者相同。

2. 色散关系

色散本来是指光在某一媒质中传播的速度与频率有关的现象。由于相速 v_p、角频率 ω_p、波矢 q 间存在一定的关系，色散发生与否也可以用 $\omega\sim q$ 之间的关系来表征。若 $\omega\sim q$ 间为线性关系，则相速为常数，即各种频率的波在该媒质中传播时不发生色散，否则发生色散。在晶格振动的理论中，也把 $\omega\sim q$ 之间的关系称为色散关系。

把式(3－8)代入式(3－4)，并用尤拉公式整理得到

$$\omega^2 = \frac{2\beta}{m}(1-\cos qa) = \frac{4\beta}{m}\sin^2\frac{qa}{2}$$

$$\omega = \left(\frac{4\beta}{m}\right)^{1/2}\left|\sin\frac{qa}{2}\right| = \omega_m\left|\sin\frac{qa}{2}\right| \tag{3-11}$$

其中 $\omega_m=(4\beta/m)^{1/2}$。式(3－11)中不出现变量 n，说明由式(3－8)描述的格波是满足运动方程式(3－4)的所有原子都参与的一种集体运动模式。图 3－4 绘出了这种色散关系曲线，图中同时还绘出了连续媒质的线性色散关系。由式(3－11)得到

$$\omega=\omega_m=\left(\frac{4\beta}{m}\right)^{\frac{1}{2}} \qquad 当\ q=\pm\frac{\pi}{a}\ 时$$

高于该频率的格波不能在晶格中传播，故 ω_m 称为截止频率。

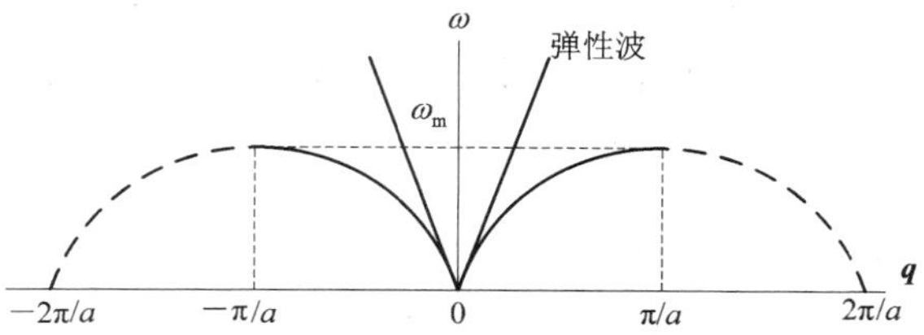

图 3-4　一维单原子链的色散关系

式(3-11)又可改写为

$$\omega = q\left[a\left(\frac{\beta}{m}\right)^{1/2}\frac{|\sin qa/2|}{qa/2}\right] = q\left[v_0\frac{|\sin qa/2|}{qa/2}\right] = qv_p$$

$$v_p = v_0\frac{|\sin qa/2|}{qa/2} \tag{3-12}$$

所以，ω 不是 q 的线性函数，或说 v_p 是 q 的函数，这种情况称为有色散。

3. 长波近似——极限情况下的波动性质

当 $a \ll \lambda$ 时，即相应于当 $\lambda \to \infty$ 的情况，则 $q = 2\pi/\lambda$，$q \to 0$。$\sin(q\alpha/2) \approx qa/2$，由式(3-12)，得

$$v_p = \frac{\omega}{q} = \pm v_0$$

$$\omega = v_0 q \tag{3-13}$$

这正是连续媒质中弹性波的色散关系，这种 ω 是 q 的线性函数的情况又称为无色散。由图 3-4 可以看出，在 q 很小时，两种色散曲线几乎重合。

4. q 的取值范围

式(3-11)表明，ω 是 q 的周期函数，周期为 $2\pi/a$，即

$$\omega\left(q + \frac{2\pi}{a}m\right) = \omega(q) \qquad m \text{ 为整数} \tag{3-14}$$

这一点在物理上是不难理解的，因为在 ω 不变的条件下，由式(3-8)可知波矢 q 和 $q+(2\pi/a)$ 所描述的原子位移情况完全相同，即

$$U_n'(t) = Ae^{i\left[\left(q+\frac{2\pi}{a}m\right)na-\omega t\right]} = Ae^{i(qna-\omega t)}e^{i2nm\pi} = Ae^{i(qna-\omega t)} = U_n(t)$$

这一点在从波形上也易于理解，例如，如图 3-5 所示，$q = \pi/(2a)$ 和 $q' = q + (2\pi/a) = 5\pi/(2a)$ 分别对应波长为 $\lambda = 2\pi/q = 4a$ 和 $\lambda' = 2\pi/q' = (4/5)a$，它们所描述的原子位移情况完全相同。

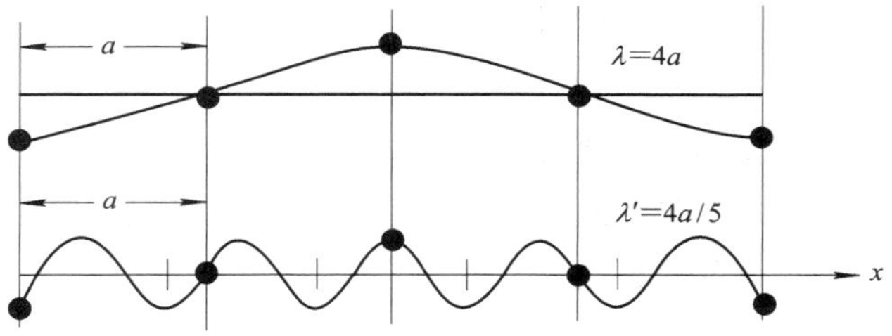

图 3-5　两种波长的格波描述一维不连续原子的同一种运动

这说明若对波矢的取值范围不加限制，则描述同一种晶格振动的格波波矢并不唯一确定。为此通常把它限制在一个周期范围内(即一个倒格子原胞范围内)，取

$$-\frac{\pi}{a} < q \leqslant \frac{\pi}{a} \tag{3-15}$$

这正是一维晶格的第一布里渊区。格波频率 ω 是波矢 q 的周期函数，周期为 $2\pi/a$，正好为一维原子链的最短倒格矢，即格波频率具有倒格子周期性：

$$\omega(q) = \omega(q + G_{\mathrm{h}}) \tag{3-16}$$

其中 G_{h} 为倒格矢。式(3-16)表明了色散曲线 $\omega(q)$ 具有倒格子平移对称性。

由式(3-11)还可知

$$\omega(q) = \omega(-q) \tag{3-17}$$

即色散曲线 $\omega(q)$ 还具有倒格子反演对称性。关于色散关系的倒格子平移对称性和反演对称性的这两个结论，对三维晶格也是适用的。

说明

(1) q 和 $-q$ 对应相同的 ω，但 q 和 $-q$ 代表了不同的格波，与唯一性不矛盾。

(2) 当 q 取在$(-\pi/a, \pi/a)$之外时，例如上例，$q=5\pi/(2a)$，$\lambda=(4/5)a$ 处无原子，与波长的本来定义不符。所以，q 的不唯一性是由晶体中原子的不连续性所致。

(3) 若在晶体中出现缺陷，例如某个原子由质量不同的杂质原子代替，晶体中将出现所谓的“局域模”(局域态)。

5. 格波数(模式数)

对一维单原子链而言，格波数即为在第一布里渊区中波矢 q 的取值数。

在 q 空间，q 点均匀分布，相邻 q 点间的“距离”为 $2\pi/(Na)$，而 q 的取值范围是第一布里渊区，它的大小为 $2\pi/a$，所以允许的 q 取值总数为

$$\frac{2\pi/a}{2\pi/(Na)} = N \tag{3-18}$$

这里 N 是原子总数，对于单式格子也就是初基原胞的总数。

普遍结论：允许的 q 值总数等于组成晶体的初基原胞数。

在一维单原子链情况下，每个 q 值对应一个 ω，一组(ω, q)对应一个格波，故共有 N 个格波。这 N 个格波的频率 ω 与波矢 q 的关系由一条色散曲线所概括，所以这 N 个格波构成一支格波。一维单原子链只有一支格波。

6. 通解

晶体中存在 N 个简谐格波，则晶格中每一个原子(对应确定的 n)参与了 N 个独立的简谐振动，任何一原子的实际运动是这 N 个格波所描述的简谐振动的线性叠加，即第 n 个原子 t 时刻的实际位移量 U_n 可表示为

$$U_n(t) = \sum_{q}^{N} A_q \mathrm{e}^{\mathrm{i}(qna-\omega t)} \tag{3-19}$$

3.2　一维双原子链的晶格振动

3.2.1　模型与色散关系

设一维晶体由 N 个初基原胞组成，每个初基元胞有两个质量相等的原子，分别用 A 与 B 表示，每个原子和它的左右近邻间距不等，弹性系数也不等。晶格常数为 a，原子 A 与其右侧 B 原子距离为 d，弹性系数为 β_2，与其左侧 B 原子的距离为 $a-d$，弹性系数为 β_1。为确定起见，并设 $d<a-d$，$\beta_1<\beta_2$，其示意图如图 3-6 所示。

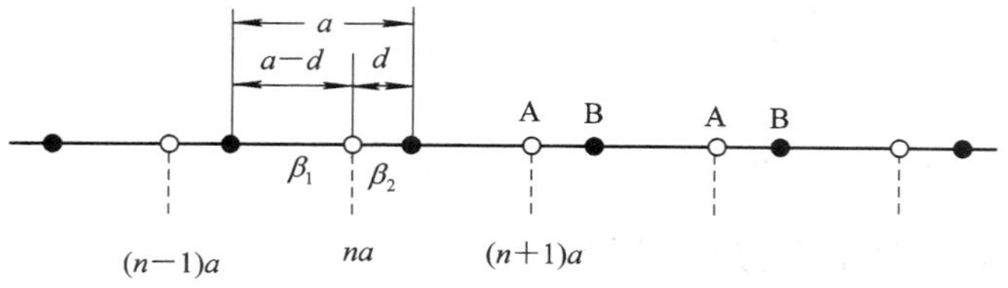

图 3-6　一维双原子链示意图

用与讨论一维单原子链类似的方法研究这个系统。

设 $U_1(na)$表示平衡位置为 na 的 A 原子的绝对位移，$U_2(na)$表示平衡位置为 $na+d$ 的 B 原子的绝对位移。仍采用简谐近似和近邻作用近似，则运动方程为

$$\left.\begin{aligned} m\ddot{U}_1(na) &= -\beta_2[U_1(na)-U_2(na)]-\beta_1[U_1(na)-U_2((n-1)a)] \\ m\ddot{U}_2(na) &= -\beta_2[U_2(na)-U_1(na)]-\beta_1[U_2(na)-U_1((n+1)a)] \end{aligned}\right\} \tag{3-20}$$

该方程组有 $2N$ 个方程，应有 $2N$ 个解，此时该晶体的总自由度数也为 $2N$。

与一维单原子链比较，这里的近似条件相同，求解方法类似，而前者有式(3-8)解的形式，它启发我们做类似的试探解：

$$\left.\begin{aligned} U_1(na) &= A_1 e^{i(qna-\omega t)} \\ U_2(na) &= A_2 e^{i[q(na+d)-\omega t]} \end{aligned}\right\} \tag{3-21}$$

将其代入方程(3-20)，并消去公因子 $e^{i(qna-\omega t)}$，得到

$$\left.\begin{aligned} [m\omega^2-(\beta_1+\beta_2)]A_1+(\beta_1 e^{-iqd}+\beta_2)e^{iqd}A_2 &= 0 \\ (\beta_1 e^{iqa}+\beta_2)e^{-iqd}A_1+[m\omega^2-(\beta_1+\beta_2)]A_2 &= 0 \end{aligned}\right\} \tag{3-22}$$

注意该代数方程组与 n 无关。A_1、A_2 有非零解的条件是其系数行列式为零：

$$\begin{vmatrix} m\omega^2-(\beta_1+\beta_2) & (\beta_1 e^{-iqd}+\beta_2)e^{iqd} \\ (\beta_1 e^{iqa}+\beta_2)e^{-iqd} & m\omega^2-(\beta_1+\beta_2) \end{vmatrix} = 0$$

据此解得

$$\omega^2 = \frac{\beta_1+\beta_2}{m} \pm \frac{(\beta_1^2+\beta_2^2+2\beta_1\beta_2\cos qa)^{1/2}}{m} \tag{3-23}$$

即有两支 $\omega \sim q$ 的色散关系。

根据式(3-23)可画出如图 3-7 所示的色散关系。当取"－"号时，ω 记为 ω_A，称为声

学支(Acoustic branch)格波；取“＋”号时，ω 记为 ω_O，称为光学支(Optical branch)格波。声学支格波具有 $q=0$ 时，$\omega_A=0$ 的特征，而光学支格波具有 $q=0$ 时，$\omega_O\neq0$ 的特征。

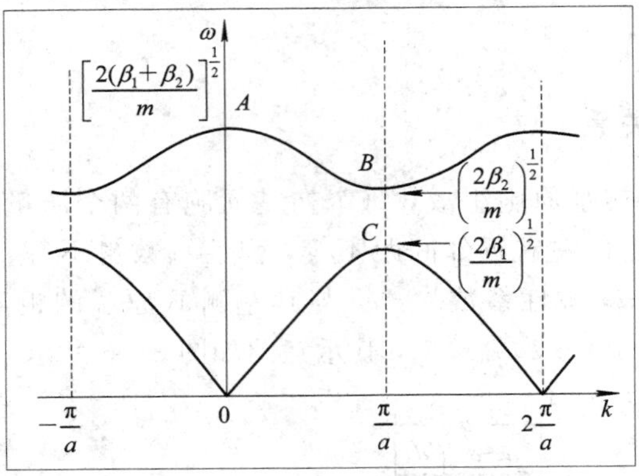

图 3-7　一维双原子链的色散关系

3.2.2　关于声学波和光学波的讨论

1. 格波数

用与一维单原子链类似的方法讨论式(3-23)可得，为了保证每支格波中 ω 与 q 之间的一一对应关系，应限制 q 的取值范围仍在第一布里渊区：

$$-\frac{\pi}{a}<q\leqslant\frac{\pi}{a} \tag{3-24}$$

利用周期性边界条件，同样可得允许的 q 值为

$$q=\frac{2\pi m}{Na}\qquad m=0,\ \pm1,\ \pm2,\ \cdots \tag{3-25}$$

在第一布里渊区内，可取的 q 点数为

$$\frac{2\pi/a}{2\pi/(Na)}=N \tag{3-26}$$

注意，这里的 N 为一维晶格的初基原胞数。每个 q 对应两个频率(ω_A 和 ω_O)，则共有 $2N$ 组(ω, q)，所以一维双原子链有 $2N$ 个格波，或说有 $2N$ 个简正模式。晶体中任何一原子的运动均为这 $2N$ 个格波所确定的谐振动的线性叠加。这时，晶体的总自由度数也为 $2N$，因此可推广得到如下的结论：

允许的波矢数＝晶体的初基原胞数

格波总数＝晶体振动的总自由度数

以后可以看到，此结论对三维晶体也是适用的。

2. 长波极限

当 $|q|\to0$，$\lambda\to\infty$ 时，相邻原胞间的振动相位差 $qa\to0$。

利用

$$\cos(qa)\approx1-\frac{1}{2}(qa)^2$$

$$(1-x)^{1/2} \approx 1-\left(\frac{x}{2}\right) \qquad x\text{为小量} \tag{3-27}$$

式(3-23)可简化为

$$\omega_{\mathrm{A}} = \left[\frac{\beta_1\beta_2}{2m(\beta_1+\beta_2)}\right]^{1/2} qa \tag{3-28}$$

$$\omega_{\mathrm{O}} = \left[\frac{2(\beta_1+\beta_2)}{m}\right]^{1/2} \tag{3-29}$$

由此可知，在长波情况下，声学支格波具有声波的线性色散关系：$\omega_{\mathrm{A}}=v_0 q$，而且它的频率很低，可以用超声波来激发，故得此名。光学支格波在 $q=0$ 的附近 ω_{O} 几乎与 q 无关，在 $q=0$ 处有极大值。

离子晶体中的长光学格波有特别重要的作用，因为不同离子间的相对振动产生一定的电偶极矩，从而可以和电磁波相互作用，入射红外光波与离子晶体中长光学波的共振能够引起对入射波的强烈吸收，这是红外光谱学中一个重要的效应。正因为长光学格波的这种特点，称 ω_{O} 所对应的格波为光学波。

现在来考察一下两种原子的振幅比。把式(3-23)代入式(3-22)，可得

$$\frac{A_2}{A_1} = \mp\frac{\beta_1 \mathrm{e}^{\mathrm{i}qa}+\beta_2}{|\beta_1 \mathrm{e}^{\mathrm{i}qa}+\beta_2|}\mathrm{e}^{-\mathrm{i}qd} \tag{3-30}$$

正号对应声学支，负号对应光学支。当 $q\to 0$ 时

$$\left.\begin{aligned} A_2 &= A_1 \qquad \text{声学支} \\ A_2 &= -A_1 \qquad \text{光学支} \end{aligned}\right\} \tag{3-31}$$

这表明在长波极限情况下，声学支格波描述原胞内原子的同相运动，光学支格波描述原胞内原子的反相运动，如图 3-8 所示。

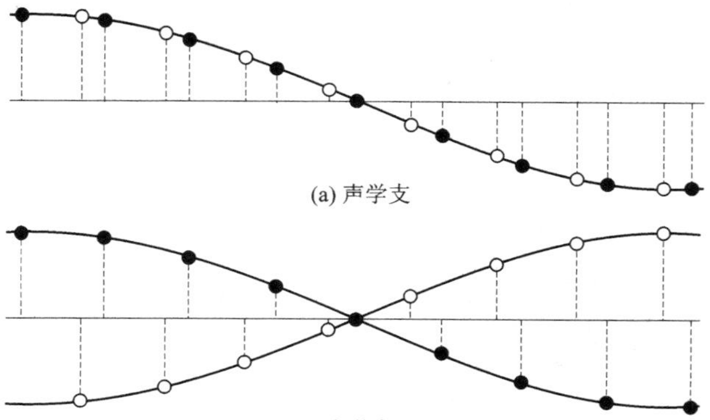

(a) 声学支

(b) 光学支

图 3-8　在长波极限下声学支格波和光学支格波相应原子的运动

3. q 趋近第一布里渊区边界

当 q 较大时，λ 与 a 相比不算很大，晶格就不能再视为连续介质了。当 $q\to\pi/a$ 时，因 $\beta_2>\beta_1$，由式(3-23)可得

$$\omega_{\mathrm{O}} = \left(\frac{2\beta_2}{m}\right)^{1/2} \tag{3-32}$$

$$\omega_A = \left(\frac{2\beta_1}{m}\right)^{1/2} \tag{3-33}$$

即在第一布里渊区边界上，存在格波频率“间隙”：

$$\Delta\omega = \left(\frac{2\beta_2}{m}\right)^{1/2} - \left(\frac{2\beta_1}{m}\right)^{1/2}$$

在这“间隙”中寻求 ω 的实数解，波矢 q 将为虚数，这意味着 ω 值处于“间隙”的波是强衰减的，不能在晶体中传播。同样

$$\omega > \omega_O = \left[\frac{2(\beta_1 + \beta_2)}{m}\right]^{1/2}$$

的波在晶体中也受到阻尼，因此一维双原子链晶体对波格的作用就是一个带通滤波器。利用格波的以上特性，可制成所谓的“声子晶体”(请参阅本章的阅读材料 3.7 节)。

在第一布里渊区边界上，由式(3-30)可得

对光学支格波：

$$A_2 \approx - A_1 e^{-iqd} \quad \text{当 } d \ll a \text{ 时，认为 } d \to 0 \text{，} A_2 \approx - A_1 \tag{3-34}$$

对声学支格波：

$$A_2 \approx A_1 e^{-iqd} \quad \text{当 } d \ll a \text{ 时，认为 } d \to 0 \text{，} A_2 \approx A_1 \tag{3-35}$$

由于 $q \to \pm\pi/a$，相邻原胞运动的相位差 $qa \to \pm\pi$。式(3-34)和式(3-35)说明声学支格波仍描述原胞内原子的同相整体运动，而光学支格波仍描述原胞内原子的反相运动。此时两支格波所描述的原子运动状态如图 3-9 所示，其中，图(a)代表了声学支格波，图(b)代表了光学支格波。

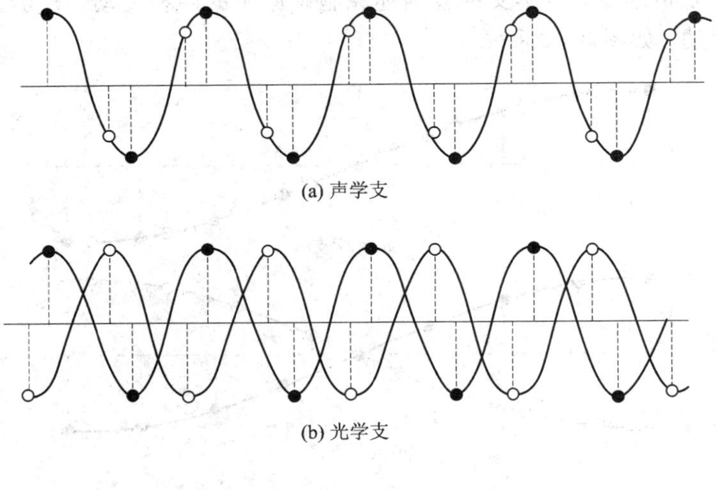

(a) 声学支

(b) 光学支

图 3-9　在短波极限下(第一布里渊区边界)声学支格波和光学支格波相应原子的运动

说明　两支格波最重要的差别是它们分别描述了原子不同的运动状态。两支格波最明显的差别是当 $q=0$ 时，$\omega_A=0$，$\omega_O \neq 0$。

4. $\beta_2 \gg \beta_1$ 的情况

当 $\beta_2 \gg \beta_1$ 时，由式(3-23)准确到 β_1/β_2 的一阶小量，可得

$$\omega_A = \left(\frac{2\beta_1}{m}\right)^{1/2}\left|\sin\frac{qa}{2}\right|\left[1+\delta\left(\frac{\beta_1}{\beta_2}\right)\right] \tag{3-36}$$

$$\omega_O = \left(\frac{2\beta_2}{m}\right)^{1/2}\left[1+\delta\left(\frac{\beta_1}{\beta_2}\right)\right] \tag{3-37}$$

式中，$\delta(\beta_1/\beta_2)$表示与β_1/β_2相关的一阶小量。

由式(3-30)，又可求得

$$\left.\begin{array}{ll}\text{对光学支格波：}A_2=-A_1e^{-iqd} & \text{当 } d\ll a \text{ 时，认为 } d\to 0\text{，}A_2\approx -A_1\\ \text{对声学支格波：}A_2=A_1e^{-iqd} & \text{当 } d\ll a \text{ 时，认为 } d\to 0\text{，}A_2\approx A_1\end{array}\right\} \tag{3-38}$$

将式(3-36)与一维单原子链色散关系式(3-11)比较可知，声学支格波频率ω_A近似和质量为$2m$、弹性系数为β_1的一维单原子链的振动频率相同。由式(3-37)可知，$\delta(\beta_1/\beta_2)$的修正项是小量，光学支格波频带很窄。

3.2.3　三维晶格振动

三维情况和一维情况比较，其物理含义和处理方法是完全类似的，只是由于维数的增加使数学处理更繁琐而已。为了把注意力集中到物理意义的理解上，避免过于繁杂的数学运算，下面采用与一维情况对比分析的方法得出三维晶体中晶格振动的一般规律。

设实际三维晶体沿基矢$\boldsymbol{a}_1$、$\boldsymbol{a}_2$、$\boldsymbol{a}_3$方向的初基原胞数分别为N_1、N_2、N_3，即晶体由$N=N_1\cdot N_2\cdot N_3$个初基原胞组成，每个初基原胞内含5个原子。

1. 原子振动方向

一维情况下，波矢q和原子振动方向相同，所以只有纵波。

三维情况下，波矢$\boldsymbol{q}$和原子振动方向可能不同，因此可以把原子振动的三维振动分解为与波矢$\boldsymbol{q}$平行和垂直的3个分量，这样实际三维晶体中的格波有振动方向与波矢$\boldsymbol{q}$平行的一种纵波和与波矢$\boldsymbol{q}$垂直的两种横波。

2. 格波支数

原则上讲，每支格波都描述了晶格中原子振动的一类运动形式。初基原胞有多少个自由度，晶格原子振动就有多少种可能的运动形式，就需要多少支格波来描述。

一维单原子链：初基原胞的自由度为1，原子的运动就是原胞质心的运动，因此仅存在一支格波，且为声学支格波。

一维双原子链：初基原胞的自由度为2，则存在两支格波，一支为声学波，另一支为光学波。定性地说，初基原胞质心的运动主要由声学支格波代表，初基原胞内两原子的相对运动主要由光学支格波代表。

一维S原子链：初基原胞的自由度为S，就存在S支格波，其中有1支声学波，$S-1$支光学波。

三维晶体：若晶体由N个初基原胞组成，每个初基原胞内有S个原子，每个原子有3个自由度，初基原胞的总自由度数为$3S$，则晶体中原子振动可能存在的运动形式就有$3S$种，用$3S$支格波来描述。其中在三维空间定性地描述原胞质心运动的格波应有3支，也就是说，应有3支为声学支格波，其余$3(S-1)$支则为光学支格波。例如锗、硅晶体属于金刚石结构，每个初基原胞含两个原子，即$S=2$，它有3支声学支格波和3支光学支格波。图

3－10是用热中子散射法测定Ge的格波色散曲线，图3－11为硅晶体的格波色散曲线。格波色散曲线也称为声子谱，图中LA、TA、LO、TO分别表示了纵声学波、横声学波、纵光学波和横光学波。由图3－11可知，在[111]方向上，由于晶体晶格的对称性，两支TA重合，两支TO也重合，这种现象称为简并。

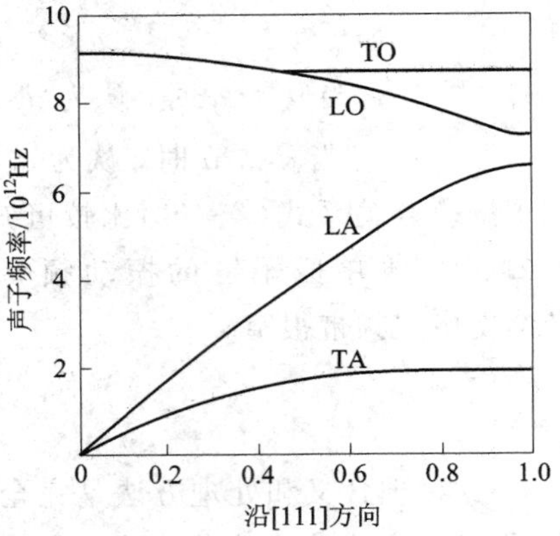

图3－10 用热中子散射法测定的Ge的格波色散曲线

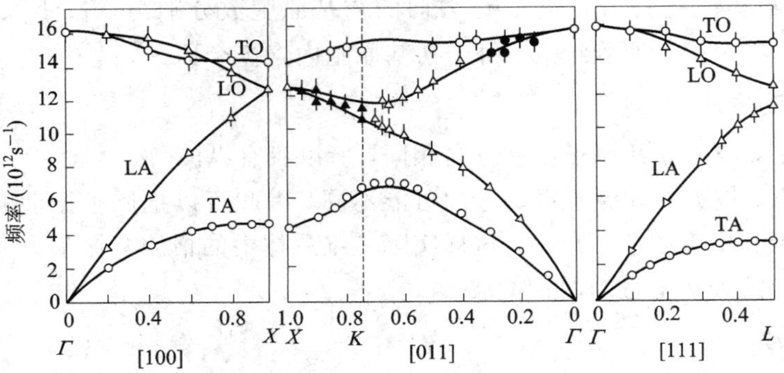

图3－11 硅晶体的格波色散曲线

3. 格波数

一维单原子链存在一支格波，允许的q取值数为N，一个q对应一个ω值，则晶体中有N支格波。另外，一维单原子链运动方程式(3－4)包括了N个相互关联的方程，可有N个格波，而在这种情况下晶体的总自由度数也是N个。

一维双原子链存在两支格波，一个q对应两支格波，允许的q取值数仍为初基原胞数N，则晶体中共有$2N$支格波。另外运动方程组(3－19)中共有$2N$个方程，可有$2N$个解，也就确定了晶体中共有的格波数为$2N$支，这也与晶体的总自由度数一致。

类似地，三维晶格中存在$3S$支格波，一个$\boldsymbol{q}$对应$3S$个ω值，即对应$3S$支格波，允许的$\boldsymbol{q}$取值数仍为初基原胞数N，则共有$3NS$组(ω_i，$\boldsymbol{q}$)数组，晶体中有$3NS$个格波。

晶体中任何一原子的实际运动是这$3NS$个格波所确定的谐振动的线性叠加。此时晶体的总自由度数也是$3NS$。因此晶体中的格波数等于晶格的总自由度数，是晶格振动理论中的普适结论。

4. 波矢取值

在一维情况下，平衡位置距坐标原点为 na 的原子的位移为

$$U(na) = A\mathrm{e}^{\mathrm{i}(qna-\omega t)}$$

对三维情况有类似的表示式：

$$U_{nai} = A_i \mathrm{e}^{\mathrm{i}(\boldsymbol{q}\cdot\boldsymbol{R}_{nai}-\omega t)} \tag{3-39}$$

其中 $\boldsymbol{R}_{nai}$、U_{nai} 和 A_i 分别表示第 n 个初基原胞内第 a 个原子的平衡位矢 $\boldsymbol{R}_{na}$、位移位矢 $\boldsymbol{U}_{na}$ 和原子振幅 A 在 i 方向的分量。把式(3-39)代入三维周期边界条件：

$$\left.\begin{aligned} U_{na_1} &= U_{(n+N_1)a_1} \\ U_{na_2} &= U_{(n+N_2)a_2} \\ U_{na_3} &= U_{(n+N_3)a_3} \end{aligned}\right\} \tag{3-40}$$

可得

$$\left.\begin{aligned} \mathrm{e}^{\mathrm{i}\boldsymbol{q}\cdot N_1\boldsymbol{a}_1} &= 1 \\ \mathrm{e}^{\mathrm{i}\boldsymbol{q}\cdot N_2\boldsymbol{a}_2} &= 1 \\ \mathrm{e}^{\mathrm{i}\boldsymbol{q}\cdot N_3\boldsymbol{a}_3} &= 1 \end{aligned}\right\} \tag{3-41}$$

由倒格基矢的定义 $\boldsymbol{a}_i \cdot \boldsymbol{b}_j = 2\pi\delta_{ij}$，可知同时满足方程组(3-41)中 3 个式子的波矢 $\boldsymbol{q}$ 为

$$\boldsymbol{q} = \frac{L_1}{N_1}\boldsymbol{b}_1 + \frac{L_2}{N_2}\boldsymbol{b}_2 + \frac{L_3}{N_3}\boldsymbol{b}_3 \tag{3-42}$$

其中：L_1、L_2、$L_3 = 0$，± 1，± 2，…；$\boldsymbol{b}_1$、$\boldsymbol{b}_2$、$\boldsymbol{b}_3$ 是倒格子基矢；N_1、N_2、N_3 是 $\boldsymbol{a}_1$、$\boldsymbol{a}_2$、$\boldsymbol{a}_3$ 方向的初基原胞数。每一组整数(L_1，L_2，L_3)对应一个波矢 $\boldsymbol{q}$。将这些波矢在倒空间逐点表示出来，它们在任一方向上仍是均匀分布的。每个点所占的“体积”等于“边长”为($\boldsymbol{b}_1/N_1$)、($\boldsymbol{b}_2/N_2$)、($\boldsymbol{b}_3/N_3$)的平行六面体的“体积”，即

$$\frac{\boldsymbol{b}_1}{N_1} \cdot \left(\frac{\boldsymbol{b}_2}{N_2} \times \frac{\boldsymbol{b}_3}{N_3}\right) = \frac{\Omega^*}{N} \tag{3-43}$$

式中，Ω^* 是倒格子初基原胞的“体积”，也就是第一布里渊区的“体积”，$\Omega^* = (2\pi)^3/\Omega$，所以每个波矢 $\boldsymbol{q}$ 在倒空间所占的“体积”为

$$\frac{\Omega^*}{N} = \frac{(2\pi)^3}{N\Omega} = \frac{(2\pi)^3}{V} \tag{3-44}$$

其中，$V = N\Omega$ 为晶体体积。与一维情况类似，对每支格波，为使 $\boldsymbol{q}$ 与 ω 之间有一一对应的关系，限定 $\boldsymbol{q}$ 的取值范围仍在第一布里渊区内，则 $\boldsymbol{q}$ 的可取值数目为

$$\frac{\Omega^*}{\Omega^*/N} = N$$

即在三维情况下，波矢 $\boldsymbol{q}$ 仍共有 N(初基原胞数)个取值。在倒空间，波矢 $\boldsymbol{q}$ 的密度为

$$\frac{N}{\Omega^*} = \frac{N\Omega}{(2\pi)^3} = \frac{V}{(2\pi)^3} \tag{3-45}$$

3.2.4 格波态密度函数

格波态密度函数 $g(\omega)$ 又称为模式密度数，其定义为对确定体积 V 的晶体，在 ω 附近单位频率间隔内的格波总数。

对于第 i 支格波，在频率 $\omega \sim \omega + \mathrm{d}\omega$ 之间的格波数，就等于在 $\boldsymbol{q}$ 空间频率为 ω 到 $\omega + \mathrm{d}\omega$

这两个等频率面之间所包含的 $\boldsymbol{q}$ 点数，即

$$g_i(\omega)\mathrm{d}\omega = \frac{V}{(2\pi)^3}\int_{\omega}^{\omega+\mathrm{d}\omega}\mathrm{d}\tau_q \tag{3-46}$$

其中，$\mathrm{d}\tau_q$ 为倒空间体积元。由图 3-12 可知，$\mathrm{d}\tau_q = \mathrm{d}S_\omega \mathrm{d}q_\mathrm{n}$，其中，$\mathrm{d}S_\omega$ 是等频率面上的面元，$\mathrm{d}q_n$ 是 $\mathrm{d}q$ 在等频率面法线方向上的分量。因此对于一支格波，有

$$g_i(\omega)\mathrm{d}\omega = \frac{V}{(2\pi)^3}\int_{\omega}^{\omega+\mathrm{d}\omega}\mathrm{d}S_\omega \mathrm{d}q_\mathrm{n}$$

由矢量场中梯度的意义，$\mathrm{d}\omega$ 可表示成

$$\mathrm{d}\omega = |\nabla_q \omega(q)|\,\mathrm{d}q_\mathrm{n}$$

则

$$g_i(\omega) = \frac{V}{(2\pi)^3}\int_{\omega}\frac{\mathrm{d}S_\omega}{|\nabla_q \omega_i(q)|} \tag{3-47}$$

积分已变换到等频率面上了。

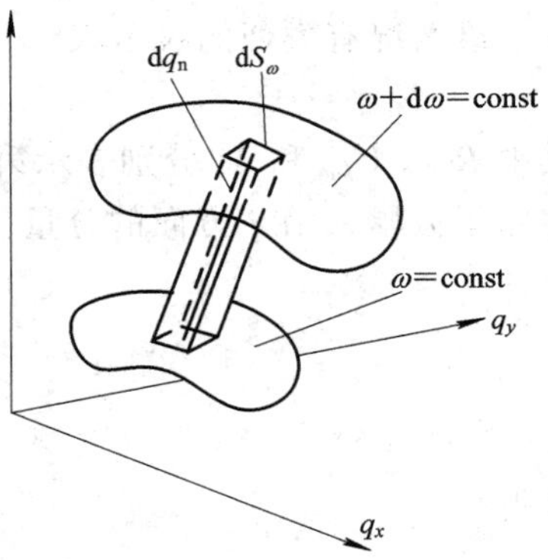

图 3-12　体元和面元的关系

考虑到三维晶体中共有 $3S$ 支格波，则格波格态密度函数为

$$g(\omega) = \sum_{i=1}^{3S} g_i(\omega) = \sum_{i=1}^{3S}\frac{V}{(2\pi)^3}\int_{\omega}\frac{\mathrm{d}S_\omega}{|\nabla_q \omega_i(q)|} \tag{3-48}$$

3.3　晶格振动的量子化与声子

问题的提出：在简谐近似下，晶体中存在 $3NS$ 个独立的简谐格波，晶体中任一原子的实际振动状态由这 $3NS$ 个简谐格波共同决定，那么，晶格振动的系统能量是否可表示成 $3NS$ 个独立谐振子能量之和？

3.3.1　晶格振动与谐振子

1. 系统能量的普遍表示

由式(3-19)可知，在一维单原子链中，平衡时距原点为 na 的原子，t 时刻的绝对位移是 q 所有可能的 N 个值的特解的线性叠加：

$$\begin{aligned} U_n(t) &= \sum_q A_q \mathrm{e}^{\mathrm{i}(qna-\omega t)} \\ &= \sum_q A_q(t)\mathrm{e}^{\mathrm{i}qna} \end{aligned} \tag{3-49}$$

其中，$A_q(t) = A_q \mathrm{e}^{-\mathrm{i}\omega t}$。按照经典力学，系统的总能量为动能和势能之和：

$$E = T + W = \frac{1}{2}\sum_n m\,\dot{U}_n^2 + \frac{\beta}{2}\sum_n (U_{n+1} - U_n)^2 \tag{3-50}$$

该表示式中有$(U_{n+1}\times U_n)$的交叉项存在，这给建立物理模型和数学处理都带来困难。可用坐标变换的方法消去上式中的交叉项。

2. 坐标变换(变量置换)

设

$$U_n(t)=\frac{1}{\sqrt{Nm}}\sum_q Q_q(t)\mathrm{e}^{\mathrm{i}qna} \tag{3-51}$$

式中，$Q_q(t)$称为简正坐标。容易证明：

$$\left.\begin{aligned}\sum_n \mathrm{e}^{\mathrm{i}(q-q')na}&=N\delta_{q,q'}\\ \sum_q \mathrm{e}^{\mathrm{i}(n-n')qa}&=N\delta_{n,n'}\end{aligned}\right\} \tag{3-52}$$

由式(3－51)和式(3－52)可得

$$U_n^*(t)=\frac{1}{\sqrt{Nm}}\sum_q Q_q^*(t)\mathrm{e}^{-\mathrm{i}qna} \tag{3-51'}$$

$$Q_q(t)=\sqrt{\frac{m}{N}}\sum_n U_n(t)\mathrm{e}^{-\mathrm{i}qna} \tag{3-53}$$

$$Q_q^*(t)=\sqrt{\frac{m}{N}}\sum_n U_n^*(t)\mathrm{e}^{\mathrm{i}qna} \tag{3-53'}$$

3. 系统能量的重新表示

由式(3－51)～(3－53′)可得系统势能：

$$W=\frac{1}{2}\sum_q \omega_q^2 Q_q Q_q^* \tag{3-54}$$

$$W=\frac{1}{2}\sum_q \omega_q^2 \mid Q_q\mid^2 \tag{3-54'}$$

式中：

$$\omega_q^2=\frac{4\beta}{m}\sin^2\frac{qa}{2}$$

不含交叉项。类似地，系统的动能也可写为

$$T=\frac{1}{2}\sum_n m\dot{U}_n^2$$

$$T=\frac{1}{2}\sum_q \mid \dot{Q}_q\mid^2 \tag{3-55}$$

于是系统总能量可写成不含交叉项的标准式：

$$E=T+W=\frac{1}{2}\sum_q(\mid\dot{Q}_q\mid^2+\omega_q^2\mid Q_q\mid^2)=\sum_q E_q \tag{3-56}$$

其中：

$$E_q=\frac{1}{2}[\mid\dot{Q}_q\mid^2+\omega_q^2\mid Q_q\mid^2] \tag{3-56'}$$

而经典谐振子能量的表示式为

$$E=T+W=\frac{1}{2}m\dot{x}^2+\frac{1}{2}kx^2$$

所以式(3－56)相当于$m=1$、$k=\omega_q^2$的以Q_q为自变量的谐振子能量。可见由N个原子组成的一维晶体，其晶格振动能量可看成N个谐振子的能量之和。

3.3.2　能量量子和声子

上面在经典力学的框架内，引入简正坐标，得到了由N个原子组成的晶体的晶格振动

能量等于 N 个谐振子能量之和的结论。现在考虑这个问题的量子力学修正，把上述谐振子的能量用量子力学的结果来表示。量子力学告诉我们，频率为 ω 的谐振子，其能量为

$$E_n=\left(\frac{1}{2}+n\right)\hbar\omega \qquad n=0,1,2,\cdots \tag{3-57}$$

这表明谐振子处于不连续的能量状态。当 $n=0$ 时，它处于基态，$E_0=\hbar\omega/2$，称为零点振动能。相邻状态的能量差为 $\hbar\omega$，它是谐振子的能量量子，称它为声子，正如人们把电磁辐射的能量量子称为光子一样。

三维晶体中的 $3NS$ 个格波与 $3NS$ 个量子谐振子一一对应，因此式(3-57)也是一个频率为 ω 的格波的能量。频率为 $\omega_i(\boldsymbol{q})$ 的格波被激发的程度，用该格波所具有的能量为 $\hbar\omega_i(\boldsymbol{q})$ 的声子数 n 的多少来表征。

从声子的概念出发，可以重新描述晶格振动问题：晶格振动时产生了声子，声子的能量为 $\hbar\omega_i(\boldsymbol{q})$，$\omega_i(\boldsymbol{q})$ 是声子的频率。三维晶体中有 3 支声学支格波，$3(S-1)$ 支光学支格波，共有 $3NS$ 个格波。对应有 3 支声学声子，$3(S-1)$ 支光学声子，共有 $3NS$ 种声子。在简谐近似下，各格波间是相互独立的，该系统也就是无相互作用的声子气系统。如果考虑非简谐效应，那么声子和声子之间就存在相互作用。若考虑入射 X 光子、中子流对晶格振动的影响，就要考虑入射 X 光子、中子对声子的相互作用(碰撞)。

声子有如下特性：

(1) 声子是玻色子。一个模式可以被多个相同的声子占据，ω 和 $\boldsymbol{q}$ 相同的声子不可区分且自旋为零，满足玻色统计。当除碰撞外，不考虑它们之间的相互作用，则可视为近独立子系，与玻耳兹曼统计一致。

(2) 声子是非定域的。对等温平衡态，格波是非定域的，声子属于格波，所以声子也是非定域的，它属于整个等温平衡的晶体。

(3) 声子是一种准粒子，粒子数不守恒。温度升高，晶格振动加剧，振动能量增加，用声子来表述就是式(3-57)中的声子频率 ω 和声子数 n 增加，系统的声子数随温度而变化。

(4) 遵守能量守恒和准动量选择定则。声子不具有通常意义下的动量，常把 $\hbar\boldsymbol{q}$ 称为声子的准动量。声子与声子，声子与其它粒子、准粒子的相互作用满足能量守恒。

准动量选择定则：准动量的确定只能准确到可以附加任何一个倒格矢 $\boldsymbol{G}_h$：

$$\omega(\boldsymbol{q})=\omega(\boldsymbol{q}+\boldsymbol{G}_h)$$

例如，波矢为 $\boldsymbol{q}_1$、$\boldsymbol{q}_2$ 的二声子相互作用(碰撞)后，合并为波矢为 $\boldsymbol{q}_3$ 的声子的过程，其准动量选择定则表示为

$$\hbar\boldsymbol{q}_1+\hbar\boldsymbol{q}_2=\hbar\boldsymbol{q}_3+\hbar\boldsymbol{G}_h$$

简写成

$$\boldsymbol{q}_1+\boldsymbol{q}_2=\boldsymbol{q}_3+\boldsymbol{G}_h$$

$\boldsymbol{q}_3=\boldsymbol{q}_3+\boldsymbol{G}_h$ 是晶体的周期性的反映。

在确定的温度 T 的平衡状态下，声子有确定的分布，频率为 ω 的格波被激发的程度用其具有的声子数来表示。若晶体处于非平衡态，在不同的温度区域，相同 ω 的格波具有不同的声子数。与气体分子的扩散类似，通过声子间的相互碰撞，高密度区的声子向低密度区扩散，声子的扩散同时伴随着热量的传导。

3.3.3 平均声子数

既然各个格波可能具有不同的声子数，那么在一定温度的热平衡态，一个格波的平均声子数有多少呢？求出该温度下格波的平均能量 $\bar{E}$ 即可得到。由于声子间相互作用很弱，除了碰撞外，可不考虑它们之间的相互作用，故可把声子视为近独立子系，这时玻色—爱因斯坦统计与经典的玻耳兹曼统计是一致的。

利用玻耳兹曼统计，在确定的温度 T 下，频率均为 ω 的 N 个格波的平均能量：

$$\bar{E}_\omega = \frac{\sum_n N_n E_n}{N}$$

其中：N 表示频率为 ω 的格波总数(这里的 N 并不是晶体的格波总数)；N_n 表示频率为 ω、能量为 E_n(即声子数为 n)的格波数。能量为 $\hbar\omega$ 的声子在同 ω 的格波间均可存在，某一 ω 的格波具有声子数 n 的状态，满足一定的几率分布。

N_n/N 表示温度为 T、频率为 ω、能量为 E_n(即 n 为某确定值)的格波出现的几率，由玻耳兹曼统计，有

$$N_n = \frac{N g_n e^{-\frac{E_n}{k_B T}}}{\sum_n g_n e^{-\frac{E_n}{k_B T}}}$$

其中：分母为配分函数；g_n 为能量为 E_n 的相格数，即能量 E_n 的简并度。

为确定和简化计算，设简并度 $g_n=1$，则

$$\bar{E}_\omega = \frac{\sum_{n=0}^{\infty} E_n e^{-\frac{E_n}{k_B T}}}{\sum_{n=0}^{\infty} e^{-\frac{E_n}{k_B T}}}$$

用式(3-57)，则

$$\bar{E}_\omega = \frac{1}{2}\hbar\omega + \frac{\sum_{n=0}^{\infty} n\hbar\omega e^{-\frac{n\hbar\omega}{k_B T}}}{\sum_{n=0}^{\infty} e^{-\frac{n\hbar\omega}{k_B T}}} \cdot \frac{e^{-\frac{\hbar\omega}{2k_B T}}}{e^{-\frac{\hbar\omega}{2k_B T}}}$$

因为

$$\begin{aligned}
k_B T^2 \frac{\partial}{\partial T}\left[\ln \sum_{n=0}^{\infty} e^{\frac{n\hbar\omega}{k_B T}}\right] &= \frac{k_B T^2}{\sum_{n=0}^{\infty} e^{-\frac{n\hbar\omega}{k_B T}}} \frac{\partial}{\partial T}\left(\sum_{n=0}^{\infty} e^{-\frac{n\hbar\omega}{k_B T}}\right) \\
&= \frac{k_B T^2}{\sum_{n=0}^{\infty} e^{-\frac{n\hbar\omega}{k_B T}}} \sum_{n=0}^{\infty}\left(-\frac{n\hbar\omega}{k_B}\right)\left(-\frac{1}{T^2}\right) e^{-\frac{n\hbar\omega}{k_B T}} \\
&= \frac{\sum_{n=0}^{\infty} n\hbar\omega e^{-\frac{n\hbar\omega}{k_B T}}}{\sum_{n=0}^{\infty} e^{-\frac{n\hbar\omega}{k_B T}}}
\end{aligned}$$

比较可得

$$\bar{E}_{\omega}=\frac{1}{2}\hbar\omega+k_{\mathrm{B}}T^{2}\frac{\partial}{\partial T}\Big[\ln\sum_{n=0}^{\infty}\exp\Big(-\frac{n\hbar\omega}{k_{\mathrm{B}}T}\Big)\Big] \tag{3-58}$$

利用等比级数求和公式求导，整理可得

$$\bar{E}_{\omega}=\left[\frac{1}{2}+\frac{1}{\exp\left(\frac{\hbar\omega}{k_{\mathrm{B}}T}\right)-1}\right]\hbar\omega=\left(\frac{1}{2}+\bar{n}\right)\hbar\omega \tag{3-58'}$$

其中：

$$\bar{n}(\omega,\ T)=\frac{1}{\exp\left(\frac{\hbar\omega}{k_{\mathrm{B}}T}\right)-1} \tag{3-59}$$

式(3-59)表明了频率为 ω 的格波在温度为 T 时的平均声子数。平均声子数 $\bar{n}(\omega,\ T)$ 的大小定量地表示出一个格波被激发的程度。由式(3-59)可计算出，当 $T=0$ 时，$\bar{n}(\omega,\ T)=0$，即没有任何声子产生，也就是没有任何格波激发。当声子能量 $\hbar\omega=k_{\mathrm{B}}T$ 时，$\bar{n}\approx0.6$，以此为界，人们定性地认为，$\bar{n}(\omega,\ T)\geqslant0.6$ 的格波已被激发，即温度为 T 时，只有 $\hbar\omega\leqslant k_{\mathrm{B}}T$ 的格波才能被激发。图 3-13 给出了一定温度 T 时不同频率格波的平均声子数分布。

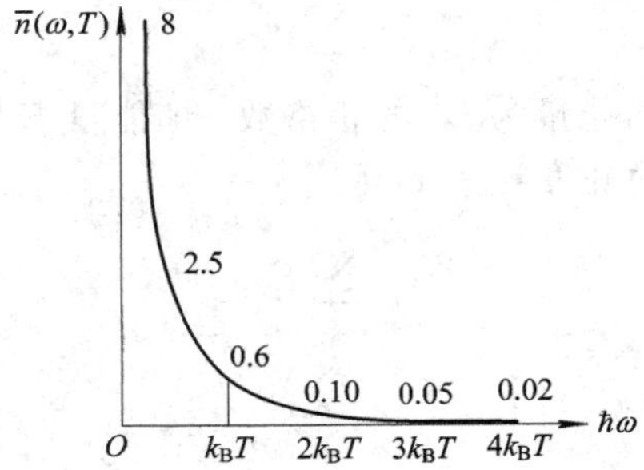

图 3-13　一定温度 T 时不同频率格波的平均声子数

3.3.4　确定声子谱的方法

格波的色散关系是研究晶格振动问题的基础，所以人们对色散关系的测量也十分重视。引入声子概念之后，色散关系又称为晶格振动的声子谱。确定声子谱的实验方法主要是利用微探针与晶格振动交换能量而获得晶格振动的信息。常用的微探针为 X 射线或中子流。

1. 光子与声子的非弹性散射

当一束光子射入晶体时，电场会使晶体的力学性质，例如弹性系数发生变化，从而使晶格振动也发生相应的变化。光子与晶格振动的这种相互作用可以理解为光子受到声子的非弹性散射。频率和波矢分别为 Ω 和 $\boldsymbol{k}$ 的入射光子，经散射后频率和波矢分别改变成为 Ω' 和 $\boldsymbol{k}'$。光子和晶格作用的结果是在晶格中产生或吸收一个声子，其频率和波矢分别为 ω 和 $\boldsymbol{q}$。在光子和声子相互作用的过程中，要满足准动量选择定则：

$$\hbar\boldsymbol{k} = \hbar\boldsymbol{k}' \pm \hbar(\boldsymbol{q} + \boldsymbol{G}_h) \tag{3-60}$$

由于一般晶体的晶格常数 a 小于 1 nm，而可见光、红外光的波长 λ 在几百纳米以上，其光子的波矢 $\boldsymbol{k}$、$\boldsymbol{k}'$的模 $2\pi/\lambda$ 就比晶体的第一布里渊区的尺度小得多，由式(3-60)可知，声子波矢 $\boldsymbol{q}$ 的模也比第一布里渊区的尺度小得多，故应该取 $\boldsymbol{G}_h=0$，式(3-60)可简化为

$$\hbar\boldsymbol{k} = \hbar\boldsymbol{k}' \pm \hbar\boldsymbol{q} \tag{3-60'}$$

$\boldsymbol{k}$、$\boldsymbol{k}'$和 $\boldsymbol{q}$ 三个矢量间的关系如图 3-14 所示。

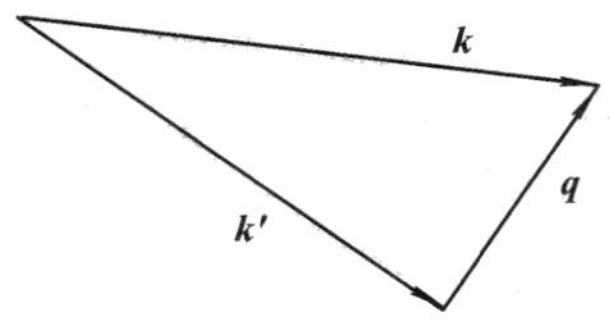

图 3-14　光子被长声学波声子散射示意图

由能量守恒可得

$$\hbar\Omega = \hbar\Omega' \pm \hbar\omega \tag{3-61}$$

其中加号对应产生一个声子，减号对应吸收一个声子。两种散射过程如图 3-15 所示。

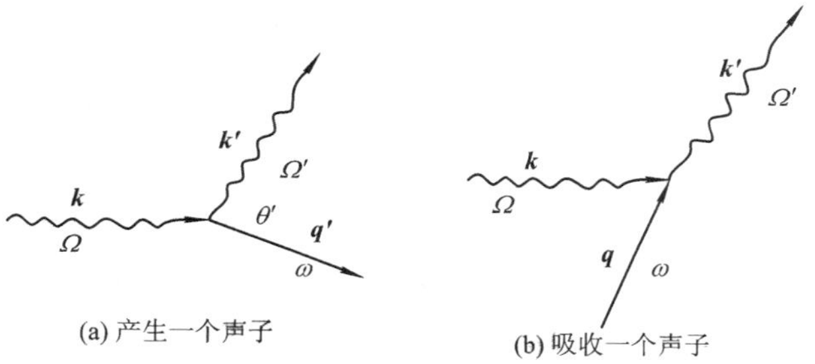

图 3-15　散射过程

式(3-60′)和式(3-61)是用实验方法确定声子谱的理论基础。当频率为 Ω 的光束沿一定晶向入射时，在不同方位测出散射光的频率 Ω'，就可以根据式(3-61)确定声子的频率 ω。另外，光束的频率 Ω 与波矢 $\boldsymbol{k}$ 的模值之间的关系为

$$\Omega = \frac{c_0}{n}k \tag{3-62}$$

其中：c_0 为真空中的光速；n 为晶体的折射率。而长声学波声子的频率 ω 和波矢 $\boldsymbol{q}$ 的模 q 间近似满足线性关系：

$$\omega = v_p q \tag{3-63}$$

其中，v_p 为长声学波的相速。由于长声学波的波矢 $\boldsymbol{q}$ 的模很小，又由于 $v_p \ll c_0$，比较式(3-62)和式(3-63)可知，$\omega \ll \Omega$，即长声学波声子能量 $\hbar\omega$ 要比光子能量 $\hbar\Omega$ 小得多，因此可以近似把式(3-61)改写成

$$\hbar\Omega \approx \hbar\Omega' \tag{3-61'}$$

也就是说，光子散射近似为弹性散射，由式(3-62)又可得到 $k \approx k'$。此时图 3-14 近似为等腰三角形，由该图可知，长声学波声子的波矢 $\boldsymbol{q}$ 的模近似为

$$q \approx 2k \sin \frac{\varphi}{2} \tag{3-64}$$

此式即为光子被长声学波声子散射时声子波矢模的近似表示式。光子与声学波声子的相互作用，一般称之为光子的布里渊(Brillouin)散射。光子也可以与光学波声子相互作用，这称为拉曼(Raman)散射。由于光学波声子的频率比声学波声子的频率高，由式(3-61)可知，拉曼散射的频移 $\hbar(\Omega-\Omega')$ 比布里渊散射的频移大。通过研究物质的布里渊和拉曼散射谱，可以研究分子的结构和组态，确定晶体对称性、激发态密度分布、杂质、缺陷性质等等，这已成为固体物理研究的重要手段之一。可见光、红外光光子的拉曼散射也只能限于长光学波声子，因此这两种散射都只能研究长波长范围内的声子谱。为了研究整个波长范围内的声子谱，就要求光子也有比较大的波矢，由式(3-62)，要求光子的频率较高，因此常利用 X 光的非弹性散射来研究声子谱。利用 X 光非弹性散射的方法虽然可以研究整个波长范围内的声子谱，但由表 3-1 可知，X 光子的能量比室温下声子的能量高得多，所以在非弹性散射中 X 光子的频率改变很小，要精确测量散射前后的频率差，在实验技术上还是较困难的。

表 3-1　各种微探针的典型能量

微探针	能量/eV
声子	0.013
X 光子	4100
电子	16
热中子	0.019

2. 热中子与声子的非弹性散射

所谓热中子，就是指能量大致与声子能量相当的中子。热中子散射的实验方法能完全克服上述光子散射的困难，散射前后中子的能量、波矢均有显著变化，且易于测量。这不仅是由于热中子的能量与固体中的声子的典型能量有相同的量级，而且其德布罗意波长与固体晶格常数也有相同的量级。电磁辐射是无法同时满足这两条的，这可以从表 3-1 和图 3-16 中看出，图 3-16 中两条直线分别表示热中子和电磁辐射的波矢 K 和能量 E 之间的关系。虚线围成的方框表示了各种实验技术研究的范围，图中"99%"表示的是为了研究晶体中 99%的声子探讨所需要的能量和波矢范围。热中子散射技术恰好处于这两个"99%"的交叠区，所以它可以直接用于研究具有各种波矢的声子的性质。

表 3-1 给出了各种微探针的典型能量，例如处于声学支中部典型频率的声子所具有的能量约对应于 $k_B\Theta_D/2$(Θ_D 称为德拜温度，详见本书 3.4 节)，若取 $\Theta_D=300$ K，则

$$\hbar\omega = \frac{1}{2}k_B\Theta_D = k_B \times 150 \approx 0.013 \text{ eV}$$

X 光子约有 4100 eV 的能量，这对于声子的产生与湮灭所对应的能量交换就显得太大。电子束的能量虽易于控制，但由于固体对电子束的强烈吸收，使得电子探针在该领域的应用受到极大的限制。由于热中子的散射不论是能量、波矢还是其它特性都非常利于测

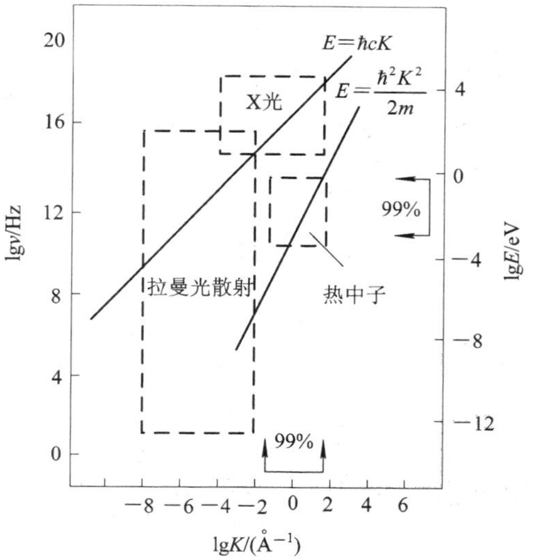

图 3-16　研究固体动力学性质的几种辐射探针的比较

定与声子的产生、湮灭过程相关的晶体性质，所以热中子散射是工程上研究固体声子谱的常用方法。

中子被晶体中的原子核散射是核力作用的结果。此外，由于中子存在自旋，中子要同电子和原子核的磁矩发生磁相互作用。中子的散射截面不仅因元素不同而异，甚至对同一元素的不同同位素也不一样。中子散射可以是弹性过程，也可以是非弹性过程。弹性过程能够给我们提供晶体结构特别是磁性结构的信息，而非弹性散射则适用于晶格动力学的研究。声子谱的测量要求中子的非弹性散射起支配作用。

设质量为 m，动量为 $\boldsymbol{p}=\hbar\boldsymbol{k}$ 的单色热中子流打到晶体样品上发生非弹性散射，散射后的热中子动量为 $\boldsymbol{p}'=\hbar\boldsymbol{k}'$。由于实际的热中子非弹性散射过程主要是单声子的产生或湮灭过程，在此过程中，能量守恒定律可写成

$$\frac{\hbar^2k^2}{2m}=\frac{\hbar^2k'^2}{2m}\pm\hbar\omega \tag{3-65}$$

而准动量选择定则可写成

$$\hbar\boldsymbol{k}=\hbar\boldsymbol{k}'\pm\hbar\boldsymbol{q} \tag{3-66}$$

通过测定散射前后中子的能量和波矢，就可以由式(3-65)和式(3-66)求得与此相应的一系列声子的 ω 和 $\boldsymbol{q}$，即得出声子谱。

利用中子非弹性散射测量晶体声子谱的专用设备叫晶体三轴谱仪(TAS)，其结构如图3-17所示。从反应堆中出来的中子经准直仪后打到晶体单色仪 M 上，经过该晶体的布拉格散射可得到一束单色热中子流。为了选择所需的波长，仪器可以以 M 为轴转动(第一轴)。单色热中子流与晶体样品 S 碰撞，热中子被样品散射，散射中子射向分析器晶体 A，由布拉格定律可确定它们的波长。为了收集和分析各个方向的散射波，分析器晶体 A 可绕样品 S 轴转动(第二轴)，探测器 D 可绕分析器 A 转动(第三轴)。

图 3-18 是利用热中子非弹性散射三轴谱仪测出的钠晶体的声子谱。

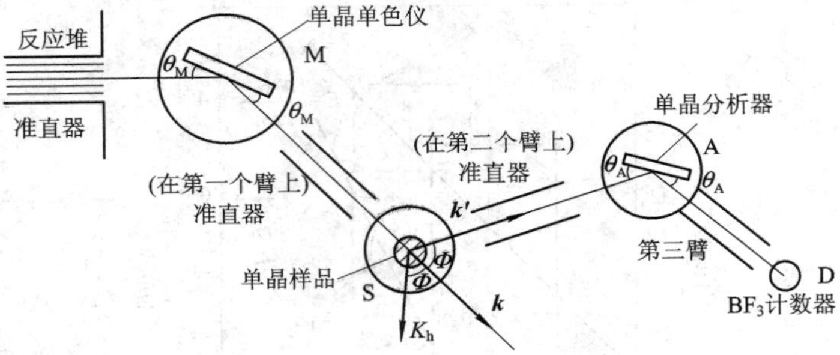

图 3-17 热中子散射三轴谱仪(TAS)示意图

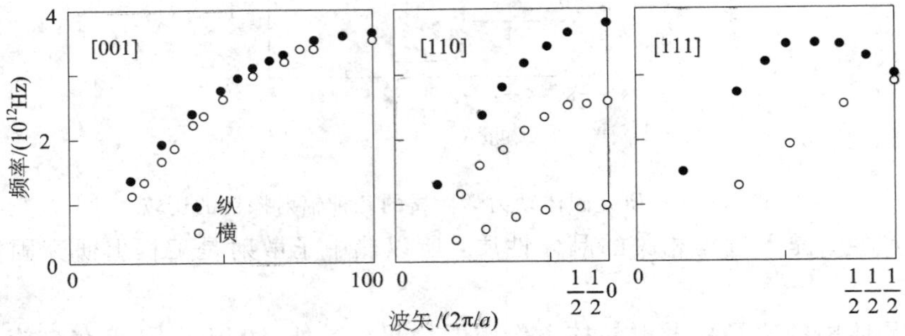

图 3-18 钠晶体的色散曲线

3.4 晶体的热容

3.4.1 概述

晶体热容的研究不仅具有实际应用价值，而且也是探索晶体微观结构和运动规律的重要手段，因而具有很大的意义。在一般的温度变化范围过程中，固体的体积变化不大，可近似地视为定容过程。定容热容定义为单位质量的物质在定容过程中，温度升高 1℃时，系统内能的增量，即

$$C_V=\lim_{\Delta T\to 0}\left(\frac{\Delta U}{\Delta T}\right)_V=\left(\frac{\partial U}{\partial T}\right)_V$$

晶体的运动能量包括晶格振动能量 U_l 和电子运动能量 U_e。这两种运动能量对热容的贡献分别以 C_{Vl}(晶格热容)和 C_{Ve}(电子热容)来表示。除极低温下金属中的电子热容相对较大外，通常 $C_{Vl}\gg C_{Ve}$，所以本章仅讨论晶格热容 C_{Vl}，用 C_V 表示。

固体热容的实验定律是高温下的杜隆—珀替(Dulong - Petit)定律和低温下的德拜(Debye)定律。杜隆—珀替定律：对确定的材料，高温下的热容为常数，摩尔热容为 $3R$(R 为气体普适常数，$R=(8.314\ 510\pm0.000\ 070)\mathrm{J/(mol\cdot K)}$)。德拜定律：低温下的固体热容与 T^3 成正比。

图 3-19 所示为硅、锗的热容与温度关系的实验结果。

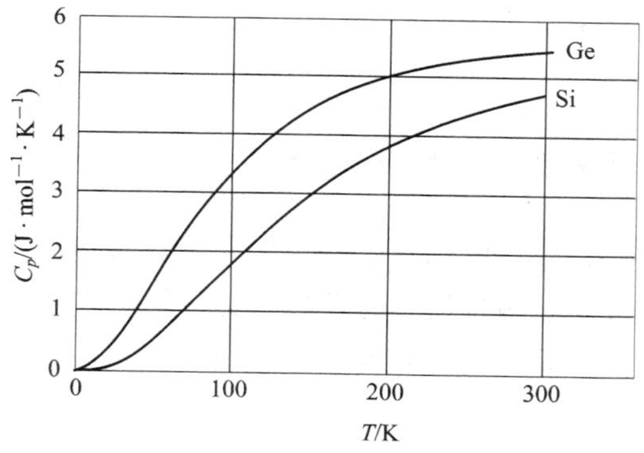

图 3-19　硅、锗的热容与温度的关系

设单位质量的晶体中有 NS 个原子，则其自由度数为 $3NS$。由以前的分析可知，晶体中的格波可归结为 $3NS$ 个相互独立的简谐振子。根据经典理论的能量均分定理，每个简谐振子的平均能量为 $k_B T$（k_B 为玻耳兹曼常数），因而总晶格振动能为

$$U = 3NSk_B T$$

相应的热容为

$$C_V = 3NSk_B$$

摩尔热容为

$$C_{V,m} = 3N_A k_B = 3R$$

其中，N_A 为阿伏伽德罗常数。摩尔热容与材料的性质及温度无关，符合杜隆—泊替定律。固体的热容在低温下正比于 T^3 的现象是经典物理无法解释的难题。量子论诞生之后，此问题才获得解决。从量子论的观点出发，每个谐振子的能量都是量子化的，其平均能量不再是 $k_B T$，而成为

$$E(\omega_i, T) = \left(\frac{1}{2} + \bar{n}\right)\hbar\omega \tag{3-58'}$$

晶格振动能量为 $3NS$ 个量子谐振子能量之和。晶体的 $3NS$ 个量子谐振子与 $3NS$ 个格波一一对应，晶格振动能也就是各个格波能量之和：

$$U = \sum_{i=1}^{3NS} \bar{E}_i = \sum_{i=1}^{3NS} \left(\frac{1}{2} + \bar{n}\right)\hbar\omega_i \tag{3-67}$$

由格波态密度函数 $g(\omega)$ 的定义，上式也可写成为

$$U = \int_0^{\omega_m} g(\omega)\bar{E}(\omega, T)\,d\omega$$

其中，ω_m 为截止频率，且有

$$\int_0^{\omega_D} g(\omega)\,d\omega = 3NS$$

则定容热容为

$$C_V = \left(\frac{\partial U}{\partial T}\right)_V = \frac{\partial}{\partial T}\int_0^{\omega_m} g(\omega)\bar{E}(\omega, T)\,d\omega$$

把式(3-58′)代入上式，得到

$$C_V = \int_0^{\omega_m} k_B \left(\frac{\hbar\omega}{k_B T}\right)^2 \frac{e^{\frac{\hbar\omega}{k_B T}}}{\left(e^{\frac{\hbar\omega}{k_B T}} - 1\right)^2} g(\omega)\,d\omega \tag{3-68}$$

可见，求热容问题的核心是求解格波态密度函数

$$g(\omega)=\sum_{i=1}^{3S}g_i(\omega)=\sum_{i=1}^{3S}\frac{V}{(2\pi)^3}\int_{\omega}\frac{\mathrm{d}S_{\omega}}{|\nabla_q\omega_i(q)|}\tag{3-68'}$$

对于一个具体的晶体，求出 $g(\omega)$ 十分困难，式(3-68)的积分也不容易，所以人们经常使用简化的模型来讨论晶体热容问题，这些简化模型在历史上都起过巨大的作用。这些模型包括爱因斯坦(Einsten)模型和德拜(Debye)模型，二者都是在谐振子能量量子化的基础上讨论的，故均得出了基本正确、超越经典物理的结论。另一方面它们又都对格波的态密度函数作了不同程度的近似，因而结论在定量上与实验都有不同程度的偏差。

3.4.2 爱因斯坦模型

假定晶体中所有原子都以相同频率独立地振动，则晶体中的格波频率都相同。NS 个原子组成的晶体振动内能

$$U(T)=3NS\bar{E}(\omega,T)=3NS\left(\frac{1}{2}+\frac{1}{\mathrm{e}^{\frac{\hbar\omega}{k_BT}}-1}\right)\hbar\omega\tag{3-69}$$

则热容 C_V 为

$$C_V=\left(\frac{\partial U}{\partial T}\right)_V=3NSk_B\left(\frac{\hbar\omega}{k_BT}\right)^2\frac{\mathrm{e}^{\frac{\hbar\omega}{k_BT}}}{(\mathrm{e}^{\frac{\hbar\omega}{k_BT}}-1)^2}\tag{3-70}$$

式中的频率 ω 还是个待定的量。为了确定 ω，引入爱因斯坦温度 Θ_E，定义

$$\hbar\omega=\hbar\omega_E=k_B\Theta_E$$

则热容成为 Θ_E 和温度 T 的函数：

$$C_V=3NSk_B\left(\frac{\Theta_E}{T}\right)^2\frac{\mathrm{e}^{\frac{\Theta_E}{T}}}{(\mathrm{e}^{\frac{\Theta_E}{T}-1})^2}\tag{3-71}$$

在常用的 C_V 显著变化的温度范围内，使热容的理论曲线尽可能好地与实验曲线拟合，从而确定爱因斯坦温度 Θ_E。对于大多数固体，Θ_E 在 100～300 K 之间。

3.4.3 德拜模型

把晶体视为各向同性的连续弹性媒质。设晶体是 N 个初基原胞组成的三维单式格子($S=1$)，由晶格振动的理论可知，此时晶体中仅有 3 支声学支格波，并设它们的相速 v_p 都相同。因而 3 支格波的色散关系均是线性的：

$$\omega=v_pq$$

则等频率面(等能面)为球面：

$$|\nabla_q\omega(q)|=\frac{\mathrm{d}\omega}{\mathrm{d}q}=v_p$$

由式(3-48)可得格波态密度函数

$$\begin{aligned}g(\omega)&=\sum_{i=1}^{3S}g_i(\omega)=\sum_{i=1}^{3S}\frac{V}{(2\pi)^3}\int_{\omega}\frac{\mathrm{d}S_{\omega}}{|\nabla_q\omega_i(q)|}\\&=3\cdot\frac{V}{(2\pi)^3}\cdot\frac{4\pi q^2}{v_p}=\frac{3V}{2\pi^2v_p^3}\omega^2\end{aligned}\tag{3-72}$$

代入式(3－68)，得

$$C_V = \frac{3V}{2\pi^2 v_p^3}\int_0^{\omega_m} k_B \omega^2 \left(\frac{\hbar\omega}{k_B T}\right)^2 \frac{e^{\frac{\hbar\omega}{k_B T}}}{\left(e^{\frac{\hbar\omega}{k_B T}} - 1\right)^2} d\omega \tag{3-73}$$

式中，截止频率 ω_m 又称为德拜频率，记为 ω_D，它由格波总数等于 $3N$ 来确定：

$$\int_0^{\omega_D} g(\omega) d\omega = \frac{3V}{2\pi^2 v_p^3}\int_0^{\omega_D} \omega^2 d\omega = 3N \tag{3-74}$$

求得

$$\omega_D^3 = \frac{6\pi^2 N v_p^3}{V} \tag{3-75}$$

引入德拜温度 Θ_D，设 $\hbar\omega_D = k_B\Theta_D$，作变量代换：

$$x = \frac{\hbar\omega}{k_B T}$$

$$d\omega = \frac{k_B T}{\hbar} dx$$

则式(3－73)可改写成

$$\begin{aligned} C_V &= \frac{3V}{2\pi^2 v_p^3}\int_0^{\frac{\Theta_D}{T}} \frac{k_B^4 T^3}{\hbar^3} x^4 \frac{e^x}{(e^x - 1)^2} dx \\ &= 9Nk_B \frac{T^3}{\Theta_D^3}\int_0^{\frac{\Theta_D}{T}} \frac{x^4 e^x}{(e^x - 1)^2} dx \end{aligned} \tag{3-76}$$

德拜温度 Θ_D 往往由实验确定。在不同的温度下，使 C_V 的理论值与实验值相符，从而确定 Θ_D。一些物质的德拜温度 Θ_D 如表 3－2 所示。

表 3－2　一些物质的德拜温度

物质	Θ_D/K	物质	Θ_D/K	物质	Θ_D/K
Ag	225	Gd	160	Nd	150
Al	428	Ge(立方)	360	Ne	60
Ar	93	GaAs	344	O	91
As	282	H(正氢)	105	Os	500
Au	165	H(仲氢)	115	Pa	150
AlP(立方)	588	He	30	Pb	105
Ac	100	Hf	195	Pd	274
AgBr	140	Hg	100	Pt	240
AgCr	180	H_2O(冰)	192	Pr	120
As_2O_3	140	HgSe(立方)	240	Rb	56
As_2O_5	240	I	106	Re	430
B	1250	In	108	Rh	480

续表

物质	Θ_D/K	物质	Θ_D/K	物质	Θ_D/K
Ba	110	Ir	420	Ru	600
Be	1440	InSb	200	RbBr	130
Bi	119	K	91	RbI	115
Bi_2Te_3	155	Kr	60	RbCl	165
BN	600	KBr	174	Sb	211
C(金刚石)	1840	KCl	235	Se(三角)	151
C(石墨)	420	KF	336	Si(立方)	652
Ca	230	KI	195	Sn(面心立方)	240
Cd	209	La	142	Sn(四角)	140
Cl	115	Li	344	Sr	147
Co	445	LiF	732	SiO_2(石英)	255
Cr	630	LiCl	422	Ta	240
Cu	343	Mg	400	Tb	175
CaF_2	510	Mn	410	Te(三角)	128
$CrCl_2$	80	Mo	450	Ti	420
$CrCl_3$	100	Mg_3Cd	290	Th	163
Cr_2O_3	600	MgO	946	Tl	78.5
Cu_3Au(有序)	200	MoS_2	290	TiO_2(金红石)	450
Cu_3Au(无序)	180	N	68	U	207
Dy	210	Na	158	V	380
Er	165	Nb	275	W	400
Fe	467	Ni	450	Y	230
Fe_2O_3	660	NaF	492	Zn	327
FeS_2(立方)	630	NaI	164	ZnS(六角)	336
$FeSe_2$	366	NaCl	321	ZnS(立方)	260
Ga(正交)	240	NaBr	225	Zr	291
Ga(四角)	125	$NiSe_2$	297		

注：数据是在超低温度或 $\Theta_D/2$ 温度下测得的。

3.4.4　实验和理论的比较

实验定律是前面已提到的杜隆—珀替定律和德拜定律。

1. 高温情况

1）与爱因斯坦模型比较

爱因斯坦模型的热容表示式(3-71)中的一个因子：

$$\frac{e^{\frac{\Theta_E}{T}}}{\left(e^{\frac{\Theta_E}{T}}-1\right)^2}\approx\frac{1+\Theta_E/T}{(\Theta_E/T)^2}\approx\left(\frac{T}{\Theta_E}\right)^2$$

高温时 $\Theta_E/T\ll1$，而当 $x\ll1$ 时，$e^x\approx1+x$，式(3-71)成为

$$C_V=3NSk_B$$

若所考查的晶体为 1 mol 同元素的物质，则 $NS=N_0$（N_0 为阿伏伽德罗常数），$C_V=3N_0k_B=3R$，即与杜隆—珀定律符合。

2）与德拜定律比较

类似以上处理，式(3-76)中的积分

$$\int_0^{\frac{\Theta_D}{T}}\frac{x^4e^x}{(e^x-1)^2}dx\approx\int_0^{\frac{\Theta_D}{T}}\frac{x^4(1+x)}{x^2}dx\approx\int_0^{\frac{\Theta_D}{T}}x^2dx$$

所以式(3-76)成为

$$C_V=9Nk_B\left(\frac{T}{\Theta_D}\right)^3\cdot\frac{1}{3}\left(\frac{\Theta_D}{T}\right)^3=3Nk_B$$

若所考察的晶体为 1 mol 物质，则 $N=N_0$，$C_V=3N_0k_B=3R$，也与杜隆—珀替定律符合。

2. 低温情况

1）与爱因斯坦模型比较

低温时 $\Theta_E/T\gg1$，$e^{\frac{\Theta_E}{T}}\gg1$，式(3-71)即成为

$$C_V=3NSk_B\left(\frac{\Theta_E}{T}\right)^2e^{-\frac{\Theta_E}{T}}$$

当 $T\to0$ 时，C_V 以指数形式很快趋于零。$T\to0$ 时，$C_V\to0$ 是当年长期困扰物理界的疑难问题，所以爱因斯坦理论对这个问题的解决是量子论的一次胜利。但爱因斯坦模型求出的 C_V 随温度的下降速度比 T^3 规律要快，可见爱因斯坦模型在定量上并不适用于低温情况。

2）与德拜模型比较

低温下 $\Theta_D/T\gg1$，所以式(3-76)中的积分上限可近似取为无穷大，则积分成为

$$\int_0^{\frac{\Theta_B}{T}}\frac{x^4e^x}{(e^x-1)^2}dx=\int_0^{\infty}\frac{x^4e^x}{(e^x-1)^2}dx=\frac{4\pi^4}{15}$$

$$C_V=9Nk_B\left(\frac{T}{\Theta_D}\right)^3\cdot\frac{4\pi^4}{15}=\frac{12\pi^4}{5}Nk_B\left(\frac{T}{\Theta_D}\right)^3\qquad(3-77)$$

即 $C_V\propto T^3$，与德拜实验定律相符合。图 3-20 为爱因斯坦模型和德拜模型的比较。

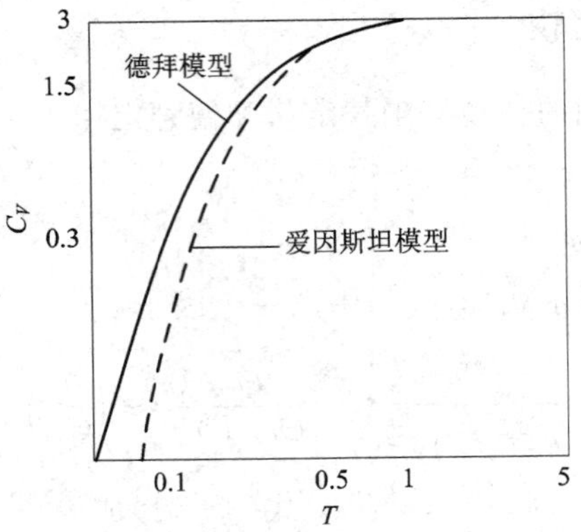

图 3-20　两种模型的比较

3. 两种模型与实验结果符合或偏离的原因分析

1）高温情况

晶体内能（与温度有关部分）＝晶格振动能＝已激发格波的能量之和，即

$$U(T)=\sum_{i}^{\text{已激发格波}}\left[\frac{1}{2}+\bar{n}(\omega_i,\ T)\right]\hbar\omega_i \tag{3-78}$$

随着温度的升高，各格波的平均声子数会增多。温度足够高时，所有格波都已充分激发，此时

$$\frac{\hbar\omega_i}{k_B T}\ll 1$$

$$\bar{n}\approx\left(1+\frac{\hbar\omega_i}{k_B T}-1\right)^{-1}=\frac{k_B T}{\hbar\omega_i} \tag{3-79}$$

则晶体振动能

$$\bar{U}=\sum_{i=1}^{3NS}\left(\frac{1}{2}\hbar\omega_i+k_B T\right)$$

该结果也表明每个格波的能量除零点能外，均为 $k_B T$，这样热容可表示为

$$C_V=\frac{\partial U}{\partial T}=3NSk_B$$

至此可更好地理解 Einsten 模型的理由。这与经典理论的分析是一致的。两种模型都假定全部格波均已充分激发，尽管两种模型对格波频率及其分布做了不同的假设，但在高温下各模型都趋于经典极限，在经典物理中，已有简谐波的能量与简谐振子的能量相等的结论，而每个简谐振子满足能量按自由度均分定理，每个自由度都有相同的平均动能＝$k_B T/2$（＝平均势能），则每个谐振子的能量等于 $k_B T$。

2）低温情况

我们曾对平均声子数的表示式（3-59）进行了一些讨论，并定性地认为只有 $\omega_i\leqslant(k_B T/\hbar)$ 的那些格波在温度 T 时才被激发，只有这些已激发的格波才对热容有实际贡献；而 $\omega_i>(k_B T/\hbar)$ 的格波被“冻结”，对热容无贡献。在爱因斯坦模型中，假设晶格中所有原子均以相同频率独立地振动，即设不论在什么温度下所有格波均激发，显然与实际不符，这就是低温下爱因斯坦模型定量上与实验不符的原因。

固体中的原子之间存在很强的相互作用，一个原子不可能孤立地振动而不带动近邻原子，因此，爱因斯坦把固体中各原子的振动视作是相互独立的，且只有一个共同的振动频率的假设显然是过于简单了。德拜模型考虑了格波的频率分布，把晶体当作弹性连续介质来处理。在低温情况下，温度越低，被激发的格波频率也越低，对应的波长便越长，而波长越长，把晶体视为连续弹性介质的近似程度越好。即温度越低，德拜模型越接近实际情况。实际上，$C_V \propto T^3$ 的规律只适用于 $T<\left(\frac{1}{30}\sim\frac{1}{12}\right)\Theta_D$ 的情况，也就是绝对温度几度以下的极低温度范围。

由上所述可知，高温下两种模型都是正确的，但相对而言，爱因斯坦模型要更简单、更方便些，因此在高温下多用爱因斯坦模型，低温下则应用德拜模型。另外在讨论德拜模型时，曾假定晶体是单式格子，对于复式格子，也可以把两种模型结合起来，把德拜模型用于声学支，把爱因斯坦模型用于光学支，原因是很多晶体的光学支的频带宽度很窄，各格波的振动频率相差不大，可以把光学支格波对晶格热容的贡献近似视为 $3N(S-1)$ 个独立的同频率的谐振子的贡献，一般不会引入过大的误差。

3.4.5 关于德拜温度 Θ_D 的讨论

1）德拜温度 Θ_D 高于爱因斯坦温度 Θ_E

由以上两种模型的讨论可知，爱因斯坦频率 ω_E 对应于格波态密度函数中的最可几频率，而德拜频率 ω_D 为截止频率，所以 $\omega_D>\omega_E$，相应的德拜温度 Θ_D 高于爱因斯坦温度 Θ_E。

2）德拜温度是经典概念和量子概念定性解释热容现象的分界线

当温度低于德拜温度时，声子开始“冻结”，要用量子理论来处理问题；当温度高于德拜温度时，声子基本上全部被激发，则可以用经典理论来近似处理。温度越高，用经典理论处理的误差越小。

3）德拜温度与其它物理性能的关系

由表 3-2 可知，不同物质的德拜温度差异较大。大部分物质的 Θ_D 都是热力学温度几百开，相应的德拜频率 ω_D 约在 10^{13}/s 的数量级，它处在光谱的红外区。一般而言，晶体的硬度越大，密度越低，则弹性波的波速越大。由式(3-75)可知，波速越大，相应的德拜频率 ω_D 越高，德拜温度 Θ_D 也越高，如金刚石、B、Be 的 Θ_D 高达 1000 K 以上。晶体的德拜温度 Θ_D 越高，则常温下的实际热容值与经典计算值的差异越大。

另外，某些金属的德拜温度 Θ_D 与机械性能有关。例如金(Au)和铅(Pb)有较低的德拜温度，相应地它们在室温下均有优异的延展性，这是由于对这些金属而言，室温相对它们的德拜温度已是“高温”了。在室温下由于热振动，它们的原子间距已明显偏离平衡位置，机械加工对它们来说已相当于热加工了。

4）计算德拜温度的经验公式

林德曼(Lindeman)还就元素晶体的德拜温度与其它材料参数的关系总结出了如下的经验公式：

$$\Theta_D \approx C\left[\frac{T_M}{A\times V^{2/3}}\right]^{1/2}$$

式中：C 为常数，根据不同的材料取值范围为 115～140；T_M 为材料的熔点，单位为 K；A 为原子量；V 为原子体积。

5）关于德拜理论的正确性

德拜理论提出后相当一段时期内，曾被人们认为是与实验相当精确地符合，但随着低温测量技术的发展，越来越暴露出德拜理论与实际间仍存在明显的偏离。前面已讲到，对一种实验样品，它的德拜温度 Θ_D 可由热容测量的实验曲线和式(3－77)的理论曲线相符合来确定。

$$C_V = 9Nk_B\left(\frac{T}{\Theta_D}\right)^3 \cdot \frac{4\pi^4}{15} = \frac{12\pi^4}{5}Nk_B\left(\frac{T}{\Theta_D}\right)^3$$

若德拜理论是精确成立的，则对同一样品在不同的工作温度 T 下所确定的德拜温度 Θ_D都应是相同的，但实验的结果并不是这么理想，实验证明在不同的温度下所得到的 Θ_D 是不同的，其变化量可达 10%，有的物质甚至更高。图 3－21 是部分金属的 Θ_D 随温度 T 变化的情况，所以说，德拜理论也有一定的误差。为了得到更准确的关于热容的结论，需用更准确的色散曲线代替德拜所作的线性色散的近似，用式(3－68)所示的精确理论进行数值计算。

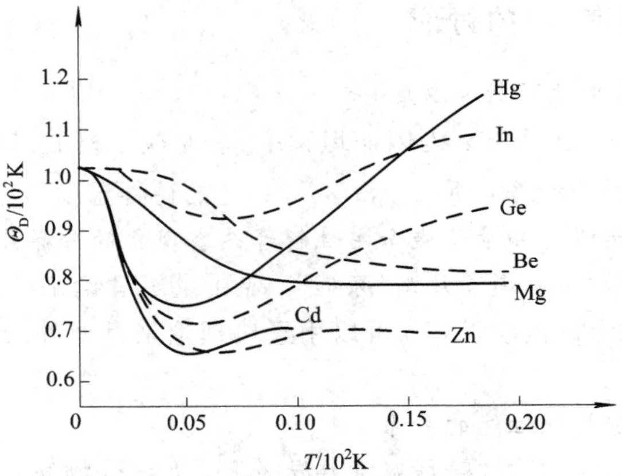

图 3－21　部分金属的 Θ_D 随温度 T 的关系

3.5　非简谐效应

3.5.1　简谐近似的局限

至此我们一直在简谐近似下讨论问题，并成功地解释了热容现象(尤其是低温下的热容)。但不能解释热膨胀、热传导等现象。

在一维情况下把原子间的互作用势能在平衡点附近展开成泰勒级数：

$$W(R) = W(a+\delta) = W(a) + \frac{1}{2}\beta\delta^2 + \frac{1}{6}\xi\delta^3 + \cdots \tag{3-80}$$

式中：

$$\beta = \left(\frac{\partial^2 U}{\partial R^2}\right)_a, \quad \xi = \left(\frac{\partial^3 U}{\partial R^3}\right)_a$$

在简谐近似下势能展开项只取到二次方项，我们就已得出晶格振动的一系列概念：在晶体中存在独立的简谐格波；独立的简谐格波可以用独立的谐振子表示；声子间无互作用；T 不变时，对同 ω 的简谐格波平均声子数 $\bar{n}$ 不变等。二原子间的相互作用势能 W 与间距 r 的关系如图 3-22 所示。在简谐近似下，W 与 R 的关系曲线为左、右对称的抛物线，左右振动的平均值仍为 0。若势能展开式(3-80)取到高次项，则曲线左、右不对称了，当温度高时，热振动幅值大，在没有发生相变的条件下，新的平衡点沿图 3-22 中的 AB 变化，产生热膨胀。

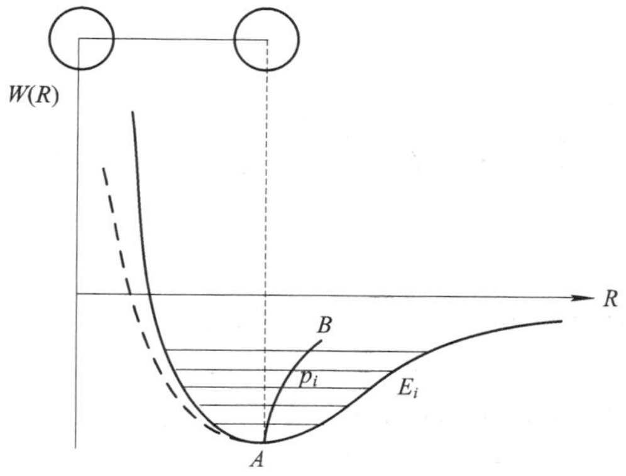

图 3-22 原子互作用势能曲线与热膨胀

势能取到高次项后，系统的处理要困难得多，晶格振动将出现新的特点：

(1) 原子运动方程不再是线性微分方程。

(2) 原子状态的通解不再是特解的线性叠加。

(3) 交叉项不能消除。

(4) 格波间有互作用。

(5) 声子间存在相互作用(碰撞、产生、湮灭)。

3.5.2 热膨胀

在热力学基本关系中，晶格的自由能 F 是最基本的物理量：

$$F = U - TS$$

式中：U 代表晶格的内能；S 为熵；T 为热力学温度。把该式两边微分，则

$$dF = dU - TdS - SdT \tag{3-81}$$

另外，热力学第一定律的微分形式为

$$dQ = dU + dW$$

其中：Q 为吸收的热能；W 为对外作的功。热力学第二定律可表示为

$$dS \geqslant \frac{dQ}{T}$$

由以上两式可以得到

$$TdS \geqslant dU + dW$$

对可逆过程取等号并用于式(3-81)，得到

$$dF = -SdT - PdV \tag{3-81'}$$

材料体热膨胀系数的定义为在等压条件下，当温度上升一度时体积的相对增量，即体热膨胀系数

$$\alpha_V = \frac{1}{V_0}\left(\frac{\mathrm{d}V}{\mathrm{d}T}\right)_p \tag{3-82}$$

类似地，线热膨胀系数

$$\alpha_l = \frac{1}{l_0}\left(\frac{\mathrm{d}l}{\mathrm{d}T}\right)_p \tag{3-83}$$

要精确测量晶体的热膨胀系数，要求等压条件为 $P=0$，由式(3-81′)可得

$$P = -\left(\frac{\partial F}{\partial V}\right)_T = 0 \tag{3-84}$$

晶格的内能 U 包括两部分：一部分是温度 T 时原子处于平衡位置的晶体结合能 $U_0(V)$，对同种物质它仅与晶体体积有关；另一部分是晶格振动能 U_L。故晶格自由能可写成

$$F = U_0(V) + U_\mathrm{L} - TS = U_0(V) + F_\mathrm{L} \tag{3-85}$$

式中，F_L 代表晶格振动对自由能的贡献。由热力学统计物理，有

$$F_\mathrm{L} = -k_\mathrm{B} T \ln Z \tag{3-86}$$

其中，Z 为晶格振动的总配分函数。配分函数玻耳兹曼分布的态和函数，代表了系统的分布特性。它是统计物理中的一个重要量，它和热力学函数之间有一定的联系，利用配分函数可以求得热力学函数以及系统的状态方程。

对频率为 ω_i 的格波(谐振子)，有一系列的不连续的能级，该格波的配分函数为

$$Z_i = \sum_n g_n \mathrm{e}^{-\frac{E_n}{KT}}$$

式中，g_n 为简并度。为简单和确定，可设 $g_n=1$。

在简谐近似下，由 NS 个原子组成的晶体的晶格振动可看成为 $3NS$ 个独立的谐振子(独立的格波)所组成的体系。由于 $3NS$ 个简谐振子是相互独立的，故晶格振动体系的配分函数应是 $3NS$ 个谐振子配分函数的乘积：

$$Z = \prod_{\boldsymbol{q},\, j}^{3NS} \sum_{n=0}^{\infty} \mathrm{e}^{-\left(n+\frac{1}{2}\right)\hbar\omega(\boldsymbol{q},j)/(kT)}$$

由等比级数求和公式可得

$$Z = \prod_{\boldsymbol{q},\, j}^{3NS} \frac{\mathrm{e}^{-\frac{1}{2}\hbar\omega(\boldsymbol{q},\, j)/k_\mathrm{B}T}}{1-\mathrm{e}^{-\hbar\omega(\boldsymbol{q},\, j)/k_\mathrm{B}T}} \tag{3-87}$$

其中，$\omega(\boldsymbol{q},\, j)$表示第 j 支格波中波矢为 $\boldsymbol{q}$ 的格波的频率，连乘积涉及所有格波。非简谐效应对系统状态的修正表现在两个方面：一是晶格结合能 $U_0(V)$变化；二是晶格振动的弹性系数变化，结果使得频率 $\omega(\boldsymbol{q},\, j)$成为体积 V 的函数。将式(3-87)代入式(3-86)中，得到

$$\begin{aligned} F_\mathrm{L} &= -k_\mathrm{B} T \sum_{\boldsymbol{q},\, j}\left\{-\frac{\hbar\omega(\boldsymbol{q},\, j)}{2k_\mathrm{B}T} - \ln\left[1-\mathrm{e}^{-\hbar\omega(\boldsymbol{q},\, j)/k_\mathrm{B}T}\right]\right\} \\ &= \sum_{\boldsymbol{q},\, j}\left\{\frac{1}{2}\hbar\omega(\boldsymbol{q},\, j) + k_\mathrm{B}T\ln\left[1-\mathrm{e}^{-\hbar\omega(\boldsymbol{q},\, j)/k_\mathrm{B}T}\right]\right\} \end{aligned} \tag{3-88}$$

把自由能式(3-85)用于求膨胀系数的条件式(3-84)，可得

$$0 = -\left(\frac{\partial F}{\partial V}\right)_T = -\left[\frac{\mathrm{d}U_0(V)}{\mathrm{d}V}\right]_T - \left[\frac{\partial F_\mathrm{S}}{\partial \omega}\frac{\partial \omega}{\partial V}\right]_T$$

由式(3-88)，上式又可写成

$$
\begin{aligned}
0 &= -\left[\frac{\mathrm{d}U_0(V)}{\mathrm{d}V}\right]_T - \sum^{\text{全部格波}}\left(\frac{1}{2}\hbar + \frac{\hbar \mathrm{e}^{-\frac{\hbar\omega}{k_B T}}}{1-\mathrm{e}^{-\frac{\hbar\omega}{k_B T}}}\right)\frac{\partial\omega}{\partial V} \\
&= -\left[\frac{\mathrm{d}U_0(V)}{\mathrm{d}V}\right]_T - \sum^{\text{全部格波}}\left(\frac{1}{2}\hbar\omega + \frac{\hbar\omega \mathrm{e}^{-\frac{\hbar\omega}{k_B T}}}{1-\mathrm{e}^{-\frac{\hbar\omega}{k_B T}}}\right)\frac{\partial \ln\omega}{\partial V} \\
&= -\left[\frac{\mathrm{d}U_0(V)}{\mathrm{d}V}\right]_T - \frac{1}{V}\sum^{\text{全部格波}}\bar{E}(\omega,\ T)\frac{\partial \ln\omega}{\partial \ln V}
\end{aligned} \tag{3-89}
$$

为简明起见，该式中省略了 ω 中的$(\boldsymbol{q},\ j)$标记。式中 $\bar{E}(\omega,\ T)$是第 j 支格波中波矢为 $\boldsymbol{q}$、频率为 ω 的格波在温度 T 时的平均能量。同时引入格林爱森(Grüreisen)参量

$$\gamma = -\frac{\partial \ln\omega}{\partial \ln V}$$

γ 和晶体的非简谐效应有关，随温度稍有变化。由于 ω 一般随 V 增加而减少，故 γ 具有正值。对许多固体，可把 γ 视为常数，于是式(3-89)变为

$$\left[\frac{\mathrm{d}U_0(V)}{\mathrm{d}(V)}\right]_T - \frac{\gamma}{V}\sum_{\boldsymbol{q},\ j}\bar{E}[\omega(\boldsymbol{q},\ j),\ T] = 0 \tag{3-90}$$

由于固体热膨胀系数不大，我们选某一温度 T_0 为参考温度，T_0 时晶体平衡体积为 V_0，温度 T 时的体积 V 与 V_0 间有一微小变化，把$\left[\frac{\mathrm{d}U_0(V)}{\mathrm{d}V}\right]_T$ 在 V_0 处展开，只取前两项，则有

$$
\begin{aligned}
\left[\frac{\mathrm{d}U_0(V)}{\mathrm{d}V}\right]_T &= \left[\frac{\mathrm{d}U_0(V)}{\mathrm{d}V}\right]_{V_0} + (V-V_0)\left[\frac{\mathrm{d}^2U_0(V)}{\mathrm{d}V^2}\right]_{V_0} \\
&= (V-V_0)\left[\frac{\mathrm{d}^2U_0(V)}{\mathrm{d}V^2}\right]_{V_0} = K\cdot\frac{V-V_0}{V_0}
\end{aligned} \tag{3-91}
$$

式中：

$$K = V_0\left[\frac{\mathrm{d}^2U_0(V)}{\mathrm{d}V^2}\right]_{V_0}$$

为体弹性模量。把式(3-91)代入式(3-90)，得

$$\frac{V-V_0}{V_0} - \frac{\gamma}{KV}\sum_{\boldsymbol{q},\ j}\bar{E}[\omega(\boldsymbol{q},\ j),\ T] = 0 \tag{3-92}$$

式中，V_0 为参考温度时固体的平衡体积。对 T 求导，得

$$\frac{1}{V_0}\frac{\mathrm{d}V}{\mathrm{d}T} \approx \frac{1}{V}\frac{\mathrm{d}V}{\mathrm{d}T} = \alpha_V = \frac{\gamma}{KV}\sum_{\boldsymbol{q},\ j}\frac{\partial}{\partial T}\bar{E}[\omega(\boldsymbol{q},\ j),\ T] \tag{3-93}$$

在这里，认为与$\frac{1}{V^2}\frac{\partial V}{\partial T}$相乘的项较小，可忽略。由此可知，由于非简谐效应的存在，$\gamma\neq 0$，$\alpha_V\neq 0$。而晶体定容热容为该晶体晶格振动内能对温度的微商，即

$$C_V = \sum_{\boldsymbol{q},\ j}\frac{\partial}{\partial T}\bar{E}[\omega(\boldsymbol{q},\ j),\ T]$$

所以式(3-93)可改写为

$$\alpha_V = \frac{\gamma}{KV}C_V \tag{3-94}$$

这种关系称为格林爱森定律。式(3-94)把几个较易测量的物理量联系起来了，因而具有较

重要的意义。而在简谐近似下，ω 不是 V 的函数，$\gamma=0$，则 $\alpha_V=0$，所以热膨胀现象是一种非简谐效应。

讨论

(1) 由式(3-94)，$\alpha_V \propto C_V$，即体膨胀系数与固体的热容成正比。

(2) 因为 C_V 和 V 均是 T 的函数，故体膨胀系数 α_V 也是温度 T 的函数，低温时 $C_V \propto T^3$，所以 α_V 随 T 变化也很快。图 3-23 是硅的膨胀系数与温度的关系曲线，注意在低温时出现了负膨胀系数的现象。关于负膨胀系数的材料请参阅本章第 3.8 节。

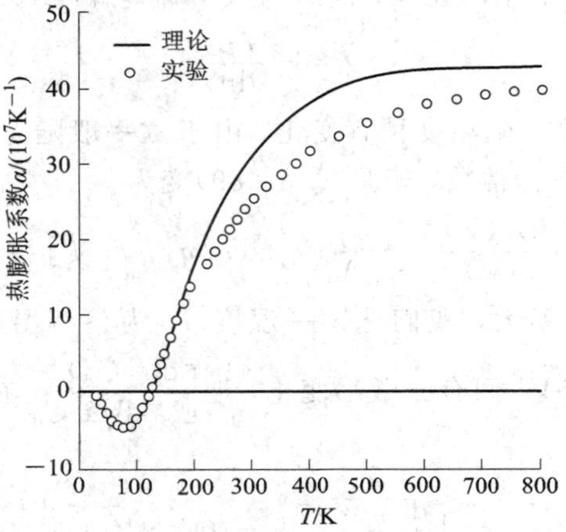

图 3-23 硅的膨胀系数与温度的关系［引自 Phys. Rev. Lett.，63(1989)，290］

(3) 下列因素被认为对材料的热膨胀有影响：化学组成、结晶态或非结晶态、相的种类、各向异性晶粒的取向、残余应力、裂纹的形成、表面化学状况。

(4) 下述因素被认为不会对热膨胀产生明显的影响：密度、晶粒尺寸、气泡、晶粒的非化学计量比、杂质(1%以下)(当晶体中存在少量杂质时，而电导率可有几个数量级的变化)、位错和晶界、表面形貌。

上面的情况亦有例外，例如石墨材料，它的晶粒尺寸及气泡对热膨胀就有显著影响。

一般来讲，材料的热膨胀与制造工艺关系不密切。

热膨胀是材料重要的热物理性能之一，与其它热物理性能不同，热膨胀虽与材料的工艺过程有关，但相对来讲，关系并不密切，由同一种原料、不同工艺制备的材料，其热膨胀系数的差别一般在一个数量级之内，而在同样的情况下，材料的导热系数却可能有几个数量级的差别。由相同的熔体制备的玻璃和拉制的单晶，具有大致相同的热膨胀；材料的气孔率直到增大至 50%，一般仍不能影响热膨胀系数；至于对化学计量比的偏离，在有些氧化物半导体中，氧的少量损失，对于电导率会引起高达数数量级的变化，但也不会影响到热膨胀系数。

材料的膨胀现象是材料的基本物理特性。在各种工程应用中若对材料膨胀特性考虑不周，则可能造成严重后果，例如，受到机械约束的材料，由于热膨胀系数的不匹配，可能产生内应力，导致形变；内、外层材料的膨胀系数不同可能导致开裂。因此材料的膨胀行为和膨胀的调控成为材料科学与工程领域重要的研究课题。表 3-3 列出了一些材料的线膨胀系数。

表 3-3　一些材料的线膨胀系数

物质	温度/K	线膨胀系数/($10^{-6}K^{-1}$)
Ag	293	19.0
Al	93	23.0
Al_2O_3 $/\!/c$	293	5.6
Al_2O_3 $\perp c$	293	5.0
Ar	75	590
Au	293	14.2
Be $/\!/c$	293	8.9
Be $\perp c$	293	12.3
BeO	293	6.5
Bi $/\!/c$	293	16.2
Bi $\perp c$	293	11.7
C(金刚石)	293	1.00
C(石墨) $/\!/c$	293	25.9
C(石墨) $\perp c$	293	−1.2
Ca	293	22.1
Cd $/\!/c$	293	54.3
Cd $\perp c$	293	19.8
CdS $/\!/c$	313	4.0
CdS $\perp c$	313	6.5
Co	293	13.7
Cu	293	16.7
Fe	293	11.8
Ge	293	5.7
$Gd_2(MoO_4)_3$ $/\!/a$	313	18.3
$Gd_2(MoO_4)_3$ $/\!/b$	313	16.7
$Gd_2(MoO_4)_3$ $/\!/c$	313	−4.7
H_2O	273	55.8

物质	温度/K	线膨胀系数/($10^{-6}K^{-1}$)
In $/\!/c$	293	−9.6
In $\perp c$	293	52.9
InSb	273	4.8
Ir	293	6.5
K	293	82
KCl	293	37.1
LiF	293	33.2
Mg $/\!/c$	293	27.0
Mg $\perp c$	293	25.3
MgO	293	10.4
	293	5.0
Na	300	69.6
NaCl	293	39.7
$NaNO_2$ $/\!/a$	323	120
$NaNO_2$ $/\!/b$	323	60
$NaNO_2$ $/\!/c$	323	−4
Ni	293	12.8
O	293	4.7
P	293	127
Pb	293	28.7
PbS	31	18.6
Pd	293	11.6
Pr	293	4.4
Pt	293	8.9
Rb	293	91
Rh	293	8.2
S	293	70

物质	温度/K	线膨胀系数/($10^{-6}K^{-1}$)
Sb $/\!/c$	293	16.2
Sb $\perp c$	293	8.4
Si	293	2.5
SiO_2(水晶) $/\!/c$	293	7.4
SiO_2(水晶) $\perp c$	293	13.6
SiO_2(石英玻璃)	300	0.35
Sn(白色) $/\!/c$	293	32.6
Sn(白色) $\perp c$	293	16.5
Ta	293	6.5
Ti	293	8.6
TiO_2 $/\!/c$	293	9.1
TiO_2 $\perp c$	293	7.1
Tl	293	28.7
W	293	4.5
V	293	7.8
Zn $/\!/c$	293	64.3
Zn $\perp c$	293	13.0
ZnS	273	6.3
Zr $/\!/c$	300	6.9
Zr $\perp c$	300	4.7
殷钢	23～373	−1.5～2.0
锰钢	293～373	18.1
莫涅尔合金	293～373	13.5～14.5
镍铬合金	293～373	13.0
铂20%铑	273～773	9.6
不锈钢	293～373	10.0

3.5.3 声子碰撞与热传导

一般来说，在固体中声子和电子都能传输热能。在金属中以电子传热为主，称为电子热导。而绝缘体不一定是传热性能不好的固体。导热性能可以是温度的函数，例如金刚石在 30～300 K，蓝宝石(Al_2O_3)在 25～90 K 的温度范围内都是比银更好的导热体。有些应用中需要电绝缘性能好而导热性能也好的固体材料，在这些材料中，热能的携带者只能是声子。

与以上所讨论的平衡态问题有所不同，热传导往往是稳态的非平衡态问题。只有存在温度梯度时才产生热能的流动。实验证明，热能流密度(单位时间垂直通过单位面积的热能)正比于温度梯度：

$$Q_x = -\lambda \frac{\partial T}{\partial x} \tag{3-95}$$

式中的比例系数 λ 称为热导率，它是衡量晶体导热性能的物理量，负号表示热能是逆着温度梯度的方向传输的。

把晶体导热与气体导热类比是十分形象的。气体导热主要是依靠气体分子的相互碰撞，把热量从高温端传向低温端。对于绝缘晶体则是靠“声子气”的运动和碰撞。气体分子间尽管是近似无相互作用的，但却又必须通过碰撞达到平衡态。当晶体中各处温度不同时，可以认为声子处于局部平衡态，不同区域的平均声子数 $\bar{n}$ 由该区域的局部温度 T 所决定。温度高的地方平均声子数多，声子密度大，温度低的地方声子密度小，因而“声子气”在无规则碰撞运动的基础上产生了平均的定向运动，即产生了声子由高密度区域向低密度区域的定向扩散运动，如图 3-24 所示。在声子扩散的过程中，能量由高温区传向低温区。在声子的碰撞过程中，平均两次碰撞间的路程叫平均自由程 l，l 在 x 方向的分量表示为 l_x。设晶体在 x 方向的温度梯度为 $\mathrm{d}T/\mathrm{d}x$，则 l_x 长度上的温差为

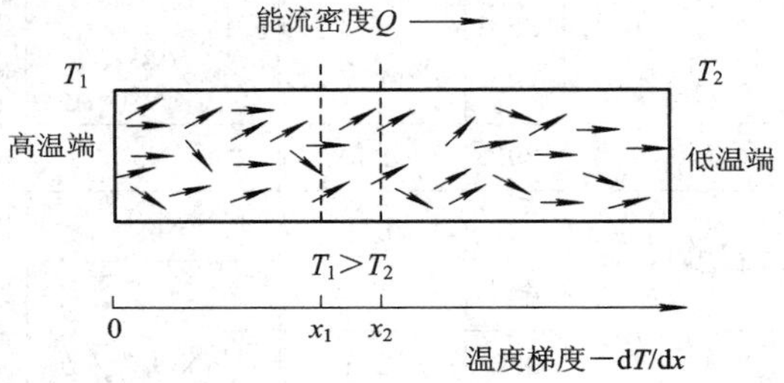

图 3-24 声子热传导(晶体内箭头代表声子)

$$\Delta T = -\frac{\mathrm{d}T}{\mathrm{d}x} l_x \tag{3-96}$$

设图 3-24 的侧面积为单位面积，声子在 x 方向的定向扩散速率为 v_x，x_1、x_2 平面间长度为 Δl_x($\Delta l_x = l_x$)，在 Δt 时间内，图中 x_1、x_2 间的声子均可穿过 x_2 平面，其温度差为 ΔT，二面间体积为

$$\Delta V = \Delta l_x \cdot 1 = \Delta l_x \tag{3-97}$$

设 C_V 为单位体积物质的热容，则 ΔV 体积物质的热容为 $C_V \cdot \Delta V = C_V \Delta l_x$，$\Delta t$ 时间内 ΔV 中声子穿出 x_2 面带出的热量 ΔE 为

$$\Delta E = C_V \Delta l_x \Delta T$$

则热能流密度

$$Q_x = \frac{\Delta E}{\Delta t} = C_V \frac{\Delta l_x}{\Delta t} \Delta T$$

把式(3-96)代入上式，并考虑到 $v_x=\dfrac{\Delta l_x}{\Delta t}$，有

$$Q_x=-C_V v_x l_x \frac{\mathrm{d}T}{\mathrm{d}x} \tag{3-98}$$

而 x 方向的平均自由程 $l_x=v_x\tau$，其中，τ 是声子二次碰撞的平均自由时间，代入式(3-98)，得

$$Q_x=-C_V v_x^2\tau \frac{\mathrm{d}T}{\mathrm{d}x} \tag{3-99}$$

对立方晶体，有

$$v_x^2=\frac{1}{3}\bar{v}^2 \tag{3-100}$$

式中，$\bar{v}$ 是声子平均速率，则平均自由程 $l=\bar{v}\tau$，所以式(3-99)又可写为

$$Q_x=-\frac{1}{3}C_V\bar{v}^2\tau\frac{\mathrm{d}T}{\mathrm{d}x}=-\frac{1}{3}C_V\bar{v}l\frac{\mathrm{d}T}{\mathrm{d}x} \tag{3-101}$$

把式(3-101)与式(3-95)比较，可得固体中声子热导率为

$$\lambda=\frac{1}{3}C_V\bar{v}l \tag{3-102}$$

此式与气体热导率形式上一致。

讨论

(1) 由式(3-102)可知，决定晶体热导率 λ 的三要素分别是单位体积热容 C_V、声子平均速率 $\bar{v}$ 和平均自由程 l。

(2) 可定性地认为，单位体积热容 C_V 是声子密度的度量。

(3) 声子间相互作用(碰撞)是非简谐效应。非简谐项是产生热导，达到晶格振动热平衡态的内在原因。

(4) 实验证明，同一材料的热导率与材料的加工工艺过程关系密切。

3.5.4 N过程和U过程

非简谐作用伴随着声子的产生和湮灭，在这些过程中，声子遵守能量守恒和准定量选择定则。三声子碰撞过程可表示为

能量守恒：

$$\hbar\omega_1\pm\hbar\omega_2=\hbar\omega_3 \tag{3-103}$$

准动量选择定则：

$$\hbar\boldsymbol{q}_1\pm\hbar\boldsymbol{q}_2=\hbar\boldsymbol{q}_3+\hbar\boldsymbol{G}_\mathrm{h} \tag{3-104}$$

此二式的意义是一个波矢为 $\boldsymbol{q}_1$、频率为 ω_1 的声子吸收(对应"+"号)或发射(对应"−"号)一个波矢为 $\boldsymbol{q}_2$、频率为 ω_2 的声子后，变成波矢为 $\boldsymbol{q}_3$、频率为 ω_3 的声子。式(3-104)中出现 $\boldsymbol{G}_\mathrm{h}$，$\boldsymbol{q}_3=\boldsymbol{q}_3+\boldsymbol{G}_\mathrm{h}$ 完全是倒晶格周期性的体现。

对任何一个声子碰撞过程，均要遵从以上的能量守恒和准动量选择定则。若对某些 $\boldsymbol{q}$ 值，二式不能同时成立的话，则这个"碰撞"不能发生。

称 $\boldsymbol{G}_\mathrm{h}=0$ 的过程为正常过程(Normal process)，简称为N过程，如图3-25(a)所示；

称 $G_h \neq 0$ 的过程为倒逆过程(Umklap process)，简称为 U 过程，如图 3-25(b)所示。

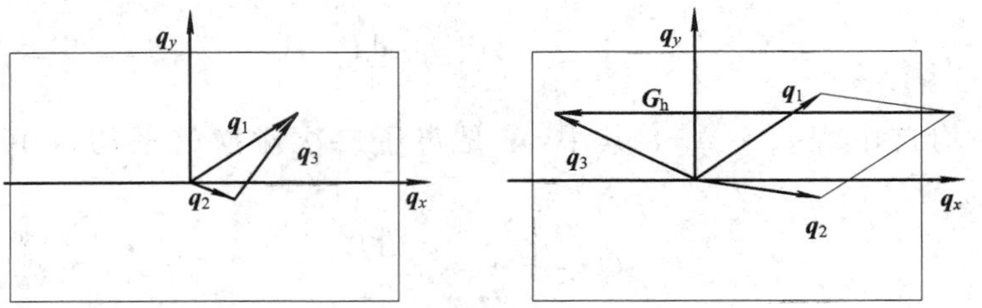

(a) N过程　　(b) U过程

图 3-25　N 过程和 U 过程

对于声子碰撞的 N 过程，q_1、q_2 间的夹角为锐角，各波矢的模值均较小(一般不超过第一布里渊区线度的一半)。

对于 U 过程，三个波矢 q_1、q_2、q_3 至少有两个的模值较大，往往夹角也大，甚至方向接近相反(夹角为钝角)(如图 3-25(b)中的 q_3 和 q_2 基本反向)。

讨论

(1) 关于 U 过程的讨论：

① U 过程的波矢模值大，只有在高温时才能发生(相对声学波而言，光学波本来就需要较高的激发温度)。

② U 过程的准动量损失大，沿热导方向声子流减小，导热能力下降，这成为产生热阻的主要原因之一。

(2) 关于光学波对热导率影响的讨论：

① 温度不太高时，光学支可能冻结(即使是同样的温度，也没有声学支激发的充分)，所以光学波可能对热容 C_V 贡献小。

② 光学支的频带较窄，一般能速 $\bar{v}$ 小(能速=群速 $v_g = d\omega/dq$)。

③ 对光学支而言，由色散曲线可知，频率 ω 小的光学格波对应的波矢的模较大，易于产生 U 过程(而且 ω 小的格波总比 ω 大的格波激发得充分)。

总之，定性地讲，光学支可能对声子热导率的贡献小。

3.5.5 声子热导率 λ 与温度的关系

由以上讨论可知，固体的声子热导率

$$\lambda = \frac{1}{3} C_V \bar{v} l$$

而声子的定向扩散平均速率 $\bar{v}$ 虽是 T 的函数，可表示成 $\bar{v}(T)$，但理论和实验均证明，温度主要影响了微观粒子的无规热运动，而对定向平均运动速度 $\bar{v}$ 的影响不显著。所以固体的声子热导率与温度的关系主要取决于声子的平均自由程 l 和单位体积的热容 C_V 与温度的关系，而热容 C_V 与温度的关系前面已讨论过了，这里仅讨论声子平均自由程 l 与温度 T 的关系，从而进一步了解声子热导率 λ 与温度 T 的关系。

平均自由程与温度的关系决定于晶体中发生的散射过程，这些散射机制可归纳为：声子之间的散射，声子受晶体中缺陷和杂质的散射，以及声子受样品边界的散射。

由于各种机制的散射是相互独立的，总的散射几率为各种散射几率之和。声子间的散射几率与温度有密切的关系，这是由于平均声子数 $\bar{n}$ 与温度密切相关。平均自由程 l、热导率 λ 与温度 T 的双对数曲线如图 3－26 所示。下面按不同温度分别进行讨论。

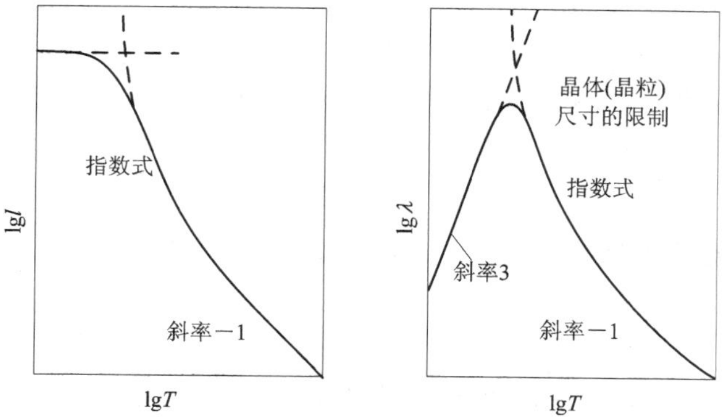

图 3－26　声子的平均自由程、热导率与温度的关系

1. 高温情况

高温情况下，$T \gg \Theta_D$，平均声子数 $\bar{n}$ 可近似表示为

$$\bar{n} \approx \frac{k_B T}{\hbar\omega}$$

即平均声子数 $\bar{n}$ 随温度线性增加，平均自由程则与温度成反比，$l \propto 1/T$。对多数固体，当温度接近熔点时，l 约为 6～10 个原子间距。此时温度已大大超过德拜温度，由前面已学习的热容理论可知，此时热容 C_V 为常数，与 T 无关，所以声子热导率

$$\lambda \propto l \propto (\bar{n})^{-1} \propto \frac{1}{T} \tag{3-105}$$

实际上，更精确的理论分析可以得出：$\lambda \propto (1/T^n)$。这里的 $n=1～2$，这一点已被实验所证实。

2. 中低温情况

中低温情况下，$T < \Theta_D$，并不一定 $T \to 0$，固体声子热导率 λ 受到两个相反因素的共同制约：

（1）固体的热容 C_V 随温度 T 的降低而减少，从而导致热导系数 λ 的降低。

（2）平均声子数 $\bar{n}$ 随温度的降低而减少，于是增加了声子的平均自由程 l，从而导致声子热导系数 λ 的增高。

如上所述，U 过程是产生热阻的主要原因之一。若温度不是特别低，U 过程仍可能发生。对 U 过程，波矢的模 $|\boldsymbol{q}|$ 约为第一布里渊区线度的一半以上，这意味着对多数情况，声子能量约为

$$\hbar\omega = \frac{1}{2}k_B\Theta_D$$

这样的平均声子数为

$$\bar{n}(\omega, T) = \left[e^{\frac{\hbar\omega}{k_B T}} - 1\right]^{-1} = (e^{\frac{\Theta_D}{2T}} - 1)^{-1} \approx e^{-\frac{Q_D}{2T}} \tag{3-106}$$

声子的平均自由程应近似反比于该因子。若声子的定向扩散速度基本上不依赖于温度，则晶体的低温声子热导系数的经验公式可表示为

$$\lambda = a\left(\frac{T}{\Theta_D}\right)^n \exp\left(\frac{\Theta_D}{bT}\right) \qquad T < Q_D$$

这里，$(T/\Theta_D)^n$ 项体现了 C_V 的作用，$n \leqslant 3$，当温度由低逐渐上升时，n 由 3 逐渐向零变化，到高温时 $n=0$；$\exp[\Theta_D/(bT)]$项体现了平均自由程 $l(\bar{n})$的影响，$b=2\sim3$；系数 a 依赖于晶体结构，也与该温度下已激发的格波的比例有关，例如对高德拜温度 Θ_D 的材料(如 $\Theta_D > 1000$ K)，则该式成为计算常温下，高绝缘高导热材料的 λ 的有用公式。

3. 极低温情况

在极低温的情况下，$T \ll \Theta_D$，例如 $T < \Theta_D/20$，激发的格波主要为长声学波，各波矢的模$|\boldsymbol{q}|$均很小，主要对应以上所讲的 N 过程。在该温度下，由于平均声子数很少，平均自由程 l 很大，如可达 1 mm 的量级。因此在基本无缺陷和杂质的单晶中，l 就由样品表面的散射所决定；在多晶材料中，l 与晶粒的线度 A 有相同的量级。所以，在极低温度下，声子的平均自由程 l 就不随温度变化了。另一方面，样品单位体积的热容 C_V 满足德拜定律，即按 T^3 规律变化，所以热导率为 $\lambda = aAT^3$，因为 A 为晶体(晶粒)的尺度，可以很大(例如：100 μm)，所以一般地讲，低温下声子的热导率 λ 可以很大。

再来考虑晶体中的缺陷(杂质、空位、位错等)对声子热导率的影响。由于在缺陷附近，晶格的弹性不同于完整晶体，当声子碰到一个缺陷时也将被散射。如果把完整晶体看成是含有声子气的“空盒子”，那么有缺陷的晶体就可看成是内含大量障碍物的“障碍盒子”，声子运动时，将和这些障碍物碰撞。考虑了这一因素后，将使图 3-26(b)的峰值下降。

由以上讨论和图 3-26 可知，声子的平均自由程 l、热导率 λ 均是温度的函数。表 3-4 是不同温度下几种材料的声子热导率和声子平均自由程的测量值，其结果表明同一种材料在不同温度下的平均自由程和声子热导率可有很大的差异。

表 3-4　不同温度下几种非金属材料的声子热导率和声子平均自由程

材料	$T=273$ K		$T=77$ K		$T=20$ K	
	$\lambda/(\text{W}\cdot\text{m}^{-1}\cdot\text{K}^{-1})$	l/m	$\lambda/(\text{W}\cdot\text{m}^{-1}\cdot\text{K}^{-1})$	l/m	$\lambda/(\text{W}\cdot\text{m}^{-1}\cdot\text{K}^{-1})$	l/m
硅	170	4.3×10^{-8}	1500	2.7×10^{-6}	4200	4.1×10^{-4}
锗	70	3.3×10^{-8}	300	3.3×10^{-7}	1300	4.5×10^{-5}
石英晶体	12	9.7×10^{-9}	66	1.5×10^{-7}	760	7.5×10^{-5}
CaF_2	11	7.2×10^{-9}	39	1.0×10^{-7}	85	1.0×10^{-5}
NaCl	6.4	6.7×10^{-9}	29	5.0×10^{-8}	45	2.0×10^{-6}
LiF	10	3.3×10^{-9}	150	4.0×10^{-7}	8000	1.2×10^{-3}

表 3-5 也是一些材料热导率的测量值，请注意测量温度可以是不同的，有些材料的热导率与传导方向有关(即存在各向异性)。

表 3-5　一些固体材料的热导率

物质	温度/K	热导率/($W\cdot cm^{-1}\cdot K^{-1}$)
Ag	273 973	4.28 3.76
AgCl	273	0.012
Al	273	2.35
Al_2O_3(陶瓷)	373	0.26
Ar	4.2	0.020
Au	273	3.18
Ba	273	2.20
BeO	273	2.10
Bi⊥c	273	0.11
C(金钢石)	273	6.60
C(石黑) $/\!/c$ C(石黑) $\perp c$	273 273	0.80 2.50
Ca	273	0.98
$CaCO_3$ $/\!/c$ $CaCO_3$ $\perp c$	273 273	0.055 0.046
Cd	273	0.98
CdS	283	0.16
Cr	273	0.95
Cu	273	4.01
Fe	273	0.835
H_2O	273	0.022
In	273	0.87
InAs	273	0.067
InSb	273	0.17
Ir	273	1.60
K	273	1.09
Br	273	0.050

物质	温度/K	热导率/($W\cdot cm^{-1}\cdot K^{-1}$)
Kr	4.2	0.0052
Li	273	0.82
LiF	373	0.025
Mg	273	1.53
$MgAl_2O_3$	373	0.013
Mo	273	1.35
NH_4Cl	273	0.27
$NH_4H_2PO_4$ $/\!/c$ $NH_4H_2PO_4$ $\perp c$	315 315	0.0071 0.0126
Na	273	1.25
NaCl	273	0.064
Nb	273	0.51
Ni	273	0.91
Nio	194	0.82
pb	273	0.35
PbTe	273	0.024
Pt	273	0.73
Pu	273	0.062
Rh	273	1.51
Sb	273	0.26
Si	273	1.70
$SiO_{2(水晶)}$ $/\!/c$ $SiO_{2(水晶)}$ $\perp c$	273 273	0.12 0.068
$SiO_{2(石英玻璃)}$	273	0.014
Sn	273	0.67
Ta	273	0.57
Ti	273	0.22
$TiO_{2(金红石)}$ $/\!/c$ $TiO_{2(金红石)}$ $\perp c$	288 293	0.12 0.088

物质	温度/K	热导率/($W\cdot cm^{-1}\cdot K^{-1}$)
Tl	273	0.47
TlCl	273	0.75
W	273	1.70
Zn	273	1.19
Zr	273	0.22
黄铜	77 273	0.39 1.20
锰铜	273	0.22
康铜	77 273	0.17 0.22
不锈钢	273 973	0.14 0.25
镍铬合金	273 973	0.11 0.21
镍铬铁合金	273	0.15
莫涅尔合金	273	0.21
铂(10%)铑合金	273	0.301
硼硅酸盐玻璃	300	0.0110
铁木	300	0.42×10^{-2}
耐火砖	500	2.1×10^{-3}
水泥	300	6.8×10^{-3}
玻璃纤维布	300	0.34×10^{-4}
云母(黑)	373	5.4×10^{-3}
花岗岩	300	16×10^{-3}
赛璐珞	303	0.2×10^{-3}
橡胶(天然)	298	1.5×10^{-3}
杉木(⊥纤维)	300	1.2×10^{-3}

＊3.6 无序系统中的原子振动

1. 局域振动

前面讨论了理想完整晶体的晶格振动，指出其本征振动模是一系列格波，每一个格波描述的是晶体中所有原子的一种集体运动，所以说格波是可以在整个晶体中传播的。当晶体中存在杂质或缺陷时，把晶格缺陷的影响看成是对晶体平移对称性的微扰，微扰的作用改变了晶格振动的频谱分布，产生局域振动(局域模)，这种局域振动只是局限在杂质或缺陷附近，其振幅随着杂质或缺陷的距离增大而呈指数衰减。

设一维单原子链的原子间距为 a，原子质量为 m。格波解的色散关系由式(3-11)表示

$$\omega = 2\sqrt{\frac{\beta}{m}}\left|\sin\left(\frac{aq}{2}\right)\right|$$

格波振动频率在 0 和 $\omega_{\max}=2\sqrt{\beta/m}$ 之间取值，构成一个频带。若有一个质量为 m' 的杂质原子替代了一维单原子链中质量为 m 的一个原子的位置，这里不妨假设恢复力常数 β 仍是常量，如图 3-27 所示，则可以解出杂质对整个频谱的影响是很小的，但会出现局域振动模。

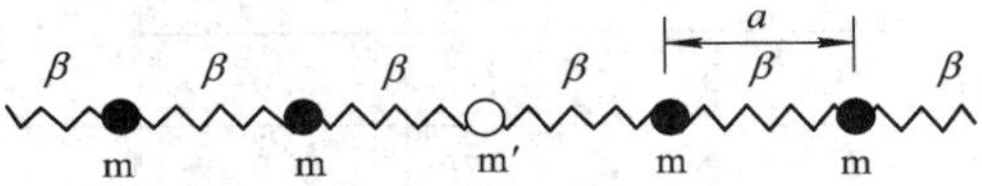

图 3-27 含单个缺陷的一维原子链

把存在一个点缺陷时的原子链看成是向左和向右延伸的半无限链，链间通过点缺陷相连接。由于左右两边原子链的振动情况相同，因此可以只讨论一边的情况，对缺陷右边的半无限链，试解

$$U_n = A\mathrm{e}^{\mathrm{i}q^* na} + B\mathrm{e}^{-\mathrm{i}q^* na} = A\mathrm{e}^{\mathrm{i}(q+\mathrm{i}q')na} + B\mathrm{a}^{-\mathrm{i}(q+\mathrm{i}q')na} \tag{3-107}$$

必须满足 $na\to\infty$ 时 U_n 是有限的条件。式中，$q^*=q+\mathrm{i}q'$ 是复数，q 和 q' 是正实数。显然只需令 $B=0$，即可使 $na\to\infty$ 时 U_n 保持有限，可用它描写缺陷右边半无限链的振动情况。把完整一维单原子链的结果外推到有一个点缺陷的一维半单原子链，可得

$$M\omega_{\mathrm{d}}^2 = 2\beta(1-\cos q^* a) \tag{3-108}$$

$$\cos q^* a = \cos(q+iq')a = \cos qa\ \cosh q'a - \mathrm{i}\sin qa\ \sinh q'a \tag{3-109}$$

式中，ω_{d} 代表局域模。要使 ω_{d} 为正的实数，则必须有

$$\sin qa\ \sinh q'a = 0 \qquad \cos q^* a \leqslant 1 \tag{3-110}$$

当 $q'a=0$，即 $q'=0$ 时

$$\sinh q'a = \frac{\mathrm{e}^{q'a}-\mathrm{e}^{-q'a}}{2} = 0$$

$$q^* = q+\mathrm{i}q' = q$$

是实数，与完整一维单原子链的结果完全相同，不是现在所考虑的有缺陷的情况。

当 $q'a\neq 0$ 时，可考虑两种特殊情形：一种是 $qa=2m\pi$，$\cos qa=1$，考虑到式(3-109)的虚部应等于零以及 $\cos q^* a\leqslant 1$ 的要求，可得 $\cos qa\cosh q'a\leqslant 1$，又由于 $q'a\neq 0$ 时 $\cosh q'a>1$，

故 qa 不能取 $2m\pi$；另一种情形是 $qa=(2m+1)\pi$，由此得到

$$q^{*}=q+iq'=(2m+1)\frac{\pi}{a}+\mathrm{i}\frac{q'}{a} \tag{3-111}$$

综上所述，当存在晶格缺陷时，一维原子链的线性振动的试解应取如下的形式：

$$U_n=A\mathrm{e}^{\mathrm{i}q^{*}na}=A\mathrm{e}^{\mathrm{i}(2m+1)n\pi-q'na}=A(-1)^n\mathrm{e}^{-q'na} \tag{3-112}$$

$$m\omega_{\mathrm{d}}^{2}=2\beta(1-\cos q^{*}a)=2\beta(1+\cosh q'a) \tag{3-113}$$

由于 $\cosh q'a>1$，对比理想晶体的结果式可得到

$$m\omega_{\mathrm{d}}^{2}>\omega_{\max}^{2}=\frac{4\beta}{m} \tag{3-114}$$

以上结果表明，在完整晶体中格波的波矢 q 为实数，$\omega(q)$ 构成准连续的谱带；在缺陷晶体中，波矢 q^{*} 取复数，U_n 呈指数衰减，可用它来描写局域态的性质。在 $\omega(q)$—q 的图像中，ω_{d} 大于完整晶体晶格振动的截止角频率，它是一种局域模，如图 3-28(a)所示。

进一步的研究表明，当杂质原子比所替代的原子质量轻，即 $m'<m$ 时，出现的新局域振动的频率 ω_{d} 随 m' 的减小而增高，也就是说，局域模的频率 ω_{d} 比原来格波振动的最高频率 $\omega_{\max}$ 更高，这种在原有的频带之上出现的新的频率称为高频模。而且可以证明，随 m' 的减小，局域振动在空间的扩展程度也减小。

此外，当杂质原子比所替代的原子质量重，即当 $m'>m$ 时，将会出现共振模。实际上，这时与杂质原子相联系的振动的特征频率落在频带之中，这种频率的振动模虽不是局域的，但是在杂质附近表现得特别强，如图 3-28(b)所示，是一种准局域的振动。将上述结果推广到双原子链的情形，缺陷的影响除了在光学支和声学支之间出现局域模以外，在光学支的频谱之上也出现相应的局域模。

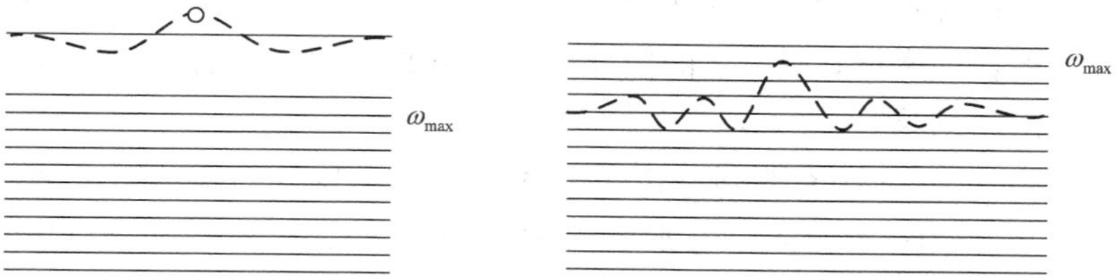

(a) 晶格振动的局域模　　(b) 晶格振动的共振模

图 3-28 晶格振动的局域模和共振模

如果晶体原胞中多于一个原子，格波振动就不仅仅有声学支，还有光学支，它们分别形成频带，在频带之间可能有带隙，也称为频隙。这时晶体中的杂质或缺陷可能引入一些新的振动模式，其频率落在频隙之中，称为隙模。对于一维复式晶格(即双原子链)，两种原子的质量分别为 M 和 m，且 $M>m$，设杂质原子的质量为 M'，当杂质原子替代 m 原子(轻的)位置时，若 $M'>m$，就会出现隙模；若 $M'<m$，则会出现高频模。当杂质原子替代原子(重的)位置时，若 $M'<M$，也会出现隙模；若 $M'>M$，则会出现共振模。

实际晶体中的局域振动远比上述的简单模型要复杂。对实际晶体中的局域振动，曾有多方面的实验，研究结果证实了这些局域振动在红外光的频率范围存在吸收。而近年来红外技术的研究又有了很大的发展。例如 Si 晶体中的 B 杂质会形成高频模；GaP 晶体中有 N 替代 P 时也出现高频模；KI 中有 Cl 替代 I 时产生隙模；KCl 中的 Ag 杂质会形成共振模

等。此外，晶体的表面或界面会出现另一种形式的局域振动，它是一种局限在表面附近的波，这种波沿表面传播，其振幅随垂直表面距离的增加而呈指数下降。这种模式的波从数学表达式来看，其波矢平行表面的分量为实数，垂直表面的分量为复数。值得注意的是，表面晶格的重构现象、表面力常数的变化、表面原子的吸附情况等都会影响到表面局域振动，因而表面波的研究是表面物理的一个重要方面。

2. 非晶体中的原子振动

非晶固体中原子排列呈连续无规则网络形式，不存在长程有序——周期性，而是保留了近程有序。由于非晶固体中不存在平移对称性，因而不存在标志晶格平移对称性的格波的波矢量 $\boldsymbol{q}$，即不存在格波的概念。但是非晶固体中的原子仍然有一系列本征振动，若非晶固体包含有 N 个原子有 $3N$ 个自由度。用类似 3.3 节中介绍的方法可知，原子偏离平衡位置的微振动，可视为有 $3N$ 个简正坐标，并且在简谐近似下，这些简正坐标是相互独立的，每个简正坐标就是一种本征振动模。根据量子力学的观点，每个简正坐标一定就是谐振子，它的能量是量子化的，总之，无论是晶态还是非晶态固体，都存在有 $3N$ 个简正坐标，有 $3N$ 种本征振动模，每种本征振动模的能量本征值都是量子化的，这些是晶体和非晶体共同的特征。所不同的是，根据晶体平移对称性得到的晶体中的本征振动是一系列格波，在非晶体中不存在。在讨论晶格振动时引入声子概念，声子是简谐格波的能量量子 $\hbar\omega$，在晶体中"声子"具有能量，同时具有准动量 $\hbar\boldsymbol{q}$；在非晶固体中也可以引入"声子"，但在非晶固体中的"声子"只是原子振动的能量量子，而没有准动量。

在描述非晶固体的原子振动时，由于没有格波的概念，因此与格波相联系的色散关系已不复存在。但是振动模式密度的概念仍可适用，不过，对非晶固体不能利用晶体的对称性使振动模式密度的计算简化。通常选择一个相当大的原子集团(例如包含几百个原子)来模拟非晶态固体的模式密度，在一定的假设下进行数值计算，尽管计算工作量很大，但还是得到了一些有用的结果。

图 3-29(a)和图 3-29(b)分别给出了晶体硅和非晶体硅的模式密度的计算结果。图 3-29(a)中TO(Tranverse Optical)表示横光学振动，LO(Longitudinal Optical)表示纵光学振动，TA(Tranverse Acoustic) 表示横声学振动，LA(Longitudinal Acoustic)表示纵声学振动。图 3-29 (b)中 E_0 表示最大声子能量。由图 3-29 可以看出，晶体硅和非晶体硅的模式密度的基本形式是相似的，只是非晶体的模式密度曲线比较圆滑。同一种固体材料的晶态和非晶态的振动模式密度具有相类似的形式，这一点有着普遍性，它表明振动模式密度的总体形式在很大程度上是由近邻原子间的相互作用力的性质决定的。

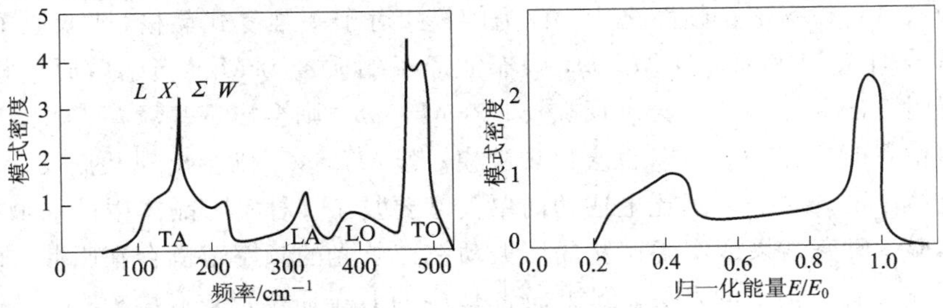

(a) 晶体硅的模式密度 (b) 非晶体硅的模式密度

图 3-29 固体硅的模式密度

图3-30和图3-31给出了非晶体硅的拉曼光谱和红外吸收光谱。在晶体材料中，晶格振动与光相互作用，满足准动量守恒条件，因而一级红外吸收和拉曼光谱表现为尖锐的峰(对于非离子性晶体，例如硅，由于一级电矩等于零，观察不到红外吸收的一级谱)。但是对于非晶态材料则不然，由于非晶态没有平移对称性，因而在原子振动与光相互作用时，没有准动量选择定则的限制，原则上在整个频率范围内所有振动模都有贡献。非晶固体的红外吸收谱、拉曼光谱谱线强度正比于振动模式密度 $g(\omega)$ 和振子强度 $f(\omega)$。(振子强度 $f(\omega)$ 中包含跃迁矩阵元的平方，它是随频率 ω 而变化的。)一般来说，$f(\omega)$ 是 ω 的缓变函数，可以由红外吸收谱和拉曼光谱获得振动模式密度 $g(\omega)$ 的基本形式。图3-30中的虚线表示的是晶体的振动模式密度，曲线经过变宽和光滑，可以看出非晶体硅的拉曼光谱与它是很相似的。在图3-31中的红外吸收光谱也大体相似，但比拉曼光谱有更多的峰结构。激光的高度单色性和高亮度性，把拉曼光谱的灵敏度大大提高了。可以用拉曼光谱的峰是尖锐的还是弥散的作为检验材料是晶态还是非晶态的一种手段。

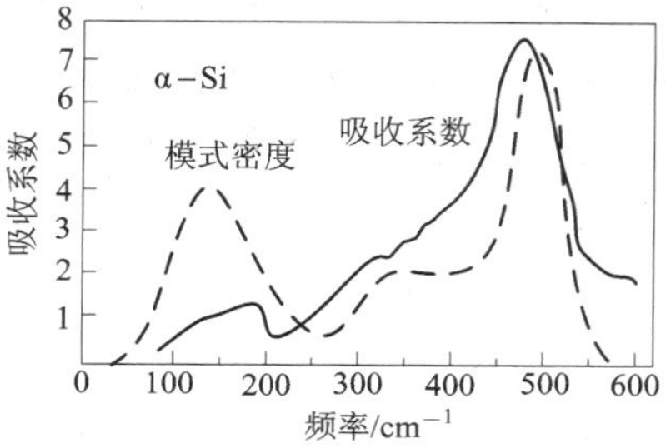

图3-30　非晶体硅的拉曼光谱

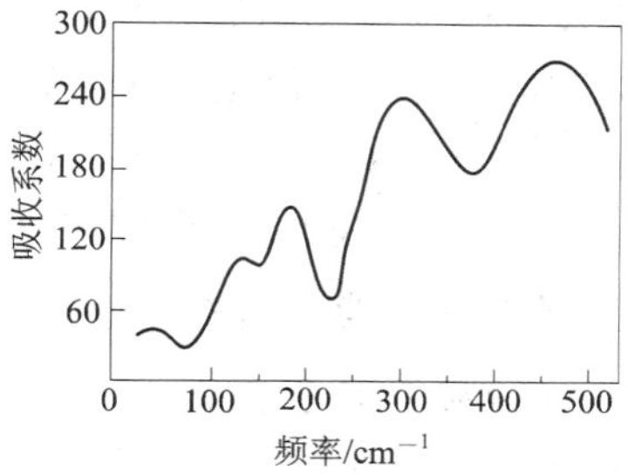

图3-31　非晶体硅的红外吸收光谱

※3.7　声子晶体

1. 引言

从真空管到超大规模集成电路，人类跨出了巨大的一步。半个世纪以来，电子器件的迅速发展使其广泛应用于生活和工作的各个领域，促进了通信和计算机产业的发展。然而进一步小型化以及在减小能耗下提高运行速度，几乎是一种挑战。由于电子器件基于电子在物质中的运动，在纳米区域内，量子和热的波动使电子的运动变得不可靠。人们感到了电子产业的发展极限，转而把目光投向了光子。光子晶体是新型光功能材料，其中的折射率呈周期性变化，光子在这种周期性介电空间中的运动类似于电子在周期性势场中的运动，所以在光子晶体中，某一频率的光能够被禁止传播。使用类似于固体物理中的概念，这个被禁止的频率称为"光子禁带"，它提供了一种独一无二的制裁光和电磁波的方式。自从1987年E. Yablonovitch和S. John首次提出光子晶体概念以来，人们对该领域投入了非常大的兴趣，各种科学和工程上的重要应用相继被报道，光子晶体迅速成为光电子以及信息技术领域研究的热点。

随后，人们发现当弹性波在周期性弹性复合介质中传播时也会产生类似的弹性波禁带。

于是提出了声子晶体的概念，声子晶体作为一种新型的功能材料引起了各国研究机构的高度关注。研究声子晶体的重要意义不仅在于它潜在的应用，而且还可能促进物理学的新发展。

2. 声子晶体的概念和基本特征

声子晶体一般由两相或两相以上的弹性介质组成，可归于复合材料的范畴。声子晶体和光子晶体相似之处在于都是模拟天然晶体原子排列方式，均具有某种周期拓展结构。所以，声子晶体就是具有声子带隙的周期性结构功能材料，它通过材料组分——散射体弹性常数的周期性调制来实现声子带隙。根据散射体周期排列形式的不同，声子晶体可以分为一维声子晶体、二维声子晶体和三维声子晶体，相应的散射体形态依次是层状板、柱体和球形等。

人们对弹性波在复合材料中所表现出来的性质进行了大量的理论研究，弹性波和光波是不同的，光波只有横波($\nabla \cdot \boldsymbol{D}=0$)，是一种标量波，且每个组元只有一个独立的弹性参数即介电常数，而弹性波是完全的矢量波，在介质中传播时既有横波又有纵波。在各向同性介质中传播时横波和纵波是相对独立的，并且相应的材料位移 $\boldsymbol{u}_l$ 和 $\boldsymbol{u}_t$ 也分别满足两个相互独立的波动方程。但是在各向异性的复合介质中传播时，位移 $\boldsymbol{u}$ 一般情况下不能分解为 $\boldsymbol{u}_l$ 和 $\boldsymbol{u}_t$，且 $\nabla \times \boldsymbol{u}_l=0$，$\nabla \cdot \boldsymbol{u}_t=0$。声子晶体的每个组元中具有 3 个独立的弹性参数，即质量密度 ρ、纵波波速 C_l 和横波波速 C_t(在流体中 $C_t=0$)。

3. 声子晶体的能带结构

1) 电子能带和声子能带

在半导体晶体中，电子受到原子周期性排列所构成的周期势场的作用，其能谱呈带状结构。由于原子的布拉格散射，在布里渊区边界上能量变得不连续，出现带隙，电子被全反射。在声子晶体中也存在类似的周期性势场，它是由弹性参数在空间的周期性变化所提供的。当介质的弹性参数的变化幅度较大且变化周期与弹性波的波长相比拟时，介质的布拉格散射也会产生禁带，相应于此禁带区域的那些频率的弹性波将不能通过介质。

由于周期结构的相似性，普通晶体中的许多概念被引入声子晶体，如能带、能隙、能态密度、缺陷态等。实际制备的声子晶体多由两种不同的物质构成，并且两种物质的质量密度比值可以在一个很宽的范围内变化，从而控制材料阻抗的匹配和波的传播。

2) 声子能带的理论计算

对声子晶体禁带机理及性质的研究依赖于对弹性波禁带的计算，目前有几种常用的理论计算方法，如传递矩阵法、平面波法、时域有限差分法等。但使用最广泛的还是平面波法(PW)。平面波法的基本思想是，将材料的密度和弹性常数在倒空间中以平面波叠加的形式展开为傅里叶级数，把声波波动方程转化为一个本征方程，然后求解本征值得到色散关系。由平面波法进行的理论计算表明，只有在一定的条件下才能产生声子带隙，这些条件包括两种组分的质量密度 ρ 之比、波速(纵波波速和横波波速)之比、两组分在复合材料中各占的体积比、晶格结构(排列和组元的形状)等。

虽然目前已存在大量的应用平面波法对二维或三维的周期性复合介质进行的理论计算，但是其中没有一种复合介质是固体介质分散到液体基体中或是液体介质分散到固体基体中的情况。后来人们经过反复的研究发现，平面波法对这种情况不能给出精确的解，不仅在定量上，甚至在定性上都与试验结果不符。经过研究，人们发现了另一种计算声子带隙的方法——多重散射法。多重散射法引自电子频带结构计算中的KKR(Korringa－Kohn－Roskoker)理论。该理论认为，晶体的频带结构取决于各球之间的弹性散射，通过计算来自其它球的声波入射到单球表面的散射，就可以解特征频率方程。此理论在计算电子的能带结构和电磁波的能带结构时都得到了很好的结果。

3) 完全声子带隙的产生

声子带隙有完全带隙与不完全带隙的区分。所谓完全带隙，是指弹性波或声波在整个空间的所有传播方向上都有带隙，且每个方向上的带隙都能相互重叠；而不完全带隙则指空间各个方向上的带隙并不完全重叠，或只在特定的方向上有能隙。完全带隙的产生与复合介质的各个参数之间存在着密切的关系。下面我们将在以前研究的基础上讨论一下各个参数在完全带隙产生上的选择问题。

这里我们以研究由两种介质组成的复合体材料为例：两种介质材料分别为基体材料(下标为o)和镶嵌体材料(下标为i)。

两种组分的质量密度比：与其它参数相比，它对完全带隙的存在起着比较重要的作用。对于液体复合介质来讲，只有将质量密度小的介质放入质量密度较大的基体中才可能出现完全带隙，相反，对于固体复合介质来讲，只有将质量密度大的介质放入质量密度较小的基体中才可能出现完全带隙。这种截然相反的现象主要是由于弹性波在两种不同的复合介质中传播方式的不同所引起的。弹性波在液体复合介质中传播时只有纵波(即横波等于零)，而在固体复合介质中传播时既有纵波又有横波，并且当所有的参数都变化时横向分量和纵向分量还将相互耦合，进一步复杂化了弹性波的传播。

晶格结构：对简立方、体心立方、面心立方、六方密堆积等结构的研究表明，具有面心立方结构的复合介质材料较其它结构来说是比较容易产生完全带隙的，但是它们之间的区别是比较小的。

速度比：弹性波在基体中传播的速度(c_o)与在镶嵌体介质中传播的速度(c_i)之比，即

$$r=\frac{c_o}{c_i}$$

r越大越有利于带隙的产生。通常存在一个临界值r_c，在这个值之下带隙是最宽的，当$r>r_c$时，它就趋于一个饱和值。

纵波与横波波速之比：除了$r=c_o/c_i$之外，还可设

$$r_o=\frac{c_{ol}}{c_{ot}},\quad r_i=\frac{c_{il}}{c_{it}}$$

c_{ol}和c_{il}分别为基体和镶嵌体的纵波波速，c_{ot}和c_{it}分别为基体和镶嵌体的横波波速。这两个波速比对于完全带隙的产生也是很重要的。

体积分数：体积分数同样对带隙的存在和展宽起着重要的作用。复合介质的体积分数定义为

$$x=\frac{V_i}{V_{WS}}$$

其中V_i为每个镶嵌体的体积，V_{WS}为晶体的第一布里渊区的体积。对于任何形状的镶嵌体，我们都可以定义体积分数并且发现一个最佳的体积分数使带隙最宽。

4. 声子晶体的应用

声子晶体具有类似于半导体和光子晶体的禁带，通过深入研究它的带隙特性，将会发

现许多新的物理现象，使它的潜在应用将和电子晶体、光子晶体一样重要。

1）隔音隔振材料

噪声问题多年来一直是困扰着人们的环境问题，它不仅对结构系统、电子设备、产品精度产生严重影响，而且还直接危害着人们的健康。噪声的起因多是由于振动而产生的，许多行业都存在着不同程度的噪声的污染，高强度的噪声不仅会使人疲劳，心情烦躁，引起噪声性耳聋和心血管系统的慢性疾病，而且会降低工作效率。声子晶体根据其带隙的基本性质——当声波（弹性波）的频率处于禁带范围内时，声波（弹性波）及振动是不允许通过的，可以设计和制造出一种基于这种新理论的隔音隔振材料。不难看出，隔音降噪是声子晶体复合材料的基本功能，与传统隔声材料相比，它具有频率可设计、针对性强、尺寸小、效果好等优点。而其隔振功能会在减少各种探测和定位器件振动的负面影响方面有重要意义，特别是在常规阻尼材料所不能发挥效能的范围的应用尤为引人注意。大量的理论计算已表明，声子晶体根据禁带特性，可以为某些精密仪器设备和高精密机械加工系统提供一定频率范围内的无振动环境，从而提高工作精度，提高可靠性，延长使用寿命。

2）声学应用

声子晶体用于声波导和滤波器，用宽禁带滤波器（对应于周期性固体结构的禁带）或窄通带滤波器（在另一个周期性固体多层结构中引入缺陷）可以禁止一定频率声波的传播，而在通带频率增强它们的输出。声子晶体可以用于声纳、深度探测系统及医学超声成像等领域，以发射和接收各种信号。其它的潜在应用有声音（噪声）屏蔽、无吸收反射镜、高品质单模谐振器、调制器、声频扬声器和吸热器等。

3）声隐身

声隐身就是控制目标的声频信号特征，降低对方声探测系统的探测概率。武器的噪声源主要有：发动机和其它机械的工作噪声，部件（如螺旋桨）的运动和排气对周围介质的扰动噪声，以及武器构件的振动噪声等。根据声子晶体带隙的基本性质，可以设计发展一种新型的声子晶体功能材料，使它在一定的频率范围内无噪声、无振动，物体（如潜艇）如果在其表面涂上一层这种材料便能达到声隐身的目的。

虽然声子晶体的研究在近十几年来有了很大的发展，但是在它的应用上还存在着一个问题——如何缩小体积。根据前面我们所讲到的组成声子晶体的介质弹性参数的变化幅度只有较大且变化周期与弹性波的波长相比拟时，介质的布拉格散射才会产生禁带，声子晶体的一些应用才能成立。这使得声子晶体的体积比较大，从而使它的实用性受到了限制。

总之，声子晶体作为一种新型的声学功能材料，不仅具有理论价值，而且还具有非常广阔的应用前景。对声子晶体的研究有助于我们拓宽和加深对复合介质物理性质的了解。相信随着研究的不断深入和新突破的不断产生，声子晶体的研究将会取得很大的发展，并且将可能同光子学一样得到发展，成为物理学中的又一重要分支。

*3.8 新型负热膨胀材料

在通常情况下，大多数材料随外界温度的变化表现为热胀冷缩，但也有一些材料随着温度升高产生热收缩，即具有负膨胀行为，如硅酸盐 $Mg_2Al_4Si_5O_{18}$、$LiAlSiO_4$ 和磷酸盐

$NaZr_2(PO_4)_3$ 等材料。某些材料在很低的温度下具有负膨胀系数，如金属镉、铬、钇等和某些具有金刚石结构的材料。这些材料的热膨胀行为往往表现各向异性，即在沿某一晶向产生收缩，而另一些方向发生膨胀。这样材料的综合热行为呈现负收缩，但负收缩系数比较小，而且产生负收缩的温度范围要么太窄，要么太高或太低，都不好应用，然而根据抗热震的应力—强度判据和应变能—断裂能判据，降低收缩系数可以提高抗热震性，另外，热膨胀系数可精确控制的复合材料潜在的应用领域还有光学平面镜、光纤通信领域、医用材料、低温传感器等，因而如何使材料的收缩系数趋近于零，即具有零收缩系数材料是重要研究课题，所以对材料的零收缩性能的深入研究既有理论价值又有工程实际意义。

在众多的负热膨胀(Negative Thermal Expansion，NTE)材料中，性能良好的负收缩系数材料包括钨酸锆(ZrW_2O_8)和钛酸铝材料等。ZrW_2O_8 是一种在很大的温度范围内(0.3～1050 K)具有较大的各向同性负膨胀系数($-8.9\times10^{-6}\,K^{-1}$)的材料，这一研究自Sleight 等在《Science》杂志上发表以来备受关注，并在 1997 年被美国《发现》杂志评为百项重大发现之一。此化合物的发现为超低膨胀技术研究开辟了新的方向。

人们力图将具有负热膨胀性质的材料应用于基板材料中，如果我们能精确地控制它，我们就能够做出任意膨胀的基板，包括零收缩基板。因此，它具有诱人的应用前景。

另外，除了从原料本身出发外，人们还从结构上对零收缩性质进行了研究，成功地开发出了一种零收缩低温烧结陶瓷多层底板。这种底板采用的是带凹陷的空腔结构，使用不同材料层叠而成。

1. 近零膨胀陶瓷材料的设计

热膨胀是陶瓷材料重要的热物理性能之一，尤其是当应用于温度场剧烈变化的场合时，热膨胀系数的大小常常决定了陶瓷材料的使用寿命，具有低膨胀系数的一类陶瓷如堇青石、锂辉石、钛酸铝等已经获得了工程实际应用。通过组成设计可以实现膨胀系数连续可调，在抗热震及金属材料封接等方面具有诱人的应用前景。

近零收缩陶瓷材料的设计遵循以下原则：

(1) 降低膨胀各向异性。低膨胀陶瓷的晶体结构特征决定了这类材料具有热膨胀各向异性，导致了异常低甚至负的热膨胀系数。在具有负膨胀的组成中，通过离子置换与固溶，降低膨胀系数各向异性，可使平均膨胀系数趋近于零。在 NZP 组成中，$CaZr_4(PO_4)_6$、$SrZr_4(PO_4)_6$ 与 $BaZr_4(PO_4)_6$ 等组成具有相反的热膨胀各向异性，即轴膨胀系数 α_a 和 α_c 中必有一个是负值，利用这种膨胀特性，可以设计出二元组成的固溶体，随着固溶体组成的连续变化，调整 α_a 和 α_c 的大小，降低材料的热膨胀各向异性。如图 3-32 所示，$Ca_{0.5}Sr_{0.5}Zr_4P_6O_{24}$ 系统已制备成近零膨胀陶瓷。$Ca_{1-x}Mg_xZr_4(PO_4)_6$、$Ca_{1-x}Ba_xZr_4(PO_4)_6$ 及 $K_{2(1-x)}Sr_xZr_4(PO_4)_6$ 等也都获得了近零膨胀系数。

(2) 复相陶瓷补偿。热力学相容的两个物相，若其平均热膨胀系数一相为正值，另一相为负值，则可以设计复相陶瓷使两者的膨胀系数互相补偿，以负膨胀来控制或调整复相陶瓷的热膨胀系数。例如选择 $NaZr_2(PO_4)_6$ 和 $Ca_{0.5}Zr_2(PO_4)_6$ 作为负膨胀相，具有正膨胀的第二相是 Nb_2O_5、$Zr-SiO_4$、$Mg_3(PO_4)_2$、$Zn(PO_4)_2$ 等，制备出接近零膨胀的陶瓷材料。其它系统，当第二相的数量适当时，也可获得接近零膨胀系数的材料。在复相材料中，膨

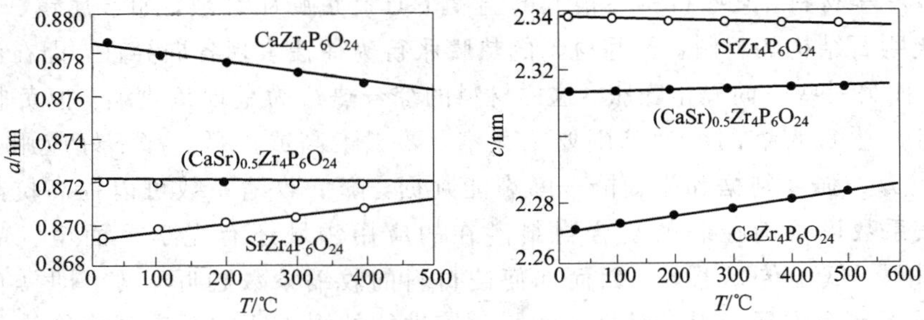

图 3－32　几种材料不同方向的晶格热膨胀

胀系数并不是两相膨胀系数的简单平均，而是由组成相的相互作用方式决定的，如晶粒之间复杂的应力状态等。互作用的弹性力对控制复相陶瓷的膨胀系数起着重要作用。这种利用复相的办法来调整陶瓷的膨胀系数，与在单相材料中采用离子置换固溶的办法相比，开拓了新的研究领域，对材料的选择更具有灵活性，复相的概念可以按每一相的性能选择两种材料，对膨胀性能进行剪裁。

（3）控制晶粒大小。热膨胀各向异性的材料中，存在一个自发产生微开裂的临界粒径 G_{cr}，当晶粒尺寸大于 G_{cr} 时，晶粒自身在热应力下开裂，材料中出现大量的微裂纹，这些微裂纹在加热过程中闭合，吸收了晶格膨胀，宏观上材料表现出极低的热膨胀系数甚至负膨胀。当晶粒尺寸小于 G_{cr} 时，热应力不足以使晶粒自身开裂，材料的膨胀系数增大，接近平均晶格热膨胀系数。例如 Al_2TiO_5 的临界晶粒尺寸 $G_{cr}=3\sim4$ μm，当晶粒尺寸小于 G_{cr} 时，热膨胀系数为 9×10^{-6}℃$^{-1}$，接近 Al_2TiO_5 的平均晶格膨胀系数；当晶粒尺寸增加至 8～10 μm 时，材料已具有接近于零的膨胀系数；当晶粒尺寸超过 10 μm 时，材料成为负膨胀。有人研究了 NZP 族陶瓷的晶粒尺寸与微裂纹的关系，认为 CZP 的 G_{cr} 为 2.0 μm，KZP 的 G_{cr} 为 5.5 μm，KTP 的 G_{cr} 为 13 μm，而 SZP 的 $G_{cr}>50$ μm。图 3－33 示出了 CZP 的晶粒尺寸与膨胀系数的关系，可见，在晶粒尺寸为 3 μm 左右时，具有接近于零的膨胀系数。不同的 α_{max} 对应不同的临界晶粒尺寸 G_{cr}，这种关系完全取决于组成与晶体结构，组成与晶体结构确定后，α_{max} 随之确定，G_{cr} 亦成为定值，此时材料的膨胀系数将仅取决于晶粒尺寸，晶粒尺寸的变化可以使材料的宏观热膨胀系数从正值变化至负值，当晶粒为某一尺寸时，具有接近零的膨胀系数。显然，可以通过控制晶粒大小及微裂纹的大小和数量，进而控制热膨胀。

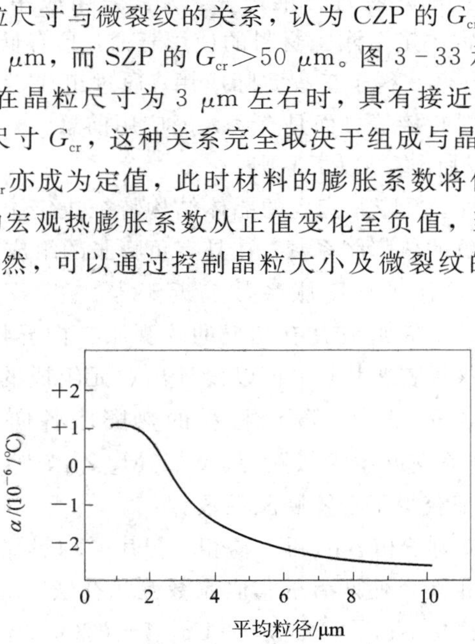

图 3－33　CZP 的晶粒尺寸与膨胀系数的关系

2. 影响材料收缩率的材料参数

基板烧结收缩率受到材料、工艺等因素影响，影响基板收缩率的材料参数有粉料粒度、粘结剂含量和粉料成分等。

3. 负热膨胀材料 ZrW_2O_8

正如前面我们所提到的，具有负热膨胀效应的材料有很多，但其中最重要的材料是立方结构的 ZrW_2O_8，该材料具有很强的各向同性负热膨胀效应，若其负线膨胀系数高达 $\alpha_1 \approx -9\times10^{-6}K^{-1}$，与一般热膨胀陶瓷材料，如 Al_2O_3 的正膨胀系数($\alpha_1 \approx +9\times10^{-6}K^{-1}$)有相同的数量级，且它的 NTE 响应温度范围从 0.3 K 直到它的分解温度 1050 K。具有这一优良 NTE 性能的材料既可单独使用，也可用于复合材料。将具有 NTE 效应的材料与常规的正热膨胀材料按一定的方式与配比制成复合材料，可以精确控制的体膨胀系数，将其控制为一定的正值、负值或零。有文献报道将 ZrW_2O_8 与铜复合制成 ZrW_2O_8/Cu 复合材料，用于微电子学领域。

研究表明，ZrW_2O_8 的热膨胀系数随温度的变化如下：

396 K 和 437 K 各有一个吸热峰，并认为它们各为第一、第二有序相转变；

当 T=298～396K 时，ZrW_2O_8 的 $\alpha_1=-10.2\times10^{-6}K^{-1}$；

当 T=396～437K 时，ZrW_2O_8 的 $\alpha_1=-16.6\times10^{-6}K^{-1}$，其 X 射线的衍射峰与 396K 以下的衍射峰相比无明显的差别，只是峰形有位移；

当 T=437～493K 时，ZrW_2O_8 的 $\alpha_1=-10.7\times10^{-6}K^{-1}$。

外加压力也会使立方 α— ZrW_2O_8 发生相变。当外加压力从 0 增加到 200 MPa 时，开始出现另一种晶体相，即 α(立方)→γ(正交)；当压力增加到 400 MPa 时，相转变基本结束，该正交相与立方相相比，晶格常数 a，c 变化不大，而 b 却是立方相的 3 倍。当外加压力去除后，这种正交相仍能保持，属亚稳相。正交 γ 加热到 393 K 时会逆转变为立方结构的 α 相。亚稳正交相 γ—ZrW_2O_8 在室温以下热膨胀系数仍为负，其平均体膨胀系数 $\alpha_V=-3.4\times10^{-6}K^{-1}$；进一步研究发现，压力进一步增加，将导致 ZrW_2O_8 发生非晶化转变，去除外力，高压非晶相能保持到常压状态。这种非晶 ZrW_2O_8 在常压下退火会转变为立方结构，其转变温度为 923 K。

ZrW_2O_8 的 NTE 可由所谓的刚性单位模型(Rigid Unit Modes，RUMs)来解释。图3-34是共顶角连接的八面体组成的骨架结构的二维图像。氧原子占据八面体的顶角，成为 M—O—M 键的“桥氧”原子，八面体内 M—O 键的强度高，本身刚性大，不易变形，而多面体之间的键合却十分“脆弱”，当 M—O—M 键的桥氧原子作横向振动时，多面体之间可以发生耦合转动，而由于 M—O 键是强键，所以多面体和键角不会发生畸变，这种耦合转动的集体行动将使总体积减小。由于“桥氧”原子横向振动所需的能量很低，属于结构的低能振动，所以也称为低能 RUMs 模型。

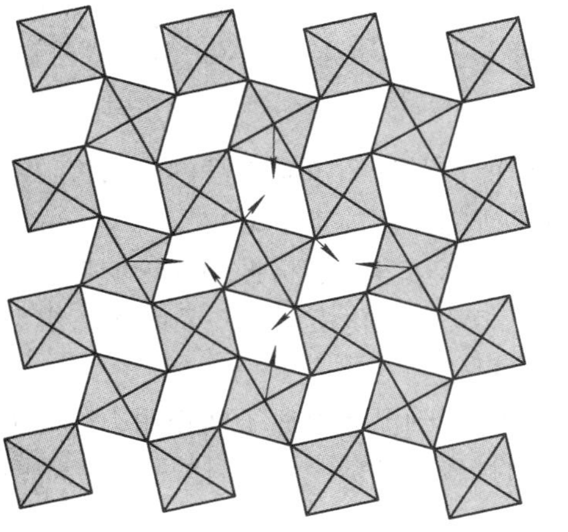

图 3-34 低能 RUMs 模型

从图上可以看到当氧原子沿小箭头方向运动时，多面体便发生转动，多面体的转动引起相邻多面体沿粗箭头方向移动，其移动最终导致整个骨架结构的体积变小。

室温以下，γ 相的热膨胀系数为负，这可由前述的低能 RUMs 来解释。但 γ 相中，所有的氧原子都是两配位的，虽然两配位氧原子有利于产生 NTE，但是由于正交 γ 相结构较之立方 α 相致密(因为 $\alpha\rightarrow\gamma$，体积减小 5%)，这种致密结构将使产生 NTE 效应的"桥氧"原子的低能振动方式数量和振动幅度都明显减小，从而使 γ 相的 NTE 效应比 α 相小一个数量级。

负热膨胀氧化物材料 ZrW_2O_8 是极具应用潜力的结构和功能材料。但由于其热力学稳定的温度范围窄，所以合成较困难。虽然可以采用低温合成的方法，但工艺较复杂，要达到大规模的工业化生产还有相当的难度。因此找到如何合成纯度高、生产成本低的工艺是今后该材料的研究方向之一。另外，ZrW_2O_8 与其它材料复合，制成热膨胀系数可精确控制的复合材料还存在许多问题，而最主要的问题是两者热膨胀系数不匹配。如何克服这个问题，从而获取任意膨胀系数的复合材料，是其能否真正走向应用的关键。此外，尝试 ZrW_2O_8 材料薄膜的制备以及材料纳米化也是该材料研究的重要方向。随着这些研究的不断深入，有望使这一类新型的负热膨胀氧化物材料真正走向实际应用。

本章小结

本章首先在简谐近似和近邻近似条件下，采用牛顿力学以一维晶格为例，对晶格振动做了较详细的分析，引进了格波、光学波、声学波、色散关系、格波态密度等重要概念，然后把一维结果推广到三维。

由玻恩—卡曼周期性边界条件可以证明，晶体内可以被激发的格波最大数等于晶体的总自由度数，若晶体由 N 个初基原胞组成，每个初基原胞又有 S 个原子，则格波总数为 $3NS$。这些格波按色散关系又可分为 $3S$ 支，其中 3 支是声学波，$3(S-1)$ 支是光学波。晶体中任意原子的热振动是晶体中已激发格波所确定的谐振动的线性叠加。

声子是晶格振动理论的重要概念。一个频率为 ω 的声子，具有能量 $\hbar\omega$，准动量 $\hbar q$。温度为 T 时，频率为 ω 的格波的平均声子数

$$\bar{n}(\omega,\ T)=\left[\exp\left(\frac{\hbar\omega}{k_B T}\right)-1\right]^{-1}$$

固体的声子谱测量有较高的实用价值，利用外部入射的 X 射线或中子流与晶格振动交换能量可研究固体的声子谱。

计算热容是晶格振动理论的应用之一。由于晶体的色散关系和格波态密度函数比较复杂，常采用简化模型——爱因斯坦模型和德拜模型来计算热容。本章还对德拜温度 Θ_D 进行了讨论。

考虑到晶体中原子间作用力的非简谐性，就可以解释晶体的热膨胀和声子热传导。晶体的热膨胀系数 α_V 与晶体热容成正比：

$$\alpha_V=\frac{\gamma}{KV}C_V$$

声子的扩散是非金属晶体声子热传导的物理原因，热导率与晶体单位体积热容、声子平均速率、声子平均自由程成正比：

$$\lambda = \frac{1}{3}C_V\bar{v}l$$

声子碰撞的倒逆过程是非金属材料热阻产生的主要原因之一。本章还给出了部分材料的德拜温度、线膨胀系数和热导率。

本章最后以阅读材料的形式介绍了声子晶体、负膨胀系数材料和晶体振动的局域态的概念。

在本章内容的学习过程中，希望同学们在搞清材料热性能的有关物理概念的过程中，体会“提出问题、分析问题、解决问题”的思路和方法，提高对微观物理过程的“想象力”。

思　考　题

1. 讨论晶格振动时的物理框架是牛顿力学还是量子力学？

2. 讨论晶格振动时采用了哪些近似条件？

3. 简述晶格振动理论中简谐近似的成功之处和局限性。

4. 周期边界条件揭示了晶格振动的哪些特点？为什么在固体物理中可使用这样的边界条件？

5. 一维格波波矢 q 有哪些特点？

6. 在描述格波时，波矢 $\boldsymbol{q}$ 和 $\boldsymbol{q}+\boldsymbol{G}$ 是等价的，其物理根源是什么？

7. 在三维晶体中，格波独立的 $\boldsymbol{q}$ 点数、声学波支数、光学波支数、格波总支数分别等于多少？

8. 在一维双原子链晶格振动中，声学支格波和光学支格波是如何定义的？它们分别有什么特点？声学支格波和光学支格波最明显区别是什么？你认为它们最重要的区别是什么？

9. 在一般情况下，求解格波模式密度 $g(\omega)$的困难是什么？

10. 晶格振动的色散曲线有哪些对称性？

11. 在晶格振动中，是否可把每个原子的振动等效为谐振子振动？为什么？

12. 在一维双原子链中存在光学支和声学支之间的“带隙”。若需要增大该“带隙”的宽度，可采取哪些措施？

13. 晶格振动中的光学波和声学波之间可以存在“带隙”，晶体对频率处于该带隙的格波是“透明”的吗？

14. 讨论晶格振动时，进行了量子力学修正，引入了量子谐振子的能量表示，在此过程中，把什么能量表示为谐振子的能量？

15. 什么叫声子？声子有哪些性质？为什么要引入声子的概念？在热平衡晶体中，说声子从一处跑到另一处有无意义？

16. 有人定性地认为，德拜温度 Θ_D 是经典概念与量子概念解释热容的分界线，你的看法如何？

17. 有人说，热容 C_V 是声子密度的度量，你的看法如何？

18. 什么是声子的准动量？为什么称它们是“准”动量，而不直接称为动量？

19. 晶格振动中的力常数 β 是否影响材料的低温热导率 λ？要提高热导率 λ，是选 β 较大的材料还是选 β 较小的材料？

20. “在晶格振动理论中，可用声子表示格波能量，频率为 ω 的声子，能量为 $\hbar\omega$，所以格波能量与温度无关。”这句话对不对？为什么？

21. 你认为在一般的单式格子中存在强烈的红外吸收吗？为什么？

22. 为了制备室温附近高导热材料，应选 Θ_D 高的材料还是 Θ_D 低的材料？为什么？

23. 当温度 $T=50$ K 时，Al_2O_3 晶体的热导率 $\lambda=60\ \mathrm{W\cdot cm^{-1}\cdot K^{-1}}$，该值比任何温度下铜的热导率都要大，试解释这一现象。

习　题

1. 设有一双子链最近邻原子间的力常数为 β 和 10β，两种原子质量相等，且最近邻距离为 $a/2$，求在 $q=0$，$q=\pi/a$ 处的 $\omega(q)$，并定性画出色散曲线。

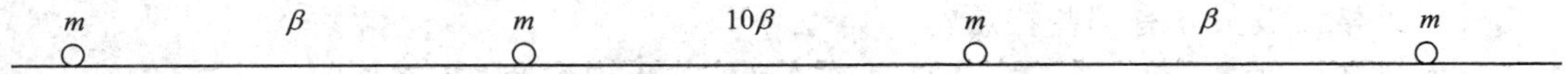

2. 设三维晶格的光学格波在 $\boldsymbol{q}=\mathbf{0}$ 的长波极限附近有 $\omega_i(\boldsymbol{q})=\omega_0-Aq^2\ (A>0)$，求证光学波频率分布函数(格波密度函数)为

$$g(\omega)=\sum_{i=1}^{3(S-1)}\frac{V}{4\pi^2}\frac{(\omega_0-\omega_i)^{1/2}}{A^{3/2}}\qquad \omega_i\leqslant\omega_0$$

$$g(\omega)=0\qquad \omega_i>\omega_0$$

3. 求一维单原子链的格波密度函数。若采用德拜模型，计算系统的零点能。

4. 试用平均声子数 $n=(e^{\frac{\hbar\omega}{k_BT}}-1)^{-1}$ 证明：对单式格子，波长足够长的格波平均能量为 k_BT。当 $T\ll\Theta_D$ 时，大约有多少模式被激发？并证明此时晶体热容正比于 $(T/\Theta_D)^3$。

5. 对于金刚石、ZnS、单晶硅、金属 Cu、一维三原子晶格，分别写出：

(1) 初基原胞内原子数；

(2) 初基原胞内自由度数；

(3) 格波支数；

(4) 声学波支数；

(5) 光学波支数。

6. 证明在极低温度下，一维单式晶格的热容正比于 T。

7. NaCl 和 KCl 具有相同的晶体结构。其德拜温度分别为 320 K 和 230 K。KCl 在 5 K 时的定容热容量为 $3.8\times10^{-2}\mathrm{J\cdot mol^{-1}\cdot K^{-1}}$，试计算 NaCl 在 5 K 和 KCl 在 2 K 时的定容

热容量。

8. 在一维无限长的简单晶格中，设原子的质量均为 M，若在简谐近似下考虑原子间的长程作用力，第 n 个原子与第 $n+m$ 和第 $n-m$ 个原子间的恢复力系数为 β_m，试求格波的色散关系。

9. 求半无限单原子链晶格振动的色散曲线。

提示：仍作近邻近似和简谐近似。设原子编号为：0，1，2，3，4，…(表面原子为 $n=0$)。

参考文献

[1] 徐毓龙，阎西林，曹全喜，等. 材料物理导论. 成都：电子科技大学出版社，1995

[2] 沈以赴. 固体物理学基础教程. 北京：化学工业出版社，2005

[3] 方俊鑫，陆栋. 固体物理学. 上. 上海：上海科学技术出版社，1980

[4] 陆栋，蒋平，徐至中. 固体物理学. 上海：上海科学技术出版社，2003

[5] CHARLES KITTEL. Introduction to Solide State Physics. 7th ed. Singapore：John Wiley &Sons(ASIA) Pte Ltd.，1996

[6] [美]基泰尔 C. 固体物理导论. 相金钟，吴兴惠，译. 8 版. 北京：化学工业出版社，2005

[7] 黄昆. 固体物理学. 韩汝琦，改编. 2 版. 北京：高等教育出版社，1988

[8] 聂向富，李博，范印哲. 固体物理学：基本概念图示. 北京：高等教育出版社，1995

[9] OMAR M A. Elenentary Solid State Physics：Principles and Applications. Boston：Addison-Wesley Professional，1975

[10] GIUSEPPE GROSSO，GIUSEPPE PASTORI PARRAVICINI. Solid State Physics. Burlington，MA：Academic Press，2006

第 4 章 固态电子论基础

本章提要

本章主要讨论电子在金属晶体中的运动状态。首先简要介绍经典金属自由电子论的主要理论框架及其成功之处与缺陷所在；然后重点讨论自由电子气的量子化理论，并以该理论为基础，研究金属的热容、电导、热导等输运现象；最后介绍金属的功函数和接触电势差等概念，为进一步学习能带理论打基础。

在人类进化和科学技术发展过程中，金属发挥了非常重要的作用。从石器时代、青铜器时代进化到铁器时代，金属的使用一直是人类进步的标志。在金属的使用过程中，人们发现金属的性质独特，它的导热性能和导电性能极佳、延展性很好、机械性能优良，而且不同金属都呈现出不同的金属光泽。对金属这些特性的研究成为了固体物理的起点。譬如，人们解释金属具有极好的导电性的同时，才开始理解某些非金属为什么不导电。所以，人们对非金属许多性质的理解，往往都是从金属开始的。金属在元素周期表中占有 2/3 以上的份额，一个多世纪以来，物理学家一直致力于建立有关金属的简单模型，试图定性地，乃至定量地说明金属的特性。在研究的进程中，辉煌的成功往往伴随着不可救药的失败，人们一而再，再而三地抛弃旧模型，建立新理论。正是这些对金属性质的挖掘和解释有力地促进了现代固体物理学的发展。

1897 年，英国卡文迪什实验室的著名物理学家汤姆逊(J. J. Thomson)发现电子之后，人们对物质结构的认识有了新观念。三年后，特鲁德(P. Drude)和洛仑兹(H. A. Lorentz)提出了经典电子论，认为金属中存在着自由电子，它们和理想气体分子一样，服从经典的玻耳兹曼统计，成功地解释了金属电导、热导的规律，但在探讨金属自由电子气对热容的贡献时，给出的理论值竟是实验值的 100 倍，暴露出这个理论模型的缺陷。

量子力学的建立是物理学发展过程中的一次革命，同时也加深了人们对金属性质的了解。1926 年，意大利的物理学家费米(E. Fermi)和英国物理学家狄拉克(P. A. M. Dirac)各自独立地创立了服从泡利不相容原理的微观粒子的量子统计法，即“费米—狄拉克统计规律”。1928 年，理论物理大师索末菲(A. Sommerfeld)提出了金属自由电子气的量子理论，认为金属中电子的状态和能量应由薛定谔方程决定，电子气服从费米—狄拉克统计分布。他用量子物理规律重新计算了金属自由电子气的热容，得到与实验值相符的结果，解决了经典理论的困难。

4.1　经典自由电子论

人们在金属的使用过程中很早就发现金属是热和电的良导体。1826 年，德国物理学家欧姆(G. S. Ohm)在研究不同金属丝导电性的强弱时发现了欧姆定律，1853 年，德国物理学家维德曼(G. H. Wiedemann)和夫兰兹(R. Franz)发现，在一定温度下，许多金属的热导率和电导率的比值都是一个常数(维德曼—夫兰兹定律)。金属为什么容易导电和导热，如何解释所发现的这些定律，都成了当时物理学家极其关心的问题。

1897 年，英国物理学家汤姆逊(J. J. Thomson)发现阴极射线在磁场中偏转所遵循的法则和一根通电导线一样，而在电场中阴极射线与负电荷运动方向相一致，因此断定阴极射线是带负电的粒子流，并测定了这种粒子的速度以及所带的电量与质量的比值。汤姆逊发现测量得到粒子的荷质比 e/m 非常稳定，跟阴极灯丝材料无关，其大小约为氢离子的荷质比的 2000 倍。所带电量大小与氢离子相同，质量约为氢离子质量的 1/2000。因此，汤姆逊认为这种带负电的微粒就是爱尔兰物理学家斯托尼在 1891 年提出的所谓“电子”。电子是人类认识的第一种基本粒子，电子的发现揭开了人类研究原子内部结构的序幕。

电子被发现三年以后，为了解释金属优良的导电和导热性以及发现的一些实验规律，特鲁德(P. Drude)受当时已经很成功的气体分子运动论的启发，首先大胆地将气体分子运动论用于金属，于 1900 年提出所谓的“自由电子气模型”。他认为金属中的价电子像气体分子那样组成电子气体，在温度为 T 的晶体内，其行为宛如理想气体中的粒子；它们可以和离子碰撞，在一定温度下达到平衡；在外电场的作用下，电子产生漂移运动引起了电流；在温度场中，由于电子气的流动伴随着能量传递，因而金属是极好的导电体和导热体。

1904 年，洛仑兹(H. A. Lorentz)对特鲁德的自由电子气模型作了改进。认为电子气服从麦克斯韦—玻耳兹曼统计分布规律，据此就可用经典力学定律对金属自由电子气模型作出定量计算。这样就构成了特鲁德—洛仑兹自由电子气理论，又称为经典自由电子论。

4.1.1　经典自由电子论

特鲁德等认为，当金属原子凝聚在一起时，原子封闭壳层内的电子(内部电子或芯电子)和原子核一起在金属中构成不可移动的离子实，原子封闭壳层外的电子(价电子)会脱离离子实的束缚而在金属中自由地运动。这些电子构成自由电子气系统，可以用理想气体的运动学理论进行处理。该模型由如下假设构成：

(1) 独立电子近似：忽略电子与电子之间的库仑排斥相互作用。

(2) 自由电子近似：在没有发生碰撞时，电子与电子、电子与离子之间的相互作用完全被忽略。由于金属中的电子是自由电子，因此电子的能量只是动能。

(3) 弹性碰撞近似：电子只与离子实发生弹性碰撞，一个电子与离子两次碰撞之间的平均时间间隔被称为弛豫时间 τ，相应的平均位移叫做平均自由程 l。

(4) 电子气服从麦克斯韦—玻耳兹曼统计分布：电子气通过和离子实的碰撞达到热平衡，碰撞前后电子速度毫无关联，运动方向是随机的，速度是和碰撞发生处的温度相适应的，其热平衡分布遵从麦克斯韦—玻耳兹曼统计。

4.1.2 欧姆定律的解释

经典自由电子论认为，在无外电场的情况下，金属中的每个电子作无规则的热运动，同时不断地与离子实发生碰撞。由于电子与离子实碰撞后的运动方向是随机和杂乱无章的，因此金属中不存在电流。

若将金属置于外电场 $\boldsymbol{E}$ 中，金属中的自由电子就会在外电场作用下，不断沿电场方向加速运动，同时也不断地受到离子实的碰撞而改变运动方向，结果，电子只能在原有的平均热运动速度的基础上沿电场方向获得一个额外的附加平均速度 $\boldsymbol{v}$(漂移速度)。这时，作用在每个电子上的力除电场力($-e\boldsymbol{E}$)外，还有由于碰撞机制所产生的平均阻力$-(m\boldsymbol{v}/\tau)$，其中，e、m 分别是电子的电量与质量，τ 是电子两次碰撞之间的平均自由时间。根据牛顿定律，有

$$m\frac{\mathrm{d}\boldsymbol{v}}{\mathrm{d}t}=-e\boldsymbol{E}-\frac{m\boldsymbol{v}}{\tau} \tag{4-1}$$

在稳定条件下，电子的平均速度不随时间变化，即 $\mathrm{d}\boldsymbol{v}/\mathrm{d}t=0$，则由式(4-1)可得

$$\boldsymbol{v}=-\frac{e\tau}{m}\boldsymbol{E} \tag{4-2}$$

若金属中单位体积内的自由电子数为 n(电子浓度)，则电流密度 $\boldsymbol{j}$ 可写为

$$\boldsymbol{j}=-en\boldsymbol{v}=\frac{e^2n\tau}{m}\boldsymbol{E}=\frac{e^2n\bar{l}}{m\bar{v}}\boldsymbol{E}=\sigma\boldsymbol{E} \tag{4-3}$$

显而易见，上式就是欧姆定律的微分形式。说明在直流电导问题上，经典自由电子论所得结果与欧姆定律相吻合，其中

$$\sigma=\frac{e^2n\bar{l}}{m\bar{v}} \tag{4-4}$$

为金属的电导率，它与金属中自由电子的浓度 n、平均自由程 $\bar{l}$ 和平均漂移速度 $\bar{v}$ 有关。当温度升高时，电子热运动速度增大，与晶格点阵碰撞频繁，平均自由程缩短，因此电导率下降，电阻增大，这便是金属电阻随温度变化的经典解释。

4.1.3 维德曼—夫兰兹定律的解释

特鲁德—洛仑兹模型最惊人的成功，是计算得出了基本符合实验的常温下金属的热导率 λ 和电导率 σ 的比例关系，即著名的维德曼—夫兰兹定律。人们在研究纯金属的导热系数时发现，金属的电导率越高，其热导率也越高。1953 年，维德曼和夫兰兹得到了金属电导率和热导率之间的定量关系，即在不太低的温度下，金属的导热系数与电导率之比正比于温度，其中比例常数的值与具体的金属无关，即

$$\frac{\kappa}{\sigma}=W \tag{4-5}$$

式中：κ 为金属的导热系数；σ 为金属的电导率；W 为一常数，称做维德曼—夫兰兹常数。式(4-5)称做维德曼—夫兰兹定律。

根据经典自由电子理论，如果认为电子气的流动伴随着能量传递，也就是说在金属中以电子传热为主，则根据理想气体分子运动论的知识，可得自由电子气的热导率公式为

$$\kappa=\frac{1}{3}C_{\mathrm{e}}\bar{v}\,\bar{l} \tag{4-6}$$

即电子气的热导率取决于金属中电子气体单位体积的热容、电子的平均速率和平均自由程这三个因素。

把式(4-6)和经典自由电子理论导出的电导率公式(4-4)相比较，得到

$$\frac{\kappa}{\sigma}=\frac{\frac{1}{3}C_{e}\bar{v}\bar{l}}{\frac{e^{2}n\bar{l}}{m\bar{v}}}=\frac{1}{3}\frac{mC_{e}\bar{v}^{2}}{e^{2}n} \tag{4-7}$$

自由电子气模型服从玻耳兹曼统计，设金属中自由电子的浓度为 n，若不考虑电子和电子之间的相互作用，则自由电子气的内能即为所有电子的平均动能的总和，因此可得单位体积的热容为

$$C_{e}=\frac{3}{2}nk_{B} \tag{4-8}$$

根据平均动能按自由度均分原理，有

$$\frac{1}{2}m\bar{v}^{2}=\frac{3}{2}k_{B}T \tag{4-9}$$

将式(4-8)和式(4-9)代入式(4-7)，可得

$$\frac{\kappa}{\sigma}=\frac{1}{3}\frac{mC_{e}\bar{v}^{2}}{e^{2}n}=\frac{3}{2}\frac{k_{B}^{2}}{e^{2}}T=LT=W \tag{4-10}$$

在常温下，金属的实验测量证明热导率和电导率的比确实是正比于温度的，其斜率是一个普适于所有金属的常数 $L=3k_{B}^{2}/(2e^{2})$，称为洛仑兹常数。后来的研究证明，维德曼—夫兰兹常数和洛仑兹常数只在较高的温度(大于德拜温度)时才近似为常数。而当温度趋于 0 K 时，洛仑兹常数也趋近于零，其主要原因在于金属中的导热不仅有自由电子的贡献，而且还有声子的贡献。

4.1.4 经典自由电子论的缺陷

经典自由电子论虽然可以说明金属导电的欧姆定律，也成功地解释了维德曼—夫兰兹定律，但在探讨金属自由电子气对热容的贡献时，却遇到了困难，暴露出这个理论模型的缺陷。

经典自由电子论把金属中的自由电子看做是理想气体，服从经典的统计规律。按照经典统计力学的平均动能按自由度均分原理，N 个自由电子有 $3N$ 个自由度，每个电子应具有的平均热动能等于 $k_{B}T/2$，每摩尔金属所含自由电子的内能为

$$U=\frac{3}{2}N_{0}Zk_{B}T \tag{4-11}$$

其中：N_{0} 为阿弗加德罗常数；Z 为每个原子的价电子数；k_{B} 为玻耳兹曼常数；T 为温度。电子对热容的贡献应该是

$$C_{V}=\left(\frac{\partial U}{\partial T}\right)_{V}=\frac{3}{2}N_{0}Zk_{B} \tag{4-12}$$

如果连同晶格(原子)贡献的热容 C_{a} 也计算在内，那么在室温下，每摩尔一价金属的热容应为

$$C=C_{V}+C_{a}=\frac{3}{2}N_{0}k_{B}+3N_{0}k_{B}=\frac{3}{2}R+3R \tag{4-13}$$

其中，R 是气体普适常数。但是实验表明，在室温下金属几乎和绝缘体一样，热容恒接近于 $3R$，可以说全部热容都是由晶格贡献的。比较精密的实验还指出，每个电子贡献的热容要比 $k_B T/2$ 小两个数量级。按照金属自由电子论，金属中自由电子起着电和热的传导作用，但实验结果显示电子对热容几乎没有贡献，这是经典自由电子论无法解释的主要困难之一。

除了电子热容之外，特鲁德—洛仑兹模型在处理其它一些问题上也遇到了根本性的困难，它们动摇了经典自由电子论的基础。实际上电子是一种微观粒子，它是不遵守经典力学理论的，从这一点上说，经典自由电子论理论本身就包含了致命的缺点，电子的运动应该遵守量子力学规律。

4.2 费米分布函数与费米能级

20 世纪初也是量子力学发展的昌盛时期。1900 年普朗克(M. Planck)提出了能量量子化的概念，揭开了量子力学的序幕。1905 年爱因斯坦(A. Einstein)提出光子学说，成功地解释了光电效应。1923 年德布罗意(L. de Broglie)在他的博士论文中提出光的粒子行为与粒子的波动行为应该是对应存在的，并提出了一切实物粒子都具有波粒二象性的假说。1925 年，海森堡(W. K. Heisenberg)利用矩阵代数建立了一套量子力学理论体系。1926 年，薛定谔(E. Schrö dinger)第一次发表波动力学的研究成果，提出了薛定谔方程，确定了波函数的变化规律，成为量子力学中的基本方程之一。在这一年的年初，费米(E. Fermi)在泡利不相容原理及玻耳兹曼的统计原理的基础上，提出电子应该服从的统计规律，这个统计规律也适合于其它服从不相容原理的费米子，如质子和中子，这对于理解物质的结构和性质有很大的重要性。几个月以后，狄拉克(P. A. M. Dirac)也独立地提出了相同的理论。因此，后来服从泡利不相容原理的全同粒子的统计方法称为费米—狄拉克统计。

4.2.1 自由电子的能级和能态密度

假定 N 个无相互作用的自由电子被限制在边长为 L，体积为 $V=L^3$ 的势阱当中，利用量子力学知识，容易写出单个电子的薛定谔方程：

$$-\frac{\hbar^2}{2m}\nabla^2\psi(\boldsymbol{r}) = E\psi(\boldsymbol{r}) \tag{4-14}$$

式中，m 为电子质量，$\hbar$ 是约化普朗克常数。可求得电子的波函数为一平面波，即

$$\psi(\boldsymbol{r}) = \sqrt{\frac{1}{V}}\mathrm{e}^{\mathrm{i}\boldsymbol{k}\cdot\boldsymbol{r}} \tag{4-15}$$

其中，$\boldsymbol{k}$ 为电子波的波矢。自由电子的能量(动能)为

$$E(\boldsymbol{k}) = \frac{\hbar^2 k^2}{2m} = \frac{\hbar^2}{2m}(k_x^2 + k_y^2 + k_z^2) \tag{4-16}$$

由布洛赫波所满足的周期性边界条件可知：波矢 $\boldsymbol{k}$ 在空间的分布是均匀的，在三维空间允许的波矢可表示为

$$\boldsymbol{k} = \sum_{i=1}^{3}\frac{l}{N_i}\boldsymbol{b}_i \qquad l = 0, \pm 1, \pm 2, \cdots \tag{4-17}$$

每个 $\boldsymbol{k}$ 点在 $\boldsymbol{k}$ 空间占有的"体积"为

$$\frac{\boldsymbol{b}_1}{N_1}\cdot\left(\frac{\boldsymbol{b}_2}{N_2}\times\frac{\boldsymbol{b}_3}{N_3}\right)=\frac{\Omega^*}{N}=\frac{(2\pi)^3}{N\Omega}=\frac{(2\pi)^3}{V_c} \tag{4-18}$$

则在 $\boldsymbol{k}$ 空间，$\boldsymbol{k}$ 点的密度为 $V_c/(2\pi)^3$。

能态密度：对给定体积的晶体，单位能量间隔的电子状态数

$$g(E)=\lim_{\Delta E\to 0}\frac{\Delta Z}{\Delta E}=\frac{\mathrm{d}Z}{\mathrm{d}E} \tag{4-19}$$

在 $\boldsymbol{k}$ 空间，每一个 $\boldsymbol{k}$ 点都有对应的电子能量 E；反过来，对于一个给定的能量 E，可以对应波矢空间一系列的 $\boldsymbol{k}$ 点，这些能量相等的 $\boldsymbol{k}$ 点形成一个曲面，称之为等能面。

在 $\boldsymbol{k}$ 空间，$\boldsymbol{k}$ 点的密度为 $V_c/(2\pi)^3$。在 $\boldsymbol{k}$ 空间等能面 E 和 $E+\mathrm{d}E$ 之间，所对应的波矢 $\boldsymbol{k}$ 点数目为

$$\mathrm{d}Z(E_n)=\frac{V_c}{(2\pi)^3}\int_E^{E+\mathrm{d}E}\mathrm{d}\tau_k \tag{4-20}$$

如图 4-1 所示，$\boldsymbol{k}$ 空间二等能面之间体元 $\mathrm{d}\tau_k$ 表示成

$$\mathrm{d}\tau_k=\mathrm{d}\boldsymbol{S}_E\cdot\mathrm{d}\boldsymbol{k}_n$$

其中：$\mathrm{d}\boldsymbol{S}_E$ 为等能面上的面元；$\mathrm{d}\boldsymbol{k}_n$ 为二等能面法线方向的增量。由梯度的定义知，$\mathrm{d}E=|\nabla_k E(k)|\cdot\mathrm{d}\boldsymbol{k}_n$，故有

$$\mathrm{d}Z(E)=\frac{V_c}{(2\pi)^3}\int\frac{\mathrm{d}S_E}{|\nabla_k E|}\mathrm{d}E \tag{4-21}$$

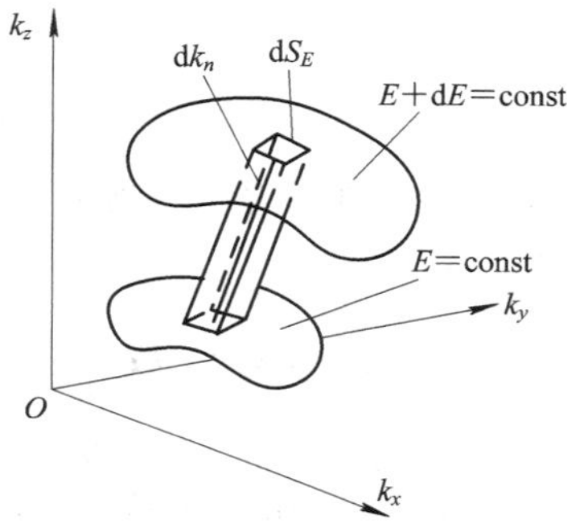

图 4-1　二等能面之间体元示意图

则 $E\to E+\mathrm{d}E$ 之间，所对应的电子状态数考虑到电子的自旋态应乘 2：

$$\mathrm{d}Z(E)=\frac{2V_c}{(2\pi)^3}\int\frac{\mathrm{d}S_E}{|\nabla_k E|}\mathrm{d}E=g(E)\mathrm{d}E$$

则能态密度函数

$$g(E)=\frac{2V_c}{(2\pi)^3}\int_{S_E}\frac{\mathrm{d}S_E}{|\nabla_k E|} \tag{4-22}$$

注意，这里的积分是在能量为 E 的等能面上进行的。$g(E)$ 即是 $E\to E+\mathrm{d}E$ 能量区间贡献的电子状态密度。因此只要由实验测出关系 $E_n(\boldsymbol{k})\sim\boldsymbol{k}$（或称能带结构），就可求得能态密度 $g(E)$。在 $\boldsymbol{k}$ 空间，$|\nabla_k E|$ 小，等能面间距大，从而对状态密度贡献大。反过来，若由实验测得 $g(E)$，也可推测出能带结构 $E(\boldsymbol{k})$。

在 $\boldsymbol{k}$ 空间，自由电子的等能面为球面：

$$k_x^2+k_y^2+k_z^2=\frac{2mE}{\hbar^2}$$

对应于一定的电子能量 E，半径为

$$|\boldsymbol{k}|=\sqrt{\frac{2mE}{\hbar^2}}$$

在 $\boldsymbol{k}$ 空间中，在半径为 $|\boldsymbol{k}|$ 的球体积内的电子态数目，应等于球的体积乘以 $\boldsymbol{k}$ 空间单位区域内的电子态数 $V_c/4\pi^3$，即

$$Z(E)=\frac{4}{3}\pi k^3\times\frac{V_c}{4\pi^3}=\frac{V_c}{3\pi^2}\left(\frac{2mE}{\hbar^2}\right)^{\frac{3}{2}}$$

$$g(E)=\frac{\mathrm{d}Z(E)}{\mathrm{d}E}=\frac{V_c}{2\pi^2}\left(\frac{2m}{\hbar^2}\right)^{\frac{3}{2}}E^{\frac{1}{2}}=CE^{\frac{1}{2}} \tag{4-23}$$

式中：

$$C=\frac{V_c}{2\pi^2}\left(\frac{2m}{\hbar^2}\right)^{\frac{3}{2}} \tag{4-24}$$

即对确定的体积 V_c，自由电子的能态密度函数 $g(E)$与电子的能量 E 为 1/2 次方的关系。

对于二维和一维情况，与式(4－22)相应的表示式是

$$g(E_n)=\frac{2S_c}{(2\pi)^2}\int_{L_E}\frac{\mathrm{d}L_E}{|\nabla_k E|} \tag{4-25}$$

$$g(E_n)=\frac{2L_c}{2\pi}\sum_i\frac{1}{|\mathrm{d}E/\mathrm{d}k|_i} \tag{4-26}$$

式(4－25)的积分是沿等能曲线 L_E 进行的，而一维情况的式(4－26)已蜕化为对等能点的求和。

4.2.2 费米分布函数

从量子力学的观点出发，电子的自旋量子数为半整数，属于费米子，要受泡利不相容原理限制，其分布服从费米—狄拉克统计规律，即

$$f_{\mathrm{F-D}}(E,T)=\frac{1}{\mathrm{e}^{(E-E_F)/k_BT}+1} \tag{4-27}$$

上式就是所谓的费米—狄拉克分布，也常被称为费米分布函数。其中，E_F 具有能量的量纲，称为全同粒子体系的化学势或费米能，也与温度等状态参量有关，其物理意义为在体积保持不变的条件下，系统增加一个粒子所需的自由能。

根据泡利不相容原理，一个量子态最多只能被一个电子所占据，所以电子的费米分布函数反映了能量为 E 的每一个可占据的量子态被电子所占据的平均概率。

讨论

(1) 在热力学绝对零度($T\to 0$ K)时，有

$$\lim_{T\to 0}f_{\mathrm{F-D}}(E,T)=\begin{cases}1 & 当\ E<E_F^0\\ 0 & 当\ E>E_F^0\end{cases} \tag{4-28}$$

式中，E_F^0 是绝对零度时的费米能或化学势。即在温度趋近于热力学绝对零度时，费米—狄拉克分布为一阶梯分布，如图 4－2 中曲线 1 所示。

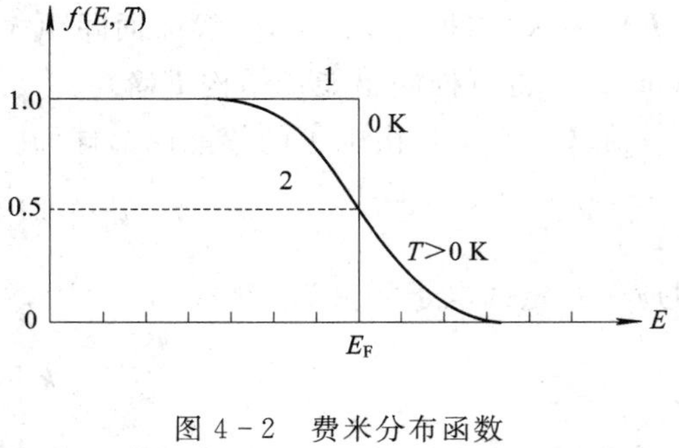

图 4－2 费米分布函数

根据式(4－28)可以看出，在热力学绝对零度，能量在零温费米能 E_F^0 以下的所有量子状态全部被电子所占满，能量高于 E_F^0 的量子状态全部处于空态。所以，零温费米能 E_F^0 就是基态中电子具有的最高能量，也可以说，E_F^0 是绝对零度时电子填充的最高能级，所以说热力学绝对零度的费米能是全空态与全满态的

分界线。

在热力学绝对零度，能量低于 E_F^0 的所有状态全部被电子所占据，而能量高于 E_F^0 的所有量子态都没有电子。显而易见，N 个电子恰好占满 E_F^0 以下所有的能量状态，因此由式(4－28)、式(4－23)和式(4－24)可得

$$N=\int_0^{E_F^0} f_{F-D}(E,T)g(E)\mathrm{d}E=\int_0^{E_F^0} g(E)\mathrm{d}E=\frac{2}{3}C(E_F^0)^{\frac{3}{2}} \tag{4-29}$$

容易求得

$$E_F^0=\frac{\hbar^2}{2m}\left(3\pi^2\frac{N}{V_c}\right)^{\frac{2}{3}}=\frac{\hbar^2k_F^2}{2m} \tag{4-30}$$

其中，k_F 为费米波矢：

$$k_F=\left(3\pi^2\frac{N}{V_c}\right)^{\frac{1}{3}}=(3\pi^2 n)^{\frac{1}{3}} \tag{4-31}$$

$n=N/V_c$，为电子浓度。金属中一般 n 约 $10^{22}\sim10^{23}\ \mathrm{cm}^{-3}$，因而 E_F^0 的大小约为几个到十几个电子伏特。k_F 大小的数量级与原子间距的倒数相当，约为 $10^8\ \mathrm{cm}^{-1}$ 量级。

同时，容易求得热力学绝对零度时电子系统中每个电子的平均能量：

$$\bar{E}=\frac{\int E\mathrm{d}N}{N}=\frac{\int_0^{E_F^0} g(E)E\mathrm{d}E}{N}=\frac{3}{5}E_F^0 \tag{4-32}$$

由此可见，即使在绝对零度，电子的平均能量(实际是平均动能)仍然很高，这与经典的结果显然不同。根据经典理论，电子的平均动能为 $3k_BT/2$，当温度 $T\to0$ 时，平均动能也应该趋于零。但根据量子理论，电子受泡利不相容原理限制，在绝对零度下所有的电子不可能都处在最低的能量状态，只能从低到高依次填满 E_F^0 以下的所有能级，所以平均能量不会为零。

(2) 当温度比热力学绝对零度稍高时，费米分布函数如图 4－2 中曲线 2 所示。由于 $T>0$ K，自由电子受到热激发产生跃迁，但由于温度较低(热激发能量 k_BT 不高)，只有能量在 E_F^0 附近 k_BT 范围内的电子可以吸收能量，从 E_F^0 以下的能级跃迁到 E_F^0 以上的能级。对于能量远低于 E_F^0 的电子，虽然因热起伏，这些电子也有可能被激发到 E_F^0 附近空的电子态上，但概率很小。而且由于电子系统热动平衡的限制，这些跃迁电子所腾出的空的电子态又很容易被较高能量的电子所填充。换句话说，当温度比热力学绝对零度稍高时，与热力学绝对零度时相比，只有能量在 E_F^0 附近的一小部分电子的能量状态会发生变化。

尽管如此，温度的变化导致了这样一种状态形成：能量 $E>E_F^0$ 的能级可能有电子占据，而能量 $E<E_F^0$ 的能级有可能处于空态。所以，当 $T>0$ K 时，自由电子系统总的电子数 N 应等于从零到无限大范围内各个能级上电子数的总和，即

$$N=\int_0^{\infty} f_{F-D}(E,T)g(E)\mathrm{d}E=C\int_0^{\infty} f_{F-D}(E,T)E^{\frac{1}{2}}\mathrm{d}E \tag{4-33}$$

利用分部积分，上式可以写成

$$N=C\left[\frac{2}{3}E^{\frac{3}{2}}f_{F-D}(E,T)\Big|_0^{\infty}+\frac{2}{3}\int_0^{\infty}E^{\frac{3}{2}}\left(-\frac{\partial f}{\partial E}\right)\mathrm{d}E\right] \tag{4-34}$$

易知在能量 E 趋于零和无穷大的极限条件下，上式右边中的第一项皆为零，则有

$$N = \frac{2}{3}C\int_0^{\infty} E^{\frac{3}{2}}\left(-\frac{\partial f}{\partial E}\right)\mathrm{d}E = \int_0^{\infty} G(E)\left(-\frac{\partial f}{\partial E}\right)\mathrm{d}E \tag{4-35}$$

其中：

$$G(E) = \frac{2}{3}CE^{\frac{3}{2}}$$

且根据式(4-27)，有

$$\left(-\frac{\partial f}{\partial E}\right) = \frac{1}{k_B T}\cdot\frac{1}{[\mathrm{e}^{(E-E_F)/k_B T}+1][\mathrm{e}^{-(E-E_F)/k_B T}+1]} \tag{4-36}$$

可以看出，该函数只在 E_F 附近有显著值，并且是 $(E-E_F)$ 的偶函数，具有 $\delta(x)$ 的特征。基于该函数的这些特点，我们对式(4-35)进行如下近似处理。

(1) 将 $G(E)$ 在 E_F 附近展开为泰勒级数：

$$G(E) = G(E_F) + G'(E_F)(E-E_F) + \frac{1}{2}G''(E_F)(E-E_F)^2 + \cdots \tag{4-37}$$

(2) 由于 $(-\partial f/\partial E)$ 只在 E_F 附近有显著值，故将积分下限改写成 $-\infty$ 并不影响积分结果。

经过上面近似处理并只考虑到积分的二次项后，式(4-35)变为

$$N = G(E_F)\int_{-\infty}^{\infty}\left(-\frac{\partial f}{\partial E}\right)\mathrm{d}E + G'(E_F)\int_{-\infty}^{\infty}(E-E_F)\left(-\frac{\partial f}{\partial E}\right)\mathrm{d}E + \frac{1}{2}G''(E_F)\int_{-\infty}^{\infty}(E-E_F)^2\left(-\frac{\partial f}{\partial E}\right)\mathrm{d}E \tag{4-38}$$

显然，上式中的第一项积分为 $f(-\infty)-f(\infty)=1$，第二项积分由于 $(-\partial f/\partial E)$ 是 $(E-E_F)$ 的偶函数而为零。为了计算第三项积分，作变量代换，令

$$x = \frac{E-E_F}{k_B T} \tag{4-39}$$

则有

$$\int_{-\infty}^{\infty}(E-E_F)^2\left(-\frac{\partial f}{\partial E}\right)\mathrm{d}E = (k_B T)^2\int_{-\infty}^{\infty}\frac{x^2}{(\mathrm{e}^x+1)(\mathrm{e}^{-x}+1)}\mathrm{d}x = \frac{(k_B T)^2\pi^2}{3}$$

将上述积分结果代入式(4-38)，得

$$N = G(E_F) + \frac{1}{2}G''(E_F)\cdot\frac{(k_B T)^2\pi^2}{3}$$

由于

$$G(E) = \frac{2}{3}CE^{\frac{3}{2}},\quad G(E_F) = \frac{2}{3}CE_F^{\frac{3}{2}},\quad G''(E_F) = \frac{1}{2}CE_F^{-\frac{1}{2}}$$

则

$$N = \frac{2}{3}CE_F^{\frac{3}{2}} + \frac{1}{4}CE_F^{-\frac{1}{2}}\cdot\frac{(k_B T)^2\pi^2}{3} \tag{4-40}$$

结合式(4-29)，可得

$$(E_F^0)^{\frac{3}{2}} = E_F^{\frac{3}{2}}\left[1+\frac{\pi^2}{8}\left(\frac{k_B T}{E_F}\right)^2\right] \quad 或 \quad E_F = E_F^0\left[1+\frac{\pi^2}{8}\left(\frac{k_B T}{E_F}\right)^2\right]^{-\frac{2}{3}} \tag{4-41}$$

由于 $k_B T \ll E_F$，即

$$\frac{\pi^2}{8}\left(\frac{k_B T}{E_F}\right)^2 \ll 1$$

应用牛顿二项式公式

$$(1+x)^{-\frac{3}{2}} \approx 1-\frac{3}{2}x$$

可得

$$E_F \approx E_F^0\left[1-\frac{\pi^2}{12}\left(\frac{k_B T}{E_F}\right)^2\right] \approx E_F^0\left[1-\frac{\pi^2}{12}\left(\frac{k_B T}{E_F^0}\right)^2\right] \tag{4-42}$$

上述后一近似等式是用 E_F^0 代替 E_F 后得到的。

4.2.3　费米能及其相关物理量

前面已经说过，零温化学势或费米能 E_F^0 是绝对零度时电子填充的最高能级，可以看成是全空态与全满态的分界线。作为一个参照能级，E_F^0 的大小反映了电子占据能级水平的高低，在实际应用中具有特别的意义。

由式(4-42)可以看出，$T>0$ K 时的费米能 E_F 比零温费米能 E_F^0 略小。我们知道，E_F^0 大约为几个电子伏特，而室温下的 $k_B T=0.026$ eV，所以，室温下的费米能只比零温费米能大约小万分之一的量级，两者的差别甚微。因此，为了讨论方便，一般并不特意地区分费米能 E_F 与零温费米能 E_F^0 的差别。尽管如此，我们必须清楚 E_F 随温度的微小变化有可能给固体的物性带来重要的影响。下一节可以看到，在考虑电子热容量的计算时就必须考虑 E_F 随温度的变化。

在波矢空间(倒空间)描述费米能比较方便。我们知道，对于由 N 个自由电子所组成的电子系统来讲，每个电子所占据的能量状态可以用 $\boldsymbol{k}$ 空间中的一个点来代表，将能量相等的所有代表点连起来可以构成一个等能面。其中，电子能量等于费米能的等能面($E=E_F$)具有特殊的意义，称为费米面。在热力学绝对零度，所有的自由电子都处于基态，$E<E_F$，自由电子的能量状态只能分布在费米面所包围的区域之内。或者说费米面之内的所有本征状态都被电子所占满，费米面之外的所有本征状态全部处于空态。即绝对零度时的费米面是全满态和全空态的分界面，如图 4-3(a)所示；当 $T>0$ K 时，部分能量低于 E_F 的电子得到了数量级为 $k_B T$ 的热激发能而转移到 E_F 以外更高的能量状态。所以，自由电子能量状态发生变化的区域大约在 E_F 上下几个 $k_B T$ 的能量范围，如图 4-3(b)所示。

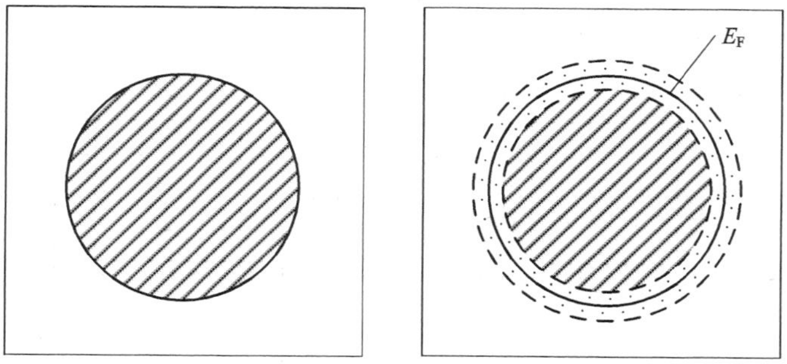

(a) $T=0$ K　　(b) $T>0$ K

图 4-3　费米面和热激发

在三维波矢空间，自由电子的费米面为一球面，球的半径就是所谓的费米波矢 $\boldsymbol{k}_F$。在

热力学绝对零度，即自由电子系统处于基态时，有

$$k_F^0 = \left(3\pi^2 \frac{N}{V}\right)^{\frac{1}{3}}$$

费米面上的电子的动量和速度分别被称为费米动量和费米速度，即

$$\left.\begin{aligned} p_F^0 &= \hbar k_F^0 = \hbar\left(3\pi^2 \frac{N}{V}\right)^{\frac{1}{3}} \\ v_F^0 &= \frac{\hbar k_F^0}{m} = \left(\frac{\hbar}{m}\right)\left(3\pi^2 \frac{N}{V}\right)^{\frac{1}{3}} \end{aligned}\right\} \tag{4-43}$$

另外，还有所谓的费米温度，即

$$T_F^0 = \frac{E_F^0}{k_B} = \frac{\hbar^2}{2k_B m}\left(3\pi^2 \frac{N}{V}\right)^{\frac{2}{3}} \tag{4-44}$$

表 4-1 给出了一些典型金属自由电子费米面参数的计算值。这些与费米能对应的物理量在近代金属理论中是非常有用的。但应特别强调，费米温度 T_F^0 是为了研究方便而引入的一个物理量，它与自由电子系统的温度没有任何关系。

表 4-1 室温下典型金属自由电子费米面参数的计算值

元素	k_F^0 /($10^8\,cm^{-1}$)	E_F^0 /eV	v_F^0 /($10^8\,cm\cdot s^{-1}$)	T_F^0 /($10^4\,K$)
Li	1.12	4.74	1.29	5.51
Na	0.92	3.24	1.07	3.77
K	0.75	2.12	0.86	2.46
Rb	0.70	1.85	0.81	2.15
Cs	0.65	1.59	0.75	1.84
Cu	1.36	7.00	1.57	8.16
Ag	1.20	5.49	1.39	6.38
Au	1.21	5.53	1.40	6.42
Be	1.94	14.3	2.25	16.6
Mg	1.36	7.08	1.58	8.23
Ca	1.11	4.69	1.28	5.44
Zn	1.58	9.47	1.83	11.0
Al	1.75	11.7	2.03	13.6
In	1.51	8.63	1.74	10.0
Sn	1.64	10.2	1.90	11.8
Pb	1.58	9.47	1.83	11.0
Bi	1.61	9.90	1.87	11.5

4.3 索末菲自由电子气模型

1928 年，即费米—狄拉克统计规律提出两年之后，德国慕尼黑大学教授、理论物理学大师索末菲(A. Sommerfeld)首次将量子力学引入到特鲁德模型中，提出了量子自由电子论，也叫索末菲自由电子气模型。他用该模型重新计算了金属自由电子气的热容，得到与实验值相符的结果，解决了经典理论的困难。

4.3.1 索末菲自由电子气模型

索末菲注意到了特鲁德模型的成功之处和所遇到的困难。经典自由电子论对金属导热和导电性能的完美解释使得索末菲接受了特鲁德的观点，依然假定金属中的价电子(自由电子)所组成的气体好比理想气体，其中的电子彼此之间没有相互作用，各自独立地在势能等于平均势能的场中运动。至于特鲁德模型所遇到的困难，索末菲认为极有可能是对电子气的性质认识不足所导致。电子是人类发现的第一种基本粒子，具有自旋特性，电子系统要受泡利不相容原理的制约，即每个能级最多只能容纳自旋相反的两个电子。因此，索末菲敏锐地意识到金属中的自由电子气是一种量子气体，应该用最新发展的量子理论来研究。如果取金属中的平均势能为能量零点，那么要使金属中的自由电子逸出，就必须对它做相当的功。所以，金属中每个价电子的能量状态就是在一定深度的势阱中运动的粒子所具有的能量状态。也就是说，自由电子气体不具有连续的能量，其能量分布应该服从费米—狄拉克统计规律，而不是遵循经典统计物理中的麦克斯韦—玻耳兹曼统计。这样，构成量子自由电子论(索末菲模型)的基本假设是：

(1) 独立电子近似。

(2) 自由电子近似。

(3) 弹性碰撞近似。

(4) 电子是费米子，电子气服从费米—狄拉克统计分布。

可以发现，在索末菲模型与特鲁德模型的基本假设中，前面 3 条都相同，唯一的差别就是第 4 条假设，即索末菲认为金属中的自由电子气是一种量子气体，其分布遵循费米—狄拉克统计规律。正是这一假设的引入，解决了经典自由电子气模型所遇到的困难。

4.3.2 自由电子气的热容

在早期对金属的研究中，经典自由电子论所遇到的最困难的问题涉及传导电子的热容。经典统计力学预言自由电子应当具有的热容为 $3k_B/2$，如果 N 个金属原子每个都给自由电子气提供一个价电子，则自由电子气对热容的贡献应为 $3Nk_B/2$。但是在室温下观测到的电子贡献却常常不到这个预期值的 1%。理论值和实验结果的差异令许多科学家迷惑不解，既然自由电子可以运动和迁移，为何对比热容没有贡献？

索末菲认为，这些困惑只有用泡利不相容原理和费米分布函数才能给出完美的解释。当金属样品从绝对零度起被加热时，并不像经典理论所预期的那样每个电子都得到一份能量 k_B/T。如图 4-4 所示，只有那些能量位于费米能级附近 k_BT 范围内的电子才能被热激发，从区域Ⅰ被热激发到区域Ⅱ。而且，这些电子中每个电子所获得的能量量级正好是$k_B T$，这样就可以定性地解释自由电子气的热容问题。假设电子总数为N，那么在温度T时，大约只有占电子总数的比例为T/T_F的那部分电子才会被热激发(这里的T_F为费米温度)，因为只有这些电子处在能量分布顶部、量级为$k_B T$的能量范围内。因此，在NT/T_F个电子中，每个电子都具有量级为$k_B T$的热能，总的电子热能U的量级为

$$U \approx N\frac{T}{T_F}(k_B T) \tag{4-45}$$

于是电子的热容应该为

$$C_V^e = \left(\frac{\partial U}{\partial T}\right)_V \approx Nk_B\left(\frac{T}{T_F}\right) \tag{4-46}$$

它正比于温度T。由于室温下$T_F \approx T_F^0$，约为5×10^4 K，因此，C_V^e比经典预期值$3Nk_B/2$约小两个量级，与实验结果相吻合。这定性地解释了经典自由电子理论所遇到的困难。

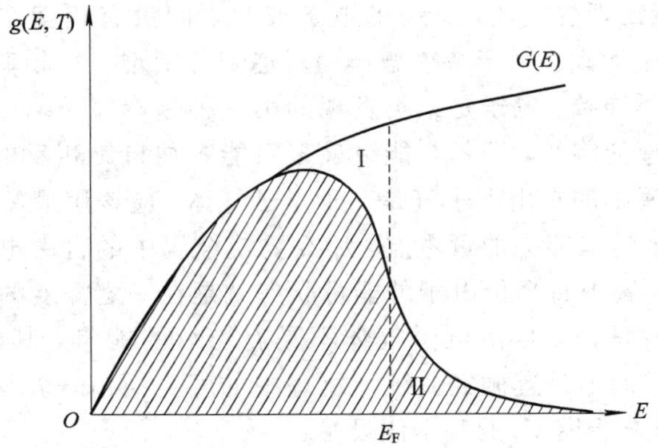

图 4-4　能态密度和热激发

下面我们再从索末菲自由电子气模型出发，推导金属中自由电子气热容的理论表达式。

对于边长为L、体积为$V=L^3$的立方形金属，假设其中共有N个自由电子，这些自由电子相当于处于体积为V的方形势箱之中。所以，4.2节所得到的所有结论都可以应用到对金属中自由电子热容的讨论之中。

在温度为T时，自由电子气中每个电子的平均能量为

$$\bar{E} = \frac{1}{N}\int E\mathrm{d}N = \frac{1}{N}\int_0^\infty f_{F-D}(E,\ T)g(E)E\mathrm{d}E \tag{4-47}$$

将$g(E)=CE^{1/2}$代入后，上式变为

$$\begin{aligned}\bar{E} &= \frac{C}{N}\int_0^\infty f_{F-D}(E,\ T)E^{\frac{3}{2}}\mathrm{d}E \\ &= \frac{2C}{5N}\left[E^{\frac{5}{2}}f_{F-D}(E,\ T)\Big|_0^\infty + \int_0^\infty E^{\frac{5}{2}}\left(-\frac{\partial f}{\partial E}\right)\mathrm{d}E\right] \\ &= \int_0^\infty H(E)\left(-\frac{\partial f}{\partial E}\right)\mathrm{d}E \end{aligned} \tag{4-48}$$

其中，$H(E)=\frac{2C}{5N}E^{\frac{5}{2}}$。利用上节对式(4－35)类似的近似处理，可以得到

$$\bar{E}=\frac{2C}{5N}\left[E_F^{5/2}+\frac{5}{8}\pi^2(k_BT)^2E_F^{1/2}\right] \tag{4-49}$$

利用式(4－24)、式(4－30)和式(4－42)，上式变为

$$\bar{E}=\frac{3}{5}(E_F^0)^{-3/2}\left\{(E_F^0)^{5/2}\left[1-\frac{\pi^2}{12}\left(\frac{k_BT}{E_F^0}\right)^2\right]^{5/2}+\frac{5}{8}\pi^2(k_BT)^2(E_F^0)^{1/2}\left[1-\frac{\pi^2}{12}\left(\frac{k_BT}{E_F^0}\right)^2\right]^{1/2}\right\}$$

考虑到在 $k_BT\ll E_F$ 的条件下，有

$$\frac{\pi^2}{12}\left(\frac{k_BT}{E_F^0}\right)^2=x\ll 1$$

应用牛顿二项式公式

$$(1-x)^n\approx 1-nx$$

可得

$$\bar{E}\approx\frac{3}{5}E_F^0\left\{\left[1-\frac{5\pi^2}{24}\left(\frac{k_BT}{E_F^0}\right)^2\right]+\frac{5}{8}\pi^2\left(\frac{k_BT}{E_F^0}\right)^2\left[1-\frac{\pi^2}{24}\left(\frac{k_BT}{E_F^0}\right)^2\right]\right\}$$

若仅保留到 k_BT/E_F^0 的平方项，即有

$$\bar{E}\approx\frac{3}{5}E_F^0\left[1+\frac{5}{12}\pi^2\left(\frac{k_BT}{E_F^0}\right)^2\right]=\frac{3}{5}E_F^0\left[1+\frac{5}{12}\pi^2\left(\frac{T}{T_F^0}\right)^2\right] \tag{4-50}$$

结合式(4－32)可以看出，上式中的第一项是基态电子的平均能量，第二项反映的是基态中部分电子受热激发到能量更高的状态对电子平均能量的贡献。所以，自由电子气的摩尔热容应该为

$$C_V^e=\left(\frac{\partial U}{\partial T}\right)_V=N\frac{d\bar{E}}{dT}=N\frac{\pi^2k_B^2}{2E_F^0}T=N\frac{\pi^2k_B}{2}\left(\frac{T}{T_F^0}\right) \tag{4-51}$$

可见，自由电子气的热容与 T/T_F^0 成线性关系。一般来说，T_F^0 的大小约为 $10^4\sim10^5$K 的量级，所以，常温下电子气对热容的贡献极小。主要原因在于，尽管金属中有大量的自由电子，但只有费米面附近 k_BT 范围的电子才能受热激发而跃迁至较高的能级，所以电子气的热容很小。反过来说，电子气的热容又可以直接提供费米面附近能态密度的信息。为了说明这一点，我们可利用费米能级和能态密度的表示式(4－30)和式(4－23)：

$$E_F^0=\frac{\hbar^2}{2m}\left(3\pi^2\frac{N}{V_c}\right)^{2/3}$$

$$g(E_F^0)=\frac{V_c}{2\pi^2}\left(\frac{2m}{\hbar^2}\right)^{3/2}(E_F^0)^{1/2}$$

将式(4－51)稍加变换，可以得到

$$C_V^e=\frac{\pi^2k_B^2}{3}g(E_F^0)T=\gamma T \tag{4-52}$$

式中的比例系数 γ 称做电子气的热容系数(也叫索末菲系数)。上式说明电子气的热容系数与能态密度有关，反映了在一定温度下，自由电子气的热容与费米面附近的能态密度成正比。

应该指出，上述推导结果都是在温度稍高于热力学绝对零度的低温($k_BT\ll E_F$)条件下成立的。

4.4 金属的热容、电导与热导

利用索末菲的自由电子气模型，特别是根据金属的费米属性，我们便可以很容易地解释金属的热容、电导和热导等物理性质。

4.4.1 金属的热容

上一节我们已经讨论了自由电子气对热容的贡献。下面，我们在此基础上讨论金属的热容问题。

大家都知道，金属是由金属离子构成的晶格与价电子(自由电子)所组成的。金属的热容应该包括晶格振动的贡献(即声子气的贡献)和自由电子气的贡献两部分。如前所述，在常温下电子气热容远远小于声子气的热容，故可以忽略电子气对热容的贡献。这时，金属的热容主要以声子气热容的形式表现出来，在常温下为一与温度无关的常数，满足杜隆—帕替定律。

但是在低温范围内，特别是在温度远低于德拜温度和费米温度的条件下，情况发生了变化。由第 3 章的讨论可知，按照德拜模型，声子气体热容是按照$\sim T^3$ 的规律趋于零；而根据上一节所介绍的索末菲模型，电子气的热容是按照$\sim T$ 的规律趋于零。很显然，自由电子气的热容随温度下降的变化比晶格热容的变化要缓慢得多。如图 4-5 所示。在液氦温度(4K)范围，两者的大小变得可以相比，甚至电子气的热容占主导地位。这时，金属的热容可以表示为

$$C = C_V^e + C_V^L = \gamma T + bT^3 \tag{4-53}$$

其中，b 为德拜定律中的比例系数，它和索末菲系数一样都是标识材料特征的常数。

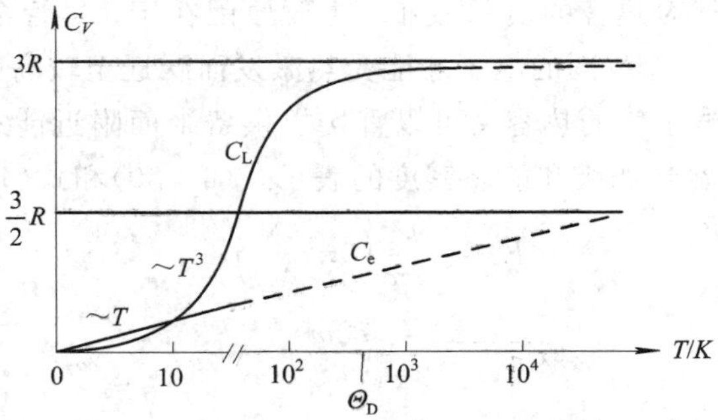

图 4-5 晶格热容 C_L 和电子热容 C_e 与温度 T 的关系

在实验中，为了作图方便，一般将金属热容 C 的实验值通过 C/T 变成关于 T^2 的函数关系给出：

$$\frac{C_V}{T} = \gamma + bT^2$$

这样，由实验得出的各个点都将分布在一条斜率为 b，截距为 γ 的直线上。图 4-6 是利用这个方法在低温下所得到的金属钾(K)的热容实验曲线。可以看出，金属钾的 γ 实验值为

2.08 mJ/mol・K²，但是利用式(4-52)所得到的理论值却是 1.668 mJ/mol・K²，两者符合得不是很好。在实际应用中，通常定义热有效质量 m_{th}^* 以表示实际金属中的传导电子气与自由电子气的差别程度：

$$m_{th}^* = m\frac{\gamma\text{ 的观测值}}{\gamma\text{ 的理论值}} \tag{4-54}$$

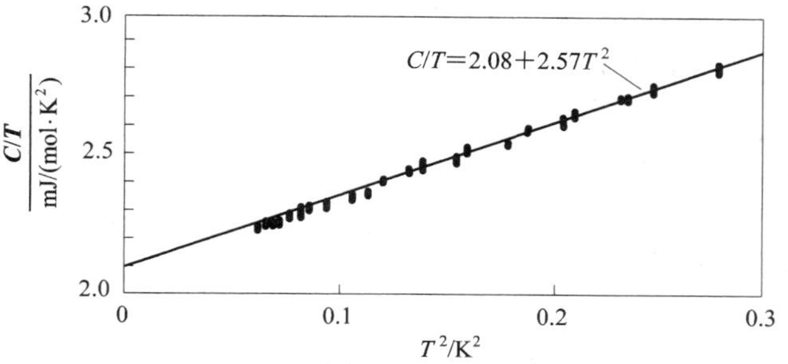

图 4-6　金属钾热容的实验曲线

表 4-2 列出了一些常见金属的电子热容系数 γ 的实验值与自由电子气理论值的比较。

表 4-2　一些常见金属的电子热容系数 γ 的实验值与自由电子气理论值的比较

元素	γ 的实验值/(mJ/mol・K²)	γ 的理论值/(mJ/mol・K²)	m_{th}^*/m
Li	1.63	0.749	2.18
Be	0.17	0.500	0.34
Na	1.38	1.094	1.26
Mg	1.3	0.992	1.3
Al	1.35	0.912	1.48
K	2.08	1.668	1.25
Ca	2.9	1.511	1.9
Cu	0.695	0.505	1.38
Zn	0.64	0.753	0.85
Ga	0.596	1.025	0.58
Rb	2.41	1.911	1.26
Sr	3.6	1.790	2.0
Cs	3.20	2.238	1.43
Pb	2.98	1.509	1.97

从表 4-2 中可以看出，对于几乎所有的金属来讲，热有效质量与自由电子质量的比值都不等于 1，说明实际金属中的传导电子气与自由电子气还是存在一些偏差。主要的原因是索末菲的自由电子气模型过于简单。索末菲模型假设自由电子是处在一个平均势场中，而实际金属中的传导电子是处于离子实的周期性势场之中。另外，索末菲模型不考虑电子

与电子之间的作用，也不考虑电子与晶格的相互作用，而实际金属中的传导电子和传导电子之间以及传导电子与声子之间都存在着相互作用。

另外，人们还发现一些金属化合物具有很大的电子热容系数 γ，其数值比一般金属的电子热容系数高出近 2～3 个数量级。这些材料包括 UBe_{13}、$CeAl_3$、$CeCu_2Si_2$ 和 $CeCu_6$ 等，这些金属化合物被称为重费米子金属。一般认为，由于近邻离子中 f 电子波函数的弱重叠效应，使得这些化合物中的 f 电子所具有的惯性质量可以达到 $1000m$ 左右。有关重费米子金属的研究是固体物理中的研究热点之一。

4.4.2 金属的电导

我们在前面介绍经典自由电子论的时候，已经根据特鲁德模型推导出了电导率的表达式和欧姆定律。在索末菲的量子自由电子气理论中，同样可以给出欧姆定律，并能更深刻地描绘电导过程的物理图像。

大家知道，电子的状态在量子理论中用波矢 $\boldsymbol{k}$ 来表征，电子状态的改变也是用 $\boldsymbol{k}$ 的变化来描写的，电子的动量为 $\boldsymbol{p}=\hbar\boldsymbol{k}$。若金属处于热平衡状态，则电子状态在 $\boldsymbol{k}$ 空间中的分布对于原点是对称的，$\boldsymbol{k}$ 态电子与 $-\boldsymbol{k}$ 态电子成对出现，所以金属中自由电子气的总动量为零，在宏观上表现出金属中没有电流。

如果金属处于均匀恒定的外电场 $\boldsymbol{E}$ 中，则金属中的每个电子都会受到电场力 $\boldsymbol{F}=-e\boldsymbol{E}$ 的作用，因此，电子的动量按照下面规律变化：

$$\frac{\mathrm{d}\boldsymbol{p}}{\mathrm{d}t}=\hbar\frac{\mathrm{d}\boldsymbol{k}}{\mathrm{d}t}=-e\boldsymbol{E} \tag{4-55}$$

即

$$\mathrm{d}\boldsymbol{k}=\frac{-e\boldsymbol{E}}{\hbar}\mathrm{d}t \tag{4-56}$$

这样，经过 t 时间后，电子波矢的增量为

$$\Delta\boldsymbol{k}=k(t)-k(0)=-\int_0^t\frac{e\boldsymbol{E}}{\hbar}\mathrm{d}t=\frac{-e\boldsymbol{E}t}{\hbar} \tag{4-57}$$

上式表明，恒定的外加电场 $\boldsymbol{E}$ 使金属中费米球内所有电子的波矢都增加了 $\Delta\boldsymbol{k}$。相当于在时间 t 内，整个费米球作为一个整体在 $\boldsymbol{k}$ 空间移动了 $-e\boldsymbol{E}t/\hbar$ 的位移，电子状态在 $\boldsymbol{k}$ 空间的分布不再是对称的，如图 4-7 所示。结果一部分电子的速度不能抵消，系统的动量不再为零，金属中产生了宏观电流。

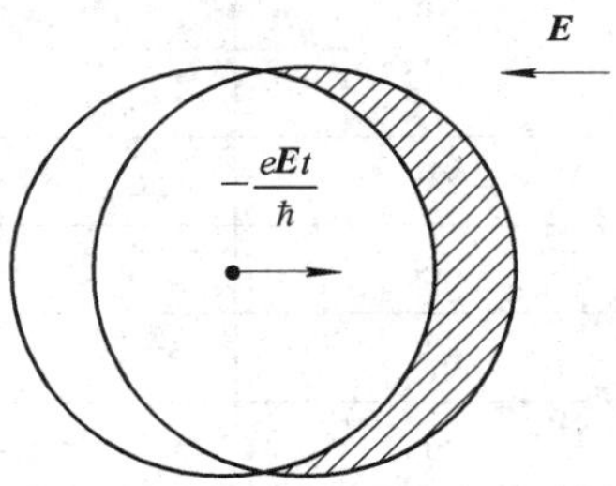

图 4-7　费米面的整体移动

如果仅从表面上分析，当外加电场恒定时，金属中电子的状态将不断按式(4-57)的规律变化，波矢空间电子占据态的球形分布就会将越来越偏心，也就是说金属中的净电流将随时间的延长不断地增加。实际上，由于金属中的杂质、缺陷所形成的势场以及声子等都会对电子的运动产生散射，这些散射导致 $\Delta\boldsymbol{k}$ 并不会随时间 t 无限制地增加。当外场的漂移作用与散射作用达到动态平衡时，电子占据的球形分布将保持稳定的偏心。如果经过平均时间 τ 后可以使费米球在电场中维持一种稳态，则在稳定情形，费米球的位移量为

$$\delta \boldsymbol{k} = \frac{-e\boldsymbol{E}\tau}{\hbar} \tag{4-58}$$

上式中，τ 实际上代表的是电子在两次散射之间所经历的平均自由时间（弛豫时间）。所以在稳定状态下，电子的漂移速度为

$$\boldsymbol{v}_{\mathrm{d}} = \frac{\hbar\delta\boldsymbol{k}}{m} = -\frac{e\tau}{m}\boldsymbol{E} \tag{4-59}$$

从图 4-7 可以看出，费米球内大部分电子的速度仍然可以成对抵消，只有图中阴影部分的电子才对宏观电流有贡献。这部分电子大都接近费米面，具有费米速度 v_{F}，所占的比例约为 $v_{\mathrm{d}}/v_{\mathrm{F}}$。假设金属单位体积内的电子数为 n，则电流密度为

$$j = -e\left(n\frac{v_{\mathrm{d}}}{v_{\mathrm{F}}}\right)v_{\mathrm{F}} = -env_{\mathrm{d}} = en\frac{e\tau}{m}E \tag{4-60}$$

即电流密度与电场强度成正比关系。若取 $\tau=\tau_{\mathrm{F}}$，则金属的电导率为

$$\sigma = \frac{e^2 n\tau_{\mathrm{F}}}{m} = \frac{e^2 nl_{\mathrm{F}}}{mv_{\mathrm{F}}} \tag{4-61}$$

式中，l_{F} 为费米面附近电子的平均自由程，定义为 $l_{\mathrm{F}}=v_{\mathrm{F}}\tau_{\mathrm{F}}$。

1928 年索末菲就推导出式(4-61)，它与经典自由电子理论推出的式(4-4)基本一致。但利用费米球的位移来说明金属电导率的本质有利于理解费米面的重要性，宏观电流正是由靠近费米面的电子所运载的，这就是用 τ_{F} 代替 τ 的原因。

大多数金属的电导率在室温(300 K)下由传导电子与声子的碰撞所支配，而在液氦温度(4 K)下则由传导电子所受到的杂质原子和晶格缺陷的散射所支配。以纯净的铜为例，它在液氦温度下的电导率接近室温下电导率的 10^5 倍；相应于这种状况，在 300 K 和 4 K 的温度下，τ_{F} 分别为 2×10^{-14} s 和 2×10^{-9} s，因为所有的碰撞仅仅涉及费米面附近的电子，铜的 $v_{\mathrm{F}}\approx1.57\times10^8$ cm/s，所以对应的平均自由程为

$$l_{\mathrm{F}}(4\ \mathrm{K}) \approx 0.3\ \mathrm{cm}$$

$$l_{\mathrm{F}}(300\ \mathrm{K}) \approx 3\times10^{-6}\ \mathrm{cm}$$

在液氦温度下，对很纯的金属，曾经测得平均自由程长达 10 cm。对于这样长的平均自由程，经典自由电子理论是无法解释的。由此可见，量子自由电子理论比经典自由电子理论可以更好地解释金属导电的本质。

4.4.3　金属的热导

在有温度梯度的情况下，金属中能量较高的电子和声子在高温处的密度大于在低温处的密度。这样，通过粒子间的相互扩散，必然会产生不等量的能量交换，因而产生热流。一维情况下，若温度梯度为 $\mathrm{d}T/\mathrm{d}x$，则能流密度

$$J = -\kappa\frac{\mathrm{d}T}{\mathrm{d}x} \tag{4-62}$$

式中，κ 为金属的热导率，它应为电子和声子共同贡献之和，即

$$\kappa = \kappa_{\mathrm{e}} + \kappa_{\mathrm{L}} \tag{4-63}$$

其中，κ_{e} 和 κ_{L} 分别表示电子气体和声子气体的热导率。

理论与实验都已证明，金属具有高浓度的自由电子，这些自由电子对热传导的贡献要远比声子的贡献大，即总是满足 $\kappa_e \gg \kappa_L$。因此通常所谓的金属热导率 κ 指的就是自由电子气的热导率 κ_e。

自由电子气的热导率 κ_e 在形式上与理想气体的热导率公式类似，即

$$\kappa \approx \kappa_e = \frac{1}{3} c_e v_F l_F = \frac{1}{3} \frac{C_V^e}{V_c} v_F^2 \tau_F \tag{4-64}$$

式中，$c_e = C_V^e / V_c$，为单位体积电子气的热容。由于只有费米面附近的电子才有可能发生状态的改变而产生碰撞，并与离子实交换热能，因此我们将与之相关的速度、平均自由程以及平均自由时间都用费米面附近电子的相关量来表示。

如上所述，金属的电导率和热导率取决于自由电子，它们之间应存在一定的关系。根据金属热导率公式(4-64)、电导率公式(4-61)以及自由电子气的热容公式(4-51)，有

$$\frac{\kappa}{\sigma} = \frac{\frac{1}{3} \frac{C_V^e}{V_c} v_F^2 \tau_F}{\frac{e^2 n \tau_F}{m}} = \frac{\pi^2}{3} \left(\frac{k_B}{e}\right)^2 T \tag{4-65}$$

这个关系称为维德曼—夫兰兹定律，其系数

$$L = \frac{\kappa}{\sigma T} = \frac{\pi^2}{3} \left(\frac{k_B}{e}\right)^2 = 2.45 \times 10^{-8} \quad \text{W} \cdot \Omega \cdot \text{K}^{-2} \tag{4-66}$$

是一个普适常数，叫做洛仑兹常数。表 4-3 中列出了一些金属在 293 K 时的洛仑兹常数的实验值，它们与理论值符合得相当好。

表 4-3　293 K 时测量的电导率和热导率

元素	σ /($10^7 \Omega^{-1}$)	κ /($\text{W} \cdot \text{m}^{-1} \cdot \text{K}^{-1}$)	L /($10^{-8} \text{W} \cdot \Omega \cdot \text{K}^{-2}$)
Ag	6.15	423	2.45
Cu	5.82	387	2.37
Na	2.10	135	2.18
Al	3.55	210	2.02
K	1.30	102	2.64
Fe	1.00	67	2.31
Pb	0.45	34	2.56

应该说明，在室温情况下，多数金属的实验值与上面的理论值符合得很好，但在低温时，许多金属的 L 都与温度有关，其原因可能是因为导电和导热是两种不同的电子过程，它们的弛豫时间应该有所不同，而我们在得到式(4-65)的时候，是将二者等同考虑的。另外应该注意，利用经典自由电子气模型，也可以说明维德曼—夫兰兹定律，但所得到的洛仑兹常数为 $L = 3k_B^2/2e^2$，比用自由电子气的量子理论所得到的常数要小一些。所以，自由电子气的量子理论更能反映金属电导和热导的本质。

4.5　功函数与接触电势差

量子自由电子论还可以很好地解释金属其它一些重要的物理性质和现象，例如功函数、热电子发射以及接触电势差等。

4.5.1　功函数及热电子发射

在正常情况下，金属中的自由电子受正离子实的吸引不会离开金属，只有当外界供给它足够能量时，才会脱离金属。这种电子依靠外界提供的能量而逸出金属的现象称为电子发射。依照外界能量提供方式的不同，有如下几种电子发射：

（1）高温引起的热电子发射。

（2）光照引起的光电发射。

（3）强电场引起的场致发射。

金属中电子的势阱模型如图 4－8 所示。设电子在深度为 E_0（真空能级）的势阱内，费米能级为 E_F，在绝对零度时，费米能级以下的所有能态都被电子所占据。因此，电子若要离开金属，即跑到势阱外部，至少需要从外界得到的能量为

$$\Phi = E_0 - E_F \tag{4-67}$$

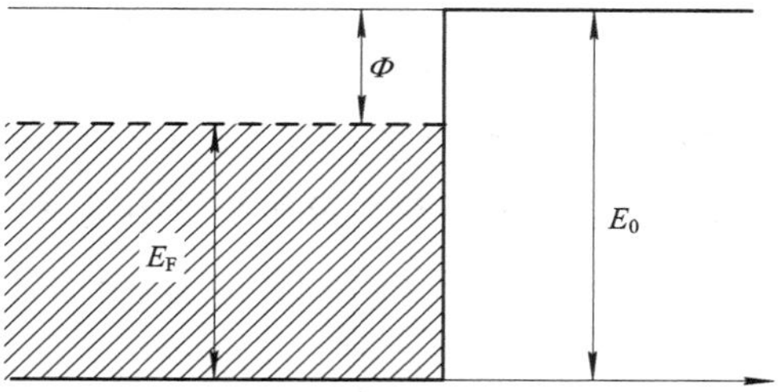

图 4－8　金属的功函数与势阱

也就是说，费米能级上的电子至少需要有一定的阈值能量 Φ 才能克服势垒从金属中逃逸出去，通常称这个能量阈值 Φ 为金属的功函数，也叫脱出功。

下面我们用量子自由电子气模型来讨论最常见的热电子发射。

在 $\boldsymbol{k}$ 空间，$\boldsymbol{k}$ 点的密度为 $V_c/(2\pi)^3$，考虑自旋 $\mathrm{d}\boldsymbol{k}$ 范围内的电子状态数为

$$\mathrm{d}Z = \frac{V_c}{4\pi^3}\mathrm{d}\boldsymbol{k}$$

根据量子理论，自由电子的能量 E、动量 $\boldsymbol{p}$ 与速度 $\boldsymbol{v}$ 和波矢 $\boldsymbol{k}$ 的关系为

$$\left.\begin{aligned} E &= \frac{1}{2}mv^2 = \frac{\hbar^2 k^2}{2m} \\ \boldsymbol{p} &= m\boldsymbol{v} = \hbar\boldsymbol{k} \end{aligned}\right\} \tag{4-68}$$

利用上式，将 $\mathrm{d}\boldsymbol{k}$ 体积元变换成 $\mathrm{d}\boldsymbol{v}$ 体积元，并取金属的体积为 V_c，则可得到速度空间 $\mathrm{d}\boldsymbol{v}$ 区间内的电子数目为

$$\begin{aligned} \mathrm{d}n &= \frac{V_c}{4\pi^3}\left(\frac{m}{\hbar}\right)^3 f(E,\ T)\mathrm{d}v_x\mathrm{d}v_y\mathrm{d}v_z \\ &= \frac{V_c}{4\pi^3}\left(\frac{m}{\hbar}\right)^3 \frac{\mathrm{d}v_x\mathrm{d}v_y\mathrm{d}v_z}{\mathrm{e}^{(E-E_F)/k_B T}+1} \end{aligned} \tag{4-69}$$

对于能逃离金属的电子，其能量必须满足 $E \geqslant E_0 = \Phi + E_F$，或者 $E - E_F \geqslant \Phi$；而通常金属的功函数都满足 $\Phi \gg k_B T$，亦即

$$\frac{E-E_F}{k_B T} \gg 1$$

因此费米分布函数可近似写成

$$f(E,\ T) \approx e^{-(E-E_F)/(k_B T)}$$

因此式(4-69)简化成

$$dn = \frac{V_c}{4\pi^3}\left(\frac{m}{\hbar}\right)^3 e^{E_F/k_B T} e^{-mv^2/(2k_B T)} dv_x dv_y dv_z \tag{4-70}$$

设金属表面垂直于 x 轴，电子沿 x 轴方向脱离金属，脱离金属的条件为 $mv_x^2/2 \geqslant E_0$，其余速度分量 v_y、v_z 则可取任意值，所以 v_x 到 $v_x + dv_x$ 区间内的电子数目为

$$dn(v_x) = \frac{V_c}{4\pi^3}\left(\frac{m}{\hbar}\right)^3 e^{E_F/(k_B T)} e^{-mv_x^2/(2k_B T)} dv_x \int_{-\infty}^{\infty} e^{-mv_y^2/(2k_B T)} dv_y \int_{-\infty}^{\infty} e^{-mv_z^2/(2k_B T)} dv_z \tag{4-71}$$

利用公式

$$\int_{-\infty}^{\infty} e^{-ax^2} dx = \sqrt{\frac{\pi}{a}}$$

可得

$$dn(v_x) = \frac{V_c m^2}{2\pi^2 \hbar^3} k_B T e^{E_F/(k_B T)} e^{-mv_x^2/(k_B T)} dv_x \tag{4-72}$$

对于满足 $E \geqslant E_0$ 的电子，在 dt 时间间隔内，只有金属表面附近 $v_x dt$ 薄层内的电子才能逃离金属，逸出的电子数目及所携带的电量分别为

$$dN = dn(v_x) \cdot v_x dt$$

$$dq = e dN = e dn(v_x) \cdot v_x dt$$

这些电子所形成的电流密度为

$$\frac{dq}{dt} = e dn(v_x) \cdot v_x$$

所以，总的热电子发射电流密度为

$$\begin{aligned} j &= \int \frac{dq}{dt} = \frac{V_c m^2 e}{2\pi^2 \hbar^3} k_B T e^{E_F/(k_B T)} \int_{(2E_0/m)^{1/2}}^{\infty} e^{-mv_x^2/(2k_B T)} v_x dv_x \\ &= \frac{V_c e m}{2\pi^2 \hbar^3}(k_B T)^2 e^{-(E_0-E_F)/(k_B T)} = AT^2 e^{-\Phi/(k_B T)} \end{aligned} \tag{4-73}$$

上式称为里查逊—德西曼(Richardson-Dushman)公式。它是1928年由索末菲和诺德海姆(L. Nordheim)各自独立地导出的。该公式说明热电子发射的电流密度很强地依赖于温度与功函数的值。

如果将里查逊—德西曼公式的两边除以 T^2，然后取对数，则得

$$\ln\frac{j}{T^2} = \ln A - \frac{\Phi}{k_B T} \tag{4-74}$$

可根据实验数据，以 $\ln(j/T^2)$ 及 $1/(k_B T)$ 为纵、横坐标作曲线，所得直线的斜率给出功函数 Φ，而直线外推到纵轴的截距给出 A 值。

表4-4给出了一些金属的 A 和 Φ 的实验值。应该强调，由于金属晶体不同晶向的原子排列不同，因此金属外露晶面的取向对功函数的取值有影响。表4-5为对几种典型金属不同外露晶面功函数的测量结果。

表 4－4　某些金属 A 和 Φ 的实验值

金　属	钨	镍	钼	银	铯	铂	铬
$A/(10^4\,A\cdot m^{-2}\cdot K^{-2})$	～75	30	55	～	160	32	48
Φ/eV	4.5	4.6	4.2	4.8	1.8	5.2	4.6

表 4－5　几种典型金属不同晶面的功函数

金　属	表面晶面	功函数/eV	金　属	表面晶面	功函数/eV
Ag	(100)	4.64	Ge	(111)	4.80
	(110)	4.52	Ni	(100)	5.22
	(111)	4.74		(110)	5.04
Cs	多晶体	2.14		(111)	5.35
Cu	(100)	4.59	W	(100)	4.63
	(110)	4.48		(110)	5.25
	(111)	4.98		(111)	4.47

4.5.2　接触电势差

与功函数密切相关的一个物理概念是接触电势差。任意两种不同的金属 A 和 B 相接触或用导线相连接时，就会带有电荷并分别产生电势 V_A 和 V_B，这种电势称为接触电势，两接触电势之差便是接触电势差，如图 4－9 所示。下面对接触电势差的形成过程加以说明。

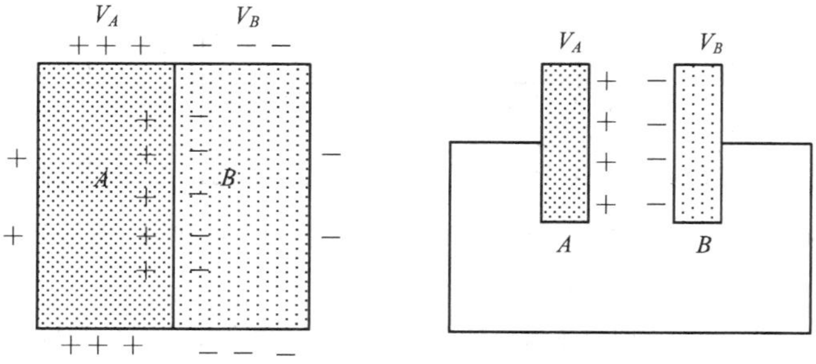

图 4－9　金属接触电势示意图

设两块金属的温度都是 T，当它们互相接触时，每秒内从金属 A 的单位表面积逸出的电子数(j/e)为

$$I_A = \frac{V_A m}{2\pi^2 \hbar^3}(k_B T)^2 e^{-\Phi_A/(k_B T)} \tag{4-75}$$

从金属 B 逸出的电子数为

$$I_B = \frac{V_B m}{2\pi^2 \hbar^3}(k_B T)^2 e^{-\Phi_B/(k_B T)} \tag{4-76}$$

若 $\Phi_B > \Phi_A$，则从金属 A 逸出的电子数比从金属 B 逸出的多。于是，两者接触时金属 A 带

正电荷，金属 B 带负电荷，它们产生的静电势分别为

$$V_A > 0, \quad V_B < 0$$

这样，两块金属中的电子分别具有附加的静电势能为 $-eV_A$ 和 $-eV_B$，它们发射的电子数分别变成

$$I'_A = \frac{V_A m}{2\pi^2 \hbar^3}(k_B T)^2 e^{-(\Phi_A + eV_A)/(k_B T)} \tag{4-77}$$

$$I'_B = \frac{V_B m}{2\pi^2 \hbar^3}(k_B T)^2 e^{-(\Phi_B + eV_B)/(k_B T)} \tag{4-78}$$

平衡时有

$$I'_A = I'_B$$

由此可得

$$\Phi_A + eV_A = \Phi_B + eV_B$$

所以，接触电势差为

$$V_A - V_B = \frac{1}{e}(\Phi_B - \Phi_A) \tag{4-79}$$

上面关系式说明接触电势差的产生源于两块金属的逸出功不同，而逸出功表示真空能级与金属费米能级之差，所以接触电势差产生的实质是由于两块金属的费米能级高低不同，如图 4-10 所示。电子从费米能级较高的金属 A 流到费米能级较低的金属 B，接触电势差正好补偿了两者之间费米能级的差别，达到统计平衡时，整个系统有了一个统一的费米能级。

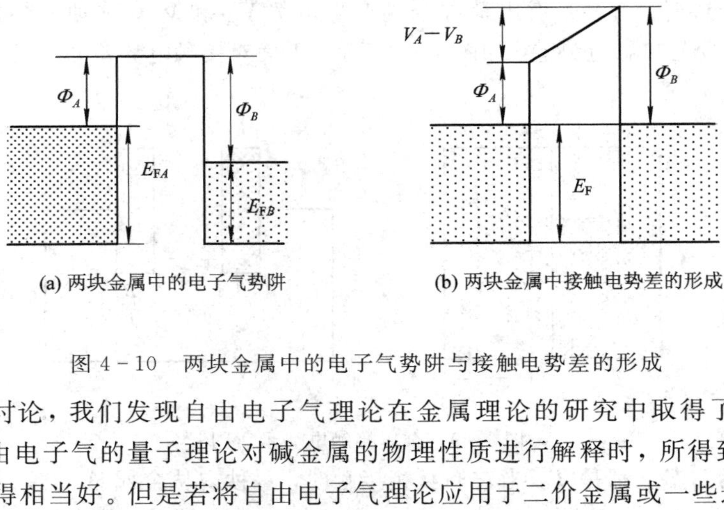

(a) 两块金属中的电子气势阱 (b) 两块金属中接触电势差的形成

图 4-10 两块金属中的电子气势阱与接触电势差的形成

通过上述讨论，我们发现自由电子气理论在金属理论的研究中取得了令人瞩目的成功。特别用自由电子气的量子理论对碱金属的物理性质进行解释时，所得到的理论结果与实验结果吻合得相当好。但是若将自由电子气理论应用于二价金属或一些过渡金属，人们发现理论值与实验值存在较大的偏差。另外，这个理论无法解释为什么一些金属会呈现出特有的金属光泽。更重要的是，它无法解释为什么晶体会分为导体、绝缘体和半导体的问题。造成上述困难的根本原因是自由电子气理论将金属的实际情况过于理想化了。

1928 年，布洛赫考虑了晶格周期势场对电子的运动状态的影响，提出了能带论，清楚地给出了固体中电子动量和能量的多重关系，比较彻底地解决了固体中电子的基本理论问题，从而建立了包括金属、半导体、绝缘体在内的固体电性质的统一理论——能带论。在

能带论的基础上，从 20 世纪 40 年代到 50 年代，人们对半导体和绝缘体的理解一下子深入了很多。到 20 世纪 50 年代中期，人们对简单半导体能带和电性质的理解已经超过了对任何金属的理解。在此基础上，半导体工业开始发展并最终导致了电子和信息时代的到来。

*4.6　经典自由电子论与伦敦方程

1. 金属的经典电子论

经典电子论的提出是 20 世纪物理学的重要成就之一。金属电子论是在气体分子运动论的基础上发展起来的。分子运动论的基本概念早在 17 世纪就已经产生，并能够被用来解释一些热学现象。从 18 世纪到 19 世纪初叶，由于热质说的兴盛，分子运动论受到压抑而发展十分缓慢。19 世纪中叶以后，为了解释热运动的本质及其内部机制问题，许多科学家通过对气体分子运动的研究对热现象进行了微观解释，使人们认识到，在由大量粒子所组成的系统中，仅仅用每个粒子的机械运动的规律来描绘整个系统的状态是不够的，由大量粒子所组成的系统还有其在整体上出现的新的统计规律性。其中，英国的麦克斯韦(J. C. Maxwell)、奥地利的玻耳兹曼(L. E. Boltzmann)以及英国的吉布斯(J. W. Gibbs)等人将数学中的统计和概率方法引入分子物理学，得到了分子运动的速度分布、能量分布等一系列规律，并创立了气体分子运动论的一系列方法理论。这些理论以气体中大量分子作无规则运动的观点为基础，根据力学定律和大量分子运动所表现出来的统计规律来阐明气体的性质，初步揭示了气体的扩散、热传导和粘滞性等现象的本质，解释了许多关于气体的实验定律等。

1897 年，著名物理学家汤姆逊(J. J. Thomson)发现了电子，使电子成为了人类认识的第一种基本粒子。电子的发现揭开了人类研究原子内部结构的序幕，促进了人们对固体特别是金属的一些已经熟知、但又无法解释的现象或特性的深入探索。在电子被发现三年之后，德国物理学家特鲁德(P. Drude)受当时已经很成功的气体分子运动论的启发，首先大胆地将气体分子运动论用于金属，于 1900 年提出所谓的“自由电子气模型”，认为金属中的价电子像气体分子那样组成电子气体，在温度为 T 的晶体内，其行为宛如理想气体中的粒子。它们可以和离子碰撞，在一定温度下达到平衡。如果没有外加电压，金属内部电场为零，大量自由电子在均匀正电荷背景下做无规则热运动，不会产生宏观电流；但若将金属置于外电场之中，金属中的自由电子除了无规则热运动外，还会受外加电场作用而产生附加的定向漂移运动，因此产生宏观电流。自由电子与正离子晶格的碰撞对定向运动起破坏作用，限制了定向速度的增加，形成了电阻。在温度场中，由于电子气的流动伴随着能量传递，因而金属是极好的导电体和导热体。

1904 年，洛仑兹(H. A. Lorentz)对特鲁德的自由电子气模型做了改进。认为电子气服从麦克斯韦—玻耳兹曼统计分布规律，据此就可用经典力学定律对金属自由电子气模型作出定量计算。这样就构成了特鲁德—洛仑兹自由电子气理论，又称为经典自由电子论。

根据经典自由电子论，若金属中单位体积内的自由电子数为 n(电子浓度)，则电流密度 j_n 可写为

$$\boldsymbol{j}_{\circ} = -en\bar{v} = \frac{e^2 n\tau}{m}\boldsymbol{E} = \frac{e^2 n\bar{l}}{m\bar{v}}\boldsymbol{E} = \sigma\boldsymbol{E}$$

显而易见，上式就是欧姆定律的微分形式。其中

$$\sigma = \frac{e^2 n\bar{l}}{m\bar{v}} \propto \frac{1}{\sqrt{T}}$$

为金属的电导率，它与金属中自由电子的浓度 n、平均自由程 $\bar{l}$ 和平均速率 $\bar{v}$ 有关。当温度升高时，电子热运动速度增大，与晶格点阵碰撞频繁，平均自由时间缩短，因此电导率下降，电阻增大，这便是金属电阻随温度变化的经典解释。可见，利用经典自由电子论可以解释欧姆定律和电导率的温度效应，同时也可以解释维德曼—夫兰兹定律。

应该指出，在解释电导率的温度效应时，经典电子论所得到的结果是 $\sigma \propto 1/\sqrt{T}$。但对于大多数金属来说，电导率随温度变化的实验结果为 $\sigma \propto 1/T$，与预期的理论结果有所不符，这反映了经典理论的不足，需要用量子理论进行修正。

2. 超导体的伦敦方程

20 世纪物理学的另一成就是超导体的发现。1911 年，荷兰物理学家昂尼斯(H. K. Onnes)发现了水银的零电阻特性以后，人们又相继发现了超导态的完全抗磁性及在 T_c 时比热容发生跳变以及磁通量子化等奇特性质，关于超导体独特性质的解释成为了当时物理学领域中的研究热点。

为了解释低温超导体的零电阻现象和完全抗磁性，1935 年伦敦兄弟(F. London 和 H. London)提出了一个极富创意的观点，用所谓的二流体模型来解释迈斯纳效应。假设在 $T < T_c$ 时，超导体内同时存在两种电子：一种是超导电子，浓度为 n_s，超导电子与正离子晶格不发生碰撞，可以在晶体中不受阻力地自由运动；另一种是正常电子，浓度为 $n - n_s$，这种电子与金属中的自由电子一样，遵从欧姆定律。超导电子是在 $T < T_c$ 时产生的，其在两种电子中所占的比例随着温度 T 的降低逐渐增加。在 $T \to T_c$ 时，$n_s \to 0$，超导电子所占的份额最少；在 $T = 0$ K 时，$n_s = n$，超导内的电子全部为超导电子。这时，超导体内的电流几乎全部由超导电子携带，由于超导电子的运动不受任何阻力影响，因而显示零电阻特性。

在外电场作用下，超导电子的运动方程为

$$m\frac{\mathrm{d}\boldsymbol{v}_s}{\mathrm{d}t} = -e\boldsymbol{E}$$

式中，$\boldsymbol{v}_s$ 是超导电子的速度。而电流密度为

$$\boldsymbol{j}_s = -en_s\boldsymbol{v}_s$$

所以有

$$\frac{\mathrm{d}\boldsymbol{j}_s}{\mathrm{d}t} = \frac{n_s e^2}{m}\boldsymbol{E}$$

利用 $\nabla \times \boldsymbol{E} = -\partial\boldsymbol{B}/\partial t$，可得

$$\frac{\partial}{\partial t}\left(\nabla \times \boldsymbol{j}_s + \frac{n_s e^2}{m}\boldsymbol{B}\right) = 0$$

如果限定上式括号内的式子为零，即

$$\nabla \times \boldsymbol{j}_s = -\frac{n_s e^2}{m}\boldsymbol{B}$$

就可以对迈斯纳效应做出解释。上式即为伦敦方程。

利用麦克斯韦方程

$$\nabla \times \boldsymbol{B} = \mu_0 \boldsymbol{j}_s \qquad \frac{\partial \boldsymbol{D}}{\partial t} = 0$$

联立求解，可得

$$\nabla^2 \boldsymbol{B} = \frac{n_s e^2 \mu_0}{m} \boldsymbol{B} = \frac{\boldsymbol{B}}{\lambda_L^2}$$

其中：

$$\lambda_L = \left(\frac{n_s e^2 \mu_0}{m} \right)^{-1/2}$$

λ_L 具有长度的量纲，称为伦敦穿透深度。若 n_s 取一般导体的导电电子浓度的数量级（$10^{23}\,\text{cm}^{-3}$），可得 λ_L 为 $10^{-6}\,\text{cm}$ 的数量级。由此可得一维条件下超导体内的磁场分布：

$$B(x) = B(0)\mathrm{e}^{-x/\lambda_L}$$

$B(0)$是超导体表面处的磁感应强度。可见，在稳定条件下，超导体中的磁场自表面向内按指数规律衰减。同样可以得出，在稳定情形，超导体中的超导电流 j_s 的变化规律与磁感应强度的变化规律相同。实际上，正是表面薄层中超导电流产生的磁场与外磁场抵消，导致超导体的完全抗磁性。所以，伦敦方程成功地解释了超导体的零电阻和完全抗磁性。

3. 两种理论的比较与启示

（1）自由电子（正常电子）和超导电子的区别在于是否与晶格碰撞，由此两者的运动规律明显不同，导致金属与超导体的性质出现完全不同的结果。根据金属经典电子论，在金属中，自由电子（正常电子）在热运动背景下的定向运动以及与晶格的碰撞使得正常电流 j_n 与 E 成正比，遵从欧姆定律。同时，由于电阻与温度有关，说明正常电子电流有热效应；在超导体中，超导电子与晶格不碰撞，使得超导电流的变化率 $\mathrm{d}j_s/\mathrm{d}t$ 与电场 E 成正比，不遵从欧姆定律，导致零电阻和完全抗磁性的现象发生等。采用同样的研究方法，针对不同的研究对象，选取了不同的唯象模型，经过并不复杂的推导，得出了截然不同的结论，而且都成功地解释了相关的实验事实。有比较才有鉴别，经典内容和前沿进展的这种比较是内在的、定量的、深入的，既拓展了视野，又加深了对基础知识的理解，值得在学习中提倡。

（2）应该强调，无论金属导电的自由电子模型，还是低温超导体的二流体模型，在当时，都只是对各类宏观现象的可能微观机制的一种猜测或假设。也就是说，在这些模型基础上构筑起来的都只是唯象理论。它们的成功表明了假设的合理性，它们的不足表明还有待完善和发展。就拿经典电子论来说，随着泡利不相容原理和费米—狄拉克统计规律的提出，索末菲对经典电子论的及时修正，在此基础上发展了量子化的自由电子论，使得自由电子理论趋于完善。超导理论的发展也具有同样的特点。随着对原子结构和电子运动的了解，Cooper 对的提出使超导体的二流体模型有了根据，超导现象才得到进一步的解释和确认。这些都是各种唯象理论在研究方法上的共同性，物理学正是循此逐步地由宏观进入微观，由现象达到本质，由认识世界转向改造世界。

（3）物理学的发展历史漫长而曲折，适当地了解物理学的发展历史，采用类比的研究或学习方法，可以帮助我们准确地理解一些物理概念、物理理论和物理规律在各个时期的贡献及其含义，避免把后世的结果强加于前人；可以帮助我们体会共通的研究方法，领略前辈大师非凡的想象力、洞察力和创新精神。所有这些，对我们今后正确学习和理解物理学的相关内容都会有很大帮助。

本章小结

本章主要介绍了经典自由电子论和量子自由电子论。

1. 两种理论的比较

两种理论都认为：金属中存在自由电子，它们在金属内的恒定势场中彼此独立地自由运动，自由电子与离子实相互碰撞，在一定温度下达到平衡，因而电子具有平均自由程和平均自由时间。在外电场下电子的漂移运动形成电流，在温度场中电子的流动伴随着能量传递，因而金属具有良好的导热和导电性能，金属的电导与热导服从维德曼—夫兰兹定律。

两种理论的不同之处在于：经典理论认为电子是经典粒子，其分布遵从麦克斯韦一玻耳兹曼统计规律；而量子理论认为电子是费米子，应服从薛定谔方程，要受泡利不相容原理限制，其分布遵从费米—狄拉克统计规律。

2. 量于自由电子论的主要结果

设金属为边长 L 的立方体，体积为 V_c，其中共有 N 个自由电子。

电子波函数：

$$\psi(\boldsymbol{r})=\sqrt{\frac{1}{V_c}}\mathrm{e}^{\mathrm{i}\boldsymbol{k}\cdot\boldsymbol{r}}$$

电子的动量与速度：

$$\boldsymbol{p}=m\boldsymbol{v}=\hbar\boldsymbol{k}$$

电子的能量：

$$E(\boldsymbol{k})=\frac{\hbar^2k^2}{2m}=\frac{\hbar^2}{2m}(k_x^2+k_y^2+k_z^2)$$

电子的能态密度：

$$g(E)=\frac{\mathrm{d}Z(E)}{\mathrm{d}E}=\frac{V_c}{2\pi^2}\left(\frac{2m}{\hbar^2}\right)^{3/2}E^{1/2}$$

电子气的费米能：

$$E_F^0=\frac{\hbar^2}{2m}\left(3\pi^2\frac{N}{V_c}\right)^{2/3}\qquad T=0\ \mathrm{K}$$

$$E_F\approx E_F^0\left[1-\frac{\pi^2}{12}\left(\frac{k_BT}{E_F^0}\right)^2\right]\qquad T>0\ \mathrm{K}$$

电子的平均能量：

$$\bar{E}=\frac{3}{5}E_F^0\qquad T=0\ \mathrm{K}$$

$$\bar{E}\approx\frac{3}{5}E_F^0\left[1+\frac{5}{12}\pi^2\left(\frac{k_BT}{E_F^0}\right)^2\right]\qquad T>0\ \mathrm{K}$$

3. 量子自由电子论对金属物理性质的解释

金属的热容，在高温时：

$$C \approx C_V^{\mathrm{L}} = 3Nk_{\mathrm{B}}$$

在低温时：

$$C = C_V^{\mathrm{e}} + C_V^{\mathrm{L}} = \gamma T + bT^3$$

金属电导率：

$$\sigma = \frac{e^2 n\tau_{\mathrm{F}}}{m} = \frac{e^2 nl_{\mathrm{F}}}{mv_{\mathrm{F}}}$$

金属热导率：

$$\kappa = \kappa_{\mathrm{e}} + \kappa_{\mathrm{L}} = \kappa_{\mathrm{e}} = \frac{1}{3}c_{\mathrm{e}} v_{\mathrm{F}} l_{\mathrm{F}} = \frac{1}{3}\frac{C_V^{\mathrm{e}}}{V_{\mathrm{c}}} v_{\mathrm{F}}^2 \tau_{\mathrm{F}}$$

维德曼—夫兰兹定律：

$$\frac{\kappa}{\sigma} = \frac{\pi^2}{3}\left(\frac{k_{\mathrm{B}}}{e}\right)^2 T = LT$$

里查逊—德西曼公式：

$$j = \frac{V_{\mathrm{c}} em}{2\pi^2 \hbar^3}(k_{\mathrm{B}} T)^2 \mathrm{e}^{-(E_0 - E_{\mathrm{F}})/(k_{\mathrm{B}} T)} = AT^2 \mathrm{e}^{-\Phi/(k_{\mathrm{B}} T)}$$

金属的接触电势差：

$$V_A - V_B = \frac{1}{e}(\Phi_B - \Phi_A)$$

用量子自由电子论解释金属物性的核心点：费米面附近的电子状态决定了金属的物理性质。

思　考　题

1. 什么是自由电子气体？它有哪些基本性质？

2. 说明费米温度的物理意义，并将金属费米温度和晶格振动中的德拜温度的物理意义作一比较。

3. 试说明费米分布因数 $f_{\mathrm{F\text{-}D}}(E, T)$有哪些基本特点？

4. 解释下列物理概念：费米面、费米能、费米波矢、费米速度和费米温度。说明费米面在决定金属动力学性质中的意义。

5. 即使在 $T=0$ K 下，金属中的电子还是具有相当大的平均动能，原因何在？

6. 用一简单物理模型定性说明电子热容 C_V 和 $Nk_{\mathrm{B}}(T/T_{\mathrm{F}})$成正比，这里 N 是电子数，T_{F} 是费米温度。

7. 金属在低温下的热容为 $C=\gamma T+bT^2$。实验测得热容常数 γ 和理论值有分歧，试解释其物理原因。

8. 试评述自由电子气理论的成功之处与不足。

习　　题

1. 试推导出一维和二维自由电子气的能态密度。

2. 设 N 个自由电子被限制在边长为 L 的二维正方形势阱中的运动，电子能量为

$$E(\boldsymbol{k})=\frac{\hbar^2}{2m}(k_x^2+k_y^2)$$

试求：

(1) 能量从 E 到 $E+\mathrm{d}E$ 之间的状态数；

(2) 费米能量的表达式。

3. 若二维电子气的面密度为 n_s，证明它的费米能为

$$E_F=k_BT\ln\left[\exp\left(\frac{\pi\hbar^2n_s}{mk_BT}\right)-1\right]$$

4. 试估算在温度 T 时，金属中被热激发到达高能态的电子数目所占全部电子数的比例。

5. 已知锂的密度为 $0.534\times10^3\ \mathrm{kg\cdot m^{-3}}$，德拜温度为 344 K。

(1) 试求室温下锂的电子热容；

(2) 试求在什么温度下锂的电子热容和声子热容有相同值？

6. 在低温下金属钾的摩尔热容的实验结果可写为

$$C=2.08T+2.57T^3\quad \mathrm{mJ/mol\cdot K}$$

若 1 mol 金属钾有 $N=6\times10^{23}$ 个自由电子，试求它的费米温度 T_F 和德拜温度 Θ_D。

7. 试用里查逊—德西曼公式证明：两种金属的接触电势差为

$$V_A-V_B=\frac{1}{e}(\Phi_B-\Phi_A)$$

其中，Φ_A 和 Φ_B 分别为这两种金属的功函数。

参考文献

[1] 徐毓龙，阎西林，贾宇明，等. 材料物理导论. 成都：电子科技大学出版社，1995

[2] 韦丹. 固体物理. 北京：清华大学出版社，2003

[3] 沈以赴. 固体物理学基础教程. 北京：化学工业出版社，2005

[4] [美]基泰尔 C. 固体物理导论. 项金钟，吴兴惠，译. 8 版. 北京：化学工业出版社，2005

[5] 陆栋，蒋平，徐至中. 固体物理学. 上海：上海科技出版社，2003

[6] 顾秉林，王喜坤. 固体物理学. 北京：清华大学出版社，1989

[7] 方俊鑫，陆栋. 固体物理学：上. 上海：上海科技出版社，1981

[8] 吕世骥，范印哲. 固体物理教程. 北京：北京大学出版社，1990

[9] 黄昆. 固体物理学. 韩汝琦，改编. 北京：高等教育出版社，1988

[10] 王矜奉. 固体物理教程. 济南：山东大学出版社，2004

[11] 陈长乐. 固体物理学. 西安：西北工业大学出版社，1998

[12] 阎守胜. 固体物理基础. 北京：北京大学出版社，2000

[13] 陈秉乾，等. Drude 的金属经典电子论(1900)与超导体的 London 方程(1935). 大学物理，2007，26(11)：8-10

第5章　固体能带论

本章提要

本章讨论晶体中电子的状态与能谱——能带论。本章采用三种相对比较简单的近似模型——近自由电子模型、紧束缚模型和科龙尼克—潘纳(Kronig - Penney)模型，计算能带结构，解释能带的成因，并引入状态密度、准动量、有效质量张量、空穴等重要物理概念。

在晶格振动一章中，我们看到晶体的周期性结构决定了声子的色散关系。同样，对晶体中的电子而言，晶体的周期性结构导致电子处于周期性势场之中，从而也对电子态起到决定性的作用，其结果是电子的能量可以用一系列能带来表示。每一个能带中，电子的能量与电子波矢有确定的关系，称之为能带结构。能带论是固体物理的核心内容之一，具有极重要的意义。正是能带论促进了半导体学科的发展，并对当代高度发展的微电子工业作出了奠基性的贡献。

能带论是用量子力学研究固体中电子的运动规律，显然这原本是一个复杂的多体问题，经过一定的近似处理后，可以转化为一个电子在周期性势场中的运动，因此，能带论亦可称为是固体中的单电子理论。能带论中的基本近似有绝热近似和单电子近似。

1. 绝热近似

由于原子实的质量是电子质量的 $10^3 \sim 10^5$ 倍，所以原子实的运动要比价电子的运动缓慢得多，于是可以忽略原子实的运动，把问题简化为 n 个价电子在 N 个固定不动的周期排列的原子实的势场中运动，即把多体问题简化为多电子问题。

2. 单电子近似

原子实势场中的 n 个电子之间存在相互作用，晶体中的任一电子都可视为是处在原子实周期势场和其它$(n-1)$个电子所产生的平均势场中的电子，即把多电子问题简化为单电子问题。

5.1　固体中电子的共有化和能带

如图 5－1 所示，首先设想 N 个 Na 原子按 Na 晶体的体心立方晶格在空间排列，但近邻原子间的距离 R 比实际 Na 晶体的晶格常数 a 大得多，原子间的相互作用可以忽略。这样的系统中，每个原子的电子状态都和孤立原子中电子态是一样的。两个原子的所有电子都被厚为 $R \gg a$ 的势垒隔开，分别在各自原子的势阱中运动。电子几乎不可能从一个原子跑到另一个原子去。例如当 $R \approx 30$Å 时，严格计算表明，大约要经过 10^{20} 年，电子才能从一个原子转移到另一个原子一次。

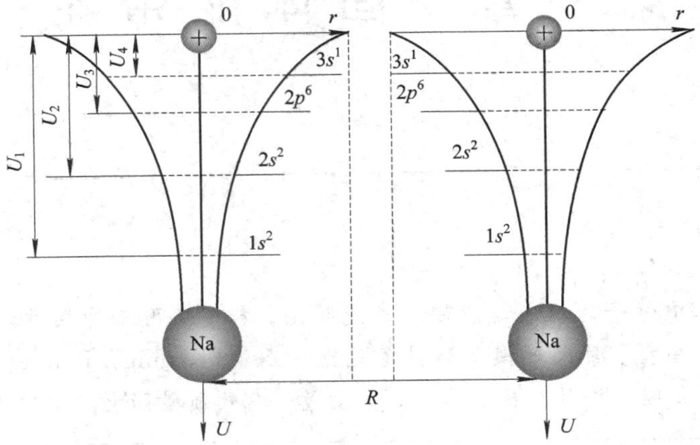

图 5－1 钠原子间的距离 $R \gg a$ 时，系统的势能曲线和电子云

如图 5－2 所示，当 $R \to a$ 时，各个原子的电子势垒发生了两个明显的变化：一是势垒宽度大为减小；二是势垒高度明显下降。对于 Na 的价电子(3s)，已不存在势垒。它可以自由地在整个晶体中运动，即它为整个固体所共有，不再属于个别原子。这种共有化现象不仅表现在能级在势垒以上的价电子，对于 2p，2s 电子，由于势垒变薄变低，通过隧道效应，也在一定程度上共有化。与这种共有化的运动状态相对应，电子的能谱由孤立原子的分离能级分裂成晶体中的能带。因此原子之间靠近而产生的相互作用使原子能级的简并消除，是固体中出现能带的关键。

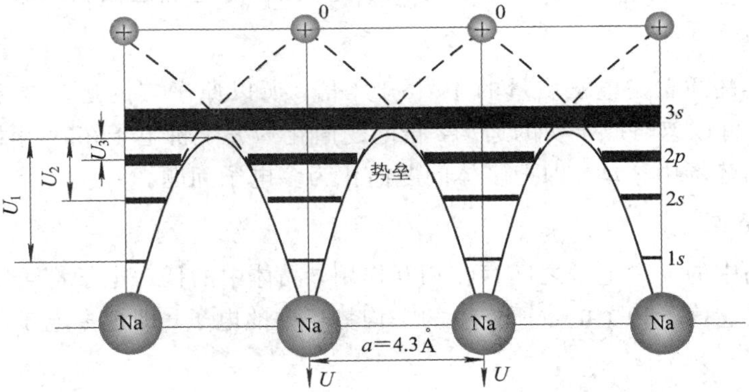

图 5－2 钠晶体中的势能曲线和电子云

孤立原子中电子的定态薛定谔方程为

$$\nabla^2 \psi^{at}(\boldsymbol{k}, \boldsymbol{r}) + \frac{2m}{\hbar^2}(E^{at} - V^{at}(\boldsymbol{r}))\psi^{at}(\boldsymbol{k}, \boldsymbol{r}) = 0 \tag{5-1}$$

其中 V^{at} 为孤立原子中电子的势能函数。这个方程的解是孤立原子中电子的能量 E^{at} 和波函

数 ψ^{at}。

晶体中的单电子定态薛定谔方程为

$$\nabla^2\psi(\boldsymbol{k},\boldsymbol{r})+\frac{2m}{\hbar^2}[E-V(\boldsymbol{r})]\psi(\boldsymbol{k},\boldsymbol{r})=0 \tag{5-2}$$

其中，$V(\boldsymbol{r})$为晶体中电子的势能函数，它具有晶体的周期性：

$$V(\boldsymbol{r})=V(\boldsymbol{r}+\boldsymbol{R}_n) \tag{5-3}$$

其中，$\boldsymbol{R}_n=n_1\boldsymbol{a}_1+n_2\boldsymbol{a}_2+n_3\boldsymbol{a}_3$，为正格矢。求解方程(5-2)的关键是对势能函数$V(\boldsymbol{r})$的正确认识和设定，对$V(\boldsymbol{r})$的设定和写法体现了抓主要矛盾的思想。

对导体，假设$V=V_0+\delta V$，V_0是真空中自由电子势能，δV是晶体周期微扰势。

对绝缘体，假定$V=V^{at}+\delta V$。

仍先考虑绝缘体，式(5-2)的零级近似能量就是孤立原子中电子能量：

$$E_0=E^{at}$$

两者的差别只在于：E^{at}是单一的，而在N个原子组成的晶体中，每一个原子都有一个这样的能级，共有N个，所以是N重简并的。而在考虑到δV之后，这种简并消除了，从而孤立原子中的一个能级E^{at}分裂成N个能级组成固体的一个能带。因N很大，在能带内相邻能级之间的距离十分小，约为10^{-28} eV数量级，因而带内能级分布是准连续的。

孤立原子的能级和固体的能带有以下三种情况。

1. 能级和能带一一对应

图5-3把孤立原子的能级与晶体的能带联系在一起，能较形象地说明能带的形成。图中右边为孤立原子中电子分布在许多层轨道上，每层轨道对应确定的能级。当许多原子相互接近形成晶体时，不同原子的电子轨道(尤其是外层电子轨道)相互交叠。这样电子就不再局限于某一个原子而是在整个晶体中作共有化运动。外层电子的共有化运动显著，表现为能带较宽，内层电子轨道重叠的少，能带就较窄(见图的中部)。在图5-3左部还画出了简约布里渊区的$E(k)$关系曲线。

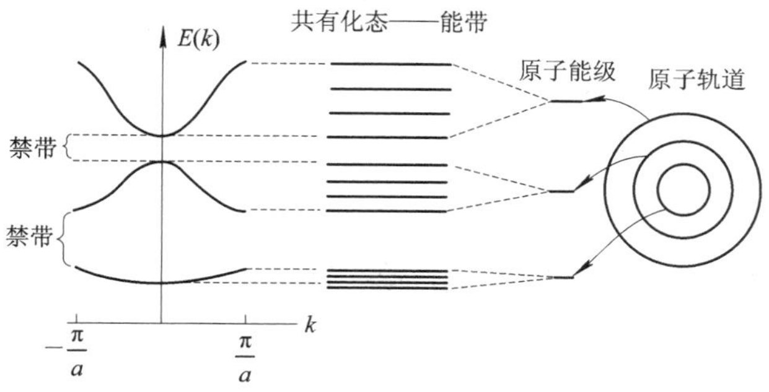

图5-3　能级和能带一一对应的情况

2. 能带交叠

如图5-4所示，例如钠的外层价电子是$3s$态，钠原子的$3s$能级随着原子间距的减少，能级将扩展成$3s$能带，这个能带是半满的。图中还画出了它上面的$3p$、$4s$及$3d$带。在钠原子中，这些能级都是空的。随着原子间距的减小，能带变宽。在平衡原子间距r_e处，各能带已明显地交叠。

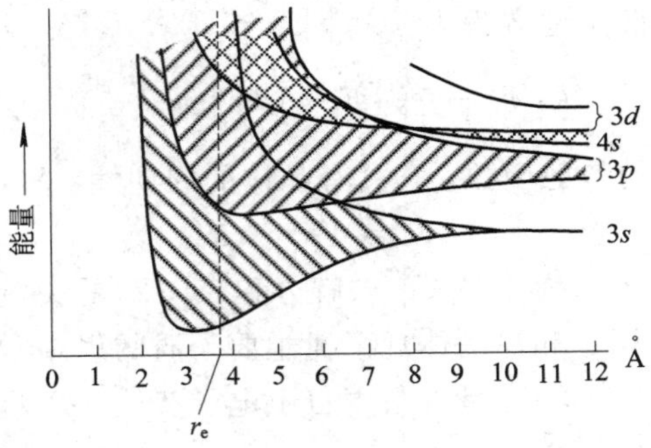

图 5-4 能带交叠的情况

3. 先交叠再分裂

如图 5-5 所示，金刚石结构的Ⅳ族元素晶体，如 Ge，Si，α-Sn 等，s 带和 p 带交叠 sp^3 杂化后又分裂成两个带，这两个带由禁带隔开。下面的一个叫价带，对应成键态，每个原子中的 4 个杂化价电子形成共价键；上面的一个带叫导带，在绝对零度时，它是空的，没有电子填充。

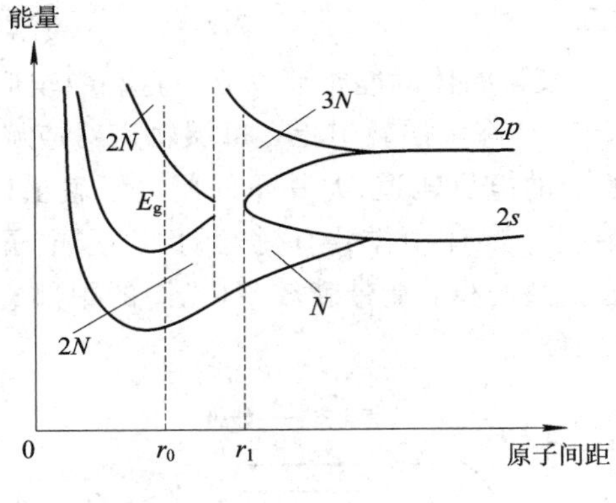

图 5-5 能带先交叠后又分裂的情况

5.2 布洛赫定理

1928 年，布洛赫(Bloch)考虑了晶格周期势场对电子的运动状态的影响，清楚地给出了固体中电子动量和能量的多重关系，比较彻底地解决了固体中电子的基本理论问题，从而建立了对包括金属、半导体、绝缘体的固体电性质的统一理论。

5.2.1 周期性势场

在金属中的电子可视为是自由的，由此得出的结果虽然可以解释金属的电导、热导及电子的热容等实验结果，但它不能解释固体为什么存在导体、半导体和绝缘体的差异。实际上晶体中的每个电子都受到组成晶体的原子核及核外其它电子的作用。由于晶体结构的周期性，我们可以认为，每个价电子均处在周期性势场中，电子势能函数$V(\boldsymbol{r})$与晶体结构的周期性相同：

$$V(\boldsymbol{r}) = V(\boldsymbol{r}+\boldsymbol{R}_n) \tag{5-3'}$$

其中，$\boldsymbol{R}_n = n_1\boldsymbol{a}_1 + n_2\boldsymbol{a}_2 + n_3\boldsymbol{a}_3$，为正格矢。于是求解晶体中电子能量状态问题，就归结为求解这样一个周期性势场中的单电子定态薛定谔方程：

$$\nabla^2\psi(\boldsymbol{k}, \boldsymbol{r}) + \frac{2m}{\hbar^2}[E - V(\boldsymbol{r})]\psi(\boldsymbol{k}, \boldsymbol{r}) = 0 \tag{5-2'}$$

5.2.2 布洛赫定理

布洛赫定理：晶体中的电子波函数是按照晶格周期性进行的调幅平面波。即在周期势场中，薛定谔方程的解具有如下形式：

$$\psi(\boldsymbol{k}, \boldsymbol{r}) = U(\boldsymbol{k}, \boldsymbol{r})e^{i\boldsymbol{k}\cdot\boldsymbol{r}} \tag{5-4}$$

其中，$U(\boldsymbol{k}, \boldsymbol{r})$与势场$V(\boldsymbol{r})$具有相同的周期性：

$$U(\boldsymbol{k}, \boldsymbol{r}) = U(\boldsymbol{k}, \boldsymbol{r}+\boldsymbol{R}_n) \tag{5-5}$$

晶体中电子的状态满足布洛赫定理，晶体中的电子波称为布洛赫波，晶体中电子称为布洛赫电子。

由于晶体中的电子波函数满足布洛赫定理，则可进一步得出如下结论：

(1) 电子出现的几率具有正晶格的周期性。

由波函数的物理意义，其模的平方为电子出现的几率，则由式(5-4)，有

$$|\psi(\boldsymbol{k}, \boldsymbol{r})|^2 = |U(\boldsymbol{k}, \boldsymbol{r})|^2$$

$$|\psi(\boldsymbol{k}, \boldsymbol{r}+\boldsymbol{R}_n)|^2 = |U(\boldsymbol{k}, \boldsymbol{r}+\boldsymbol{R}_n)|^2 \tag{5-6}$$

又由式(5-5)，有

$$U(\boldsymbol{k}, \boldsymbol{r}) = U(\boldsymbol{k}, \boldsymbol{r}+\boldsymbol{R}_n)$$

所以

$$|\psi(\boldsymbol{k}, \boldsymbol{r})|^2 = |\psi(\boldsymbol{k}, \boldsymbol{r}+\boldsymbol{R}_n)|^2 \tag{5-7}$$

即电子出现的几率具有正晶格的周期性。

(2) 布洛赫定理的另一种表示：

$$\psi(\boldsymbol{k}, \boldsymbol{r}+\boldsymbol{R}_n) = e^{i\boldsymbol{k}\cdot\boldsymbol{R}_n}\psi(\boldsymbol{k}, \boldsymbol{r}) \tag{5-8}$$

即在布洛赫函数中，将坐标平移一个正格矢$\boldsymbol{R}_n$的效果等于乘上一个相位因子$e^{i\boldsymbol{k}\cdot\boldsymbol{R}_n}$。

证明：由式(5-4)

$$\psi(\boldsymbol{k}, \boldsymbol{r}) = U(\boldsymbol{k}, \boldsymbol{r})e^{i\boldsymbol{k}\cdot\boldsymbol{r}}$$

得

$$U(\boldsymbol{k}, \boldsymbol{r}) = \psi(\boldsymbol{k}, \boldsymbol{r})e^{-i\boldsymbol{k}\cdot\boldsymbol{r}} \tag{5-9}$$

$$U(\boldsymbol{k}, \boldsymbol{r}+\boldsymbol{R}_n) = \psi(\boldsymbol{k}, \boldsymbol{r}+\boldsymbol{R}_n)e^{-i\boldsymbol{k}\cdot(\boldsymbol{r}+\boldsymbol{R}_n)} = e^{-i\boldsymbol{k}\cdot\boldsymbol{r}}[e^{-i\boldsymbol{k}\cdot\boldsymbol{R}_n}\psi(\boldsymbol{k}, \boldsymbol{r}+\boldsymbol{R}_n)] \tag{5-10}$$

比较式(5-9)和式(5-10)，左右分别相等，所以有

$$\psi(\boldsymbol{k}, \boldsymbol{r}+\boldsymbol{R}_n) = \psi(\boldsymbol{k}, \boldsymbol{r})e^{i\boldsymbol{k}\cdot\boldsymbol{R}_n}$$

以上证明各步均可逆，故布洛赫定理的两种表示等价。

(3) 波函数$\psi(\boldsymbol{k}, \boldsymbol{r})$本身并不一定具有正晶格的周期性。由式(5-4)和式(5-5)，有

$$\psi(\boldsymbol{k}, \boldsymbol{r}+\boldsymbol{R}_n) = U(\boldsymbol{k}, \boldsymbol{r}+\boldsymbol{R}_n)e^{i\boldsymbol{k}\cdot(\boldsymbol{r}+\boldsymbol{R}_n)} = U(\boldsymbol{k}, \boldsymbol{r}+\boldsymbol{R}_n)e^{i\boldsymbol{k}\cdot\boldsymbol{r}} \times e^{i\boldsymbol{k}\cdot\boldsymbol{R}_n}$$
$$= U(\boldsymbol{k}, \boldsymbol{r})e^{i\boldsymbol{k}\cdot\boldsymbol{r}} \times e^{i\boldsymbol{k}\cdot\boldsymbol{R}_n} = \psi(\boldsymbol{k}, \boldsymbol{r}) \times e^{i\boldsymbol{k}\cdot\boldsymbol{R}_n}$$

而一般情况下，因为波矢 $\boldsymbol{k}$ 并不一定是倒格矢，可有 $e^{i\boldsymbol{k}\cdot\boldsymbol{R}_n} \neq 1$，所以

$$\psi(\boldsymbol{k}, \boldsymbol{r}+\boldsymbol{R}_n) \neq \psi(\boldsymbol{k}, \boldsymbol{r})$$

即波函数 $\psi(\boldsymbol{k}, \boldsymbol{r})$本身并不一定具有正晶格的周期性。

5.2.3 布洛赫定理的证明

为了确定和书写简单，下面以一维为例进行证明。

(1) 由于势能函数 $V(x)$具有晶格周期性，它可以作如下的傅立叶级数展开(n 为整数)：

$$V(x) = \sum_{n=-\infty}^{\infty} V_n e^{i\frac{2\pi}{a}nx} = \sum_{n\neq 0} V_n e^{iG_n x} \tag{5-11}$$

其中的展开系数

$$V_n = \frac{1}{a}\int_0^a V(x)e^{-i\frac{2\pi}{a}nx}\,dx \tag{5-12}$$

当 $n=0$ 时，有

$$V_0 = \frac{1}{a}\int_0^a V(x)\,dx = \overline{V(x)}$$

即 V_0 的物理意义为势能的平均值。适当选取势能零点，可使式(5-12)势能平均值为零，即 $V_0=0$。

(2) 将待求的波函数 $\psi(k, x)$向动量本征态——平面波 e^{ikx} 展开：

$$\psi(k, x) = \sum_{k'} C(k')e^{ik'x} \tag{5-13}$$

求和是对所有满足波恩—卡曼周期边界条件的波矢 $\boldsymbol{k}'$进行的。将式(5-11)、式(5-12)和式(5-13)代入薛定谔方程式(5-2)，得

$$\sum_{k'} \frac{\hbar^2}{2m}k'^2 C(k')e^{ik'x} + \sum_{n\neq 0}\sum_{k'} V_n C(k')e^{i(k'+G_h)x} = E\sum_{k'} C(k')e^{ik'x} \tag{5-14}$$

将此式两边乘 $e^{-ik\cdot x}$，然后对整个晶体积分，并利用

$$\int_L e^{i(k'-k)\cdot x}\,dx = L\delta_{kk'}$$
$$\int_L e^{i(k'+G_n-k)\cdot x}\,dx = L\delta_{k'+G_n,\,k} \tag{5-15}$$

其中，L 为一维晶体的长度。式(5-14)成为

$$\sum_{k'}\left[\frac{\hbar^2 k'^2}{2m} - E\right]C(k')L\delta_{k,\,k'} + \sum_{n\neq 0}\sum_{k'} V_n C(k')L\delta_{k'+G_n,\,k} = 0 \tag{5-16}$$

利用 δ 函数的性质，式(5-16)成为

$$\left[\frac{\hbar^2 k^2}{2m} - E\right]C(k) + \sum_{n\neq 0} V_n C(k-G_n) = 0 \tag{5-17}$$

方程(5-17)是以 $C(k-G_n)$为变量的方程，实际上是动量表象中的薛定谔方程，称做中心方程。对确定的晶体，对满足周期边界条件的每个波矢 k，均有相应的 $C(k)$、$C(k+G_n)$，

也有与式(5－17)类似的方程。在式(5－17)的一个方程中包含了 N 个待求的变量 $C(k+G_n)$，所以该方程并不便于直接求解。但方程(5－17)说明，与 k 态系数 $C(k)$ 的值有关的态是与 k 态相差任意倒格矢 G_n 的态的系数 $C(k-G_n)$。与 k 相差不是一个倒格矢的态不进入方程(5－17)，即与 k 相差不是一个倒格矢的态之间无耦合，该结论也应适用于波函数 $\psi(k, x)$，因此波函数的展开式(5－13)可写成

$$\psi(k, x) = C(k)e^{ik\cdot x} + \sum_{G_n\neq 0} C(k-G_n)e^{i(k-G_n)\cdot x} = \sum_{G_n} C(k-G_n)e^{i(k-G_n)\cdot x}$$

$$= e^{ik\cdot x}\sum_{G_n} C(k-G_n)e^{-iG_n x} \tag{5-18}$$

与式(5－13)相比，式(5－18)中包含的求和项数仅为式(5－13)的 $1/N$，而 N 为 x 方向的初基原胞数。

把式(5－18)与一维布洛赫定理

$$\psi(k, x) = u(k, x)e^{ikx}$$

比较，若可证明

$$u(k, x) = \sum_{G_n} C(k-G_n)e^{-iG_n x} = u(k, x+na) \tag{5-19}$$

则说明由式(5－18)表示的波函数满足布洛赫定理。

由第1章中已得出的正倒格子的关系，正格矢与倒格矢的点乘等于 2π 的整数倍：

$$\boldsymbol{G}_h \cdot \boldsymbol{R}_n = 2\pi m \qquad m\text{ 为整数} \tag{5-20}$$

一维情况时，$R_n = na$，$G_n \cdot na = 2\pi m$，则

$$e^{-iG_n\cdot na} = e^{-i2\pi m} = 1 \tag{5-21}$$

即式(5－19)可改写为

$$u(k, x) = \sum_{G_n} C(k-G_n)e^{-iG_n x} \times e^{-iG_n na} = \sum_{G_n} C(k-G_n)e^{-iG_n(x+na)} = u(k, x+na)$$

于是布洛赫定理得证。布洛赫定理表明，周期势场中的电子的波函数是自由电子的平面波 $e^{i\boldsymbol{k}\cdot\boldsymbol{r}}$ 被周期函数 $u(\boldsymbol{k}, \boldsymbol{r})$ 所调制，即调幅平面波。

5.2.4　布洛赫定理的一些重要推论

(1) $\boldsymbol{k}$ 态和 $\boldsymbol{k}+\boldsymbol{G}_h$ 态是相同的状态，这就是说：

$$\psi(\boldsymbol{k}+\boldsymbol{G}_h, \boldsymbol{r}) = \psi(\boldsymbol{k}, \boldsymbol{r}) \tag{5-22}$$

$$E(\boldsymbol{k}+\boldsymbol{G}_h) = E(\boldsymbol{k}) \tag{5-23}$$

下面分别证明之(仍针对一维情况证明)。

由式(5－18)

$$\psi(k, x) = \sum_{G_n} C(k-G_n)e^{i(k-G_n)\cdot x}$$

求和是遍取所有允许的倒格矢。类似可有

$$\psi(k+G_n', x) = \sum_{G_n} C(k+G_n'-G_n)e^{i(k+G_n'-G_n)\cdot x} \tag{5-24}$$

令 $G_n - G_n' = G_n''$，则式(5－20)成为

$$\psi(k+G_n', x) = \sum_{G_n''} C(K-G_n'')e^{i(K-G_n'')\cdot x} \tag{5-25}$$

因为求和也是遍取所有允许的倒格矢。式(5－25)与式(5－18)相同，即相差任意倒格矢的状态等价。

另外，由薛定谔方程 $\hat{H}\psi(\boldsymbol{k},\boldsymbol{r})=E(\boldsymbol{k})\psi(\boldsymbol{k},\boldsymbol{r})$，而 $\psi(\boldsymbol{k}+\boldsymbol{G}_n,\boldsymbol{r})$ 与 $\psi(\boldsymbol{k},\boldsymbol{r})$ 等价，则

$$\hat{H}\psi(\boldsymbol{k},\boldsymbol{r}) = \hat{H}\psi(\boldsymbol{k}+\boldsymbol{G}_h,\boldsymbol{r}) = E(\boldsymbol{k}+\boldsymbol{G}_h)\psi(\boldsymbol{k},\boldsymbol{r})$$

所以

$$E(\boldsymbol{k}) = E(\boldsymbol{k}+\boldsymbol{G}_h)$$

可见，在波矢空间，布洛赫电子态具有倒格子周期性，为了使波矢 $\boldsymbol{k}$ 和状态一一对应，通常限制 $\boldsymbol{k}$ 在第一布里渊区内变化。因为任一不在第一布里渊区内的 $\boldsymbol{k}$，只要加上一个合适的倒格矢，均可约化到第一布里渊区内。故第一布里渊区内的波矢又叫简约波矢。

(2)
$$E(\boldsymbol{k}) = E(-\boldsymbol{k}) \tag{5-26}$$

即在倒空间选取合适的坐标系，能带具有 $\boldsymbol{k}=0$ 的中心反演对称性。

(3) 电子的能量状态 E 具有与正晶格相同的对称性。任何具有实在物理意义的量都是由晶体结构决定的，所以它们必然具有与晶体结构相同的对称性。

5.3 近自由电子模型

5.3.1 近自由电子模型

无限大真空中自由电子的波矢 $\boldsymbol{k}$ 为连续值，其能量 $E=\hbar^2k^2/(2m)$ 是连续谱，而孤立原子中电子的能量则是一系列分立的能级。晶体中电子的能量状态既不同于自由电子，也不同于孤立原子中的电子，其原因通过以下三个模型——近自由电子模型、紧束缚模型和尼克龙克－潘纳(Kronig－Penney)模型予以说明。

近自由电子模型讨论的对象是金属中的价电子。晶体中电子与自由电子最主要的区别在于周期势场的有无。如果假设晶体中有一个很弱的周期势场，则电子的运动情况应当与自由电子比较接近，但同时也必然能体现出周期势场中电子状态的新特点，这样的电子就叫近自由电子。

仍以一维情况为例讨论。设晶体中电子势能周期性变化，但周期势场很微弱，可以看做是对恒定势场的一种微扰，那么近自由电子哈密顿算符可写成

$$\hat{H} = \hat{H}_0 + \hat{H}'$$

其中：
$$\hat{H}_0 = -\frac{\hbar^2}{2m}\nabla^2$$

是自由电子的哈密顿算符。

$$\hat{H}' = V(x) = \sum_{G_n\neq 0} V_n e^{iG_n\cdot x} = \sum_{n\neq 0} V_n e^{i\frac{2\pi}{a}nx} \tag{5-27}$$

其中：

$$V_n = \frac{1}{a}\int_0^a V(x)e^{-i\frac{2\pi}{a}nx}\,dx$$

由于一维情况下，$\frac{2\pi}{a}n=G_n$，所以 V_n 又可以写成 V_{G_n}

$$V_{G_n} = \frac{1}{a}\int_0^a V(x)\mathrm{e}^{-\mathrm{i}G_n\cdot x}\mathrm{d}x \tag{5-28}$$

对 V_n 式两边取共轭：

$$V_n^* = \frac{1}{a}\int_0^a V^*(x)\mathrm{e}^{\mathrm{i}\frac{2\pi}{a}nx}\mathrm{d}x \tag{5-29}$$

因为晶体中的周期场是实函数：

$$V(x) = V^*(x)$$

把 V_n 式与 V_n^* 式(5-29)比较可得

$$V_n^* = V_{-n}$$

又可以表示为

$$V_{G_n}^* = V_{-G_n} \tag{5-30}$$

下面用定态微扰理论来求解近自由电子的能量和波函数。

5.3.2　近自由电子的能量与波函数

1. 定态非简并微扰

由量子力学定态非简并微扰理论可知，定态薛定谔方程

$$\hat{H}\psi(k, x) = E(k)\psi(k, x) \tag{5-31}$$

的解是

$$E(k) = E^{(0)}(k) + E^{(1)}(k) + E^{(2)}(k) + \cdots \tag{5-32}$$

$$\psi(k, x) = \psi^{(0)}(k, x) + \psi^{(1)}(k, x) + \psi^{(2)}(k, x) + \cdots \tag{5-33}$$

近自由电子模型适用于金属中的价电子。微扰的零阶近似波函数可以是自由电子波函数：

$$\psi^{(0)}(k, x) = L_c^{-\frac{1}{2}}\mathrm{e}^{\mathrm{i}k\cdot x} \tag{5-34}$$

$$E^{(0)}(k) = \frac{\hbar^2k^2}{2m} \tag{5-35}$$

由量子力学理论可知，能量的一级修正项和二级修正项分别为

$$E^{(1)}(k) = H'_{kk} = \int\psi^{(0)*}(k, x)V(x)\psi^{(0)}(k, x)\mathrm{d}\tau_r = \overline{v(x)} = 0$$

$$E^{(2)}(k) = \sum_{\kappa'\neq\kappa}\frac{|H'_{kk}|^2}{E^{(0)}(k) - E^{(0)}(k')} \tag{5-36}$$

其中，微扰矩阵元

$$H'_{kk'} = \int\psi^{(0)*}(k, x)V(x)\psi^{(0)}(k', x)\mathrm{d}x = \frac{1}{L_c}\sum_{G_n\neq 0}V_{G_n}\int\mathrm{e}^{\mathrm{i}[k'-(k-G_n)]\cdot x}\mathrm{d}x \tag{5-37}$$

由平面波的正交归一性，有

$$H'_{kk} = \sum_{G_n\neq 0}V_{G_n}\delta_{k',\,k-G_n} = \begin{cases} V_{G_n} = V_n & \text{当 } k' = k - G_n \\ 0 & \text{当 } k' \neq k - G_n \end{cases} \tag{5-38}$$

$$E^{(2)}(k) = \sum_{k\neq k'}\sum_{G_n\neq 0}\frac{|V_{G_h}|^2\delta_{k',\,k-G_n}}{E^{(0)}(k) - E^{(0)}(k')}$$

交换求和次序，并利用式(5－38)，有

$$E^{(2)}(k)=\sum_{G_n\neq 0}\frac{|V_{G_n}|^2}{E^{(0)}(k)-E^{(0)}(k-G_n)} \tag{5-39}$$

所以晶体中的电子能量可近似写为

$$E(k)=E^{(0)}(k)+E^{(2)}(k)=\frac{\hbar^2k^2}{2m}+\sum_{G_n\neq 0}\frac{2m|V_{G_n}|^2}{\hbar^2[k^2-|k-G_n|^2]} \tag{5-40}$$

波函数的一级修正项

$$\psi^{(1)}(k,x)=\sum_{k'\neq k}\frac{H'_{k'k}}{E^{(0)}(k)-E^{(0)}(k')}\psi^{(0)}(k',x) \tag{5-41}$$

其中微扰矩阵元

$$H'_{k'k}=\int\psi^{(0)*}(k',r)V(x)\psi^{(0)}(k,r)\mathrm{d}x \tag{5-42}$$

把式(5－42)与式(5－37)的积分式比较，并考虑到周期势场是实函数，可得出

$$H'_{kk'}=(H'_{k'k})^*$$

$$H'_{k'k}=\frac{1}{L_c}\int\sum_{G_n\neq 0}V^*_{G_n}\mathrm{e}^{-\mathrm{i}[k'-(k-G_n)]\cdot x}\mathrm{d}x=\sum_{G_n\neq 0}V^*_{G_n}\delta_{k',k-G_n} \tag{5-43}$$

又由式(5－30)

$$V^*_{G_n}=V_{-G_n}$$

则

$$H'_{k'k}=\sum_{G_n\neq 0}V_{-G_n}\delta_{k',k-G_n}$$

$$\begin{aligned}\psi(k,x)&=\psi^{(0)}(k,x)+\psi^{(1)}(k,x)\\&=L_c^{-\frac{1}{2}}\left[\mathrm{e}^{\mathrm{i}k\cdot x}+\sum_{G_n\neq 0}\frac{2mV_{-G_n}}{\hbar^2[k^2-|k-G_n|^2]}\mathrm{e}^{\mathrm{i}(k-G_n)\cdot x}\right]\\&=L_c^{-\frac{1}{2}}\mathrm{e}^{\mathrm{i}k\cdot x}\left[1+\sum_{G_n\neq 0}\frac{2mV_{-G_n}}{\hbar^2[k^2-|k-G_n|^2]}\mathrm{e}^{-\mathrm{i}G_n\cdot x}\right]\\&=u(k,x)\mathrm{e}^{\mathrm{i}k\cdot x}\end{aligned} \tag{5-44}$$

其中：

$$u(k,x)=L_c^{-\frac{1}{2}}\left[1+\sum_{G_n\neq 0}\frac{2mV_{-G_n}}{\hbar^2[k^2-|k-G_n|^2]}\mathrm{e}^{-\mathrm{i}G_n\cdot x}\right] \tag{5-45}$$

类似于式(5－19)的证明，容易证明：$u(k,x)=u(k,x+na)$，则可知由式(5－44)表示的近自由电子的波函数满足布洛赫定理。

讨论

(1) 晶体中的波函数 $\psi(k,x)$ 由两部分组成，一部分是原来波矢为 k 的平面波，另一部分是波矢为 $k-G_n$ 的散射波的叠加。周期势场 $V(x)$ 较弱时，它的展开系数 V_{-G_n} 也较小；当 k^2 与 $(k-G_n)^2$ 相差较大时，散射波较弱，这正是非简并微扰论所适用的情况。

(2) 当 $E^{(0)}(k)=E^{(0)}(k')$ 时，能量相等，k 和 k' 态简并。以上在非简并的条件下的计算

是否无效？使 $E^{(2)}(k)\to\infty$（不收敛）的充分条件可以归结为同时满足以下两点：

$$E^{(0)}(k)=E^{(0)}(k')$$
$$k'=k-G_n$$

因为 $k'\neq k-G_n$ 的态未进入 E、ψ 的表示式，这样的 k'态和 k 态之间无耦合。所以，判断以上利用非简并微扰论的方法计算的电子波函数和能量是否适用的思路是：先计算微扰矩阵元 $H'_{k'k}$，只有当 $H'_{k'k}\neq 0$ 时，k 和 k'二态之间才有耦合，在所有有耦合的态中，再考虑有无能量相等的简并态而分别处理。若有简并需要按下面的简并微扰处理。

2. 定态简并微扰

当 k'态和 k 态之间同时满足

$$E^{(0)}(k)=E^{(0)}(k')$$
$$k'=k-G_n$$

的条件时，式(5-40)和式(5-44)的二阶修正项很大，k'态和 k 态处于简并状态，应该用定态简并微扰理论。

例如，如图5-6所示：当 $k=\frac{n\pi}{a}$，$k'=-\frac{n\pi}{a}$时，有

$$k-k'=n\frac{\pi}{a}+n\frac{\pi}{a}=n\frac{2\pi}{a}=G_n$$

且

$$E^{(0)}(k)=E^{(0)}(k')$$

所以 k'态和 k 态二态处于简并态。

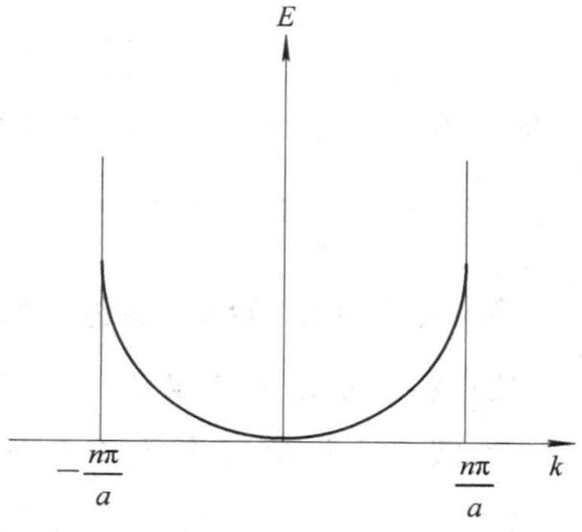

图5-6　二简并态示意图

由量子力学简并微扰理论，简并微扰的零阶近似波函数是自由电子简并态波函数的线性组合。仍考虑一维情况，设

$$\begin{aligned}\psi^{(0)}(k,x)&=A\psi^{(0)}(k,x)+B\psi^{(0)}(k',x)\\&=AL_c^{-\frac{1}{2}}e^{ik\cdot x}+BL_c^{-\frac{1}{2}}e^{ik'\cdot x}\end{aligned}\tag{5-46}$$

代入薛定谔方程

$$\hat{H}\psi^{(0)}(k,x)=[\hat{H}^{(0)}+V(x)]\psi^{(0)}(k,x)=E(k)\psi^{(0)}(k,x)$$

注意到

$$\hat{H}^{(0)}\psi^{(0)}(k,x)=E^{(0)}(k)\psi^{(0)}(k,x)$$
$$V(x)=\sum_{G_n\neq 0}V_n e^{iG_n\cdot x}=\sum_{n\neq 0}V_n e^{i\frac{2\pi}{a}nx}$$

得

$$A[E^{(0)}(k)-E(k)+V(x)]e^{ikx}+B[E^{(0)}(k)-E(k)+V(x)]e^{ik'x}=0\tag{5-47}$$

等式(5-47)两边乘 e^{-ikx}，并对整个晶体积分，注意到 $E^{(0)}(k)$，$E(k)$不是 x 的函数，并利用

$$\int_l e^{i(k'-k)\cdot x}dx=L\delta_{k,k'}$$

和

$$V_n = \frac{1}{L}\int_0^L V(x) e^{-i\frac{2\pi}{a}nx}\, dx$$

有

$$\int \psi^{(0)*}(k, x)V(x)\psi^{(0)}(k, x)dx = \overline{v(x)} = 0$$

注意到 $V_n^* = V_{-n}$，得到

$$[E(k) - E^{(0)}(k)]A - V_n B = 0 \tag{5-47a}$$

类似地，等式(5-47)两边乘 $e^{-ik'x}$，并对整个晶体积分，可得到

$$-V_n^* A + [E(k) - E^{(0)}(k')]B = 0 \tag{5-47b}$$

把式(5-47a)和式(5-47b)二式视为以 A、B 为变量的方程组，A、B 具有非零解的条件是其系数行列式为零，即

$$\begin{vmatrix} E(k) - E^{(0)}(k) & -V_n \\ -V_n^* & E(k) - E^{(0)}(k') \end{vmatrix} = 0$$

解此方程，可解得当 $E^{(0)}(k')$ 和 $E^{(0)}(k)$ 相近时，简并微扰态的能量为

$$E_{\pm}(k) = \frac{1}{2}\{E^{(0)}(k) + E^{(0)}(k') \pm [(E^{(0)}(k) - E^{(0)}(k'))^2 + 4\,|\,V_n\,|^2]^{1/2}\} \tag{5-48}$$

3. 关于近自由电子能量的讨论

1) 波矢 k 远离布里渊区边界

当波矢 k 远离布里渊区边界时，由于

$$k' - k_n = G_n = \frac{n\pi}{a} \qquad n\text{ 为偶数}$$

故 k' 也远离布里渊区边界，从自由电子的 $E \sim k$ 的抛物线关系可知，$E^{(0)}(k')$ 和 $E^{(0)}(k)$ 有显著的差别。在弱周期势场的前提下，满足

$$|\,E^{(0)}(k) - E^{(0)}(k')\,| \gg |\,V_n\,|$$

从式(5-39)和式(5-44)可知，能量和波函数的修正项均很小，如图 5-7 中的 A 和 A' 点。因此在波矢远离布里渊区边界的情况下，近自由电子的能量和波函数与自由电子相近。

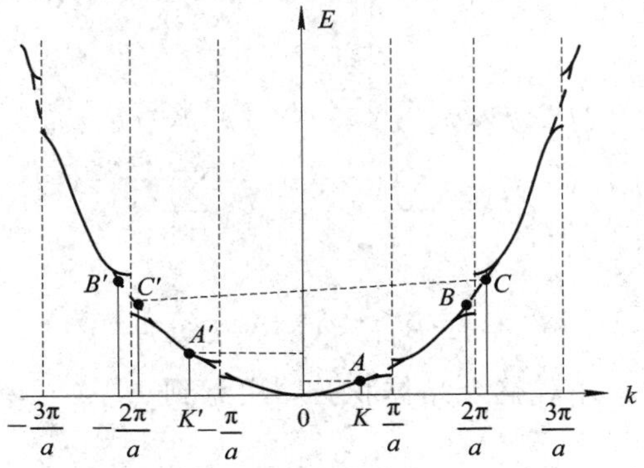

图 5-7 近自由电子能量在布里渊区边界附近的变化情况

2）波矢 k 接近布里渊区边界

当波矢 k 接近布里渊区边界时，有

$$k' - k = G_n = \frac{n\pi}{a} \qquad n \text{为偶数}$$

设 k' 与 k 从相反方向接近布里渊区边界，如图 5－7 中的 B 点所对应的 k 和 B' 点所对应的 k'，或者 C 点所对应的 k 和 C' 点所对应的 k'。设 Δ 为一小量，$\Delta \ll 1$，则

$$\left.\begin{aligned} k &= \frac{n\pi}{a}(1+\Delta) \\ k' &= -\frac{n\pi}{a}(1-\Delta) \end{aligned}\right\} \tag{5-49}$$

这时，$E^{(0)}(k') \approx E^{(0)}(k)$。$E^{(0)}(k')$ 和 $E^{(0)}(k)$ 又可分别表示为

$$\left.\begin{aligned} E^{(0)}(k) &= \frac{\hbar^2}{2m}\left[\frac{n\pi}{a}(1+\Delta)\right]^2 = T_n(1+\Delta)^2 \\ E^{(0)}(k') &= \frac{\hbar^2}{2m}\left[\frac{n\pi}{a}(1-\Delta)\right]^2 = T_n(1-\Delta)^2 \end{aligned}\right\} \tag{5-50}$$

其中：

$$T_n = \frac{\hbar^2}{2m}\left[\frac{n\pi}{a}\right]^2$$

代表了 $k = n\pi/a$ 态的电子能量 $E^{(0)}(k)$，于是式(5－48)可写成

$$E_{\pm}(k) = T_n(1+\Delta^2) \pm |V_n| \left[1 + \frac{4T_n^2\Delta^2}{|V_n|^2}\right]^{1/2} \tag{5-51}$$

当 Δ 足够小，$T_n\Delta \ll |V_n|$ 时，利用

$$(1+x)^{1/2} \approx 1 + \frac{x}{2}$$

式(5－51)可近似写成

$$E_{\pm}(k) \approx T_n(1+\Delta^2) \pm |V_n| \left[1 + \frac{2T_n^2\Delta^2}{|V_n|^2}\right]$$

即

$$E_{+}(k) \approx T_n + |V_n| + T_n\left(\frac{2T_n}{|V_n|} + 1\right)\Delta^2 \tag{5-52}$$

$$E_{-}(k) \approx T_n - |V_n| - T_n\left(\frac{2T_n}{|V_n|} - 1\right)\Delta^2 \tag{5-53}$$

由于周期势场是弱的，可保证 $|V_n| < T_n$，所以 Δ^2 前的系数本身都是大于零的，所以式(5－52)是以 Δ 为变量的开口向上的抛物线，式(5－53)是以 Δ 为变量的开口向下的抛物线。

3）波矢 k 处在布里渊区边界

当 k 和 k' 分别等于 $\pm n\pi/a$ 时，它们的零级能量相等，$E^{(0)}(k') = E^{(0)}(k)$，由式(5－48)可得到

$$E_{\pm}(k) = E^{(0)}(k) \pm |V_n| \tag{5-54}$$

该式说明当 k 和 k' 均到达布里渊区的边界时，由于弱周期势场的作用，使自由电子的 k 和 k' 态两态简并的能量发生变化，一个升高 $|V_n|$，另一个降低 $|V_n|$，于是在布里渊区的边界

附近发生能量的跳变，出现宽度为 $2|V_n|$ 的禁带，所以说，禁带的出现是周期场作用的结果。两个允许带之间被禁带隔开，禁带对应的能量状态是晶体中电子不能占据的。

图 5-8 是晶体中的能带示意图，图右边部分定性地表示了允许能带和禁带宽度的差别。

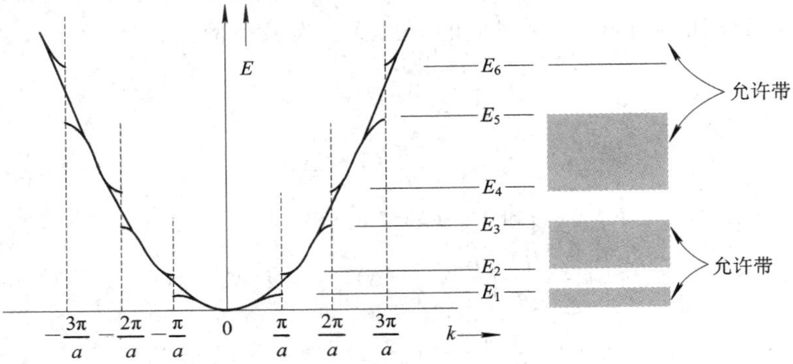

图 5-8　晶体中的能带示意图

4. 能带的三种图式

晶体电子能量 E 与波矢 k 之间的关系称为能带图或能带结构，是我们研究电子材料和器件的物理性质的常用工具。常用的能带图有三种表示方法，如图 5-9 所示。

(1) 扩展区图式。它直接由近自由电子模型得到。如图 5-9(a)所示(与图 5-8 相同)。在此图中，各能带分别画在各自的布里渊区内。即能带最低的带，其波矢限制在第一布里渊区；能量次低的带，其波矢限制在第二布里渊区，依次类推。因而在这种图式中 E 是 k 的单值函数。

(2) 简约区图式。如图 5-9(b)所示，利用在同一个带内色散关系的周期性：$E_n(k)=E_n(k+G_n)$，把各个能带在扩展区的基础上平移一个恰当的倒格矢，在第一布里渊区表示出来。此种图式，能带是 k 的多值函数，对应于同一个 k，对应能量 $E_1(k)$、$E_2(k)$、…、$E_n(k)$分别属于不同的能带。

(3) 重复区图式，如图 5-9(c)所示。由于各布里渊区体积相同，为了强调各个能带在 k 空间是 k 的周期函数，把简约区图式在各布里渊区中重复画出来了。

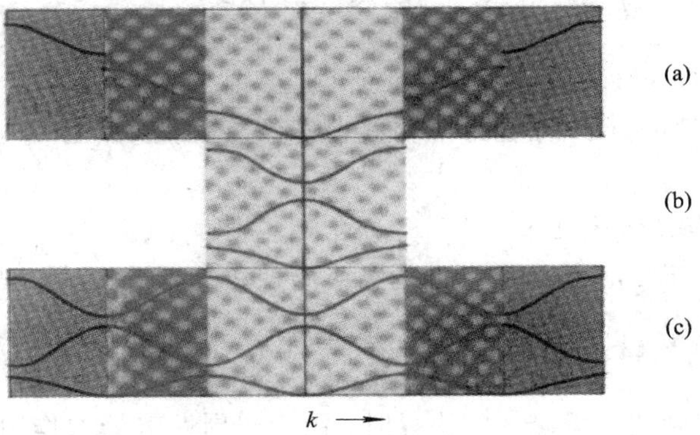

图 5-9　能带的三种图式

5. 能隙产生的物理解释

将布里渊边界上电子能量 $E(k)$ 的解式(5-54)代入式(5-46)，可确定展开系数 A 和 B，从而得到波函数的表示式。仍以一维晶体为例，第一布里渊区的边界上 $k=(\pi/a)$，$k'=-(\pi/a)$，代入式(5-46)，有

$$\psi\left(\frac{\pi}{a}, x\right)= l^{-\frac{1}{2}} A e^{l\frac{\pi}{a}x} + L^{-\frac{1}{2}} B e^{-i\frac{\pi}{a}x} \tag{5-55}$$

将

$$E\left(\frac{\pi}{a}\right)= \frac{\hbar^2 \pi^2}{2ma^2} \pm | V_1 | \tag{5-56}$$

代入式(5-47a)，得

$$\pm | V_1 | A + V_1 B = 0$$

$$\frac{A}{B} = \frac{V_1}{\pm | V_1 |} \tag{5-57}$$

把式(5-56)代入式(5-47b)，得

$$V_{-1} A \pm | V_1 | B = 0$$

$$\frac{A}{B} = \pm \frac{| V_1 |}{V_{-1}} \tag{5-58}$$

因为 $V(x)$ 是实函数，$V(x)=V^*(x)$：

$$\left.\begin{aligned} V(x) &= \sum_{n\neq 0} V_n e^{i\frac{2\pi}{a}nx} \\ V^*(x) &= \sum_{n\neq 0} V_n^* e^{-i\frac{2\pi}{a}nx} \end{aligned}\right\} \tag{5-59}$$

在各向同性的晶体中，选取合适的坐标系，又可使 $V(x)=V(-x)$：

$$V(x) = V(-x) = \sum_{n\neq 0} V_n e^{-i\frac{2\pi}{a}nx} \tag{5-60}$$

比较式(5-59)和式(5-60)，可得

$$V_n = V_n^* \tag{5-61}$$

而由式(5-30)已知

$$V_n^* = V_{-n}$$

比较式(5-30)和式(5-61)，可得

$$V_n = V_{-n}$$

当 $n=1$ 时，即得

$$V_1 = V_{-1}$$

代入式(5-57)和式(5-58)，可得

$$\frac{A}{B} = \pm 1$$

由式(5-55)可知 $\Psi(\pi/a, x)$ 有两个解，对应二个带，利用尤拉公式可化简为

$$\Psi_+^{(0)}\left(\frac{\pi x}{a}\right)= L^{-1/2} A(e^{i\pi x/a} + e^{-i\pi x/a}) = 2L^{-1/2} A \cos\left(\frac{\pi x}{a}\right) \tag{5-62}$$

$$\Psi_-^{(0)}\left(\frac{\pi x}{a}\right)= L^{-1/2} A(e^{i\pi x/a} - e^{-i\pi x/a}) = i2L^{-1/2} A \sin\left(\frac{\pi x}{a}\right) \tag{5-63}$$

由波函数的物理意义，可得电荷密度分布

$$\rho_+ = |\Psi_+^{(0)}|^2 = 4L^{-1}A^2\cos^2\left(\frac{\pi x}{a}\right) \tag{5-64}$$

$$\rho_- = |\Psi_-^{(0)}|^2 = 4L^{-1}A^2\sin^2\left(\frac{\pi x}{a}\right) \tag{5-65}$$

图 5－10 给出了这两种电子云的驻波分布。由图可知，$\Psi_-(\pi/a, x)$对应的电子分布为大部分负电荷远离带正电荷的原子实，$\Psi_+(\pi/a, x)$ 对应的电子分布为大部分负电荷靠近带正电荷的原子实，所以 $\Psi_-(\pi/a, x)$的势能比 $\Psi_+(\pi/a, x)$的势能高。这就是在布里渊区边界上能量产生不连续跳跃的原因。

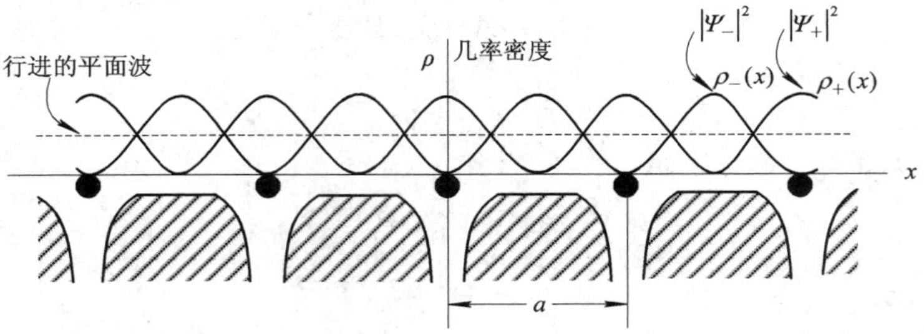

图 5－10　布里渊边界上的两种电子云的分布

6. 近自由电子的状态密度

自由电子的状态密度为

$$D(E) = \frac{\mathrm{d}Z(E)}{\mathrm{d}E} = \frac{V_c}{2\pi^2}\left(\frac{2m}{\hbar^2}\right)^{3/2}E^{1/2}$$

晶体中电子的状态密度的表示式为

$$D(E_n) = \frac{2V_c}{(2\pi)^3}\int\frac{\mathrm{d}S_E}{|\nabla_k E_n|}$$

对晶体中的近自由电子，当波矢远离布里渊区边界时，电子能量基本仍为自由电子的表示式，当波矢 $\boldsymbol{k}$ 到达布里渊区边界时，出现禁带，宽度为 $2|V_n|$。从远离布里渊区到接近布里渊区边界的过程中，修正项逐渐增大，但其变化应是连续的。由于写不出适用于整个布里渊区的能量的统一表达式，因此不能由上式求出适用于整个布里渊区的统一的电子状态密度表示式。

现以二维正方晶格为例，对 $D(E_n)$的特点进行一些分析。图 5－11 为二维正方晶格能带示意图，波矢 $\boldsymbol{k}$ 沿⟨10⟩和⟨11⟩两个特殊方向给出。由图可看出，同一模值的波矢在不同方向上接近布里渊区的程度是不同的。

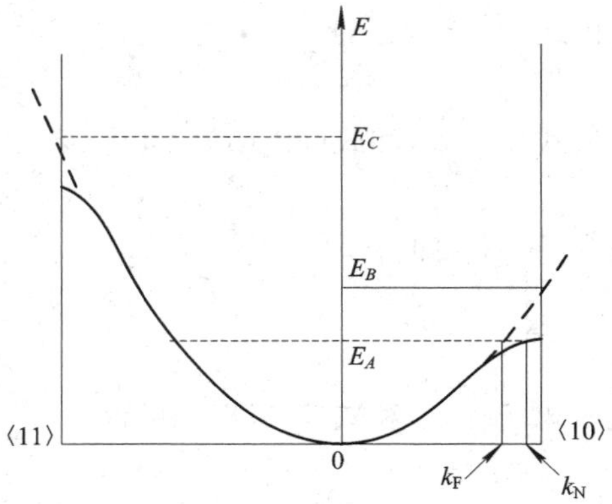

图 5－11　二维正方晶格能带示意图

由前面讨论的近自由电子的理论可知，当波矢的模由小向大变化，接近布里渊区的边界时，晶体中近自由电子的能量要低于自由电子的能量。对给定的能量 E，在⟨11⟩方向，波矢离边界尚远，等能线仍接近为自由电子的圆形，而在〈10〉方向，等能线则向边界方向凸出，如图 5-12 所示。在这种情况下，在能量 E_A 附近同一能量间隔内，近自由电子所对应的波矢空间面积比自由电子的大，又由于在倒空间波矢 $\boldsymbol{k}$ 点是均匀分布的，因而，该处近自由电子能态密度 $D(E_n)$大于自由电子的能态密度。当能量达到某一临界值 E_B 时，等能曲线在〈10〉方向与布里渊区边界垂直，同时 $D(E_B)$达到最大值。能量再增加，等能线破裂，等能曲线分成四段，这时能态密度开始减少，当能量达到 E_C 时，等能线变成一点，能态密度 $D(E_n)=0$。

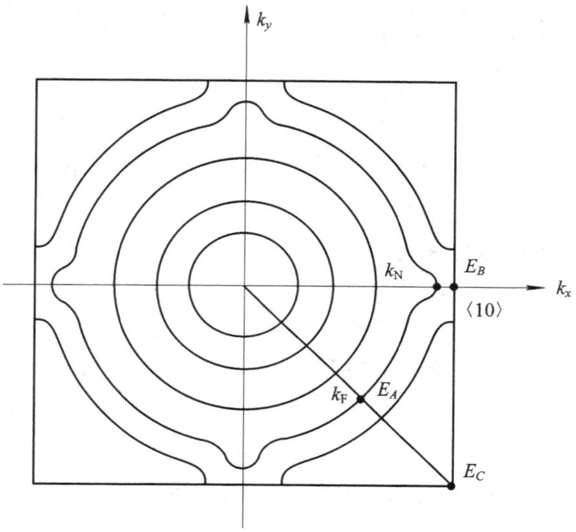

图 5-12　二维正方晶格等能线示意图

图 5-13(a)给出了近自由电子的能态密度 $D(E_n)$示意图，其中 A、B、C 点分别对应着能量 E_A、E_B 和 E_C。当两个能带发生交叠时，能态密度 $D(E_n)$也发生交叠，如图 5-13(b)所示。

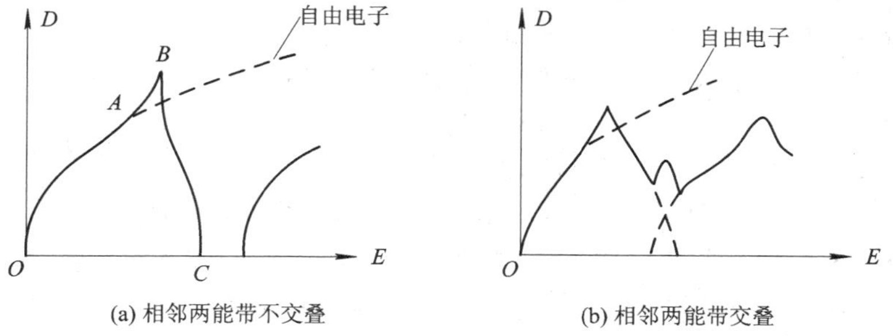

图 5-13　近自由电子

7. 对三维能带结构的说明

三维情况下的能带结构比一维情况要复杂得多，因为能量 E_n 是波矢 k_x、k_y、k_z 的函数，因而三维晶体能带结构的完整几何表示是困难的。通常仍采用 $\boldsymbol{k}$ 空间某些特殊的对称方向，在第一布里渊区内表示 $E\sim\boldsymbol{k}$ 关系。沿着这些特殊的对称方向求解能量本征值，可以使数学处理大为简化。

二维、三维情况的能带图与一维情况还有一个重要的区别：在一维情况下，布里渊区边界处能量的跳变一定对应着禁带的产生，然而在二维、三维情况下，尽管在布里渊区边界处能量有跳变，但却不一定产生禁带，这是因为不同能带之间可能发生交叠。如图 5-11 所示，在〈10〉方向有能量跳变，在〈11〉方向也有能量跳变，但两个能量跳变所对应的能量范围不同，即对整个晶体来讲发生了能带的交叠，整个晶体没有公共的“带隙”。发生能带交叠的各能带有时也称为子能带。

5.4 紧束缚模型——原子轨道线性组合法

近自由电子模型认为晶体势在晶体内部的大部分空间均很弱，只是在原子核附近有小的起伏。换言之，认为电子受原子核的束缚较弱，因此该模型比较适合于价电子，尤其是金属中的价电子。

对绝缘体，其电子被紧紧地束缚在原子核周围，它们组成晶体后，由于各原子核对电子的束缚作用仍特别强，晶体中的电子状态和孤立原子的电子状态差别不会特别明显。在这种情况下计算晶体的能带时，自然会想到其零阶近似取为孤立原子中电子的波函数是合理的，$V(\boldsymbol{r})-V^{at}(\boldsymbol{r}-\boldsymbol{R}_n)$作为微扰，式中 $V(\boldsymbol{r})$是晶体中所有原子在 $\boldsymbol{r}$ 处产生的电子周期势能函数，$V^{at}(\boldsymbol{r}-\boldsymbol{R}_n)$是位于 $\boldsymbol{R}_n$ 处的孤立原子在 $\boldsymbol{r}$ 处产生的势能函数，这就是紧束缚模型。根据量子力学微扰论和上一节近自由电子模型中计算的经验，若直接使用非简并微扰论的方法求晶体中电子的波函数和能量，必须要计算微扰矩阵元：

$$H_{kk'}=\int\psi^{(0)*}(\boldsymbol{k},\ \boldsymbol{r})V(\boldsymbol{r})\psi^{(0)}(\boldsymbol{k}',\ \boldsymbol{r})\mathrm{d}\tau_r$$

其中，$\psi^{(0)}(\boldsymbol{k}',\ \boldsymbol{r})$为孤立原子中电子的波函数。但实际上除了氢原子中的电子波函数已知外，其它孤立原子中电子的波函数我们并不知道，所以我们目前并不能直接类似近自由电子模型中使用非简并微扰论的方法求晶体中电子的波函数和能量。但通过以上对绝缘体中电子运动状态的分析，我们可以有如下的考虑：

孤立原子中电子波函数满足的定态薛定谔方程可写成

$$\left[-\frac{\hbar^2}{2m}\nabla^2+V^{at}(\boldsymbol{r}-\boldsymbol{R}_n)\right]\phi^{at}(\boldsymbol{k},\ \boldsymbol{r}-\boldsymbol{R}_n)=E^{at}\phi^{at}(\boldsymbol{k},\ \boldsymbol{r}-\boldsymbol{R}_n)\tag{5-66}$$

式中：上标 at 表示对孤立原子而言；$\phi^{at}(\boldsymbol{k},\ \boldsymbol{r}-\boldsymbol{R}_n)$是位于 $\boldsymbol{R}_n$ 处的孤立原子在 $\boldsymbol{r}$ 处产生的波函数；$V^{at}(\boldsymbol{r}-\boldsymbol{R}_n)$ 是位于 $\boldsymbol{R}_n$ 处的孤立原子在 $\boldsymbol{r}$ 处产生的势能函数；E^{at} 为孤立原子中电子的能量。当这些孤立原子形成晶体时，晶体中电子的运动方程为

$$\left[-\frac{\hbar^2}{2m}\nabla^2+V(\boldsymbol{r})\right]\psi(\boldsymbol{k},\ \boldsymbol{r})=E(\boldsymbol{k})\psi(\boldsymbol{k},\ \boldsymbol{r})\tag{5-67}$$

如果把满足式(5-66)的孤立原子中的电子波函数 $\phi^{at}(\boldsymbol{k},\ \boldsymbol{r}-\boldsymbol{R}_n)$和能量 E^{at} 视为零级近似，对于由 N 个初基原胞组成的晶体(不妨设晶体为单式格子，每个初基元原胞仅含一个原子)，对于每个原子均有一个类似式(5-66)的方程，且每个原子中电子的能量相同，也就是说，是 N 重简并的。利用简并微扰的处理方法，微扰后的状态是 N 个简并态的线性组合，即用孤立原子轨道的线性组合来构成晶体中电子运动的轨道，这种方法常称为原子轨道线性组合法(Liner Combination of Atomic Orbitals，LCAO)。图 5-14 为一维周期性势

场与孤立原子的势场的示意图。

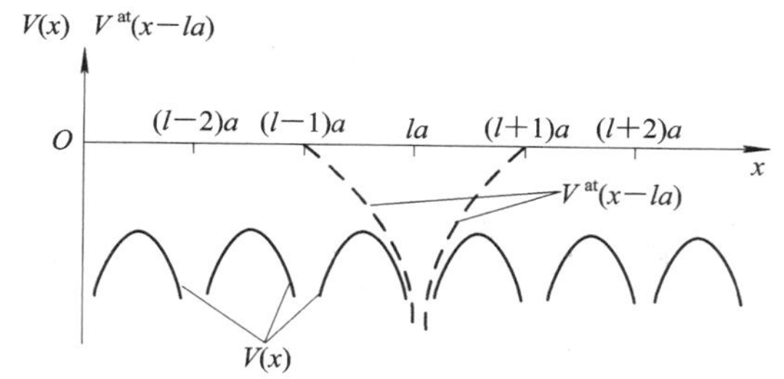

(a) $V(x)$与$V^{at}(x-la)$

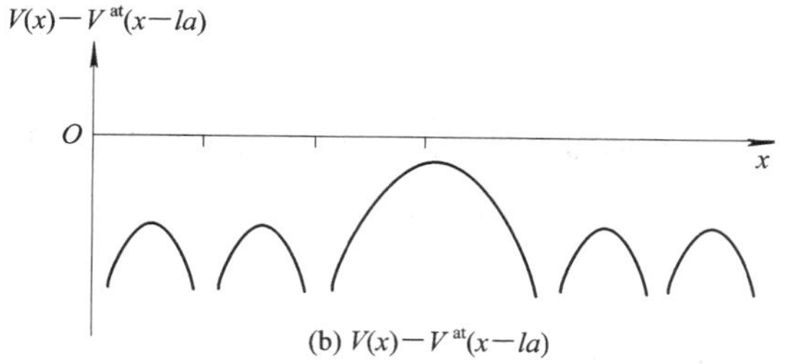

(b) $V(x)-V^{at}(x-la)$

图5-14　一维周期性势场与孤立原子的势场

为了简单和明确起见，下面研究由孤立原子 s 能级形成的固体的 s 能带，它具有球对称性。选 N 个孤立原子波函数的线性组合作为晶体中单电子薛定谔方程的试解，同时它必须满足布洛赫定理：

$$\begin{aligned}\psi_s(\boldsymbol{k},\boldsymbol{r}) &= N^{-\frac{1}{2}}\sum_{R_n} e^{i\boldsymbol{k}\cdot\boldsymbol{R}_n}\phi_s^{at}(\boldsymbol{r}-\boldsymbol{R}_n) \\ &= e^{i\boldsymbol{k}\cdot\boldsymbol{r}}\times N^{-\frac{1}{2}}\sum_{R_n} e^{-i\boldsymbol{k}\cdot(\boldsymbol{r}-\boldsymbol{R}_n)}\phi_s^{at}(\boldsymbol{r}-\boldsymbol{R}_n) \\ &= U(\boldsymbol{k},\boldsymbol{r})e^{i\boldsymbol{k}\cdot\boldsymbol{r}}\end{aligned} \tag{5-68}$$

式中，平面波的振幅项为

$$U(\boldsymbol{k},\boldsymbol{r}) = N^{-\frac{1}{2}}\sum_{R_n} e^{-i\boldsymbol{k}\cdot(\boldsymbol{r}-\boldsymbol{R}_n)}\phi_s^{at}(\boldsymbol{r}-\boldsymbol{R}_n)$$

其中，$\boldsymbol{R}_n$ 为某一正格矢，求和是对所有允许的原子位矢求和。设 $\boldsymbol{R}_m$ 为另一原子位矢，则

$$U(\boldsymbol{k},\boldsymbol{r}+\boldsymbol{R}_m) = N^{-\frac{1}{2}}\sum_{R_n} e^{-i\boldsymbol{k}\cdot(\boldsymbol{r}+\boldsymbol{R}_m-\boldsymbol{R}_n)}\phi_s^{at}(\boldsymbol{r}+\boldsymbol{R}_m-\boldsymbol{R}_n)$$

设，$\boldsymbol{R}_p=\boldsymbol{R}_n-\boldsymbol{R}_m$，上式成为

$$U(\boldsymbol{k},\boldsymbol{r}+\boldsymbol{R}_m) = N^{-\frac{1}{2}}\sum_{R_p} e^{-i\boldsymbol{k}\cdot(\boldsymbol{r}-\boldsymbol{R}_p)}\phi_s^{at}(\boldsymbol{r}-\boldsymbol{R}_p)$$

求和仍是对所有允许的原子位矢求和。比较可得

$$U(\boldsymbol{k},\boldsymbol{r}) = U(\boldsymbol{k},\boldsymbol{r}+\boldsymbol{R}_m)$$

所以，式(5-68)满足布洛赫定理。

将式(5-68)代入晶体中电子应满足的薛定谔方程(现已设仅考虑 s 电子，用下标 s 表示)：

$$\left[-\frac{\hbar^2}{2m}\nabla^2+V(\boldsymbol{r})\right]\psi_s(\boldsymbol{k},\boldsymbol{r})=E_s(\boldsymbol{k})\psi_s(\boldsymbol{k},\boldsymbol{r}) \tag{5-69}$$

再用 $\phi_s^{*\mathrm{at}}(\boldsymbol{r})$左乘方程两边，并对整个晶体积分，注意到方程(5-66)，便得到

$$\sum_{R_n}\mathrm{e}^{\mathrm{i}\boldsymbol{k}\cdot\boldsymbol{R}_n}\int\phi_s^{*\mathrm{at}}(\boldsymbol{r})[V(\boldsymbol{r})-V^{\mathrm{at}}(\boldsymbol{r}-\boldsymbol{R}_n)]\phi_s^{\mathrm{at}}(\boldsymbol{r}-\boldsymbol{R}_n)\mathrm{d}\tau_{\mathrm{r}}$$
$$=[E_s(\boldsymbol{k})-E_s^{\mathrm{at}}]\sum_{R_n}\mathrm{e}^{\mathrm{i}\boldsymbol{k}\cdot\boldsymbol{R}_n}\int\phi_s^{*\mathrm{at}}(\boldsymbol{r})\phi_s^{\mathrm{at}}(\boldsymbol{r}-\boldsymbol{R}_n)\mathrm{d}\tau_{\mathrm{r}} \tag{5-70}$$

将 $R_n=0$ 的项单独提出来，则方程(5-70)左侧成为

$$\int\phi_s^{*\mathrm{at}}(\boldsymbol{r})[V(\boldsymbol{r})-V^{\mathrm{at}}(\boldsymbol{r})]\phi_s^{\mathrm{at}}(\boldsymbol{r})\mathrm{d}\tau_{\mathrm{r}}+\sum_{R_n\neq0}\mathrm{e}^{\mathrm{i}\boldsymbol{k}\cdot\boldsymbol{R}_n}\int\phi_s^{*\mathrm{at}}(\boldsymbol{r})[V(\boldsymbol{r})-V^{\mathrm{at}}(\boldsymbol{r}-\boldsymbol{R}_n)]\phi_s^{\mathrm{at}}(\boldsymbol{r}-\boldsymbol{R}_n)\mathrm{d}\tau_{\mathrm{r}} \tag{5-71}$$

注意：$V^{\mathrm{at}}(\boldsymbol{r})$是 $R_n=0$ 处，即坐标原点处的孤立原子在 $\boldsymbol{r}$ 处产生的电子势能函数；$V(\boldsymbol{r})$是晶体中所有原子在 $\boldsymbol{r}$ 处产生的电子势能函数。

设

$$A=-\int\phi_s^{*\mathrm{at}}(\boldsymbol{r})[V(\boldsymbol{r})-V^{\mathrm{at}}(\boldsymbol{r})]\phi_s^{\mathrm{at}}(\boldsymbol{r})\mathrm{d}\tau_{\mathrm{r}}=-\overline{[V(\boldsymbol{r})-V^{\mathrm{at}}(\boldsymbol{r})]} \tag{5-72}$$

$$B(\boldsymbol{R}_n)=-\int\phi_s^{*\mathrm{at}}(\boldsymbol{r})[V(\boldsymbol{r})-V^{\mathrm{at}}(\boldsymbol{r}-\boldsymbol{R}_n)]\phi_s^{\mathrm{at}}(\boldsymbol{r}-\boldsymbol{R}_n)\mathrm{d}\tau_{\mathrm{r}} \tag{5-73}$$

则方程(5-70)左侧成为

$$-A-\sum_{R_n\neq0}B(\boldsymbol{R}_n)\mathrm{e}^{\mathrm{i}\boldsymbol{k}\cdot\boldsymbol{R}_n} \tag{5-74}$$

设

$$C=\int\phi_s^{*\mathrm{at}}(\boldsymbol{r})\phi_s^{\mathrm{at}}(\boldsymbol{r}-\boldsymbol{R}_n)\mathrm{d}\tau_{\mathrm{r}} \tag{5-75}$$

当 $R_n=0$ 时，$C(\boldsymbol{R}_n)=1$；当 $R_n\neq0$ 时，$C(\boldsymbol{R}_n)=0$。即相差 $\boldsymbol{R}_n$ 的孤立原子的电子云不交叠，无相互作用，则 C 的物理意义可理解为电子交叠几率的积分。与此对比可知，A 是电子处在 $\phi_s^{\mathrm{at}}(\boldsymbol{r})$态时由微扰势$[V(\boldsymbol{r})-V^{\mathrm{at}}(\boldsymbol{r})]$引起的静电势能的平均值，可证明 A 是大于零的。$B(\boldsymbol{R}_n)$的意义可理解为在 $R_n=0$ 和 $R_n\neq0$ 处两个孤立原子中的电子波函数在微扰势能$[V(\boldsymbol{r})-V^{\mathrm{at}}(\boldsymbol{r}-\boldsymbol{R}_n)]$的作用下电子云的“加权”交叠积分，它也大于零，也携带着电子云交叠的信息。由于孤立原子中的电子波函数随其离核的距离增大而迅速下降，相邻原子间的波函数已交叠很少。

方程(5-70)的右侧可写为

$$E_s(\boldsymbol{k})-E_s^{\mathrm{at}}$$

所以由方程(5-70)得到

$$E_s(\boldsymbol{k})=E_s^{\mathrm{at}}-A-\sum_{R_n\neq0}B(\boldsymbol{R}_n)\mathrm{e}^{\mathrm{i}\boldsymbol{k}\cdot\boldsymbol{R}_n} \tag{5-76}$$

正是由于孤立原子的电子波函数随离核的距离增加而很快下降，除了最近邻的原子之外，$B(\boldsymbol{R}_n)$均可近似认为是零，所以式(5-76)经常仅考虑最近邻的情况，同时考虑到 s 态波函数 $\phi_s^{\mathrm{at}}(\boldsymbol{r})$的球对称性，近邻交叠积分 $B(\boldsymbol{R}_n)$实际上与方向无关，可将它提到求和号外，于

是有

$$E_s(\boldsymbol{k}) = E_s^{\mathrm{at}} - A - B\sum_{R_n \neq 0}^{\text{最近邻}} \mathrm{e}^{\mathrm{i}\boldsymbol{k}\cdot\boldsymbol{R}_n} \tag{5-77}$$

对 s 带电子云球对称，对近邻原子的 A，B 均为常数。这就是在紧束缚近似下，仅考虑最近邻原子间的波函数的交叠所得到的晶体的 s 能带的 $E\sim\boldsymbol{k}$ 关系。由上分析可知，紧束缚模型适用于绝缘体，也可用于相邻原子的电子波函数交叠较少的半导体、金属的内层电子和过渡金属的 d 电子。

例：在近邻近似下，用紧束缚近似计算体心立方晶体 s 能带的 $E_s(\boldsymbol{k})$，试计算沿 k_x 方向($k_y=k_z=0$)的 1s 能带宽度。

解：选体心立方的体心原子为参考点，最近邻原子的位矢

$$\boldsymbol{R}_n = \pm\frac{a}{2}\boldsymbol{i} \pm \frac{a}{2}\boldsymbol{j} \pm \frac{a}{2}\boldsymbol{k} \quad (\text{共 8 个})$$

则由式(5-77)有

$$\begin{aligned}
E_s(\boldsymbol{k}) = {} & E_s^{\mathrm{at}} - A - B\big[\mathrm{e}^{\mathrm{i}\frac{a}{2}(k_x+k_y+k_z)} + \mathrm{e}^{\mathrm{i}\frac{a}{2}(k_x+k_y-k_z)} + \mathrm{e}^{\mathrm{i}\frac{a}{2}(k_x-k_y+k_z)} + \mathrm{e}^{\mathrm{i}\frac{a}{2}(k_x-k_y-k_z)} \\
& + \mathrm{e}^{\mathrm{i}\frac{a}{2}(-k_x+k_y+k_z)} + \mathrm{e}^{\mathrm{i}\frac{a}{2}(-k_x+k_y-k_z)} + \mathrm{e}^{\mathrm{i}\frac{a}{2}(-k_x-k_y+k_z)} + \mathrm{e}^{\mathrm{i}\frac{a}{2}(-k_x-k_y-k_z)}\big] \\
= {} & E_s^{\mathrm{at}} - A - 2B \times \left[\mathrm{e}^{\mathrm{i}\frac{a}{2}(k_x+k_y)}\cos\frac{a}{2}k_z + \mathrm{e}^{\mathrm{i}\frac{a}{2}(k_x-k_y)}\cos\frac{a}{2}k_z + \mathrm{e}^{\mathrm{i}\frac{a}{2}(-k_x+k_y)}\cos\frac{a}{2}k_z \right. \\
& \left. + \mathrm{e}^{\mathrm{i}\frac{a}{2}(-k_x-k_y)}\cos\frac{a}{2}k_z\right] \\
= {} & E_s^{\mathrm{at}} - A - 2B \times 2\left[\mathrm{e}^{\mathrm{i}\frac{a}{2}k_x}\cos\frac{a}{2}k_y + \mathrm{e}^{-\mathrm{i}\frac{a}{2}k_x}\cos\frac{a}{2}k_y\right]\cos\frac{a}{2}k_z \\
= {} & E_s^{\mathrm{at}} - A - 4B \times 2\left(\cos\frac{k_x a}{2}\cos\frac{k_y a}{2}\cos\frac{k_z a}{2}\right) \\
= {} & E_s^{\mathrm{at}} - A - 8B\cos\frac{k_x a}{2}\cos\frac{k_y a}{2}\cos\frac{k_z a}{2}
\end{aligned} \tag{5-78}$$

当 $k_y=k_z=0$ 时：

$$E_s(k_x) = E_s^{\mathrm{at}} - A - 8B\cos\frac{k_x a}{2}$$

同时，当 $k_x=0$ 时：

$$E_{s\min} = E_s^{\mathrm{at}} - A - 8B$$

当 $k_x=\dfrac{2\pi}{a}$时：

$$E_{s\max} = E_s^{\mathrm{at}} - A + 8B$$

则得

$$\text{沿 } k_x \text{ 方向 } 1s \text{ 能带宽度} = E_{s\max} - E_{s\min} = 16B$$

该例说明，对体心立方结构，由孤立原子形成晶体的过程中，s 电子的能级在孤立原子中电子能级 E_s^{at} 的基础上首先较低一个 A(大于零的常数)，并形成能带。由式(5-78)可知，在此能带内，电子的能量是波矢的各个分量的周期函数。又由 B 的表示式(5-73)可知，带宽与微扰势的交叠积分有关。

原则上讲，孤立原子中电子的每一个能级在形成晶体后均要分裂成一个能带，即孤立

原子中的一个电子能级对应一个能带，如图 5-3 所示，这些能带称为子能带。如果两个以上的子能带相互交叠，则形成一个混合能带，如图 5-4 所示。如果子能带之间没有发生交叠，则就有带隙存在。因此，从紧束缚近似的观点来看，能隙不过是孤立原子能级之间的不连续能量区域在能级分裂成能带之后所余下的部分。

5.5 克龙尼克—潘纳模型

布洛赫定理说明了晶体中电子波的共性，即均为调幅平面波。但当不知道周期势 $V(x)$ 的具体形式时，是无法知道调幅因子 U 及电子的能量 E 的具体形式的。在近自由电子模型中求得式(5-54)禁带宽度为 $2|V_n|$，在紧束缚模型中计算能带宽度所用到的参量 A（式(5-72)）、参量 B（式(5-73)）均需要晶体中电子的势能 $V(\boldsymbol{r})$ 的具体表达式才能进行计算，所以在能带计算中合理地设定势能函数 $V(\boldsymbol{r})$ 是非常重要的。

克龙尼克(R. Kronig)和潘纳(W. G. Penney)提出了周期为 a 的一维方势阱的模型，如图 5-15 所示。每个势阱的宽度为 c，势垒的宽度为 b，晶体势的周期 $a=b+c$。设势阱的势能为 0，势垒的高度为 V_0。

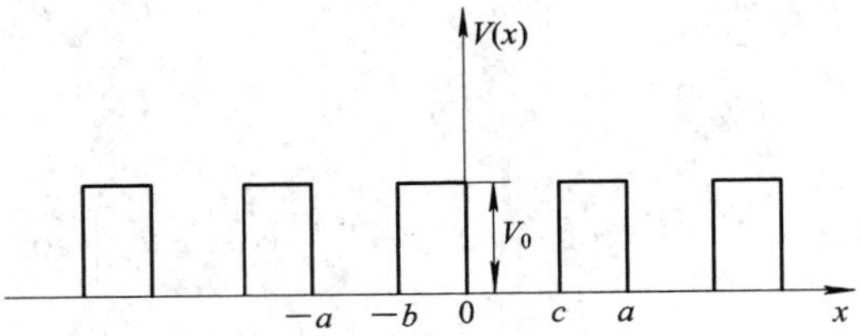

图 5-15 一维克龙尼克—潘纳模型

在 $-b<x<c$ 的区域，电子的势能为

$$V(x)=\begin{cases}0 & 0<x<c\\ V_0 & -b<x<0\end{cases} \tag{5-79}$$

在其它区域，电子的势能为

$$V(x)=V(x+na)$$

其中 n 为任意整数。由布洛赫定理，波函数可写成

$$\psi(k,x)=u(k,x)\mathrm{e}^{\mathrm{i}kx}$$

代入薛定谔方程有

$$\frac{\mathrm{d}^2\psi}{\mathrm{d}x^2}+\frac{2m}{\hbar^2}(E-V)\psi=0$$

经过整理，得到 $u(k,x)$ 满足的方程：

$$\frac{\mathrm{d}^2u}{\mathrm{d}x^2}+2\mathrm{i}k\frac{\mathrm{d}u}{\mathrm{d}x}+\left[\frac{2m}{\hbar^2}(E-V)-k^2\right]u=0 \tag{5-80}$$

在势场突变点，波函数 $\psi(k,x)$ 及其导数

$$\frac{\mathrm{d}\psi}{\mathrm{d}x}=\mathrm{e}^{\mathrm{i}kx}\frac{\mathrm{d}u}{\mathrm{d}x}+\mathrm{i}k\mathrm{e}^{\mathrm{i}kx}u(k,x)$$

必须连续，实际上这就是要求布洛赫波的幅值函数 $u(k, x)$ 和它的导数必须连续。下面分不同的区域求出 $u(k, x)$ 的表达式。

1. 在区域 $0<x<c$**，势能** $V=0$

此时，设

$$\frac{2mE}{\hbar^2}=\alpha^2 \tag{5-81}$$

在此区域，$u(k, x)$ 满足的方程可以写成

$$\frac{\mathrm{d}^2u}{\mathrm{d}x^2}+2\mathrm{i}k\frac{\mathrm{d}u}{\mathrm{d}x}+(\alpha^2-k^2)u(k, x)=0 \tag{5-82}$$

这是一个常系数微分方程，它的解为

$$u(k, x)=A_0\mathrm{e}^{\mathrm{i}(\alpha-k)x}+B_0\mathrm{e}^{-\mathrm{i}(\alpha+k)x} \tag{5-83}$$

其中，A_0 和 B_0 是待定系数。

2. 在区域 $-b<x<0$**，势能** $V=V_0$

现求 $E<V_0$ 情况的解。设

$$\beta^2=\frac{2m}{\hbar^2}(V_0-E)=\frac{2mV_0}{\hbar^2}-\alpha^2 \tag{5-84}$$

在此区域，$u(k, x)$ 满足的方程可以写成

$$\frac{\mathrm{d}^2u}{\mathrm{d}x^2}+2\mathrm{i}k\frac{\mathrm{d}u}{\mathrm{d}x}-(\beta^2+k^2)u(k, x)=0 \tag{5-85}$$

其解为

$$u(k, x)=C_0\mathrm{e}^{(\beta-\mathrm{i}k)x}+D_0\mathrm{e}^{-(\beta+\mathrm{i}k)x} \tag{5-86}$$

其中，C_0 和 D_0 是待定系数。

在 $na<x<na+c$ 的区域，函数 $u(k, x+na)$ 的形式与式(5-83)类似，即

$$u(k, x+na)=A_n\mathrm{e}^{\mathrm{i}(\alpha-k)(x+na)}+B_n\mathrm{e}^{-\mathrm{i}(\alpha+k)(x+na)} \tag{5-87}$$

由于 $u(k, x)$ 的周期性：

$$u(k, x)=u(k, x+na)$$

故有

$$\left.\begin{aligned}A_n&=A_0\mathrm{e}^{-\mathrm{i}(\alpha-k)na}\\B_n&=B_0\mathrm{e}^{\mathrm{i}(\alpha+k)na}\end{aligned}\right\} \tag{5-88}$$

同理，在区域 $na-b<na+x<na$，函数 $u(k, x)$ 可写成

$$u(k, x+na)=C_n\mathrm{e}^{(\beta-\mathrm{i}k)(x+na)}+D_n\mathrm{e}^{-(\beta+\mathrm{i}k)(x+na)} \tag{5-89}$$

利用 $u(k, x)$ 的周期性，可得

$$\left.\begin{aligned}C_n&=C_0\mathrm{e}^{-(\beta-\mathrm{i}k)na}\\D_n&=D_0\mathrm{e}^{(\alpha+\mathrm{i}k)na}\end{aligned}\right\} \tag{5-90}$$

在 $x=0$ 处，函数 u 和它的导数 $\mathrm{d}u/\mathrm{d}x$ 连续的条件是

$$A_0+B_0=C_0+D_0 \tag{5-91}$$

$$\mathrm{i}(\alpha-k)A_0-\mathrm{i}(\alpha+k)B_0=(\beta-\mathrm{i}k)C_0-(\beta+\mathrm{i}k)D_0 \tag{5-92}$$

在 $x=c$ 处，由函数 u 连续的条件得到

$$A_0\mathrm{e}^{\mathrm{i}(\alpha-k)c}+B_0\mathrm{e}^{-\mathrm{i}(\alpha+k)c}=C_1\mathrm{e}^{(\beta-\mathrm{i}k)c}+D_1\mathrm{e}^{-(\beta+\mathrm{i}k)c}$$

由式(5-90)，C_1、D_1 可以用 C_0、D_0 代替，于是

$$A_0 e^{i(\alpha-k)c} + B_0 e^{-i(\alpha+k)c} = C_0 e^{-(\beta-ik)b} + D_0 e^{(\beta+ik)b} \tag{5-93}$$

类似地，在 $x=c$ 处，由 du/dx 连续的条件得到

$$i(\alpha-k)e^{i(\alpha-k)c}A_0 - i(\alpha+k)e^{-i(\alpha+k)c}B_0 = (\beta-ik)e^{-(\beta-ik)b}C_0 - (\beta+ik)e^{(\beta+ik)b}D_0 \tag{5-94}$$

式(5～91)～式(5～94)是 A_0、B_0、C_0、D_0 的齐次线性方程组，它们有非零解的条件是其系数行列式等于零：

$$\begin{vmatrix} 1 & 1 & -1 & -1 \\ i(\alpha-k) & -i(\alpha+k) & -(\beta-ik) & \beta+ik \\ e^{i(\alpha-k)c} & e^{-i(\alpha+k)c} & -e^{-(\beta-ik)b} & -e^{(\beta+ik)b} \\ i(\alpha-k)e^{i(\alpha-k)c} & -i(\alpha+k)e^{-i(\alpha+k)c} & -(\beta-ik)e^{-(\beta-ik)b} & (\beta+ik)e^{(\beta+ik)b} \end{vmatrix} = 0$$

化简后得到

$$\frac{\beta^2-\alpha^2}{2\alpha\beta}\sinh\beta b\ \sin\alpha c + \cosh\beta b\ \cos\alpha c = \cos ka \tag{5-95}$$

因为 ka 是实数，有

$$-1 \leqslant \cos ka \leqslant 1$$

即

$$-1 \leqslant \frac{\beta^2-\alpha^2}{2\alpha\beta}\sinh\beta b\ \sin\alpha c + \cosh\beta b\ \cos\alpha c \leqslant 1$$

参数 α 与能量有关，所以该式是决定电子能量的超越方程，相当复杂。为了简化，假定 $V_0\to\infty$，$b\to 0(c\to a)$，但 $V_0 b$ 保持有限，此时 $\beta^2\gg\alpha^2$。设

$$\lim \frac{\beta^2 ab}{2} = P$$

$$\beta b = \sqrt{\frac{2Pb}{a}} \ll 1$$

则

$$\sinh\beta b \approx \beta b$$
$$\cosh\beta b \approx 1$$

于是式(5-95)简化为

$$P\frac{\sin\alpha a}{\alpha a} + \cos\alpha a = \cos ka \tag{5-96}$$

利用式(5-96)可以确定电子的能量。设

$$f(\alpha a) = P\frac{\sin\alpha a}{\alpha a} + \cos\alpha a$$

画出 $f(\alpha a)\sim(\alpha a)$的关系曲线，图 5-16 是当 $P=3\pi/2$ 时根据式(5-96)所作的图形。由于式(5-96)右边 $\cos ka$ 介于-1 和$+1$ 之间，所以该式的左边及图中介于-1 和$+1$ 之间的值才是有效的，由图求出满足此条件的 αa 值。由式(5-81)，有

$$\frac{2mE}{\hbar^2} = \alpha^2$$

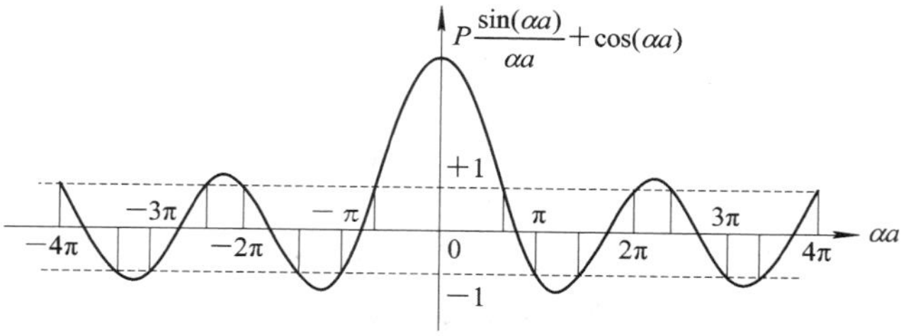

图 5-16　当 $P=\frac{3}{2}\pi$ 时式(5-96)的图形

若已知 m 和 α 值，则可求出能量 E。又根据许可的 αa 值，找出其相应的纵坐标值 $\cos ka$，并由此计算出每个 E 所对应的 k 值，就可得到图 5-17 所示的 $E\sim ka$ 曲线。为方便，图5-17 中以$\frac{2ma^2}{\pi^2\hbar^2}E$ 为纵坐标，以 ka 为横坐标。

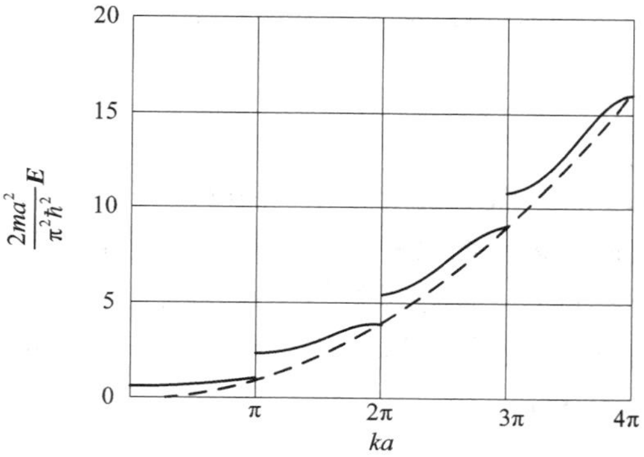

图 5-17　当 $P=\frac{3}{2}\pi$ 时能量与波矢的关系

讨论

(1) 当 $P=0$ 时，由式(5-96)得

$$\alpha a = ka \pm 2n\pi \qquad n\text{ 为任意整数}$$

把式(5-81)

$$\alpha^2 = \frac{2mE}{\hbar^2}$$

代入得

$$E = \frac{\hbar^2}{2m}\left(k \pm \frac{2n\pi}{a}\right)^2 \tag{5-97}$$

若认为晶体中的波矢 k 是准连续的，则能量可有准连续值，对应于晶体中自由粒子的情况。

(2) 当 $P\to\infty$ 时，由式(5-96)的左右两边均应有限，必有

$$\frac{\sin\alpha a}{\alpha a} \to 0$$

得

$$\alpha a = n\pi \qquad n \text{为任意整数}$$

把式(5-81) $\alpha^2=\dfrac{2mE}{\hbar^2}$代入得

$$E = \frac{n^2\pi^2\hbar^2}{2ma^2} \tag{5-98}$$

该式表示电子具有分离的能级，电子的能量 E 与波矢 k 无关。这对应于电子处于无限深势阱中的情况。所以 P 的数值表达了粒子被束缚的程度。

(3) 由式(5-96)及图 5-17 可知，在 $\cos ka=\pm 1$ 处，即 $ka=\pm n\pi$，$k=\pm n\pi/a$ 时出现能带的间隙——禁带。

(4) 由式(5-81)，$\alpha^2=2mE/\hbar^2$ 可知，若 α 大，则对应的能量 E 也大，又由图 5-17 知，能量较大时，对应的允许带也较宽。

(5) 由式(5-96)和图 5-16 均可得出 E 是 k 的偶函数，即 $E(k)=E(-k)$。

(6) 因为

$$\cos ka = \cos\left(k+\frac{2n\pi}{a}\right)a = \cos(k+G_n)a$$

由式(5-96)，可得

$$E(k) = E(k+G_n)$$

即电子能量具有倒空间周期性。以上结论均与布洛赫定理一致。

(7) 科龙尼克—潘纳模型讨论的是一个可以严格求解的问题，并由此得出了周期性势场对电子运动的影响的简明图像，即电子能谱出现带结构的基本结论。这个模型虽然是比较粗略的，但所揭示的规律仍有较强的适应性，经过适当修改可用于研究表面态、合金能带以及多层薄膜的能带等问题中。

5.6 晶体中电子的准经典运动

前面主要讨论了电子在晶体中运动的本征态和本征值，本征态和本征值是研究各种有关电子运动问题的基础。实际晶体中的电子大都是在外场的作用下运动，这个外场可以是外加电场、磁场等。固体中的电子被外场加速，电子从外场中吸收的能量后可以激发声子，即激发晶格振动，把能量传递给晶体，因此，在固体物理中，晶体在外场作用下的电子—声子相互作用是重要的微观作用过程之一。由于在一般情况下，外加场总是比晶体周期场弱得多，因此很自然地想到应该以晶体中的周期场的本征态为基础进行讨论。从理论上讲，讨论载流子输运现象的方法主要有两类：第一类是所谓的准经典方法，这种方法又可以分为两种。一种是把电子在布洛赫态中的平均速度作为它们的速度，把电子视为是具有一定速度、有效质量的准粒子处理，故称为电子的准经典运动。通过求解准经典粒子在外场中的运动方程获得所需的结果，这种方法的优点是物理图像简单明了。另一种方法是求解玻耳兹曼方程得到在外场作用下载流子的分布函数，从而求解所需的输运参数，该方法比较复杂，但精度较高。第二类是量子理论方法，考虑各种粒子间的相互作用，求解含有外加势场的薛定谔方程，因而是更为准确的方法，也是更为复杂的方法。目前已开发了利用量子理论方法计算材料的能带、光学特性、表面参数等的计算机软件，为材料设计和计算提供了有力的工具和良好的条件。本节首先介绍晶体中电子的准经典运动。

5.6.1　布洛赫电子的速度

自由电子波函数 $\psi(\boldsymbol{k},\boldsymbol{r})$ 是平面波，其波函数为

$$\psi(\boldsymbol{k},\boldsymbol{r}) = V_c^{-\frac{1}{2}} e^{i\boldsymbol{k}\cdot\boldsymbol{r}} \tag{5-99}$$

它的动量本征值为

$$\boldsymbol{p} = \hbar\boldsymbol{k} \tag{5-100}$$

因而它的速度为

$$\boldsymbol{v}(\boldsymbol{k}) = \frac{\boldsymbol{p}}{m} = \frac{\hbar}{m}\boldsymbol{k} \tag{5-101}$$

其中，m 是自由电子的质量。考虑到自由电子的能量为

$$E(k) = \frac{\hbar^2}{2m}k^2 \tag{5-102}$$

可将自由电子的速度写成

$$\boldsymbol{v}(\boldsymbol{k}) = \frac{1}{\hbar}\nabla_k E(\boldsymbol{k}) \tag{5-103}$$

式(5-103)是一个十分重要的公式。虽然它只针对自由电子作了证明，但实际上只要加上能带指数 n，它对固体中的布洛赫电子也是严格成立的，即

$$\boldsymbol{v}_n(\boldsymbol{k}) = \frac{1}{\hbar}\nabla_k E_n(\boldsymbol{k}) \tag{5-104}$$

式(5-104)表明，布洛赫电子的运动速度和能量梯度成正比，方向与等能面法线方向相同。(∇_k 表示在 $\boldsymbol{k}$ 空间运算：自变量为 k_x、k_y、k_z。)

说明

(1) 式(5-104)所表示的是布洛赫波的群速度，即布洛赫电子的能速。设由许多频率相差不多的电子波组成波包，波包的群速度即为组成该波包的电子的平均速度。

(2) 式(5-104)左边 $\boldsymbol{v}_n(\boldsymbol{k})$ 是波矢 $\boldsymbol{k}$ 的函数，但速度的单位仍为 m/s，即是正空间的量，而右边 $\nabla_k E_n(\boldsymbol{k})$ 是能量 $E_n(\boldsymbol{k})$ 在波矢 $\boldsymbol{k}$ 空间求梯度。

(3) 图 5-18 中将晶体电子(即布洛赫电子)速度 $\boldsymbol{v}$ 与波矢 $\boldsymbol{k}$ 的关系同自由电子进行比较，形象地说明了它们之间的异同处。对于自由电子，等能面是球面，速度

$$\boldsymbol{v} = \frac{\hbar\boldsymbol{k}}{m}$$

其中，m 是自由电子质量(为一常量)。因此自由电子的速度 $\boldsymbol{v}$ 与波矢 $\boldsymbol{k}$ 的方向平行，其大小成正比，如图 5-18(a)所示。对于布洛赫电子，虽然 $\boldsymbol{v}$ 也是 $\boldsymbol{k}$ 的函数：

$$\boldsymbol{v} = \frac{1}{\hbar}\nabla_k E(\boldsymbol{k})$$

即 $\boldsymbol{v}$ 与 $\boldsymbol{k}$ 空间的能量梯度成比例。由于梯度矢量垂直于能量等值线，因此在 $\boldsymbol{k}$ 空间中每一点上的速度 $\boldsymbol{v}$ 都与通过该点的能量等值线正交。由于这些等能面一般说来不是球形的，见图 5-18(b)，因此布洛赫电子的速度 $\boldsymbol{v}$ 一般与 $\boldsymbol{k}$ 不在同一直线上。

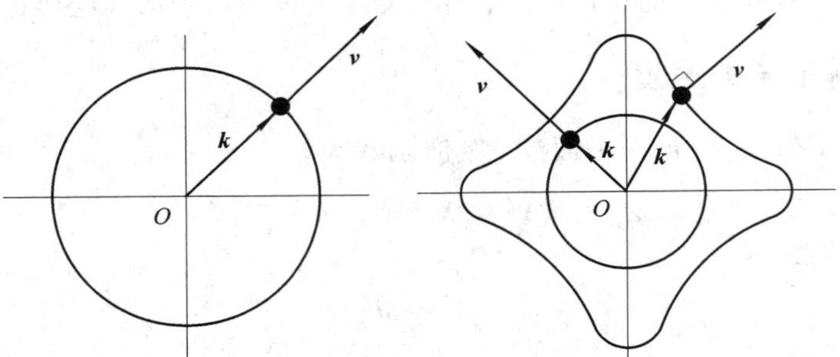

图 5-18 自由电子和布洛赫电子的速度与波矢之间方向的关系

5.6.2 布洛赫电子的准动量

当有外场时，布洛赫电子受到外力的作用。dt 时间内电子从外力场获得的能量为(这里仅考虑电子在一个能带内运动，而不致发生带间跃迁，因此暂时略去能带指数 n)

$$\mathrm{d}E = \boldsymbol{F}_{外} \cdot \boldsymbol{v}\mathrm{d}t \tag{5-105}$$

单位时间内得到的能量为

$$\frac{\mathrm{d}E}{\mathrm{d}t} = \boldsymbol{F}_{外} \cdot \boldsymbol{v} = \boldsymbol{F}_{外} \cdot \frac{1}{\hbar}\nabla_k E(\boldsymbol{k}) \tag{5-106}$$

用数学的复合函数求导，可得到

$$\frac{\mathrm{d}E}{\mathrm{d}t} = \frac{\partial E}{\partial k_x}\frac{\mathrm{d}k_x}{\mathrm{d}t} + \frac{\partial E}{\partial k_y}\frac{\mathrm{d}k_y}{\mathrm{d}t} + \frac{\partial E}{\partial k_z}\frac{\mathrm{d}k_z}{\mathrm{d}t} = \frac{\mathrm{d}\boldsymbol{k}}{\mathrm{d}t} \cdot \nabla_k E(\boldsymbol{k}) \tag{5-107}$$

把 $\boldsymbol{k}$ 和 $\boldsymbol{F}_{外}$ 分解成与 $\nabla_k E(\boldsymbol{k})$ 平行的分量(下标用 // 表示)及垂直的分量(下标用 ⊥ 表示)：

$$\boldsymbol{F}_{外} = \boldsymbol{F}_{外//} + \boldsymbol{F}_{外\perp} \tag{5-108}$$

$$\dot{\boldsymbol{k}} = \dot{\boldsymbol{k}}_{//} + \dot{\boldsymbol{k}}_{\perp} \tag{5-109}$$

比较式(5-106)和式(5-107)，可知

$$\hbar\dot{\boldsymbol{k}}_{//} = \boldsymbol{F}_{外//} \tag{5-110}$$

事实上也可以证明

$$\hbar\dot{\boldsymbol{k}}_{\perp} = \boldsymbol{F}_{外\perp}$$

也成立。因而有

$$\hbar\dot{\boldsymbol{k}} = \boldsymbol{F}_{外} \tag{5-111}$$

式(5-111)和经典力学的牛顿定律

$$\dot{\boldsymbol{p}} = \boldsymbol{F}_{外} \tag{5-112}$$

形式上相当，因而 $\hbar\boldsymbol{k}$ 有动量的量纲。但由于布洛赫波不是动量的本征态，没有确定的动量，故称 $\hbar\boldsymbol{k}$ 为布洛赫电子的准动量，它的意义是在晶体中的电子和其它粒子、准粒子作用时遵守动量守恒定律(或称为准动量选择定则)而表现出来的。

5.6.3 晶体中电子的加速度和有效质量张量

我们知道，标量只有一个元素，不妨称之为零阶张量。矢量可分解为三个基矢方向上

的分量，可表示为

$$\boldsymbol{A} = \sum_i A_i \boldsymbol{e}_i \qquad i = 1, 2, 3$$

即矢量只有三个元素，又可称之为一阶张量。

在自然界的各向异性材料中，x 方向的应变不仅与 x 方向的应力有关，还与 y 方向、z 方向的应力有关，可表示为

$$\overleftrightarrow{A} = \sum_{i,j} A_{ij} \boldsymbol{e}_i \boldsymbol{e}_j \qquad i, j = 1, 2, 3$$

它有 9 个元素，称为二阶张量。

又例如在各向异性的电介质中，电位移矢量 $\boldsymbol{D}$ 与电场强度 $\boldsymbol{E}$ 之间满足：

$$\boldsymbol{D} = \overleftrightarrow{\varepsilon} \cdot \boldsymbol{E}$$

即电位移矢量的 x 分量 D_x 不仅与 E_x 有关，还与 E_y、E_z 有关，介电系数 $\overleftrightarrow{\varepsilon}$ 有 9 个元素，称之为二阶介电张量。

由式(5－104)，可求得 Bloch 电子的加速度：

$$\dot{\boldsymbol{v}} = \frac{1}{\hbar}\frac{\mathrm{d}}{\mathrm{d}t}\nabla_k E(\boldsymbol{k}) = \frac{1}{\hbar}\frac{\mathrm{d}}{\mathrm{d}t}\nabla_k E[k_x(t), k_y(t), k_z(t)]$$

由梯度的定义，k_x 方向的加速度为

$$\frac{\mathrm{d}v_{k_x}}{\mathrm{d}t} = \frac{1}{\hbar}\frac{\mathrm{d}}{\mathrm{d}t}\left[\frac{\partial E}{\partial k_x}\right]$$

而$\partial E/\partial k_x$ 为 t 的复合函数$[k_x(t), k_y(t), k_z(t)]$，所以

$$\frac{\mathrm{d}v_{k_x}}{\mathrm{d}t} = \frac{1}{\hbar}\left(\frac{\partial^2 E}{\partial k_x^2}\frac{\partial k_x}{\partial t} + \frac{\partial^2 E}{\partial k_x \partial k_y}\frac{\partial k_y}{\partial t} + \frac{\partial^2 E}{\partial k_x \partial k_z}\frac{\partial k_z}{\partial t}\right)$$

类似可得

$$\frac{\mathrm{d}v_{k_y}}{\mathrm{d}t} = \frac{1}{\hbar}\left(\frac{\partial^2 E}{\partial k_y^2 \partial k_x}\frac{\partial k_x}{\partial t} + \frac{\partial^2 E}{\partial k_y^2}\frac{\partial k_y}{\partial t} + \frac{\partial^2 E}{\partial k_y \partial k_z}\frac{\partial k_z}{\partial t}\right)$$

$$\frac{\mathrm{d}v_{k_z}}{\mathrm{d}t} = \frac{1}{\hbar}\left(\frac{\partial^2 E}{\partial k_z \partial k_x}\frac{\partial k_x}{\partial t} + \frac{\partial^2 E}{\partial k_z \partial k_y}\frac{\partial k_y}{\partial t} + \frac{\partial^2 E}{\partial k_z^2}\frac{\partial k_z}{\partial t}\right)$$

把以上三个式子组合写成矩阵形式：

$$\begin{pmatrix} \dfrac{\mathrm{d}v_{k_x}}{\mathrm{d}t} \\ \dfrac{\mathrm{d}v_{k_y}}{\mathrm{d}t} \\ \dfrac{\mathrm{d}v_{k_z}}{\mathrm{d}t} \end{pmatrix} = \frac{1}{\hbar}\begin{pmatrix} \dfrac{\partial^2 E}{\partial k_x^2} & \dfrac{\partial^2 E}{\partial k_x \partial k_y} & \dfrac{\partial^2 E}{\partial k_x \partial k_z} \\ \dfrac{\partial^2 E}{\partial k_y \partial k_x} & \dfrac{\partial^2 E}{\partial k_y^2} & \dfrac{\partial^2 E}{\partial k_y \partial k_z} \\ \dfrac{\partial^2 E}{\partial k_z \partial k_x} & \dfrac{\partial^2 E}{\partial k_z \partial k_y} & \dfrac{\partial^2 E}{\partial k_z^2} \end{pmatrix}\begin{pmatrix} \dot{k}_x \\ \dot{k}_y \\ \dot{k}_z \end{pmatrix}$$

由式(5－111)，上式又可写成

$$\begin{pmatrix} \dfrac{\mathrm{d}v_{k_x}}{\mathrm{d}t} \\ \dfrac{\mathrm{d}v_{k_y}}{\mathrm{d}t} \\ \dfrac{\mathrm{d}v_{k_z}}{\mathrm{d}t} \end{pmatrix} = \frac{1}{\hbar^2}\begin{pmatrix} \dfrac{\partial^2 E}{\partial k_x^2} & \dfrac{\partial^2 E}{\partial k_x \partial k_y} & \dfrac{\partial^2 E}{\partial k_x \partial k_z} \\ \dfrac{\partial^2 E}{\partial k_y \partial k_x} & \dfrac{\partial^2 E}{\partial k_y^2} & \dfrac{\partial^2 E}{\partial k_y \partial k_z} \\ \dfrac{\partial^2 E}{\partial k_z \partial k_x} & \dfrac{\partial^2 E}{\partial k_z \partial k_y} & \dfrac{\partial^2 E}{\partial k_z^2} \end{pmatrix}\begin{pmatrix} F_{外_{kx}} \\ F_{外_{ky}} \\ F_{外_{kz}} \end{pmatrix} \qquad (5-113)$$

把式(5－113)表示为

$$\dot{\boldsymbol{v}} = \overrightarrow{m}^{*-1} \cdot \boldsymbol{F}_{外} \tag{5-114}$$

与经典牛顿定律

$$\dot{\boldsymbol{v}} = m^{-1}\boldsymbol{F}$$

形式上相似，而且式(5－114)中不出现不易测量的晶格场力 F_L，把 F_L 不易测量的困难并入 $\overrightarrow{m}^{*-1}$ 中了，而 $\overrightarrow{m}^{*-1}$ 又可由能带结构求出。上式中，$\overrightarrow{m}^{*-1}$ 称为倒有效质量张量。求倒有效质量张量的逆：

$$(\overrightarrow{m}^{*-1})^{-1} = \overrightarrow{m}^{*} \tag{5-115}$$

$\overrightarrow{m}^{*}$ 称为有效质量张量。

因为 $E(\boldsymbol{k})$ 及其导数连续，所以混合偏导与次序无关：

$$\frac{\partial^2 E}{\partial k_i \partial k_j} = \frac{\partial^2 E}{\partial k_j \partial k_i} \qquad i \neq j, \ i, \ j = 1, \ 2, \ 3$$

所以以上得到的有效质量张量为对称张量，独立元素只剩 6 个，而各元素均与能带结构有关。

倒有效质量张量的(i, j)元素

$$\overrightarrow{m}_{ij}^{*-1} = \frac{1}{\hbar^2}\frac{\partial^2 E}{\partial k_i \partial k_j}$$

若需求有效质量张量的(i, j)元素 $\overrightarrow{m}_{ij}^{*}$，应根据矩阵乘法

$$(\overrightarrow{m}^{*})(\overrightarrow{m}^{*-1}) = (\overrightarrow{m}^{*-1})(\overrightarrow{m}^{*}) = \boldsymbol{I}$$

来确定 m_{ij}^{*}，式中 $\boldsymbol{I}$ 为单位矩阵。

若选择合适的坐标系，可使倒有效质量张量 $\overrightarrow{m}^{*-1}$ 对角化，则相应的有效质量张量 $\overrightarrow{m}^{*}$ 也成为对角的，非对角元素均为零。在这种情况，$\overrightarrow{m}^{*}$ 的对角元素也是相应 $\overrightarrow{m}^{*-1}$ 元素的逆元素，即

$$m_{xx}^{*} = \frac{\hbar^2}{\partial^2 E/\partial k_x^2}$$

$$m_{yy}^{*} = \frac{\hbar^2}{\partial^2 E/\partial k_y^2}$$

$$m_{zz}^{*} = \frac{\hbar^2}{\partial^2 E/\partial k_z^2}$$

则式(5－113)成为

$$\begin{pmatrix} \dfrac{\mathrm{d}v_{k_x}}{\mathrm{d}t} \\ \dfrac{\mathrm{d}v_{k_y}}{\mathrm{d}t} \\ \dfrac{\mathrm{d}v_{k_z}}{\mathrm{d}t} \end{pmatrix} = \frac{1}{\hbar^2}\begin{pmatrix} \dfrac{\partial^2 E}{\partial k_x^2} & 0 & 0 \\ 0 & \dfrac{\partial^2 E}{\partial k_y^2} & 0 \\ 0 & 0 & \dfrac{\partial^2 E}{\partial k_z^2} \end{pmatrix}\begin{pmatrix} F_{外k_x} \\ F_{外k_y} \\ F_{外k_z} \end{pmatrix} = \begin{pmatrix} \dfrac{1}{m_{xx}^{*}} & 0 & 0 \\ 0 & \dfrac{1}{m_{yy}^{*}} & 0 \\ 0 & 0 & \dfrac{1}{m_{zz}^{*}} \end{pmatrix}\begin{pmatrix} F_{外k_x} \\ F_{外k_y} \\ F_{外k_z} \end{pmatrix} \tag{5-116}$$

该式形式上与经典牛顿方程类似，即

$$\frac{\mathrm{d}v_{k_x}}{\mathrm{d}t} = \frac{1}{m_{xx}^{*}}F_{外k_x} \quad 与 \quad \frac{\mathrm{d}v_x}{\mathrm{d}t} = \frac{1}{m}F_x \ 形式上类似；$$

$$\frac{\mathrm{d}v_{k_y}}{\mathrm{d}t}=\frac{1}{m_{yy}^*}F_{外k_y} \quad 与 \quad \frac{\mathrm{d}v_y}{\mathrm{d}t}=\frac{1}{m}F_y \text{ 形式上类似；}$$

$$\frac{\mathrm{d}v_{k_z}}{\mathrm{d}t}=\frac{1}{m_{zz}^*}F_{外k_z} \quad 与 \quad \frac{\mathrm{d}v_z}{\mathrm{d}t}=\frac{1}{m}F_z \text{ 形式上类似。}$$

讨论

(1) Bloch 电子在外场力作用下，运动规律形式上遵守牛顿定律，只是把电子的惯性质量 m（是常量，也是标量）用晶体中电子的有效质量张量 $\overleftrightarrow{m}^*$ 代替。

(2) 一般情况下，有效质量张量 $\overleftrightarrow{m}^*$ 的对角元素是不同的，$m_{xx}^* \neq m_{yy}^* \neq m_{zz}^*$，此时，Bloch 电子的加速度与外场力方向就可以不一致。

例如：设在 k_x，k_y，k_z 方向的外场力相等，$F_{外k_x}=F_{外k_y}=F_{外k_z}$，但有效质量的对角元素 m_{ii}^* 不等，$m_{xx}^* \neq m_{yy}^* \neq m_{zz}^*$，则由式(5-116)可知，在 k_x，k_y，k_z 方向的加速度就不相同，即

$$\dot{v}_{k_x} \neq \dot{v}_{k_y} \neq \dot{v}_{k_z}$$

在 $\boldsymbol{k}$ 空间，当布洛赫电子的等能面为球面时（对应于介质为各向同性的情况）：

$$\frac{\partial^2 E}{\partial k_x^2}=\frac{\partial^2 E}{\partial k_y^2}=\frac{\partial^2 E}{\partial k_z^2}$$

则

$$m_{xx}^*=m_{yy}^*=m_{zz}^*=m^*$$

有效质量成为标量（但并不是常量），则式(5-114)为

$$\dot{\boldsymbol{v}}=\frac{\boldsymbol{F}_{外}}{m^*}$$

$\dot{\boldsymbol{v}}$ 才与 $\boldsymbol{F}_{外}$ 同方向。

例如，自由电子

$$E=\frac{\hbar^2}{2m}k^2=\frac{\hbar^2}{2m}(k_x^2+k_y^2+k_z^2)$$

等能面为球面：

$$m_{xx}^*=\frac{\hbar^2}{\partial^2 E/\partial k_x^2}=m$$

类似可得

$$m_{yy}^*=m_{zz}^*=m$$

此时，布洛赫电子的加速度和外场力方向相同。

(3) 针对一维情况，图 5-19 表示了能带结构、布洛赫电子的速度、有效质量和波矢之间的关系。设

$$m^*=\frac{\hbar^2}{\partial^2 E/\partial k^2}$$

为标量，m^* 与能带结构有关。图 5-19(a)是在能带上部（极大值处）的情况，极大值处 $\mathrm{d}^2E/\mathrm{d}k^2<0$，所以有效质量 $m^*<0$，由 $\mathrm{d}v/\mathrm{d}t=F_{外}/m^*$ 得 Bloch 电子的加速度与外力方向相反。图 5-19(b)是在能带下部（极小值处）的情况，极小值处 $\mathrm{d}^2E/\mathrm{d}k^2>0$，所以 $m^*>0$，由 $\mathrm{d}v/\mathrm{d}t=F_{外}/m^*$ 得 Bloch 电子的加速度与外力同向。

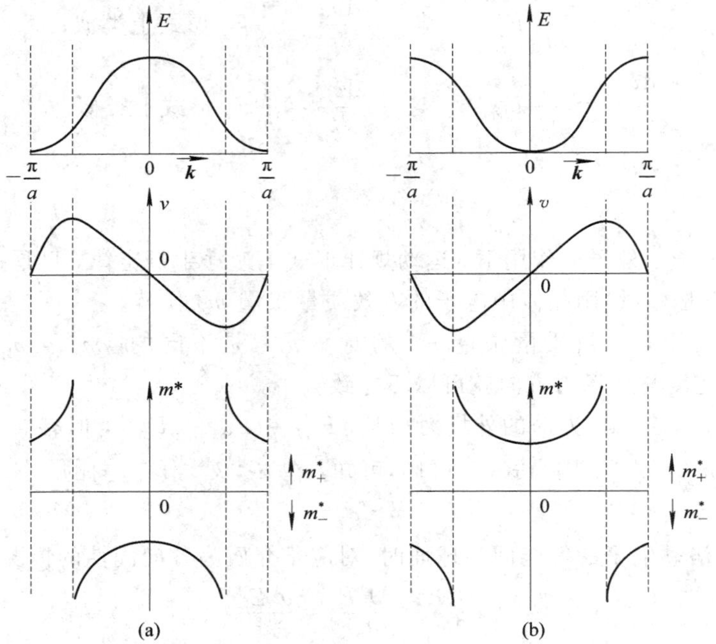

图 5-19 能带结构、布洛赫电子的速度、有效质量和波矢的关系

(4) 仍以一维情况为例。设 m 为电子的惯性质量，F_{L} 为电子所受到的晶格场力，$F_{外}$ 为电子所受到的晶体以外的场所施加的力。由牛顿方程

$$\frac{\mathrm{d}v}{\mathrm{d}t}=\frac{F}{m}=\frac{1}{m}(F_{外}+F_{\text{L}}) \tag{5-117}$$

与

$$\frac{\mathrm{d}v}{\mathrm{d}t}=\frac{1}{m^*}F_{外}$$

比较，显然 F_{L} 的影响包含到 m^* 中去了。比较以上二式可得

$$m^*=m\frac{F_{外}}{F_{外}+F_{\text{L}}} \tag{5-118}$$

即 m^* 与 m 的区别来源于 F_{L}(F_{L} 是 $\boldsymbol{k}$ 的函数，并不一定是常数)，m^* 除了反映电子的惯性质量之外，还概括了晶格场力 F_{L} 对电子的作用。若 $F_{\text{L}}=0$，则 $m^*=m$。

有效质量可以由实验来测定，由以上讨论可知，在等能面为球面的范围内，有效质量为标量。在等能面为椭球面时，在椭球的横轴方向和纵轴方向的有效质量可以有较大的差异，在 5.8 节中有很多这样的例子。

5.7 能带填充与导电性

前面讲的近自由电子模型是把原子实和($n-1$)个电子的共同作用概括为周期势场的作用，用量子力学微扰论求解定态问题。5.6 节考虑了外场力的作用，把晶格场的影响计入

m 的变化，引入有效质量张量 $\overleftrightarrow{m}^*$，且把具有有效质量 $\overleftrightarrow{m}^*$ 的布洛赫电子视为半经典粒子，用类似牛顿力学来讨论非定态问题。

由于有效质量张量 $\overleftrightarrow{m}^*$ 与能带结构有关，不同能带或同一能带不同波矢 $\boldsymbol{k}$ 处的电子有效质量可以不同，由式(5-114)，在同样的外场力 $\boldsymbol{F}_{外}$ 作用下，其加速度 $\dot{\boldsymbol{v}}$ 不同。要计算晶体中所有 Bloch 电子对电流的贡献，就要考虑这些电子的能量分布，平衡态时就是费米—狄拉克分布函数 $f(E, T)$。我们把质量视为有效质量，除碰撞外没有相互作用，遵守费米分布的 Bloch 电子的集合，称做 Bloch 电子费米气。

5.7.1　满带

在第一布里渊区中，波矢 $\boldsymbol{k}$ 的数目为 N，N 是晶体所包含的初基原胞数。因此根据能带结构，并考虑到电子的自旋，每个子能带包含 $2N$ 个电子态，即每个子能带可填充 $2N$ 个电子。如果一个能带内的全部状态均被电子所填充，则称之为满带；如果一个能带未被电子占满，则称之为不满带。例如半导体晶体 Si、Ge，它们的价带由 4 个子能带组成，共有 $2N\times4=8N$ 个电子态。而 Si、Ge 是 4 价的，每个原子有 4 个价电子。每个初基原胞含 2 个原子，由 N 个初基原胞组成的晶体就含 $2N$ 个原子，共含有 $8N$ 个价电子。在基态，这 $8N$ 个价电子正好填满价带，因此，价带的 4 个子能带都是满带。为方便起见，考虑样品为体积 $V_c=1$ 的立方体，对某一个能带 n，$\boldsymbol{k}$ 空间体元 $d\tau_k$ 内的 Bloch 电子数为

$$dn = \frac{2}{(2\pi)^3} f d\tau_k$$

若 dn 个电子有集体定向运动，则产生的元电流密度为

$$d\boldsymbol{J} = dn[-e\boldsymbol{v}(\boldsymbol{k})] = -\frac{e\boldsymbol{v}(\boldsymbol{k})}{4\pi^3} f d\tau_k \tag{5-119}$$

第一布里渊区中所有电子的运动所形成的电流密度为

$$\boldsymbol{J} = -\frac{e}{4\pi^3}\int_{B.Z.} \boldsymbol{v}(\boldsymbol{k}) f\, d\tau_k \tag{5-120}$$

下面分几种情况讨论。

1. 外场力 $\boldsymbol{F}_{外}\equiv 0$

因为 $E(\boldsymbol{k})=E(-\boldsymbol{k})$，所以 $f[E(\boldsymbol{k}), T]=f[E(-\boldsymbol{k}), T]$为 $\boldsymbol{k}$ 的偶函数，即不论是否满带，电子均对称分布，如图 5-20 所示。又由布洛赫电子速度的表示式(5-104)，有

$$\boldsymbol{v}(\boldsymbol{k}) = \frac{1}{\hbar}\nabla_k E(\boldsymbol{k}) = \frac{1}{\hbar}\nabla_k E(-\boldsymbol{k})$$

$$= -\frac{1}{\hbar}\nabla_{-k} E(-\boldsymbol{k})$$

而布洛赫电子速度的表示式(5-104)又可改写为

$$\boldsymbol{v}(-\boldsymbol{k}) = \frac{1}{\hbar}\nabla_{-k} E(-\boldsymbol{k})$$

比较以上二式的右边，可得

$$\boldsymbol{v}(\boldsymbol{k}) = -\boldsymbol{v}(-\boldsymbol{k})$$

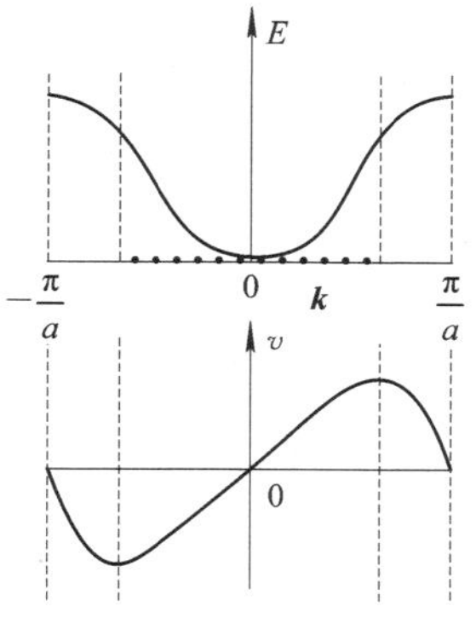

图 5-20　外场力 $\boldsymbol{F}_{外}\equiv 0$ 时电子和速度在第一布里渊区中的分布

所以布洛赫电子的速度 $\boldsymbol{v}(\boldsymbol{k})$是奇函数。式(5-120)中积分域第一布里渊区是对称区间(有效的实际积分域为费米分布函数 $f\neq0$ 的有电子占据的区域，也是对称的)，而式(5-120)中积分函数 $\boldsymbol{v}(\boldsymbol{k})\times f$ 为奇函数乘以偶函数，还是奇函数。奇函数在对称域内积分值为零，即式(5-120)表示的电流密度 $\boldsymbol{J}=0$。

2. 外场力 $\boldsymbol{F}_{外}\neq0$

$\boldsymbol{F}_{外}$ 为某一恒值，由式(5-111)

$$\hbar\frac{\mathrm{d}\boldsymbol{k}}{\mathrm{d}t}=\boldsymbol{F}_{外}$$

得

$$\mathrm{d}\boldsymbol{k}=\frac{1}{\hbar}\boldsymbol{F}_{外}\ \mathrm{d}t \tag{5-121}$$

该式对任一 Bloch 电子均成立。

1) 满带情况

如图 5-21 所示，设 dt 时间内，在外场力作用下每一电子均获得 d$\boldsymbol{k}$ 增量，相当于所有电子“齐步走”。由于倒格子周期性，dt 时间内，从一端离开第一布里渊区的电子，等于从另一端又进入第一布里渊区，也就是说，加 $\boldsymbol{F}_{外}$ 前后，电子的对称分布没有改变，式(5-120)的积分域仍为第一布里渊区，$\boldsymbol{v}(\boldsymbol{k})$为奇函数，$f$ 为偶函数，均未改变。所以式(5-120)所表示的电流密度仍为 $\boldsymbol{J}=0$，即对满带的材料，即使有外场力作用，仍无电流。

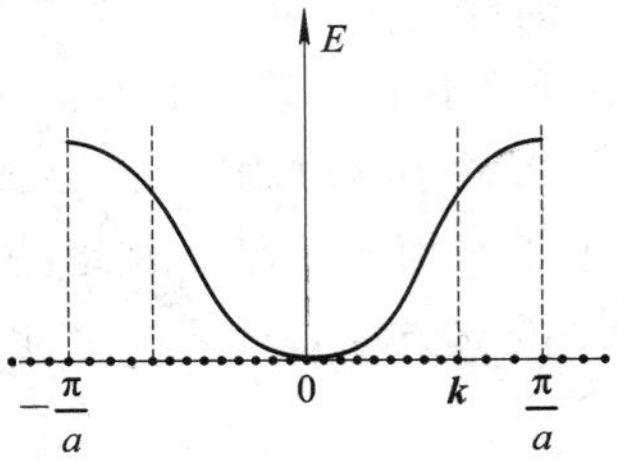

图 5-21 满带情况下电子在第一布里渊区中的分布

2) 不满带情况

如图 5-22 所示，设加 $\boldsymbol{F}_{外}$ 前后，在第一布里渊区内布洛赫电子分布由对称分布变成非对称分布，即加 $\boldsymbol{F}_{外}$ 后，电子分布已不满足原先的平衡态下费米分布：

$$f[E(\boldsymbol{k}),\ T]=\frac{1}{\mathrm{e}^{(E-E_{\mathrm{F}})/k_{\mathrm{B}}T}+1}$$

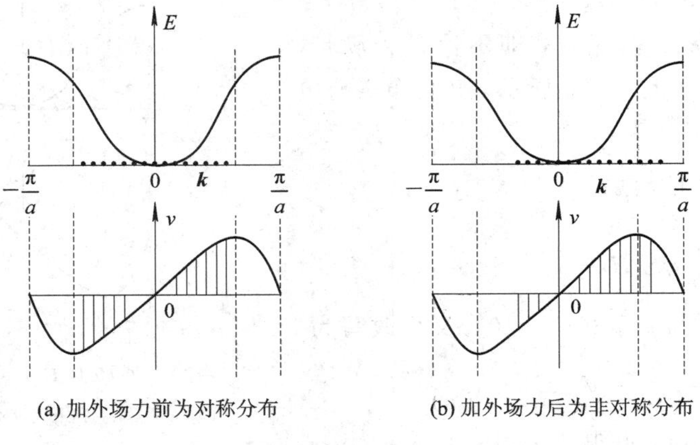

图 5-22 不满带情况下电子和速度在第一布里渊区中的分布

有电流的定向运动就是非平衡态，所以 $f[E(\boldsymbol{k}), T]$也不对称了。电子的速度的分布和实际积分域不对称了，故式(5－120)的电流密度 $\boldsymbol{J}\neq 0$，即对非满带的材料，在外场力作用下可以导电。

通过以上讨论，可得出结论：满带不导电，不满带才可以导电。

5.7.2 空穴

在半导体中常常遇到近满带的情况。所谓近满带，就是一个能带中只有能带顶附近少量的状态未被电子占据。设只有一个状态空着，假想在这个空状态 $\boldsymbol{k}$ 上放一个电子，这个电子产生的电流为 $-e\boldsymbol{v}(\boldsymbol{k})$，则放上这个电子后，该能带就成满带了，由上可知满带电流密度为零，即(此时近满带电流密度用 $\boldsymbol{J}$ 表示)

$$\boldsymbol{J}+\{-e\boldsymbol{v}(\boldsymbol{k})\}=0$$

所以近满带电流密度为

$$\boldsymbol{J}=e\boldsymbol{v}(\boldsymbol{k}) \tag{5-122}$$

即带顶附近只有一个 $\boldsymbol{k}$ 态空着的近满带，其所有电子集体运动所产生的电流等于一个带正电荷 e，速度与 $\boldsymbol{k}$ 态电子速度 $\boldsymbol{v}(\boldsymbol{k})$相同的准粒子产生的电流。

由最小能量原理，晶体中的电子占据低能态的几率高于占据高能态的几率，故空状态 $\boldsymbol{k}$ 往往在带顶附近，由上讨论已知，在能带上部电子有效质量 $m_e^*<0$。

设 $m_h^*=-m_e^*>0$，称这个带有正电荷 e，正有效质量 m_h^*，速度为 $\boldsymbol{v}(\boldsymbol{k})=\frac{1}{\hbar}\nabla_k E(\boldsymbol{k})$的准粒子为空穴。空穴概念的引进，只有在近满带的情况下才有实际意义。空穴的引入使得对近满带大量电子共同行为的描述更简单、明了，是一种简化而等效的描述方法。

设 $\boldsymbol{k}$ 态为近满带的一个空态，则向 $\boldsymbol{k}$ 方向运动的所有电子与向 $-\boldsymbol{k}$ 方向运动的所有电子不能平衡，所以所有电子集体运动的等效方向在 $-\boldsymbol{k}$ 方向，电子又带负电荷，则带正电荷空穴运动方向仍在正 $\boldsymbol{k}$ 方向。

5.7.3 导体、半导体和绝缘体

由上述的满带不导电，部分填充的能带才导电的结论，很容易了解导体、半导体和绝缘体能带结构的区别。

当温度为 0K 时，系统处于基态，电子按照能量由低到高的顺序填充能带中的状态，如果最后填充的能带是不满的，则它必然是导电的，因而是导体。例如，Li、Na、K 等元素晶体，每个初基原胞只含一个原子，每个原子又只有一个价电子(均为 s 态的电子)。N 个原子组成的晶体，其 N 个价电子能级形成 s 能带，可容纳 $2N$ 个电子，但它们只有 N 个价电子，它们只填充了能带的下半部，上半部的 N 个状态是空的，因此这些元素晶体都是良导体。

对于 Be、Mg、Ca 等二价的元素晶体，每个原子有两个价电子(也均是 s 态的电子)。N 个原子组成的晶体，其 $2N$ 个价电子似乎刚好填满一个 s 能带的 $2N$ 个状态，从而得到不导电的结论。但该结论与实验不符，实际上以上二价元素晶体均可导电，其原因是这些元素晶体的 s 能带与其上方的 p 能带是交叠的。图 5－23 是 Mg 晶体 $3s$ 与 $3p$ 能带交叠情况的示意图，由图可见，$3s$ 能带和 $3p$ 能带有一部分的重叠，所以电子在没有填满 $3s$ 能带之前

就开始填充 $3p$ 能带，这样，$3s$ 和 $3p$ 两个能带就都是不满的，因而具有导电性，使 Mg 成为导体。其它的碱土金属晶体也是类似的。

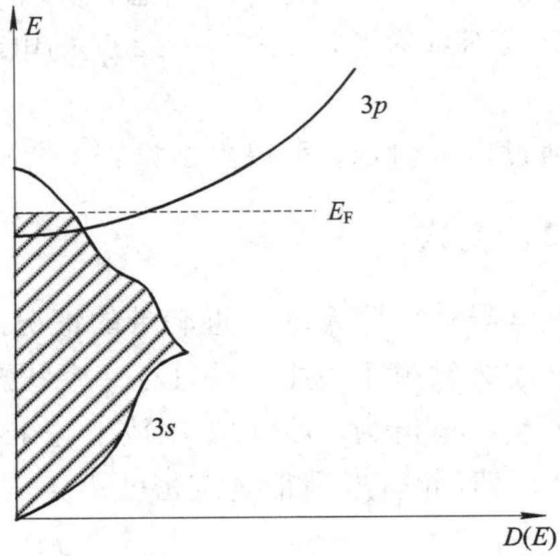

图 5-23 Mg 晶体 $3s$ 与 $3p$ 能带交叠情况的示意图

对于绝缘体和半导体，其电子填满一系列的能带。常把最上面的一个满带称为价带。价带上方的各能带都是空的，最靠近价带的空带称为导带，在价带和导带之间存在能隙 E_g，因此在基态，绝缘体和半导体都是不导电的。由于每个子能带中可容纳 $2N$ 个电子，所以只有初基原胞中含有偶数个电子的固体，其能带才可能是处在全满和全空的状态，因而才可能是绝缘体或半导体。对绝缘的元素晶体来说，它们或者是原子是偶数价的，或尽管原子是奇数价的，但每个初基原胞中含有偶数个原子，每个初基原胞内仍含有偶数个价电子。但反过来不一定正确，即每个初基原胞中含有偶数个电子的固体也有可能是导体，上面所讲到的碱土金属 Be、Mg、Ca 等即为这种情况。

绝缘体和半导体从能带结构的角度来看，没有本质的区别，它们的区别仅仅在于禁带宽度 E_g 大小的不同。绝缘体的禁带 E_g 较大，一般在 3 eV 以上，半导体的禁带宽度较小，一般在 2 eV 以下，二者之间没有严格的界限。由于半导体的禁带宽度 E_g 较窄，在一定的温度下，有少量的电子可以从价带顶附近被激发到导带底(称为本征激发)。在一定的温度下，禁带越窄，本征激发的电子也越多，材料的电阻率越小。事实上，许多典型的绝缘体材料，由于有意或无意地在晶体中引入了杂质、缺陷或产生了化学计量比的偏离，都有可能使其半导化。为了便于对比，图 5-24 示意地给出了绝缘体、半导体和金属的能带图。

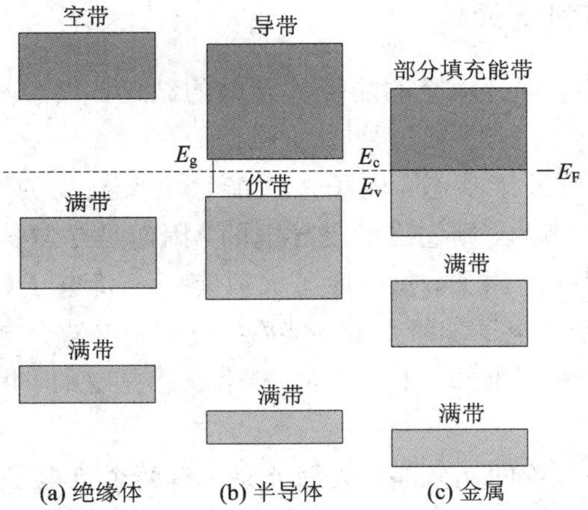

图 5-24 绝缘体、半导体和金属的能带图

此外，在金属和半导体之间存在一种中间状态，当温度为 0 K 时，导带中存在一定数量的电子，或价带中存在一定数量的空穴。从能带结构的角度严格地来讲，这种能带结构应该

是属于导体的范围，但导带电子或价带空穴的数量又太少，比一般金属小几个数量级，在实际应用中不能起到良导体的作用，这种材料称为半金属。表5-1是一些材料的禁带宽度。

表5-1　一些材料的禁带宽度 E_g　　单位：eV

晶体	带隙	0K	300K	晶体	带隙	0K	300K
金刚石	i	5.45		InP	d	1.42	1.27
Si	i	1.17	1.12	GaP	i	2.32	2.25
Ge	i	0.744	0.66	GaAs	d	1.52	1.43
InSb	d	0.23	0.17	GaSb	d	0.81	0.68
InAs	d	0.43	0.38	AlSb	i	1.65	1.60
ZnSb		0.56		2H-SiC		3.30	
HgTe	d	−0.30		4H-SiC	i	3.26	3.23
PbS	d	0.286	0.34～0.37	6H-SiC	i		2.86
CdSe	d	1.840	1.74	3C-SiC	i		2.36
CdTe	d	1.607	1.44	15R-SiC		3.02	
ZnO	d	3.436	3.34	GaN(闪锌矿)			3.2～3.3
ZnS		3.91	3.60	AlN(闪锌矿)	i		5.11(理论)
ZnSe		2.58		GaN(纤维锌矿)	d	3.50(1.6K)	3.39
TiO_2		3.03		AlN(纤维锌矿)	d	6.28(5K)	6.20
Cu_2O	d	2.172		SnTe	d	0.3	0.18

注：d指直接带隙，i指间接带隙。

*5.8　实际晶体的能带

晶体的实际能带结构是通过理论计算和实验相结合的办法得到的。能带的计算原则上包括三个方面的工作：首先是选择适当的周期势；其次是选择适当的基函数，如近自由电子就是选平面波作基函数，所以也常称为平面波法；最后是数值计算。目前流行的、也是较成功的材料能带结构计算的软件包有VASP(Vienna Ab-initio Simulation Package)和Materials Studio中的CASTEP(CAmbridge Sequential Total Energy Package)模块。若计算是成功的，则所得到的本征函数所对应的电荷分布，必产生一个与原来的周期势相同的势场。对我们来说，最关心的是所得到的能量本征值与波矢 $\boldsymbol{k}$ 的关系 $E(\boldsymbol{k})\sim\boldsymbol{k}$，即能带结构。

5.8.1　能带简并

在每个子能带内，各个状态对应的波矢 $\boldsymbol{k}$ 不同，即每个状态对应于确定的波矢 $\boldsymbol{k}$。所谓能带简并，是指当两个或两个以上的子能带对某一给定的波矢 $\boldsymbol{k}$，它们的能量相等时，就说这些子能带在 $\boldsymbol{k}$ 处是简并的。因此，说能带之间的简并，必须指明波矢 $\boldsymbol{k}$，即简并是在

$\boldsymbol{k}$ 空间的何处发生的。

能带的简并有本质简并和偶然简并之分。本质简并是系统的对称性引起的，偶然简并与对称性无关。我们主要关心本质简并。对于自由电子，由于自由空间的对称性极高，所以自由电子能带的简并度也很高。在晶体中，晶体势场的对称性一般比自由空间的对称性低，于是在晶体势场的作用下，自由电子的许多简并要消除。一般地说，若哈密顿 H_0 有一定的对称性，能带便会有一定的简并，而当加上一个微扰 H' 时，若 H' 的对称性比 H_0 的对称性低，则原来的简并要部分地消除。

5.8.2 $\boldsymbol{k}$ 空间等能面

当 $E(\boldsymbol{k})$ 为某一定值时，对应于许多组不同的(k_x、k_y、k_z)，将这些不同的(k_x、k_y、k_z)连接起来构成一个封闭面，在这个面上的能量均相等，这个面称为等能面。在各向同性的均匀介质中，有效质量 m^* 也与方向无关，等能面是一系列半径为 k、环绕坐标原点的球面，

$$k=\sqrt{\frac{2m^*}{\hbar^2}[E(\boldsymbol{k})-E(0)]} \tag{5-123}$$

若晶体是各向异性的，$E(\boldsymbol{k})\sim\boldsymbol{k}$ 关系沿不同的 $\boldsymbol{k}$ 方向不一定相同，反映在沿不同的 $\boldsymbol{k}$ 方向，电子的有效质量 m^* 不一定相同，而且能带极值不一定位于 $\boldsymbol{k}=0$ 处。设导带底位于 $\boldsymbol{k}_0$ 处，能量为 $E(\boldsymbol{k}_0)$，在晶体中选取适当的坐标轴 k_x、k_y、k_z，并令 m_x^*、m_y^*、m_z^* 分别表示沿 k_x、k_y、k_z 三个方向的导带底电子的有效质量，用泰勒级数在极值 $\boldsymbol{k}_0$ 附近展开，略去高次项，得

$$E(\boldsymbol{k})=E(\boldsymbol{k}_0)+\frac{\hbar^2}{2}\left[\frac{(k_x-k_{0x})^2}{m_x^*}+\frac{(k_y-k_{0y})^2}{m_y^*}+\frac{(k_z-k_{0z})^2}{m_z^*}\right] \tag{5-124}$$

式中：

$$\left.\begin{aligned}\frac{1}{m_x^*}&=\frac{1}{\hbar^2}\left(\frac{\partial^2E}{\partial k_x^2}\right)_{k_0}\\ \frac{1}{m_y^*}&=\frac{1}{\hbar^2}\left(\frac{\partial^2E}{\partial k_y^2}\right)_{k_0}\\ \frac{1}{m_z^*}&=\frac{1}{\hbar^2}\left(\frac{\partial^2E}{\partial k_z^2}\right)_{k_0}\end{aligned}\right\} \tag{5-125}$$

也可将式(5-124)写成如下形式：

$$\frac{(k_x-k_{0x})^2}{\dfrac{2m_x^*(E-E_c)}{\hbar^2}}+\frac{(k_y-k_{0y})^2}{\dfrac{2m_y^*(E-E_c)}{\hbar^2}}+\frac{(k_z-k_{0z})^2}{\dfrac{2m_z^*(E-E_c)}{\hbar^2}}=1 \tag{5-126}$$

式中，用 E_c 表示 $E(\boldsymbol{k}_0)$。这是一个椭球方程，各项的分母等于椭球各半轴长的平方，这种情况下的等能面是环绕 $\boldsymbol{k}_0$ 点的一系列椭球面。如图 5-25 为等能面在 k_yk_z 平面上的截面图，它是一系列椭圆。要具体了解这些球面和椭球面的方程，最终得到能带结构，必须知道有效质量的值。式(5-126)中，若 $m_x^*=m_y^*=m_z^*$，则椭球面蜕化为球面。测量有效质量的方法很多，第一次直接测出有效质量的方法是电子回旋共振实验。

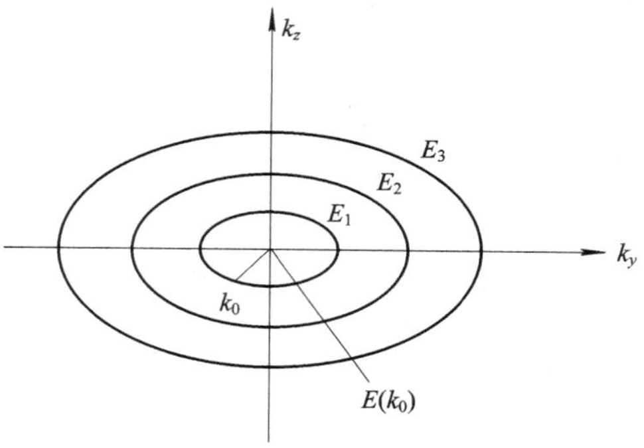

图 5-25　$\boldsymbol{k}$ 空间椭球等能面平面示意图

5.8.3　电子回旋共振

设半导体样品为各向同性，等能面为球面。将该样品置于均匀恒定的磁场中，设磁感应强度为 $\boldsymbol{B}$，如半导体中电子初速度为 $\boldsymbol{v}$，$\boldsymbol{v}$ 与 $\boldsymbol{B}$ 间夹角为 θ，则电子受到的磁场力 $\boldsymbol{f}$ 为

$$\boldsymbol{f} = -q\boldsymbol{v} \times \boldsymbol{B} \tag{5-127}$$

力的大小为

$$f = qvB\sin\theta = qv_{\perp}B \tag{5-128}$$

式中，$v_{\perp} = v\sin\theta$，为 $\boldsymbol{v}$ 在垂直于 $\boldsymbol{B}$ 的平面内的投影。力的方向垂直于 $\boldsymbol{v}$ 与 $\boldsymbol{B}$ 所组成的平面。因此，电子沿磁场方向以速度 $v_{/\!/} = v\cos\theta$ 作匀速运动，在垂直于 $\boldsymbol{B}$ 的平面内作匀速圆周运动，如图 5-26 所示，运动轨迹是一螺旋线。设圆周半径为 r，回旋频率为 ω_c，则 $v_{\perp} = r\omega_c$，向心加速度 $a = v_{\perp}^2/r$，则可以得到 ω_c 为

$$\omega_c = \frac{qB}{m_n^*} \tag{5-129}$$

若电磁波通过样品，当交变电磁场频率 ω 等于回旋频率 ω_c 时，就可以发生共振吸收。等能面是球面，有效质量为标量。如果能测出共振吸收时电磁波的频率 ω 和磁感应强度 $\boldsymbol{B}$，便可以由式(5-129)算出有效质量 m_n^*。

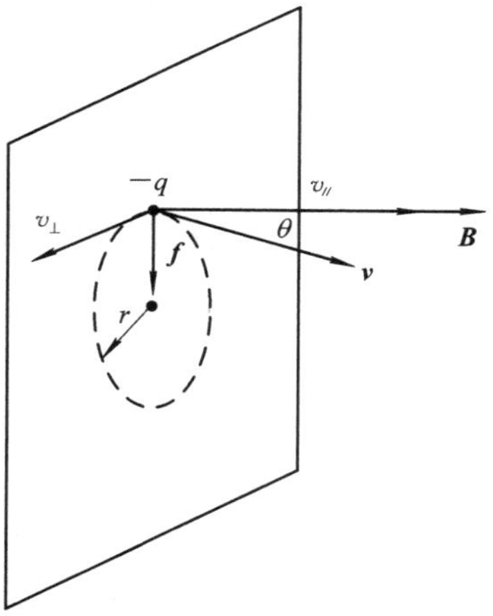

图 5-26　电子在恒定磁场中的运动

如果等能面不是球面，而是如式(5-126)所表示的椭球面，则有效质量是各向异性的，沿 k_x、k_y、k_z 方向分别为 m_x^*、m_y^*、m_z^*。设 $\boldsymbol{B}$ 与 k_x、k_y、k_z 轴的夹角分别为 α'、β'、γ'，其方向余弦分别为

$$\alpha = \cos\alpha', \quad \beta = \cos\beta', \quad \gamma = \cos\gamma'$$

则

$$f_x = -q(v_yB_z - v_zB_y) = -q(v_yB\cos\gamma' - v_zB\cos\beta')$$

$$\left.\begin{aligned} f_x &= -qB(v_y\gamma - v_z\beta) \\ f_y &= -qB(v_z\alpha - v_x\gamma) \\ f_z &= -qB(v_x\beta - v_y\alpha) \end{aligned}\right\} \tag{5-130}$$

电子的运动方程为

$$\left.\begin{aligned} m_x^* \frac{\mathrm{d}v_x}{\mathrm{d}t} + qB(v_y\gamma - v_z\beta) = 0 \\ m_y^* \frac{\mathrm{d}v_y}{\mathrm{d}t} + qB(v_z\alpha - v_x\gamma) = 0 \\ m_z^* \frac{\mathrm{d}v_z}{\mathrm{d}t} + qB(v_x\beta - v_y\alpha) = 0 \end{aligned}\right\} \tag{5-131}$$

电子应作周期性运动。设试探解

$$\left.\begin{aligned} v_x &= v_x' \mathrm{e}^{\mathrm{i}\omega_c t} \\ v_y &= v_y' \mathrm{e}^{\mathrm{i}\omega_c t} \\ v_z &= v_z' \mathrm{e}^{\mathrm{i}\omega_c t} \end{aligned}\right\} \tag{5-132}$$

代入式(5－131)，得

$$\left.\begin{aligned} \mathrm{i}\omega_c v_x' + \frac{qB}{m_x^*}\gamma v_y' - \frac{qB}{m_x^*}\beta v_z' = 0 \\ -\frac{qB}{m_y^*}\gamma v_x' + \mathrm{i}\omega_c v_y' + \frac{qB}{m_y^*}\alpha v_z' = 0 \\ \frac{qB}{m_z^*}\beta v_x' - \frac{qB}{m_z^*}\alpha v_y' + \mathrm{i}\omega_c v_z' = 0 \end{aligned}\right\} \tag{5-133}$$

要使 v_x'、v_y'、v_z' 有非零解的条件是其系数行列式等于零，即

$$\begin{vmatrix} \mathrm{i}\omega_c & \frac{qB}{m_x^*}\gamma & -\frac{qB}{m_x^*}\beta \\ -\frac{qB}{m_y^*}\gamma & \mathrm{i}\omega_c & \frac{qB}{m_y^*}\alpha \\ \frac{qB}{m_z^*}\beta & -\frac{qB}{m_z^*}\alpha & \mathrm{i}\omega_c \end{vmatrix} = 0 \tag{5-134}$$

由此解得电子的回旋频率为

$$\omega_c = \frac{qB}{m_n^*} \tag{5-135}$$

该式在形式上与式(5－129)相同，但有效质量的表示式是不同的。在式(5－135)中：

$$\frac{1}{m_n^*} = \sqrt{\frac{m_x^*\alpha^2 + m_y^*\beta^2 + m_z^*\gamma^2}{m_x^* m_y^* m_z^*}} \tag{5-136}$$

当交变电磁场的频率 $\omega=\omega_c$ 时，也发生共振吸收，可测得吸收峰。为得到清晰的共振吸收峰，需要降低背底噪声，就要求样品的纯度较高，而且实验一般在低温下进行。交变电磁场的频率在微波甚至红外的波段。在实验中常常是固定交变电磁场的频率 ω，通过改变磁感应强度的方向和大小来改变 ω_c，实现共振吸收，以观测吸收现象。

5.8.4　硅和锗的能带结构

1. 硅和锗的导带结构

如果等能面是球面，有效质量是标量，则由式(5-129)可以看到，改变磁场强度的方向和大小时只能观察到一个吸收峰。但是n型硅、锗的实验结果指出，当磁感应强度相对于晶轴有不同取向时，改变磁场强度可以得到为数不等的吸收峰，例如在硅中：

(1) 若 $\boldsymbol{B}$ 沿〈111〉晶轴方向，只能观察到一个吸收峰。

(2) 若 $\boldsymbol{B}$ 沿〈110〉晶轴方向，可以观察到二个吸收峰。

(3) 若 $\boldsymbol{B}$ 沿〈100〉晶轴方向，也可以观察到二个吸收峰。

(4) 若磁感应强度 $\boldsymbol{B}$ 沿其它任一确定的方向，通过改变磁感应强度的大小，可以观察到三个吸收峰。

显然，这些结果不能从等能面是各向同性的假设得到解释。如果认为硅导带底附近等能面是沿[100]方向的旋转椭球面，椭球长轴与该方向重合，就可以很好地解释上面的实验结果。这种模型得出导带最小值不在 $\boldsymbol{k}$ 空间原点，而在[100]方向上。根据硅晶体立方对称性的要求，也必须有同样的能量在[$\bar{1}$00]、[010]、[0$\bar{1}$0]、[001]、[00$\bar{1}$]的方向上，如图5-27所示，共有6个旋转椭球面，电子主要分布在这些极值附近。

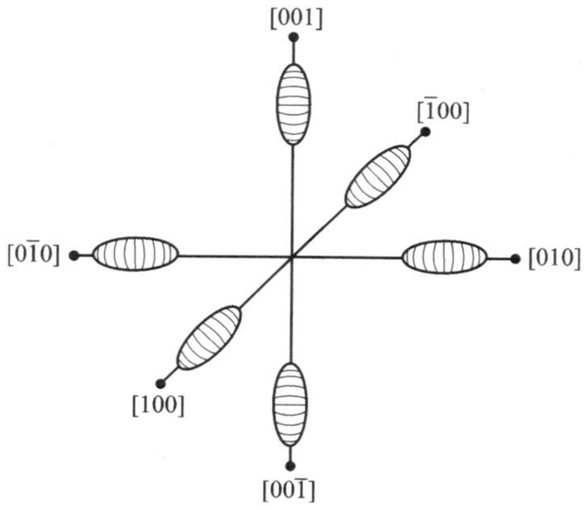

图5-27　Si导带等能面示意图

设 $\boldsymbol{k}_0^s$ 表示第 s 个极值所对应的波矢，坐标原点在原胞中心。$s=1, 2, 3, 4, 5, 6$，极值处能值为 E_c，$\boldsymbol{k}_0^s$ 沿〈100〉方向，共有6个，由式(5-124)，得到极值附近的能量 $E^s(\boldsymbol{k})$ 为

$$E^s(k)=E_c+\frac{\hbar^2}{2}\left[\frac{(k_x-k_{0x}^s)^2}{m_x^*}+\frac{(k_y-k_{0y}^s)^2}{m_y^*}+\frac{(k_z-k_{0z}^s)^2}{m_z^*}\right] \qquad (5-137)$$

该式表示6个椭球等能面的方程。如选取 E_c 为能量零点，以 $\boldsymbol{k}_0^s$ 为坐标原点，取 k_1、k_2、k_3 为三个直角坐标轴，分别与椭球主轴重合。即使等能面分别为绕 k_1、k_2、k_3 轴旋转的旋转椭球面。

以沿[001]方向的旋转椭球面为例。设 k_3 轴沿[001]方向，即沿 k_z 方向，则 k_1、k_2 轴位于(001)面内并互相垂直，这时沿 k_1、k_2 轴的有效质量相同。现令 $m_x^*=m_y^*=m_t$，$m_z^*=m_l$，m_t 和 m_l 分别称为横有效质量和纵有效质量，则等能面方程为

$$E(k)=\frac{\hbar^2}{2}\left[\frac{k_1^2+k_2^2}{m_t}+\frac{k_3^2}{m_l}\right] \tag{5-137'}$$

对其它5个椭球面可以写出类似的方程。

如果选取 k_1，使磁感应强度 $\boldsymbol{B}$ 位于 k_1 轴和 k_3 轴所组成的平面内，且同 k_3 轴交 γ' 角，则在这个坐标系里，$\boldsymbol{B}$ 的方向余弦 α、β、γ 分别为

$$\alpha=\cos\alpha'=\sin\gamma',\quad \beta=0,\quad \gamma=\cos\gamma'$$

代入式(5-136)，得

$$m_n^*=m_t\sqrt{\frac{m_l}{m_t\sin^2\gamma'+m_l\cos^2\gamma'}} \tag{5-138}$$

讨论

(1) 若磁感应强度 $\boldsymbol{B}$ 沿[001]方向，这时 $\boldsymbol{B}$ 与 k_3 的夹角给出 $\cos^2\gamma'=1$，$\sin^2\gamma'=0$，由式(5-138)得

$$m_n^*=m_t \tag{5-139}$$

若 $\boldsymbol{B}$ 沿 k_1 方向，由式(5-138)得

$$\cos^2\gamma'=0,\ \sin^2\gamma'=1$$

对应的 m_n^* 值均是

$$m_n^*=\sqrt{m_l m_t} \tag{5-140}$$

由 k_1、k_2 轴的等效性可知，当 $\boldsymbol{B}$ 沿 k_2 轴方向时，可得到相同的结论。即磁感应强度 $\boldsymbol{B}$ 沿几何上等效的〈100〉方向，有两个不同的有效质量值，所以通过改变磁感应强度的大小可以观察到两个吸收峰。

(2) 若磁感应强度 $\boldsymbol{B}$ 沿〈110〉方向，则 $\boldsymbol{B}$ 在 k_1k_3 平面，这时 $\cos^2\gamma'=\sin^2\gamma'=1/2$，由式(5-138)得

$$m_n^*=m_t\sqrt{\frac{2m_l}{m_t+m_l}} \tag{5-141}$$

由 k_1、k_2 轴的等效性可知，当 $\boldsymbol{B}$ 在 k_2k_3 平面时可得到相同的结论。
若 $\boldsymbol{B}$ 在 k_1k_2 平面，这时 $\gamma^2=\cos^2\gamma'=0$，$\alpha^2=\beta^2=1/2$，由式(5-136)得

$$m_n^*=\sqrt{m_t m_l} \tag{5-142}$$

即磁感应强度 $\boldsymbol{B}$ 沿几何上等效的〈110〉方向，有两个不同的有效质量值，所以通过改变磁感应强度的大小可以观察到两个吸收峰。

(3) 若磁感应强度 $\boldsymbol{B}$ 沿〈111〉方向，则与上述6个〈100〉方向的方向余弦

$$\alpha^2=\beta^2=\gamma^2=\frac{1}{3}$$

由式(5-136)得

$$m_n^*=m_t\sqrt{\frac{3m_l}{2m_t+m_l}} \tag{5-143}$$

所以当改变 $\boldsymbol{B}$ 时，只能观察到一个吸收峰。

(4) 若磁感应强度 $\boldsymbol{B}$ 沿其它任一确定的方向，$\boldsymbol{B}$ 与 k_1、k_2、k_3 三个直角坐标轴的夹角可均不相同，但由三个直角坐标轴的等效性，由式(5-136)可得出三个不同的有效质量值，

所以通过改变磁感应强度的大小可以观察到三个吸收峰。

根据实验数据得出硅的

$$m_l = (0.98 \pm 0.04)m_0$$
$$m_t = (0.19 \pm 0.01)m_0$$

其中，m_0 为电子惯性质量。仅从电子回旋共振试验还不能确定导带极值（椭球中心）的确切位置。可通过施主电子自旋共振试验得出，硅的导带极值位于〈100〉方向的布里渊区中心到布里渊区边界的 0.85 倍处。

n 型锗的实验结果指出，锗的导带极值位于〈111〉方向的边界上，共有 8 个。极值附近等能面为沿〈111〉方向旋转的 8 个旋转椭球，每个椭球面有半个在第一布里渊区内，在第一布里渊区内共有 4 个椭球。

试验测得锗的

$$m_l = (1.64 \pm 0.03)m_0$$
$$m_t = (0.0819 \pm 0.0003)m_0$$

硅和锗的布里渊区中 $\boldsymbol{k}$ 空间导带等能面如图 5－28 所示。

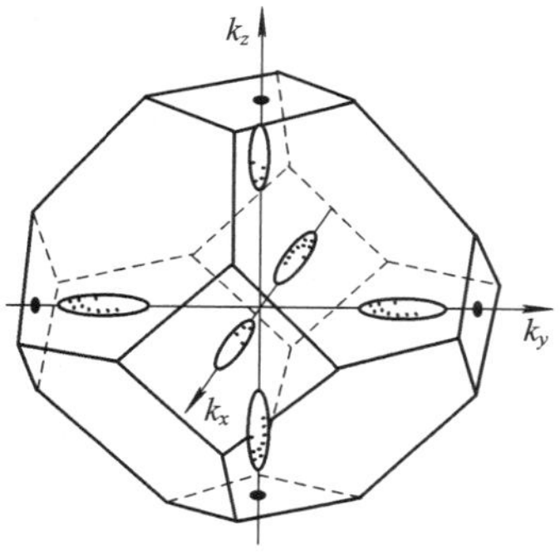

(a) Si

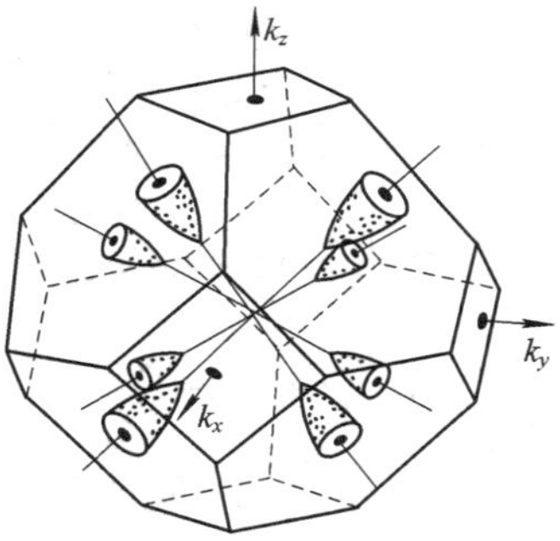

(b) Ge

图 5－28　Si 和 Ge 在布里渊区中导带等能面示意图

2. 硅和锗的价带结构

硅和锗的价带结构也是一方面通过理论计算求出 $E(\boldsymbol{k}) \sim \boldsymbol{k}$ 关系，另一方面由电子回旋共振试验定出其系数，从而算出空穴有效质量。通过理论计算及 P 型样品的实验结果指出，价带顶位于 $\boldsymbol{k}=0$，即在布里渊区的中心，能带是简并的。如不考虑自旋，硅和锗的价带是三度简并的。计入自旋，成为六度简并。计算指出，如果考虑自旋—轨道耦合，可以使部分简并消除，得到一组四度简并的状态和另一组二度简并的状态，分为两支。四度简并的能量表示式为

$$E(\boldsymbol{k}) = \frac{-\hbar^2}{2m_0}\{Ak^2 \pm [B^2k^4 + C^2(k_x^2k_y^2 + k_y^2k_z^2 + k_z^2k_x^2)]^{-1/2}\} \tag{5-144}$$

二度简并的能量表示式为

$$E(\boldsymbol{k}) = -\Delta - \frac{\hbar^2}{2m_0}Ak^2 \tag{5-145}$$

式中，Δ 是自旋—轨道耦合的分裂能量，常数 A、B、C 由计算不能准确求出，需借助于回

旋共振试验定出。由式(5-144)看到，对于同一个 $\boldsymbol{k}$，$E(\boldsymbol{k})$可以有两个值，在 $\boldsymbol{k}=0$ 处，能量相重合，这对应于极大值相重合的两个能带，表明硅、锗有两种有效质量不同的空穴。如根式前取负号，则得到有效质量较大的空穴，称为重空穴，其有效质量用$(m_p^*)_h$表示；如取正号，则得到有效质量较小的空穴，称为轻空穴，其有效质量用$(m_p^*)_l$表示。图 5-29 分别是重空穴和轻空穴在 $\boldsymbol{k}$ 空间的等能面示意图。由于在价带顶附近能带发生简并，所以它在 $\boldsymbol{k}$ 空间的等能面形状比较复杂，已不是椭球面了，成了所谓的扭曲面。由图可看出，重空穴比轻空穴有较强的各向异性。

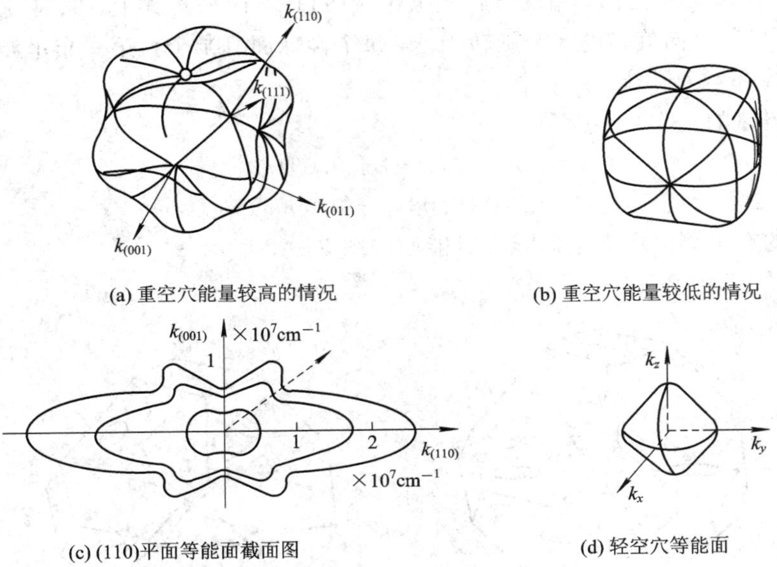

图 5-29　重空穴和轻空穴在 $\boldsymbol{k}$ 空间的等能面示意图

式(5-145)表示的第三个能带，如图 5-30 所示，由于自旋—轨道耦合作用，能量降低了 Δ，与以上两个能带分开，等能面接近于球形。硅的 Δ 约为 0.04 eV，锗的 Δ 约为 0.29 eV，它给出第三种有效质量$(m_p^*)_3$。由于等能面近似为球形，空穴的有效质量是各向同性的，所以硅、锗的价带分为三个带，分别是重空穴带(曲率小的)、轻空穴带(曲率大的)和劈裂带。由于劈裂带是离开价带顶的，因此一般只对前两个能带感兴趣。

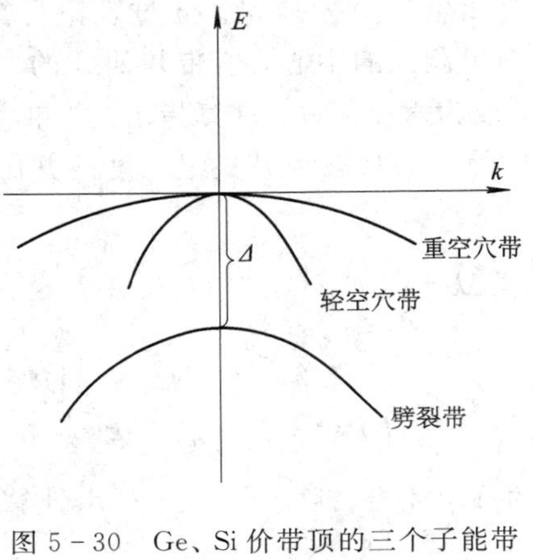

图 5-30　Ge、Si 价带顶的三个子能带

理论上还对硅、锗的能带结构进行了各种计算，求出了布里渊区中某些具有较高对称性的点的解。理论和实验测试相结合得出的硅、锗沿〈111〉和〈100〉方向上的能带结构图如图 5-31 所示(图中没有画出价带的第三个能带)。

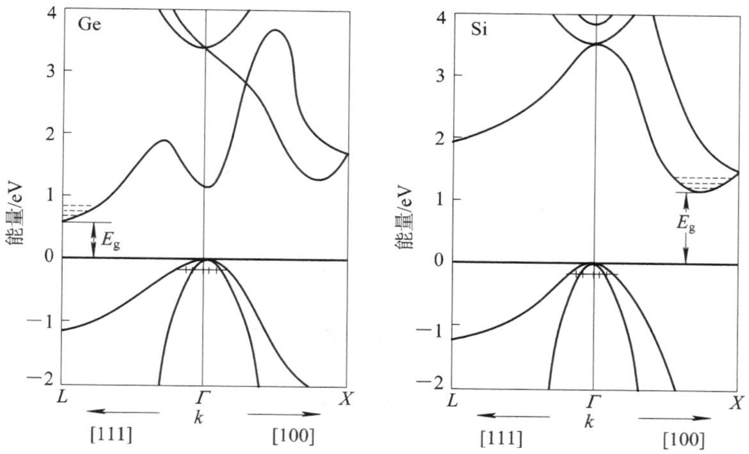

图 5-31　Ge、Si 的能带结构

锗和硅的价带顶 E_v 都位于布里渊区中心，而导带底 E_c 则分别位于〈100〉方向的简约布里渊区边界上和布里渊区中心到布里渊区边界的 0.85 倍处，即导带底与价带顶对应的波矢不同。这种半导体称为间接禁带半导体。若半导体材料的导带底与价带顶能量对应的波矢相同(例如均在布里渊区的中心)，则这种半导体称为直接禁带半导体，例如砷化镓、氧化锌等。

最后指出，硅、锗的禁带宽度是随温度变化的。在 $T=0\text{K}$ 时，硅、锗的禁带宽度 E_g 分别趋近于

$$E_{gSi}(0)=1.170\ \text{eV},\ E_{gGe}(0)=0.7437\ \text{eV}$$

随着温度升高，E_g 按下面的规律减小：

$$E_g(T)=E_g(0)-\frac{\alpha T^2}{T+\beta} \tag{5-146}$$

式中，$E_g(T)$和 $E_g(0)$ 分别表示温度为 T 和 0 K 时的禁带宽度。温度系数 α 和 β 分别为

硅：$\alpha=4.73\times10^{-4}\ \text{eV/K}$，$\beta=636\ \text{K}$

锗：$\alpha=4.774\times10^{-4}\ \text{eV/K}$，$\beta=235\ \text{K}$

$T=300\ \text{K}$ 时，$E_{gSi}=1.12\ \text{eV}$，$E_{gGe}=0.67\ \text{eV}$，所以 E_g 具有负温度系数。

5.8.5　砷化镓的能带结构

Ⅲ-Ⅴ族化合物半导体和硅、锗具有同一类的能带结构。本节只对砷化镓的能带结构作一简单介绍。砷化镓是属于闪锌矿结构，其第一布里渊区是截角八面体。砷化镓的导带极小值位于布里渊区中心 $k=0$ 的 Γ 处，等能面是球面，导带底电子的有效质量为 $0.067m_0$。在[111]和[100]方向布里渊区边界 L 和 X 处还各有一个极小值，电子的有效质量分别为 $0.55m_0$ 和 $0.85m_0$。在室温下，Γ、L 和 X 点的三个极小值与价带顶的能量差分别为 1.424 eV、1.708 eV 和 1.900 eV。

砷化镓价带具有一个重空穴带 V_1、一个轻空穴带 V_2 和由于自旋—轨道耦合分裂出来的第三个能带 V_3。重空穴的极大值稍许偏离布里渊区的中心。重空穴的有效质量为 $0.45m_0$，轻空穴的有效质量为 $0.082m_0$，第三个能带的破裂距离为 0.34 eV。图 5-32 是砷化镓沿[111]和[100]方向的能带结构示意图。

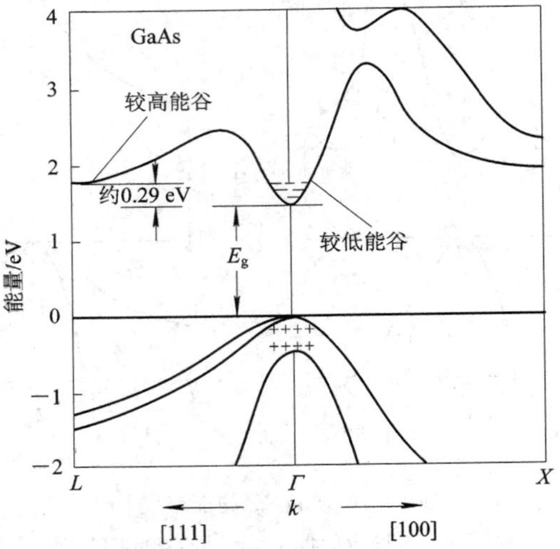

图 5-32 砷化镓沿[111]和[100]方向的能带结构示意图

5.8.6 氮化镓和氮化铝的能带结构

Ⅲ族氮化物主要包括 GaN、AlN、InN、AlGaN、GaInN、AlInN 和 AlGaInN 等。这些材料的禁带宽度覆盖了红、黄、绿、蓝和紫外的光谱范围。在通常的条件下，它们以纤维锌矿结构存在，有的也以闪锌矿结构存在。这两种结构均是以正四面体结构为基础形成的，其主要差别是原子层堆垛次序的不同以及对称性的不同。纤维锌矿结构具有六方对称性，而闪锌矿结构具有立方对称性，因而二者的电学性能也有显著的不同。图 5-33 是纤维锌矿结构 GaN 的能带结构示意图，图 5-34 是闪锌矿结构 GaN 的能带结构示意图。

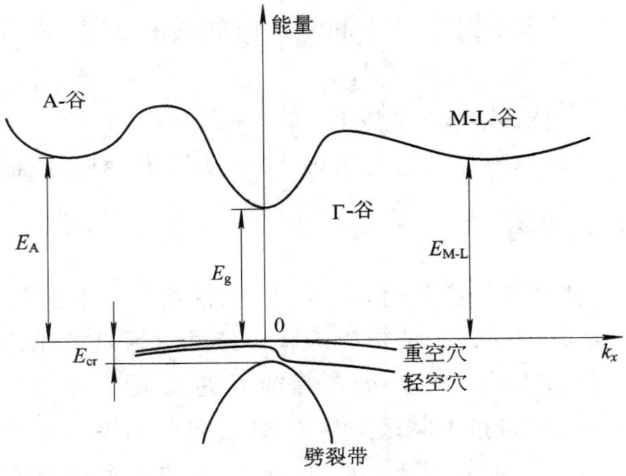

图 5-33 纤维锌矿结构 GaN 的能带结构示意图(300 K，E_g=3.39 eV)

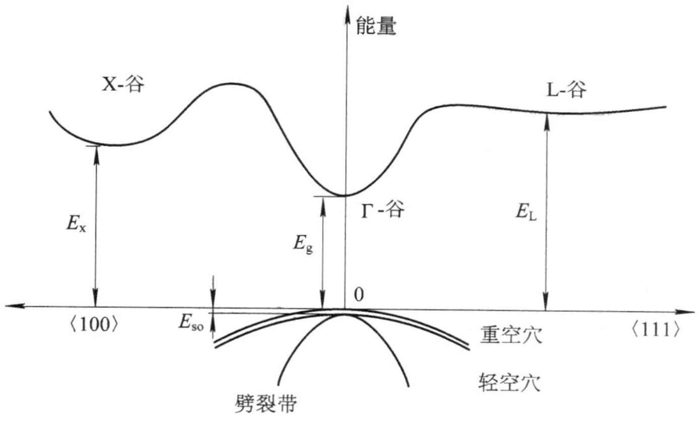

图 5-34 闪锌矿结构 GaN 的能带结构示意图(300 K，E_g=3.2 eV)

5.8.7 碳化硅的能带结构

SiC 在不同的物理化学环境(温度、压力、气氛、介质条件等)下，能形成成分相同，但结构不同，物理性质也有差异的所谓同质多型体。同质多型体之间的区别首先是密堆积的方式有立方密堆积和六角密堆积两大类，同类的密堆积中，又有不同的堆垛周期。已经发现的 SiC 的同质多型体有 200 多种，例如 3C、2H、4H、6H、9R、10H、20H、24R 等，其中 90%以上属于 3C、4H、6H。SiC 的同质多型体的符号由字母和数字 m 组成。字母表示密堆积的方式，数字表示在密堆积周期中 SiC 原子密排面的数目。图 5-35 和图 5-36 分别是 3C-SiC 和 4H-SiC 的能带结构图。

对半导体来说，导带底和价带顶的能量差，即禁带宽度 E_g 是十分重要的量，因此经常采用如图 5-37 的能带简图。图的水平方向常表示倒空间的坐标。

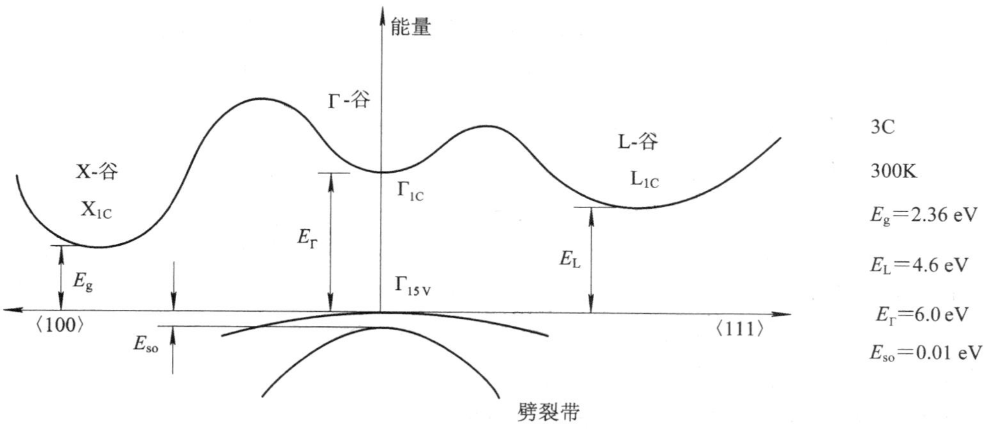

图 5-35 3C-SiC 的能带结构

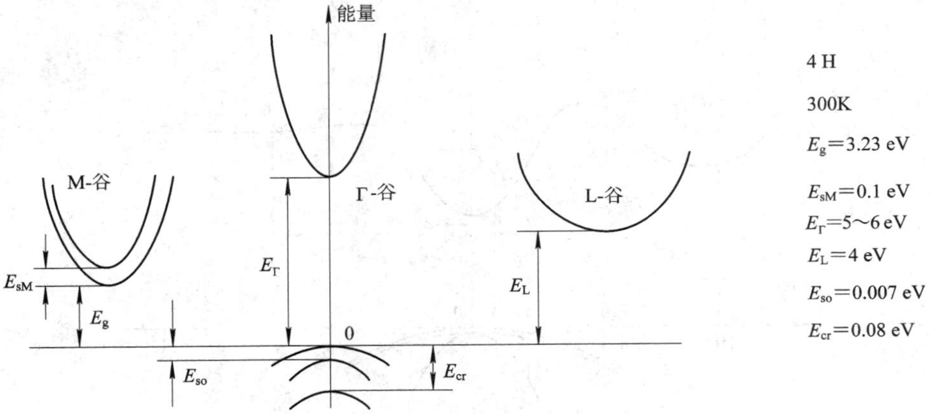

图 5－36 4H－SiC 的能带结构

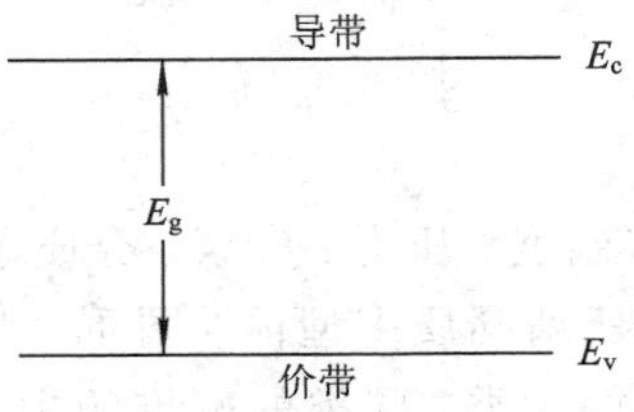

图 5－37 半导体的能带简图

＊5.9 能带计算的其它方法

前面讲述了材料能带计算的近自由电子模型、紧束缚模型、克龙尼克－潘纳模型。从以上的讨论中可体会到晶体实际能带结构的计算原则上包括三个方面的工作，首先是选择适当的周期势，其次是选择适当的基函数，最后是数值计算。由于材料能带计算的复杂性，针对不同的材料和要求，人们还提出了很多具有不同特点的能带计算方法。

1. 正交化平面波法(Orthogonalized Plane Wave，OPW)

本章 5.3 节讲述了适用于金属价电子特性的近自由电子模型，该模型选平面波作基函数，所以也可称为平面波法。平面波法物理意义清晰，但波函数展开式收敛很慢，因为晶体中电子的布洛赫波函数(实际波函数)只有在两个离子实的中间区域是变化平缓的，近似于自由电子的平面波形式；而在离子实区域(简称芯区)，由于晶体势很强，波函数不再像平面波，而具有类似于孤立原子中电子波函数的急剧振荡特性。要描述这种振荡需要有大量的平面波函数来展开，因而需要解几百阶的久期行列式，这给计算带来了很大的困难，所以平面波方法对很多材料的能带计算不是一种实用的方法。

另外，在能带的计算过程中，全电子态的计算量很大而且收敛很慢。实际上，人们往往最关心的是固体中的价电子。原子结合成固体时，价电子的状态发生很大的变化，而化学环境对内层电子的状态一般只有很小的影响，而且离子实的总能量基本上不随晶体结构变化。在计算晶体的总能量时，考虑全电子态与仅考虑价电子态和类价电子态，可以取得基本相同的计算精度，而仅考虑价电子态和类价电子态的计算量要小得多，非常实用而有价值。可以把原子核和内层电子近似看成是一个离子实(或称为芯)，内层电子的状态称为芯态。这时对价电子的等效势包括离子实对价电子的吸引势、其它价电子的平均库仑作用势及价电子之间的交换关联作用势。

为了克服用平面波展开收敛慢的困难，赫令(C. Herring)提出了正交化平面波(OPW)的方法。其基本思想是：固体单电子波函数展开式中的基函数不仅包括平面波的成份，而且也包括孤立原子波函数的成分。该单电子波函数且与孤立原子芯态波函数正交，而与内层电子态正交的波函数必然会在芯区引进振荡的成分，这恰好能较完整地描述价电子的特征。这种单电子波函数称为正交化平面波。

设内层电子的波函数 $\varphi_j^c(\boldsymbol{k}, \boldsymbol{r})$为孤立原子的芯态波函数 φ_j^{at} 的 Bloch 和，即

$$\varphi_j^c(\boldsymbol{k}, \boldsymbol{r}) = \frac{1}{\sqrt{N}}\sum_l e^{i\boldsymbol{k}\cdot\boldsymbol{R}_l}\varphi_j^{at}(\boldsymbol{r}-\boldsymbol{R}_l) \tag{5-147}$$

式中，$\varphi_j^{at}(\boldsymbol{r}-\boldsymbol{R}_l)$为位于格点 $\boldsymbol{R}_l$ 孤立原子芯的第 j 状态。定义正交化平面波

$$\chi_i(\boldsymbol{k}, \boldsymbol{r}) = \frac{1}{\sqrt{N\Omega}}e^{i(\boldsymbol{k}+\boldsymbol{G}_i)\cdot\boldsymbol{r}} - \sum_j \mu_{ij}\varphi_j^c(\boldsymbol{k}, \boldsymbol{r}) \tag{5-148}$$

式中：$\boldsymbol{G}_i$ 是倒格矢；i 与 $\boldsymbol{G}_i$ 对应；对 j 求和包括了所有的内层电子态；μ_{ij} 是投影系数，有

$$\mu_{ij} = \frac{1}{\sqrt{N\Omega}}\int\varphi_j^{c^*}(\boldsymbol{k}, \boldsymbol{r})e^{i(\boldsymbol{k}+\boldsymbol{G}_i)\cdot\boldsymbol{r}}d\boldsymbol{r} \tag{5-149}$$

这样定义的正交化平面波是平面波扣除了其在内层电子态的投影，且与内层电子态波函数 $\varphi_j^c(\boldsymbol{k}, \boldsymbol{r})$正交，即满足如下正交化条件：

$$\int\varphi_j^{c^*}(\boldsymbol{k}, \boldsymbol{r})\chi_i(\boldsymbol{k}, \boldsymbol{r})d\boldsymbol{r} = 0 \tag{5-150}$$

一个正交化平面波在远离原子核处的行为类似一个平面波，而在原子核附近具有孤立原子波函数的振荡的特征，如图 5-38 所示。这样就可以用正交化平面波较完整地描述价电子的特征。

用正交化平面波 $\chi_i(\boldsymbol{k}, \boldsymbol{r})$线性组合成晶体的单电子波函数 ψ，可以写成

$$\psi(\boldsymbol{k}, \boldsymbol{r}) = \sum_{i=1}\beta_i\chi_i(\boldsymbol{k}, \boldsymbol{r}) \tag{5-151}$$

式中，β_i 称为组合系数。把上式代入薛定谔方程中，得到

$$\left[-\frac{\hbar^2}{2m}\nabla^2 + V(\boldsymbol{r}) - E\right]\psi(\boldsymbol{k}, \boldsymbol{r}) = 0 \tag{5-152}$$

对上式左乘 $\psi^*(\boldsymbol{k}, \boldsymbol{r})$，再对晶体积分，用式(5-151)最后得到关于 β_i 的线性方程组：

$$\sum_{i=1}^{s}\beta_i[H_{ji} - E\Delta_{ji}] = 0 \qquad j = 1, 2, \cdots, s \tag{5-153}$$

式中，H_{ji}是在正交化平面波为基函数的空间中哈密顿算符的矩阵元：

$$H_{ji} = \int\chi_i^*(\boldsymbol{k}, \boldsymbol{r})\hat{H}\chi_i(\boldsymbol{k}, \boldsymbol{r})d\boldsymbol{r} \tag{5-154}$$

Δ_{ji}是正交化平面波之间的重叠积分：

$$\Delta_{ji} = \int\chi_j(\boldsymbol{k}, \boldsymbol{r})\chi_i(\boldsymbol{k}, \boldsymbol{r})d\boldsymbol{r} \tag{5-155}$$

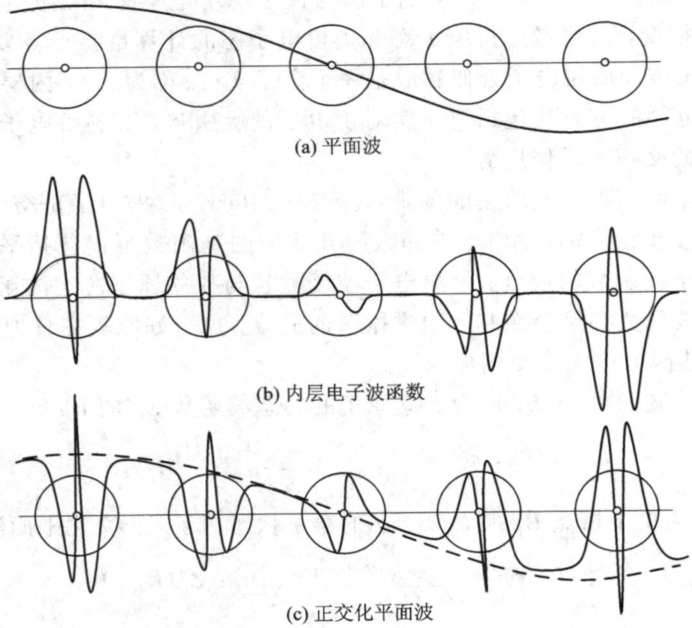

图 5-38　正交化平面波的构成

要使上式得到 β_i 有异于零的解，则其系数行列式应为零，即

$$\det|H_{ji}-E\Delta_{ji}|=0 \tag{5-156}$$

由此求得的根就是待求的能量本征值 $E_n(\boldsymbol{k})$ 函数，代入式(5-153)可求得 β_i，再代入式(5-151)可得到单电子的波函数 $\psi(\boldsymbol{k},\boldsymbol{r})$。

由式(5-148)和式(5-151)可知，正交化平面波法归根结底是用孤立原子的芯波函数的 Bloch 和来表示实际晶体中单电子波函数，研究结果表明，这往往使计算的能量值比实验测量值偏低，这使正交化平面波法的应用受到一定的限制，但利用该方法在计算简单金属(Be、Li、Cu)和半导体(Si、Ge)的价带和导带时仍得到了较理想的结果。

2. 赝势法(Pseudopotential Method)

在近自由电子近似中曾假定周期势场的起伏是很小的，若把周期势场作傅里叶级数展开，即

$$V(\boldsymbol{r})=\sum_n V_n e^{i\boldsymbol{G}_n\cdot\boldsymbol{r}} \tag{5-157}$$

这就意味着系数 V_n 是很小的。所谓 V_n 很小，是指如下的不等式成立：

$$|E_{\boldsymbol{k}}^0-E_{\boldsymbol{k}-\boldsymbol{G}_n}^0|\gg V_n \tag{5-158}$$

在非简并状态时该条件能够经常被满足，从而使计算大为简化。但在实际固体材料中，周期势场的起伏有时并不是很小的，特别是在原子核附近，库仑吸引作用使其偏离平均值很远，见图 5-39(a)，因此条件式(5-158)并不是经常能满足的，从而使得对 $\boldsymbol{k}$ 的微扰计算需要包含很多 $\boldsymbol{k}+\boldsymbol{G}_n$ 的平面波的叠加，这使计算量大大增加，甚至在实际上是不可能完成的。

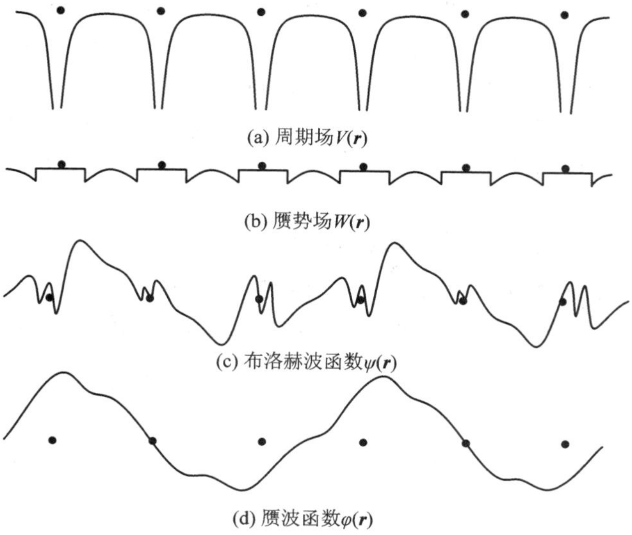

图 5-39　晶体中的周期场、赝势场、布洛赫波函数和赝波函数

在能带的计算过程中，实际上人们往往最关心的是固体中的价电子。固体中价电子的波函数一般具有图 5-39(c)中所示的形式，在离子实之间的区域，波函数变化平滑，与自由电子的平面波很相近；在离子实内部的区域，波函数变化剧烈，上下摆动，存在若干节点。但是另一方面，许多金属固体的实验结果又表明，近自由电子近似的计算结果对于它们的实际能带结构基本是适合的。金属铝的能带结构如图 5-40 所示，由图可以看出这些曲线非常类似于近自由电子模型计算得到的结果，这是否暗示人们，对金属等导电材料，影响材料特性的主要是价电子的在离子实之间区域的状态特性？根据这一特点，1959 年菲利普(Phillips)和克莱曼在 OPW 法的基础上又发展了赝势法。

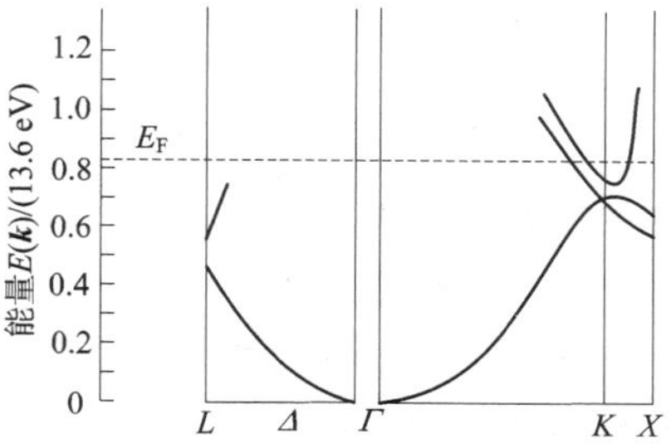

图 5-40　金属铝的能带结构

提出赝势的基本思路为：在求解固体中单电子波动方程时，在不改变电子的能量本征值及其在离子实之间区域的波函数的条件下，用相对简单、利于求解的势能代替离子实的真实势能，这个假想的势能称为赝势能。赝势同时概括了离子实内部的吸引作用和波函数的正交要求，二者有抵消作用，故所选的赝势可以比离子势弱，比较平坦。利用赝势求出的价电子波函数叫赝波函数，赝波函数所满足的波动方程

$$\left[-\frac{\hbar^2}{2m}\nabla^2+V^{\mathrm{ps}}\right]\psi_{\mathrm{v}}^{\mathrm{ps}}=E_{\mathrm{v}}\psi_{\mathrm{v}}^{\mathrm{ps}} \tag{5-159}$$

称为赝波方程。方程中的 V^{ps} 是赝势，它是一种有效势，它概括了离子实的作用(称为原子赝势或离子赝势)和价电子的作用。φ_v^{ps} 为赝波函数，采用平缓的赝势，用平面波展开的赝波函数可以很快地收敛。E_v 是价电子的能量。值得强调的是，虽然 φ_v^{ps} 是赝波函数，但由式(5-159)求得的能量却是相应的晶体真实价电子波函数的本征能量 E_v。

在赝势方法中，使用的离子赝势(原子赝势)可分为三种：经验赝势、半经验赝势和第一性原理从头计算赝势。

模型赝势就是一种半经验赝势。在这种赝势表达式中含有一个或几个可变参量，用与实验数据相比较的方法来确定这些参量。空中心模型就是其中一个最简单的例子。设离子实是 Z_v 价的，且离子实的半径为 r_c，空中心模型给出的离子赝势为

$$V^{ps}=\begin{cases}\dfrac{-Z_v}{r} & r>r_c\\[2mm] -\dfrac{Z_v}{r_c} & r\leqslant r_c\end{cases}$$

式中，r_c 作为一个可调参量来拟合原子数据。

没有任何附加经验参数的原子赝势称为第一性原理从头计算原子赝势。目前在能带理论计算中最常用的从头计算原子赝势是所谓的模守恒赝势。这种赝势所对应的赝波函数不仅与真实势对应的波函数具有相同的能量本征值，而且在 r_c 之外，与真实波函数的形状和幅值都相同(模守恒)，在 r_c 之内缓慢变化，没有大的动能。模守恒赝势是用原子的单电子方程进行从头计算得到的，可以给出价电子和类价电子(包括部分内层电子)的正确电子数密度分布，适合作自洽计算，且具有良好的传递性，可用到不同的化学环境中。人们已经计算了从 H 到 Pt 的元素晶体的模守恒赝势。

小结

多数能带计算方法的共同特点是选用具有 Bloch 函数特性的基函数 $b_m(\boldsymbol{k},\boldsymbol{r})$ 来展开晶体的单电子波函数 $\psi(\boldsymbol{k},\boldsymbol{r})$，即

$$\psi(\boldsymbol{k},\boldsymbol{r})=\sum_m c_m b_m(\boldsymbol{k},\boldsymbol{r}) \tag{5-160}$$

能带计算方法的主要区别表现在两个方面：

(1) 采用不同的基函数展开晶体单电子波函数。

(2) 根据研究对象的物理性质对晶体的周期势作合理的、有效的近似处理。

在平面波和赝势方法中选用的 $b_m(\boldsymbol{k},\boldsymbol{r})$ 是平面波，即

$$b_m(\boldsymbol{k},\boldsymbol{r})=\mathrm{e}^{\mathrm{i}(\boldsymbol{k}+\boldsymbol{G}_m)\cdot\boldsymbol{r}} \tag{5-161}$$

在紧束缚方法中选用的 $b_m(\boldsymbol{k},\boldsymbol{r})$ 是孤立原子中的波函数，即

$$\psi_s(\boldsymbol{k},\boldsymbol{r})=N^{-\frac{1}{2}}\sum_{R_n}\mathrm{e}^{\mathrm{i}\boldsymbol{k}\cdot\boldsymbol{R}_n}\varphi_s^{at}(\boldsymbol{r}-\boldsymbol{R}_n) \tag{5-162}$$

在正交化平面波方法中选用的 $b_m(\boldsymbol{k},\boldsymbol{r})$ 为扣除了在内层电子态投影的平面波，即

$$b_m(\boldsymbol{k},\boldsymbol{r})=\chi_m(\boldsymbol{k},\boldsymbol{r})=\frac{1}{\sqrt{N\Omega}}\mathrm{e}^{\mathrm{i}(\boldsymbol{k}+\boldsymbol{G}_i)\cdot\boldsymbol{r}}-\sum_j\mu_{ij}\varphi_j^{c}(\boldsymbol{k},\boldsymbol{r})$$

只有克龙尼克—潘纳模型没有采用基函数展开晶体电子波函数的方法。

不同的能带计算方法对势场的处理是不同的：

(1) 近自由电子模型是把周期势偏离平均值的部分作为微扰。

(2) 紧束缚模型是把晶体中的势与孤立原子的势之差作为微扰。

(3) 克龙尼克—潘纳模型是假设了周期的矩形势。克龙尼克—潘纳模型假设了周期的矩形势场之后，可进行严格求解，并由此得出电子运动的简明图像，得出了能带结构的结论。

(4) 正交化平面波法对周期势场没有做什么限制。

(5) 赝势法对周期势做了若干简化。

除了前面介绍的方法外，能带计算还有另外一类方法。其主要特点是，先求一个原胞内的电子能量和波函数，晶体的单电子波函数用原胞中的电子波函数展开，再用晶体的电子波函数在原胞边界面必须满足的边界条件来确定晶体的单电子波函数的展开式系数和能带 $E_n(\boldsymbol{k})$。从这一思想出发，发展了原胞法、缀加平面波法和格林函数法等能带计算方法。有兴趣的同学可参阅参考文献中的有关书籍。

*5.10　能带计算过程与计算软件简介

利用计算机对真实的材料性能进行模拟“实验”，指导新材料的研究，是材料设计的有效方法之一。材料设计中的计算机模拟对象遍及从材料研制到使用的全过程，包括合成、结构、性能、制备和应用特性等。随着计算机技术的进步和人类对物质不同层次的结构及动态过程理解的深入，可以用计算机精确模拟的对象日益增多。在许多情况下，用计算机模拟比进行真实的实验要快要省，因此可根据计算机模拟结果预测有希望的实验方案，以提高实验效率。同时，计算机模拟对材料的结构、特性与制备过程工艺条件之间的关系，材料性质物理本质的认识均提供有意义的信息。在材料设计、开发中，为提高新材料开发的有效性和最大限度地减少因盲目或错误实验造成的浪费，灵活高效地运用计算机将成为材料计算与设计的一种必然趋势。可以预期，今后材料科学的研究将是“实验一数据库的更新一计算机模拟一实验合成新材料”的循环过程。

由于固体的一些基本性质与其能带结构有关，利用能带理论来解释和预测固体的某些性质成为研究者努力的目标。能带论是一种近似的单电子理论，目前，求解晶体中的单电子问题的方法主要是基于第一性原理的密度泛函理论。密度泛函理论的要点如下：处在外势场中相互作用的多电子系统，电子密度分布函数是决定该系统基态物理性质的基本变量；系统的能量泛函可以写作电子在外势场的势能、动能、电子间库仑作用能和交换—关联能之和。由量子力学描述 n 粒子体系的波函数包含 $3n$ 个坐标，相应的薛定谔方程是含 $3n$ 个变量的偏微分方程，当 n 比较大时是非常复杂的。密度泛函理论用粒子密度而不是波函数来描述体系。不管粒子数目是多少，粒子密度分布只是三个变量的函数，用它来描述体系显然比波函数描述要简单得多，特别是在处理大的体系时，问题可以得到极大简化。1964 年，Hohnberg 和 Kohn 证明了一个定理：由体系基态的电子密度分布可完全决定体系的性质，从而奠定了现代密度泛函理论的基础。1965 年 Kohn 和 Sham 提出了 Kohn-Sham 方法。其基本方程原则上是精确的，只要知道精确的能量密度泛函形式，就可以列出方程，求出密度分布函数。利用密度泛函理论求解固体的能带结构时，目前只能采用近似的方法，常使用交换关联泛函局域密度近似。它利用均匀电子气的密度函数得到非均匀电子气的交换—关联泛函，从而得到系统的能量泛函。所以 Kohn-Sham 方法还只是一种近似的可实际进行操作的方法。Kohn-Sham 方法的计算量大致与体系粒子数的三次方成正比。

1. 能带计算的过程

由于晶体的周期性，在进行晶体的能带和物理性质的计算时，只能先输入一个体积有限的晶体结构模型(称之为超原胞)，根据要计算的材料本身的特性和需要研究的问题，超原胞可以是初基原胞、惯用原胞或者是体积更大的原胞。对超原胞的能带进行计算，然后利用周期性条件，可得到整个晶体的能带结构。

在选择了计算任务之后，需对计算参数进行设置，如自洽场计算的精度、基组的大小、波矢的取值数等。自洽场计算的收敛用电子数密度或晶体总能量的收敛来标志，自洽场计算的精度是指收敛的标准。在晶体能带计算中，基组是指线性组合成单电子波函数的基函数的集合，例如平面波法中是平面波的集合，紧束缚法中是孤立原子中波函数的集合。

在平面波赝势法中，给出能量的截断值 E_{cut}，根据

$$E_{\mathrm{cut}} = \frac{\hbar^2(\boldsymbol{k}+\boldsymbol{G}_m)^2}{2m} \tag{5-163}$$

来确定基组中平面波 $\mathrm{e}^{\mathrm{i}(\boldsymbol{k}+\boldsymbol{G}_m)\cdot\boldsymbol{r}}$ 的数目。根据周期性边界条件，已知 $\boldsymbol{k}$ 在 $\boldsymbol{k}$ 空间准连续且为均匀分布，能带 $E_n(\boldsymbol{k})$ 也是准连续函数。利用能带 $E_n(\boldsymbol{k})$ 在倒空间的周期性，计算时 $\boldsymbol{k}$ 只在第一布里渊区内取值。在其它条件不变时，$\boldsymbol{k}$ 的取值数目增加，得到的 $E_n(\boldsymbol{k})$ 的精度增大，但计算量显著增加。

利用自洽场方法求解密度泛函理论中的 Kohn-Sham 方程，得到所设晶体的总能量。在计算晶体的物理性质之前，必须对所设的晶体结构模型进行几何优化，根据关于能量、力、应力、位移等的判据来判断晶体结构是否处于稳定结构(总能量最小)。如果晶体结构不是稳定结构，需重新设置晶格参数进行计算，直至得到稳定的晶体结构。对优化后的晶体进行物理性质的计算，最后输出计算结果。图 5-41 是晶体能带及物理性质的计算过程框图。

1) 晶体的总能量

晶体的总能量(不包括核的动能部分，核的动能通常是零点振动能)可分为两部分：一部分是原子核与内层电子组成的离子实的能量，这部分能量基本上与晶体结构无关，是一个常数，在赝势法中常把这部分能量设为零；另一部分包括离子实与价电子的相互作用、离子实之间的相互作用以及价电子之间的相互作用。

2) 几何优化

几何优化是通过调整结构模型的几何参数获得稳定结构的过程。其结果是使模型结构尽可能地接近真实结构。几何结构的判据可以根据研究的需要而定，一般是几个判据的组合使用。常用的判据有以下几个：

(1) 自洽场收敛判据。对确定结构的模型进行自洽场计算时，相继两次自洽计算的晶体总能量之差小于设定的最大值。

(2) 力判据。每个原子受到的晶体内作用力小于设定的最大值。

(3) 应力判据。每个结构模型单元中的应力小于设定的最大值。

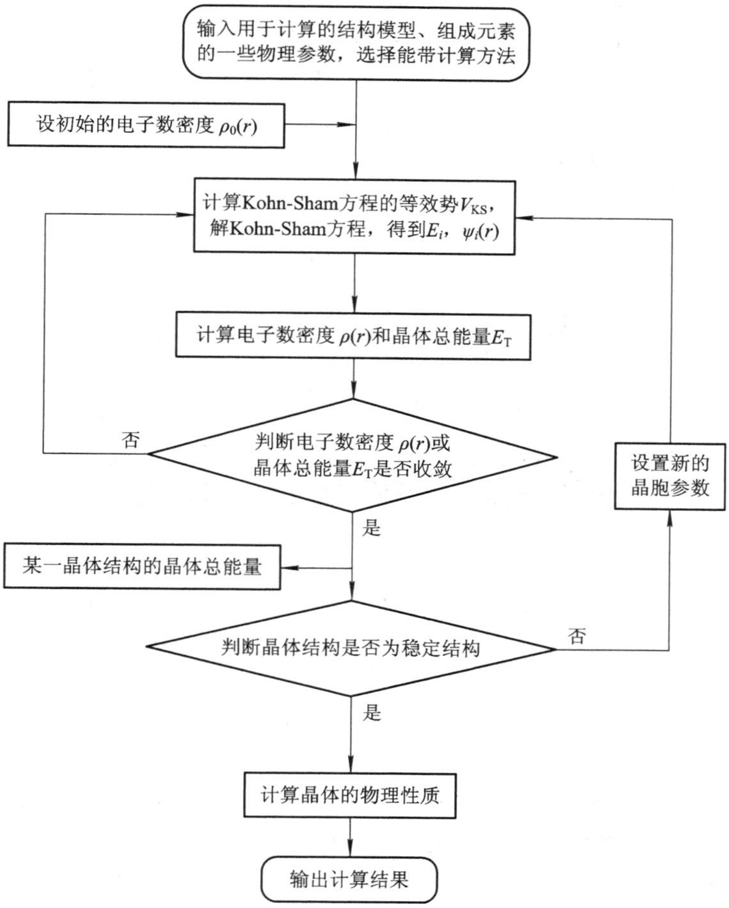

图 5-41　晶体能带及物理性质的计算过程

(4) 位移判据。相继两次结构参数的变化引起的原子位移的分量小于设定的作用最大值。表 5-2 给出了在 CASTEP 软件中进行几何优化时使用的收敛判据。

表 5-2　在 CASTEP 软件中进行几何优化时使用的收敛判据

判　据	精　度			
	Coarse	Medium	Fine	Untra-Fine
能量差 $\Delta E/(\mathrm{eV}\cdot\mathrm{atom}^{-1})$	5.0×10^{-5}	2.0×10^{-5}	1.0×10^{-5}	5.0×10^{-6}
最大力 $F_{max}/(\mathrm{eV}\cdot\mathrm{nm}^{-1})$	1.0	0.5	0.3	0.1
最大应力(σ_{max}/GPa)	0.2	0.1	0.05	0.02
最大位移 ΔL_{max}/nm	5.0×10^{-4}	2.0×10^{-4}	1.0×10^{-4}	5.0×10^{-5}

3) 能带结构

全部的 $E_n(\boldsymbol{k})$ 函数称为能带结构。实际上人们最关心的是费米能级附近的一系列能带，一般只计算有限个能带的 $E_n(k)$ 函数。能带图的横坐标上标出了第一布里渊区的一些高对称点，所以从能带图上可以直观地看到波矢沿不同高对称点之间的方向变化时各条能

带的 $E_n(k)$ 函数随 $\boldsymbol{k}$ 的变化、导带底和价带顶的位置、禁带宽度以及禁带能隙随 $\boldsymbol{k}$ 的变化。图 5-42 是计算得到的纯净 ZnO 的能带结构图。由图可看出，ZnO 的导带底和价带顶均处在第一布里渊区的中心 G 点（一般情况下，第一布里渊区的中心点用 Γ 表示），说明 ZnO 是直接带隙材料。也可以计算掺杂 ZnO 的能带结构图，从费米能级的变化趋势，判断掺杂的种类、导电能力的变化情况等。

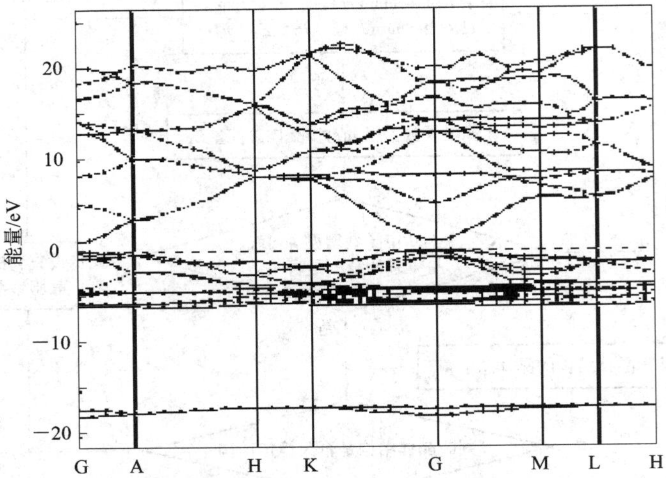

图 5-42 计算得到的 ZnO 的能带结构图

4) 能态密度

能态密度(DOS)分为总态密度、分波态密度(PDOS)、局域态密度(LDOS)和自旋态密度(SDOS)。总态密度是各能带态密度之和。态密度的概念十分有用，使用态密度可以用对电子能量 E 的积分代替在布里渊区中对波矢 $\boldsymbol{k}$ 的积分。电子态密度经常用于电子结构的快速分析，便于理解电子结构的变化，例如外压引起的电子结构的变化。图 5-43 是计算得到的 ZnO 的能带的总态密度图。

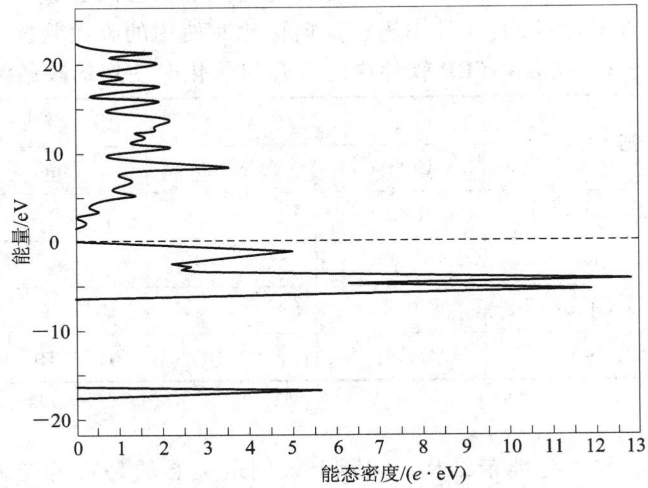

图 5-43 计算得到的 ZnO 的能带的总态密度图

局域态密度(LDOS)和分波态密度(PDOS)是对电子结构分析十分有用的半定量工具。LDOS 显示系统中各原子的电子态对能态密度谱每个部分的贡献。PDOS 根据电子态的角动量来进一步分辨这些贡献，确定 DOS 的主要峰是否具有 s，p 或 d 电子的特征。LDOS 和 PDOS 分析可对体系中电子杂化的本质和体系的各种光谱中主要特征的来源提供定性解释。PDOS 计算基于 Mulliken 布居分布分析，这种布居分析可将原子对每个能带的贡献归属于指定的原子轨道。对所有能带中某些原子轨道的贡献求和，可得到加权的态密度，可选择不同的加权方式，例如，将指定原子的所有原子轨道对各能带的贡献加起来便可得到 LDOS。图 5－44 和图 5－45 分别是利用 CASTEP 计算的 BN 中 B 原子与 N 原子的 LDOS 和 s、p 带的 PDOS。

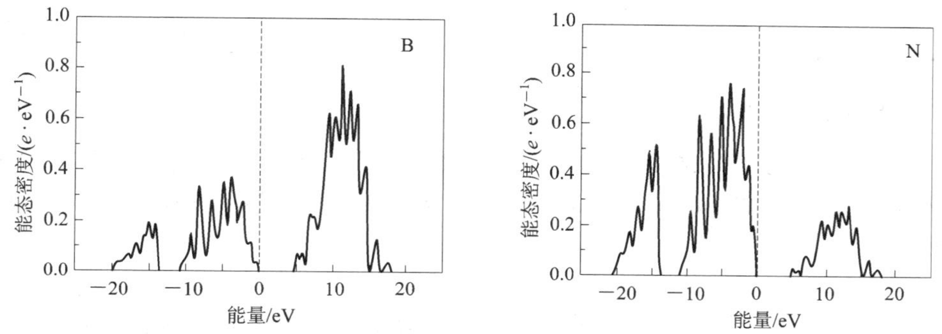

图 5－44 BN 中 B 原子和 N 原子的 LDOS

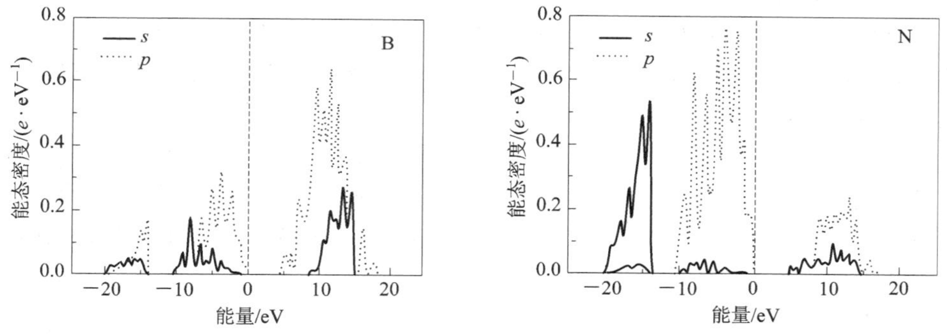

图 5－45 BN 中 B 原子和 N 原子 s、p 带的 PDOS

在自旋极化体系中，α 电子和 β 电子具有不同的空间波函数，即占据不同的能态。可分别计算 α 电子的态密度 $N(E)\uparrow$ 和 β 电子态密度 $N(E)\downarrow$，它们的和给出总态密度，它们的差 $N(E)\uparrow - N(E)\downarrow$ 称为自旋态密度(SDOS)。材料的磁特性与自旋态密度有关。

5) *布居分析*

对电子电荷在各组分原子之间的分布进行计算分析，称为布居分析。由布居分析得到的原子电荷值只有相对的意义。原子电荷值对所选用的基组十分敏感，如果使用相同的基组对不同的体系进行布居分析计算，得到的电荷分布的相对值可以给出一些有用的信息。有多种布居分析的方法，其中被广泛采用的布居分析方法是 Mulliken 布居分析。布居分析可以给出原子上、原子轨道上、两原子之间的电子电荷分布，依次称为原子布居、原子轨道布居和键布居。

布居分析为原子间的成键提供了一个客观的判据，并且两原子间的重叠布居还可以用于评价一个键的共价性和离子性的大小。键布居的值高表明键的共价键成分高，键布居的值低表示键的离子键成分高。还可以利用有效离子价来进一步评价键的离子性。有效离子价的定义为阴离子上原来的离子电荷与 Mulliken 电荷之差。若该值为零，则表明该键是完全的离子键，若该值大于零，则表明该键具有共价性。表 5-3 是 BN 中 B 原子和 N 原子的轨道布居、总的原子布居及原子电荷量。

表 5-3　BN 中 Mulliken 布居分析结果

原子	s 轨道	p 轨道	原子布居	原子电荷/e
B	0.65	1.75	2.40	0.60
N	1.50	4.10	5.60	−0.60

2. 能带计算软件简介

目前流行的、也是较成功的材料能带结构计算的软件包有 VASP(Vienna Ab-initio Simulation Package)和 Materials Studio 软件包中的 CASTEP(CAmbridge Sequential Total Energy Package)模块。

1) VASP 软件

VASP 是可以进行第一性原理量子力学分子动力学模拟的软件包。它主要使用赝势(例如超软赝势 US-PP)或缀加平面波方法等。VASP 的计算利用能带理论和 Bloch 定理通过算符变换，将实空间和动量空间联系起来，利用晶格的周期性简化计算。可以进行的计算任务有结构弛豫计算、准确能带结构和电子状态密度计算、原子的基态能量计算、分子动力学计算、表面计算、晶格动力学计算、模拟退火计算、二聚物性质计算、磁性计算以及光学性质计算等。VASP 的优势在于它的基组小，适用于第一行元素和过渡金属，大体系(<4000 价电子)计算快，适于并行计算，自动对称性分析，加速收敛算法等。一个简单的 VASP 作业主要涉及四个输入文件：INCAR、POSCAR、POTCAR 和 KPONITS。计算完成后会产生若干个输出文件，如 OUTCAR、CHGCAR、DOSCAR 和 EIGENVALUE 等。

VASP 软件基于 Linux 操作系统。

2) CASTEP 软件

美国 Accelrys 公司研制的 Materials Studio 是专门为材料科学领域研究者开发的一款可运行于 Windows 操作系统的模拟软件。它可以解决当今化学、材料工业中的一系列重要问题。Materials Studio 能方便地建立三维结构模型，并对各种晶体、无定型以及高分子材料的性质及相关过程进行深入的研究。Materials Studio 模拟的对象包括了催化剂、聚合物、固体及表面、晶体与衍射、化学反应等材料和化学研究领域的主要课题。

Materials Studio 可以交互控制三维图形模型，通过对话框建立运算任务并分析结果，这一切对于 Windows 用户来说都很熟悉。

Materials Studio 是一个模块化的环境，每个模块提供不同的功能。Materials Studio 的中心模块是 Materials Visualizer。Materials Visualizer 模块为 Materials Studio 提供了核心的建模能力和软件基础。Materials Visualizer 可以作为一个单独模块进行分子建模和分子图形分析，也可以与其它模块组成一个新的更大的模块，以便进行更专门化、更复杂的计算。Materials Visualizer 也管理、显示并分析文本、图形和表格格式的数据，支持与其它字处理、电子表格和演示软件的数据交换。

Materials Studio 软件中的模块有 Discover、Amorphous、Equilibria、DMol^3、CASTEP 等，用于材料能带结构计算和模拟的模块是 CASTEP 模块。

CASTEP 是由剑桥大学凝聚态理论研究组开发的一套先进的量子力学程序，是一个基于密度泛函方法的第一性原理计算的量子力学程序，除了系统组成物质的原子序数以外，并不需要任何实验数据。科学家可以应用计算机进行虚拟实验，从而能大大节省实验的费用并缩短研发周期。

CASTEP 可完成诸如能量计算、几何优化、分子动力学、弹性常数的计算、跃迁状态的研究等。其中能量计算是利用 CASTEP 计算高对称体系中的一个平衡态的系统的总能量，并得出它的能带图，除此之外，还能得出原子的受力情况和体系的电荷密度。结合使用 Materials Visualizer 还可以观察到电荷密度的空间分布以及波矢空间沿特殊高对称路径的电子状态密度图。CASTEP 的几何优化功能是通过修改材料的几何参数以获得一个稳定的结构。程序将执行一个重复过程，在这个过程中，原子的坐标和晶格常数会被调整，以使结构的总能量降到最低。CASTEP 几何优化以减少应力为基础，直到它们低于定义的收敛容许度。几何优化程序通常会产生一个和真正结构非常相似的模型结构。

CASTEP 可应用在材料的性质（半导体、金属、分子筛等）、表面和表面重构的性质、表面化学、电子结构（能带及态密度）、晶体的光学性质、点缺陷性质（如空位、间隙或取代掺杂）、扩展缺陷（晶粒间界、位错）、体系的三维电荷密度及波函数、表面化学、物理和化学吸附、多相催化、半导体缺陷、晶粒间界、堆垛层错、分子晶体、多晶研究、扩散机理、液体分子动力学等领域。

3. 纯净 SrTiO$_3$ 的能带结构和布居数计算举例

在软件环境下建立 SrTiO$_3$ 结构时需要首先选择 SrTiO$_3$ 所属的空间群，其空间群为 PM－3M。然后需给出晶格常数、基矢（或者轴矢）以及各原子的分数坐标。以上信息在软件中的表示如表 5－4 所示。

表 5－4　SrTiO$_3$ 所属空间群和原子位置信息

Periodicity	3D(Crystal)
Name	PM－3M
International T ables #	221
Option	Origin－1
Long Name	PM－3M
Schoenfiles Name	OH－1
Crystal System	Cubic
Crystal Class	m－3m
Primitive－Centered	(0, 0, 0)
# of Operators	48

```
%BLOCK LATTICE_CART
   4.0100000000   0.0000000000   0.0000000000
   0.0000000000   4.0100000000   0.0000000000
   0.0000000000   0.0000000000   4.0100000000
%ENDBLOCK LATTICE_CART

%BLOCK POSITIONS_FRAC
   O    0.0000000000   0.5000000000   0.5000000000
   O    0.5000000000   0.0000000000   0.5000000000
   O    0.5000000000   0.5000000000   0.0000000000
   Ti   0.5000000000   0.5000000000   0.5000000000
   Sr   0.0000000000   0.0000000000   0.5000000000
%ENDBLOCK POSITIONS_FRAC
```

$SrTiO_3$ 结构的球棍模型图如图 5-46 所示。由于选取的晶格常数暂时先选了一个粗略值 4.01Å，所以在进行下一步计算之前，需要对结构进行几何优化，以得到能量最低的结构，满足能量最小化的原则。几何优化的过程可以理解为在不断调整原子位置和键长的过程中寻找能量最低的结构。由于 $SrTiO_3$ 初基原胞结构相对比较简单，所以经过 5 步几何优化计算就使得能量达到最低值，如图 5-47 所示。几何优化计算以后得到的 $SrTiO_3$ 初基元胞晶格常数 $a=3.934\ 695$Å。

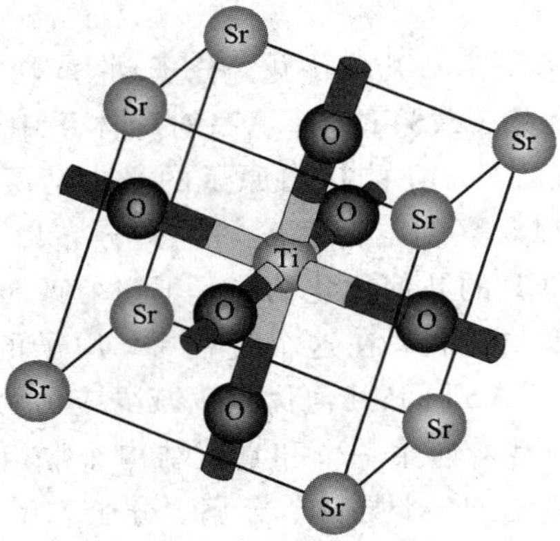

图 5-46 $SrTiO_3$ 结构的球棍模型图

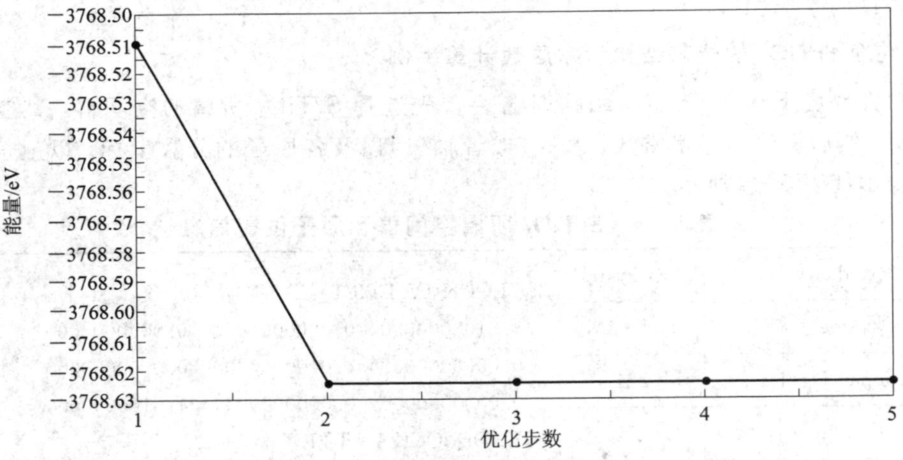

图 5-47 $SrTiO_3$ 初基元胞几何优化能量降低并收敛的曲线图

布居数计算结果如表 5-5 所示，可知 $SrTiO_3$ 初基元胞中 3 种 O 原子、1 种 Ti 原子和 1 种 Sr 原子的电荷分布，包括 *s*、*p*、*d* 电子的数量，总数以及所带电荷总数，各种原子间所成化学键的数量和键长。

表 5-6 是计算的键布居数和键长度。由计算的布居数可得出：O-Ti 键的布居数比 O-Sr 键的布居数高，这说明 O-Ti 键主要是共价键成分，而 O-Sr 键主要离子键成分。

表 5-5　原子布居、轨道布居及电荷量

原子		s	p	d	f	总量	电荷/e
O	1	1.83	4.97	0.00	0.00	6.80	−0.80
O	2	1.83	4.97	0.00	0.00	6.80	−0.80
O	3	1.83	4.97	0.00	0.00	6.80	−0.80
Ti	1	2.38	6.87	2.22	0.00	11.48	0.52
Sr	1	2.07	6.06	0.00	0.00	8.13	1.87

表 5-6　键布居数及键长度

键	布居数	键长/Å
O3 - Ti 1	1.09	1.967 35
O2 - Ti 1	1.09	1.967 35
O1 - Ti 1	1.09	1.967 35
O3 - Sr 1	−0.12	2.782 25
O2 - Sr 1	−0.12	2.782 25
O2 - O3	−0.14	2.782 25
O1 - Sr 1	−0.12	2.782 25
O1 - O3	−0.14	2.782 25
O1 - O2	−0.14	2.782 25

使用 VASP 软件计算时，我们也可以直接设置晶格常数 $a=3.934\ 695$Å，但需要对 k 点文件 KPOINTS 进行修改，该文件决定了计算时按何种路径选取 k 点。在第一布里渊区内选定高对称点和两个高对称点之间的 k 点数进行计算。计算后，将每个 k 点下计算的能量值导出，通过软件可以作出能带结构和能态密度，如图 5-48 所示。由图可得出，纯净的 $SrTiO_3$ 为绝缘体，存在禁带，价带最高点的纵坐标为负值，可知它位于零点能量(也就是费米能级)的下方，费米能级位于禁带。图 5-49 所示的分波态密度图可以给出 s、p、d 电子的态密度分布。

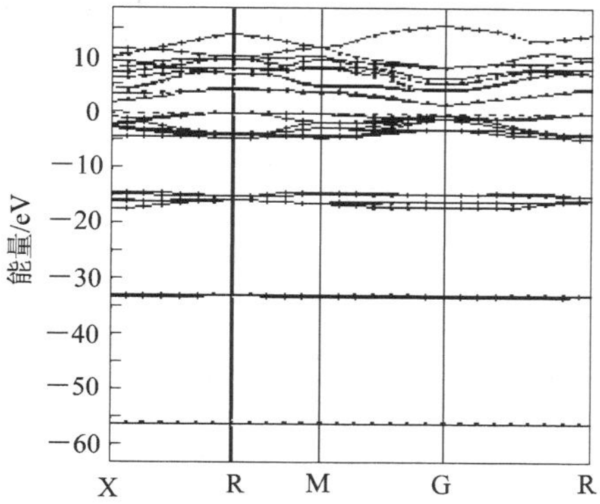

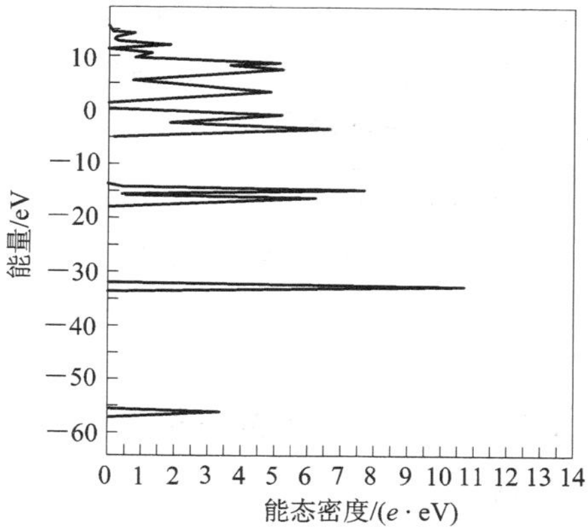

图 5-48　纯净 $SrTiO_3$ 的能带结构图和能态密度图

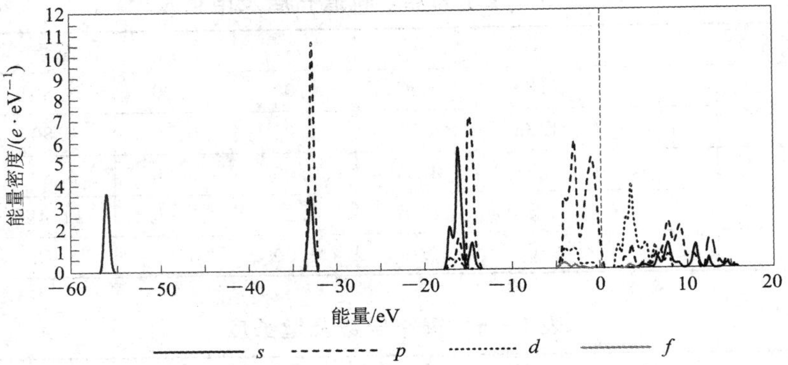

图 5-49 纯净 $SrTiO_3$ 的电子分波态密度图

本 章 小 结

1. 能带论的基本近似

1）绝热近似

由于原子实的质量是电子质量的 $10^3 \sim 10^5$ 倍，所以原子实的运动要比价电子的运动缓慢得多，于是可以忽略原子实的运动，把问题简化为 n 个价电子在 N 个固定不动的周期排列的原子实的势场中运动，即把多体问题简化为多电子问题。

2）单电子近似

原子实势场中的 n 个电子之间存在相互作用，晶体中的任一电子都可视为是处在原子实周期势场和其它$(n-1)$个电子所产生的平均势场中的电子。即把多电子问题简化为单电子问题。

2. 电子的共有化与能带

与孤立原子中的电子相比，固体中电子的基本特征之一是电子的共有化。与这种共有化的运动状态相对应，电子的能谱由孤立原子的分离能级分裂成固体中的能带，原子之间靠近而产生的相互作用使原子能级的简并消除，是固体中出现能带的关键。

3. 能态密度和对称性

单位能量间隔内所含的电子状态数称为电子的能态密度 D。

在一个能带中，能带具有对称性：

$$\left.\begin{aligned} E(\boldsymbol{k}+\boldsymbol{G}_{\mathrm{h}}) &= E(\boldsymbol{k}) \\ E(\boldsymbol{k}) &= E(-\boldsymbol{k}) \end{aligned}\right\}$$

电子的能量状态 E 具有与正晶格相同的对称性。

4. 布洛赫定理

晶体中的电子波函数是按照晶格周期性进行的调幅平面波。即在周期势场中，薛定谔方程的解具有如下形式：

$$\psi(\boldsymbol{k},\ \boldsymbol{r}) = U(\boldsymbol{k},\ \boldsymbol{r})\mathrm{e}^{\mathrm{i}\boldsymbol{k}\cdot\boldsymbol{r}}$$

其中，$U(\boldsymbol{k},\ \boldsymbol{r})$与势场$V(\boldsymbol{r})$具有相同的周期性：

$$U(\boldsymbol{k},\ \boldsymbol{r}) = U(\boldsymbol{k},\ \boldsymbol{r}+\boldsymbol{R}_n)$$

晶体中电子的状态满足布洛赫定理，晶体中的电子波称为布洛赫波，晶体中电子又称为布洛赫电子。

5．能带结构的模型

（1）近自由电子模型是针对弱周期势场的情况的，例如对金属中的价电子。当远离布里渊区边界时，金属中价电子的运动情况与自由电子比较接近，使用非简并微扰的思想讨论。当在布里渊区边界附近时，使用简并微扰，产生的能隙$E_g=2|V_n|$。

（2）紧束缚模型是针对绝缘体中的电子的，根据简并微扰的思想讨论。孤立原子的能级分裂成能带，带的宽度与相邻原子波函数的交叠积分B成正比。s能带的$E\sim\boldsymbol{k}$关系为

$$E_s(\boldsymbol{k}) = E_s^{\mathrm{at}} - A - B\sum_{\boldsymbol{R}_n\neq 0}^{\text{最近邻}}\mathrm{e}^{\mathrm{i}\boldsymbol{k}\cdot\boldsymbol{R}_n}$$

（3）克龙尼克—潘纳模型假设了相对简单的周期矩形势场，并进行严格求解，由此得出电子运动的简明图像，得出了能带结构的结论。

多数能带计算方法的共同特点是选用具有Bloch函数特性的基函数来展开晶体的单电子波函数。能带计算方法的主要区别表现在两个方面：一是采用不同的基函数展开晶体单电子波函数；二是根据研究对象的物理性质对晶体的周期势做合理的、有效的近似处理。

在近自由电子模型中选用的基函数是平面波；在紧束缚模型中选用的基函数是孤立原子中的波函数；只有克龙尼克—潘纳模型没有采用基函数展开晶体电子波函数的方法。

不同的能带计算方法对势场的处理是不同的。近自由电子模型是把周期势偏离平均值的部分作为微扰；紧束缚模型是把晶体中的势与孤立原子的势之差作为微扰；克龙尼克—潘纳模型是假设了周期的矩形势场。

6．布洛赫电子的速度和有效质量

布洛赫电子的速度与能量梯度成正比，方向与等能面法线方向相同，即

$$\boldsymbol{v}_n(\boldsymbol{k}) = \frac{1}{\hbar}\nabla_k E_n(\boldsymbol{k})$$

布洛赫电子的速度$\boldsymbol{v}(\boldsymbol{k})$是奇函数：

$$\boldsymbol{v}(k) = -\boldsymbol{v}(-\boldsymbol{k})$$

在外力作用下，布洛赫电子的加速度为

$$\dot{\boldsymbol{v}} = \overset{\Rightarrow}{m}{}^{*-1}\cdot\boldsymbol{F}_{\text{外}}$$

其中，$\overset{\Rightarrow}{m}{}^{*}$称为有效质量张量。在$\boldsymbol{k}$空间，当布洛赫电子的等能面为球面时(对应于介质为各向同性的情况)，有效质量成为标量：

$$m^* = \frac{\hbar^2}{\partial^2 E/\partial k^2}$$

7．能带填充情况与导电性

在第一布里渊区中，波矢$\boldsymbol{k}$的数目为N，N是晶体所包含的初基原胞数。考虑到电子的自旋，每个子能带包含$2N$个电子态，在能带未出现交叠的情况下，每个子能带可填充

$2N$ 个电子。如果一个能带内的全部状态均被电子所填充，则称之为满带；如果一个能带未被电子占满，则称之为不满带。

能带的填充情况决定了材料的导电性：满带不导电，不满带才可以导电。

8. 空穴

在近满带顶引入带有正电荷 e，正有效质量 m_h^*，速度为

$$\boldsymbol{v}(\boldsymbol{k}) = \frac{1}{\hbar}\nabla_k E(\boldsymbol{k})$$

的准粒子——空穴。只有在近满带的情况下空穴的概念才有实际意义。空穴的引入使得对近满带大量电子共同行为的描述更简单、明了，是一种简化而等效的描述方法。

思 考 题

1. 固体能带论的两个基本假设是什么？

2. 讨论固体的能带时，绝热近似和单电子近似的目的和依据是什么？

3. 固体中电子状态的主要特征有哪些？

4. 晶体中的能带和孤立原子中的电子能级是否总是一一对应的？为什么？

5. 能带 $E_n(\boldsymbol{k})$有哪些对称性？

6. 特鲁多模型的成功与不足之处有哪些？

7. 简述无限大真空自由电子、晶体中特鲁多模型、索末菲模型、近自由电子模型的关系。

8. 按近自由电子模型，晶体中的能隙是如何解释的？按紧束缚近似，禁带是如何计算的？

9. 在近自由电子模型中，对于每个 $\boldsymbol{k}$ 态，都有一个简并态 $-\boldsymbol{k}$ 态，为什么只有在 $k=n\pi/a$ 时，才需要用简并微扰法？

10. 自由电子的态密度为 $D=CE^{1/2}$，(C 为常数)，这是否意味着高能态的电子浓度比低能态的电子浓度大？为什么？

11. 如果等能面为椭球面，那么沿什么方向电子的速度最大？什么方向最小？

12. 一束频率为 ω 的电磁波射向晶体，若入射电磁波的光子能量正好处在该晶体的带隙中，则该电磁波将发生全反射、全吸收还是全透射？

13. “宽的能带容纳的电子数一定比窄的能带容纳的电子数多”，这一说法是否正确？为什么？

14. 按近自由电子模型能求解哪些问题？近自由电子近似的基函数是什么函数？它主要能计算哪些物理量？

15. 按紧束缚模型能求解哪些问题？紧束缚近似的基函数是什么函数？它主要能计算哪些物理量？

16. 各种求解固体能带的方法有什么共同点？又各有哪些不同点？

17. “Bloch 电子的波函数在正空间和倒空间均具有周期性”，这种说法是否正确？请说明理由。

18. 哪些因素可在固体的禁带中引入能级？禁带中的哪几类能级容易对载流子浓度产生影响？

19. “移植和类比”是科学研究过程中重要的思想方法。举例说明该方法在固体物理发展过程中的应用，并说明可以这样应用的物理根源。

20. 丰富的“想象力”是人们各种能力的重要体现。你认为在固体物理的学习过程中哪些概念的建立以及哪些问题的解决与“想象力”有关？

21. 请举例说明引入空穴的作用。

习　　题

1. 在最近邻近似下，按紧束缚近似，针对简立方晶体 s 能带：

(1) 计算 $E_s \sim \boldsymbol{k}$ 关系；

(2) 求能带宽度；

(3) 讨论在第一布里渊区中心附近等能面的形状。

注：$\cos x = 1 - \frac{x^2}{2!} + \frac{x^4}{4!} - \cdots$。

2. 在最近邻近似下，用紧束缚近似导出面心立方晶体 s 能带的 $E_s(\boldsymbol{k})$，并计算能带宽度。

3. 一个晶格常数为 a 的二维正方晶格。

(1) 用紧束缚近似求 s 能带表示式、能带顶和能带底的位置以及能带宽度；

(2) 求能带底电子和能带顶空穴的有效质量；

(3) 写出 s 能带电子的速度表示式。

4. 利用一维 Bloch 电子模型证明：在布里渊区边界上，电子的能量取极值。

5. 利用布洛赫定理，$\Psi_K(x+n\alpha) = \Psi_K(x)e^{ikna}$ 的形式，针对一维周期势场中的电子波函数：

(1) $\Psi_K(x) = \sin \frac{\pi}{a} x$；

(2) $\Psi_K(x) = i \cos \frac{8}{a} \pi x$；

(3) $\Psi_K(x) = \sum_{l=-\infty}^{\infty} f(x - la)$（$f$ 为某一确定函数，l 为整数）。

求电子在这些状态的波矢 k（a 为晶格常数）。

6. 已知一维晶体的电子能带可写成

$$E(k) = \frac{\hbar^2}{ma^2}\left(\frac{7}{8} - \cos ka + \frac{1}{8}\cos^2 ka\right)$$

其中 a 为晶格常数，求：

(1) 能带宽度；

(2) 电子在波矢 k 状态的速度；

(3) 能带顶和能带底的电子有效质量。

7. 证明面心立方晶体 s 能带电子的 $E(k)$ 函数沿着布里渊区几个主要对称方向上可作如下转化。

(1) 沿 $\Gamma X(k_y=k_z=0,\ k_x=2\pi\delta/a,\ 0\leqslant\delta\leqslant1)$ 方向；

$$E=E_s^a-A-4B(1+2\cos\delta\pi)$$

(2) 沿 $\Gamma L(k_x=k_y=k_z=2\pi\delta/a,\ 0\leqslant\delta\leqslant1/2)$ 方向；

$$E=E_s^a-A-12B\cos^2\delta\pi$$

(3) 沿 $\Gamma K(k_z=0,\ k_x=k_y=2\pi\delta/a,\ 0\leqslant\delta\leqslant3/4)$ 方向；

$$E=E_s^a-A-4B(\cos^2\delta\pi+2\cos\delta\pi)$$

(4) 沿 $\Gamma W(k_z=0,\ k_x=2\pi\delta/a,\ k_y=\pi\delta/a,\ 0\leqslant\delta\leqslant1)$ 方向；

$$E=E_s^a-A-4B\left(\cos\delta\pi\times\cos\frac{\delta\pi}{2}-\cos\delta\pi-\cos\frac{\delta\pi}{2}\right)$$

8. 一维晶格中波矢取值为 $n\cdot2\pi/L$，证明单位长度的晶体中电子态密度为

$$D(E)=\frac{2}{\pi}\frac{\mathrm{d}k}{\mathrm{d}E}$$

9. 由索末菲自由电子模型，证明在 $\boldsymbol{k}$ 空间的费米球半径为

$$k_{\mathrm{F}}=(3\pi^2n)^{1/3}$$

其中 n 为价电子浓度。

10. 据上题，当价电子浓度 n 增大时，费米球膨胀。证明当价电子浓度 n 与原子浓度 n_{a} 之比 $n/n_{\mathrm{a}}=1.36$ 时，费米球与 fcc 第一布里渊区的边界接触。

11. 绝对温度 $T\neq0$ 时，求含 N 个价电子的自由电子费米气系统的动能。

12. Cu 的费米能级 $E_{\mathrm{F}}=7.0$ eV，试求电子的费米速度 v_{F}。在 273K 时，Cu 的电阻率为 $\rho=1.56\times10^{-8}\,\Omega\cdot\mathrm{m}$，试求电子的平均自由时间 τ 和平均自由程 λ。

13. 若一维晶体的电子势能

$$V(x)=\begin{cases}0 & na+\dfrac{d}{2}\leqslant x\leqslant(n+1)a-\dfrac{d}{2}\\ V_0 & na-\dfrac{d}{2}\leqslant x\leqslant na+\dfrac{d}{2}\end{cases}$$

如图 5-50 所示。用近自由电子模型，求第一个带隙的宽度。

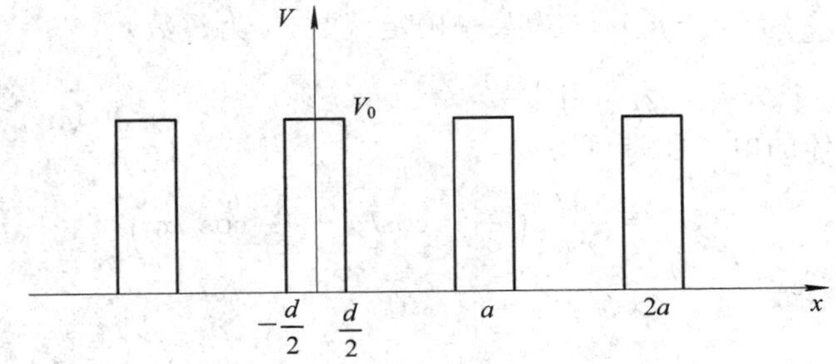

图 5-50

参考文献

[1] 徐毓龙，阎西林，曹全喜，等. 材料物理导论. 成都：电子科技大学出版社，1995
[2] 刘恩科，朱秉升，罗晋生. 半导体物理学. 6 版，北京：电子工业出版社，2005
[3] 张跃，谷景华，尚家香，等. 计算材料学基础，北京：北京航空航天大学出版社，2007
[4] 沈以赴. 固体物理学基础教程. 北京：化学工业出版社，2005
[5] 方俊鑫，陆栋. 固体物理学：上. 上海：上海科学技术出版社，1980
[6] OMAR M A. Elenentary Solid State Physics：Principles and Applications. Boston：Addison-Wesley Publishing Company，1975
[7] GIUSEPPE GROSSO，GIUSEPPE PASTORI PARRAVICINI. Solid State Physics. Burlington，MA：Academic Press，2006
[8] 陆栋，蒋平，徐至中. 固体物理学. 上海：上海科学技术出版社，2003
[9] CHARLES KITTEL. Introduction to Solide State Physics. 7th ed. Singapore：John Wiley & Sons(ASIA) Pte Ltd，1996
[10] [美]基泰尔 C. 固体物理导论. 相金钟，吴兴惠，译. 8 版. 北京：化学工业出版社，2005
[11] 黄昆. 固体物理学. 韩汝琦，改编. 2 版. 北京：高等教育出版社，1988
[12] 聂向富，李博，范印哲. 固体物理学：基本概念图示. 北京：高等教育出版社，1995

第 6 章 晶体中的缺陷

本章提要

晶体缺陷是指实际晶体对理想完美晶体严格周期性的偏离。本章简要介绍了点缺陷、线缺陷、面缺陷和体缺陷的基本特征以及它们在晶体中扩散的基本规律。

在晶体结构一章，讲到晶体中的原子是严格按照一定的规律排列的，各种原子都严格地位于原胞中的相应位置，而原胞又严格地排列在规则的格点位置，即原子排列具有严格的周期性。这实际上只是一种理想模型，而实际的晶体在形成时，常常会遇到一些不可避免的干扰，造成实际晶体与理想晶体的一些差异。即现实存在的晶体的原子排列并不像理想的那样完美无缺，而是存在着各种各样对周期性的偏离。我们把这些对理想周期结构的偏离称为缺陷。

缺陷的种类很多，按照缺陷的几何形状和涉及的范围可以概括为点缺陷、线缺陷、面缺陷和体缺陷四种类型。点缺陷是发生在晶体中一个或几个晶格常数范围内的一种缺陷，如晶体中空格点和外来的杂质原子都是点缺陷；线缺陷是发生在晶体中一条线周围的一种缺陷，如位错就是线缺陷；面缺陷是发生在晶体中的二维缺陷，如界面就是面缺陷；体缺陷是发生在晶体中的三维缺陷，如晶体中的包裹体就是体缺陷。

晶体中形形色色的缺陷与晶体的物理、化学性质有密切关系，许多材料特性对其中的缺陷很敏感，因此控制材料缺陷(包括杂质)是十分重要的课题。

6.1 点 缺 陷

由于晶体的热振动，使某些原子脱离格点而形成空位，若脱离了格点的原子进入晶格中的间隙位置，则形成填隙原子。空位及填隙原子使晶格周期性遭到破坏，但这种破坏只发生在几个晶格常数的范围内，故称之为点缺陷。

6.1.1 几种典型的点缺陷

1. 弗仑克尔(Frenkel)缺陷

晶体格点上的原子可能获得一定动能脱离正常格点位置而进入格点间隙位置形成填隙

原子，同时在原来的格点位置上留下空位，那么晶体中将存在等浓度的空位和填隙原子，如图 6-1(a)所示。这种空位—间隙原子对称为弗仑克尔(Frenkel)缺陷。

2. 肖特基(Schottky)缺陷

由于热涨落，个别原子可能获得一定的动能，以至于克服平衡位置势阱的束缚而迁移到晶体表面上的某一格点位置，在晶体表面上构成新的一层，从而在晶体内部原来的格点位置上留下空位，这种缺陷称为肖特基缺陷，如图 6-1(b)所示。

晶体中肖特基缺陷产生的方式可以是不同的。晶体邻近表面的原子可以由于热涨落跳到表面，从而产生一个空位，附近原子跳到这个空位上，就又产生一个新空位，这样空位可以逐步跳跃到晶体内部。也可能由于热涨落晶体内部原子脱离格点，产生一个空位，这个原子可以经过多次跳跃，而跑到晶体表面的正常格点位置上，在晶体内形成空位。

与肖特基缺陷相对应的，还有一种反肖特基缺陷，也称为间隙原子缺陷。它是晶体的表面原子通过接力运动移到晶体的间隙位置，如图 6-1(c)所示。由于理论计算和实验结果均已表明，形成反肖特基缺陷需要更大的能量，所以除小半径杂质原子外，一般不易单独形成此种缺陷。

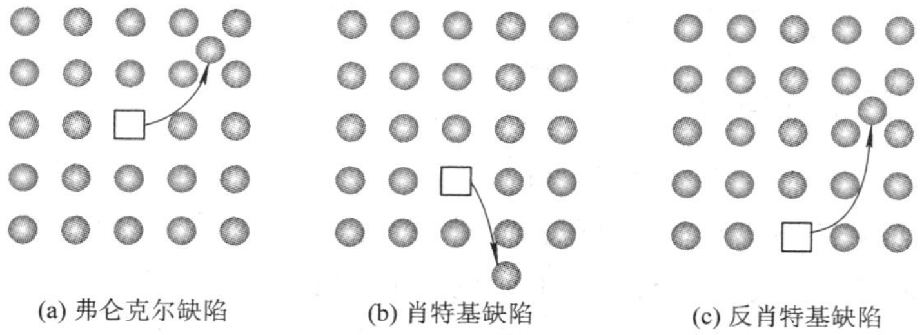

图 6-1　点缺陷

以上几种缺陷都可以由热运动的涨落产生，所以也称为热缺陷。由于热运动的随机性，缺陷也可能消失，称为复合。在一定温度下，缺陷的产生与复合过程相互平衡，缺陷将保持一定的平衡浓度。

3. 杂质原子

实际晶体中总是存在某些微量杂质。杂质的来源一方面是在晶体生长过程中引入的，如氧、氮、碳等，这些是实际晶体不可避免的杂质缺陷，只能控制相对含量的大小；另一方面，为了改善晶体的电学、光学等性质，人们往往有控制地向晶体中掺入少量杂质。例如在单晶硅中掺入微量的硼、铝、镓、铟或磷、砷、锑等都可以使其导电性发生很大变化。

杂质原子在晶体中的占据方式有两种：一种是杂质原子占据基质原子的位置，称为替位式杂质缺陷；一种是杂质原子进入晶格原子间的间隙位置，称为填隙式杂质缺陷。图 6-2 表示硅晶体中填隙式杂质和替位式杂质的示意图，图中 A 为间隙式杂质，B 为替位式杂质。对于一定的晶体而言，杂质原子是形成替位式杂质还是形成间隙式杂质，这主要取决于杂质原子与基质原子几何尺寸的相对大小及其电负性。实验表明，填隙式杂质原子一般比较小，例如配位数为 4 的锂离子的半径为 0.059 nm，它在硅、锗、砷化镓等半导体中一般以填隙方式存在。当杂质原子和晶格原子大小相近，而且它们的电负性也比较相近时，这种杂质原子一般以替位方式存在。如Ⅲ族和Ⅴ族原子在硅、锗中多数是替位式杂质。

原因在于替位式杂质占据格点位置后，会引起周围晶格产生畸变，但此畸变区域一般不大，畸变引起的内能增加也不大，即缺陷的形成能不大。但若杂质占据间隙位置，由于间隙空间有限，因此引起的畸变区域比替位式大，即缺陷的形成能较大。所以只有半径较小的杂质原子才易于进入敞开型结构的间隙位置中。

向晶体中掺入杂质原子有多种方式，如晶体生长时进行高温扩散或离子注入等。

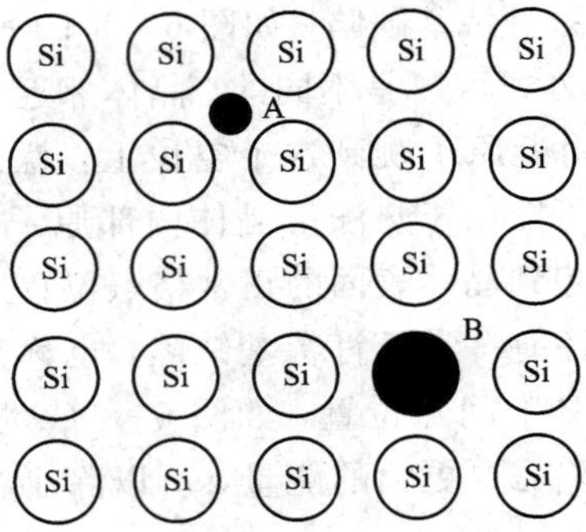

图 6-2 硅晶体中的间隙式杂质和替位式杂质

6.1.2 热缺陷的统计理论

产生热缺陷的具体方式多种多样，但在一定的温度下达到平衡时可以用热力学统计物理的方法来给出热缺陷在热平衡条件下的统计数目。通常情况下自由能 $F=U-TS$ 是晶体的特性函数，缺陷的产生会引起自由能的改变。在一定温度下，点缺陷将从两个方面影响自由能：由于产生缺陷需要能量，因此当缺陷浓度为 n 时，系统的内能增加 ΔU；由于缺陷的出现使原子排列较无序，因此系统的组态熵也增加 ΔS。因而自由能改变 $\Delta F=\Delta U-T\Delta S$。当两种因素相互制约、使 F 为最小时，缺陷数目 n 达到稳定值。即点缺陷的数目由

$$\frac{\partial F}{\partial n}=0 \tag{6-1}$$

确定。下面以肖特基缺陷为例进行讨论。

设晶体由 N 个粒子构成，温度为 T 时形成 n_1 个空位，形成一个空位所需要的形成能用 u_1 表示，则由此引起的系统内能的增加是

$$\Delta U = n_1 u_1 \tag{6-2}$$

对于具有 n_1 个空位的晶体，整个晶体将包含 $N+n_1$ 个格点，因而 N 个相同原子在格点上的不同组合方式为

$$W = C_{N+n_1}^{N} = \frac{(N+n_1)!}{N!n_1!} \tag{6-3}$$

这将引起晶体组态熵增加

$$\Delta S = k_B \ln W = k_B \ln\frac{(N+n_1)!}{N!n_1!} \tag{6-4}$$

由式(6-2)及式(6-4)得到晶体中存在 n_1 个空位时，系统自由能的改变为

$$\Delta F = \Delta U - T\Delta S = n_1 u_1 - k_B T \ln\frac{(N+n_1)!}{N!n_1!} \tag{6-5}$$

平衡时，热缺陷数目由式(6－1)决定。并考虑到 ΔF 只与 n_1 有关，把式(6－5)代入式(6－1)，并利用斯特令公式 $\ln x!=x\ln x-x$，当 N，n_1 均很大时，得

$$\left(\frac{\partial \Delta F}{\partial n_1}\right)_T=u_1-k_B T\frac{\partial}{\partial n_1}[(N+n_1)\ln(N+n_1)-n_1\ln n_1-N\ln N]$$
$$=u_1-k_B T\ln\frac{(N+n_1)}{n_1}=0 \tag{6-6}$$

通常情况下 $n_1 \ll N$，因而很容易求出平衡时肖特基缺陷数目为

$$n_1=Ne^{-u_1/k_B T} \tag{6-7}$$

这个结果从统计意义上是很容易理解的。因为晶体中每个原子在温度为 T 时，处于能量为 u_1 态的几率为 $e^{-u_1/k_B T}$，而原子一旦处于 u_1 态就可能形成空位。换句话说，在温度为 T 时，晶体中每个原子形成空位的几率是 $e^{-u_1/k_B T}$，则 N 个原子形成的空位数应是 $n_1=Ne^{-u_1/k_B T}$。

类似地，填隙原子的平衡数目 n_2 为

$$n_2=N'e^{-u_2/k_B T} \tag{6-8}$$

式中，N'为晶体中间隙位置的数目，u_2 为产生一个填隙原子所需要的形成能。通常 u_2 约为 u_1 的5～10倍，故可能出现的空位数比填隙原子数要大的多。表6－1列出了典型点缺陷形成能的理论计算值。式(6－7)和式(6－8)都满足玻耳兹曼统计。当弗仑克尔缺陷的统计数目浓度不太高时，$n \ll N$，$n \ll N'$，由式(6－7)和式(6－8)可以得到弗仑克尔缺陷的统计数目为

$$n=\sqrt{NN'}e^{-(u_1+u_2)/2k_B T} \tag{6-9}$$

表6－1　典型晶体点缺陷形成能理论计算值

缺陷类型	金属	形成能/eV	计算者
空位	Cu	0.8～1.0 1.3～1.5	富米(Fumi) 亨丁顿(Humtington)
	Ag	0.6～0.92	富米
	Au	0.6～0.77 4～5	富米 亨丁顿
间隙原子	Cu	2.5～2.6 3	特沃特(Tewordt) 塞格(Seeger)等

由此可见，对于一定的晶体，热缺陷在一定温度下有确定的统计平均数目，这是达到热平衡的必然结果。原子处在不停的热振动状态中，因而时刻有原子获得足够的能量产生空位与填隙原子。与此同时，填隙原子也可以跃迁到空位上去复合；或者填隙原子运动到表面格点上使自身消失；或表面原子与空位复合。在一定温度下，产生、复合、消失的净效果有确定的统计平均数目。但空位、填隙原子的位置是在不断变化之中时，它们这种运动是无规则的原子的布朗运动。

6.1.3 色心

对于化合物晶体而言，偏离化学计量比是绝对的，符合化学计量比是相对的。只有在特殊的条件下才能得到严格化学计量比的化合物晶体。色心就是一种非化学计量比引起的空位缺陷，这种空位可以吸收可见光，使原来是透明的晶体出现颜色。人们对色心的研究始于 20 世纪 20 年代。现在色心的研究早已从早期的碱卤化合物扩大到很多金属氧化物晶体，研究手段主要是精细的光谱测量以及电子自旋共振、电子—核双共振等。

1. F 心

最简单的色心就是 F 心，这个名称来自德语“Farbe”一词，意思为颜色。把卤化碱晶体在相应碱金属蒸气中加热，然后使之骤冷到室温，则原来透明的晶体就出现了颜色。例如，NaCl 在 Na 蒸气中加热后变成黄色，KCl 在 K 蒸气中加热后变成紫色，LiF 在 Li 蒸气中加热后变成粉红色等等。在可见光区，这些晶体多出一个像钟型的吸收带，称为 F 带。产生这个吸收带的缺陷就是 F 心。图 6 - 3 所示是一些碱卤晶体的 F 心吸收带，其量子能量列于表 6 - 2 之中。

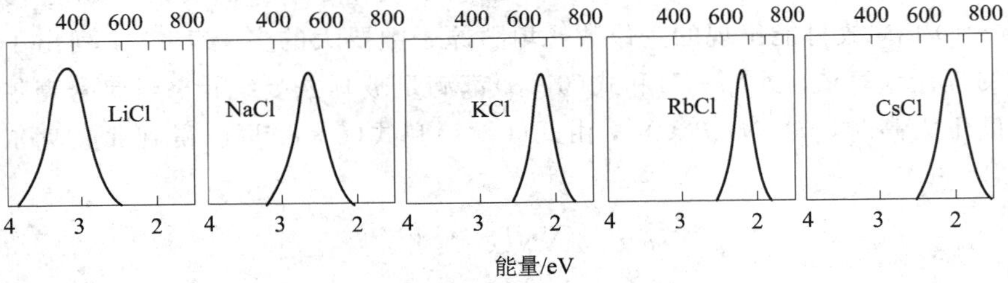

图 6 - 3 几种碱卤晶体的 F 带

表 6 - 2 F 心吸收能量的实验值

晶体	吸收峰 /eV	晶体	吸收峰 /eV	晶体	吸收峰 /eV
LiCl	3.1	CsCl	2.0	RbBr	1.8
NaCl	2.7	LiBr	2.7	LiF	5.0
KCl	2.2	NaBr	2.3	NaF	3.6
RbCl	2.0	KBr	2.0	KF	2.7

用电子自旋共振方法对 F 心的研究结果表明，F 心的着色原理在于卤化碱晶体在碱金属蒸气中加热的过程中，碱金属原子扩散进入晶体，以一价离子的形式占据正常晶格位置，并放出一个电子。过多碱金属原子的进入，破坏了原来的化学计量比，晶体为了保持电中性和原来的晶体结构不变，便会产生等量的负离子空位，原来在碱金属原子上的一个电子就被带正电的负离子空位所俘获而束缚在它的周围，如图 6 - 4 所示。因此增色的碱卤晶体是含碱金属过剩(组分超过化学计量比)的晶体。F 心就是一个卤素负离子空位加上一个被束缚在其库仑场中的电子所组成的系统。

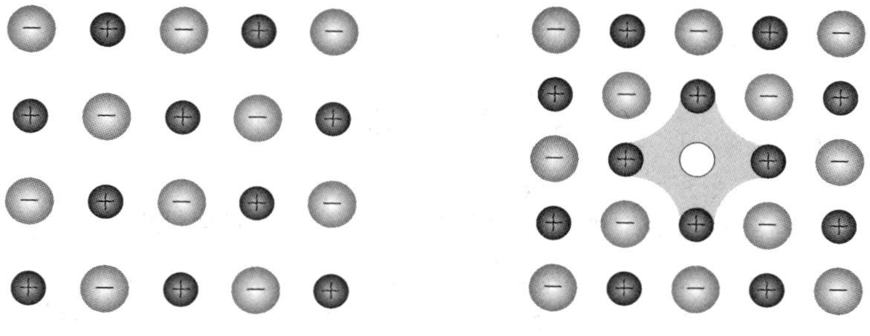

(a) 完整晶体　　(b) F心

图 6-4　形成 F 心的过程

2. V 心

当碱卤晶体在过量的卤素蒸气中加热后，由于大量的卤素进入晶体，为保持电中性和原来的晶体结构不变，在晶体中出现相应数量的正离子空位。卤素占据晶体中的格点位置并电离，在附近产生一个空穴。由于空穴带正电，它被正离子空位所形成的负电荷中心所束缚。这种由正离子空位所形成的负电荷中心和被它所束缚的空穴所组成的体系称为 V 心，如图 6-5 所示。

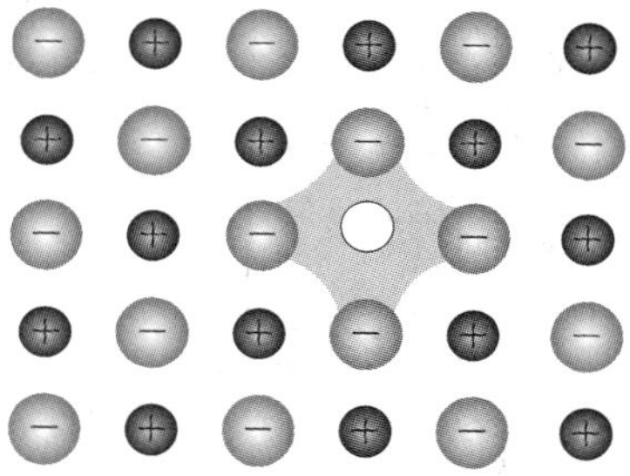

图 6-5　V 心

3. 其它色心

除了最简单的 F 心和 V 心以外，由两个或两个以上点缺陷的组合还可以形成其它色心。

F 心 6 个最近邻离子中的某一个若为另一个不同的碱金属离子所代换，就成为 F_A 心。例如把 NaCl 晶体在 K 蒸气中增色，就可能出现 F_A 心，如图 6-6 所示。

两个相邻的 F 心构成一个 M 心，复合的俘获电子中心由 F 心小组构成，如图 6-7 所示。

色心通常根据其光吸收频率加以区分。

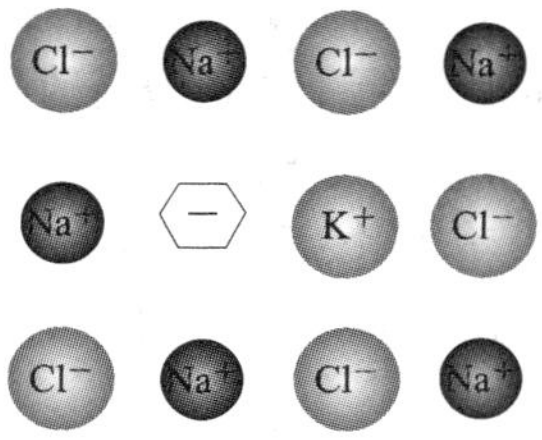

图 6-6　NaCl 晶体中的一个 F_A 心

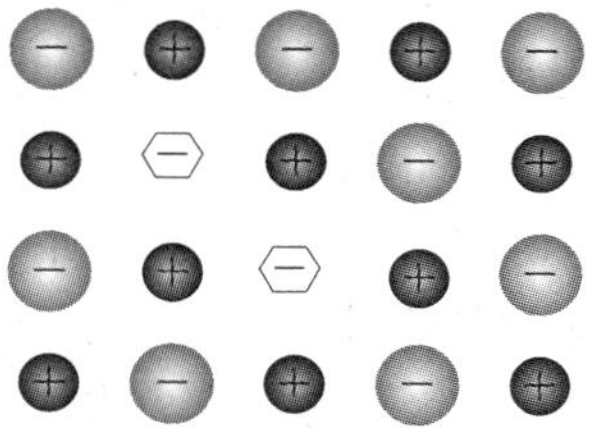

图 6-7　两个相邻的 F 心构成一个 M 心

6.2 线 缺 陷

当晶体内部沿某一条线周围的原子排列偏离了晶格的周期性时，所产生的缺陷就称作线缺陷。位错就是一种线缺陷。位错通常是在晶体生长的时候或受到外界相当大的机械力的作用而产生的，利用特制的化学腐蚀剂腐蚀晶体的表面，就能观察到位错。虽然最初位错的概念是为了说明机械强度提出的，但是后来人们发现，它对晶体的力学、电学、光学等方面的性质以及晶体的生长和杂质、缺陷的扩散等都有重大的影响。

6.2.1 晶体的剪切强度

金属受到的应力超过弹性限度时，会发生永久形变，这叫做范性形变。在金相显微镜下，可以观察到这时金属表面上出现一些条纹，这些条纹称为滑移带。如果用金属单晶来进行实验，现象就更为明显。从而知道，范性形变的发生是由于晶体沿某族晶面出现了滑移，如图 6-8 所示，这种晶面称为滑移面。实验表明，对于一定的材料(一定的结构)，容易发生滑移的晶面和晶向往往是一定的。在大多数情形下，滑移在密排面(例如面心立方结构中{111}面)沿这个平面上原子的最密集方向(例如面心结构中的〈110〉方向)发生。

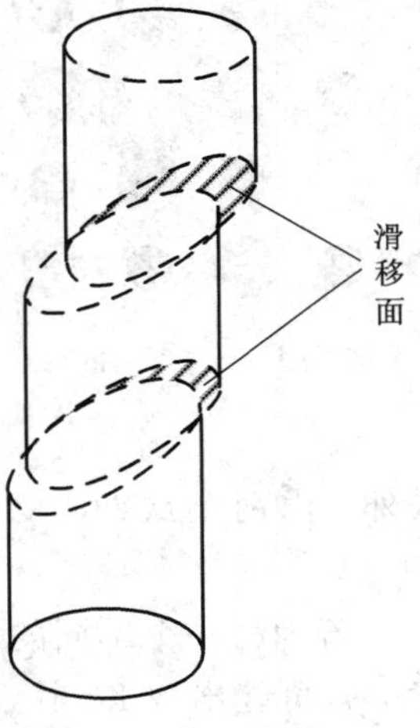

图 6-8 滑移面示意图

怎样理解晶面滑移机制，人们经历了一个认识过程。最初人们认为滑移过程是晶面之间整体的相对刚性滑移。按照这个理论模型，能使理想晶体某晶面族发生滑移的最小切应力，叫做临界切应力 τ_m，其强度刚好足够使所有这个晶面上的原子同时从它们原来所处的位置移到相距一个原子间距的另一组等价位置。1926 年弗仑克尔给出一个简易方法估算晶体的临界切应力。如图 6-9 所示，考虑适当切应力使上下两个原子面有一切向位移。通常用切变角 α 来度量切应变，设 d 为面间距，x 为线位移，则$\alpha = x/d$，对于较小的弹性位移，切应变力 τ 和 x 之间服从胡克定律：

$$\tau \approx G\frac{x}{d} \tag{6-10}$$

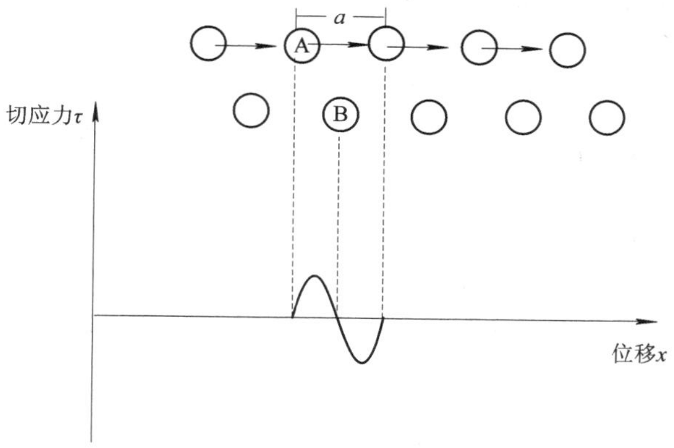

图 6－9　理想晶体滑移

式中，G 是相应的切变模量。对于较大位移，τ 是滑移面内原子间距 a 的周期函数，可以写为

$$\tau = C\sin\left(\frac{2\pi x}{a}\right) \tag{6-11}$$

式中，C 为一常数。对于小 x 值，有

$$C\sin\left(\frac{2\pi x}{a}\right) = G\frac{x}{d}$$

设 $a \approx d$，则

$$C = \frac{Ga}{2\pi d} \approx \frac{G}{2\pi}$$

所以

$$\tau \approx \left(\frac{G}{2\pi}\right)\sin\left(\frac{2\pi x}{d}\right) \tag{6-12}$$

由式(6－12)可见，切变应力极大值为 $G/2\pi$，这个值应该是材料的理论屈服应力及弹性极限值。但是由表 6－3 可以看出，弹性极限的实验值远小于式(6－12)所给出的值。通过考虑原子间力的更实际的形式，以及在切应变中其它可能的力学稳定组态，可以改进理论估算。

表 6－3　切变模量与弹性极限之比较

材　料	切变模量 G/(dyn/cm²)	弹性极限 τ_m/(dyn/cm²)	G/τ_m
Sn，单晶	1.9×10^{11}	1.3×10^{7}	15 000
Ag，单晶	2.8×10^{11}	6×10^{6}	45 000
Al，单晶	2.5×10^{11}	4×10^{6}	60 000
Al，纯，单晶	2.5×10^{11}	2.6×10^{8}	900
Al，商业，拉丝	$\sim2.5\times10^{11}$	9.9×10^{8}	250
杜拉铝	$\sim2.5\times10^{11}$	3.6×10^{9}	70
热处理碳钢	$\sim8\times10^{11}$	6.5×10^{9}	120
镍—铬钢	$\sim8\times10^{11}$	1.2×10^{10}	65

注：达因(dyn)，1 dyn$=10^{-5}$ N。

理论值与实验数据的巨大偏差，使人们想到滑移不是晶面一部分相对另一部分的整体刚性移动，而是有些原子在其它原子运动之前就已经开始运动了。滑移可能是原子相继运动的结果。位错正是这种相继运动概念的产物。

6.2.2 位错的基本类型

1934 年 Taylor、Orowan 和 Polanyi 彼此独立地提出滑移是借助于位错在晶体中运动实现的，成功地解释了理论切应力比实验值低得多的矛盾。位错就是一维线缺陷，一般位错的几何形状很复杂，最简单、最基本的两种称做刃型位错及螺型位错。

1. 刃型位错

刃型位错是晶体中一种典型的线缺陷，它的几何结构是最简单的。图 6-10 是在简单立方晶体中的一个位错结构，其中滑移面的左半部分发生了一个原子间距大小的滑移，而右半部分没有发生滑移。

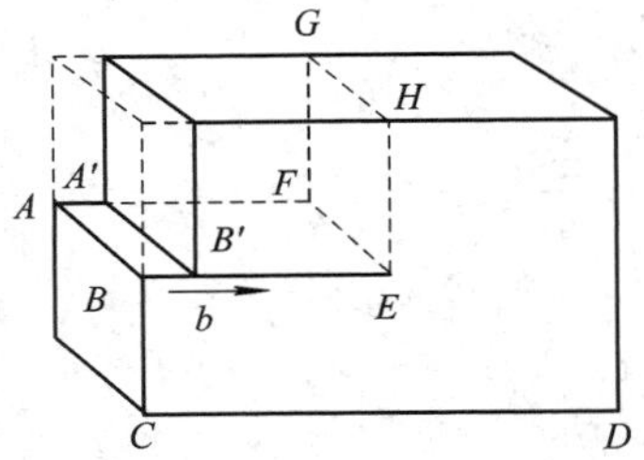

(a)

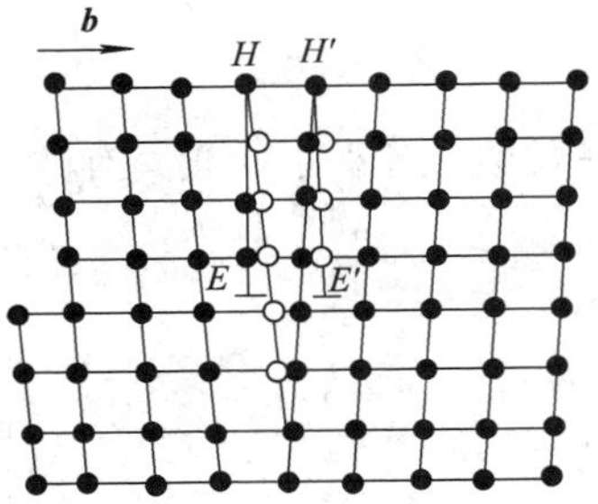

(b)

图 6-10 简单立方晶体中的一个刃型位错

为了形象地说明刃型位错的特点，让我们考虑一块晶体，如图 6-10(a)所示。假想晶体沿 $ABEF$ 切开到 EF 为止，$ABEF$ 面为滑移面，若沿 AF 方向将晶体的上面部分向右推动，使原来重合的 A 和 A'、B 和 B' 移动一个原子间距 b，于是滑移面上面的部分由于滑移而挤压多出半个晶面。EF 左边是已滑移区，右边是未滑移区，边界 EF 就是滑移部分和未滑移部分的分界线，称做位错线。如图 6-10(b)给出了位错线附近原子排列的示意图。位错线上方多出半个原子平面，像一把插在晶体内的刀，在“刀刃”附近原子排列严重偏离晶格的周期性。人们形象地称这种缺陷为刃型位错。刃型位错的一个显著特征是滑移矢量 $\boldsymbol{b}$ 与位错线相互垂直。

2. 螺型位错

螺型位错如图 6-11 所示。螺型位错的产生，可以想象为将一块晶体沿晶面 $ABCD$ 切开到直线 AD 为止，$ABCD$ 面为滑移面，BC 线两侧的原子沿 AD 方向滑移一个原子间距 b。AD 为滑移部分与未滑移部分的分界线，称为螺位错线。这时，原本与 AD 垂直的平行晶面，由于滑移面两侧晶面的相对位移，现在就变成一个螺旋式上升的晶面，如图 6-11(a)所示，螺旋位错由此得名。若将晶体原子的位置投影到滑移面 $ABCD$。圆圈“○”代表滑移面右边原子，圆点“ •”代表滑移面左边原子，如图 6-11(b)所示。显然在螺型位错结构中没有多余的半晶面，滑移矢量 $\boldsymbol{b}$ 与螺型位错线平行，都落在滑移面里。

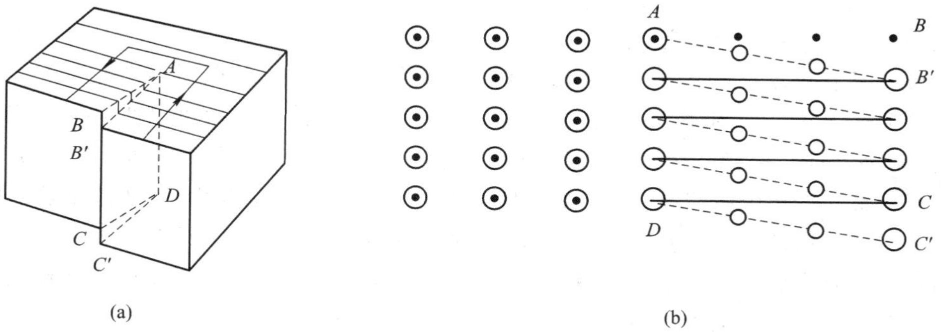

图 6－11　螺型位错

下面对刃型位错、螺型位错和位错线进行进一步的说明：

（1）位错线是已滑移区与未滑移区的分界线。位错线从晶体的一个表面贯穿到另一个表面，位错线不能在晶体内中断。

（2）刃型位错有“多余的”半个原子面，螺型位错则没有。

（3）刃型位错的滑移矢量 $\boldsymbol{b}$ 垂直于位错线。螺型位错的滑移矢量 $\boldsymbol{b}$ 与位错线平行。

除了上述两种最简单的位错外，还存在位错线与滑移矢量既不平行又不垂直的混合型位错，混合型位错的位错线是曲线，如图 6－12 所示，E 处位错线与滑移矢量平行，是纯螺型位错，F 处的位错线与滑移矢量垂直，是纯刃型位错。其余位错线与滑移方向既不平行又不垂直，属于混合型位错。混合型位错的原子排列介于刃型位错和螺型位错之间，可以分解成刃型位错和螺型位错。

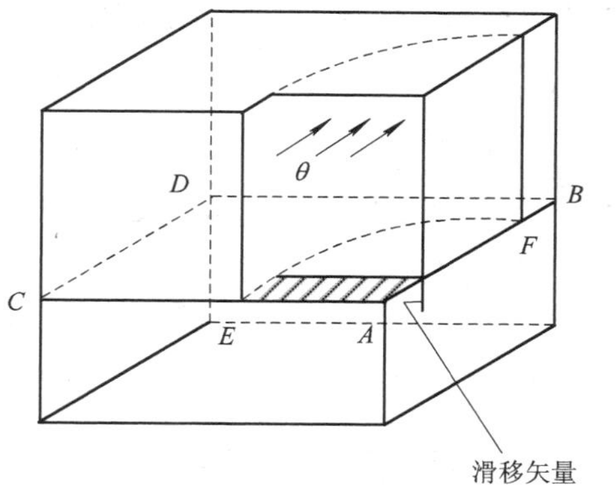

图 6－12　混合型位错示意图

6.2.3　位错的运动

1. 位错的滑移

为了解释金属范性形变的滑移过程，泰勒等人提出了位错及位错运动的理论模型。按照这个模型，滑移不是晶面一部分相对于另一部分的整体刚性滑移，而是位错线沿某个晶面的相对运动。位错线运动扫过的晶面叫滑移面。当位错线滑移扫过晶面达到表面时，位错消失，晶体沿滑移面移动一个原子间距的距离，产生范性形变。因此晶体的范性形变可视为位错在切应力作用下的运动。

使位错具有可动性的机制示于图 6－13。位错线上的原子 A 在下半平面无配对时，它将感受到原子 B 和 C 几乎相等的吸引，只需作用一个很小的应力就可以使它向左移动一个小距离，从而使 C 原子对它的吸引力占优势，于是它可和 C 组成完整晶面，使 D 成为无配对的半截晶面；于是位错线就从 A 到 D 移动了一个原子间距，位错线的这种运动持续进行，就使位错线左移，直到达到晶体表面。按照这个模型，滑移时，只有位于位错线附近的原子参加了滑移，而其它原子都占据正常格点并不运动，所以只要有较小的切应力，位错就会开始移动，这就是临界切应力远小于刚性模型理论值的原因。

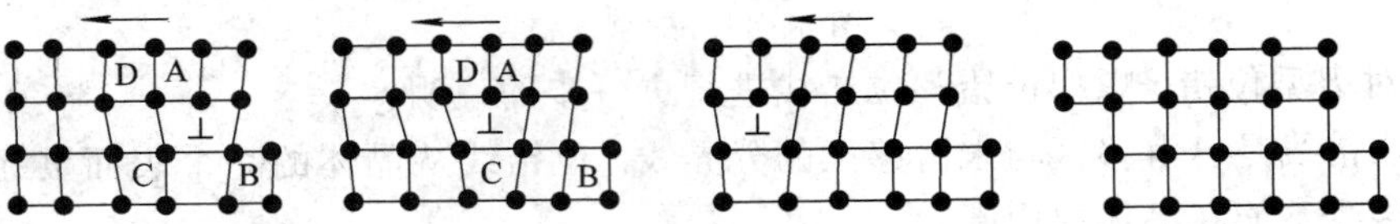

图 6－13　刃型位错的滑移过程

2. 位错的攀移

刃型位错可以在滑移面内运动，实际上也可以垂直于滑移面运动，这种运动称为位错的攀移，如图 6－14 所示。攀移的实质是多余半晶面的伸长或缩短。如图 6－14(b)所示，当刃型位错线向下攀移时，半晶面被延长，结果在刃型位错处增加了一列原子，由于原子总数不变，所以同时在晶格中产生了空位；相反，如果位错线向上攀移，半晶面被缩短，相当于在位错处减少了一列原子，这些攀移时释放出来的原子就会变成填隙原子，或者填充原来存在的空位。所以位错的攀移总是伴随着空位或填隙原子的产生和湮灭。

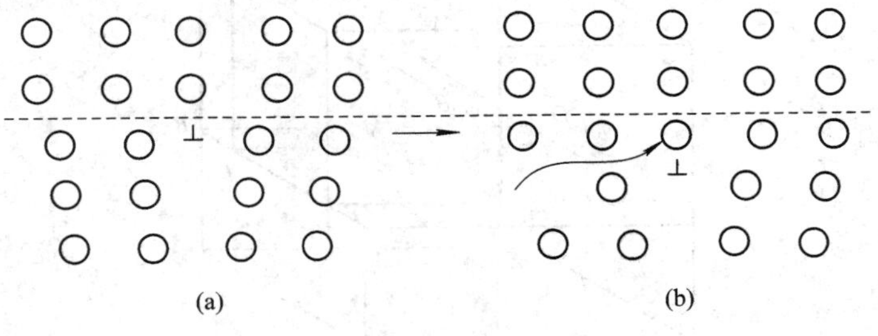

图 6－14　位错的攀移

位错向下攀移的过程，意味着体内的原子向位错线附近靠拢，在体内产生新的空位，也可以说位错向下攀移是体内空位的“源”；类似地，位错向上攀移形成空位“漏”，它将聚集体内的空位。体内的平衡空位数或其它缺陷浓度的变化也是通过位错攀移运动来实现的。

4.2.4　位错与晶体性质的关系

1. 杂质集结、金属硬度与位错

因为位错周围有应力场存在，从而会使杂质原子聚集到位错附近。例如刃型位错，在滑移面的一侧是压缩变形区，而在另一侧则为伸张变形区。如果由半径较小的杂质原子代替压缩变形区附近的基质原子，用半径较大的杂质原子代替伸张变形区附近的基质原子，则可降低晶格的形变，减弱位错附近的应力场，从而降低畸变能量。因而位错对杂质原子有集结作用。

杂质原子的集结降低了位错附近的能量，使位错滑移较之前困难，位错好像被杂质“钉扎”住了，因此晶体对塑性形变表现出更大的抵抗能力，使材料的硬度大大提高。这一现象称之为掺杂硬化。

在半导体材料中，由于杂质在位错周围的聚集，可能形成复杂的电荷中心，从而影响半导体的电学、光学和其它性质。

2. 晶体生长与螺型位错

螺型位错在晶体中起重要的作用。如将一晶面暴露于同种原子的蒸气中进一步生长，气相中的原子容易凝结到晶面上近邻位置已有的原子的格点上。如果是一个理想的平整晶面，则需靠涨落在晶面上成核后，才能沿其边缘继续生长。但如已有一晶面台阶，则晶体生长要容易得多。图 6－15 所示的螺型位错在晶体表面上正好提供了一个天然的生长台阶，原子沿台阶凝结，使台阶不断向前移动，晶体得以生长。使用这种方式可生长出很长的、细的晶须，且只包含一个螺型位错，其屈服强度与理想晶体模型得到的结果相似。

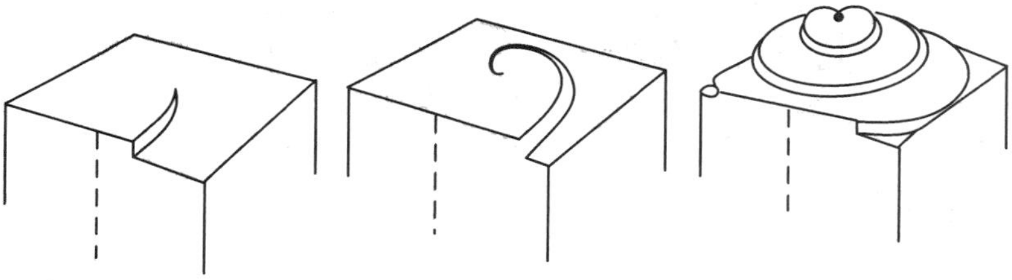

图 6－15　螺型位错对生长台阶发展的作用

6.3　面　缺　陷

晶体内部偏离周期性点阵结构的二维缺陷称为面缺陷。

6.3.1　小角晶界

即使在同一晶体内部也常常发现存在不同区域，它们的晶格之间有小的角度差别。相邻晶粒的取向差 θ 对晶界的结构和性质有很大的影响。当取向差小于 10°～15°时，晶界称为小角晶界；当取向差大于 10°～15°时，晶界称为大角度晶界。实际的多晶材料一般都是大角度晶界，但晶粒内部的亚晶界则多是小角度晶界。

早已有人从理论上提出，相互有小角度倾斜的两部分晶体之间的“小角晶界”可以看成是由一系列刃型位错排列而成的。图 6－16 示出了立方晶体中的小角晶界。图中纸面代表(001)面，晶体中两部分的交界面是(010)面，它们之间的夹角是 θ。当绕[001]转过一个小角 θ 时，可以从晶体中一部分的(010)取向，变到另一部分的(010)取向。从图可以看出，在

θ角以外的两侧区域都是完整的(010)面，而θ角里的部分则可看做是由少数几个半截面组成的，故小角晶界可看做是由规则排列的刃型位错构成的，如果两部分倾角为θ，原子间距为b，则每隔$d=b/\theta$，就可以在两部分间再插入一片原子。也就是说，小角晶界上位错相隔的距离应当是$d=b/\theta$，图6－16上已注明。由位错的排列构成小角晶界的看法，在1953年首先在锗晶体上得到实验证实。在垂直小角晶界的晶体表面上用腐蚀办法观察到了晶界露头处的一行位错坑，并测量了它们的间距D。同时，用X射线方法，测定了晶体内的倾斜角θ。用锗晶体的晶格常数和观测的θ计算出b/θ，发现和测量所得的D接近一致。

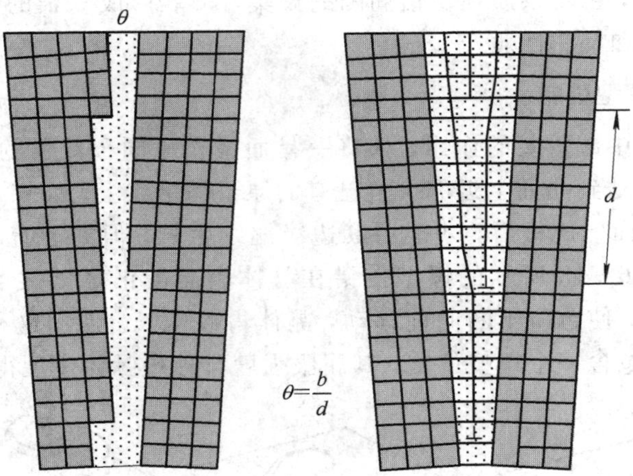

图6－16 简立方结构的小角晶界

6.3.2 堆垛层错

层错是密堆积结构中晶面排列顺序的差错所产生的缺陷，又称堆垛层错。1942年Edward等人利用X射线在钴中通过立方密堆积和六角密堆积结构间的相变，首次观察到了堆垛层错。

在晶体结构一章我们已经介绍过，沿面心立方晶格[111]方向上看，格点相继排列在晶面A、B、C上，其正常的堆垛顺序为…ABCABC…，但由于力学因素(如变形)或热力学因素(如加热或冷却)，堆垛顺序可能发生局部变化，形成如下几种新结构：

(1) 外层错：插入一密排面，形成ABCAB(A)CABC…。

(2) 内层错：抽去一密排面，形成ABCABCBCABC…。

(3) 孪生：堆垛具有镜面对称性(对称密排)，形成ABCABCABCACBACBA…。

堆垛层错的出现使晶体中正常堆垛顺序遭到破坏。在局部区域形成了反常顺序的堆垛，不过它并不影响其它区域的原子层堆垛顺序。界面处两部分晶体仍保持共同的点阵平面，层错的影响仅仅在于层错面两侧的晶体结构间相应于理想情况作了一个特定的非点阵平移。这种层错并不改变原子最近邻关系，只产生次近邻的错排，而且几乎不产生畸变，所以层错能较低。

晶体中形成堆垛层错有多种原因。晶体生长中偶然事故引起的堆垛顺序的错误，晶体形变时原子面间非点阵平移矢量的滑移，空位在密排面聚集成盘而后崩塌和自填隙原子聚集成盘等都能形成堆垛层错。

6.4　扩散和原子的布朗运动

扩散现象对于固体在生产技术中的应用有很广泛的影响。材料制造工艺中许多问题与扩散有关。扩散现象的研究也增进了对固体的原子结构和固体中原子的微观运动的深入了解。

晶体中的扩散是原子在晶体中的布朗运动过程。此扩散现象同热缺陷的存在和运动有关。发生在晶体中的扩散有两类，一类是外来杂质原子在晶体中的扩散，称为杂质原子扩散；另一类是在纯基体中基质原子的扩散，称为自扩散。晶体中的许多现象，如结晶、相变、固相反应、成核、范性形变、离子导电等，都与扩散有关。在此我们仅讨论由于密度不均匀所产生的扩散现象，先介绍宏观规律，然后进一步讨论微观机理。

6.4.1　扩散的宏观规律

晶体中的扩散现象同气体中的扩散现象有类似之处，但也有不相同的地方。类似的原因是扩散现象本质上都是粒子的无规则运动；不同的地方是晶体为凝聚态，并且具有规则的结构。

如果把两块不同的材料粘在一起，在适当的温度下退火，由于扩散，晶体内部便会发生物质的流动，结果导致浓度梯度降低。若退火时间足够长，样品将变成成分均匀的材料，物质的净流也就停止。下面要探讨的就是这个过程的物质流量方程，即扩散方程。

单位时间垂直通过单位面积的扩散物质量，称为扩散通量 $\boldsymbol{j}$，实验表明，在扩散物质浓度不太大的情况下，它与扩散物质浓度 C 的梯度成正比：

$$\boldsymbol{j} = -D\nabla C \tag{6-13}$$

此方程式称为费克(Fick)第一定律。式中负号表示粒子从浓度高处向浓度低处扩散，即逆浓度梯度的方向而扩散。系数 D 称为扩散系数，单位是 $\mathrm{m^2 \cdot s^{-1}}$，它与晶体结构、扩散物质浓度及温度等有关。费克第一定律适用于扩散系统的任何位置，也适用于扩散过程的任一时刻，其中 $\boldsymbol{j}$、D 和 ∇C 可以是常量，也可以是变量，即费克第一定律既适用于稳态扩散，也适用于非稳态扩散。

对于晶体的情形，D 一般是个二阶张量，式(6－13)可写成分量形式：

$$\left.\begin{aligned} j_1 &= -D_{11}\frac{\partial C}{\partial x_1} - D_{12}\frac{\partial C}{\partial x_2} - D_{13}\frac{\partial C}{\partial x_3} \\ j_2 &= -D_{21}\frac{\partial C}{\partial x_1} - D_{22}\frac{\partial C}{\partial x_2} - D_{23}\frac{\partial C}{\partial x_3} \\ j_3 &= -D_{31}\frac{\partial C}{\partial x_1} - D_{32}\frac{\partial C}{\partial x_2} - D_{33}\frac{\partial C}{\partial x_3} \end{aligned}\right\} \tag{6-13'}$$

可以证明，对于立方晶体，D 是一个标量(零阶张量)。

为简单起见，我们只讨论 D 为标量的情形。另外，在扩散物质浓度很低时，可认为 D 与浓度 C 无关。

$\boldsymbol{j}$ 还应满足连续性方程

$$\frac{\partial C}{\partial t}=-\nabla\cdot\boldsymbol{j}$$

把式(6－13)取散度，并代入连续性方程，得

$$\frac{\partial C}{\partial t}=-\nabla\cdot\boldsymbol{j}=\nabla\cdot(D\nabla C)\tag{6-14}$$

由于认为 D 与 C 无关，即可得到扩散定律常用的另一种表达形式：

$$\frac{\partial C}{\partial t}=D\nabla^2 C\tag{6-15}$$

此方程称为费克第二定律。根据实验的条件，解出式(6－15)，并且通过测量可以求出 D。以一维的形式为例：

$$\frac{\partial C(x,t)}{\partial t}=D\frac{\partial^2 C(x,t)}{\partial x^2}\tag{6-16}$$

扩散方程随不同的坐标和不同的边界条件有不同的解法。实验上一般采用下述两种边界条件：恒定源扩散和恒定表面浓度的扩散。

1. 恒定源扩散

一定量 Q 的粒子由晶体的表面向内部扩散，即当开始时，有

$$\left.\begin{array}{l}t=0,\ x=0,\ C_0=Q\\ t=0,\ x\neq 0,\ C(x)=0\end{array}\right\}$$

而当 $t>0$ 时，扩散到晶体内部的粒子总数为 Q，即

$$\int_0^\infty C(x)\mathrm{d}x=Q$$

在这种情形下，式(6－16)的解为

$$C(x,t)=\frac{Q}{\sqrt{\pi Dt}}\exp\left(-\frac{x^2}{4Dt}\right)\tag{6-17}$$

2. 恒定表面浓度的扩散

扩散粒子在晶体表面的浓度 C_0 保持不变(例如，在气相扩散的情形，晶体处于扩散物质的恒定蒸气压下)，其边界条件可以表示成

$$\left.\begin{array}{l}x=0,\ t\geqslant 0,\ C(0,t)=C_0\\ x>0,\ t=0,\ C(x,0)=0\end{array}\right\}$$

据此边界条件，式(6－16)的解为

$$C(x,t)=\frac{C_0}{\sqrt{\pi Dt}}\int_0^\infty \exp\left[-\frac{(x-x')^2}{4Dt}\right]\mathrm{d}x'\tag{6-18}$$

式中，x' 是积分变量，如果令

$$\frac{(x-x')^2}{4Dt}=\beta^2$$

得

$$\begin{aligned}C(x,t)&=\frac{2C_0}{\sqrt{\pi}}\int_{\frac{x}{2\sqrt{Dt}}}^\infty \mathrm{e}^{-\beta^2}\mathrm{d}\beta=C_0\left[1-\frac{2}{\sqrt{\pi}}\int_0^{\frac{x}{2\sqrt{Dt}}}\exp(-\beta^2)\mathrm{d}\beta\right]\\&=C_0\left[1-\mathrm{erf}\left(\frac{x}{2\sqrt{Dt}}\right)\right]\end{aligned}\tag{6-19}$$

式中，$\mathrm{erf}[x/(2\sqrt{Dt})]$称为余误差函数。它因在扩散、热传导等问题中经常出现，所以人们已经预先把它计算出来，并列成表以供查阅，见表6-4。

表6-4 余误差函数表

z	$\mathrm{erf}(z)$	z	$\mathrm{erf}(z)$
0	0	0.85	0.7707
0.025	0.0282	0.90	0.7970
0.05	0.0564	0.95	0.8209
0.10	0.1125	1.0	0.8427
0.15	0.1680	1.1	0.8802
0.20	0.2227	1.2	0.9103
0.25	0.2763	1.3	0.9304
0.30	0.3286	1.4	0.9523
0.35	0.3794	1.5	0.9661
0.40	0.4284	1.6	0.9763
0.45	0.4755	1.7	0.9838
0.50	0.5205	1.8	0.9891
0.55	0.5633	1.9	0.9928
0.60	0.6039	2.0	0.9953
0.65	0.6420	2.2	0.9981
0.70	0.6778	2.4	0.9993
0.75	0.7112	2.6	0.9998
0.80	0.7421	2.8	0.9999

在扩散问题中，$\sqrt{Dt}$是很重要的物理量，由它可以估算出原子迁移距离的数量级。如果对固体掺入某种扩散元素，那么$\sqrt{Dt}$就是扩散层厚度的数量级，故$\sqrt{Dt}$又称为扩散长度。

6.4.2 扩散的微观机制

晶体中原子的微观扩散机制可以概括为三种：空位机制、填隙原子机制和易位机制。

1. 空位机制

在一定温度下，晶体中总会存在一定浓度的空位，处在空位近邻的杂质或基质原子可能跳进空位，本来的原子位置就成为新的空位，如图6-17(a)所示。而另外的邻近原子也可能占据这个新形成的空位，使空位继续运动，即把原子的扩散视为空位的运动，这就是空位机制扩散。

2. 填隙原子机制

填隙原子机制是原子在点阵的间隙位置间的跃迁而导致的扩散，如图6-17(b)所示，是一个原子由正常位置跳跃到间隙位置，然后由这个间隙位置跳跃到另一个间隙位置而发生的扩散现象。在填隙原子机制中，还有从间隙位置到格点位置再到间隙位置的迁移过程，其特点是间隙原子取代近邻格点上的原子，原来格点上的原子移到一个新的间隙位置。前种填隙原子机制主要存在于溶质原子较小的间隙式固溶体中，而后种填隙原子机制主要存在于自扩散晶体中。

3. 易位机制

相邻原子对调位置或是通过循环式的对调位置，从而实现原子迁移和扩散的扩散。机制称为易位式扩散机制，如图 6-17(c)。此种扩散机制要求相邻的两个原子或更多的原子必须同时获得足够大的能量，以克服其它原子的作用，离开平衡位置实现易位，因而这种过程必然会引起晶格较大的畸变，所以实现的可能性很小，在扩散中不可能起主导作用。

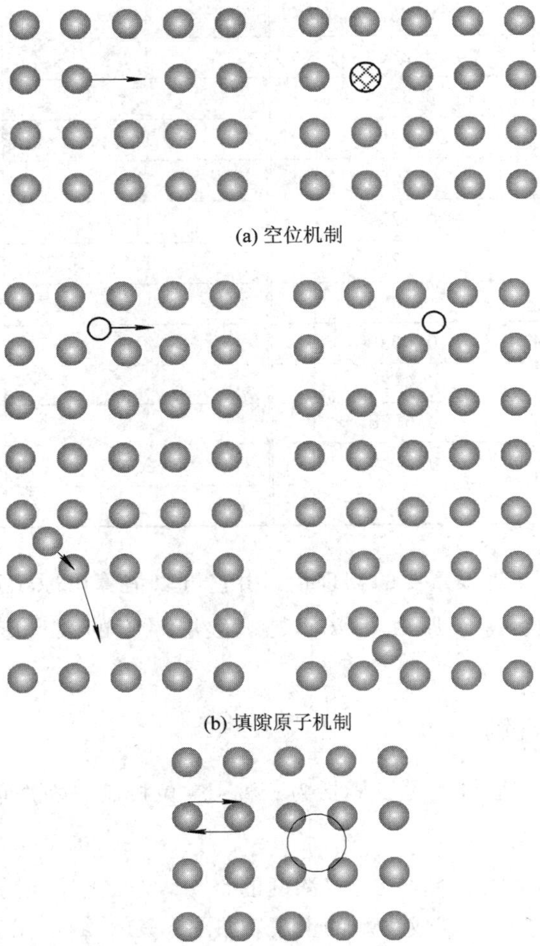

(a) 空位机制

(b) 填隙原子机制

(c) 易位机制

图 6-17 扩散的微观机制

6.4.3 扩散系数

晶体中原子的扩散与晶体的缺陷及其运动密切相关。缺陷在晶格中运动需要激活能，空位或填隙原子等可以从热涨落中获得这部分能量，然后从一个晶格位置跳跃到另一个位置。

先以空位为例来说明，如图 6－18 所示，空位所在的位置为能量最低点即能谷，近邻原子跳到空位上去，必须克服周围原子所造成的势垒，该势垒高度为 E_1，由于热振动能量涨落，空位具有一定的几率越过势垒，按照玻耳兹曼统计，在温度 T 时粒子具有能量为 E_1 的几率与 $\exp[-E_1/(k_B T)]$成正比。设空位从一个格点位置迁移到相邻格点位置的几率为 p_1，如果空位在平衡位置附近的振动频率为 υ_{01}，在一个格点停留的时间为 τ_1，则空位每秒可越过势垒的几率为

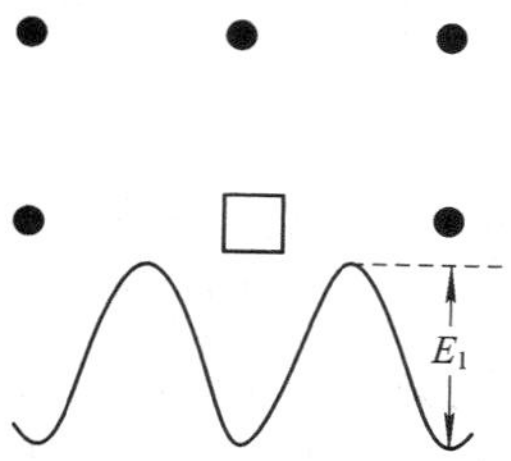

图 6－18　空位的迁移

$$p_1 = \upsilon_{01} \exp - \left(\frac{E_1}{k_B T}\right) \tag{6-20}$$

空位每跳跃一次必须等待的时间为

$$\tau_1 = \frac{1}{p_1} = \frac{1}{\upsilon_{01} \exp[-E_1/(k_B T)]} \tag{6-21}$$

对于间隙原子，由于晶格的间隙位置是填隙原子平衡时所在的位置，这里是填隙原子的能量最低点，间隙位置之间存在着势垒，如图 6－19 所示。可用类似的方法求得

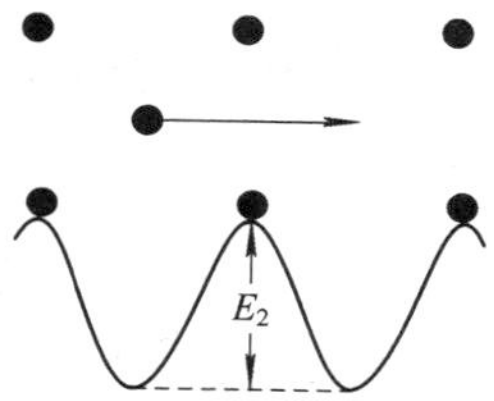

图 6－19　填隙原子的迁移

$$p_2 = \upsilon_{02} \exp - \left(\frac{E_2}{k_B T}\right) \tag{6-22}$$

$$\tau_2 = \frac{1}{p_2} = \frac{1}{\upsilon_{02} \exp[-E_2/(k_B T)]} \tag{6-23}$$

式中：τ_2 为间隙原子从一个间隙位置跳到相邻的间隙位置后停留的时间；p_2 是间隙原子从一个间隙位置跳到另一个相邻间隙位置的几率；E_2 是间隙原子迁移时所需越过势垒的高度；υ_{02}是间隙原子的振动频率。

已经指出，扩散的微观基础是粒子无规则的布朗运动，由一般布朗运动的计算，扩散系数为

$$D = \frac{1}{6} \frac{\overline{l^2}}{\bar{\tau}} \tag{6-24}$$

式中：l 为布朗运动的各个独立行程的长度；τ 是走这段路程所需的时间。由于晶体是凝聚态，其中粒子间的互作用较强，粒子每跨一步都必须克服势垒，因而为了要获得足够的能量，就必须等待一定的时间。τ 主要由这个所需等待的时间来决定，这依赖于不同的扩散机制。

在空位机制中，扩散原子通过与空位交换位置而迁移，因而有

$$\overline{l^2} = a^2 \tag{6-25}$$

设原子附近有空位时，原子每跳跃一步所需时间为 τ_1。原子附近某方向上相邻格点成为空位的几率是 n_1/N，这意味着布朗运动形成的平均时间

$$\tau = \left(\frac{N}{n_1}\right)\tau_1 \tag{6-26}$$

将式(6-7)、式(6-21)和式(6-26)代入式(6-24)，得到空位机制的扩散系数为

$$D_1 = \frac{1}{6}a^2 v_{01} \exp\left(-\frac{u_1 + E_1}{k_B T}\right) \tag{6-27}$$

式中，$u_1 + E_1$ 代表空位扩散的激活能。u_1 反映了空位数目的多少，u_1 大则空位数目少；E_1 反映了空位跳一步的难易程度，E_1 大则空位跳一步就很困难。扩散系数随激活能 $u_1 + E_1$ 的增大而减小，随温度的升高而增大。

与空位机制相似，同理可得到间隙原子机制的扩散系数为

$$D_2 = \frac{1}{6}a^2 v_{02} \exp\left(-\frac{u_2 + E_2}{k_B T}\right) \tag{6-28}$$

式中，$u_2 + E_2$ 代表间隙扩散的激活能。u_2 是间隙原子的形成能，E_2 是间隙原子跳跃一步所需要越过的势垒高度。

以上分析说明，无论何种扩散机制，扩散系数可一般表示成

$$D = D_0 \exp\left(-\frac{\varepsilon}{k_B T}\right) \tag{6-29}$$

式中：D_0 是扩散频率；ε 是扩散激活能。根据式(6-29)，通过测量不同温度下的 $D(T)$ 值，从 $D(T)-1/T$ 关系曲线可测定激活能 ε。实验的结果表明 D_0 和晶体的熔点 T_m 存在这样的关系：

$$D_0 \propto \exp\left(\frac{\varepsilon}{k_B T_m}\right) \tag{6-30}$$

由式(6-29)作 $\ln D—1/T$ 的关系曲线，应得到一条直线，由它的斜率 $-\varepsilon/k_B$ 可到激活能 ε。图 6-20 表明碳在 α 铁中扩散的实验结果，可测得其扩散频率为

$$D_0 = 0.2 \times 10^{-5}\ \text{m}^2/\text{s},\ E = 0.87\ \text{eV}$$

表 6-5 列出了有代表性的 ε 和 D_0 的实验数据。

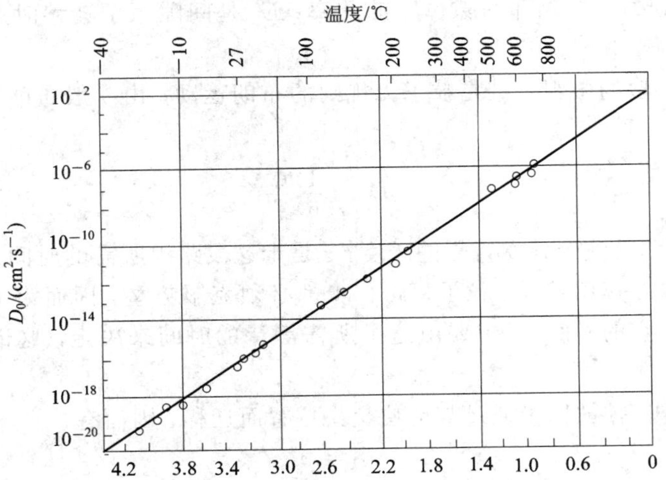

图 6-20 C 在 α-Fe 中的扩散系数随温度的变化

表 6－5 扩散常数和激活能

材 料	扩散元素	$D_0/(cm^2 \cdot s^{-1})$	$\varepsilon/(4.186\times10^3 J \cdot mol^{-1})$	$D/(cm^2 \cdot s^{-1})$	测量温度/℃
Fe(γ－Fe)	Fe	3×10^4	77.2		715～887
	C(间隙原子)	1.67×10^{-2}	28.7		800～1100
	H(间隙原子)	1.65×10^{-2}	9.2		
	C(间隙原子)			3.0×10^{-7}	925
Cu	Cu	1.1×10^1	57.2		750～950
	Cu			4.0×10^{-11}	850
	Zn	5.8×10^{-4}	42.0		641～884
Ag	Ag	7.2×10^{-4}	45		
	Ag(间界扩散)	9×10^{-2}	21.5		
Ge	Ge	8.7×10	74	8×10^{-15}	800
	Sb	4.0	56	2×10^{-1}	
	Li(间隙原子)	1.3×10^{-4}	10.6	8.6×10^{-7}	

6.5 半导体中的杂质和缺陷能级

在实际的单晶制备过程中，无论怎样控制好工艺，要获得完全纯净、结构又十分完整的晶体都是不可能的。晶体中总是存在着一定数量其它元素的原子，通常我们称这种原子为杂质原子。事实上，为了使用和研究半导体材料，人们还往往有意地把一定的杂质掺进半导体。

实践表明，极微量的杂质和缺陷能够对半导体材料的物理性质和化学性质产生决定性的影响。当然，也严重地影响着半导体器件的质量。杂质在半导体中的作用与它们在其中引入的能级有密切关系。本节主要介绍杂质和缺陷所引起的能级。首先通过讨论Ⅲ族元素和Ⅴ元素在Ⅳ族元素半导体中的作用，介绍施主和受主的概念。然后再对其它类型的杂质、化合物中的杂质以及缺陷能级作简要介绍。

6.5.1 施主能级和受主能级

1. 施主杂质和施主能级

Ⅲ族元素和Ⅴ元素在Ⅳ族元素半导体中，经 X 射线分析证明，它们多数是替位式的杂质。

以 Si 中掺 Sb(锑)为例，讨论Ⅴ族杂质的作用。如图 6－21 所示，一个 Sb 原子占据了 Si 原子位置，Sb 原子有五个价电子，其中四个价电子与周围的四个 Si 原子形成共价键，还剩余一个价电子。同时 Sb 原子所在处也多余一个正电荷＋e(Si 原子去掉价电子有正电

荷 $4e$，Sb 原子去掉价电子有正电荷 $5e$)，称这个正电荷为正电中心锑离子(Sb^+)。所以 Sb 原子替代 Si 原子后，其效果是形成一个不能移动的正电中心 Sb^+ 和一个多余的价电子，这个多余的价电子就束缚在正电中心 Sb^+ 的周围(此多余电子也称为束缚电子，以便与导带“自由电子”相区别)。这种束缚作用比共价键的束缚作用弱得多，只要很少的能量就可以使它挣脱束缚，成为导电电子在半导体中自由运动。上述电子脱离杂质原子的束缚成为导电电子的过程称为杂质电离。使这个多余的价电子挣脱束缚成为导电电子所需要的能量称为杂质电离能，用 ΔE_d 表示。

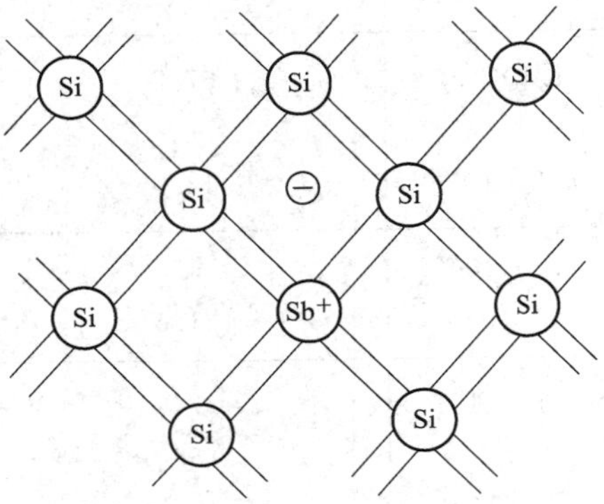

图 6-21 硅中的施主杂质

Ⅴ族杂质在 Si、Ge 中电离时，能够释放电子而产生导电电子并形成正电中心，把这种易释放电子的杂质或能向导带提供电子的杂质称为施主杂质或 n 型杂质，它释放电子的过程叫做施主电离。施主杂质未电离时是中性的，称为束缚态或中性态。电离后成为正电中心，称为离化态。施主的电离能可以利用类氢原子模型计算，不过要考虑到它们的相互作用是在硅中的，应进行必要的修正。首先应计入硅的相对介电常数 ε_r 的影响，它使电子“轨道”(壳层)的线度增大，束缚能减弱。其次应计入硅中电子的有效质量 m_n^*。因此可得硅中Ⅴ族原子的束缚能(即电离能)应为

$$\Delta E_d = \frac{m_n^* q^4}{8\varepsilon_r^2 \varepsilon_0^2 h^2} = \frac{m_n^*}{m_0} \cdot \frac{E_0}{\varepsilon_r^2}$$

其中，E_0=13.6 eV，为氢原子基态电子的电离能。考虑硅的 ε_r=11.9，可见Ⅴ族杂质元素在 Si、Ge 中的电离能很小，比其禁带宽度 E_g 小的多，如表 6-6 所示。

表 6-6 Si、Ge 中Ⅴ族杂质的电离能

	施主电离能 ΔE_d/eV		
	磷(P)	砷(As)	锑(Sb)
硅(Si)	0.045	0.049	0.039
锗(Ge)	0.012	0.013	0.01

施主杂质的电离过程，可以用能带简图表示，如图 6-22 所示。当电子得到能量 ΔE_d 后，就从施主的束缚态跃迁到导带成为导电电子，所以电子被施主杂质束缚时的能量比导带底 E_c 低 ΔE_d。将被施主束缚的电子的能量称为施主能级，记为 E_d。因为 $\Delta E_d \ll E_g$，所以施主能级位于离导带底很近的禁带中。在一般掺杂浓度水平，杂质原子间的距离远远大于

母体晶格常数，相邻杂质所束缚的电子波函数不发生交叠，因此，它们的能量相同，表现在能带图上，便是位于同一水平的分立能级。在能带图中，施主能级用在距离导带底 E_c 为 ΔE_d 处的短线段表示，每一条短线段对应一个施主杂质原子。在施主能级 E_d 上画一个小黑点，表示被施主束缚的电子，这时施主处于束缚态。图中的箭头表示被束缚的电子得到能量 ΔE_d 后，从施主能级跃迁到导带成为导电电子的电离过程。在导带中画的小黑点表示进入导带中的电子，施主能级处画的符号⊕表示施主电离以后带正电荷。

在纯净半导体中掺入施主杂质，杂质电离以后，导带中的导电电子增多，增强了半导体的导电能力。通常把主要依靠导电电子导电的半导体称为电子型半导体或 n 型半导体。

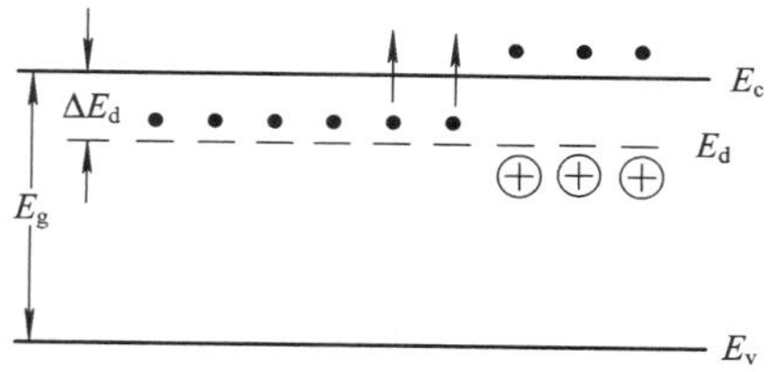

图 6-22 施主能级和施主电离

2. 受主杂质和受主能级

现在以 Si 晶体中掺入 B(硼)为例说明Ⅲ族杂质的作用。如图 6-23 所示，一个 B 原子代替 Si 原子而占据 Si 原子的一个正常格点位置。

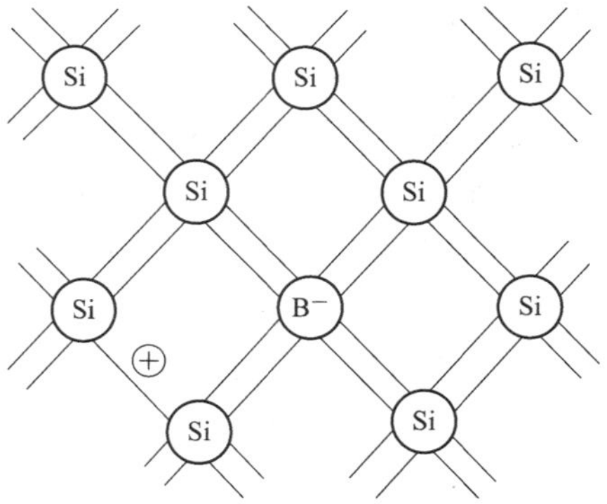

图 6-23 Si 中的受主杂质

B 原子有 3 个价电子，当它和周围的 4 个 Si 原子形成共价键时，还缺少一个电子，必须从别处的硅原子中夺取一个价电子，于是在 Si 晶体中的共价键中产生一个“空穴”。而硼原子接受一个电子后，将自己变成一个固定不动的，带负电($-e$)的硼离子(B^-)，称其为负电中心。带负电的 B^- 离子和带正电的“空穴”两者之间存在着静电引力的作用，因此，这个“空穴”只能在 B^- 离子附近运动。不过，B^- 离子对这个“空穴”的束缚是很弱的，只需要很少的能量就可以使“空穴”挣脱束缚，成为在晶体的价带中自由运动的导电空穴或自由空穴。因为Ⅲ族杂质在 Si、Ge 中能够接受电子而产生导电空穴，即能提供价带空穴，形成负电中心，所以它们为受主杂质或 p 型杂质。“空穴”挣脱受主束缚的过程称为受主电离。受主未电离时是电中性的，称为束缚态或中性态。电离后成为负电中心，称为受主离化态。

使“空穴”挣脱受主束缚成为导电空穴所需要的能量称为受主的电离能，用 ΔE_a 表示。

其电离能可用类氢模型计算，计入硅的相对介电常数 ε_r 和空穴的有效质量 m_p^*，可得受主的电离能为

$$\Delta E_a = \frac{m_p^* q^4}{8\varepsilon_r^2\varepsilon_0^2 h^2} = \frac{m_p^*}{m_0}\cdot\frac{E_0}{\varepsilon_r^2}$$

实验测量表明，Ⅲ族元素杂质在 Si、Ge 晶体中的电离能极小。在 Si 中约为 0.045～0.065 eV，(但铟在硅中的电离能为 0.16 eV，是一例外)，在锗中约为 0.01 eV，比 Si、Ge 晶体的禁带宽度小得多。表 6-7 为Ⅲ族杂质在硅、锗中的电离能的测量值。

表 6-7 Si、Ge 中Ⅲ族杂质的电离能

	受主电离能 ΔE_a/eV		
	硼(B)	铝(Al)	镓(Ga)
硅(Si)	0.045	0.057	0.065
锗(Ge)	0.01	0.01	0.011

受主的电离过程也可以在能带图中表示出来，如图 6-24 所示。当"空穴"得到能量 ΔE_a 后，就从受主的束缚态跃迁到价带成为导电空穴，因为在能带图上表示空穴的能量是越向下越高，所以空穴被受主束缚时的能量比价带顶低 ΔE_a。把被受主所束缚的"空穴"的能量状态称为受主能级，记为 E_a，因为 $\Delta E_a \ll E_g$ 所以受主能级位于离价带顶很近的禁带中。一般掺杂浓度情况下，受主能级用在距离价带顶 E_v 为 ΔE_a 处的短线段表示，每一条短线段对应一个受主原子。在受主能级 E_a 上画一个小圆圈，表示被受主束缚的"空穴"，这时受主处于束缚态。图中的箭头表示受主的电离过程，在价带中画的小圆圈表示进入价带的空穴，受主能级处画的符号㊀表示受主电离后带负电荷。

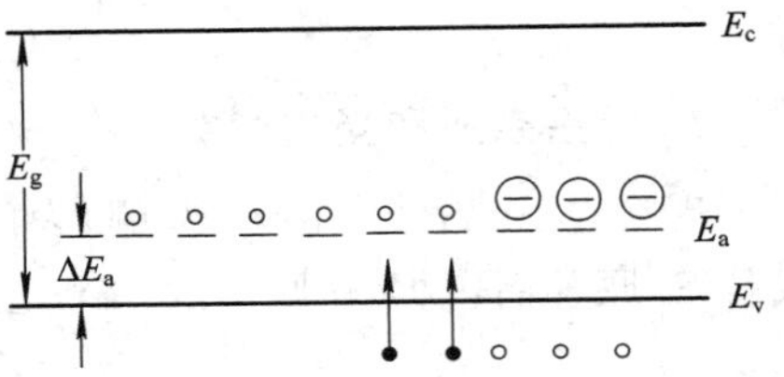

图 6-24 受主能级和受主电离

当然，受主电离过程实际上是电子的运动过程，是价带中电子得到能量 ΔE_a，跃迁到受主能级上，占据受主能级上的"空穴"位置，并在价带中产生了一个可以自由运动的导电空穴，同时也就形成了一个不可移动的受主离子。

纯净半导体中掺入受主杂质后，受主杂质电离，向价带提供空穴，使价带中的导电空穴增多，增强了半导体的导电能力。通常把主要依靠空穴导电的半导体称为空穴型半导体或 p 型半导体。

表 6-6 和表 6-7 分别列出了硅、锗中Ⅴ族施主杂质和Ⅲ族受主杂质的电离能。可以看出它们的电离能很小。这说明硅、锗中的Ⅲ族受主杂质能级距离价带顶很近，Ⅴ族施主杂质能级距导带底很近。这样的杂质能级称为浅能级，产生浅能级的杂质称为浅能级杂质。在实际应用中，通过控制浅能级杂质的种类和含量可以决定半导体的导电类型和载流子的数量，这是各种重要半导体器件发展的基础，因此可认为是半导体技术发展的一个重要的里程碑。

对于发展较晚的Ⅲ-Ⅴ族化合物，也可以作类似的讨论。例如，在砷化镓中掺入Ⅵ族的元素，如硫(S)、硒(Se)、碲(Te)等，可以引入施主杂质而形成 n 型的砷化镓。掺入Ⅱ族

的元素，如锌(Zn)、铍(Be)、镁(Mg)等，则可以引入受主杂质而形成 p 型砷化镓。

只含施主杂质的半导体是 n 型的，只含受主杂质的半导体是 p 型的。假如半导体内同时存在施主杂质和受主杂质，半导体究竟是 n 型的还是 p 型的呢？这取决于哪种杂质的含量多。我们用杂质浓度(即单位体积内的杂质原子数)表示杂质含量的多少。设半导体中的施主杂质浓度为 N_d，受主浓度为 N_a，并且杂质与基体的价态相差 ±1。如果 $N_d > N_a$，则其能带图如图 6-25(a)所示。由于导带和施主能级的能量比价带和受主能级高得多，所以施主能级上的电子总是要首先去填充受主能级，剩下的 $N_d - N_a$ 个施主电子才可能电离，为半导体提供导带电子，所以该半导体为 n 型的。反之，如果 $N_d < N_a$，则其能带图如图 6-25(b)所示。在这种情况下，施主上的全部电子都填充了受主能级，使 N_a 个受主中只有 $N_a - N_d$ 个才能电离，为价带提供导电空穴，该半导体为 p 型的。可见，半导体内同时含有施主杂质和受主杂质时，施主和受主在导电性能上有互相抵消的作用，通常称它为杂质的补偿作用。经过补偿后，半导体中的净杂质浓度称为有效杂质浓度。在实际工作中，正是利用了杂质补偿作用，才能根据需要改变半导体的导电类型，以制成各种器件。例如，为了获得一个 p-n 结，可以在 n 型半导体上扩散一层受主杂质(使 $N_d < N_a$)，使这一层晶体由原来的 n 型变为 p 型，于是在 p 区和 n 区界面处就形成了一个 p-n 结。如果半导体中施主浓度 N_d 和受主浓度 N_a 很接近或者恰好相等，这时半导体的有效杂质浓度几乎为零，半导体内虽然杂质很多，但它们均不能向导带和价带提供载流子，这种情况称为杂质的高度补偿。高度补偿的半导体材料电学性能差，一般不能使用。

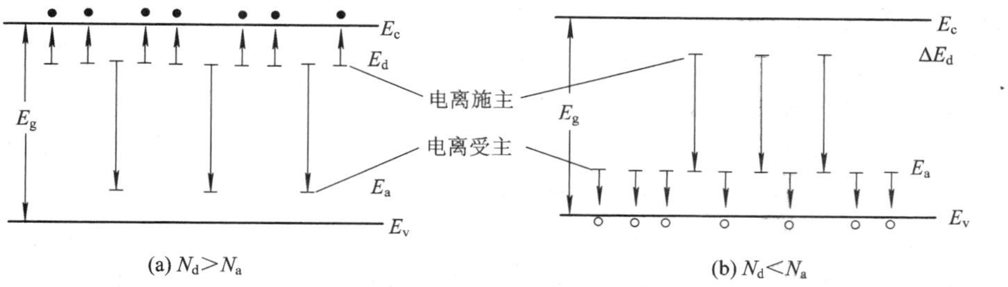

图 6-25　杂质的补偿作用

6.5.2　缺陷能级

缺陷能在半导体的禁带中产生缺陷能级，它们可以与能带能级发生电子交换，同样可起施主作用或受主作用。由于它们的情况比较复杂，对它们的认识还不很充分，有时还要通过实验确定它们的作用。

1. 点缺陷

我们先来考察离子晶体 M^+X^- 中的正、负离子空位和间隙原子的作用。如图 6-26(a)所示，间隙中的正离子是一个多出来的正离子，它破坏了那里的电中性，形成带正电的中心。负离子的空格点实际上也是正电中心。因为在负离子存在时，那里是电中性的，少掉一个负离子，就显示出带正电。每个正电中心本来都束缚着一个负电子围绕着它们运动，这时它们是电中性的。被束缚着的电子很容易挣脱出去，成为导带中的自由电子，并留下一个固定的正电中心。正电中心是因为释放了电子，它们才带正电的。正电中心具有这种提供电子的作用，所以是施主。围绕着正电中心运动的电子的能级为施主能级。

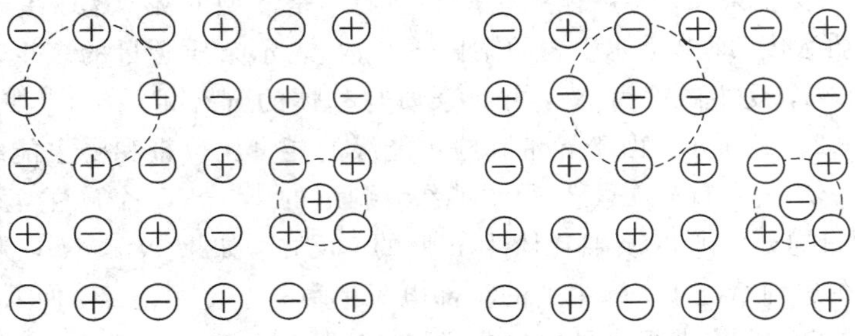

(a) 正电中心　　(b) 负电中心

图 6-26　离子晶体中的点缺陷

反之，如图 6-26(b)所示，间隙中的负离子和正离子空格点都是负电中心。每个负电中心本来都束缚着一个正空穴围绕着它们运动，这时它们是电中性的。当它们从价带中接受一个电子后，就显露出了固定的负电中心，并在价带中留下一个自由空穴。负电中心接受电子的过程，也可以看成是把被束缚着的空穴释放到价带的过程。负电中心是因为接受了电子才带负电的。负电中心具有这种接受电子的作用，所以是受主。局限在负电中心附近运动的电子的能级为受主能级。

半导体中的缺陷类型和密度可以影响半导体的导电类型和载流子数目，在实际应用中可以根据需要控制。常用半导体锗、硅中的缺陷往往成为复合中心和陷阱中心，对半导体材料和器件的性能影响很大，一般应尽量减少缺陷。对化合物半导体而言，常利用成分偏离正常化学计量比引入的缺陷来控制材料的导电类型。例如，将氧化物半导体(如氧化锌)放在真空中进行脱氧处理，可产生氧空位，这种负离子空位起施主作用，可得 n 型半导体。

需要指出的是，在这种化合物半导体中存在的正、负离子空位之间，以及离子空位和杂质原子之间也可能存在补偿作用，通常称为自补偿效应，它对半导体的导电性能也有重要影响。例如半导体硫化镉中，存在硫离子空位和镉离子空位，但形成硫离子空位所需的能量比形成镉离子空位的能量小，一般情况下，总有一定的硫离子空位存在，它起施主作用。即使硫化镉中存在少量受主杂质，它们也被硫离子空位的作用所补偿，因此硫化镉往往是 n 型的。

总之，半导体中存在的杂质和缺陷，使晶格势场的周期性在局部区域(存在杂质和缺陷的地方)遭到明显破坏，从而在禁带中形成杂质能级和缺陷能级。在一定条件下，这些杂质和缺陷可能为半导体提供导电的载流子，决定着半导体的导电性能。它们还可能成为复合中心和陷阱中心，影响着载流子的寿命和迁移等，即使它们的含量极微，其影响也是很大的。可以说，杂质和缺陷的作用在半导体物理中是一个主导因素。

2. 位错

位错是半导体中的一种缺陷，它对半导体材料和器件的性能会产生严重影响。但是，目前仅仅对具有金刚石结构的物质中的位错了解稍微多一些，而对于其它半导体中的位错了解得很少，甚至还没有了解。

在金刚石结构中，{111}面间结合较弱，滑移沿{111}面较易发生，因此位错线常在

{111}面内。由于滑移后滑移面两边的晶体重新吻合的需要，滑移矢量通常沿〈110〉方向。当位错沿{111}面内一个与滑移矢量垂直的〈112〉方向时，为典型的刃型位错，称为〈112〉位错。当位错线沿〈110〉方向时，与滑移矢量成 60°角位错，它是一种混合型位错，也具有刃型位错的特点。图 6－27 所示为金刚石结构中的 60°角位错的示意图。对于刃型位错，滑移面的一侧沿位错线多楔入一层原子。沿滑移线多楔入的一行原子，各具有一个未成键的电子，常把这种状态称为悬挂键。悬挂键既可以给出电子，起施主作用；又可以接收电子，起受主作用，从而产生深能级，对晶体的电学性质产生影响。

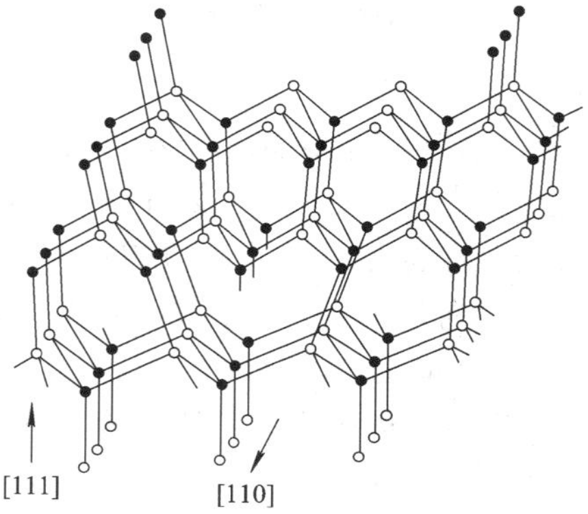

图 6－27　金刚石结构和闪金矿结构中的 60°角位错

当位错密度不十分高时，其对材料导电能力的影响并不十分显著。若以每 5Å(沿位错线的原子间距)一个悬挂键来计算，当位错密度为 $10^5\ cm^{-2}$时，位错引入的电子态的体密度只约为 $10^5/5\times10^{-8}=2\times10^{12}\ cm^{-3}$。通常使用的半导体的掺杂浓度在 $10^{15}\ cm^{-3}$上下。相比之下位错的影响可以忽略不计。

此外，由于位错附近是一个较强的晶格形变区域，重金属杂质特别容易在位错附近析出。这些金属析出物可以使某些半导体器件的性能劣化。

＊6.6　位错的应力场与弹性应变能

晶体中的位错在运动过程中与其它位错和点缺陷发生交互作用，这些交互作用是通过其应力场实现的。要形成应力场就要做功，此功储存在位错中，这就是弹性应变能。而一根位错线的总能量与其长度成正比，为降低总能量就要缩短长度，此种缩短的倾向就表现为线张力。因而位错的应力场、弹性应变能和线张力这三个问题在此一起讲述。

6.6.1　位错的应力场

1. 位错的连续介质模型

早在 1907 年，伏特拉(VolterraV.)等在研究弹性体形变时，提出了连续介质模型。位错理论提出以后，人们借用该模型来处理位错的长程弹性性质问题。

2. 位错弹性连续介质模型的一些简化假设

首先，用连续的弹性介质来代替实际晶体，由于是弹性体，所以符合胡克定律；其次，近似地认为晶体内部由连续介质组成，晶体中没有空隙，因此晶体中的应力、应变、位移等是连续的，可用连续函数表示；最后，把晶体看成是各向同性的，这样晶体的弹性常数(弹性模量、泊松比等)不随方向而改变。这样就可以应用经典的弹性理论计算应力场。这种理论模型忽略了晶体结构，因此不能处理原子严重错排的位错线中心区，但对中心区以外的区域的问题所得结果是可靠的。所以分析位错应力场时，常设想把半径约为0.5～1 nm的中心区挖去，而在中心区以外的区域采用弹性连续介质模型导出应力场公式。

3. 应力与应变的表示法

(1) 应力分量：物体中任意一点可以抽象为一个小立方体，其应力状态可用9个应力分量描述，它们是σ_{xx}、τ_{xy}、τ_{xz}、τ_{yx}、σ_{yy}、τ_{yz}、τ_{zx}、τ_{zy}和σ_{zz}。其中，第一个下标符号表示应力作用面的外法线方向，第二个下标符号表示该应力的指向。如τ_{xy}表示作用在与yOz坐标面平行的小平面上，而指向y方向的力，显而易见，它表示的是切应力分量。同样的分析可以知道：σ_{xx}、σ_{yy}、σ_{zz} 3个分量表示正应力分量，而其余6个分量全部是切应力分量。平衡状态时，为了保持受力物体的刚性，作用力分量中只有6个是独立的，它们是σ_{xx}、σ_{yy}、σ_{zz}、τ_{xy}、τ_{xz}和τ_{yz}。而$\tau_{xy}=\tau_{yx}$，$\tau_{xz}=\tau_{zx}$，$\tau_{yz}=\tau_{zy}$。

同样在柱坐标系中，也有6个独立的应力分量：σ_{rr}、$\sigma_{\theta\theta}$、σ_{zz}、$\tau_{r\theta}$、τ_{rz}和$\tau_{\theta z}$。

(2) 应变分量：与6个独立应力分量对应，也有6个独立应变分量，在直角坐标系中为3个正应变分量ε_{xx}、ε_{yy}、ε_{zz}和3个切应变分量γ_{xy}、γ_{xz}和γ_{yz}，在柱坐标系中为ε_{rr}、$\gamma_{\theta\theta}$、ε_{zz}、$\gamma_{r\theta}$、γ_{rz}和$\tau_{\theta z}$。

4. 螺型位错的应力场

图6-28是分析螺型位错的应力场时采用的连续介质模型。将一弹性圆柱体挖去半径为r_0的中心区后，沿xz面切开，然后使两个切开面沿z轴移动一个柏氏矢量$\boldsymbol{b}$的距离，再把这两个面粘结。这样，该圆柱体的应力场与位错线在z轴，柏氏矢量为$\boldsymbol{b}$，滑移面为xOz的螺型位错周围的应力场相似。采用圆柱坐标，这时对圆柱体上的各点产生两种切应变，即$\gamma_{\theta z}$和$\gamma_{z\theta}$，且$\gamma_{\theta z}=\gamma_{z\theta}$。

$$\gamma_{\theta z}=\frac{b}{2\pi r} \tag{6-31}$$

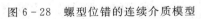

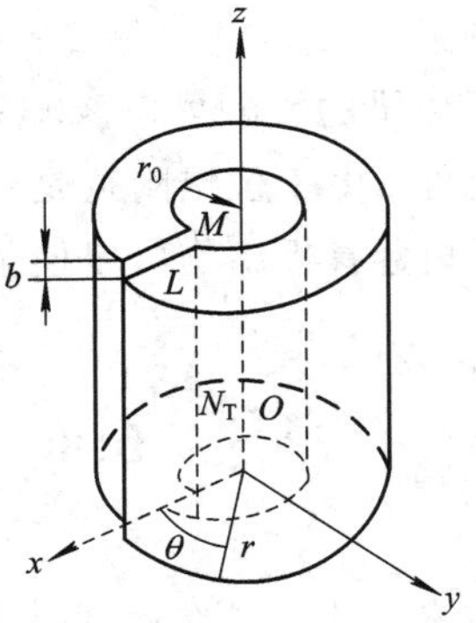

图6-28 螺型位错的连续介质模型

由胡克定律可知

$$\tau_{\theta z}=\tau_{z\theta}=G\gamma_{\theta z}=\frac{Gb}{2\pi r} \tag{6-32}$$

式中，G是切变模量，其它应力分量都为0，即

$$\begin{gathered}\sigma_{\theta\theta}=\sigma_{rr}=\sigma_{zz}=0\\ \tau_{\theta r}=\tau_{r\theta}=\tau_{zr}=\tau_{rz}=0\end{gathered} \tag{6-33}$$

从以上的分析可以看出，螺型位错的应力场中没有正应力分量，只有两个切应力分量，并且切应力分量的大小仅与r有关，而与θ、z无关，即螺型位错的应力场是轴对称的。此外，

由式(6-31)可知，当 $r=0$ 时，得出的切应力为无穷大，所以该公式不适用于位错中心处。

采用直角坐标时，螺型位错应力场表达式为

$$\left.\begin{aligned}\tau_{xz}&=\tau_{zx}=-\frac{Gb}{2\pi}\cdot\frac{y}{(x^2+y^2)}\\ \tau_{yz}&=\tau_{zy}=\frac{Gb}{2\pi}\cdot\frac{x}{(x^2+y^2)}\\ \sigma_{xx}&=\sigma_{yy}=\sigma_{zz}=\tau_{xy}=\tau_{yz}=0\end{aligned}\right\}\tag{6-34}$$

5. 刃型位错应力场

刃型位错的应力场比较复杂，但仍可用同样的方法分析。图6-29是分析刃型位错的应力场时采用的连续介质模型。将一弹性圆柱体挖去半径为 r_0 的中心区后，沿 xOz 面切开。然后使两个切开面沿 x 轴移动一个柏氏矢量 $\boldsymbol{b}$ 的距离，再把这两个面粘结。这样，在该圆柱体内产生了与位错线在 z 轴，柏氏矢量为 $\boldsymbol{b}$，滑移面为 xOz 的刃型位错相似的应力场。用弹性理论可推导出刃型位错的应力场公式，即

$$\left.\begin{aligned}\sigma_{xx}&=-A\,\frac{y(3x^2+y^2)}{(x^2+y^2)^2}\\ \sigma_{yy}&=A\,\frac{y(x^2-y^2)}{(x^2+y^2)^2}\\ \sigma_{zz}&=\upsilon(\sigma_{xx}+\sigma_{yy})\\ \tau_{xy}&=\tau_{yx}=A\,\frac{x(x^2-y^2)}{(x^2+y^2)^2}\\ \tau_{xz}&=\tau_{zx}=\tau_{yz}=\tau_{zy}=0\end{aligned}\right\}\tag{6-35}$$

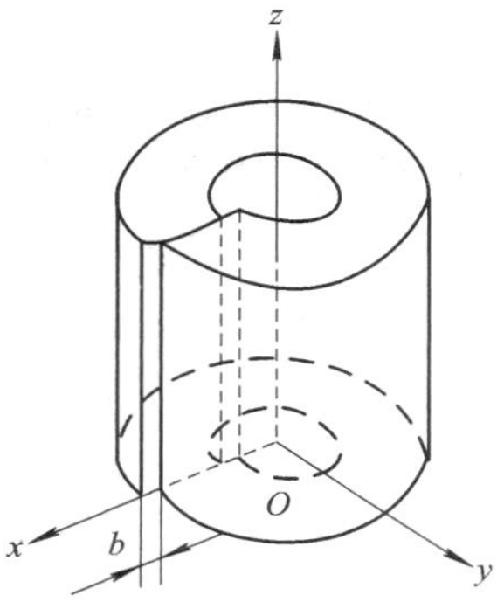

图6-29　刃型位错的连续介质模型

若用圆柱坐标表示，则为

$$\left.\begin{aligned}\sigma_{rr}&=\sigma_{\theta\theta}=-A\,\sin\frac{\theta}{r}\\ \sigma_{zz}&=\upsilon(\sigma_{rr}+\sigma_{\theta\theta})=-2\upsilon A\,\sin\frac{\theta}{r}\\ \tau_{\theta r}&=\tau_{r\theta}=A\,\cos\frac{\theta}{r}\\ \tau_{rz}&=\tau_{zr}=\tau_{\theta z}=\tau_{z\theta}=0\end{aligned}\right\}\tag{6-36}$$

式(6-35)和式(6-36)中：

$$A=\frac{Gb}{2\pi(1-\upsilon)}$$

G 是切变模量；υ 为泊松比；$\boldsymbol{b}$ 是柏氏矢量。

根据上述公式，可以看出刃型位错的应力场有以下特点：

(1) 刃型位错的应力场中既有正应力分量，又有切应力分量，因此比较复杂。

(2) 各种应力分量的大小与位错线的距离 r 成反比，越远离位错线应力分量越小，但上述公式不适用于位错线附近的位错中心区。

(3) 各应力分量与 z 的大小无关，应力场对称于多余半原子面，即对称于 xOz 面。

(4) 滑移面上，即 $y=0$ 时，$\sigma_{xx}=\sigma_{yy}=\sigma_{zz}=0$，说明滑移面上无正应力，只有切应力且在该面上切应力 τ_{xy} 和 τ_{yx} 达到最大值。

(5) 除滑移面外，其它位置的 $|\sigma_{xx}|$ 总是大于 $|\sigma_{yy}|$，这与刃型位错的结构特点是一致的。

$y>0$ 时，$\sigma_{xx}<0$，说明滑移面以上多余半原子面使 x 方向产生压应力；$y<0$ 时，$\sigma_{xx}>0$，说明滑移面以下多余半原子面使 x 方向产生拉应力。

(6) $|x|=|y|$ 时，σ_{yy}、τ_{xy} 及 τ_{yx} 为 0，这表明在与 x 轴成 45°的两条线上只有 σ_{xx}。

(7) $x=0$ 时，τ_{xy} 及 τ_{yx} 为 0，应力场中 yOz 面上切应力为 0。

6.6.2 位错的弹性应变能

由于位错的存在使得在位错线周围引起晶格畸变并形成应力场，这说明位错能使晶体的能量提高，把这部分由于位错的存在而引起的能量的增量称为位错的弹性应变能，或称为位错能。位错的弹性应变区包括位错中心区和位错中心区以外区域两个部分，其中位错中心区的弹性应变能仅约占位错总能量的 10%左右，且其计算复杂，通常忽略不计。在此重点讨论位错中心区以外区域的弹性应变能。

只要知道形成位错时所要做的功就能知道位错的弹性应变能，因为位错形成后，此功保存在弹性体内，并转变为位错能。我们采用连续介质模型计算形成位错所要做的功，这种计算方法较其它方法简便。

为了计算形成刃型位错所做的功，参看图 6-29，并设想如下过程：沿 xOz 面剖开，令两个切开面做相对位移 x，在位错形成过程中 x 从 0 增到 b，在切开面上取微小面积元 $\mathrm{d}s$，$\mathrm{d}s=1\mathrm{d}r$，即在位错线方向上取单位长度，沿 r 方向取 $\mathrm{d}r$，作用在 $\mathrm{d}s$ 面上的切应力设为 $\tau'_{\theta r}(1\mathrm{d}r)$，$\tau'_{\theta r}$ 应等于柏氏矢量为 x 的位错的分切应力，即

$$\tau'_{\theta r}=\frac{Gx}{2\pi(1-\upsilon)}\cdot\frac{\cos\theta}{r}$$

因面积元 $\mathrm{d}s$ 所在切开面的 $\theta=0$，所以

$$\tau'_{\theta r}=\frac{Gx}{2\pi(1-\upsilon)}\cdot\frac{1}{r} \tag{6-37}$$

在此力作用下，位移为 $\mathrm{d}x$ 时在 r_0 到 R 的整个切开面上所做的功为

$$\mathrm{d}W=\int_{r_0}^{R}\tau'_{\theta r}\,\mathrm{d}r\,\mathrm{d}x \tag{6-38}$$

位移 x 从 0 增到 b 的全过程中，所做功即为刃型位错的能量 W：

$$W=\int_0^b\int_{r_0}^{R}\frac{Gx}{2\pi(1-\upsilon)}\cdot\frac{1}{r}\,\mathrm{d}r\,\mathrm{d}x=\frac{Gb^2}{4\pi(1-\upsilon)}\cdot\ln\left(\frac{R}{r_0}\right) \tag{6-39}$$

上式为单位长度刃型位错线的畸变能。用同样的方法也可以求出螺型位错的单位长度位错线能量：

$$W=\int_0^b\int_{r_0}^{R}\tau'_{\theta z}\,\mathrm{d}r\,\mathrm{d}z=\frac{Gb^2}{4\pi}\cdot\ln\left(\frac{R}{r_0}\right) \tag{6-40}$$

混合位错可视为刃型位错和螺型位错的和。如果混合位错的柏氏矢量和位错线的夹角为 θ，则其中刃型位错的柏氏矢量为 $b_1=b\sin\theta$；螺型位错的柏氏矢量为 $b_2=b\cos\theta$。由于平行的螺型位错和刃型位错没有相同的应力分量，它们之间无相互作用能，所以它们的能量可以简单地叠加，就得到混合型位错的能量：

$$W=\frac{G(b\sin\theta)^2}{4\pi(1-\upsilon)}\ln\left(\frac{R}{r_0}\right)+\frac{G(b\cos\theta)^2}{4\pi}\ln\left(\frac{R}{r_0}\right)=\frac{Gb^2}{4\pi k}\ln\left(\frac{R}{r_0}\right) \tag{6-41}$$

其中：

$$k=\frac{1-\upsilon}{1-\upsilon\cos^2\theta} \tag{6-42}$$

分析式(6－41)可知：$k=1$ 时为螺型位错的能量表达式；$k=1-\upsilon$ 时为刃型位错的能量表达式；k 介于 1 和 $1-\upsilon$ 之间，为混合型位错的弹性应变能表达式。

根据位错的能量公式，当 R 无限大，或 r_0 为零时，位错能量将无限大，这显然是不合理的。在实际晶体中，R 的数值为亚晶界尺寸，约为 10^{-4} cm，而 r_0 的数值约为 b (10^{-8} cm)，因此单位长度位错的能量数值约为

$$W\approx\frac{Gb^2}{4\pi k}\ln 10^4=\alpha Gb^2 \tag{6-43}$$

式中，α 是与几何因素有关的系数，约为 0.5～1。由式(6－43)可以看出，位错的能量与 b^2 成正比，b 越小，位错的能量越低，位错越稳定。此外，位错的能量与位错线的长度也成正比，因此位错有尽量缩短其长度的趋势。

根据以上分析可知，位错具有很大的畸变能，位错的熵对自由能的贡献远比畸变能要小，因此位错的自由能主要取决于其畸变能。位错能使晶体的自由能增加，所以位错是热力学不稳定的晶体缺陷。

本 章 小 结

晶体缺陷是指实际晶体对理想完美晶体严格周期性的偏离。晶体缺陷按照缺陷的几何形状和涉及的范围可以分为点缺陷、线缺陷、面缺陷和体缺陷四种类型。

点缺陷主要包括热缺陷和杂质。热缺陷由原子热振动涨落引起，基质原子脱离正常格点位置，晶格中出现空位和填隙原子，主要分为弗仑克尔缺陷、肖特基缺陷和反肖特基缺陷三种。杂质是指基质原子以外的其它原子。杂质原子以替位方式和填隙方式存在于晶体之中。色心是一种非化学计量比引起的空位缺陷，主要存在于离子晶体中，最简单的色心是 F 心。F 心是离子晶体中的一个负离子空位束缚一个电子构成的点缺陷。

位错是一种线缺陷，最简单的两种位错是刃型位错及螺型位错。刃型位错的位错线与柏氏矢量垂直，而螺型位错的位错线与柏氏矢量平行。位错的运动方式有滑移和攀移两种。由于位错线附近晶格畸变形成应力场，因此位错能和其它缺陷发生作用。

小角晶界和层错是影响晶体性质的主要面缺陷。

扩散是晶体中原子布朗运动的结果。扩散的宏观规律为费克定律：

$$\boldsymbol{j}=-D\nabla C,\quad \frac{\partial C}{\partial t}=D\nabla^2 C$$

扩散的微观机制主要以空位机制和间隙原子机制为主，它们都依赖于原子点缺陷的热运动。扩散系数 D 依赖于基质材料、扩散物质、扩散机制和扩散温度，一般可表示为

$$D=D_0\exp\left(-\frac{\varepsilon}{k_{\mathrm{B}}T}\right)$$

其中，ε 为激活能。

在纯净的半导体中掺入一定量的杂质，可以显著地改变半导体的导电性质。施主杂质电离后成为不可移动的带正电的施主离子，同时向导带提供电子，使半导体成为电子导电

的 n 型半导体。受主杂质电离后成为不可移动的带负电的受主离子，同时向价带提供空穴，使半导体成为空穴导电的 p 型半导体。杂质元素掺入半导体后，由于在晶格势场中引入微扰，使禁带中出现分立的杂质能级。施主杂质在靠近导带底 E_c 的禁带中引入施主能级，受主杂质在靠近价带顶 E_v 的禁带中引入受主能级。施主杂质和受主杂质之间有相互抵消作用，通常称为“杂质补偿”。

思　考　题

1. 肖特基缺陷、费仑克尔缺陷、点缺陷、色心、F 心是如何定义的？
2. 晶体中原子空位扩散系数 D 与哪些因素有关？
3. 请比较空位和空穴两个概念。
4. 影响晶体中杂质替位几率的主要因素有哪些？
5. 位错线的定义和特征如何？
6. 刃型位错和螺型位错的区别何在？
7. 分析位错线可以聚集杂质的根据。
8. 为什么施主杂质能级和受主杂质能级均位于禁带之中？杂质带又是如何形成的呢？
9. 说明掺杂对半导体导电性能的影响。
10. 什么叫杂质补偿？什么叫高度杂质补偿的半导体？杂质补偿有何实际应用？

习　　题

1. 设有某个简单立方晶体，熔点为 800℃，由熔点结晶后，晶粒大小为 $L=1\ \mu$m 的立方体，晶格常数 $\alpha=4$Å，求结晶后，每个晶粒中的空位数。已知空位的形成能为 1 eV。

2. 设有小角晶界，其上相邻两个位错的距离为 100 个原子间距，求此小角晶界分出的两个镶嵌块的方向角。

3. 已知在 γ-Fe 中，碳的扩散激活能 $\varepsilon=3.38\times10^4$ cal/mol，频率因子 $D_0=0.21\ \text{cm}^2/\text{s}$。

(1) 把 γ-Fe 放在富碳气氛中，让碳原子扩散到晶体中去，如果想要在 1200℃下扩散 10 h，使离铁晶体表面深 3 mm 处碳的浓度达 1%(质量)，试问表面需保持的碳浓度的质量百分比为多少？

(2) 在 T＝1100℃下，要想在离表面 1 mm 处的碳浓度达到表面碳浓度的一半，问需扩散多长时间？

4. 把 γ-Fe 放在富碳气氛中，让碳原子扩散到晶体中去，如果想要在 1200℃下，扩散 10 h，使离铁晶体表面深 3 mm 处碳的浓度达 1%(重量)，试问表面上需保持的碳浓度的重量百分比为多少？

5. 在 $T=1100$℃下，要想在离表面 1 mm 处，其碳浓度达到表面碳浓度的一半，问需要扩散多长时间？

6. 铝中的肖特基缺陷的形成能为 0.75 eV，弗仑克尔缺陷的形成能约为 3 eV，问当温度为 300 K 和 900 K 时，肖特基缺陷浓度与弗仑克尔缺陷浓度之比为何？

7. 假定将一个钠原子由钠晶体内部移至表面所需的能量为 1 eV，试计算 300 K 下肖特基缺陷的浓度。

8. 金在硅中引入一个导带底下 0.54 eV 的受主能级和价带顶上 0.35 eV 的施主能级，在下列掺杂情况下的硅中，金能级将是什么电荷状态：

(1) 高浓度施主(相对于金浓度而言)；

(2) 高受主原子浓度。

参考文献

[1]　方俊鑫，陆栋. 固体物理学. 上册. 上海：上海科学技术出版社，1982

[2]　黄昆. 固体物理学. 韩汝琦，改编. 北京：高等教育出版社，1988

[3]　顾秉林，王喜坤. 固体物理学. 北京：清华大学出版社，1989

[4]　方可，胡述楠，张文彬. 固体物理学. 重庆：重庆大学出版社，1993

[5]　徐恒钧，石巨岩，阮玉忠. 材料科学基础. 北京：北京工业大学出版社，2001

[6]　石德珂，高守义，柴惠芬，等. 材料科学基础. 北京：机械工业出版社，1999

[7]　刘恩科，朱秉升，罗晋生，等. 半导体物理学. 北京：国防工业出版社，1997

[8]　果玉忱. 半导体物理学. 北京：国防工业出版社，1988

[9]　卡恩 R. W. 物理金属学. 北京：科学出版社，1987

第7章 晶体的导电性

本章提要

本章主要讨论晶体的导电性问题。7.1～7.5节讨论用分布函数法求解电子输运问题的思路，并对晶体中各种散射机制作了说明，指出理想晶体是没有电阻的。7.6节简要介绍了超导电性的基本特征和一些基本概念，并对与超导相关的一些理论进行了简要讨论。

晶体的导电性是人类在研究各种晶体材料时最为关心的性质之一。1777年，意大利物理学家伏特(A. Volta)改进了起电盘和验电器；1782年，他用验电器区分出金属、绝缘体和导电性能介于两者之间的“半导体”；1800年3月20日伏特宣布发明伏打电堆，这是最早的直流电源。从此，人类对电的研究从静电发展到流动电(电流)。从那时到现在，经过了200多年的时间，人类已经从电子时代逐渐进入了信息时代。构成电子和信息技术硬件的主要基础理论之一，就是建立在能带论基础上的固体的输运理论，其中包括了与电导、热导、电流磁效应、热磁和温差电现象等相关的理论。在这些理论当中，最主要的就是晶体的导电理论。

本章将在费米—狄拉克的统计规律和能带理论的基础上研究电子在晶体中的输运过程，较为深入地讨论金属的热导率和半导体的导电性问题，简要介绍超导现象及相关效应并对相关理论和概念进行初步的讨论。由于绝缘体的导电性能很差，限于篇幅，在此不对其进行讨论。

7.1 分布函数与玻耳兹曼方程

晶体的导电性(或电导)反映的是晶体在非平衡情况下的物理性质，它除了与晶体的能带结构有关外，还与晶体中的电子体系在非平衡情况下的分布有关。

我们已经知道，能带论可以清楚地给出了固体中电子的能量和动量的多重关系，比较彻底地解决了固体中电子的基本理论问题，让人们能很容易地理解为什么固体中会有导体、半导体和绝缘体之分。同时能带理论也说明了不同晶体具有不同的导电机制，譬如金属导电靠的是自由电子，而半导体的导电主要依赖于半导体中的载流子(电子和空穴)。然而，在前面的讨论中，我们主要讨论了理想晶体中的周期性势场对电子运动状态的影响，并未涉及其它的外部因素。第6章的讨论告诉我们，实际晶体中不可避免地会存在一些杂质或者缺陷，这些杂质或缺陷可能使晶体中的周期性势场发生畸变，从而会对电子或者载流子的运动产生影响。所以，实际晶体中的电子大都是在一个外加场的作用下运动的，这个外场可以是外加的电场、磁场或者是晶体中杂质和缺陷所产生的附加势场等。另一方面，外加场的存在也会使得电子或者载流子系统的分布函数发生变化。

7.1.1　电子的分布函数

我们在第 4 章已经讨论过，在没有外场作用的热平衡条件下，系统内电子的分布服从费米—狄拉克统计规律，即

$$f_0(E,\ T)=\frac{1}{e^{(E-E_F)/k_BT}+1}\tag{7-1}$$

如果系统受到外加场作用或者晶体内存在温度梯度时，系统的统计平衡状态就会遭到破坏。为了区分平衡状态与非平衡状态，我们用 $f_0(E,\ T)$ 代表平衡状态的分布，用 $f(E,\ T)$ 代表非平衡状态的分布。

对于均匀的晶体材料，由于自由电子的能量 E 是波矢 $\boldsymbol{k}$ 的函数，而热平衡时 E_F 又处处相等，所以 f_0 只是波矢 $\boldsymbol{k}$ 和温度 T 的函数，与坐标 $\boldsymbol{r}$ 无关。若晶体处在外加场之中或者晶体中存在温度梯度，外力的作用会使电子的状态发生变化（$\mathrm{d}\boldsymbol{k}/\mathrm{d}t=\boldsymbol{F}/\hbar$），温度梯度的存在会使费米能 E_F 与坐标 $\boldsymbol{r}$ 有关。即如果存在外加场或者温度梯度，电子按波矢 $\boldsymbol{k}$ 及坐标 $\boldsymbol{r}$ 的分布就会发生变化，也就是说电子气系统将偏离平衡状态。考虑到在比晶格常数大得多的小区域处于局域平衡条件，我们可用一个非平衡的分布函数 $f(\boldsymbol{r},\ \boldsymbol{k},\ t)$ 来反映在任意时刻 t、$\boldsymbol{r}$ 处波矢为 $\boldsymbol{k}$ 的一个状态被电子占据的概率。或者说，$f(\boldsymbol{r},\ \boldsymbol{k},\ t)$ 代表 t 时刻相空间 $(\boldsymbol{r},\ \boldsymbol{k})$ 处的一个状态上的平均电子数。

7.1.2　晶体中的电流密度

设晶体的体积为 V，则单位倒格子空间体积内包含的电子状态数为 $2V_c/(2\pi)^3$。所以，t 时刻在相空间 $(\boldsymbol{r},\ \boldsymbol{k})$ 处附近的 $\mathrm{d}\boldsymbol{k}\ \mathrm{d}\boldsymbol{r}$ 体积元内的电子数为

$$\mathrm{d}N=\frac{2V_c}{(2\pi)^3}f(\boldsymbol{r},\ \boldsymbol{k},\ t)\mathrm{d}\boldsymbol{k}\ \mathrm{d}\boldsymbol{r}\tag{7-2}$$

相应的电子浓度为

$$\mathrm{d}n=\frac{dN}{V_c}=\frac{2}{(2\pi)^3}f(\boldsymbol{r},\ \boldsymbol{k},\ t)\mathrm{d}\boldsymbol{k}\ \mathrm{d}\boldsymbol{r}\tag{7-3}$$

从上式可以看出，一旦知道了电子的分布函数 $f(\boldsymbol{r},\ \boldsymbol{k},\ t)$，对整个电子系统的全貌就有了清楚的认识，从而可以解释因电子运动所产生的各种物理现象。例如，在稳定分布的情况下，分布函数与时间无关，即 $f(\boldsymbol{r},\ \boldsymbol{k},\ t)=f(\boldsymbol{r},\ \boldsymbol{k})$。所以，相空间 $(\boldsymbol{r},\ \boldsymbol{k})$ 处 $\mathrm{d}\boldsymbol{k}$ 范围单位坐标空间的电子对电流密度的贡献为

$$\mathrm{d}\boldsymbol{j}=-e\boldsymbol{v}(\boldsymbol{k})\frac{\mathrm{d}n}{\mathrm{d}\boldsymbol{r}}=-\frac{2e\boldsymbol{v}(\boldsymbol{k})}{(2\pi)^3}f(\boldsymbol{r},\ \boldsymbol{k})\mathrm{d}\boldsymbol{k}\tag{7-4}$$

其中，$\boldsymbol{v}(\boldsymbol{k})$ 是 $\boldsymbol{k}$ 态电子的速度。所以，在恒定外场作用下，晶体中总的电流密度可以写为

$$\boldsymbol{j}=\int\mathrm{d}\boldsymbol{j}=-\frac{e}{4\pi^3}\int_{\mathrm{B.Z.}}\boldsymbol{v}(\boldsymbol{k})f(\boldsymbol{r},\ \boldsymbol{k})\mathrm{d}\boldsymbol{k}\tag{7-5}$$

式中，积分号下面的标识（B. Z.）是指积分区域为第一布里渊区。

同理，电子运动对能流密度的贡献可以写成(证明略)

$$\boldsymbol{j}_\theta = \frac{1}{4\pi}\int_{\mathrm{B.Z.}} E(\boldsymbol{k})\boldsymbol{v}(\boldsymbol{k})f(\boldsymbol{r},\ \boldsymbol{k})\mathrm{d}\boldsymbol{k} \tag{7-6}$$

其中，$E(\boldsymbol{k})$是 $\boldsymbol{k}$ 态电子的能量。

7.1.3 玻耳兹曼方程

从上面的讨论中我们可以看出，问题的核心是如何确定 $f(\boldsymbol{r},\ \boldsymbol{k},\ t)$。现在我们先撇开具体的散射作用，$t$ 时刻在$(\boldsymbol{r},\ \boldsymbol{k})$处的电子一定是从 $t-\mathrm{d}t$ 时刻$(\boldsymbol{r}-\dot{\boldsymbol{r}}\ \mathrm{d}t,\ \boldsymbol{k}-\dot{\boldsymbol{k}}\ \mathrm{d}t)$处漂移而来，即

$$f(\boldsymbol{r},\ \boldsymbol{k},\ t) = f(\boldsymbol{r}-\dot{\boldsymbol{r}}\ \mathrm{d}t,\ \boldsymbol{k}-\dot{\boldsymbol{k}}\mathrm{d}t,\ t-\mathrm{d}t)$$

实际上，散射也使分布函数 $f(\boldsymbol{r},\ \boldsymbol{k},\ t)$发生改变，$\mathrm{d}t$ 时间内散射项可写成$(\partial f/\partial t)_s\mathrm{d}t$，所以有

$$f(\boldsymbol{r},\ \boldsymbol{k},\ t) = f(\boldsymbol{r}-\dot{\boldsymbol{r}}\ \mathrm{d}t,\ \boldsymbol{k}-\dot{\boldsymbol{k}}\ \mathrm{d}t,\ t-\mathrm{d}t) + \left(\frac{\partial f}{\partial t}\right)_s \mathrm{d}t \tag{7-7}$$

将上式右边第一项展开，只保留到与 $\mathrm{d}t$ 成正比的项，可得

$$\frac{\partial f}{\partial t} + \frac{\partial f}{\partial \boldsymbol{k}}\cdot\frac{\mathrm{d}\boldsymbol{k}}{\mathrm{d}t} + \frac{\partial f}{\partial \boldsymbol{r}}\cdot\frac{\mathrm{d}\boldsymbol{r}}{\mathrm{d}t} = \left(\frac{\partial f}{\partial t}\right)_s \tag{7-8}$$

或者写成

$$\frac{\partial f}{\partial t} + \frac{\mathrm{d}\boldsymbol{k}}{\mathrm{d}t}\cdot\nabla_k f + \frac{\mathrm{d}\boldsymbol{r}}{\mathrm{d}t}\cdot\nabla_r f = \left(\frac{\partial f}{\partial t}\right)_s \tag{7-9}$$

对于稳态情况，分布函数不显随时间 t 变化，上式左边第一项为 0，则

$$\frac{\mathrm{d}\boldsymbol{k}}{\mathrm{d}t}\cdot\nabla_k f + \frac{\mathrm{d}\boldsymbol{r}}{\mathrm{d}t}\cdot\nabla_r f = \left(\frac{\partial f}{\partial t}\right)_s \tag{7-10}$$

式(7-9)为电子气系统的玻耳兹曼方程，式(7-10)是稳态时玻耳兹曼方程的表示式，也称为稳态玻耳兹曼方程。其中，式(7-10)等号左边的两项分别代表外场和温度梯度所引起的漂移项，等号右边的$(\partial f/\partial t)_s$ 为散射项。漂移项与散射项相等，意味着经过各种散射有可能使电子气系统达到一种新的动态平衡状态。

玻耳兹曼输运方程在晶体的输运理论中处于核心地位。一旦知道晶体中的各种散射机构，求解出各种外场作用下的分布函数，就可以解决晶体中的各类输运问题。

7.2 晶体中的散射机制

上面的讨论说明在外加场及温度梯度的作用下，电子的状态会发生变化。例如在外加电场 $\boldsymbol{E}$ 的作用下，电子的状态 $\boldsymbol{k}$ 将按照 $\mathrm{d}\boldsymbol{k}/\mathrm{d}t=-e\boldsymbol{E}/\hbar$ 的规律变化，导致 $\boldsymbol{k}$ 空间布里渊区电子状态的分布由平衡状态下的对称分布变为非对称分布，从而形成电流。显而易见，如果仅仅有外电场 $\boldsymbol{E}$ 的作用而没有其它因素存在，对于不满的能带，电子的分布将不断变化，也就不会形成稳定的电流。

从布洛赫定理知道，一个处在理想周期性势场中的电子，具有确定的波矢 $\boldsymbol{k}$ 和能量 $E(\boldsymbol{k})$。只要周期势场不改变，电子的 $\boldsymbol{k}$ 态将保持不变。设想首先将理想晶体置于外加电场

$\boldsymbol{E}$ 之中，$\boldsymbol{E}$ 使布里渊区的电子状态的分布偏离原来的对称分布。然后再去掉外加电场，则有 $\mathrm{d}\boldsymbol{k}/\mathrm{d}t=0$，即 $\boldsymbol{k}$ 不再随时间变化，外电场 $\boldsymbol{E}$ 引起的非对称分布将维持下去，晶体中的电流也将维持不变。也就是说，在外电场 $\boldsymbol{E}=0$ 时，电流密度 j 不为 0。根据欧姆定律：$\boldsymbol{j}=\sigma\boldsymbol{E}$，这就意味着 $\sigma=\infty$，即理想晶体无电阻。

实际上，任何晶体都不可避免地会含有某种杂质或缺陷，而且组成晶体的原子又处在不断的热运动中，这些因素都会使理想晶体所具有的严格周期性势场在局部遭到破坏，即会产生附加的势场。电子会因这些附加势场的影响而改变其状态。譬如，原来处于 $\boldsymbol{k}$ 状态的电子，附加势场促使它有一定的概率跃迁到各种其它的状态 $\boldsymbol{k}'$，也就是原来沿某一个方向以 $\boldsymbol{v}(\boldsymbol{k})$ 运动的电子，附加势场可以使它散射到其它各个方向，变成以速度 $\boldsymbol{v}(\boldsymbol{k}')$ 运动。我们把这种杂质、缺陷和晶格振动（声子）等因素使电子状态发生改变的过程称为散射（或碰撞）。将其看成是一种碰撞的理由在于这些附加势场相对晶格的周期性势场来说是一种微扰，通常都在杂质或缺陷附近，具有局域性的特点，其限度一般在几个晶格常数范围之内，数量级约为 10^{-7} cm。而电子的热运动速度约为 10^{7} cm/s，所以电子与这些局域中心的相互作用时间仅为 10^{-14} s 的量级。在这样短的瞬间导致电子的动量发生显著变化，这相当于经典粒子的一次碰撞。碰撞的结果是使定向运动电子数目发生明显变化，故称此为散射。

从晶体导电性的好坏来区分，有金属、绝缘体和半导体。金属的导电性能最好，绝缘体基本不导电，半导体的导电性能介于金属和绝缘体之间。从导电性方面考虑，我们最关心的是金属和半导体中的电子输运问题。尽管半导体和金属中电子的散射机构有许多共同之处，但也存在着明显的不同，故将它们分开讨论。

7.2.1　半导体中的电子散射机制

半导体中最主要的散射机制是晶格振动散射和电离杂质散射。除此之外，存在于半导体中的各种缺陷、中性杂质以及载流子本身相互间的散射也都会影响半导体的电导率。在这里，我们将主要讨论晶格振动散射和电离杂质散射，给出在这些散射机构中的弛豫时间表达式。

1. 晶格振动散射

晶格振动使原子偏离正常格点位置，使周期性势场发生畸变，从而引起散射。格波对电子的散射可以看成是声子与电子的碰撞，在碰撞过程中遵守能量守恒与准动量选择定则：

$$E'-E=\pm\hbar\omega \tag{7-11}$$

$$\hbar\boldsymbol{k}'-\hbar\boldsymbol{k}=\pm\hbar\boldsymbol{q}\quad(\text{设 }\vec{G}_n=0) \tag{7-12}$$

其中：E 和 E' 分别为电子散射前后的能量；$\boldsymbol{k}$ 和 $\boldsymbol{k}'$ 是电子散射前后的波矢；$\hbar\omega$ 和 $\hbar\boldsymbol{q}$ 分别为声子的能量和准动量；加号表示电子在散射过程中吸收一个声子，减号表示电子在散射过程中发射一个声子。

在半导体中，电子与声子的耦合作用有三种重要机制，它们分别是电磁耦合、压电耦合和形变势耦合。

电磁耦合主要是指纵光学波对电子的散射。这种散射通常发生在离子性强的晶体（如Ⅲ-Ⅴ族、Ⅱ-Ⅵ族化合物）中。由于正负离子的振动相位相反，正离子的密区与负离子的疏区相合，正离子的疏区与负离子的密区相合，结果形成了半个波长带正电和半个波长带负电的情况，晶体中出现了正负相间的电荷区，在宏观尺度上(半波长范围)产生了显著的电极化，如图 7-1 所示。这种极化产生的附加电势对电子具有强烈的散射作用，因此离子晶体中电子的迁移率通常都较小。这种散射也称为极性光学声子散射。

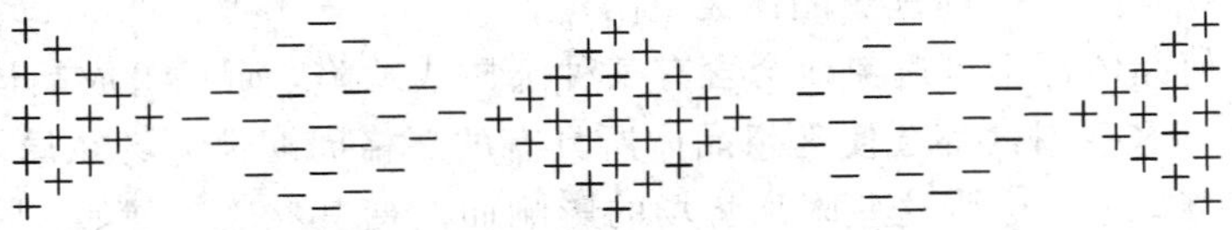

图 7-1 离子晶体中纵光学波的电极化

横光学波并不引起各种离子的密集，因此对电子无显著散射作用。在离子晶体中，纵光学波的散射是起决定作用的散射。

在没有反演对称中心的离子性或部分离子性的半导体(例如闪锌矿和纤维锌矿结构)中，声学支格波(主要是低频声学支格波)使晶体产生极化，出现压电效应，如图 7-2 所示。这种极化产生的附加电势作用于电子产生压电散射。

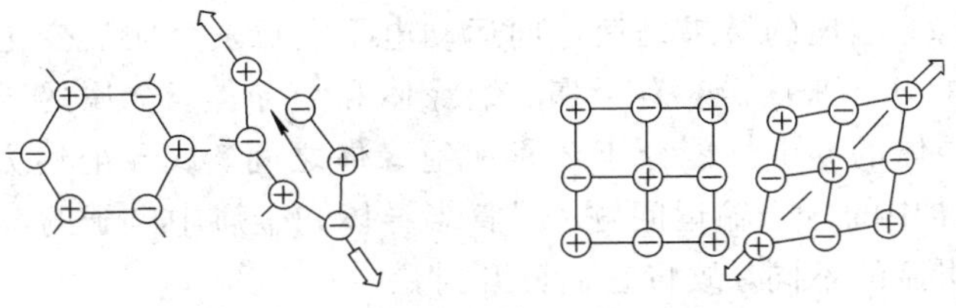

图 7-2 晶体压电效应示意图

纵向声学支格波会使晶体中各处原子的分布疏密不均，原子密集处禁带变窄，稀疏处禁带变宽，造成导带和价带顶的起伏。这相当于产生了一个附加的电势——形变势，如图 7-3 所示。形变势也可以引起电子散射，这种散射机构在任何晶体中都是普遍存在的。与压电散射比较，形变势散射相对较弱。但在具有反演对称中心的非离子性半导体(如硅和锗)中，由于不存在压电散射，因此形变势散射是很重要的一种散射机制。

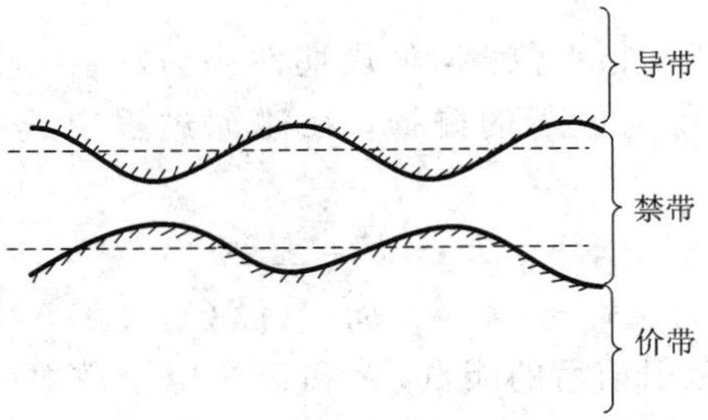

图 7-3 纵声学波引起的能带的起伏

如果材料的能带底位于布里渊区中心，则电子只与纵声学声子作用。因为高对称性的原因，这种能带底不受切向力的影响。但对于像锗、硅这类导带底不在布里渊区中心的半导体，横向晶格振动可以改变远离布里渊区中心处所对应的能量。所以，电子可与横声学声子作用发生散射。

此外，半导体中的声子散射通常根据散射前后电子是否在布里渊区中同一个能谷内而

分为谷内散射和谷间散射两种类型。谷间散射只能在具有多能谷的晶体中发生，如砷化镓等。谷内散射时，由于半导体导带电子只占据布里渊区的很小的体积，受到准动量守恒的限制，电子只能与长波声子($|\boldsymbol{q}|$值较小)发生作用，因而电子的波矢 $\boldsymbol{k}$ 变化较小。当电子与长声学支格波作用时，由于声子的能量很小，所以电子散射前后能量变化不大，可视为弹性散射；对于长光学支格波散射，电子能量会有较大变化，是非弹性散射。当电子发生谷间散射时，电子从一个能谷被散射到另一个能谷中，由于两个能谷之间一般相差一个较大的波矢量，因此参与谷间散射的声子的波矢较大。另外，谷间散射还有等能谷间散射和非等能谷间散射之别，在弱场情况下，只能发生等能谷间散射。

常以散射概率 P 来描述散射的强弱，它代表单位时间内一个载流子受到散射的次数。具体的分析发现，声学声子的散射概率 P_s 与 $T^{3/2}$ 成正比，即

$$P_s \propto T^{3/2} \tag{7-13}$$

而离子晶体中的光学声子对载流子的散射概率 P_o 与温度的关系为

$$P_o \propto \frac{(h\upsilon_l)^{3/2}}{(k_B T)^{1/2}}\left(\frac{1}{e^{h\upsilon_l/k_B T}-1}\right)\cdot\frac{1}{f(h\upsilon_l/k_B T)} = \frac{(h\upsilon_l)^{3/2}}{(k_B T)^{1/2}}\frac{\bar{n}_q}{f(h\upsilon_l/k_B T)} \tag{7-14}$$

式中：υ_l 为纵光学波振动频率；$h\upsilon_l$ 为对应的声子能量；$f(h\upsilon_l/k_B T)$是随 $h\upsilon_l/k_B$ 缓慢变化的函数，其值从 0.6 到 1；$\bar{n}_q$ 表示平均声子数。

2. 电离杂质散射

有意或无意引入到晶体中的外来杂质原子(替位或填隙的)在一定温度下发生电离，成为带电中心，在其周围形成一个附加的库仑势，使电离杂质所在处附近的势场偏离了原来的周期性势场。当电子运动到电离杂质附近时，由于上述的库仑势的作用而使电子的状态发生变化。图 7－4 示意地表示出电离杂质散射的过程，其散射过程类似于 α 粒子在原子核附近的卢瑟福散射。

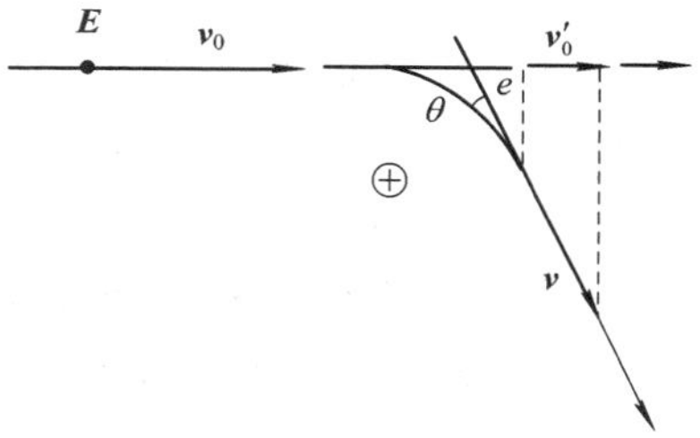

图 7－4　电离杂质散射示意图

把卢瑟福公式用于现在的情况，有

$$\upsilon \propto v^4\left(\frac{\varepsilon}{Ze}\right)^2 m^* \tag{7-15}$$

其中：υ 为电子完全失去定向运动所需经历的散射次数；v 是电子的速度；Ze 是电离杂质的电荷量；ε 为介电常数。显然，电子的速度越高，有效质量 m^* 越大，电子越不易被偏转，从而要完全失去定向运动所需的散射次数越多；另一方面，电离杂质的电荷量越大，电子越容易偏转，υ 越小。

由于在弱场情况下，电子从电场所获得的动能不致使杂质进一步电离，因而电离杂质散射是弹性散射，即电子的能量在散射前后不发生改变。

对于大多数半导体材料，在低于 100 K 的温度下，电离杂质散射处于支配的地位。但对于重掺杂的半导体材料来说，即使在室温下，这种散射也是重要的。

常以散射概率 P 来描述散射的强弱，它代表单位时间内一个载流子受到散射的次数。具体的分析发现，浓度为 N_i 的电离杂质对载流子的散射概率 P_i 与温度的关系为

$$P_i \propto N_i T^{-3/2} \tag{7-16}$$

3. 其它散射机制

晶格振动散射和电离杂质散射是半导体中载流子散射最主要的机制，但在适当的条件下，还有几种其它的散射机制起作用。

(1) 中性杂质散射：这种散射是由于没有电离的杂质对周期性势场的微扰作用而引起的。由于它没有电场效应，因此中性杂质的散射作用远不及带电杂质中心。在极低的温度下，杂质大部分没有电离，中性杂质较电离杂质多得多，此时中性杂质散射就起主要的散射作用。

(2) 位错散射：位错是一种线缺陷，它可以作为施主或受主中心。因此，无论是刃型位错还是螺型位错都可以成为散射中心，这种散射是各向异性的。显而易见，位错散射与位错密度密切相关。实验表明，当位错密度低于 10^4 cm^{-2}时位错散射并不显著，但对位错密度很高的材料，位错散射就不能忽略。

(3) 载流子之间的散射：一个电子的状态可因为与其它电子碰撞而改变，显然这种碰撞过程随电子浓度的增加而增强。当电子浓度在 $10^{13}\sim10^{14}$ cm^{-3}数量级时，这种载流子之间的散射与其它散射相比是可以忽略的。当载流子浓度比较高时，这种散射才不可忽略。

7.2.2 金属中的电子散射机制

1. 声子散射

按理说金属中的电子浓度及正离子浓度都很大，其电子与声子的电磁耦合作用应该较强，但由于金属中的自由电子有很强的屏蔽效应，使长程的库仑作用失效，在超过屏蔽长度(10^{-8} cm 数量级)的距离上电场作用很弱，因此电磁耦合作用在很大程度上被削弱了。同时金属中不存在压电散射，但形变势散射可以发生。所以，对于元素金属来说，一般总是纵声学声子散射起支配作用，横声学声子散射极其微弱。

由于金属中导带电子浓度比半导体中导带电子浓度高很多，金属的导带电子占据了布里渊区相当大的部分，而半导体的导带电子只占据布里渊区的很小部分，加之准动量守恒的限制，金属与半导体中参与散射的声子的波矢和频率可以有很大的差别。

2. 电离杂质散射

金属中电离杂质的散射比半导体要弱得多，这是因为金属中自由电子的屏蔽效应使杂质离子的电荷对电子的作用距离小得多，超过屏蔽长度后便很弱了。

3. 其它的散射

金属中有所谓的合金散射，它可以看作是杂质多到可与母体原子比拟的极端情况，但在对电导率影响的规律上与杂质散射有所不同。金属与半导体一样也存在位错散射乃至空格点、填隙原子的散射，但这些散射只在低温下，当声子散射极弱时才是重要的。

各类晶体中可能存在的散射机制，可归纳在图 7－5 中。

- 散射机制
  - 缺陷散射
    - 晶体缺陷
    - 杂质
      - 电离杂质
      - 中性杂质
    - 合金
  - 晶格散射
    - 谷内散射
      - 光学声子
        - 极性
        - 非极性
      - 声学声子
        - 形变势
        - 压电
    - 谷间散射
      - 光学声子
      - 声学声子
  - 载流子与载流子间的散射

图 7－5　晶体中可能存在的散射机构

7.3　弛豫时间近似与金属和半导体的电导率

知道了晶体中的各种散射机制，我们就可以在此基础上讨论如何确定在各种外场作用下的分布函数 $f(\boldsymbol{r}, \boldsymbol{k}, t)$。为了求出 $f(\boldsymbol{r}, \boldsymbol{k}, t)$从而解决各种输运问题，人们提出了许多巧妙的方法，其中之一便是被广泛采用的弛豫时间近似方法。下面首先对弛豫时间近似作一简单的介绍，然后用此方法讨论金属和半导体电导率问题。

7.3.1　弛豫时间近似

在研究晶体中的各种输运现象时，一般都采用近似方法求解玻耳兹曼方程，其中的关键在于散射项。为了求解方便，先假设没有外场，也没有温度梯度，如果电子的分布函数 f 与平衡时的分布函数 f_0 偏离程度不太大，由于晶体内存在各种散射机构，晶体中的电子或载流子会通过散射(碰撞)机制使这种非平衡状态重新恢复到平衡状态。假定散射项可以写成

$$\left(\frac{\partial f}{\partial t}\right)_s = -\frac{f - f_0}{\tau} \tag{7-17}$$

式中，τ 是描述恢复过程的弛豫时间，为 $\boldsymbol{k}$ 的函数，对于纯金属来说，τ 的典型值为 10^{-14} s。式中的负号表示随着散射时间的延长，偏离程度逐渐地降低。上式表明散射(碰撞)引起的分布函数的变化速率正比于分布函数相对其平衡状态的偏离平衡程度 $f-f_0$。

系统一旦偏离平衡，在没有外场和温度梯度的情况下，系统就不会处于稳定状态，只有碰撞作用才能促使它趋于平衡状态，它的分布函数就可以由弛豫过程决定，所以

$$\frac{\partial f}{\partial t} = -\frac{f - f_0}{\tau} \tag{7-18}$$

设 $t=0$ 时的分布函数为 f_1，上式的解为

$$f = f_0 + (f_1 - f_0)e^{-t/\tau} \tag{7-19}$$

上述结果表明，由于散射作用，系统的分布以时间常数 τ 弛豫恢复到平衡分布。

总而言之，没有外场或温度梯度，系统不会偏离平衡分布，有了外场和温度梯度，系

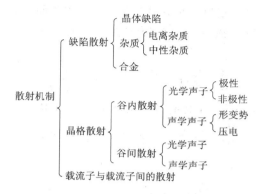

统的分布才会偏离平衡；如果没有散射(碰撞)，系统也不会从非平衡分布恢复到平衡分布，有了散射机制，漂移受到遏制，并被限制在一定的程度而达到稳定的分布。

引入弛豫时间来描述碰撞项后，在恒定温度及电磁场作用下稳态玻耳兹曼方程式(7-10)就化为

$$\frac{\mathrm{d}\boldsymbol{k}}{\mathrm{d}t}\cdot\nabla_k f+\frac{\mathrm{d}\boldsymbol{r}}{\mathrm{d}t}\cdot\nabla_r f=-\frac{f-f_0}{\tau} \tag{7-20}$$

如果晶体的温度 T 是恒定不变的，但有外加电场 $\boldsymbol{E}$ 和磁场 $\boldsymbol{B}$，则漂移项中只有

$$\frac{\mathrm{d}\boldsymbol{k}}{\mathrm{d}t}\cdot\nabla_k f=-\frac{e}{\hbar}(\boldsymbol{E}+\boldsymbol{v}\times\boldsymbol{B})\cdot\nabla_k f \tag{7-21}$$

所以式(7-20)变为

$$-\frac{e}{\hbar}(\boldsymbol{E}+\boldsymbol{v}\times\boldsymbol{B})\cdot\nabla_k f=-\frac{f-f_0}{\tau} \tag{7-22}$$

如果同时考虑温度梯度，则玻耳兹曼方程可以写成

$$-\frac{e}{\hbar}(\boldsymbol{E}+\boldsymbol{v}\times\boldsymbol{B})\cdot\nabla_k f+\boldsymbol{v}(\boldsymbol{k})\cdot\nabla_r f=-\frac{f-f_0}{\tau} \tag{7-23}$$

7.3.2 金属的电导率

金属在导电过程中所处的状态是非平衡状态，因此必须应用玻耳兹曼方程确定金属在非平衡状态下自由电子的分布函数。

为简单起见，下面讨论在温度梯度等于0的情况下，置于均匀恒定的电场 $\boldsymbol{E}$ 中的均匀导体的导电问题。由于不存在温度梯度，可以认为电子系统的分布函数是不随位置变化的，这样，玻耳兹曼方程简化为

$$\frac{e}{\hbar}\boldsymbol{E}\cdot\nabla_k f=\frac{f-f_0}{\tau} \tag{7-24}$$

上式也可写为

$$f-f_0=\frac{e\tau}{\hbar}\boldsymbol{E}\cdot\nabla_k f \tag{7-25}$$

由于外电场 $\boldsymbol{E}$ 一般总是比原子内部的电场小得多，故可以认为分布函数 f 偏离平衡分布函数 f_0 不多，上式右边的 f 可以近似地用 f_0 代替，即

$$f-f_0=\frac{e\tau}{\hbar}\boldsymbol{E}\cdot\nabla_k f_0 \tag{7-26}$$

所以有

$$f=f_0+\frac{e\tau}{\hbar}\boldsymbol{E}\cdot\nabla_k f_0=f_0+\frac{e\tau}{\hbar}\boldsymbol{E}\cdot\left[\frac{\partial f_0}{\partial E}\nabla_k E(\boldsymbol{k})\right] \tag{7-27}$$

利用式(5-103)，$\boldsymbol{v}(\boldsymbol{k})=\nabla_k E(\boldsymbol{k})/\hbar$，上式可写成

$$f=f_0+e\tau\boldsymbol{E}\cdot\boldsymbol{v}(\boldsymbol{k})\frac{\partial f_0}{\partial E} \tag{7-28}$$

如前面所指出的，电流密度可以直接由分布函数得到，即利用式(7-5)，有

$$\begin{aligned}\boldsymbol{j}&=-\frac{e}{4\pi^3}\int_{\mathrm{B.Z.}}\boldsymbol{v}(\boldsymbol{k})f(\boldsymbol{r},\boldsymbol{k})\mathrm{d}\boldsymbol{k}\\&=-\frac{e}{4\pi^3}\int_{\mathrm{B.Z.}}\boldsymbol{v}(\boldsymbol{k})\left[f_0+e\tau\boldsymbol{E}\cdot\boldsymbol{v}(\boldsymbol{k})\frac{\partial f_0}{\partial E}\right]\mathrm{d}\boldsymbol{k}\end{aligned} \tag{7-29}$$

由于 $E(\boldsymbol{k})=E(-\boldsymbol{k})$，所以 f_0 是波矢 $\boldsymbol{k}$ 的偶函数；而电子的速度 $\boldsymbol{v}(\boldsymbol{k})=-\boldsymbol{v}(-\boldsymbol{k})$，是波矢 $\boldsymbol{k}$ 的奇函数，所以

$$\int_{\text{B. Z.}} \boldsymbol{v}(\boldsymbol{k}) f_0 \mathrm{d}\boldsymbol{k} = 0$$

因此，金属中的电流密度为

$$\boldsymbol{j} = -\frac{e^2}{4\pi^3}\int_{\text{B. Z.}} \tau(\boldsymbol{k}) \frac{\partial f_0}{\partial E(\boldsymbol{k})}[\boldsymbol{E}\cdot\boldsymbol{v}(\boldsymbol{k})]\boldsymbol{v}(\boldsymbol{k})\mathrm{d}\boldsymbol{k} \tag{7-30}$$

这样，就得到了欧姆定律的一般表达式。把上式用分量表示，则

$$j_\alpha = \sum_\beta \sigma_{\alpha\beta} E_\beta \tag{7-31}$$

式中：

$$\sigma_{\alpha\beta} = -\frac{e^2}{4\pi^3}\int_{\text{B. Z.}} \tau(\boldsymbol{k}) \boldsymbol{v}_\alpha(\boldsymbol{k}) \boldsymbol{v}_\beta(\boldsymbol{k}) \frac{\partial f_0}{\partial E(\boldsymbol{k})}\mathrm{d}\boldsymbol{k}$$

为电导率二阶张量的分量。

值得指出的是，在欧姆定律的一般表达式中出现了 $\partial f_0/\partial E(\boldsymbol{k})$，根据前面对费米函数的讨论，可知对积分的贡献主要来自 $E=E_{\text{F}}$ 附近的电子状态。换句话说，金属的电导率主要决定于费米面 $E=E_{\text{F}}$ 附近的情况。

为了便于大家理解，下面特别讨论一下各向同性的情形。假设导带电子具有相同的有效质量 m^*，则有

$$\left.\begin{aligned} E(\boldsymbol{k}) &= \frac{\hbar^2 k^2}{2m^*} \\ v_\alpha &= \frac{1}{\hbar}\frac{\partial E(\boldsymbol{k})}{\partial k_\alpha} = \frac{\hbar k_\alpha}{m^*} \end{aligned}\right\} \tag{7-32}$$

同时，各向同性的情形意味着 $\tau(\boldsymbol{k})$ 与 $\boldsymbol{k}$ 的方向无关。因此，对于电导率二阶张量，有

$$\sigma_{\alpha\beta} = -\frac{e^2}{4\pi^3}\int_{\text{B. Z.}} \left(\frac{\hbar}{m^*}\right)^2 \tau(\boldsymbol{k}) k_\alpha k_\beta \frac{\partial f_0}{\partial E(\boldsymbol{k})}\mathrm{d}\boldsymbol{k} \tag{7-33}$$

可以看出，除去 k_α、k_β 以外，被积函数中其余的因子都是球对称的，只要 $k_\alpha \neq k_\beta$，积分内函数就是奇函数，所以有

$$\sigma_{\alpha\beta} = 0 \qquad k_\alpha \neq k_\beta \tag{7-34}$$

同样由于对称性，$\sigma_{11}=\sigma_{22}=\sigma_{33}$，因此张量相当于一个标量 σ_0，且 $\tau(\boldsymbol{k})=\tau(k)$，则

$$\begin{aligned} \sigma_0 &= \frac{1}{3}(\sigma_{11}+\sigma_{22}+\sigma_{33}) \\ &= -\frac{2e^2}{3}\frac{1}{(2\pi)^3}\int_{\text{B. Z.}} \left(\frac{\hbar}{m^*}\right)^2 (k_{11}^2+k_{22}^2+k_{33}^2)\tau(\boldsymbol{k})\frac{\partial f_0}{\partial E(\boldsymbol{k})}\mathrm{d}\boldsymbol{k} \\ &= -\frac{2e^2}{3}\frac{1}{(2\pi)^3}\int_{\text{B. Z.}} \left(\frac{\hbar k}{m^*}\right)^2 \tau(k)\frac{\partial f_0}{\partial E(k)}\cdot 4\pi k^2\mathrm{d}k \end{aligned} \tag{7-35}$$

若利用式(7－32)将积分变量换成能量，则上式变为

$$\sigma_0 = \frac{2e^2}{3}\frac{\sqrt{2m^*}}{\hbar^3}\int_{\text{B. Z.}} E^{3/2}\tau(E)\left(-\frac{\partial f_0}{\partial E}\right)\mathrm{d}E \tag{7-36}$$

由于 $(-\partial f_0/\partial E)$ 具有类似 $\delta(E-E_{\text{F}})$ 的性质，利用公式 $\int_\infty F(x)\delta(x-a)\mathrm{d}x = F(a)$ 可得

$$\sigma_0 = \frac{2e^2}{3}\frac{\sqrt{2m^*}}{\hbar^3}E_F^{3/2}\tau(E_F) \tag{7-37}$$

将费米能级的表达式代入上式并整理，得

$$\sigma_0 = \frac{ne^2}{m^*}\tau(E_F) = \frac{ne^2}{m^*}\cdot\frac{\upsilon_F\lambda_F}{v_F} \tag{7-38}$$

式中：n 为金属中的电子浓度，υ_F、λ_F 以及 v_F 分别为费米面上电子弛豫过程中的平均碰撞次数、平均自由程和费米速度。可以看出，上式与自由电子论得到的结果在表达形式上完全类似，但对物理本质的认识上更加深入了一步。有效质量 m^* 代替了自由电子质量 m，明确了 τ 是在费米面上的弛豫时间。注意这里的 τ 一般并不一定是电子相邻两次碰撞间的平均自由时间，因为电子可能要经历数次碰撞之后才完全失去其定向运动速度——弛豫过程结束。因此弛豫时间 τ 可能是相邻两次碰撞之间的自由时间的若干倍。

7.3.3 半导体的电导率

从能带理论中我们知道，半导体(非简并)的能带结构与金属不同，半导体的费米能级 E_F 位于禁带当中。若导带电子的能量为 E，且有 $E-E_F \gg k_B T$，则电子系统的分布函数由费米分布函数变成了经典的玻耳兹曼分布函数，即

$$f_0 = \frac{1}{e^{(E-E_F)/k_B T}+1} \approx e^{-(E-E_F)/k_B T} \tag{7-39}$$

所以，有

$$\frac{\partial f_0}{\partial E} = -\frac{1}{k_B T}e^{-(E-E_F)/k_B T} = -\frac{f_0}{k_B T} \tag{7-40}$$

另外，为简单起见，我们不考虑半导体的各向异性，并假设外电场沿 x 方向，则式(7-30)可以写成

$$j_x = -\frac{e^2}{4\pi^3}\int_{B.Z.} v_x^2 E_x \tau(\boldsymbol{k}) \frac{\partial f_0}{\partial E}d\boldsymbol{k} \tag{7-41}$$

将式(7-40)代入式(7-41)，得

$$j_x = \frac{e^2}{4\pi^3}\int_{B.Z.} v_x^2 E_x \tau(\boldsymbol{k}) \frac{f_0}{k_B T}d\boldsymbol{k} = \left[\frac{e^2}{k_B T}\int_{B.Z.} v_x^2 \tau(\boldsymbol{k}) \frac{f_0}{4\pi^3}d\boldsymbol{k}\right]E_x \tag{7-42}$$

即

$$\sigma = \frac{e^2}{3k_B T}\int_{B.Z.} v^2 \tau(\boldsymbol{k}) \frac{f_0}{4\pi^3}d\boldsymbol{k} \tag{7-43}$$

其中已用到 $v_x^2 = v^2/3$。注意到$[f_0/(4\pi^3)]d\boldsymbol{k}$ 是波矢空间体元 $d\boldsymbol{k}$ 内的电子浓度 dn，所以有

$$\sigma = \frac{e^2}{3k_B T}\int_{B.Z.} v^2 \tau(\boldsymbol{k})dn = \frac{e^2 n}{3k_B T}\langle v^2 \tau\rangle \tag{7-44}$$

上式中，n 为电子浓度，$\langle v^2\tau\rangle$表示 $v^2\tau$ 的平均值，即

$$\langle v^2\tau\rangle = \frac{\int_{B.Z.} v^2\tau(\boldsymbol{k})dn}{\int_{B.Z.} dn} = \frac{\int_{B.Z.} v^2\tau(\boldsymbol{k})dn}{n}$$

根据玻耳兹曼统计，速度的方均值为

$$\langle v^2 \rangle = \frac{\int_{\mathrm{B.Z.}} v^2 \mathrm{d}n}{\int_{\mathrm{B.Z.}} \mathrm{d}n} = \frac{3k_B T}{m^*}$$

于是得到半导体的电导率公式：

$$\sigma = \frac{ne^2}{m^*} \cdot \frac{\langle v^2 \tau \rangle}{\langle v^2 \rangle} \tag{7-45}$$

如果不考虑速度、弛豫时间的统计分布，则半导体的电导率简化为

$$\sigma = \frac{ne^2}{m^*}\tau = \frac{ne^2}{m^*}\frac{\upsilon\lambda}{v} \tag{7-46}$$

其中：τ 是所有导带电子的平均弛豫时间，υ 和 λ 是碰撞次数及自由程。可见半导体的电导率公式与金属的电导率公式在形式上是相同的，但它们遵守的统计规律不同，金属中对电导有贡献的只是费米能级附近的电子。

应该强调，上述的电导率公式是在各向同性、球形等能面的假设下，采用弛豫时间近似所得到的结果。一般来说，弛豫时间近似适用于所有的弹性散射过程，也适用于非极性的光学声子散射和谷间声子散射，在高温条件下也可适用于极性光学声子散射。

在化合物半导体中，极性光学声子散射甚至在液氮的温度下仍是主要的散射机制。因此弛豫时间近似方法不太适合。这时可采用变分法、矩阵法、迭代法及蒙特卡洛法等数值法求解玻尔兹曼方程。

7.4　迁移率与温度的关系

在上一节，我们采用弛豫时间近似方法讨论了晶体的导电性问题，推导出了金属和半导体的电导率公式。在实际应用中，特别是在半导体研究领域，人们更关心的是另外一个可以描述电子或载流子输运特性的物理量——迁移率。

下面首先从欧姆定律出发引出迁移率的概念，然后在不考虑载流子速度的统计分布情况下，采用简单的模型来讨论迁移率和散射概率的关系，进而讨论迁移率与温度的关系。

7.4.1　漂移速度和迁移率

有外加电压时，导体内部的自由电子受到电场力的作用，沿着电场 $\boldsymbol{E}$ 的反方向作定向运动构成电流。电子在电场力作用下的这种运动称为漂移运动，定向运动的速度称为漂移速度，如以 $\bar{v}_d$ 表示电子的平均漂移速度，则电流密度可用下式表示

$$j = ne\bar{v}_d \tag{7-47}$$

显然，当导体内部电场恒定时，电子应具有一个恒定不变的平均漂移速度。电场强度增大时，电流密度也相应地增大，因而，平均漂移速度也随着 $\boldsymbol{E}$ 的增大而增大，反之亦然。所以，平均漂移速度的大小与电场强度的大小成正比，可以写为

$$\bar{v}_d = \mu |\boldsymbol{E}| \tag{7-48}$$

其中，比例系数 μ 称为电子的迁移率，其大小与散射机制有关，表示单位电场强度下电子的平均漂移速度，单位是 $m^2/(V \cdot s)$ 或 $cm^2/(V \cdot s)$。

将式(7-48)代入式(7-47)，并利用欧姆定律 $j=\sigma|\boldsymbol{E}|$，得

$$\sigma = en\mu \tag{7-49}$$

可见，电导率实际上与迁移率有关。利用前面所得到的导体及半导体的电导率公式可以得到金属与半导体的电子迁移率公式：

金属：

$$\mu = \frac{e}{m^*}\tau(E_F) = \frac{e}{m^*} \cdot \frac{\upsilon_F\lambda_F}{\upsilon_F} \tag{7-50}$$

半导体：

$$\mu = \frac{e}{m^*} \cdot \frac{\langle \upsilon^2\tau \rangle}{\langle \upsilon^2 \rangle} \tag{7-51}$$

同样，若不考虑半导体中电子速度和弛豫时间的统计分布，则其迁移率可简化为

$$\mu = \frac{e}{m^*}\tau = \frac{e}{m^*} \cdot \frac{\upsilon\lambda}{\upsilon} \tag{7-52}$$

可以看出，不论金属或半导体，迁移率都与弛豫时间或平均自由时间成正比。

7.4.2 平均自由时间与散射概率

电子或载流子在电场中做漂移运动时，只有在连续两次散射之间的时间内才做加速运动，这段时间称为自由时间。自由时间长短不一，若取极多次而求得其平均值则称为载流子的平均自由时间，这就是前面公式中 τ 的含义。

平均自由时间和散射概率是描述散射过程的两个重要参量。下面以电子运动为例来分析两者的关系。

设有 N 个电子以速度 υ 沿某方向运动，$N(t)$表示在 t 时刻尚未遭到散射的电子数，按散射概率的定义，在 t 到 $t+\Delta t$ 时间内被散射的电子数为

$$N(t)P\Delta t \tag{7-53}$$

所以 $N(t)$应比在 $t+\Delta t$ 时尚未遇到散射的电子数 $N(t+\Delta t)$多 $N(t)P\Delta t$，即

$$N(t) - N(t+\Delta t) = N(t)P\Delta t \tag{7-54}$$

当 Δt 很小时，可以写为

$$\frac{\mathrm{d}N(t)}{\mathrm{d}t} = \lim_{\Delta t\to 0}\frac{N(t+\Delta t) - N(t)}{\Delta t} = -PN(t) \tag{7-55}$$

上式的解为

$$N(t) = N_0 \mathrm{e}^{-Pt} \tag{7-56}$$

其中，N_0 是 $t=0$ 时未遭散射的电子数。代入式(7-53)，得到在 t 到 $t+\mathrm{d}t$ 时间内被散射的电子数为

$$N_0 \mathrm{e}^{-Pt}P\,\mathrm{d}t \tag{7-57}$$

在 t 到 $t+\mathrm{d}t$ 时间内遭到散射的所有电子的自由时间均为 t，$tN_0\mathrm{e}^{-Pt}P\,\mathrm{d}t$ 是这些电子自由时间的总和。对所有时间积分，就得到 N_0 个电子自由时间的总和，再除以 N_0 便得到平均自由时间，即

$$\tau = \frac{1}{N_0}\int_0^t N_0 \mathrm{e}^{-Pt}Pt\ \mathrm{d}t = \frac{1}{P} \tag{7-58}$$

就是说，平均自由时间的数值等于散射概率的倒数。

7.4.3　迁移率与杂质和温度的关系

因为 τ 是散射概率的倒数，根据式(7－13)、式(7－14)和式(7－16)，可以得到不同散射机制的平均自由时间与温度的关系如下：

电离杂质散射：

$$\tau_i \propto N_i^{-1} T^{3/2} \tag{7-59}$$

声学声子散射：

$$\tau_s \propto T^{-3/2} \tag{7-60}$$

光学声子散射：

$$\tau_o \propto e^{\hbar\omega_l/k_B T} - 1 \tag{7-61}$$

τ_i、τ_s 和 τ_o 分别表示电离杂质散射、声学声子和光学声子散射的平均自由时间。

根据式(7－52)，迁移率与平均自由时间成正比，因此可以得到不同散射机制作用下的迁移率与温度的关系如下：

电离杂质散射：

$$\mu_i \propto N_i^{-1} T^{3/2} \tag{7-62}$$

声学声子散射：

$$\mu_s \propto T^{-3/2} \tag{7-63}$$

光学声子散射：

$$\mu_o \propto e^{\hbar\omega_l/k_B T} - 1 \tag{7-64}$$

当然，任何时候都有可能有几种散射机制同时存在，例如上面列举的三种，因而需要把各种散射机制的散射概率相加，得到总的散射概率 P，即

$$P = P_1 + P_2 + P_3 + \cdots \tag{7-65}$$

P_1、P_2 和 P_3 等分别表示各种散射机制的散射概率。平均自由时间为

$$\tau = \frac{1}{P} = \frac{1}{P_1 + P_2 + P_3 + \cdots} \tag{7-66}$$

即

$$\frac{1}{\tau} = P_1 + P_2 + P_3 + \cdots = \frac{1}{\tau_1} + \frac{1}{\tau_2} + \frac{1}{\tau_3} + \cdots \tag{7-67}$$

除以 e/m^*，得到

$$\frac{1}{\mu} = \frac{1}{\mu_1} + \frac{1}{\mu_2} + \frac{1}{\mu_3} + \cdots \tag{7-68}$$

τ_1、τ_2、τ_3 和 μ_1、μ_2、μ_3 等分别表示只有一种散射机制存在时的平均自由时间和迁移率。

一般来讲，当晶体中同时存在多种散射机制时，通常是尽力找出起主要作用的散射机制，它的平均自由时间特别短，散射概率特别大，因而式(7－67)中其它机制的贡献可以略去，迁移率主要由这种机制决定。

下面我们主要从高温和低温两种极端条件下分析迁移率与温度的关系。

1. 高温情况

对于杂质散射，由于在一定温度下杂质已全部电离，温度再升高，其散射作用不仅不会增强，反而会下降。而温度升高，声子散射却不断增强，因此在足够高的温区，声子散射

起决定性作用。在高温情况下，平均声子数

$$\bar{n}_q = \frac{1}{e^{h\upsilon_1/k_B T} - 1} \approx \frac{k_B T}{h\upsilon_1} \tag{7-69}$$

即 $\bar{n}_q \propto T$。对于电子—声子散射，电子的平均自由程显然应反比于声子浓度（平均声子数 $\bar{n}_q$），从而也就反比于温度 T，即

$$\lambda \propto \frac{1}{\bar{n}_q} \propto \frac{1}{T} \tag{7-70}$$

另一方面，由于高温下声子动量很大，电子与声子一次碰撞便完全失去它的定向漂移速度，所以 $\upsilon=1$。把式(7-70)和 $\upsilon=1$ 代入式(7-50)和式(7-52)，得到金属和非简并半导体中载流子迁移率与温度的关系：

金属：
$$\mu \propto \frac{\lambda_F}{v_F} \propto \frac{T^{-1}}{c} \propto T^{-1} \tag{7-71}$$

半导体：
$$\mu \propto \frac{\lambda}{v} \propto \frac{T^{-1}}{T^{1/2}} \propto T^{-3/2} \tag{7-72}$$

因此，在高温情况下，金属中电子迁移率与温度成反比；而在非简并半导体中载流子（电子或空穴）迁移率与 $T^{3/2}$ 成反比，说明此时半导体中声学声子散射机制起决定作用。

2. 低温情况

在低温区，晶格振动的剧烈程度降低，声子散射处于次要地位。对半导体来说，电离杂质散射起主要作用。电子的平均自由程 λ 显然应当反比于电离杂质浓度，但与温度无关。考虑到这一点，把式(7-15)代入式(7-52)，得到

$$\mu \propto \frac{\upsilon\lambda}{v} \propto v^3 \propto T^{3/2} \tag{7-73}$$

上述结果与式(7-63)的结果一致。

对于比较纯净和完美的金属，一方面由于杂质和缺陷浓度低，另一方面又由于金属中杂质散射本来就比半导体弱得多，所以，在低温下，金属中的声子散射仍是主要的散射机制。对于这种情况可作如下分析：

金属中电子的平均自由程反比于声子浓度 $\bar{n}_q$，而在低温下声子热容 $C_l \propto T^3$，因此晶格振动能 $E_l \propto T^4$，由于每个声子的能量 $h\upsilon_l = k_B T$（低温下高频声子没有激发），所以低温下的声子浓度为

$$\bar{n}_q \propto \frac{E_l}{h\upsilon_l} \propto T^3 \tag{7-74}$$

由此可得电子的平均自由程

$$\lambda_F \propto \frac{1}{\bar{n}_q} \propto T^{-3} \tag{7-75}$$

现在再来确定弛豫过程的散射次数 υ_F。低温下声子动量远小于电子动量，$q \ll k_F$，因而 υ_F 必定比 1 大得多。图 7-6 给出了电子与声子弹性碰撞过程中波矢的变化。由于是弹性碰撞，所以电子波矢大小不变，$|\boldsymbol{k}_F| = |\boldsymbol{k}'_F|$，只有方向的改变。动量方向的改变使原方向上值减小了 $\Delta\boldsymbol{k}_F$。

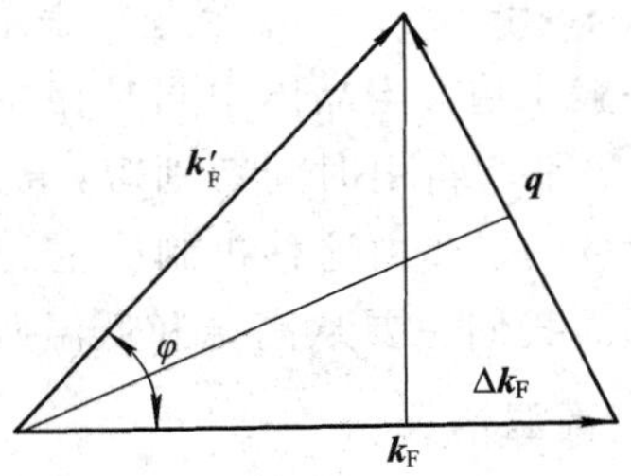

图 7-6　电子—声子散射过程示意图

由图 7-6 可以看出：

$$\Delta k_{\mathrm{F}} = q \sin \frac{\varphi}{2}$$

φ 是散射角，而

$$\sin \frac{\varphi}{2} = \frac{q}{2k_{\mathrm{F}}}$$

故

$$\Delta k_{\mathrm{F}} = \frac{q^2}{2k_{\mathrm{F}}} \qquad (7-76)$$

这是碰撞一次后，电子波矢在原方向的减小量。电子要全部失去原方向上的动量，至少共需要的碰撞次数为

$$\upsilon_{\mathrm{F}} = \frac{k_{\mathrm{F}}}{\Delta k_{\mathrm{F}}} = \frac{2}{q^2} \propto \frac{1}{q^2} \qquad (7-77)$$

而低温下声子的平均能量与温度成正比，所以格波的波矢 $q \propto T$，所以

$$\upsilon_{\mathrm{F}} \propto T^{-2} \qquad (7-78)$$

把式(7-75)和式(7-78)代入式(7-50)，便得到低温下纯金属中电子迁移率与温度的关系：

$$\mu \propto \frac{\upsilon_{\mathrm{F}} \lambda_{\mathrm{F}}}{\upsilon_{\mathrm{F}}} = \frac{T^{-5}}{c} \propto T^{-5} \qquad (7-79)$$

如果在接近绝对零度的低温下声子散射可忽略，那么纯金属中杂质和缺陷散射可占优势。而且，当杂质或缺陷浓度给定后，电子的平均自由程为一定值，这时可把式(7-15)代入式(7-50)，得到

$$\mu \propto \frac{\upsilon_{\mathrm{F}} \lambda_{\mathrm{F}}}{\upsilon_{\mathrm{F}}} \propto \upsilon_{\mathrm{F}}^3 = 常数 \qquad (7-80)$$

上式说明，在极低温度下，纯金属的迁移率与温度无关。

图 7-7 定性地给出了半导体和纯金属的载流子迁移率与温度的关系曲线，其中的 N_{d} 和 N_{d1} 分别表示 n 型半导体的不同掺杂浓度。

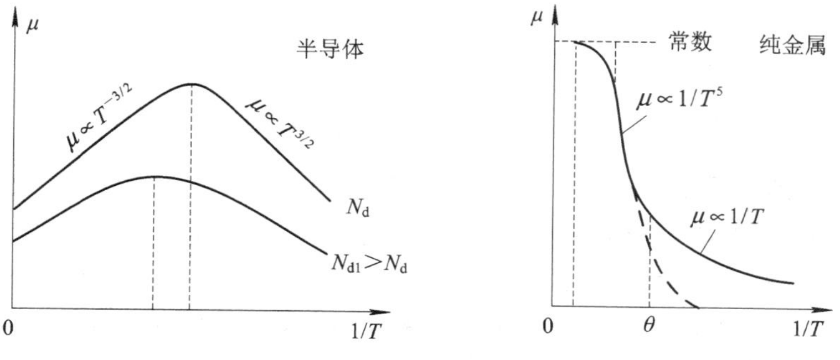

图 7-7　半导体和纯金属的载流子迁移率与温度的关系曲线

7.5 电导率与温度的关系

上一节我们已经知道，晶体的电导率与迁移率有关。下面简要分析晶体的电导率随温度的变化关系。

7.5.1 金属电导率与温度的关系

1. 纯金属的电导率

由式(7－49)可知电导率与迁移率的关系为

$$\sigma = en\mu$$

由于金属的导带电子浓度是与温度无关的，所以金属的电导率与温度的关系完全由电子迁移率的温度关系决定。把式(7－71)和式(7－79)代入上述电导率公式，得到纯金属的电导率和电阻率的表达式如下：

在高温情况下：

$$\sigma = \frac{A}{T}, \quad \rho = aT \tag{7-81}$$

在低温情况下：

$$\sigma = \frac{B}{T^5}, \quad \rho = BT^5 \tag{7-82}$$

其中，A、B、a 和 b 是与温度无关的因子。另外，根据式(7－80)的结果推知，在接近热力学绝对零度的极低温情况下，纯金属的电导率和电阻率都为常数。

图 7－8 示意地给出了纯金属的电阻率与温度的关系，可见，在绝对零度附近是平行于 T 轴的直线。

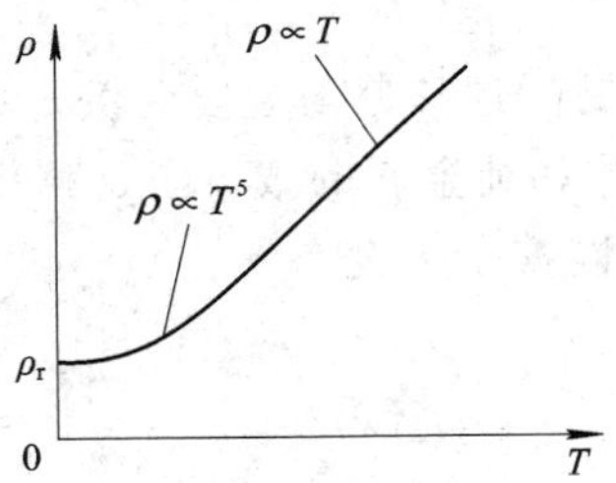

图 7－8 纯金属的电导率与温度的关系曲线

2. 金属合金的电导率

在金属合金中，载流子浓度也是与温度无关的。电导率与温度的关系完全由迁移率的温度关系决定。但是合金中电子的迁移率与纯金属中电子的迁移率又有些不同。

以二元 Cu－Au 合金为例，Cu 的晶格位置被 Au 原子无规则地替位，由于 Au 的原子势与 Cu 不同，这样就破坏了严格的周期势，从而导致对电子的散射和引起附加的电阻。诺尔德海姆(Nordheim)证明了最简单的二元固溶体合金中，由于这种晶格的不完整而引起的载流子散射使迁移率有如下的近似关系：

$$\mu_a \propto [c(1-c)]^{-1} \tag{7-83}$$

其中，c 和 $(1-c)$ 是组成合金的两种金属组分。把式(7-83)代入式(7-49)，并注意 $\rho=1/\sigma$，则得到二元合金电阻率的表达式：

$$\rho_a = \beta[c(1-c)] \tag{7-84}$$

其中，β 是比例因子。函数 $c(1-c)$ 在 $c=1/2$ 处有极大值，即当两种成分相等时，二元合金的电阻率有极大值。

图 7-9 给出了 Cu-Au 二元合金的电阻率与组分的关系曲线。从中可看出，在 $c=0.5$ 处，ρ_a 有极大值(虚线)。同时还可看出合金电阻率比纯金属的电阻率大很多。但是当 c 取适当值时，可以形成有序合金或金属化合物，这时结构是有序的，势场又恢复了周期性，从而电阻率下降。如图 7-9 中的实线所示，在对应于 Cu_3Au 和 CuAu 的化学计量比处，电阻率下降很多。在图 7-10 中分别给出了纯金属、结构失序的合金及有序合金中的势能随位置变化的示意图。图 7-10(a)是纯金属的电子的势能曲线，具有严格的周期性；而图 7-10(b)是无序合金的非周期势；图 7-10(c)是有序合金的周期势。上述结果与我们前面所说的严格周期势电阻为零的理论相一致。

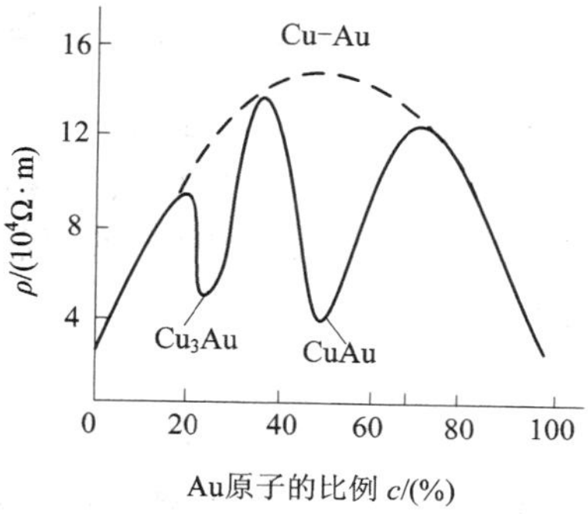

图 7-9　Cu-Au 合金电阻率与组分的关系

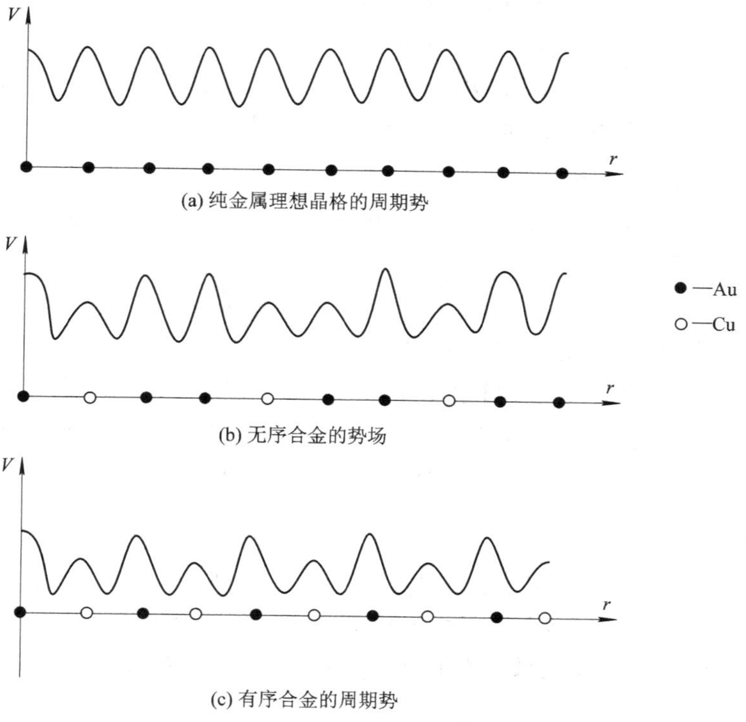

图 7-10　Cu-Au 合金势能曲线

当某种合金元素的组分 c 很小，即$(1-c)\approx1$时，据式(7-84)，则 $\rho_a\propto c$。此时的电阻率与温度无关并且在绝对零度下不等于零。这个在绝对零度不为零的电阻称为剩余电阻，通常用 ρ_r 表示。在高于绝对零度时，由声子散射引起了附加电阻为 ρ_T，ρ_T 与温度的关系与式(7-82)和式(7-83)一致。因此总电阻率变为

$$\rho=\rho_r+\rho_T \tag{7-85}$$

上述关系式称为马特森(Matthiessen)定则。

7.5.2 非简并半导体的电导率与温度的关系

在纯净的半导体中，载流子的产生必须通过价带中的电子激发到导带来完成。其最主要的特征是每产生一个导带电子就相应在价带中产生一个空穴，即电子和空穴是成对产生的。这种激发称为本征激发。当导带电子浓度 n_0 和价带空穴浓度 p_0 主要由本征激发决定时，则有

$$n_0=p_0=n_i=2\left(\frac{2\pi\sqrt{m_n^*m_p^*}\,k_BT}{h^3}\right)^{3/2}\exp\left(-\frac{E_g}{2k_BT}\right) \tag{7-86}$$

这时半导体称为本征半导体，n_i 称为本征载流子浓度，E_g 为半导体的禁带宽度。显然，在一定的温度下 n_i 将决定于半导体材料的禁带宽度 E_g。

当半导体中掺入一定数量的浅施主或浅受主杂质时，由于它们的电离能很小，与室温下的 k_BT(约为 0.026 eV)相近，因此在室温下它们基本上都处于电离状态。这样，浅施主或浅受主的存在将大大增加导带电子或价带空穴的浓度。若存在施主杂质，则 $n_0>p_0$，半导体将以导带电子导电为主，这种半导体称为 n 型半导体；若存在受主杂质，则 $p_0>n_0$，半导体以价带空穴导电为主，这种半导体称为 p 型半导体。

由此看来，半导体与金属不同，电子和空穴都有可能参与导电，而且本征半导体和掺杂半导体的电导率与温度的关系也不太一样。下面分别对其进行讨论。

1. 本征半导体的电导率

在本征半导体中存在两种载流子：电子和空穴。所以本征半导体的电导率是电子电导率 σ_n 与空穴电导率 σ_p 之和：

$$\sigma_i=\sigma_n+\sigma_p=n_ie(\mu_n+\mu_p) \tag{7-87}$$

其中，μ_n 和 μ_p 分别为电子和空穴的迁移率。

实际上，只有在高温下，半导体材料价带电子才能获得大于禁带宽度 E_g 的能量而激发到导带，形成电子空穴对，从而呈现本征电导。所以可仅仅考虑高温情况，迁移率与温度的关系满足式(7-72)。把式(7-72)和式(7-86)代入式(7-87)，得到

$$\sigma_i=\sigma_0\exp\left(-\frac{E_g}{2k_BT}\right) \tag{7-88}$$

当半导体给定后，指数项前的因子 σ_0 是与温度无关的常数。

从式(7-88)可见，本征半导体的电导率随温度呈负指数规律变化，当温度上升时，σ_i 增大，电阻率 ρ 下降。$\sigma_i\sim T$ 关系常用半对数坐标表示出来。对式(7-88)取对数：

$$\ln\sigma_i=\ln\sigma_0-\frac{E_g}{2k_BT} \tag{7-89}$$

图 7-11 给出 $\ln\sigma_i\sim1/T$ 的函数关系，这是一条斜率为 $-E_g/2k_B$ 的直线。只要在实验中测

出 $\ln\sigma_i \sim 1/T$ 的关系曲线，就可求得半导体材料的禁带宽度 E_g 和电导率 σ_i。

与 7.5.1 节的结果对比可以看出，金属电导与半导体电导之间有重大差别。在金属中，其载流子浓度实际上是与温度无关的，电导率与温度的关系完全由载流子迁移率与温度的关系决定；而半导体中载流子浓度强烈地依赖于温度(指数规律)，因此其电导率与温度的关系主要由载流子浓度与温度关系决定。同时还可以看出，金属电阻率的温度系数

$$\alpha = \frac{1}{\rho}\frac{d\rho}{dT}$$

是大于零的，温度上升，电阻率增大；而半导体的电阻率温度系数是小于零的，即随温度上升，半导体的电阻率迅速减小。本征半导体电阻率随温度增加而单调地下降，这是半导体区别于金属的一个重要特征。表 7-1 给出了一些元素在室温附近的电阻率及其温度系数。

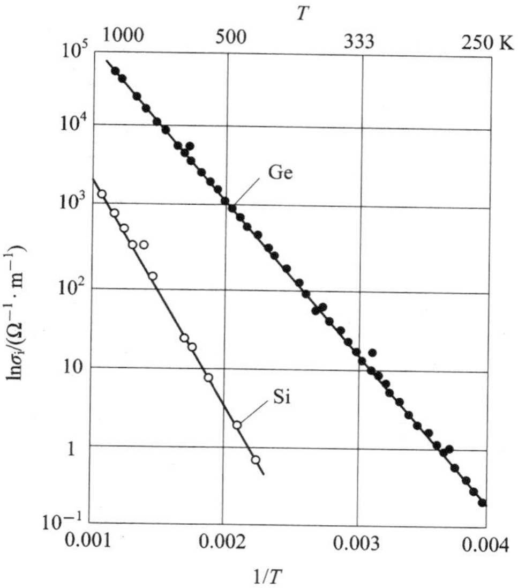

图 7-11　本征半导体电导率与温度的关系

表 7-1　一些元素在室温附近的电阻率及其温度系数

元素	电阻率/($10^5\,\Omega\cdot$cm)	温度系数/(10^3/℃)
Al	2.6548	4.29
Sb	39.0(0℃)	3.6
Be	4	25
Bi	106.5(0℃)	5.6
Cd	6.83(0℃)	4.2
Ca	3.91(0℃)	4.02(0℃)
C(石墨)	13.75(0℃)	—
Cr	12.9(0℃)	3
Co	6.24	5.3
Cu	1.6730	4.3
Ge	46	—
Au	2.35	3.5
In	8.0(0℃)	5
I	1.3×10^{15}	—
Ir	5.3	3.93
Fe	9.71	6.51
Pb	20.648	3.68
Li	9.35	5
Mg	4.45	3.7

续表

元素	电阻率/($10^5\Omega\cdot$cm)	温度系数/(10^3/℃)
Hg	98.4(0℃)	0.97
Mo	5.2(0℃)	5.3
Ni	6.84	6.92
Pd	10.8	3.77
Pt	9.85	3.927
Pu	141.4(107℃)	−2.08(107℃)
Re	19.3	3.95
Rh	4.51	4.3
Si	10(0℃)	—
Ag	1.59	4.1
Na	4.69	—
S	2×10^{25}	—
Ta	13.5	3.83
Te	4.35×10^5(23℃)	—
Ti	15(0℃)	—
Th	15.7(25℃)	3.8
Sn	11(0℃)	3.64
Ti	42	3.5
W	5.3(27℃)	4.5
U	11(0℃)	2.1(27℃)
Zn	5.916	4.19

2. 掺杂半导体的电导率

对于掺杂半导体，既有杂质电离和本征激发两个因素存在，又有电离杂质散射和晶格散射两种散射机制的存在，导致其电导率要受两种温度关系的支配：其一是载流子浓度随温度的变化关系，其二是载流子迁移率随温度的变化关系。因此，掺杂半导体的电导率与温度的关系要比本征情况复杂得多。下面以n型半导体为例，先分析其多数载流子(电子)的浓度与温度的关系，在此基础上，再定性分析其电阻率(电导率的倒数)随温度的变化规律。

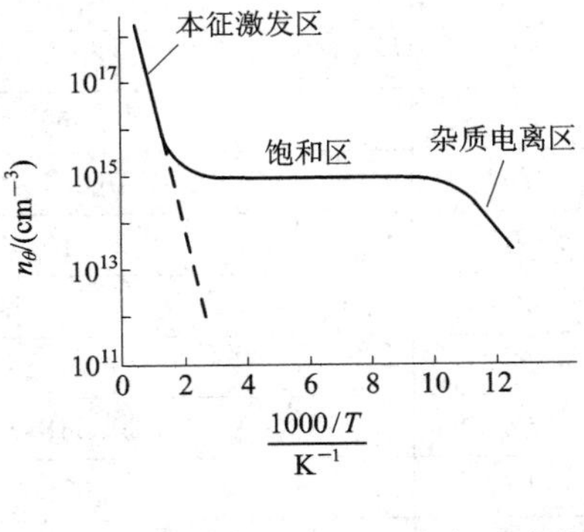

图7-12 n型半导体载流子浓度与温度的关系

如图7-12所示，n型半导体中的多数载流子浓度随温度的变化大致可分为三个区域。

低温，杂质电离区：在很低的温度范围，只有部分杂质电离，而且温度越低，电离程度越小。随着温度上升，电离的杂质原子数目增多，因而所提供的导电电子数目增大。电子浓度与温度的关系满足：

$$n \propto (k_B T)^{3/2} \exp\left(-\frac{\Delta E_d}{2k_B T}\right) \tag{7-90}$$

其中，ΔE_d 为施主杂质的电离能。

中温，饱和区：当温度上升到一定程度后，杂质达到完全电离，即使再继续升高温度，由杂质电离提供的电子数目也不再增加。同时由于禁带宽度 $E_g \gg \Delta E_d$，所以此时本征激发还很弱。在此温区，电子浓度基本上不随温度变化，故称该温区为电离饱和区，且

$$n = N_d \tag{7-91}$$

其中，N_d 是施主杂质浓度。

高温，本征激发区：在温度足够高时，本征激发增强到使本征载流子浓度比电离杂质浓度大得多时，半导体呈现本征特点，载流子浓度由式(7-86)决定，即

$$n = 2\left(\frac{2\pi \sqrt{m_n^* m_p^*} k_B T}{h^3}\right)^{3/2} \exp\left(-\frac{E_g}{2k_B T}\right)$$

根据前面讨论可知，掺杂半导体的电导率或电阻率与温度的关系，不仅仅与载流子浓度的温度关系有关，而且在很大程度上决定于迁移率的温度关系。因此，电导率或电阻率的温度关系比载流子的浓度关系更加复杂。图 7-13 定性地给出了 n 型半导体电阻率随温度的变化关系。

低温，杂质电离区：如图 7-13 中的 AB 段，温度很低，本征激发可忽略，载流子主要由杂质电离提供，它随温度升高而增加。散射主要由电离杂质决定，迁移率也随温度升高而增大，所以，电阻率随温度的升高而下降。

中温，饱和区：如图 7-13 中的 BC 段，温度继续升高(包括室温)，杂质已全部电离，但本征激发还不十分显著，载流子基本上不随温度变化，晶格振动散射上升为主要矛盾，迁移率随温度升高而降低，所以，电阻率随温度升高而增大。

高温，本征激发区：如图 7-13 中 C 的右边，温度继续升高，导致本征激发过程开始，大量本征载流子的产生远远超过迁移率减小对电阻率的影响，这时，本征激发成为矛盾的主要方面，杂质半导体的电阻率将随温度的升高而急剧地下降，表现出同本征半导体相似的特性。很明显，杂质浓度越高，进入本征导电占优势的温度也越高；材料的禁带宽度越大，同一温度下的本征载流子浓度就越低，进入本征导电的温度也越高。

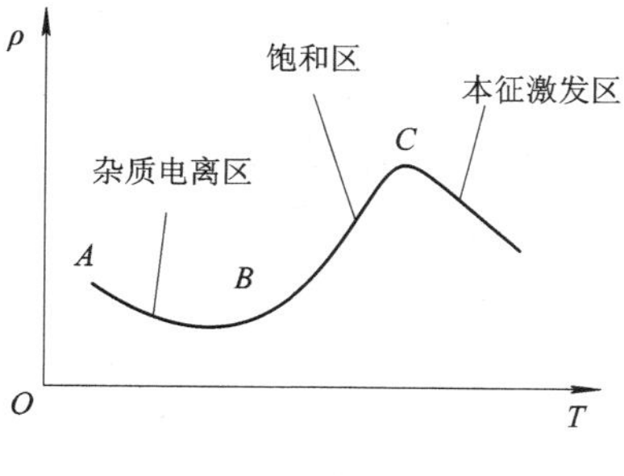

图 7-13　n 型半导体电阻率与温度的关系

总而言之，掺杂半导体的电导率与温度的关系取决于载流子浓度和迁移率与温度的双重关系，而且其变化与掺杂浓度密切相关。

至于绝缘体，可看做是宽禁带的半导体，其电子电导随温度变化的规律大体上与半导体相似。但对于绝缘体，离子电导常常是不可忽略的。离子电导率随温度增高呈指数式的上升。从应用的角度来看，总是希望绝缘体的直流电导率越小越好，这样可以减少能量的损耗。

7.6 超导电性

超导电性的发现是 20 世纪物理学的重要成就之一，超导体因其所具有的奇特现象和诱人的应用前景，一直深受人们的关注。特别是高温超导体的发现，对旧的理论提出了挑战，也给应用开辟了巨大空间，使得有关超导材料、超导机理以及超导应用的研究课题变得既古老又新颖，并将成为 21 世纪中的一个科学热点。

7.6.1 超导态与超导体

在本章前面几节对晶体导电性的讨论中，我们已经知道晶体的导电性能与能带结构有关。满带电子不导电，导电靠的是非满带。根据前述讨论的结果，对于导电性能最好的金属来讲，即使是在热力学绝对零度，由于费米面上载流子的弛豫时间、载流子浓度不可能为无穷大，电子的有效质量也不可能等于零，因此绝对零度时的电导率不可能为无穷大，也就是说不应该出现电阻率等于零的情况。

1911 年，荷兰物理学家昂尼斯(H. K. Onnes)发现水银的直流电阻在温度为 4.2 K(液氦温度)附近突然降为零。他认为在温度 T 低于 4.2 K 时，水银进入了一种新的物理状态(相)。在这种状态下，水银电阻为零，具有超导电性。实验发现，电阻由正常值开始陡然下降到完全消失的温区(转变宽度)是很窄的，而且实验所用电流越小，电阻变化曲线越陡。对于非常纯的样品，转变宽度可小至 10^{-5} K。对于不纯或不均匀样品，转变较缓慢。实验还发现，超导现象是可逆的，即当温度回升到 4.2 K 以上时，水银的电阻又恢复为正常值。即电阻仅是温度的函数，与过程无关。根据以上事实，昂尼斯认为：在一定温度下电阻消失，表明材料进入了一种新的状态，称之为超导态。发生电阻消失的温度，称为超导转变温度或临界温度 T_c。温度高于 T_c 时，材料处于人们所熟悉的正常态；而温度低于 T_c 时，材料进入一种新的完全不同的状态。因此，可以把这种转变看成是一种相变。后来，昂尼斯还发现汞和锡的合金也具有超导电性质。图 7-14 给出了昂尼斯对水银测量的实验结果。

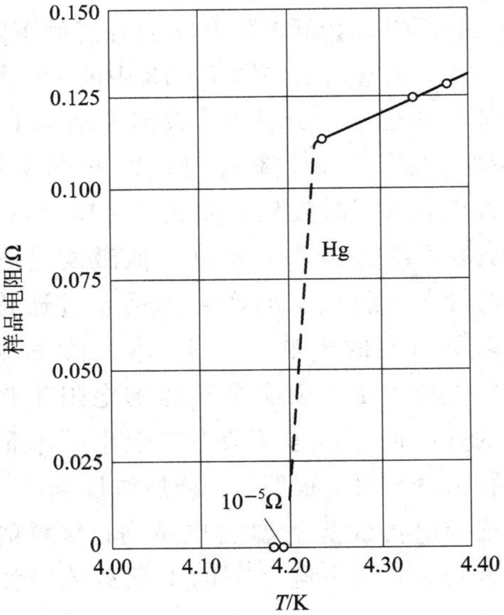

图 7-14 水银的电阻率与温度的关系

从发现超导电性至今已近百年，迄今为止人们已发现有 28 种元素和上千种合金及化合物在常压下是超导体，另外还有一些物质在高压下或结构失序的条件下是超导体。特别是 1986 年 1 月，瑞士苏黎世 IBM 实验室的科学家缪勒(K. A. Müller)等人在镧钡铜氧体系中发现临界温度为 30 K 的超导现象，1986 年底，在美国的华裔科学家朱经武、吴茂昆，中国科学院赵忠贤以及日本东京大学的田中昭二(Shoji Tanaka)等都开展了镧钡铜氧体系的研究工作，得到 T_c 为 90 K 的超导体。由此引发出世界范围内持续十多年的超导热。

按照材料原始特性，超导体有以下几个系列(括号中为临界温度 T_c 的值)：

(1) 金属、合金及化合物。如 Nb(9.25 K)、Pb(7.20 K)、Tl(2.39 K)、Ta(4.48 K)、β 相的 La(5.98 K)、NbTi 合金(9.5 K)、Nb_3Sn 合金(18.1 K)、Nb_3Ge 合金(23.2 K)、新近发现的 MgB_2(39 K)等。该系列材料是目前制备的实用超导磁体材料。

(2) 重费米子超导体，该系列超导材料的 T_c 甚低，虽然没有实用价值，但对基础研究是重要的。

(3) 高温超导体，主要是原胞中含有 CuO_2 层的层状材料。典型的有 $La_{1.85}Sr_{0.15}CuO_4$(39 K)、$Bi_2Sr_2CaCu_2O_8$(89 K)、$YBa_2Cu_3O_7$(92 K)、$Tl_2Ba_2Ca_2Cu_3O_{10}$(125 K)、$HgBa_2Ca_2Cu_3O_{10}$(134 K)等。这些材料是目前科研的热点领域。

(4) 有机超导体，如 K_3C_{60}(18 K)、Rb_3C_{60}(29 K)、$Cs_2Rb_3C_{60}$(33 K)等。

超导的应用十分广泛。在强电应用方面，主要是利用超导体的零电阻特性，能荷载高电流密度，制作超导强磁体、超导电机等。而弱电方面的应用主要是利用超导体的特殊物理效应，可作为电压标准，用于各种检测器件，用于计算机元件以提高运算速度，还可用于医用心磁、脑磁的测量器件等。

7.6.2　超导态的基本特征

一般来说，超导态有四个基本特性，即零电阻、完全抗磁性、在 T_c 时比热容发生跳变以及磁通量子化特性。下面逐一介绍。

1. 零电阻

当 $T<T_c$ 时，超导体进入超导态，电阻会突然降到零，超导体的这种特性称作零电阻性。以昂尼斯实验结果为例，当温度下降到 4.2 K 时，水银的电阻从 0.115 Ω 突然降到 10^{-5} Ω，其在超导态的电阻与正常态电阻之比约为 10^{-6}。随着测量技术进步，今天用同样的电流—电压方法测量该比值约为 10^{-10}。在临界温度以下，由超导体做成的环形电路中，由于没有电阻带来的热损耗，即使没有外加电压，电流也可以保持一年以上，这种电流称为超电流或持续电流。1963 年，有人利用精确的核磁共振测量超导螺线管中超导电流的衰减，得到衰减时间不短于 10 万年的结论，说明在超导态时材料能荷载无阻电流保持长时间而不衰减。近年，人们用超导量子干涉仪观测磁场变化，表明超导态电阻率小于 10^{-26} Ω · cm。

零电阻是超导态的一个明显持征，然而物质从正常态转变为超导态最深刻的变化是超导体的磁性改变等。因此，不能把超导与零电阻简单地等同起来。

2. 完全抗磁性

1933 年迈斯纳(W. Meissner)和奥森菲尔德(R. Ochsenfeld)在实验中发现：如果超导体在磁场中被冷却到转变温度以下，则在转变点处磁感应线将从超导体内被排出，即超导体内的 $\boldsymbol{B}=0$，见图7-15。这就是超导态的完全抗磁性，是超导态的重要的基本特性。这一物理现象又称为迈斯纳效应(Meissner effect)。

他们还发现，超导态的完全抗磁性与过程的先后无关，如先将金属球冷却至超导态，再加磁场(只要磁场强度不足以破坏超导性)，在超导体内仍然保持 $\boldsymbol{B}=0$。这说明超导态是

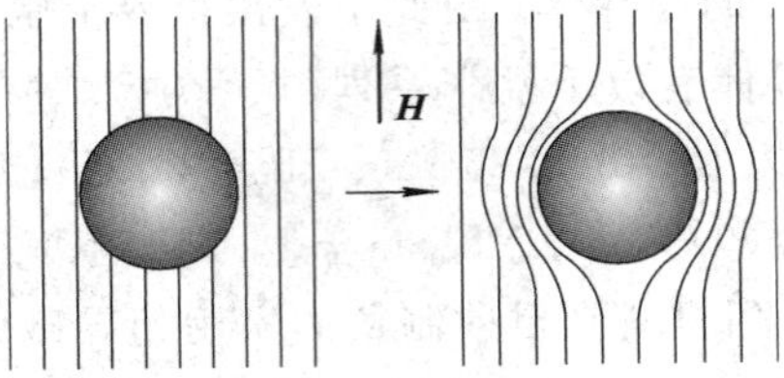

图 7-15　迈斯纳效应示意图

热力学平衡态，可以用热力学方法来研究超导相变。根据叠加原理，超导体内的磁场可以看成是外磁场和磁化磁场的叠加，即

$$B=\mu_0 H+\mu_0 M=0 \tag{7-92}$$

所以，超导体的磁化率为

$$\chi=\frac{M}{H}=-1 \tag{7-93}$$

说明超导体内的磁化强度正好足够抵消外磁场。

如果认为零电阻率是超导体的唯一特征性质，那么就不可能由此得出 $B=0$ 的结果。根据欧姆定律 $E=\rho j$ 可以看出，如电阻率 ρ 为零，而 j 仍保持为有限值，则 E 必定为零。按照麦克斯韦方程组，$\nabla\times\boldsymbol{E}=-\partial\boldsymbol{B}/\partial t$，则意味着$\partial\boldsymbol{B}/\partial t=0$。当金属被冷却通过转变温度时，穿过金属的磁通量不能改变，因此 B 不一定为零。所以迈斯纳效应表明，完全抗磁性是超导态的一个基本性质。

3. 临界条件下的比热容

足够强的磁场可以破坏超导态，当超导体表面的磁场强度 $\boldsymbol{H}$ 达到某一临界值 $\boldsymbol{H}_c$ 时，超导态立即转入正常态，反之，如果 $\boldsymbol{H}$ 减少到 $\boldsymbol{H}_c$ 以下，超导体又进入超导态。$\boldsymbol{H}_c$ 称为临界磁场强度。不同的物质有不同的临界磁场强度，而且 $\boldsymbol{H}_c$ 与温度有关。近似的函数关系为

$$\boldsymbol{H}_c(T)=\boldsymbol{H}_c(0)\left[1-\left(\frac{T}{T_c}\right)^2\right] \tag{7-94}$$

其中，$\boldsymbol{H}_c$ 是 0 K 时的临界磁场，其典型值为 5000 A/m，图 7-15(a)给出了这个函数曲线。这条曲线将超导态 s 和正常态 n 分开，在曲线上则是两相共存的，所以这是一幅超导态和正常态的相图。图 7-16(b)为一些常见金属的测量结果示意图。

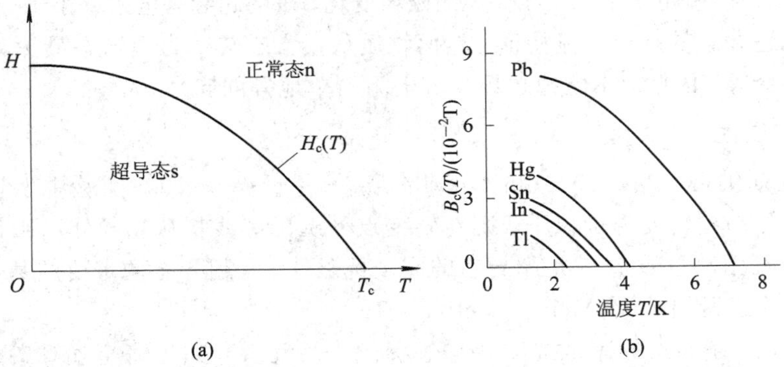

图 7-16　临界磁场与温度的关系

从相变的角度来分析，金属从正常态转变为超导态可以看成是一种相变。在临界条件以下，超导体才处于超导相，否则会转变为正常相。

现在先考虑温度对超导相变的影响。自由能 $F(V, T)=U-TS$ 是超导体适合的热力学能量函数。所有超导体当冷却到临界温度 T_c 以下时，熵都显著降低。图 7－17 给出了在超导态和正常态下，铝的熵 S 与温度的关系曲线。其中，带有下标 n 的为正常态，带有下标 s 的为超导态。由于熵是描述系统混乱程度的物理量，超导态与正常态相比其熵减小的事实表明，超导态的有序程度较之正常态更高。其实，熵的这种变化很小，例如在铝中它的量级是 $10^{-4}k_B$/原子。熵变小意味着只有很少一部分(约 10^{-4} 量级)传导电子参与了向有序超导态的转变。作为比较，图 7－18 给出了铝在两个态的自由能的实验值随温度的变化。可以看出，当温度低于临界温度 $T_c=1.180$ K 时，超导态的自由能低于正常态的自由能。所以超导态比正常态更稳定。

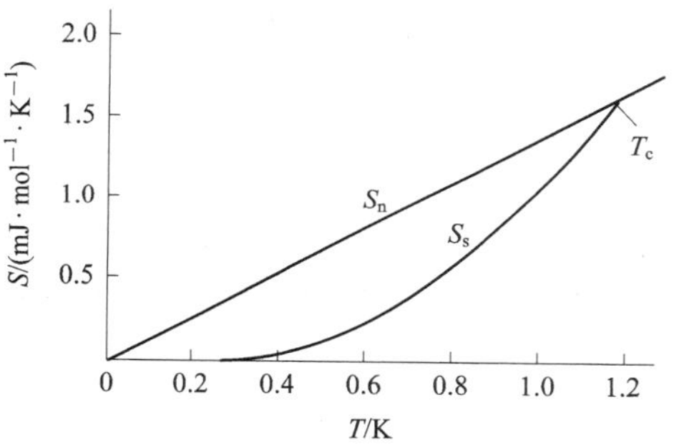

图 7－17　铝的熵 S 与温度的关系曲线

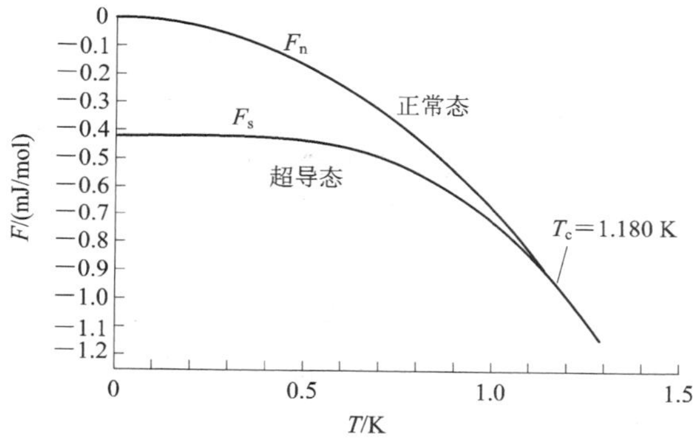

图 7－18　铝的自由能 F 与温度的关系曲线

图 7－19 给出镓的比热容随温度的变化关系，其中图 7－19(a)为正常态与超导态的比较，符号 B_a 表示外加磁场；图 7－19(b)为超导态下热容中的电子部分 C_{es} 与 T_c/T 的关系按对数坐标画出，它与 $-1/T$ 成正比，其中 $\gamma=0.60$ mJ · mol^{-1} · deg^{-2}。

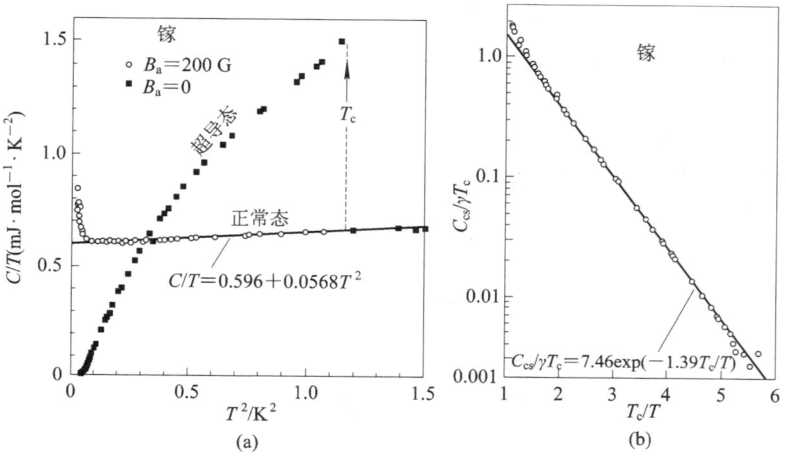

图 7－19　镓的比热容与温度的关系曲线

超导体的能隙与前面能带理论中所介绍的能隙(禁带宽度)相比有全然不同的本质和起因。前面所说的能隙是电子在晶格周期势场运动的结果，也与由电子—声子之间的相互作用相关，这种相互作用将电子和晶格联系在一起。然而在超导体中，重要的相互作用是电子—电子之间的相互作用，正是这一相互作用导致这些电子相对于电子费米气在 $\boldsymbol{k}$ 空间有序化。

4. 磁通量子化

把环形超导样品在 $T>T_c$ 的温度下放入垂直于其平面的磁场中，如图 7-20 所示。先冷却到 T_c 以下，使样品处于超导态。然后撤消磁场，此时超导环所围面积的磁通量依然不变，它由超导环表面的超导电流所产生的磁场维持着，这种现象称为磁通量冻结。而且冻结磁通量的取值是量子化的，即

$$\Phi = n\frac{h}{2e} = n\Phi_0 \tag{7-95}$$

其中，n 为量子数。磁通量的最小单位 $\Phi_0=h/(2e)=2.07\times10^{-6}$ Wb，称为磁通量子。

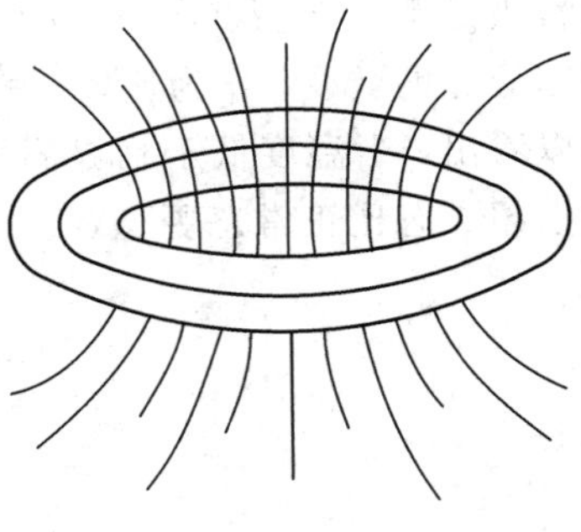

图 7-20 超导环中的磁通线

除了上述的几种超导态的基本特征之外，还有一些其它现象，譬如超导态温差电势为零等，这里不一一列举。这些特征或现象是研究超导电性的出发点，是建立超导理论的实验基础。

7.6.3 伦敦方程

1935 年伦敦兄弟(F. London 和 H. London)提出了一个极富创意的观点，用所谓的二流体模型来解释迈斯纳效应。假设在 $T<T_c$ 时，超导体内同时存在两种电子：一种是超导电子，浓度为 $n_s(T)$，另一种是正常电子，浓度为 $n-n_s$。在 $T\to T_c$ 时，$n_s\to0$；在 $T=0$ K 时，$n_s=n$，超导电子的运动是无阻的，显示为零电阻，而正常电子则有电阻。在超导态，超导体内的电流几乎全部由超导电子携带。

在外电场作用下，超导电子的运动方程为

$$m\frac{\mathrm{d}\boldsymbol{v}_s}{\mathrm{d}t} = -e\boldsymbol{E} \tag{7-96}$$

其中，$\boldsymbol{v}_s$ 是超导电子的速度。而电流密度为

$$\boldsymbol{j} = -en_s\boldsymbol{v}_s \tag{7-97}$$

所以有

$$\frac{\mathrm{d}\boldsymbol{j}}{\mathrm{d}t} = \frac{n_s e^2}{m}\boldsymbol{E} \tag{7-98}$$

利用 $\nabla\times\boldsymbol{E}=-\partial\boldsymbol{B}/\partial t$，可得

$$\frac{\partial}{\partial t}\left(\nabla\times\boldsymbol{j}+\frac{n_s e^2}{m}\boldsymbol{B}\right)=0 \tag{7-99}$$

式(7-99)的结果适用于任何导体，并没有什么新的内容，因此用它不能解释迈斯纳效应。伦敦兄弟指出，如果限定式(7-99)括号内的式子为零，即

$$\nabla \times \boldsymbol{j} = -\frac{n_s e^2}{m}\boldsymbol{B} \tag{7-100}$$

就可以对迈斯纳效应做出解释。上式即为伦敦方程。

利用麦克斯韦方程

$$\nabla \times \boldsymbol{B} = \mu_0 \boldsymbol{j}, \qquad \frac{\partial \boldsymbol{D}}{\partial t} = 0$$

与式(7-100)联立求解，可得

$$\nabla^2 \boldsymbol{B} = \frac{n_s e^2 \mu_0}{m}\boldsymbol{B} = \frac{\boldsymbol{B}}{\lambda_L^2} \tag{7-101}$$

$$\nabla^2 \boldsymbol{j} = \frac{n_s e^2 \mu_0}{m}\boldsymbol{j} = \frac{\boldsymbol{j}}{\lambda_L^2} \tag{7-102}$$

其中：

$$\lambda_L^2 = \left(\frac{n_s e^2 \mu_0}{m}\right)^{-1} \tag{7-103}$$

称为伦敦穿透深度。方程(7-101)的解具有从超导体表面到体内指数衰减的形式，其一维解为

$$B(x) = B(0)\mathrm{e}^{-x/\lambda_L} \tag{7-104}$$

其中，$B(0)$是超导体表面处的磁感应强度。在进入超导体内 λ_L 处，磁场衰减了 $1/e$ 倍。如果 n_s 取一般导体的导电电子浓度的数量级，即 $n_s \approx 10^{23}\ \mathrm{cm}^{-3}$，可得 λ_L 为 10^{-6} cm 的数量级。这就是说，磁场在超导体表面内几百埃的薄层内迅速衰减为零，深入体内无磁场，从而解释了迈斯纳效应。在 $T \to T_c$ 时，$n_s \to 0$；在 $T=0$ K 时，n_s 达到最大值，因而在 T_c 附近，λ_L 是很大的；而在 0 K 附近，λ_L 却很小。显然如果超导层厚度与 λ_L 可比拟时，迈斯纳效应不完全，超导体不是完全的抗磁体，这已被实验所证实。

实验上测出实际的穿透深度 λ 都比 λ_L 大，而且都与温度有关。说明穿透深度不能单独用 λ_L 作出精确的描述。为此，皮帕德(A. B. Pippard)对伦敦方程进行了修正，提出了相干长度 ξ_0 的概念，即在随空间变化的磁场中，超导电子浓度在相干长度 ξ_0 的距离内不能有显著的变化。相干长度 ξ_0 基本上就是超导载流子的尺度，类似准经典近似，超导载流子波函数被认为是自由电子能带中 $E_F-\Delta<E<E_F+\Delta$ 区域内的波函数叠加，其波包的尺度为 $\xi_0 \approx \hbar/\delta p \approx \hbar(2\Delta/v_F)=\hbar v_F/2\Delta$，其中的 Δ 就是前面提到的超导体的能隙。对于一些简单金属超导体，其伦敦穿透深度比较小，λ_L 约为 300 Å 的量级，费米速度比较大，$v_F \approx 10^8$ cm/s，相干长度 $\xi_0 \gg \lambda_F$。在这样的超导体中，伦敦方程不适用，迈斯纳效应必须由 Pippard 的理论来解释。所以，通常把这类超导体叫做 Pippard 超导体，又称一类超导体。对于一些过渡金属或者合金超导体，它们的电子有效质量很大，所以伦敦穿透深度也很大，λ_L 约为 2000Å 的量级。由于这类超导体的能带结构复杂，费米速度很小($v_F \approx 10^5$ cm/s)，超导载流子的波包尺度 $\xi_0 \ll \lambda_F$，此时伦敦方程可以很好地解释超导体的迈斯纳效应，因此，把这类超导体叫做伦敦超导体，又称二类超导体。

7.6.4　BCS 理论

传统的固体物理和凝聚态理论不能解释超导现象中的许多基本问题。为了对超导现象作出解释，人们曾提出过不少唯象理论，除了上面介绍的伦敦理论之外，还有皮帕德理论、

金兹堡—朗道理论等，这些理论解释了不少与超导性有关的现象，但不能从微观上说明超导态的成因。1957 年，由巴丁、库柏、斯里弗建立的超导微观理论(简称 BCS 理论)，不仅可以导出在它之前的唯象理论，而且可以解释这些唯象理论所不能解释的一些现象。深入讨论 BCS 理论需要较多的理论知识，其中涉及到大量二次量子化和场论的计算，作为本科生课程内容来讲过于复杂，超出了本书范围。这里只简要介绍 BCS 理论产生的实验背景，相关理论所描绘的微观图像以及主要的结论。

1. BCS 理论的实验基础

BCS 理论是建立在一系列实验事实基础之上的，其中最重要的两个实验事实是：

(1) 超导状态下，导带中存在能隙。

正如前面所介绍过的镓的比热容一样，在 $\boldsymbol{H}=0$ 时，使 $T<T_c$，样品处于超导态，测量其电子比热容 c。然后用外加磁场破坏其超导电性，使其转为正常态，再次测量电子比热容。在不同温度下测出 c，便可得到正常态与超导态的电子气比热容与温度的关系。结果发现，在正常态下，电子比热容与温度呈线性关系：

$$c \propto T \tag{7-105}$$

这与原有的电子理论相一致。但在超导态之下电子比热容与温度的关系变为

$$c \propto e^{-\Delta/k_B T} \tag{7-106}$$

这种指数形式表明在导带中可能存在一个能隙，因为这是粒子热跃迁的一种特征。后来红外(或微波)吸收实验证实了这个能隙的存在，其大小用 2Δ 表示。不过此能隙很小，只有 $10^{-3}\sim10^{-2}$ eV 的量级，而且与温度有关。表 7-2 给出了某些金属在 0 K 时的导带电子能隙值。

表 7-2　某些金属的 2Δ 值($T=0$ K)

元素	$2\Delta(0)$/meV	元素	$2\Delta(0)$/meV
Al	0.34	V	1.6
Sn	1.15	Nb	3.0
Pb	2.73	Ta	1.4

(2) 同位素效应。

实验发现，超导体的转变温度 T_c 随其同位素质量而变化。许多元素超导体的转变温度 T_c 与同位素原子量 M 之间近似有如下关系(称为同位素效应)：

$$T_c \propto M^{-1/2} \tag{7-107}$$

表 7-3 给出了水银同位素的临界温度。

表 7-3　水银同位素的临界温度

Hg 同位素原子量 M	200.6	198	203.4	202.4	200.7	199.7
T_c/K	4.156	4.177	4.126	4.143	4.150	4.161

这表明晶体原子实的运动在超导态的形成过程中起着重要作用。根据第 3 章晶格振动理论可知，声子频率与原子质量之间也有类似关系：

$$\omega \propto M^{-1/2} \tag{7-108}$$

式(7－107)和式(7－108)说明，当原子量趋于无穷大时，一方面 T_c 趋于零，即没有超导电性，另一方面晶格振动频率也趋于零，即不存在晶格振动。因此同位素效应告诉我们，电子—声子的相互作用可能是超导电性的根源。

2. BCS 理论概述

1950 年，弗洛里希(H. Fröhlich)认为一些良导体如铜、银、金等都不是超导体，其电阻率低是由于这些金属中传导电子与晶格振动的相互作用较弱。而在常温下导电性不怎么好的材料，在低温却可能成为超导体。T_c 较高的材料，在常温下导电性较差，是由于其中电子—声子相互作用较强。在低温条件下，电子—声子相互作用可以使一些金属变成超导体。因此他指出金属的电阻是来源于电子—声子的碰撞。不过，两个电子之间通过交换声子，有可能产生互相吸引的作用。同年，麦克斯韦等人通过超导体的同位素替代实验，证明了式(7－107)的成立。也就是说，超导现象确实与晶格振动有关系。

1956 年，库珀(L. N. Cooper)证明了费米面附近波矢相反的两个电子，只要存在净的吸引作用，不管多么微弱，都可以形成一个电子—电子束缚态，这个束缚态后来被命名为库珀对(COOPER pair)。1957 年，巴丁(J. Bardeen)、库珀、斯里弗(J. R. Schrieffer)三人建立了完整的微观超导理论，被称为 BCS 理论。15 年之后，他们三人因为 BCS 理论而获得了 1972 年的诺贝尔物理学奖。

BCS 理论认为，电子通过晶格振动或者说通过交换声子克服库仑排斥力，产生相互吸引力，结合成超导电子对——库珀对。对此可以这样理解：设想处在费米面附近的两个电子 1 和 2，彼此在某一时刻相距很近。由于电子 1 对处在格点位置的正离子有吸引作用，使得它周围的正离子向它靠拢，从而电子 1 周围在某一瞬间呈现正电性，因而对电子 2 产生吸引作用，表现为电子 1 通过晶格离子的偏移而间接地吸引电子 2。由于晶格离子的偏移必然引起格波，所以也可以说电子 1 和 2 之间的相互吸引是通过交换声子实现的。

波矢为 $\boldsymbol{k}_1$ 的电子与晶格作用发射波矢为 $\boldsymbol{q}$ 的声子而跃迁到波矢 $\boldsymbol{k}_1'$ 态，即

$$\boldsymbol{k}_1' = \boldsymbol{k}_1 - \boldsymbol{q} \tag{7-109}$$

波矢为 $\boldsymbol{k}_2$ 的电子吸收这个声子跃迁到 $\boldsymbol{k}_2'$ 的状态，即

$$\boldsymbol{k}_2' = \boldsymbol{k}_2 + \boldsymbol{q} \tag{7-110}$$

这个过程如图 7－21 所示。将上面两个过程相加，有

$$\boldsymbol{k}_1 + \boldsymbol{k}_2 = \boldsymbol{k}_1' + \boldsymbol{k}_2' \tag{7-111}$$

上述结果表明两电子的初态和末态的总动量守恒，此过程交换的声子称为“虚声子”。

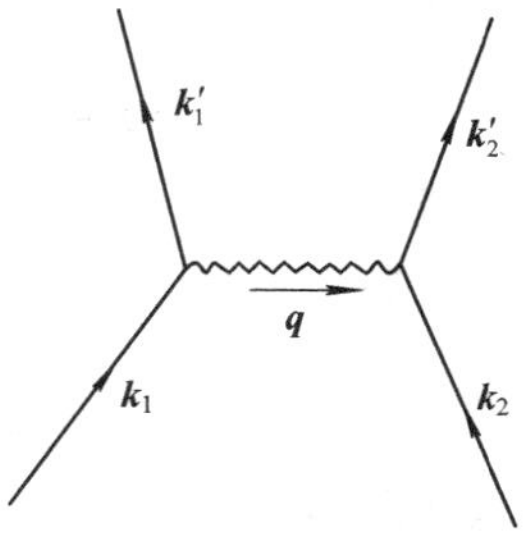

图 7－21　电子之间交换声子示意图

若这两个电子的能量分别为 $E(\boldsymbol{k}_1)$ 和 $E(\boldsymbol{k}_2)$，根据量子力学跃迁理论的计算分析表明，

当满足条件

$$|E(\boldsymbol{k}_1)-E(\boldsymbol{k}_2)|=\hbar\omega_q \tag{7-112}$$

时，两个电子通过交换声子将产生净吸引，这就是电子—声子相互作用产生库珀对的微观机制。

根据BCS理论，在一定条件下($T<T_c$)电子之间产生净的吸引作用，结果是使费米面附近的电子结成对——库珀对，而且能够结成库柏对的两电子的总动量为零。从能量的观点来看，结对使系统的能量降低。对于导带电子系统来说，尽可能多的电子结对才是系统能量最低的稳定状态。假设波矢为$\boldsymbol{k}_1$、$\boldsymbol{k}_2$的两电子结对，它们的能量都为E_F，波矢大小均为k_F，则$k_1=k_2=k_F$。$\boldsymbol{k}_1+\boldsymbol{k}_2=\boldsymbol{k}$为一对电子的总波矢。对于任意指定的$\boldsymbol{k}$，其大小为$2k_F\sin\theta$，如图7-22所示。可见，只有图7-22中标有阴影的环上的电子才满足以上结对条件。但是对于$\boldsymbol{k}=0$，即$\boldsymbol{k}_1=-\boldsymbol{k}_2$，在费米面上所有电子都能结对。因此具有$\boldsymbol{k}=\boldsymbol{0}$(即波矢相反)的两两电子结对才能使系统能量最低而处于稳定状态。严格地说，由于声子有能量$\hbar\omega_q$，所以在费米面附近Δk的壳层内的电子都可能参与结对，Δk满足

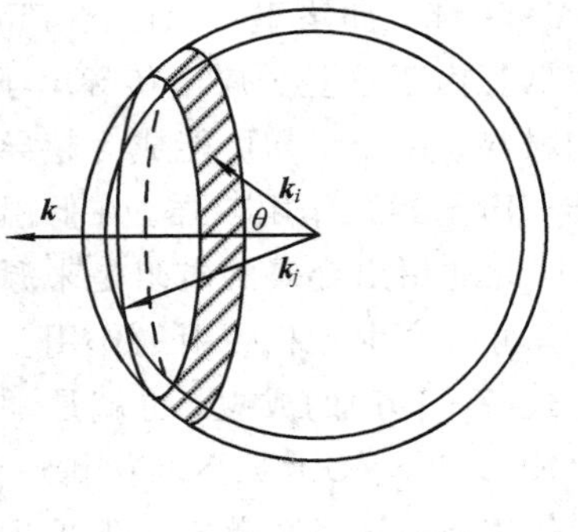

图7-22 费米面上两电子的结对

$$\frac{\hbar^2 k_F \Delta k}{m}=\hbar\omega_q \tag{7-113}$$

另外，根据泡利原理，具有自旋相反的电子结对能量更低。这样，$T=0$ K的超导态，费米球内深处的电子仍与正常态时一样，但费米面附近的所有电子在吸引力作用下，以相反动量、相反自旋两两结对，使整个电子系统能量降低，形成超导基态。这时的电子分布已经与正常态的费米球分布不同了。为了打破这种电子结对的状态，使电子成为正常的单电子，就需供给一定的能量2Δ。因此在基态与能量为2Δ的能态(以基态为能量零点)之间没有系统的状态，这就是说存在一个能隙2Δ。BCS理论给出此能隙为

$$\Delta(0)=2\hbar\omega_D e^{-1/g(E_F)G} \tag{7-114}$$

其中，ω_D为德拜频率，$g(E_F)$是正常态费米能级处给定自旋的电子态密度，G是反映电子—声子耦合强弱的一个系数。显然，$g(E_F)$和G越大，越有利于形成超导态。

在有限的温度下($T>0$ K)，由于热激发使一部分电子对拆散，变成正常的导电电子，这使得电子对的密度下降，整个超导凝聚态的结合能下降，因而Δ是温度的函数。即随温度上升，Δ值下降，在$T=T_c$时，$\Delta(T_c)=0$，电子对的密度降为零。根据BCS理论，$T=0$ K时的能隙与临界温度T_c的关系为

$$\Delta(0)=1.76k_B T_c \tag{7-115}$$

上式与实验符合较好。

应当指出，不能把超导凝聚态理解成电子对像双原子分子那样两两结对组成的体系。根据测不准关系可以估算出，电子对的空间尺寸(相干长度)$\xi_0\sim10^{-4}$ cm，可见一个电子对在空间延展的范围是很大的，约为晶格常数的10 000倍。因此，在超导态，大量的电子对互相重叠交叉在一起，这些电子对并不是像自由电子那样的互不相关运动的，而是存在一

种关联性。ξ_0 代表存在这种关联性的空间尺寸。

超导态的宏观物理现象大部可以用 BCS 理论加以解释。例如零电阻现象，在正常导体中电阻的产生是由于载流子受到散射而改变了它的动量，而在超导态，载流子是电子对，所有的电子对的动量均为零，声子可以使电子对中单个电子受到散射而改变其动量，但电子对作为整体其动量始终保持为零，即电子对并不受到散射，故电阻为零。

BCS 理论并非对所有的超导体都适合。譬如，能隙和临界温度的比值 $\Delta(0)/k_B T_c$ 的理论值是 1.76，但在汞和铅中 $\Delta(0)/k_B T_c$ 的实验值分别为 2.3 和 2.19，两者存在较大的偏差。通常把不符合 BCS 理论的传统超导体，称为强耦合超导体，其性质可以用量子场论仔细计算电子—电子交换声子的相互作用来解释。这些理论称为强耦合超导理论。强耦合的理论结果与实验比较，相差的精度为 $\sqrt{m_e/M}$，约为 1/10 000，这比 BCS 理论有很大的改进。

总的来说，BCS 理论也可以很好地解释其它一系列与低温超导有关的实验事实。虽然近年来高温超导体的出现对此理论的普适性提出了挑战，但它仍是迄今为止最为成功的低温超导的微观理论。

* 7.7 约瑟夫森效应及意义

20 世纪中期是超导理论的昌盛时期。1957 年，库柏(Leon N. Cooper)、斯里弗(John Robert Schrieffer)和巴丁(John Bardeen)一起创立了 BCS 理论。1960 年，贾埃弗(I. Giaever)发现了超导体的单电子隧道效应。

约瑟夫森(Brain David Josephson)1940 年出生于英国的 Gardiff Wales，在剑桥大学获得学士学位后，于 1960 年进入了英国剑桥大学英国皇家学会蒙德实验室，成为了著名超导学家皮帕德(A. B. Pippard)教授的研究生。皮帕德建议约瑟夫森利用微波的方法研究超导体穿透深度随磁场的变化，但约瑟夫森却走上了“歧途”。

在约瑟夫森攻读硕士学位的第二年，贝尔实验室的安德森(Philip W. Anderson) 应邀来剑桥大学讲学，约瑟夫森听了安德森有关固体物理及多体理论的课程。在听讲过程中，约瑟夫森对安德森所介绍的“对称破缺”的概念和提出的赝自旋公式非常感兴趣，并将对称破缺与自己正在从事的超导研究结合到一起。1962 年 7 月，年仅 22 岁的约瑟夫森在《物理快报》(Physics Letter) 上发表了一篇文章，文中以电子对可以隧穿势垒为前提，从微观理论出发，利用微扰法导出了两侧均为超导体的隧道结中的电流，从理论上预言：如果超导体—氧化物—超导体结(超导结或约瑟夫森结)的氧化物层很薄(～1 nm)，氧化物双边的超导体仍有弱的连接，束缚电子对仍能穿过氧化物层。预言的要点如下：

(1) 当两块超导体被一薄的氧化层隔开时，会有超导电流(超流)通过，即使当氧化层两侧超导体的电压为零时，仍可能有电流。然而，此电流超过某一定值 I_c(临界电流)时，就不再是无阻的，结上出现电压。这是直流约瑟夫森效应。

(2) 当结上有直流电压 V 时，除直流电流外，还应出现一个频率 $\upsilon=2eV/h$ 的交变超导电流，即交流约瑟夫森超导电流。该电流的存在，使得超导结具有吸收或辐射电磁波的能力。这是交流约瑟夫森效应。

（3）如果超导结在外磁场中，则临界电流 I_c 随外磁场发生周期性的变化，其变化的图案类似于物理光学中单缝衍射的图案。

约瑟夫森的电子对隧穿势垒的设想非常大胆，所预言的效应又十分奇特，再加上他当时只是一个研究生，缺乏写作经验，文章写得又很难懂。因此新效应问世之后，包括近代超导理论的创始人巴丁教授等许多人都对这个预言持怀疑态度。巴丁教授在1962年的第八届国际低温物理会议上对约瑟夫森的由于电子对隧穿而导出的结果提出了质疑，而且对约瑟夫森和安德森合作提出的“相位”这个物理量的意义很不欣赏。面对大家的质疑，约瑟夫森曾试图亲自从实验上证实。他自己进行了两次隧道超导电流的测量，但均告失败。正如约瑟夫森在回忆文章中所说的：“Pippard 向我建议，应该通过测量结的特性来观察隧穿效应，但结果是否定的——电流仅为预言的临界电流的千分之一”。

安德森不仅是约瑟夫森思想的源泉，而且这时几乎成了约瑟夫森效应的最热心的传道士。1962年夏天，安德森从剑桥回到美国贝尔实验室，对罗威尔(J. M. Rowell)提到了约瑟夫森效应，表示自己坚信其正确性。这提醒了罗威尔，他回忆起以前的实验中曾出现过类似现象。其实许多人也都曾见过这一现象，贾埃弗回忆说在锡—氧化锡—锡或铅—氧化铅—铅隧道结中甚至很难不看到这种电流，但他当时认为这是短路造成的，因此将这些结扔掉了。安德森进一步向罗威尔表明，约瑟夫森效应是能够观测到的。几个月后，罗威尔用当时制造的最好的超导结，详细地研究了临界电流与磁场的关系(即 $I_c \sim B$ 关系)，在实验中观测到了约瑟夫森预言的零压超流，并得到了与单缝衍射图样类似的结果。1963年3月的《物理评论快报》(Phy. Rev. Letter) 上登载了安德森和罗威尔的文章，文中报导：“在 Sn-SnO-Pb 结中，当电压为零或接近零时，出现了一个异常的直流电流，它在若干方面表现出来的性质，与约瑟夫森的预言一致。安德森和罗威尔首次证实了约瑟夫森直流效应。几乎同时，约瑟夫森交流效应也被观察到了。夏皮罗(S. Shapiro) 等人对隧道结注入微波，观测到电压不为零时，$I-V$ 特性曲线上出现了一系列台阶，它们具有相同的电压间距 $h\upsilon/2e$。人们习惯上将这些台阶称为夏皮罗台阶。这样，一年之内，约瑟夫森预言的全部效应均被实验证实。

约瑟夫森也因约瑟夫森效应的预言与贾埃弗和江琦(Leo Esaki)分享了1973年的诺贝尔物理学奖。

对约瑟夫森开拓的超导新领域，许多科学家和发明家继续研究，使理论不断发展，实验技术不断提高，发现还有多种形式的超导结都具有约瑟夫森效应。

约瑟夫森的预言揭示了弱连接超导体的一般属性。对约瑟夫森效应的研究进展之所以相当迅速，除了理论上的兴趣之外，更主要的是它在科学校术中的应用，如：

（1）这个效应提供了迄今量度基本常数比 h/c 的最准确方法。

（2）作为电压基准的基础，提供一种保持和比较电动势的很有用的技术。

（3）作为极小磁场的探测器。

（4）产生和探测极短波长的电磁辐射。

（5）基于此效应制作实用的各类超导器件，并由此形成一门崭新的学科——超导电子学。

约瑟夫森效应的发现在自然哲学上亦有重要意义，它显示了理论和实验相互促进、共同发展的辩证关系。即经过实验—理论—再实验的反复，使我们更深刻地理解现代科学发展的规律。

此外，约瑟夫森从一个问题——“破缺对称性”有什么物理意义开始，追根求源。在思维的穷途末路中，换一个角度来考虑，终于发现了真理。这对我们也是一个很重要的启发。

本章小结

本章主要讨论晶体的导电性问题，主要的知识点和理论框架如下：

（1）晶体中温度分布不均匀、外力和散射都可以导致电子分布函数随时间变化，电子分布函数随时间变化遵守玻耳兹曼方程：

$$\frac{\mathrm{d}\boldsymbol{k}}{\mathrm{d}t}\cdot\nabla_k f+\frac{\mathrm{d}\boldsymbol{r}}{\mathrm{d}t}\cdot\nabla_r f=\left(\frac{\partial f}{\partial t}\right)_s$$

在弛豫时间近似下此方程为

$$\frac{\mathrm{d}\boldsymbol{k}}{\mathrm{d}t}\cdot\nabla_k f+\frac{\mathrm{d}\boldsymbol{r}}{\mathrm{d}t}\cdot\nabla_r f=-\frac{f-f_0}{\tau}$$

（2）晶体中的散射机构最主要的有电离杂质散射、声学声子散射和光学声子散射。散射概率与温度的关系分别为

$$P_{\mathrm{i}}\propto N_{\mathrm{i}}T^{-3/2}$$

$$P_{\mathrm{s}}\propto T^{3/2}$$

$$P_{\mathrm{o}}\propto\frac{1}{\mathrm{e}^{\hbar\omega_1/k_{\mathrm{B}}T}-1}$$

若同时存在几种散射机制，则平均自由时间与散射概率的关系为

$$\frac{1}{\tau}=P_1+P_2+P_3+\cdots=\frac{1}{\tau_1}+\frac{1}{\tau_2}+\frac{1}{\tau_3}+\cdots$$

（3）金属的电导率和迁移率由费米面附近的电子决定(球形费米面)：

$$\sigma_0=\frac{ne^2}{m^*}\tau(E_{\mathrm{F}})=\frac{ne^2}{m^*}\cdot\frac{v_{\mathrm{F}}\lambda_{\mathrm{F}}}{v_{\mathrm{F}}}$$

$$\mu=\frac{e}{m^*}\tau(E_{\mathrm{F}})=\frac{e}{m^*}\cdot\frac{v_{\mathrm{F}}\lambda_{\mathrm{F}}}{v_{\mathrm{F}}}$$

（4）半导体的电导率和迁移率为

$$\sigma=\frac{ne^2}{m^*}\cdot\frac{\langle v^2\tau\rangle}{\langle v^2\rangle},\quad \mu=\frac{e}{m^*}\cdot\frac{\langle v^2\tau\rangle}{\langle v^2\rangle}\qquad \text{考虑统计分布}$$

$$\sigma=\frac{ne^2}{m^*}\tau=\frac{ne^2}{m^*}\frac{v\lambda}{v},\quad \mu=\frac{e}{m^*}\tau=\frac{e}{m^*}\cdot\frac{v\lambda}{v}\qquad \text{不考虑统计分布}$$

（5）超导体的最基本性质是零电阻特性、完全抗磁性、临界条件下比热容的突变和磁通量子化性。特征参数最主要有临界温度 T_c 和临界磁场强度 $\boldsymbol{H}_c$。

（6）伦敦方程为

$$\nabla\times\boldsymbol{j}=-\frac{n_s e^2}{m}\boldsymbol{B}$$

$$-\boldsymbol{B}+\lambda_{\mathrm{L}}^2\nabla^2\boldsymbol{B}=0$$

用伦敦方程可以解释迈斯纳效应。磁场仅透入超导体 $\lambda_{\mathrm{L}}=(n_s e^2\mu_0/m)^{-1/2}$ 的深度。

(7) 超导态的微观本质是电子与电子之间通过交换声子产生的有效吸引作用，使费米面附近动量和自旋都相反的电子结成库珀对，产生超导凝聚，形成超导基态，使得原来的导带中存在一个能隙 2Δ。能隙的大小约为 10^{-3}～10^{-2} eV 的量级，而且与温度有关。这是 BCS 理论的基本思想。

思　考　题

1. 试说明晶体电阻的成因。
2. 引起分布函数随时间变化的主要因素有哪些？
3. 弛豫时间是如何定义的？如何理解其物理意义？
4. 晶体中的散射机制主要有哪些？若有多种散射机制同时存在，应如何处理？
5. 试定性解释金属及半导体的电阻率随温度的变化曲线。
6. 有哪些实验可以确定超导临界温度？
7. 由同位素效应怎么会想到超导机制可能与声子有关？
8. 能隙的含义是什么？为什么讨论能隙问题对于超导体很重要？
9. 什么是库珀对？它是如何形成的？
10. 简述 BCS 理论的基本思想二流体模型的要点。

习　　题

1. 晶格散射总是伴随着声子的吸收或发射，因此电子被格波的散射不是完全的弹性散射，但近似是弹性散射。试就铝的情况说明之。已知铝的费米能级 $E_F \approx 12$ eV，德拜温度 $\Theta_D \approx 428$ K。

2. 以硅为本底的 n 型半导体中只含有施主杂质，其浓度为 10^{15} cm^{-3}，在 40 K 的温度下，测量这个 n 型半导体的多数载流子浓度，即电子浓度为 10^{12} cm^{-3}，试估算电离能 ΔE_d。

3. 锑化铟的介电常数为 17，电子有效质量为 0.014 m。

(1) 计算施主电离能。

(2) 计算基态轨道半径。

(3) 计算基态轨道开始重叠时的施主浓度。在此浓度下会出现什么效应？为什么？

4. 如果 n 型半导体中的电子浓度是 10^{15} cm^{-3}，电子的迁移率是 1000 cm^2/V · s，计算这个 n 型半导体的电阻率。

5. 设晶体同时存在多种散射机制，试证明电子的迁移率 μ 满足：

$$\frac{1}{\mu} = \sum_i \frac{1}{\mu_i}$$

其中，μ_i 是第 i 种散射机制单独存在时的迁移率。

6. 在二类超导体中，总的自由能等于磁场的能量加上超导电流的能量，证明二类超导体的超导相中的磁场满足伦敦方程：

$$-\boldsymbol{B}+\lambda_L^2\nabla^2\boldsymbol{B}=0$$

当外加磁场大于第一临界磁场时，磁通管会穿透进入超导体，由伦敦方程计算磁通管的半径。假设伦敦长度 λ_F 为 200 nm，计算在磁通管外的超导电子浓度 n_s。

7. 铝的德拜温度为 375 K，超导临界温度为 1.2 K。铝是 fcc 的晶体，属于Ⅲ$_A$ 族，原子量为 27，晶格常数为 0.405 nm。用自由电子费米气体的模型估算铝的费米面上的能态密度。

参 考 文 献

[1] 徐毓龙，阎西林，贾宇明，等. 材料物理导论. 成都：电子科技大学出版社，1995
[2] 韦丹. 固体物理. 北京：清华大学出版社，2003
[3] 沈以赴. 固体物理学基础教程. 北京：化学工业出版社，2005
[4] [美]基泰尔 C. 固体物理导论. 项金钟，吴兴惠，译. 8 版. 北京：化学工业出版社，2005
[5] 陆栋，蒋平，徐至中. 固体物理学. 上海：上海科技出版社，2003
[6] 顾秉林，王喜坤. 固体物理学. 北京：清华大学出版社，1989
[7] 黄昆. 固体物理学. 韩汝琦，改编. 北京：高等教育出版社，1988
[8] 陈长乐. 固体物理学. 西安：西北工业大学出版社，1998
[9] 杨兵初，钟心刚. 固体物理学. 长沙：中南大学出版社，1998
[10] 刘恩科，朱秉升，罗晋生，等. 半导体物理学. 4 版. 北京：国防工业出版社，2006
[11] 顾祖毅，田立林，富力文. 半导体物理学. 北京：电子工业出版社，1995
[12] 青锋. 约瑟夫森效应[J]. 物理实验，1983，(06)
[13] 宋金璠. 约瑟夫森效应的历史、性质与应用[J]. 现代物理知识，2002，(03)
[14] 刘福绥. 约瑟夫森效应[J]. 大学物理，1983，(01)

第 8 章 固体的介电性

本章提要

本章首先介绍了电介质极化的基本概念，通过克劳修斯方程建立了极化的微观参数与宏观参数之间的关系，利用典型的极化机制和有效场模型，讨论了静电场下晶体的介电常数。其次，通过介电弛豫现象，以交变电场下电介质的松弛极化为主，着重讨论了相对介电常数与损耗随着电场频率和温度的变化关系。最后，以自发极化为基础，讨论了铁电电畴、电滞回线、相变和软模理论，给出了典型铁电体的例子。

8.1 晶体的介电常数

8.1.1 电极化

电极化是电介质的基本电学行为之一。一般而言，导体中的自由电荷，在电场作用下沿电场方向作定向运动，形成传导电流；但在电介质中，原子、分子或离子中的正、负电荷却以共价键或离子键的形式，强烈地相互束缚，通常称为束缚电荷。在电场作用下，这些束缚电荷只能在微观尺度上发生相对位移，而不能作定向运动。由于正、负电荷分布的相对偏离，在原子、分子或离子中产生感应偶极矩，从而使得电介质形成感应宏观偶极矩。这种在外电场作用下，在电介质内部感生偶极矩的现象，称为电介质的极化。

电介质在电场作用下的极化程度用极化强度矢量 $\boldsymbol{P}$ 来衡量，通常是指电介质单位体积内总的感应偶极矩。极化强度 $\boldsymbol{P}$ 可表示如下：

$$\boldsymbol{P}=\lim_{\Delta neV\to 0}\frac{\Sigma\boldsymbol{\mu}}{\Delta V} \tag{8-1}$$

式中：$\boldsymbol{\mu}$ 为极化粒子的感应偶极矩；ΔV 为体积单元。由此可见，$\boldsymbol{P}$ 是空间坐标的函数。在国际制中，极化强度的单位是库仑/米^2($\mathrm{C/m^2}$)。

电介质极化所产生的感应偶极矩，作为场源在电介质外部空间(真空中)和电介质内部都会建立新的电场。电介质极化既感生表面极化电荷，又感生内部极化电荷，显然这两种极化电荷都是束缚电荷。极化在电介质中感生极化电荷和在电介质中感生偶极矩是同一物理事实的两种表现。面极化电荷、体极化电荷与极化强度都是表征电介质极化的物理量。

电介质表面某处 $\boldsymbol{r}'$ 的面束缚电荷，其密度可以表示为

$$\sigma_P(\boldsymbol{r}') = \boldsymbol{P}(\boldsymbol{r}') \cdot \boldsymbol{n}^0 = P(\boldsymbol{r}')\cos\theta = P_n(\boldsymbol{r}') \tag{8-2}$$

即电介质表面某处($\boldsymbol{r}'$)面极化电荷密度在数值上等于该处极化强度 $\boldsymbol{P}$ 在外表面法线 $\boldsymbol{n}^0$ 方向上的分量 $P_n(\boldsymbol{r}')$。

电介质的体束缚电荷，同样由电介质极化产生，衡量其大小的体极化电荷密度可以表示为

$$\rho_P(\boldsymbol{r}') = -\nabla \boldsymbol{P}(\boldsymbol{r}') \tag{8-3}$$

上式表明：当极化强度 $\boldsymbol{P}$ 随空间位置发生变化时，电介质内部有极化电荷存在。显然，在均匀极化的电介质中 $\boldsymbol{P}$ 是恒量，这时电介质体内不存在极化电荷。

电介质极化对电场的影响可等效地用极化电荷在真空中建立的电场来描述，通常将极化电荷形成的电场称为退极化电场。对于平行板电极，充电后，若忽略边缘效应，则可认为电极上电荷均匀分布，两极间的电场为均匀电场，电场强度处处相等。如两电极间充以各向同性的线性均匀电介质，则电介质被均匀极化，极化强度 $\boldsymbol{P}$ 处处相等。由式(8-3)可得体极化电荷密度为零，即

$$\rho_P = -\nabla \boldsymbol{P} = 0 \tag{8-4}$$

面极化电荷密度为

$$\sigma_P = |\boldsymbol{P} \cdot \boldsymbol{n}^0| = P\cos\theta = |P| \tag{8-5}$$

在紧靠极板的介质表面，面极化电荷密度在数值上等于极化强度 $\boldsymbol{P}$。同时，电介质表面的极化电荷与相邻极板上自由电荷符号相反，这是电介质中感应生成的束缚电荷，如图 8-1 所示。由于极化电荷总是与自由电荷异号，因此，极化电荷削弱自由电荷建立的电场，故称为退极化电场。

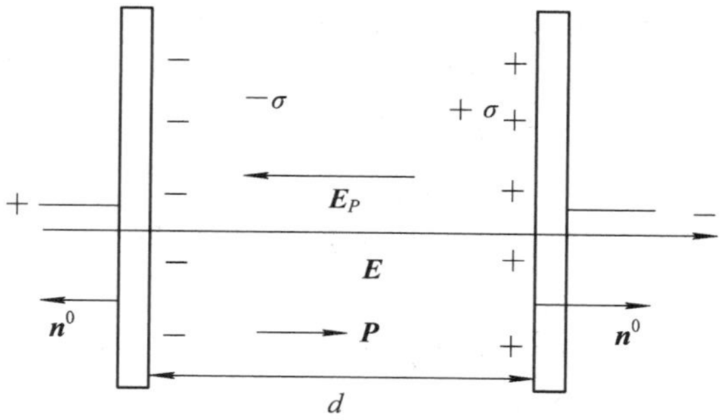

图 8-1　平行板电容器中电介质在外电场 $\boldsymbol{E}$ 作用下的极化情况

根据高斯定理即可得

$$E_P = -\frac{|\sigma_P|}{\varepsilon_0} = -\frac{P}{\varepsilon_0} \tag{8-6}$$

可见，退极化电场强度 $\boldsymbol{E}_P$ 与极化强度 $\boldsymbol{P}$ 成正比，但方向相反。退极化电场的大小与电介质试样的几何形状有关，或者说与电极的几何形状有关。对于不同形状的电介质试样或电极，其退极化电场强度可由下式表示：

$$E_P = -N\frac{P}{\varepsilon_0} \tag{8-7}$$

式中 N 为比例常数，称为退极化因子，通常 $N \leqslant 1$，平板试样的 $N=1$。表 8-1 示出了几种

不同形状的电介质试样的退极化因子。

表 8-1 几种形状的电介质试样的退极化因子

形　状	外加电场 E_0 取向	N 值
球	任意	1/3
平板	垂直表面	1
	平行表面	0
长圆柱	垂直底面	0
	平行底面	1/2

8.1.2 宏观平均电场

以上讨论表明，对平行板电容器内部而言，在有电介质存在时的电场，可以等效地看成是自由电荷和极化电荷在真空中共同建立的电场。该电场称为宏观平均电场，也称为外电场，以 $\boldsymbol{E}$ 表示，它可表示为

$$\boldsymbol{E}=\boldsymbol{E}_0+\boldsymbol{E}_P \tag{8-8}$$

其中 $\boldsymbol{E}_0$ 表示自由电荷在真空中建立的电场。在各向同性的线性电介质中，极化强度 $\boldsymbol{P}$ 与电场强度 $\boldsymbol{E}$ 成正比，并且方向相同：

$$\boldsymbol{P}=\varepsilon_0(\varepsilon_r-1)\boldsymbol{E} \tag{8-9}$$

如果将电介质中与真空中静电场有关方程相比较，可以看出电介质与真空中的唯一区别就在于电介质的介电常数是 $\varepsilon_0\varepsilon_r$，是真空中相对介电常数的 ε_r 倍。因此从宏观上来看，可以把电介质看成是电介质常数为 ε_r 的连续媒质。然而，实际上电介质是不连续不均匀的，它由原子、分子或离子等微粒所组成。因此从微观上来看，极化强度 $\boldsymbol{P}$ 应定义如下：极化强度是电介质单位体积中所有极化粒子偶极矩的矢量和。若单位体积中有 n_0 个极化粒子，各个极化粒子偶极矩的平均值为 $\bar{\boldsymbol{\mu}}$，则有

$$\boldsymbol{P}=\bar{\boldsymbol{\mu}}n_0 \tag{8-10}$$

对于线性极化，平均感应偶极矩与电场强度成正比，即

$$\bar{\boldsymbol{\mu}}=\alpha\boldsymbol{E}_i \tag{8-11}$$

式中：E_i 是作用在各极化原子、分子或离子等微粒上的局域电场，称为有效电场；α 为比例系数，称为原子、分子或离子的极化率，其单位为法·米^2，α 是表征电介质各种微粒极化性质的微观极化参数。于是，可以得到

$$\boldsymbol{P}=n_0\alpha\boldsymbol{E}_i \tag{8-12}$$

注意到(8-9)式，其中 $\boldsymbol{E}$ 为介质中的宏观平均电场，可得

$$\varepsilon_r=1+\frac{n_0\alpha\boldsymbol{E}_i}{\varepsilon_0\boldsymbol{E}} \tag{8-13}$$

上式表示了电介质中与极化有关的宏观参数(ε_r)与微观参数($\boldsymbol{E}_i$，α)之间的关系，称为克劳修斯方程。

8.1.3 电介质的极化机制

电介质的极化现象归根到底是电介质中的微观荷电粒子在电场作用下，电荷分布发生

变化而导致的一种宏观统计平均效应。按照微观机制，电介质的极化可以分成两大类型，弹性位移极化和弛豫极化。弹性位移极化包括电子弹性位移极化和离子弹性位移极化两类。弛豫极化主要包括固有电偶极矩沿外电场方向转向极化、热离子等效极化和空间电荷极化。

1. 电子弹性位移极化

电子弹性位移极化简称电子位移极化。电介质中原子、分子和离子等任何粒子在电场作用下都能感生一个沿电场方向的感应偶极矩。在电场作用下，粒子中的电子云相对于原子核发生相对位移，因此称为电子位移极化。发生相对位移的电子主要是价电子，这是因为这些电子在轨道的最外层和次外层，离核最远，受核束缚最小，在电场作用下最容易发生相对位移。

电子位移极化对外电场的响应时间，也就是它建立或消失过程所需要的时间极短，约在 10^{-14} s～10^{-16} s 范围。这个时间可以与电子绕核运动的周期相比拟。这表明，如所加电场为交变电场，其频率即使高达光频，电子位移极化也来得及响应，因此电子位移极化也称为光频极化。

在电场作用下，任何电介质都有电子位移极化发生。一个原子、分子或离子的电子位移极化所产生的感应偶极矩 $\boldsymbol{\mu}_e$ 可表示为

$$\boldsymbol{\mu}_e = \alpha_e \boldsymbol{E}_i \tag{8-14}$$

式中：$\boldsymbol{E}_i$ 是作用在极化粒子上的电场；α_e 是比例系数，称为原子、分子或离子的电子位移极化率，用来表征电介质电子位移极化的微观参数，与物质的种类和结构有关。因此，电子位移极化强度 $\boldsymbol{P}$ 可表示为

$$\boldsymbol{P} = n_0 \boldsymbol{\mu}_e = n_0 \alpha_e \boldsymbol{E}_i \tag{8-15}$$

以下我们将通过简化模型和量子力学的微扰理论来讨论原子和分子的电子位移极化率。

1）简化的圆周轨道模型

如图 8－2 所示，以玻尔原子模型为例，一个点电荷 q 沿绕核的圆周轨道运行，在电场作用下，轨道沿电场反方向移动距离 x（一般情况下，x 比 a 小的多），电子受电场力的大小为

$$F_1 = -qE_i \tag{8-16}$$

同时，电子与核间的库仑引力为

$$F_2 = \frac{-q^2}{4\pi\varepsilon_0 (x^2 + a^2)} \tag{8-17}$$

平衡时电场力与库仑引力的分量相等，即 $F_1 = F_{2x}$，可以得到

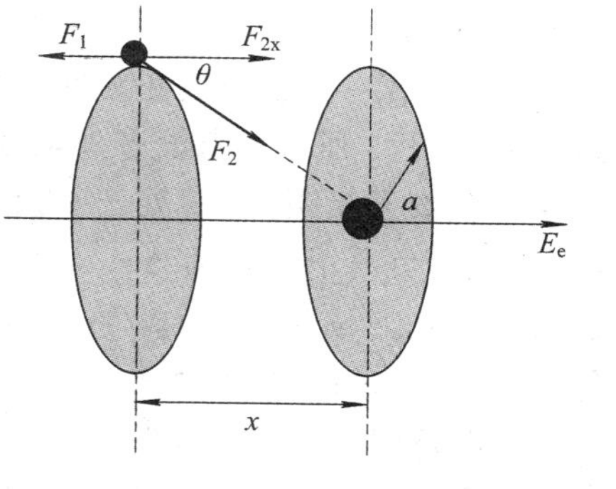

图 8－2　圆周轨道模型

$$x = \frac{4\pi\varepsilon_0 a^3 E_i}{q} \tag{8-18}$$

因此，形成的感应偶极矩大小可以表示为

$$\mu_e = qx \tag{8-19}$$

将式（8－19）与式（8－14）比较，得到原子的电子位移极化率为

$$\alpha_e = 4\pi\varepsilon_0 a^3 \tag{8-20}$$

这表明原子的电子位移极化率与原子半径的立方成正比。以上分析也适用于离子的电子位移极化及其极化率。

2）量子力学的微扰理论

对于晶体中的大部分芯电子来说，它们的状态与孤立原子中的电子状态差别不大。由于外层价电子的屏蔽，邻近原子对芯电子影响较小。这里近似地把晶体中的原子看成是孤立原子，并讨论孤立原子的电子位移极化率。采用量子力学的微扰理论，对多电子原子采用哈特里近似，整个原子的电子位移极化率应是原子中所有电子的极化率之和，可以表示为

$$\alpha_e = 2\sum_l \sum_j \frac{|M_{jl}|^2}{E_j - E_l} \tag{8-21}$$

式中：E_l和E_j分别表示l态及j态的电子波函数能级；M_{jl}表示l态与j态之间的偶极跃迁矩阵元。

由于在原子的电子位移极化率中，主要贡献来自于价电子。因此，如果只计及价电子对原子极化率的贡献，则有

$$\alpha_e \approx 2z\frac{|M_{cV}|^2}{E_g} \tag{8-22}$$

其中：E_g表示禁带宽度，M_{cV}表示导带与价带间的偶极跃迁矩阵元；z表示原子中价电子数。这说明原子的电子位移极化率与晶体的禁带宽度成反比。通常，半导体的禁带宽度比绝缘体小得多，因而半导体的原子极化率比绝缘体的原子极化率大得多。

2. 离子弹性位移极化

对于离子性晶体或具有部分离子性的共价晶体，由于晶体是由正、负离子或带有部分离子性的原子所组成，当对这种晶体施加外电场时，正、负离子将在电场方向上作相反方向移动，正离子将偏离平衡位置沿顺电场方向位移，负离子沿反电场方向位移。这种正、负离子间发生相对位移而形成的极化，称离子弹性位移极化。离子弹性位移极化的响应时间也极短，均为$10^{-13}\sim10^{-12}$ s。

下面利用一对孤立的正、负离子对来计算，如图8-3所示。当没有外电场时$E_i=0$，正、负离子相距为a，处于平衡位置；当$E_i\neq0$时，负离子位移为Δx_-，正离子位移为Δx_+，总的位移$\Delta x=\Delta x_-+\Delta x_+$。则正如第3章“晶格振动”中所述，仍可设两异性离子间的弹性恢复力的大小为

$$F_1 = -k\Delta x \tag{8-23}$$

离子受到的电场力大小为

$$F_2 = qE_i \tag{8-24}$$

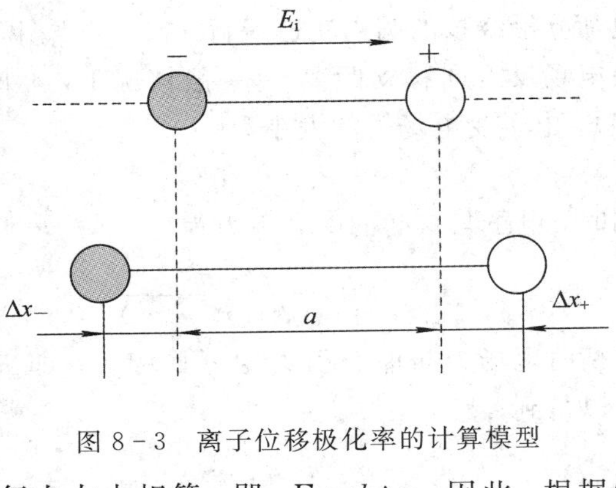

图8-3　离子位移极化率的计算模型

正、负离子处于平衡状态时，电场力与弹性恢复力大小相等，即$qE_i=k\Delta x$。因此，根据偶极子的定义，并结合式(8-14)，离子位移极化的极化率可以表示为

$$\alpha_i = \frac{\mu}{E_i} = \frac{q^2}{k} \tag{8-25}$$

这里 q 是正、负离子所带的电荷量，k 是弹性系数。

一对异性离子的相互作用势能等于库仑引力势能与离子电子云间排斥势能之和，即

$$u(x)=-\frac{q^2}{4\pi\varepsilon_0 x}+\frac{b}{4\pi\varepsilon_0 x^n} \tag{8-26}$$

式中 b 为常数，n 为与材料有关的系数，一般取 7～11。

当没有外电场时，离子处平衡位置 $x=a$，此时离子的相互作用势能最小，即

$$\left.\frac{\partial u(x)}{\partial x}\right|_{x=a}=0 \tag{8-27}$$

解得

$$b=\frac{a^{n-1}q^2}{n} \tag{8-28}$$

在电场作用下，离子间发生弹性位移，离子中心的距离 $x=a+\Delta x$，离子相互作用势能由电场作用而引起的增量等于其弹性能，即

$$u(x)-u(a)=\frac{1}{2}k(x-a)^2=\frac{1}{2}k\Delta x^2 \tag{8-29}$$

于是可得到

$$k=\left.\frac{\partial^2 u(x)}{\partial x^2}\right|_{x=a} \tag{8-30}$$

代入式(8-25)、式(8-26)，即得到离子位移极化率为

$$\alpha_i=\frac{4\pi\varepsilon_0 a^3}{n-1} \tag{8-31}$$

对于三维分布的离子晶体而言，则必须考虑被研究离子周围所有其它正、负离子对它的作用。以 NaCl 晶体为例，若选负离子 Cl^- 作为坐标原点，在 Cl^- 最近邻有 6 个 Na^+ 离子，若设距离为 r，则库仑引力势为 $-6q^2/4\pi\varepsilon_0 r$；次近邻有 12 个 Cl^- 离子，距离为 $\sqrt{2}r$，库仑斥力势为 $12q^2/4\pi\varepsilon_0\sqrt{2}r$；再远则是相距为 $\sqrt{3}r$ 的 8 个 Na+ 离子，库仑引力势能为 $-8q^2/4\pi\varepsilon_0\sqrt{3}r$；以此类推。因此，某一 Cl^- 离子与周围离子的库仑引力势能为

$$W_1(r)=-\left(6-\frac{12}{\sqrt{2}}+\frac{8}{\sqrt{3}}-\cdots\right)\frac{a^3}{4\pi\varepsilon_0 r}=-\frac{Aq^2}{4\pi\varepsilon_0 r} \tag{8-32}$$

A 称马德隆常数，其大小视晶体结构而异，对 NaCl 晶体 $A=1.75$（参见本书 2.2.3 小节马德隆常数的计算）。正、负离子之间的排斥能为

$$W_2(r)=\frac{6b}{4\pi\varepsilon_0 r^n} \tag{8-33}$$

因此，总的势能为

$$W(r)=W_1(r)+W_2(r)=\frac{1}{4\pi\varepsilon_0}\left(-A\frac{q^2}{r}+\frac{6b}{r^n}\right) \tag{8-34}$$

同样可以得到 NaCl 的离子位移极化率为

$$\alpha_i=\frac{q^2}{k}=4\pi\varepsilon_0\frac{3a^3}{A(n-1)}=4\pi\varepsilon_0\frac{a^3}{0.58(n-1)} \tag{8-35}$$

离子位移极化只可能存在于离子晶体中，液体和气体电介质中不可能有离子位移极化。对于离子之间距离不随温度变化的离子晶体，离子极化率只与离子结构的参数有关，与温度无关。

3. 偶极子转向极化及转向极化率

极性电介质的分子在无外电场作用时，都具有一定的固有偶极矩，但由于分子不规则的热运动，分子在各个方向分布的概率是相等的。因此，就介质的整体来看，宏观偶极矩等于零，如图 8-4 所示；但当偶极分子受外电场作用时，偶极分子将受到电场力力矩的作用而趋于转向电场方向，于是就介质整体来看，出现沿电场方向的宏观偶极矩。这种由于偶极分子在外电场作用下沿外电场方向取向排列而产生的极化现象称为转向极化。作用于偶极分子的电场愈强，分子的转向愈趋于整齐。偶极子的转向极化由于受到分子热运动的无序化作用、电场的有序化作用以及分子间的相互作用，它的建立需要较长的时间，约为 $10^{-8}\sim10^{-2}$ s 甚至更长。

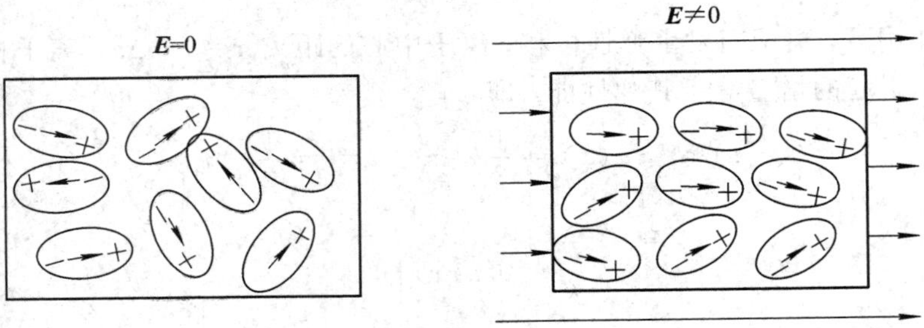

图 8-4 偶极子的转向极化

当偶极分子受到电场 $\boldsymbol{E}_i$ 的作用时，每个偶极分子在电场中的势能则等于：

$$W=-\boldsymbol{\mu}_0\cdot\boldsymbol{E}_{\mathrm{i}}=-\mu_0E_{\mathrm{i}}\cos\theta \tag{8-36}$$

式中：μ_0 为极性分子的固有偶极矩；θ 为 $\boldsymbol{\mu}_0$ 与 $\boldsymbol{E}_{\mathrm{i}}$ 间的夹角。

在估算转向极化率时，如不考虑分子的动能，且假设偶极分子之间的相互联系很小，则偶极分子相互作用势能与单个偶极分子在热运动平衡状态下所具有的能量相比较是很小的。根据玻耳兹曼统计分布，在平衡状态下，偶极分子按能量的分布函数为

$$f(W)=A\mathrm{e}^{-W/kT}=A\mathrm{e}^{\mu_0E\cos\theta/kT} \tag{8-37}$$

式中，A 为比例常数。如图 8-5 所示，设电介质单位体积的分子数 n_0，定向在夹角 $\theta\to(\theta+\mathrm{d}\theta)$ 之间的体积单元为 $\mathrm{d}\Omega$，则单元内能量为 E_i 的偶极分子数为

$$\mathrm{d}n=n_0A\mathrm{e}^{\mu_0E_{\mathrm{i}}\cos\theta/kT}\mathrm{d}\Omega \tag{8-38}$$

其中：

$$\mathrm{d}\Omega=\frac{2\pi r\ \sin\theta r\,\mathrm{d}\theta}{r^2}=2\pi\ \sin\theta\mathrm{d}\theta \tag{8-39}$$

球内偶极分子沿电场方向的总偶极矩的大小为

$$M=\int_\Omega\mu_0\cos\theta\mathrm{d}n \tag{8-40}$$

而球内偶极分子的总数为

$$n=\int_\Omega\mathrm{d}n \tag{8-41}$$

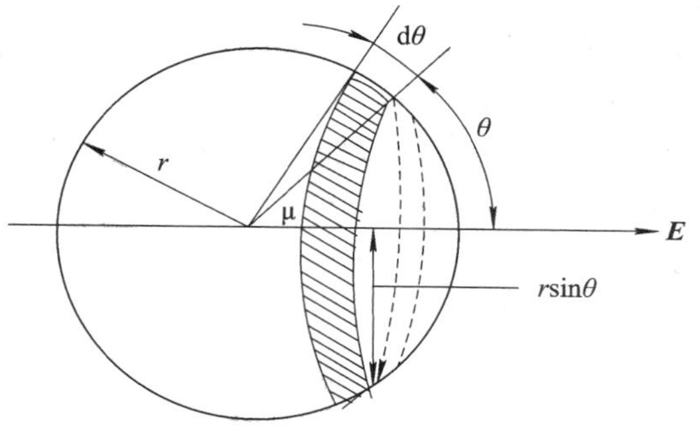

图 8－5　偶极分子的定向

因此，偶极分子沿电场方向的平均偶极矩的大小为

$$\bar{\mu} = \frac{M}{n} = \frac{\int_0^\pi \mu_0 \cos\theta \sin\theta e^{\mu_0 E_i \cos\theta / kT} d\theta}{\int_0^\pi \sin\theta e^{\mu_0 E_i \cos\theta / kT} d\theta} \tag{8-42}$$

当温度不是很低、电场不是很强，即$\frac{\mu_0}{kT}E_i \ll 1$时，考虑到所讨论分子之间联系很弱的情况，则有

$$\bar{\mu} = \frac{\mu_0^2}{3kT}E_i \tag{8-43}$$

即，转向极化率的大小为

$$\alpha_d = \frac{\bar{\mu}}{E_i} = \frac{\mu_0^2}{3kT} \tag{8-44}$$

显然，偶极子的转向极化率与温度成反比。随着电场强度的增加，由于偶极分子已全部沿电场方向定向，转向极化出现饱和现象，$\bar{\mu}$趋于饱和值，即使电场再增加，平均偶极矩不再增加。

8.1.4　电介质的有效电场

1. 洛伦兹有效电场

一般来说，除了压力不太大的气体电介质，有效电场 $\boldsymbol{E}_i$ 和宏观平均电场 $\boldsymbol{E}$ 是不相等的。电介质中某一点的宏观电场强度 $\boldsymbol{E}$，是指极板上的自由电荷以及电介质中所有极化分子形成的偶极矩共同在该点产生的场强之和。而电介质中的有效电场 $\boldsymbol{E}_i$，是指极板上的自由电荷以及除某被考察的极化分子以外其它所有极化分子形成的偶极矩共同在该分子处产生的场强之和。显然，有效电场并不包含被考察分子本身的作用。由于偶极矩间的库仑作用是长程的，使有效电场 $\boldsymbol{E}_i$ 的计算很复杂，洛伦兹首先对有效电场作了近似计算。

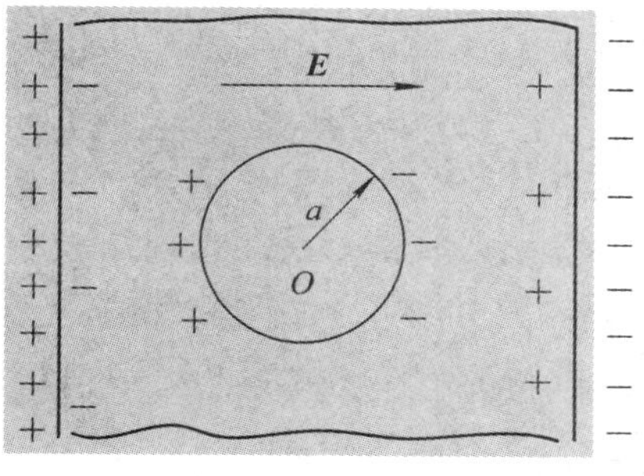

图 8－6　洛伦兹有效场的计算模型

洛伦兹关于有效电场的模型如图 8－6 所示，电介质放于一平板电容器两极板之间，设被研究的分

子 O 位于半径为 a 的圆球中心，一方面球半径比分子间的距离大得多，这样对被研究的分子来说，球外区域可认为是连续介质，球外电介质的极化分子的作用可用宏观方法处理，另一方面球半径又比两极板间的距离小得多，以保证球内外电场 $\boldsymbol{E}$ 可看作是恒定的，至于球内其它极化分子对 O 分子的作用，就必须考虑到电介质的物质结构了。应用电场叠加原理，作用于被研究分子 O 的有效电场为

$$\boldsymbol{E}_i = \boldsymbol{E}_0 + \boldsymbol{E}_P + \boldsymbol{E}_1 + \boldsymbol{E}_2 \tag{8-45}$$

式中：$\boldsymbol{E}_0$ 为极板上自由电荷产生的场强；$\boldsymbol{E}_P$ 为介质表面束缚电荷产生的场强；$\boldsymbol{E}_1$ 为球腔表面束缚电荷作用产生的场强；$\boldsymbol{E}_2$ 为除被研究的分子 O 外，球内其它的所有极化分子作用产生的场强。

极板上自由电荷在真空中所产生的电场的大小，通过高斯定理，可以表示为

$$E_0 = \frac{\sigma_0}{\varepsilon_0} = \frac{D}{\varepsilon_0} \tag{8-46}$$

介质表面束缚电荷产生的场强，是电介质与极板界面上极化电荷在真空中所产生的电场，即退极化场，可以表示为

$$E_P = \frac{\sigma'}{\varepsilon_0} = -\frac{P}{\varepsilon_0} \tag{8-47}$$

为了计算球腔表面束缚电荷作用的电场 $\boldsymbol{E}_1$，将小球放大如图 8－7 所示。由于电介质中的小球是想象画出来的，并不影响电场原来的分布，原来电介质中极化强度为 $\boldsymbol{P}$，它与电场平行，且处处相等。由于问题的对称性，球腔表面束缚电荷在球心 O 处产生电场的垂直分量互相抵消，只留下与电场 $\boldsymbol{E}$ 平行的分量。根据静电场中点荷电场的公式，面元 $\mathrm{d}S$ 上面的束缚电荷 $\mathrm{d}q$ 为

$$\mathrm{d}q = \sigma' \mathrm{d}S = P\cos\theta \mathrm{d}S = P\cos\theta \times 2\pi a \sin\theta \, a \, \mathrm{d}\theta \tag{8-48}$$

$\mathrm{d}q$ 在球心 O 产生的平行于 $\boldsymbol{E}$ 的场强为

$$\mathrm{d}E_{11} = \frac{\mathrm{d}q}{4\pi\varepsilon_0 a^2}\cos\theta = \frac{1}{2\varepsilon_0} P\cos^2\theta \sin\theta \mathrm{d}\theta \tag{8-49}$$

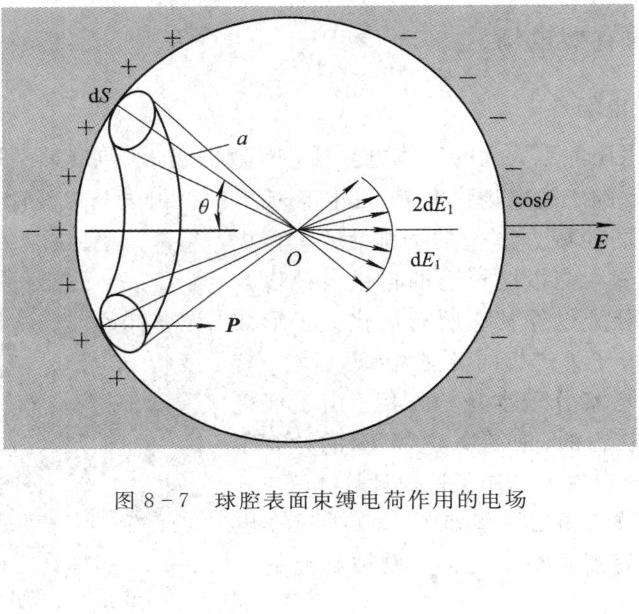

图 8－7 球腔表面束缚电荷作用的电场

于是有

$$E_1 = \int_0^{\pi} \mathrm{d}E_{11} = \frac{P}{3\varepsilon_0} \tag{8-50}$$

作用于被研究分子上的场强为

$$\boldsymbol{E}_i = \boldsymbol{E} + \frac{\boldsymbol{P}}{3\boldsymbol{\varepsilon}_0} + \boldsymbol{E}_2 = \frac{\varepsilon_r + 2}{3}\boldsymbol{E} + \boldsymbol{E}_2 \tag{8-51}$$

这就是洛伦兹有效电场。

至于球内极化分子作用的电场 $\boldsymbol{E}_2$ 的计算，由于球内其它极化分子是紧靠着被研究的分子，因此不能把球内介质看作是连续的而用宏观的方法处理，只能根据介质的物质结构而定。若极化粒子之间的相互作用可以忽略不计或相互抵消，则 $\boldsymbol{E}_2$ 趋于零。通常认为适用于洛伦兹电场的电介质有气体、非极性电介质、结构高度对称的立方晶体等。

若电场 $\boldsymbol{E}_2=0$，则有

$$\boldsymbol{E}_i = \frac{\varepsilon_r + 2}{3}\boldsymbol{E} \tag{8-52}$$

该电场被称为莫索缔有效电场。将莫索缔有效电场代入克劳修斯方程(8-13)，则得到非极性与弱极性介质的极化方程为

$$\frac{\varepsilon_r - 1}{\varepsilon_r + 2} = \frac{Na}{3\varepsilon_0} \tag{8-53}$$

上式称为克劳修斯—莫索缔方程，简称克—莫(C-M)方程，这里单位体积中的极化粒子数改用 N 表示。克—莫方程亦可应用于光频范围作用下的电介质。根据麦克斯韦的电磁场理论，一般物质对光的折射率为 $n=\sqrt{\mu_r\varepsilon_r}$，其中 μ_r、ε_r 分别为电介质的相对磁导率和相对介电常数。除铁磁物质外，一般电介质的相对磁导率近似为 1，而在光频范围中，只有电子位移极化来得及建立，此时电介质中仅存在电子位移极化 α_e，所以式(8-53)可写成

$$\frac{n^2 - 1}{n^2 + 2} = \frac{N\alpha_e}{3\varepsilon_0} \tag{8-54}$$

上式又被称为洛伦兹—洛伦斯方程。

2. 昂扎杰有效场

极性液体介质在电场作用下，除了电子位移极化外，还有极性分子的转向极化，对于强极性液体介质，转向极化往往起主要作用，此时偶极分子之间的相互作用较强，再也不能略去洛伦兹有效电场中的 $\boldsymbol{E}_2$，也即莫索缔有效电场不再适用。下面介绍昂扎杰关于极性液体介质的理论。

在洛伦兹有效电场模型中，电介质球是想象画出来的，并不是真正真空，因此电场不受影响且不发生畸变。而昂扎杰的基本假设是认为极性液体分子本身可以看成一个半径为 a 的空心球，分子偶极矩位于球心，且 $\frac{4}{3}\pi a^3 N=1$，其中 N 为单位体积内极性液体的分子数。为处理问题方便起见，又假设该空球周围的介质可视为连续介质，相对介电常数为 ε_r。根据上述分子模型，昂扎杰进一步提出，作用于极性分子的有效电场是由下面两个分量组成，即

$$\boldsymbol{E}_i = \boldsymbol{G} + \boldsymbol{R} \tag{8-55}$$

式中：$\boldsymbol{G}$ 为空腔电场；$\boldsymbol{R}$ 为反作用电场。假想把被研究的分子从液体中被挖出，在介质内留下真空的空球，若外加宏观均匀电场为 $\boldsymbol{E}$，则在空球内引起的电场 $\boldsymbol{G}$ 称为空腔电场，如图

8－8(a)所示。

再假想另一种情况：无外电场，而点偶极子位于球中心。这时，点偶极矩使球外介质极化，空球表面产生束缚电荷，这些束缚电荷反过来对空腔球内点偶极子产生一个电场 $\boldsymbol{R}$，如图 8－8(b)所示。电场 $\boldsymbol{R}$ 称为反作用电场。电场 $\boldsymbol{G}$ 和 $\boldsymbol{R}$ 可由圆球坐标系中的拉普拉斯方程分别求得。

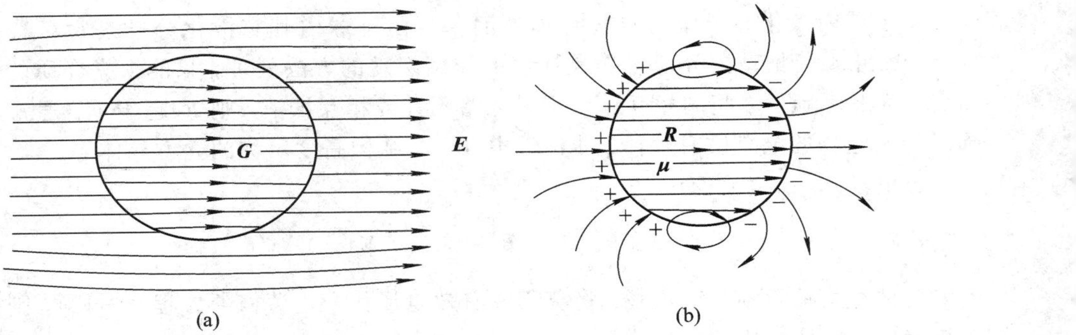

图 8－8　昂扎杰有效电场的计算模型

在计算空腔电场 $\boldsymbol{G}$ 时，采用图 8－8(a)模型。该模型中设球内的电位为 φ_1，在球外的电位为 φ_2，取轴与外电场 $\boldsymbol{E}$ 同向，圆球中心为原点，根据对称关系，电场分布与圆球坐标系中的方位角无关。拉普拉斯方程的解，满足下列边界条件：

(1) 离圆球中心相当远处的电场不受球的影响，即

$$\varphi_2\big|_{r=\infty}=-EZ=-Er\cos\theta$$

(2) 球面上两边电位相等：

$$\varphi_1\big|_{r=a}=\varphi_2\big|_{r=a}$$

(3) 球面上电感应强度垂直球面分量连续，即

$$\left(\frac{\partial\varphi_1}{\partial r}\right)_{r=a}=\varepsilon_r\left(\frac{\partial\varphi_2}{\partial r}\right)_{r=a}$$

(4) 在球心上$(r=0)$ φ_1 为有限值。

将所求得的待定常数代入方程的解，得

$$\varphi_1=-\frac{3\varepsilon_r}{1+2\varepsilon_r}EZ \tag{8-56}$$

球内电场强度即 $\boldsymbol{G}$ 为

$$\boldsymbol{G}=-\frac{\partial\varphi_1}{\partial Z}=\frac{3\varepsilon_r}{1+2\varepsilon_r}\boldsymbol{E} \tag{8-57}$$

空腔电场 $\boldsymbol{G}$ 与 $\boldsymbol{E}$ 方向相同，也是均匀的，且比电场 $\boldsymbol{E}$ 强。

同样，利用拉普拉斯方程，基于模型图 8－8(b)，求反作用电场 $\boldsymbol{R}$。在该模型中，设球内的电位为 φ_3，在球外的电位为 φ_4，同样利用边界条件，解得

$$\varphi_3=\frac{1}{4\pi\varepsilon_0}\left[\frac{1}{r^3}-\frac{2(\varepsilon_r-1)}{(2\varepsilon_r+1)r^3}\right]\mu Z \tag{8-58}$$

球内电场强度，除去偶极子本身所产生的电场，剩余为由于极化产生束缚电荷形成的反作用电场，其强度为

$$\boldsymbol{R}=\frac{1}{4\pi\varepsilon_0}\left[\frac{2(\varepsilon_r-1)}{2\varepsilon_r+1}\frac{\boldsymbol{\mu}}{a^3}\right] \tag{8-59}$$

此时，对于被考察的偶极分子，除了本身的固有偶极矩外，由于电场的作用，该偶极分子能够被进一步极化。若仅考虑电子位移极化，则偶极分子的偶极矩会发生变化，也即式(8-59)中的偶极矩可表示为

$$\boldsymbol{\mu}=\boldsymbol{\mu}_0+\alpha_e\boldsymbol{E}_i \tag{8-60}$$

于是作用于极性分子的有效电场为

$$\boldsymbol{E}_i=\boldsymbol{G}+\boldsymbol{R}=\frac{3\varepsilon_r}{2\varepsilon_r+1}E+\frac{1}{4\pi\varepsilon_0}\left[\frac{2(\varepsilon_r-1)}{2\varepsilon_r+1}\frac{\boldsymbol{\mu}}{a^3}\right] \tag{8-61}$$

联系式 $\boldsymbol{P}=\varepsilon_0(\varepsilon_r-1)\boldsymbol{E}$ 及 $\frac{4}{3}\pi a^3N=1$，可得昂扎杰方程：

$$\frac{(2\varepsilon_r+n^2)(\varepsilon_r-n^2)}{\varepsilon_r(n^2+2)^2}=\frac{N}{3\varepsilon_0}\frac{\mu_0{}^2}{3kT} \tag{8-62}$$

当极性液体的固有偶极矩很大，$\varepsilon_r\gg n^2$ 时，即转向极化对介电常数的贡献比电子位移化大得多时，上式可简化为

$$\varepsilon_r\approx\frac{N\mu_0^2(n^2+2)^2}{18\varepsilon_0 kT} \tag{8-63}$$

对于非极性液体，$\mu_0=0$，$\varepsilon_r=n^2$，昂扎杰方程转化为克—莫方程。需要指出，对于极性液体介质，昂扎杰有效电场计算模型用极性分子的反作用电场对其本身的作用来考虑极性分子间的相互作用，比洛伦兹模型有所改进。但是，在昂扎杰模型中，把每个极性分子周围都看成连续均匀的介质，这实际上是忽略了邻近分子的相互作用，因此，相对介电常数的计算值都比实测值低得多。

另外需指出，离子晶体的点缺陷也可形成等效的偶极矩。例如正离子空位形成负电中心，负离子定位形成正电中心，正、负电中心之间形成等效的偶极矩，该等效偶极矩在外场作用下也可产生转向极化。

8.2　介电弛豫与介电损耗

8.2.1　电介质的弛豫

电介质极化的建立与消失都有一个响应过程，需要一定的时间，这是由于任何的物理过程都不可避免地存在着惯性。因此，极化强度时间函数 $\boldsymbol{P}(t)$ 与电场强度的时间函数 $\boldsymbol{E}(t)$ 不一致，$\boldsymbol{P}(t)$ 滞后于 $\boldsymbol{E}(t)$，并且函数形式也有变化。

由于弹性位移极化的响应时间极快，在外电场频率远低于光频的情况下，位移极化可以看成是即时的，也称为瞬时极化，其极化强度用 $\boldsymbol{P}_\infty(t)$ 表示。偶极子取向极化、热离子等效极化和界面极化等驰豫极化对外电场的响应时间较慢，故也称松弛极化，其极化强度以 $\boldsymbol{P}_r(t)$ 表示，因此极化强度的时间响应 $\boldsymbol{P}(t)$ 就是两者的叠加，即

$$\boldsymbol{P}(t)=\boldsymbol{P}_\infty(t)+\boldsymbol{P}_r(t) \tag{8-64}$$

位移极化强度是瞬时建立的，可认为与时间无关，而松弛极化强度与时间的关系很复

杂。若电介质中只有一种形式的松弛极化时，松弛极化强度与时间的关系可近似地表示为

$$\boldsymbol{P}_{\mathrm{r}} = \boldsymbol{P}_{\mathrm{rm}}(1 - \mathrm{e}^{-t/\tau}) \tag{8-65}$$

式中：τ 为松弛极化的松弛时间，表示松弛极化强度建立或消除的快慢；t 为加上电场后经过的时间；$\boldsymbol{P}_{\mathrm{rm}}$ 为稳态 $t\to\infty$ 时的松弛极化强度。

当松弛极化强度到达其稳态值后，移去电场，则松弛极化强度 $\boldsymbol{P}_{\mathrm{rm}}$ 将随时间的延长而逐步减弱，经过相当长的时间后，$\boldsymbol{P}_{\mathrm{r}}$ 将逐渐降低并趋于零，一般亦可用下式近似地表示

$$\boldsymbol{P}_{\mathrm{r}} = \boldsymbol{P}_{\mathrm{rm}}\mathrm{e}^{\frac{-t}{\tau}} \tag{8-66}$$

在恒定电场作用下，极化强度稳态值为 $\boldsymbol{P}_{\mathrm{m}}=\varepsilon_0(\varepsilon_{\mathrm{s}}-1)\boldsymbol{E}$，则对于瞬时位移极化有

$$\boldsymbol{P}_{\infty} = \varepsilon_0(\varepsilon_{\infty} - 1)\boldsymbol{E} \tag{8-67}$$

对于松弛极化稳态值，可以表示为

$$\boldsymbol{P}_{\mathrm{rm}} = \boldsymbol{P}_{\mathrm{m}} - \boldsymbol{P}_{\infty} = \varepsilon_0(\varepsilon_{\mathrm{s}} - \varepsilon_{\infty})\boldsymbol{E} \tag{8-68}$$

其中：ε_{∞} 为电介质光频下的相对介电常数；ε_{s} 为电介质的静态相对介电常数。

8.2.2 电介质的损耗

静电场中的电介质相对介电常数，可以定义为

$$\varepsilon_{\mathrm{r}} = \frac{D}{\varepsilon_0 E} \tag{8-69}$$

交变电场下，如果电介质中不存在松弛极化，极化强度 $\boldsymbol{P}$ 和电场 $\boldsymbol{E}$ 没有相位差，上式仍然适用。如果存在松弛极化，极化强度 $\boldsymbol{P}$ 和电场 $\boldsymbol{E}$ 存在相位差，这时上式不再适用。考虑加载在电介质上的电场为这样一个交变电场：

$$E(t) = E_{\mathrm{m}}\sin\omega t \tag{8-70}$$

式中：E_{m} 为交变电场的振幅；ω 为交变电场的角频率。若 $\boldsymbol{D}$ 和 $\boldsymbol{E}$ 之间存在相位差 δ，则交变电感应强度可以表示为

$$D(t) = D_{\mathrm{m}}\sin(\omega t - \delta) \tag{8-71}$$

电感应强度的复指数形式为

$$D = D_{\mathrm{m}}\mathrm{e}^{\mathrm{i}(\omega t-\delta)} \tag{8-72}$$

对于线性电介质，相角与 $\boldsymbol{E}$ 无关，则 $\boldsymbol{D}$ 与 $\boldsymbol{E}$ 之比是一个复数，定义为复介电常数，通常表示为

$$\varepsilon^{*} = \frac{D}{\varepsilon_0 E} = \frac{D_{\mathrm{m}}}{\varepsilon_0 E_{\mathrm{m}}}\mathrm{e}^{-\mathrm{i}\delta} \tag{8-73}$$

进一步，引入两个实数 ε' 和 ε''，分别为复介电常数的实部和虚部，即

$$\varepsilon^{*} = \varepsilon' - \mathrm{i}\varepsilon'' = \varepsilon_{\infty} + \frac{\varepsilon_{\mathrm{s}} - \varepsilon_{\infty}}{1 + \mathrm{i}\omega\tau} \tag{8-74}$$

其中：

$$\varepsilon' = \frac{D_{\mathrm{m}}}{\varepsilon_0 E_{\mathrm{m}}}\cos\delta = \varepsilon_{\infty} + \frac{\varepsilon_{\mathrm{s}} - \varepsilon_{\infty}}{1 + \omega^2\tau^2}, \quad \varepsilon'' = \frac{D_{\mathrm{m}}}{\varepsilon_0 E_{\mathrm{m}}}\sin\delta = \frac{(\varepsilon_{\mathrm{s}} - \varepsilon_{\infty})\omega\tau}{1 + \omega^2\tau^2} \tag{8-75}$$

通常，电介质的损耗用 $\tan\delta$ 来表征，即

$$\tan\delta = \frac{\varepsilon''}{\varepsilon'} = \frac{(\varepsilon_{\mathrm{s}} - \varepsilon_{\infty})\omega\tau}{\varepsilon_{\mathrm{s}} + \varepsilon_{\infty}\omega^2\tau^2} \tag{8-76}$$

式(8-75)和式(8-76)即为德拜方程。

1. ε_r 和 $\tan\delta$ 随频率的变化关系

由德拜方程可见，在一定温度下：

（1）当 ω 趋向于 0 时，$\varepsilon'=\varepsilon_s$，$\varepsilon''=0$，与恒定电场下情况类似。

（2）当 ω 趋向于无穷大时，$\varepsilon'=\varepsilon_\infty$，$\varepsilon''=0$，与光频下的情况类似。

（3）当 ω 在 0 和无穷大之间时，介电常数实部 ε' 随频率增加而降低，从静态介电常数 ε_s 降至光频介电常数 ε_∞，如图 8－9 所示。介电常数虚部 ε'' 随频率的变化则出现极大值，极值的条件是：

$$\frac{d\varepsilon''}{d\omega}=\frac{\tau[\varepsilon_s-\varepsilon_\infty](1-\omega^2\tau^2)}{[1+(\omega\tau)^2]^2}=0 \tag{8-77}$$

此时，频率为 $\omega\tau=1$。当 $\omega\tau=1$ 时，由式(8－75)和式(8－76)可得

$$\varepsilon'=\frac{1}{2}(\varepsilon_s+\varepsilon_\infty)$$

$$\varepsilon''_{max}=\frac{1}{2}(\varepsilon_s-\varepsilon_\infty) \tag{8-78}$$

$$\tan\delta=\frac{\varepsilon_s-\varepsilon_\infty}{\varepsilon_s+\varepsilon_\infty}$$

因此，在 $\omega=\frac{1}{\tau}$ 附近的频率范围内，ε' 和 ε'' 急剧变化。ε' 由 ε_s 过渡到 ε_∞，与此同时，ε'' 出现一极大值，如图 8－9 所示。在这一频率区域，介电常数发生剧烈变化，同时出现极化的能量耗散，这种现象被称为弥散现象，这一频率区域被称为弥散区域。显然这是由极化的弛豫过程造成的。

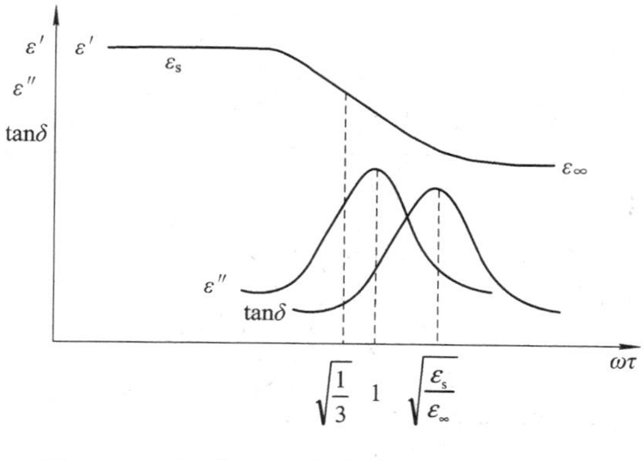

图 8－9　ε'、ε''、$\tan\delta$ 与频率的关系特性曲线

$\tan\delta$ 随频率的变化关系类似于 ε'' 随频率的变化关系，在 $\tan\delta$ 与频率的关系中也出现极大值，但 $\tan\delta$ 的极值频率与 ε'' 的极值频率不同。

同样，令 $\frac{d\tan\delta}{d\omega}=0$ 求得，$\omega\tau=\sqrt{\frac{\varepsilon_s}{\varepsilon_\infty}}$，此时 $\tan\delta$ 取得最大值：

$$(\tan\delta)_{max}=\frac{(\varepsilon_s-\varepsilon_\infty)}{2\sqrt{\varepsilon_s\varepsilon_\infty}} \tag{8-79}$$

显然 $\tan\delta$ 出现极值的频率高于 ε''。这是因为 $\tan\delta=\frac{\varepsilon''}{\varepsilon'}$，当 ε'' 达到极值时，ε' 还在随频率的增加迅速减少，因而 $\tan\delta$ 在较高的频率下才达到极值。

ε'和ε''的频率特性曲线从极化的物理机制上可解释如下：在低频时，电场变化非常缓慢，电场的变化周期比电介质弛豫时间要长得多，弛豫极化完全来得及建立并能够随电场的变化而发生改变，这时电介质的行为与静电场时的情况相接近。因此，ε'趋近于静态介电常数ε_s，相应的介质损耗 $\tan\delta$ 也很小。若频率逐渐升高，电场的变化周期逐渐变短，当电场周期缩短到可与电介质极化的弛豫时间相比拟时，电介质极化逐渐跟不上外加电场的变化，介质损耗也逐渐增加，这时随频率进一步升高，ε'几乎从静态介电常数ε_s降至光频介电常数ε_∞。同时电介质相对介电常数虚部ε''出现极大值，电介质出现较大的能量损耗，并以热的形式发散出来，这就是极值频率 $\omega\tau=1$ 附近的弥散区域。当频率很高时，电场变化很快，它的变化周期比弛豫时间短得多，电介质中的弛豫极化完全跟不上电场的变化，这时只有瞬时极化发生，因此ε'接近于光频介电常数ε_∞，介质损耗很小。$\tan\delta$ 与频率的关系类似于ε''的情况，只不过其极值频率大于ε''的极值频率。

以上讨论的是在一定温度下ε''、ε'和 $\tan\delta$ 的频率特性。如果温度改变的话，则介质弥散的频率区域也要发生变化。当温度升高时，弥散区域向高频方向移动，也即ε'发生剧烈变化的区域向高频区域移动，与此同时ε''和 $\tan\delta$ 的峰值也相应移向高频。反之当温度降低时，弥散区域则向低频方向移动。图 8-10 示出了不同温度下ε''、ε'和 $\tan\delta$ 的频率特性曲线。这种现象可以解释为，当温度升高时，弛豫时间减少，因此可以和弛豫时间相比拟的电场周期变短，反之则频率降低。

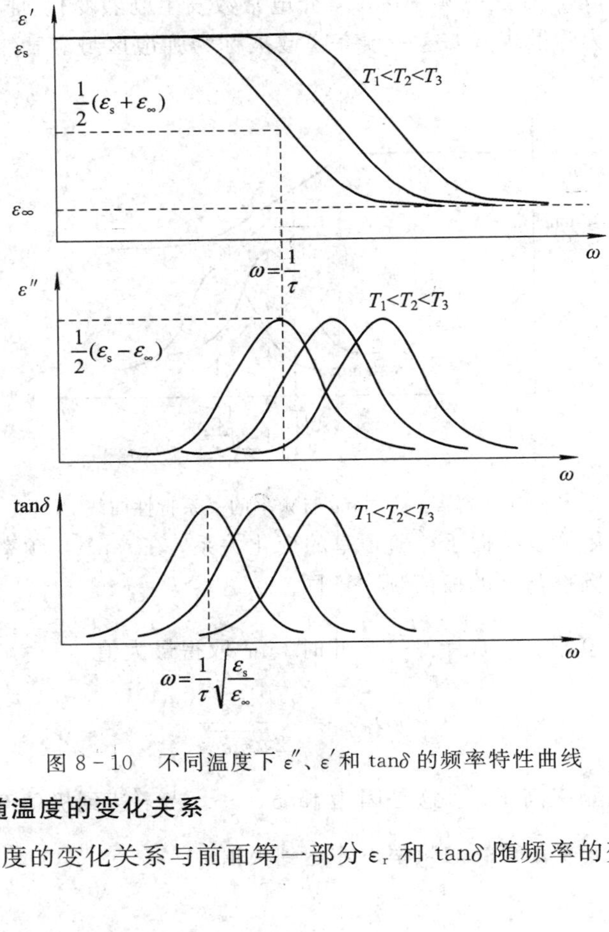

图 8-10　不同温度下ε''、ε'和 $\tan\delta$ 的频率特性曲线

2. ε_r 和 $\tan\delta$ 随温度的变化关系

ε_r 和 $\tan\delta$ 随温度的变化关系与前面第一部分ε_r 和 $\tan\delta$ 随频率的变化关系的讨论方法

类似，分别在三个典型温度区间进行，详细过程此处不再展开。

8.2.3　柯尔—柯尔(Cole－Cole)图

由德拜方程可以看出 ε' 和 ε'' 两者是相关的，不是独立的。K. S. 柯尔和 R. H. 柯尔利用这一相关性，从德拜方程中消去了参变量 $\omega\tau$，就得到 ε' 和 ε'' 两者之间的关系为

$$\left(\varepsilon' - \frac{\varepsilon_s + \varepsilon_\infty}{2}\right)^2 + (\varepsilon'')^2 = \left(\frac{\varepsilon_s - \varepsilon_\infty}{2}\right)^2 \tag{8-80}$$

若以 ε' 为横坐标，以 ε'' 为纵坐标，就得到如图 8－11 所示的一个半圆。这种不同频率或者不同温度下 ε' 和 ε'' 之间的关系图就称为柯尔—柯尔图。

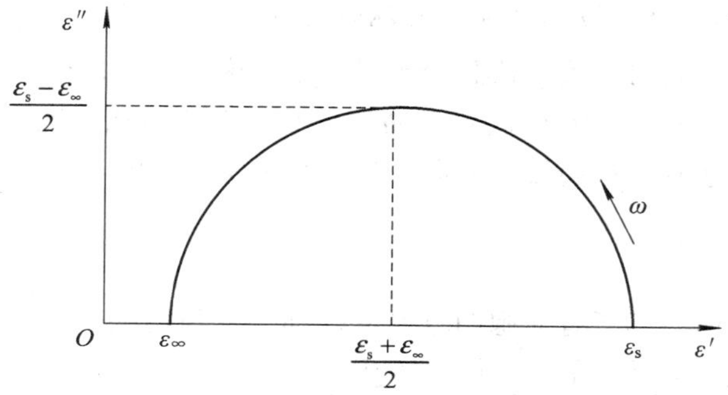

图 8－11　单一弛豫时间的柯尔—柯尔图

＊8.3　铁　电　性

8.3.1　电介质的自发极化

许多电介质只有在电场作用下才会发生极化，电场去除后，极化强度迅速衰减到零。在液体和无定形固体中，即使分子本身的偶极矩很大，极性很强，但由于分子排列的混乱性，外电场为零时，介质对外表现出的宏观极化强度仍等于零。然而在晶体中，如果原胞本身的正、负电荷中心不重合，即原胞具有极性，那么由于晶体构造的周期性和重复性，原胞的固有电矩便会沿着同一方向排列整齐，使得晶体处在高度的极化状态。由于这种极化状态是在外电场为零时自发地建立起来的，因此称为自发极化。在 21 种不存在对称中心的点群中，有 10 种含有单一对称轴的点群可能会产生自发极化。

具有自发极化的单晶体是一个永久带电体，应该在晶体内部及外部建立电场，电场强度取决于晶体的自发极化强度，但是用实验的方法却很难发现晶体的带电状态。这是因为自发极化所建立的电场吸引了晶体内部和外部空间的异号自由电荷，自发极化建立的表面束缚电荷被外来的表面自由电荷所屏蔽。因此，若晶体中离子间的键长或键角发生变化，会引起晶体自发极化强度的变化，导致表面束缚电荷的变化。这时被自发极化束缚在表面的自由电荷层就要发生相应的调整，释放出来，恢复自由，使得晶体呈现带电状态或在闭合电路中产生电流。这一现象就是热释电效应。具有自发极化的晶体则称为热释电体。

热释电体是具有自发极化的晶体，其自发极化只能出现在晶体的某几个特定晶向上，外电场很难使热释电体的自发极化沿着空间的任意方向定向。但是有少数热释电体的自发极化强度矢量却能在外电场的作用下沿着某几个特定的晶向重新定向。这种自发极化能被外场重新定向的热释电体就是铁电体。

自发极化能被外电场重新定向是铁电体最重要的判据，也是铁电体具有许多独特性质的主要原因。常见的铁电体有下面三类：罗谢耳盐型，如 $NaK(C_4H_4O_6)\cdot 4H_2O$ 和 $LiNH_4(C_4H_4O_6)\cdot H_2O$；KDP 型，如 KH_2PO_4 和 RbH_2PO_4；钙钛矿型，如 $BaTiO_3$ 和 $SrTiO_3$ 等。若按形成铁电性的机理分类，可把铁电体分成两类：① 位移型铁电体，钙钛矿型铁电体即属于这一类。这一类铁电性来自于正、负离子的相对位移。② 有序—无序型铁电体，罗谢耳盐和 KDP 型属于这一类。这一类铁电体都有氢键，氢核在氢键上有两个位置，分别靠近氢键的两端。当氢核在此两位置上任意分布时，尽管这时晶体内也存在固有偶极矩，但是这些固有电矩的取向是任意的，因此整个晶体没有自发的极化强度。当氢核在此两位置上有序有规则分布时，这些固有偶极矩方向一致，引起自发极化，也即产生铁电性。

8.3.2 电畴结构

热释电体中，晶体内部所有原胞的自发电矩都全部指向同一方向，外部自由电荷层与退极化电场相互抵消。但是，在铁电体原胞中，电矩的极化存在若干可能取向，这样使得铁电单晶或铁电陶瓷晶粒中出现许多微小的区域，每个区域中所有原胞的电矩取向相同，而相邻区域电矩取向不同。这些取向各异的由自发极化建立的退极化电场相互抵消，直到整个晶体内、外不呈现宏观电场。这种因自发极化方向相同的原胞所组成的小区域称电畴，分隔相邻电畴的界面称畴壁。

铁电体中电畴是不能在空间任意取向的，只能沿着晶体的某几个特定晶向取向。电畴所能允许的晶向取决于该种铁电体原型结构的对称性，即在铁电体的原型结构中与铁电体极化轴等效的轴向。例如，对于铁电体 $BaTiO_3$，只有相互垂直的两个极化方向，因此它只有两种电畴壁，分别称为 180°畴壁及 90°畴壁。前者是两个电极矩方向相反的电畴之间的畴壁，而后者则是两个电极矩方向相互垂直的电畴之间的畴壁。图 8－12 给出了铁电体 $BaTiO_3$ 的这两种畴壁的情况。整个晶体的自发极化强度的大小决定于各个电畴的体积大小及分布情况，并等于各个电畴的极化强度的矢量和。

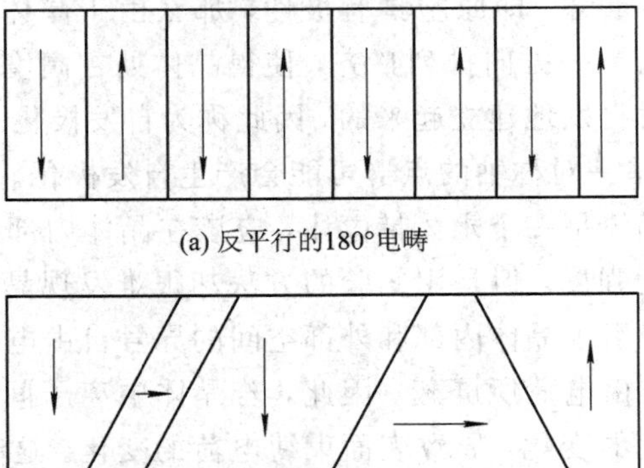

(a) 反平行的180°电畴

(b) 相互垂直的90°电畴

图 8－12　$BaTiO_3$ 中反平行的 180°电畴和相互垂直的 90°电畴

8.3.3　铁电体的电滞回线

铁电体的自发极化在外电场作用下的重新定向并不是连续发生的，而是在外电场超过某一临界场时发生的。这就使得极化强度 $\boldsymbol{P}$ 滞后于外加电场 $\boldsymbol{E}$。当电场发生周期性变化时，$\boldsymbol{P}$ 和 $\boldsymbol{E}$ 之间便形成电滞回线关系。电滞回线是铁电体的一种最重要的标志。

图 8－13 是铁电体的典型电滞回线。假定铁电体在外电场为零时，晶体中的各电畴互相补偿抵消，晶体对外的宏观极化强度为零，晶体的极化状态处在图中的 O 点。如果沿着铁电体某一可能产生自发极化的方向加上电场，在外电场的作用下，与电场方向不一致的电畴逐渐消失，沿着电场方向的电畴逐渐扩大，直到晶体中所有电畴均转向外电场方向，整个晶体变成一个单一的极化畴，这时所有电畴均沿外场取向，达到饱和状态。此时铁电体的极化强度为 $\boldsymbol{P}_s$，这一过程相当于图中由 O 点经 A 点达到 B 点。当电场继续增加时，极化强度已不可能由于畴的转向而大幅度地增加，只能通过电子和离子的弹性位移极化沿直线 BC 稍有增加。当电场强度达到 C 点为 $\boldsymbol{E}_m$ 时，此时铁电体相应极化强度为 $\boldsymbol{P}_m=\boldsymbol{P}_s+\alpha\boldsymbol{E}_m$，$\alpha$ 是晶体的电子、离子位移极化率，$\boldsymbol{P}_s$ 是每个电畴原来已经存在的饱和自发极化强度。到达 C 点以后，如果减少外电场，极化强度 $\boldsymbol{P}$ 延 CB 缓慢下降，当 $\boldsymbol{E}$ 下降到零时，极化强度并不沿原来路径返回到零，极化强度沿 CB 下降到 D 点。也就是铁电体中只有少数最不稳定的区域分裂出反向畴，而大体保持着在强电场下的极化状态，此时铁电体在外电场为零所保留下的极化强度成为剩余极化强度 $\boldsymbol{P}_r$。

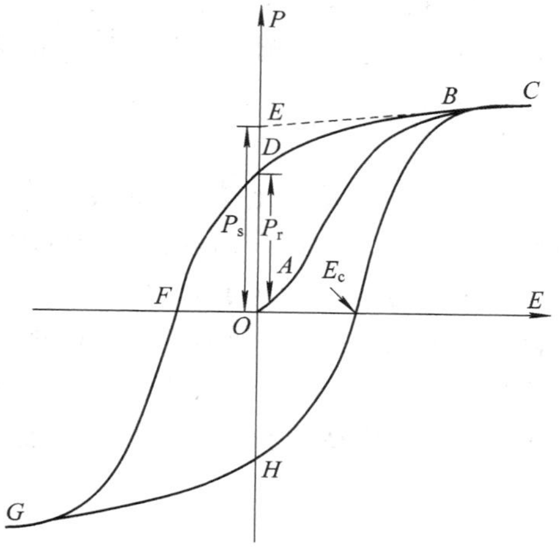

图 8－13　铁电体的电滞回线

若要把铁电体的剩余极化消除，需要对铁电体施加反向电场。随着反向电场的增加，晶体中越来越多的新畴转向反向电场的方向。当顺着反向电场与逆着反向电场方向的电畴体积相等时，晶体的宏观极化强度为零，即图中 F 点。把剩余极化全部去除所需的反向电场强度称矫顽电场 $E_c(OF)$。当电场继续在反方向上增加时，外加电场使所有电畴都在反方向上定向，并可最终达到饱和，极化强度经 F 点达到 G 点。当反方向电场重新减小并改变其方向时，则和前面的过程相似，经由 GH 返回到 C 点，完成整个电滞回线 $CDFGHC$。电场每变化一周，上述循环发生一次。

8.3.4　铁电体的极化处理

通常采用高温熔体或在水溶液中生长出来的铁电体往往是多畴的，因此使用前必须在适当的温度下，加上很强的电场使其单畴化。工业上把晶体的单畴化处理称为极化处理，意即赋予晶体以极性。许多重要的铁电体是多晶陶瓷，在陶瓷中各晶粒的相对取向是完全混乱的，这就使得电畴的取向也是完全混乱的。由于晶体中的缺陷、晶粒间界面以及晶粒间的相互机械约束，晶粒中的电畴不可能达到完全转向。进行极化处理时，电畴只能沿着某几个特定的晶向取向，因此不可能使所有晶粒中的自发极化都沿着外场方向整齐排列，只能使各晶粒的自发极化强度转向最接近外电场的自发极化轴向。在极化电场去除后，也会有一部分反向电畴出现，使得铁电陶瓷经过极化处理后，所能达到的剩余极化值 $\boldsymbol{P}_r$ 要比饱和极化强度低。

极化后，铁电体所取得的剩余极化强度 $\boldsymbol{P}_r$ 并不十分稳定，随时间延长而衰减，造成介电、铁电和热释电性质随之发生变化，这种现象称为铁电体的老化。如果用高温对铁电体进行处理，铁电体的剩余极化强度会迅速衰减到零，这种处理称为铁电体的去极化处理。

8.3.5 相变

铁电体的自发极化是由于原胞的电矩通过偶极—偶极相互作用而产生的有序排列，所有铁电体的铁电性都只出现在一定的温度范围内。在较高温度时，晶体中离子的热运动增强，当达到某个临界温度时，电矩的有序排列被热运动摧毁，自发极化便消失。晶体由低温的铁电相转变为高温的非铁电相(顺电相)时，这一临界转变温度称为居里温度(T_c)。晶体由铁电相转变为非铁电相是由于晶体的结构发生改变造成的，因此是一种结构相变。在顺电相内，铁电体的介电常数满足下面的关系：

$$\varepsilon_c = \frac{C}{T - T_c} + \varepsilon_\infty \tag{8-81}$$

按照相变的热力学特征，铁电相变可分为一级相变和二级相变两大类。此外，对于多种离子复合取代的铁电固熔体还会发生扩散相变。一级相变铁电体在相变点上，序参数发生不连续的变化，自发极化强度从 $\boldsymbol{P}$ 突变到零。在相变点上，铁电相与非铁电两相共存。此外，相变伴随着潜热和热滞现象。钛酸钡($BaTiO_3$)等钙钛矿结构的铁电体为一级相变。二级相变铁电体在相变点上，序参数是连续的，自发极化强度 $\boldsymbol{P}$ 连续地下降到零，相变没有潜热和热滞。磷酸二氢钾(KDP)等水溶性铁电体发生二级相变。扩散相变铁电体的铁电—顺电转变不是发生在某一固定温度下，而是发生在一定的温度区域内，称为居里温区。这种材料的自发极化强度 $\boldsymbol{P}$ 在这一温度区域内缓慢而连续地下降到零，铌镁酸铅(PMN)等复合取代钙钛矿固熔体为扩散相变固熔体。图 8－14 为三种相变的自发极化强度 $\boldsymbol{P}$ 随温度的变化关系。

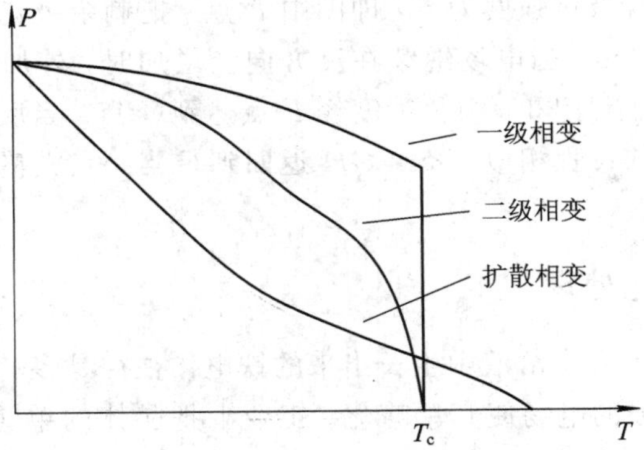

图 8－14 铁电体的自发极化强度与温度的关系

8.3.6　软模理论

晶格振动格波频率的平方与恢复力常数成正比。假设在某个温度下恢复力常数趋近于零，则相应的格波频率也将趋近于零，表示离子间发生相对位移后，无力回到原来位置，也即相当于发生了永久的正、负离子间的相对位移。如果与弹簧的振动相比，弹性越强的弹簧，其恢复力系数也愈大，振动频率也愈高，而弹性很小的软弹簧，它的振动频率就很低，因此这里把频率很低的格波称之为软模。当软模的频率趋近于零时，就产生正、负离子间的永久位移，从而产生固有电偶极矩。因为这里涉及的是正、负离子间的相对位移(振动)，所以这种声子必须是光频支声子。另外由于正、负离子间的相对位移应该遍及整个晶体，即整个晶体中的正、负离子都作相同的相对位移，所以这里涉及的声子应是零波矢($q\to 0$)的声子。综上所述，这里讨论的声子应是零波矢的光频软模声子。

在离子晶体中，当正、负离子间发生相对振动(光频支振动)时，除受到一般晶体的短程恢复力 $f=-k_1x$ 外，还受到由于离子位移极化(偶极矩)所产生的有效电场力 qE_i(假设正、负离子的电荷分别为$\pm q$)。因此离子间相对振动时的恢复力可写为

$$F=-k_1x+qE_i \tag{8-82}$$

如果不存在外加电场，即宏观电场 $\boldsymbol{E}=0$，则作用在离子上的有效电场正比于晶体的极化强度 $\boldsymbol{P}$，即

$$E_i=\nu P=\nu Nqx \tag{8-83}$$

式中：ν 为比例系数；N 为单位体积中位移离子的个数。因此，离子间相对振动时的恢复力可表示为

$$F=-k_1x+\nu Nq^2x \tag{8-84}$$

正、负离子间的相对振动方程可以表示为

$$Mx''=-[k_1-q^2N\nu]x \tag{8-85}$$

式中 M 是正、负离子的折合质量。由上式可得振动频率为

$$\omega_{\mathrm{TO}}^2=\frac{1}{M}[k_1-q^2N\nu] \tag{8-86}$$

这里有效电场力与短程力方向相反，后者使位移的离子恢复原来位置，而前者则促使其位移。如果考虑非简谐力的作用，可把非简谐力写为

$$\left.\begin{aligned}F'&=k_2x^2+k_3x^3+\cdots=-\xi x\\ \xi&=-k_2x-k_3x^2-\cdots\end{aligned}\right\} \tag{8-87}$$

一般来说，恢复力 F 是位移 x 的幂级数。由于 F 是向心力，当位移反向时，恢复力也将反向，因此级数中不应含有 x 的偶次幂。如果略去 x^3 以上的高次幂，则恢复力可以表示为

$$F=-k_1x-k_3x^3+\nu Nq^2x \tag{8-88}$$

如果离子发生位移后产生的电场力足以克服离子的恢复力，那么离子便能在有效电场的作用下自发地产生位移，即产生自发极化的条件是：

$$f+qE_i\geqslant 0 \tag{8-89}$$

达到平衡时，则有

$$F=-k_1x-k_3x^3+\nu Nq^2x=0 \tag{8-90}$$

当力的常数不同时，式(8-90)的解也不同。

(1) 当 $k_1>0$，$k_3=0$ 时，式(8-90)的解为 $x=0$。这时，位移 x 没有稳定的非零解，因此不可能出现自发极化。

(2) 当 $k_1>0$，$k_3>0$ 时，式(8-90)的解为

$$\begin{aligned} x&=0 \\ x&=\pm\sqrt{\frac{\nu Nq^2-k_1}{k_3}} \end{aligned} \tag{8-91}$$

显然，当 $\nu Nq^2-k_1>0$ 时，自发极化的位移 x 才有非零解。所以只要满足上述条件，晶体就可能出现自发极化，这种情况相当于位移型铁电体的情况。此时，晶体的自发极化强度为

$$P=\pm Nqx=\pm Nq\sqrt{\frac{\nu Nq^2-k_1}{k_3}} \tag{8-92}$$

(3) 当 $k_1\leqslant 0$，$k_3>0$ 时，式(8-90)的解与式(8-91)相同，但是这时 x 总有非零解存在。这时离子可以在 x(非零)处建立平衡。因此，只要所有的离子能够做有序排列，晶体也就能够出现自发极化。这种情况就相当于有序—无序型相变铁电体。

从前面的讨论中知道，ξ 是位移 x 的函数，而正、负离子之间的位移与温度有关，随着温度的升高而变大，因而 ξ 也是温度 T 的函数。在考虑非简谐力作用以后，式(8-88)可改写为

$$F=-[k_1+\xi(T)-\nu Nq^2]x \tag{8-93}$$

通过其振动方程得到的振动频率为

$$\omega_{\mathrm{TO}}^2=\frac{1}{M}[k_1+\xi(T)-q^2N\nu] \tag{8-94}$$

如果对某种特殊晶体结构，$\xi(T)$随着温度的升高而变大，则当温度 T 较高时，$k_1+\xi(T)>q^2N\nu$，恢复力 $F<0$，表示尚有一定恢复力使位移的离子回到原来的平衡位置。但当温度下降时，$\xi(T)$变小，因而非简谐力也随之下降。当温度 T 下降至相变温度 T_c 时，$k_1+\xi(T)=q^2N\nu$，恢复力 F 及角频率 ω_{TO}都变为零。这时晶体中已无恢复力可使位移的离子回到原来的平衡位置，晶体产生了正、负离子间的永久位移，并由此引起固有电偶极矩，晶体由顺电相转变成铁电相。

上述光频支软模理论得到了实验的支持。科莱用中子的非弹性散射方法，测量了位移型铁电体钛酸锶 $SrTiO_3$ 零波矢的横向光频声子的角频率 ω_{TO}^2与温度间的变化关系，其测量结果如图 8-15 所示。从图中可以看到，随着温度趋近于 T_c，ω_{TO}^2下降至零。图中的虚线示出了介电常数倒数随温度的变化关系。图 8-16 示出了另一个位移型铁电体锑硫碘 SbSI 的测量结果。从图中可以看出，当温度由小于 T_c 的温度逐渐趋近 T_c 时，铁电体 SbSI 的一支横向光频支声子的频率也随之降低而趋近于零。这些实验测量结果都支持了光频支声子软模理论的正确性。

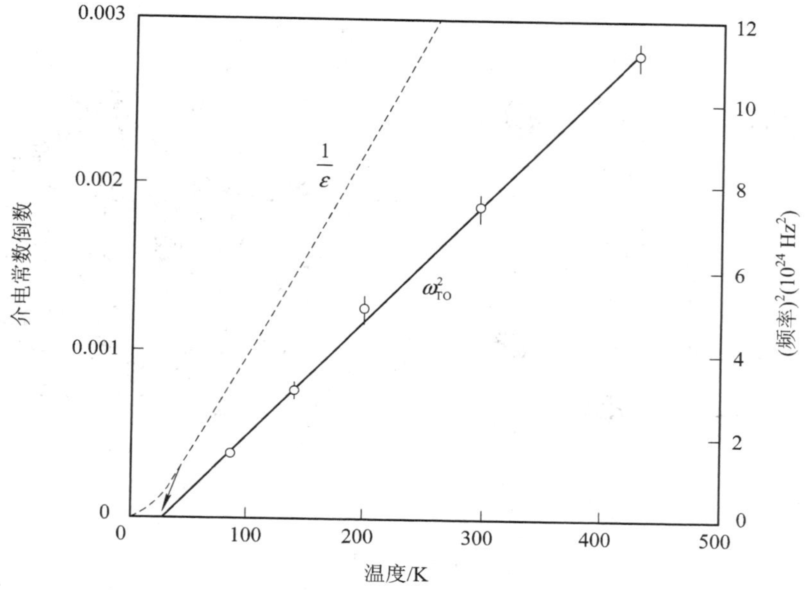

图 8-15　位移型铁电体钛酸锶频率及相对介电常数与温度的关系

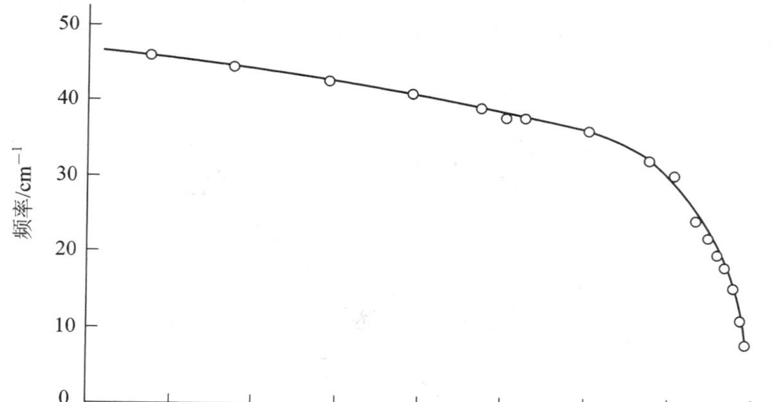

图 8-16　位移型铁电体 SbSI 的频率与温度的关系

8.3.7　典型铁电材料

1. 钛酸钡的铁电性

$BaTiO_3$ 晶体是目前最重要也是研究得最多的一种铁电体。在 120℃以上，它处于顺电相，具有立方对称性的晶体结构。图 8-17(a)为钛酸钡的原胞，Ba 处在 4 个顶角位置，Ti 处在体心位置，而 6 个 O 处在各个面心位置。它们组成一个氧八面体，将体心的 Ti 围在其中。这些氧八面体也以立方结构形式进行排列，如图 8-17(b)所示。

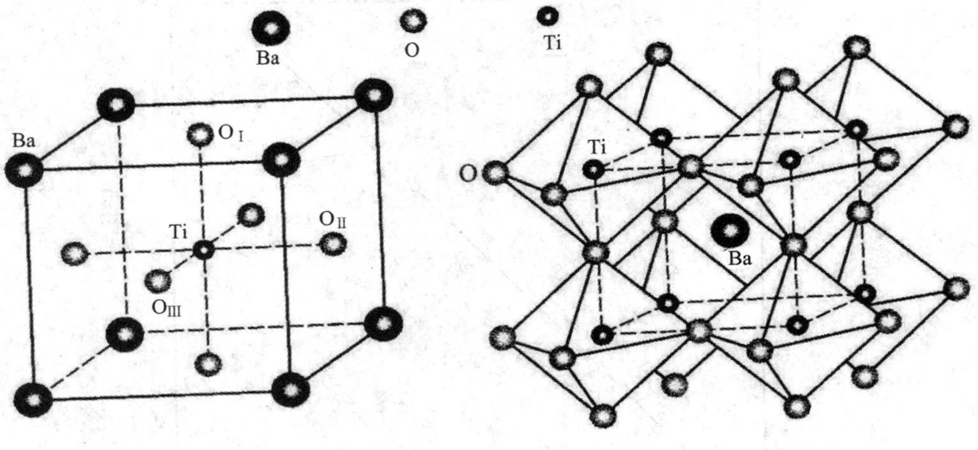

(a) 原胞 (b) 氧八面体排列

图 8-17 $BaTiO_3$ 的原胞及氧八面体排列

当温度下降至120℃时，$BaTiO_3$ 发生相变，由顺电相转变成铁电相。这时晶体结构由立方晶系转变成四方晶系。三个沿原立方轴方向的基矢中有一个伸长（c 轴），另两个缩短。图 8-18 示出了 $BaTiO_3$ 离子的位移情况。由于正、负离子（Ti 和 O）的相对位移，产生固有偶极矩，所以 $BaTiO_3$ 是一种典型的位移型铁电体，它只有一个极化方向，即沿 c 轴方向。

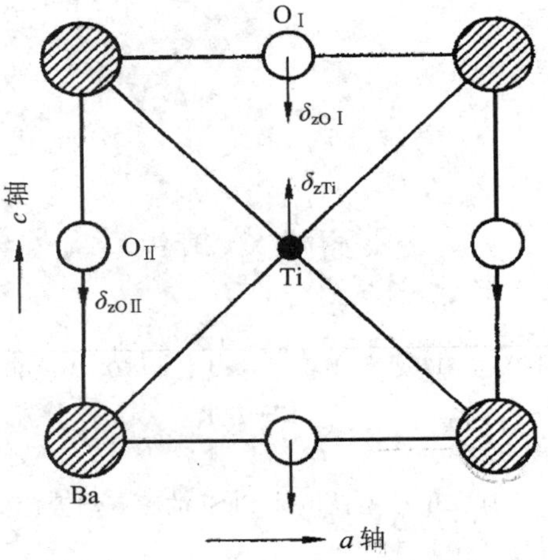

图 8-18 立方晶系 $BaTiO_3$ 在(100)上的投影图

$BaTiO_3$ 在120℃时，由顺电相转变成铁电相的相变，属一级相变，极化强度 $\boldsymbol{P}$ 在相变温度120℃处由零突变成有限值 $\boldsymbol{P}$。随着温度的下降，钛酸钡还会发生第二、第三次相变，而这两次相变都是两个铁电相间的相变。其中第二次相变发生在0℃附近，$BaTiO_3$ 由四方晶系转变成正交晶系结构，这时的极化方向沿[011]方向。第三次相变发生在−80℃附近，$BaTiO_3$ 晶格结构转变成为三角晶系，此时的极化方向沿[111]方向。图 8-19 表示出了 $BaTiO_3$ 沿顺电相时的一个立方轴方向测量到的自发极化强度 $\boldsymbol{P}$ 与温度之间的变化关系。

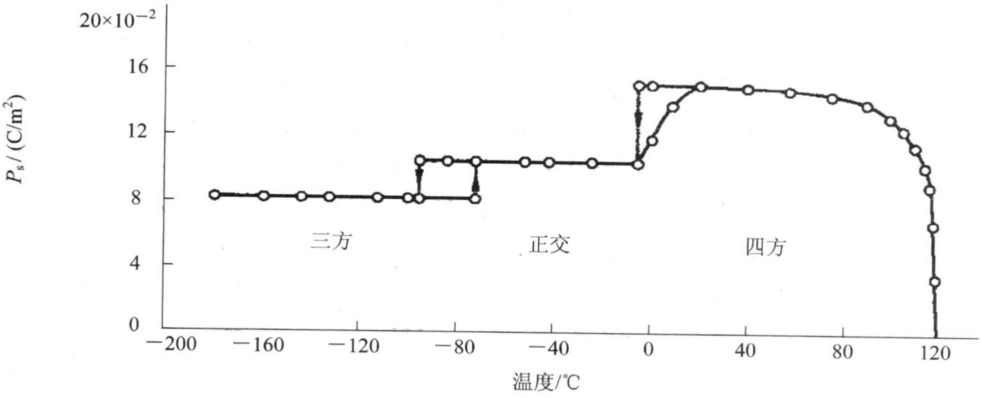

图 8-19　$BaTiO_3$ 自发极化强度随温度的变化关系曲线

2. 磷酸二氢钾

磷酸二氢钾(KH_2PO_4)是一种典型的无序—有序型铁电体，它的居里温度约 123K。在此居里温度以上为顺电相，具有四方晶系结构。居里温度以下，由顺电相转变成铁电相，晶体结构转变成正交晶系，自发极化强度沿 c 轴方向。它的相变属二级相变，相变过程无潜热发生。自发极化强度在相变点也没有突变，随温度升高而趋近于居里温度时，自发极化强度逐渐下降并趋近于零。

图 8-20 为处于铁电相的 KH_2PO_4 的一个原胞，原胞的 8 个顶角都是由磷酸根 $(PO_4)^{3-}$ 组成的 4 面体，磷酸根四面体的 4 个顶角是氧原子，四面体中心是磷原子。在原胞的一对侧面的上部及另一对侧面的下部都各有一对磷酸根四面体。每个磷酸根四面体都处

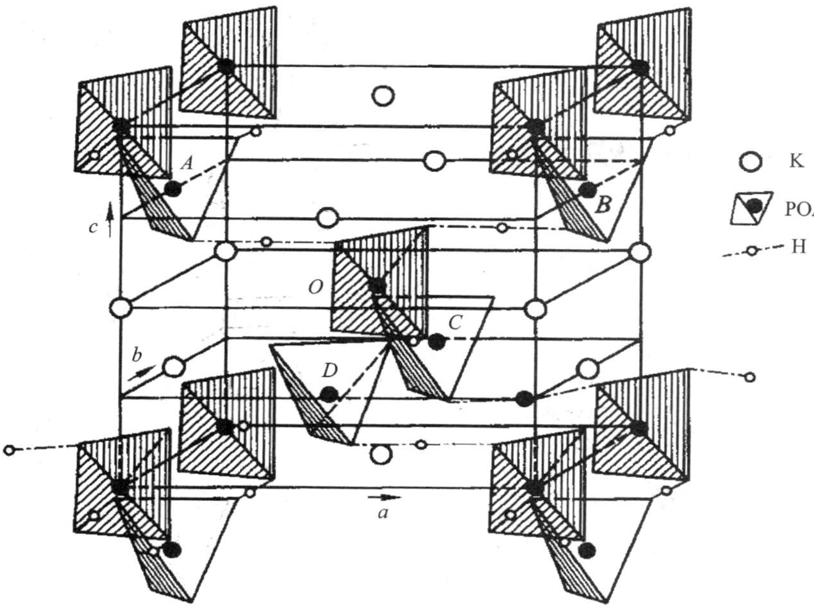

图 8-20　处于铁电相的 KH_2PO_4 的一个原胞

在其它 4 个磷酸根四面体所决定的大四面体的中心。例如 4 个侧面上的 4 个磷酸根(图中的 A、B、C、D)四面体组成一个大四面体，处于原胞中心的磷酸根四面体(图中的 O)就在这个大四面体的中心。处于大四面体中心的磷酸根四面体(图中的 O)的两个上顶角的氧原子与处于大四面体上顶角的两个磷酸根四面体(图中的 A、B)的下顶角处的一个氧之间各有一个氢原子，并组成氢键。同样，处于大四面体中心的磷酸根四面体的两个下顶角处的氧与处于大四面体下顶角处的磷酸根四面体的上顶角处的氧原子之间也各有一个氢原子，也组成氢键。所以每个磷酸根四面体与四周的 4 个磷酸根四面体各有一个氢键。氢核并不处在两个氧原子的中间，而是偏向某个氧原子一方(氢原子与较近的氧原子间形成共价键，而与较远的氧原子间依靠范德瓦斯力相结合)。

图 8-21 示出了一个磷酸根四面体的 4 个氢键位置分布情况。从图中可以看到 4 个氢核在氢键上的不同位置分布方式共有 $2^4=16$ 种。但是 4 个氢核不能同时处在一个磷酸根四面体的 4 个顶角氧原子附近，否则使该局部区域不能保持电中性，因而也将使能量增高。为了使各部分区域都能保持电中性，每个磷酸根四面体只能有两个氢核接近其顶角的氧原子。如果加上这一限制，氢核在氢键上的位置分布方式只能有 6 种。在相变温度以上时，上述 6 种氢核位置分布方式概率相等，因此平均来说，不产生固有的电偶极矩。当温度下降至居里温度以下时，晶体发生相变，晶格结构由原来的四方晶系相变成正交晶系，使这 6 种氢核位置分布方式的概率变得不相等，两个氢核接近上顶角氧原子或下顶角氧原子的概率增大，这两种分布方式具有较低的能量。当两个氢核接近四面体的上顶角氧原子，而两个氢核远离下顶角氧原子，这时将产生方向向上的电偶极矩。相反，当氢核远离上顶角氧原子，而接近下顶角氧原子时，则形成方向向下的电偶极矩。KH_2PO_4 最终形成极化方向沿 c 轴的固有电偶极矩。

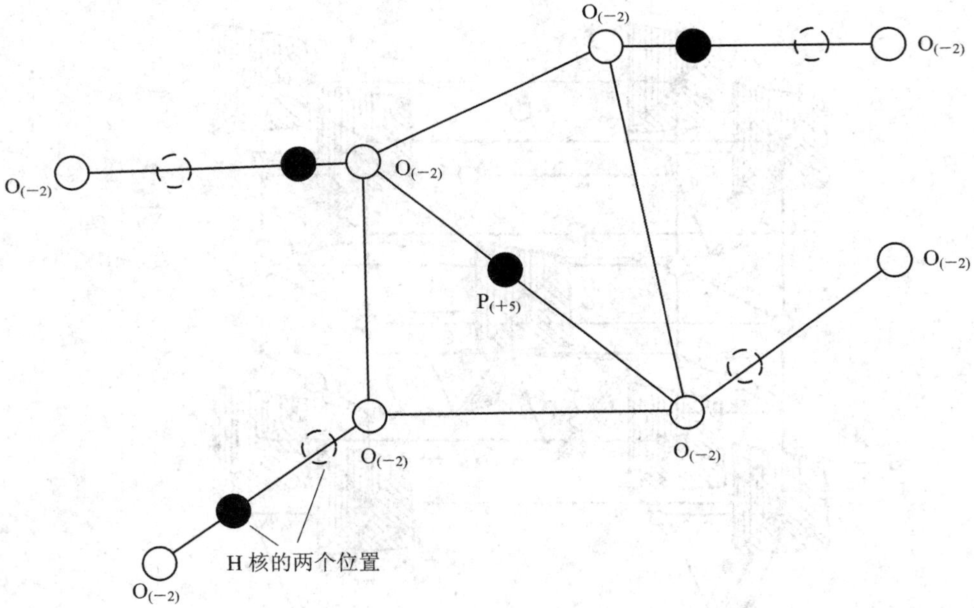

图 8-21　一个磷酸根四面体的 4 个氢键位置分布情况

从上面的讨论可以看到，磷酸二氢钾晶体的铁电性来源于氢核在氢键上的位置从无序分布到有序分布的转变，故称它为无序—有序型铁电体。有时也称它为氢键铁电体。氢核的有序化为一系列 X 射线和中子散射实验所证实。

本 章 小 结

本章主要讨论晶体的介电性问题，主要知识点包括：

(1) 晶体极化强度的定义及退极化场产生的机制。

(2) 作用在微观粒子上的宏观电场和有效电场的区别。对线性极化，建立了电介质中与极化有关的宏观参数(ε_r)与微观参数($\boldsymbol{E}_i$，α)之间的克劳修斯方程：

$$\varepsilon_r = 1 + \frac{n_0 \alpha \boldsymbol{E}_i}{\varepsilon_0 \boldsymbol{E}}$$

(3) 按照微观机制，电介质的极化可以分成两大类型——弹性位移极化和弛豫极化。弹性位移极化包括电子弹性位移极化和离子弹性位移极化两类，弛豫极化主要包括固有电偶极矩沿外电场方向转向极化、热离子等效极化和空间电荷极化。

(4) 两种有效场模型及其适用范围。

莫索缔有效电场：

$$\boldsymbol{E}_i = \frac{\varepsilon_r + 2}{3}\boldsymbol{E}$$

非极性与弱极性介质的极化满足克劳修斯—莫索缔方程：

$$\frac{\varepsilon_r - 1}{\varepsilon_r + 2} = \frac{\mathrm{Na}}{3\varepsilon_0}$$

作用于极性分子的有效电场，即昂扎杰有效场为

$$\boldsymbol{E}_i = \boldsymbol{G} + \boldsymbol{R} = \frac{3\varepsilon_r}{2\varepsilon_r + 1}\boldsymbol{E} + \frac{1}{4\pi\varepsilon_0}\left[\frac{2(\varepsilon_r - 1)}{2\varepsilon_r + 1}\frac{\boldsymbol{\mu}}{a^3}\right]$$

极性介质的极化满足昂扎杰方程：

$$\frac{(2\varepsilon_r + n^2)(\varepsilon_r - n^2)}{\varepsilon_r(n^2 + 2)^2} = \frac{N}{3\varepsilon_0}\frac{\mu_0{}^2}{3kT}$$

(5) 交变电场下，如果电介质中存在松弛极化，则德拜方程为

$$\varepsilon' = \varepsilon_\infty + \frac{\varepsilon_s - \varepsilon_\infty}{1 + \omega^2\tau^2},\ \varepsilon'' = \frac{(\varepsilon_s - \varepsilon_\infty)\omega\tau}{1 + \omega^2\tau^2},\ \tan\delta = \frac{\varepsilon''}{\varepsilon'} = \frac{(\varepsilon_s - \varepsilon_\infty)\omega\tau}{\varepsilon_s + \varepsilon_\infty\omega^2\tau^2}$$

进一步得到不同频率或者不同温度下 ε' 和 ε'' 之间的关系图，即柯尔—柯尔图：

$$\left(\varepsilon' - \frac{\varepsilon_s + \varepsilon_\infty}{2}\right)^2 + (\varepsilon'')^2 = \left(\frac{\varepsilon_s - \varepsilon_\infty}{2}\right)^2$$

(6) 铁电体的自发极化、电畴、电滞回线、极化处理、相变和软模理论。

(7) 典型的位移型铁电体钛酸钡($BaTiO_3$)和典型的无序—有序型铁电体磷酸二氢钾(KH_2PO_4)。

思　考　题

1. 什么是电介质的极化？电介质的极化由哪些因素决定？
2. 昂扎杰有效场是否适用于非极性电介质？昂扎杰有效场是否能够概括莫索缔有效场？
3. 如何通过德拜方程的变化测量弛豫时间？
4. 柯尔一柯尔图是否一定为标准的半圆，为什么？
5. 为何在电子元器件的参数检测（如 ε、$\tan\delta$ 等）时要规定检测的条件？

习　题

1. H_2O 分子可以看成是半径为 R 的 O^{2-} 离子与两个 H^+ 组成，O^{2-} 离子与 H^+ 之间的距离为 l，其中 $l>R$，$H^+O^{2-}H^+$ 间夹角为 2θ，又设的 H^+ 电量为 e，证明分子偶极矩值为

$$\mu = 2el\ \cos\left(1-\frac{R^3}{l^3}\right)$$

2. 已知 CO 在 $T=300\text{K}$ 时，$\varepsilon=1.0076$，$N_0=2.7\times10^{25}\cdot\text{m}^{-3}$，$n=1.000\ 185$，求 CO 的固有偶极矩。

3. 在 20℃、101.3 kPa 压力下，$N=2.7\times10^{25}\cdot\text{m}^{-3}$，干燥空气的相对介电常数为 1.000 58，水蒸气的折射率为 1.000 25，水分子的固有偶极矩 $\mu_{H_2O}=6.127\times10^{-30}\ \text{C}\cdot\text{m}$。求在 20 ℃ 、101.3 kPa 压力下相对湿度为 60%时空气的介电常数（20℃水蒸气的饱和蒸气压力为 2.33 kPa）。

4. 已知电介质静态介电常数 $\varepsilon_s=4.5$，折射率 $n=1.48$，温度 $t_1=25℃$时，极化弛豫时间常数 $\tau_1=1.60\times10^{-3}\text{s}$，$t_2=125℃$时，$\tau_2=6.5\times10^{-6}\text{s}$。

（1）分别求出温度 t_1、t_2 下$(\varepsilon_r'')_{max}$的极值频率 f_{m1}、f_{m2} 以及$(\tan\delta)_{max}$的极值频率 f_{m1}'、f_{m2}'。

（2）分别求出在以上极值频率下 ε_r'、$\varepsilon_{r\,max}''$、$(\tan\delta)$、ε_r'、ε_r''、$(\tan\delta)_{max}$。

（3）从这些结果可以得出什么结论？

参 考 文 献

[1] 陆栋，蒋平，徐至中. 固体物理学. 2 版. 上海：上海科学技术出版社，2010
[2] 韦丹. 固体物理. 2 版. 北京：清华大学出版社，2007
[3] 蒋平. 徐至中. 固体物理简明教程. 2 版. 上海：复旦大学出版社，2007
[4] 黄昆. 固体物理学. 北京：北京大学出版社，2009
[5] 陆栋，蒋平. 固体物理学. 北京：高等教育出版社，2011
[6] 张良莹，姚熹. 电介质物理. 西安：西安交通大学出版社，1990
[7] 金维芳. 电介质物理学. 西安：西安交通大学出版社，1985